FUNDAMENTOS DE MATEMÁTICAS BÁSICAS

Gladys Aponte
Estela Pagán
Francisca Pons
Universidad de Puerto Rico
Río Piedras

ADDISON-WESLEY IBEROAMERICANA
Argentina • Brasil • Chile • Colombia • Ecuador • España
Estados Unidos • México • Perú • Puerto Rico • Venezuela

CUBIERTA: Fractal diseñado por computadora en el que se muestra el conjunto de Julia para la función de iteración $f(z) = (1 + 0.2i)$ sen z, donde z es un número complejo. La región de trabajo corresponde a un cuadrado cuyos vértices tienen coordenadas (3, 3), (3, -3), (-3, -3), (-3, 3), y (x, y) denota el número complejo $z = x + iy$. El conjunto fue generado en una máquina Titán II con un máximo de quinientas iteraciones para cada punto, y fue coloreado en un monitor VGA.

Diseño de la imagen: Elisa Guillaumin España y José Luis del Río Correa. **Fotografía:** Jorge Lodigiani Rodríguez. *Universidad Autónoma Metropolitana, unidad Iztapalapa, México.*

Impreso en los Estados Unidos de América. *Printed in the U.S.A.*

ISBN 0-201-51874-0
4 5 6 7 8 9 10–MU–96 95

Prefacio

Este libro se escribió con el propósito de proporcionar a nuestros estudiantes las herramientas que los ayuden a:

1. Repasar conceptos aprendidos en cursos anteriores.
2. Usar estos conceptos correctamente.
3. Familiarizarse con nuevos conceptos matemáticos también usados en otras disciplinas.

Hemos comenzado por los fundamentos de la aritmética, ya que en los cursos elementales nuestros estudiantes han mostrado serias deficiencias en estos conceptos fundamentales. Sobre esta base y en forma integrada, desarrollamos aquellos conceptos del álgebra que se asemejan a los de la aritmética.

El lenguaje matemático se ha incorporado en diferentes capítulos con la finalidad de que el estudiante aprenda un vocabulario que le permita entender mejor el material.

En conversaciones sostenidas con nuestros compañeros profesores del Departamento de Matmáticas, se nos sugirió dar explicaciones amplias y muchos ejemplos y ejercicios.

El libro se ha escrito de manera que los estudiantes puedan abordar muchas de las secciones por su cuenta o sin que necesiten de una gran ayuda del profesor.

Seleccionamos los ejemplos de cada tema asegurándonos de ilustrar los conceptos analizados. Los numerosos ejemplos presentan cada tema explicado con todo detalle y desde varios puntos de vista.

Los ejercicios que se presentan al final de cada sección permiten al estudiante averiguar si entendió los conceptos. Por eso sugerimos que dirija su estudio de la siguiente manera:

1. Repasar la lección que dictó el profesor incluyendo los ejemplos presentados.
2. Estudiar el material y los ejemplos del libro.
3. Cuando se considere entendido el material, tratar de hacer los ejercicios sin recurrir ni al texto ni a las notas de clase. Si el estudiante no puede contestarlos, ello significa que no ha entendido la sección. Será necesario entonces repasar (pasos 1 y 2) y resolver de nuevo los ejercicios.

Hemos escrito un mayor número de ejemplos sobre aquellos temas en los cuales la experiencia nos dice que los estudiantes tienen dificultades más serias.

Al finalizar cada capítulo hemos incluido problemas de repaso para facilitar el afianzamiento del material cubierto. Esto además permitirá al estudiante ver los conceptos integrados.

Deseamos agradecer la ayuda y el estímulo de nuestros compañeros. En forma especial, agradecemos a las autoridades universitarias —nuestro Director, Dr, Jorge López, nuestro Decano, Dr. Rafael Arce, y el Señor Rector, Dr. Juan R. Fernández, quienes no sólo nos estimularon sino que nos brindaron el tiempo necesario para llevar a cabo este proyecto.

Agradecemos a nuestros compañeros profesores Margarita Rodríguez Ormaza, Isadore Brodsky, Iván Cardona y Javier Luque toda su cooperación. También agradecemos los valiosos comentarios del Dr, Angel Rivera, profesor de la Universidad de Turabo. Por último, deseamos dar un reconocimiento especial a "nuestra secretaria particular", Ana Rebecca Velázquez, quien nos dió más de lo que se esperaba de ella y sin cuya dedicación y sentido del deber no hubiese sido posible terminar este trabajo. Mil gracias, Ana Rebecca.

Índice general

Capítulo 5: Ecuaciones lineales y conceptos elementales de funciones 123

Capítulo 6: Exponentes 171

Capítulo 7: Polinomios 201

Capítulo 8: Factorización 229

CAPÍTULO 1

Conjuntos y propiedades de los números naturales

En los cursos de matemáticas es útil saber trabajar con el concepto de conjunto. La idea de conjunto es igual a la idea de colección o agrupación, y no es exclusiva de las matemáticas.

EJEMPLOS:

1. El conjunto de los músicos de una orquesta sinfónica.
2. El conjunto de alumnos matriculados en este curso en el año actual.
3. El conjunto de las gotas de agua que caen al mar.
4. El conjunto de las notas que puede obtener un estudiante en este curso.
5. El conjunto de las vocales.
6. El conjunto de las vocales de tu nombre.
7. El conjunto de los números enteros del 1 a 10.
8. El conjunto de las personas simpáticas.

1-1 Notación de conjuntos

Cada objeto de un conjunto se llama elemento del conjunto.

Usamos letras mayúsculas A, B, C ... para representar los conjuntos y las letras minúsculas a, b, c ... para representar los elementos del conjunto.

La expresión **"a es un elemento de A"** se representa simbólicamente con $a \in A$ y significa "a pertenece al conjunto A". Si queremos expresar **"c no es elemento de A"**, lo escribimos simbólicamente como $c \notin A$ y esto significa que c no pertenece al conjunto A.

Un conjunto puede definirse de dos maneras: explícita o implícita. **Definimos un conjunto explícitamente** escribiendo cada uno de los elementos que componen el conjunto dentro de llaves y separados por una coma.

EJEMPLOS:

1. Sea A el conjunto de las vocales:
   $A = \{a, e, i, o, u\}$
2. Sea B el conjunto de los días de la semana:
   $B = \{\text{lunes, martes, miércoles, jueves, viernes, sábado, domingo}\}$

Definimos un conjunto implícitamente escribiendo dentro de una llave las características de los elementos que pertenecen al conjunto, como sigue: $\{x|x$ **tiene la propiedad** $p\}$; esto se lee **"el conjuto de todas las x tales que x tiene la propiedad p".**

EJEMPLOS:

1. Sea A el conjunto de las vocales.
   Se escribe: $A = \{x|x \text{ es vocal}\}$.
   Se lee: "el conjunto de todas las x tales que x sea una vocal".

2. Sea B el conjunto de todos los días de la semana.
   Se escribe: $B = \{y|y \text{ es un día de la semana}\}$.
   Se lee: "el conjunto de todas las y tales que y sea un día de la semana".

Un conjunto puede estar bien definido o puede no estarlo. En este curso nos interesan los conjuntos bien definidos. Decimos que **un conjunto está bien definido si podemos determinar qué elementos pertenecen o no al conjunto.**

EJEMPLOS:

1. El conjunto A de las vocales está bien definido ya que, dada una letra del alfabeto, sabemos si pertenece o no al conjunto.
   $a \in A$ se lee: a es elemento del conjunto A.
   $r \notin A$ se lee: r no es elemento del conjunto A.

2. Sea T el conjunto de las personas simpáticas. Este conjunto no está bien definido ya que la idea de ser simpático es subjetiva. No hay un criterio definido para decir que una persona es o no simpática.

En tus cursos anteriores has efectuado las operaciones fundamentales (suma, resta, multiplicación y división) usando algunos conjuntos numéricos.

Empezaremos este tema con otras operaciones con conjuntos usando uno que conoces y que has usado frecuentemente: los números que se emplean para contar. Para que entiendas estas operaciones, daremos algunas definiciones:

$$\mathbb{N} = \{1, 2, 3, 4, \ldots\}$$

Este conjunto se llama **conjunto de los números naturales** o **conjunto de los números enteros positivos.**

Criterio de igualdad de conjuntos

Decimos que **dos conjuntos A y B son iguales** (lo escribimos $A = B$) si todos los elementos de A pertenecen a B y todos los elementos de B pertenecen a A. Esto es, si $A = B$, entonces $x \in A$ implica que $x \in B$, y $y \in B$ implica que $y \in A$.

EJEMPLOS:

1. Si $T = \{1,2,3,4,5\}$ y
   $L = \{5,3,1,4,2\}$,
   entonces $T = L$.

2. Si $D = \{x|x$ es natural, par y primo$\}$ y
   $F = \{2\}$,
   entonces $D = F$.

3. Si $M = \{1,3,5,7,9\}$ y
   $G = \{x|x$ es impar, x es mayor o igual que 1 y menor o igual que 9$\}$, que se representa simbólicamente con $G = \{x|x$ es impar y $1 \leq x \leq 9\}$,
   entonces $M = G$.

Subconjuntos y relación de inclusión

Decimos que ***A* es un subconjunto de *B*** o que A está contenido en B y lo escribimos $\boldsymbol{A \subseteq B}$ si todos los elementos de A pertenecen a B.

Si ***A* no está contenido en *B***, se representa simbólicamente con $\boldsymbol{A \not\subseteq B}$.

Si $A \subseteq B$ y $B \subseteq A$, entonces $A = B$.

EJEMPLOS:

1. Sean A el conjunto de las aves, que podemos representar como $A = \{x|x$ es un ave$\}$, y B el conjunto de las palomas, que podemos representar como $B = \{y|y$ es una paloma $\}$; entonces $B \subseteq A$.

2. Sean C el conjunto de los mamíferos, $C = \{a|a$ es un mamífero$\}$, y D el conjunto de las ballenas, $D = \{b|b$ es una ballena $\}$; entonces $D \subseteq C$.

3. Sea $\mathbb{N}$ el conjunto de los números naturales, $\mathbb{N} = \{1,2,3,\ldots\}$.
   Sea A el conjunto de los números naturales pares, $A = \{2,4,6,\ldots\}$; entonces $A \subseteq \mathbb{N}$.

4. Sean $A = \{x|x$ es un número natural par$\} = \{2,4,6,8,\ldots\}$ y
   $B = \{y|y$ es un múltiplo de $2\} = \{2,4,6,8,\ldots\}$; $A = B$.

   Todos los elementos de A son también elementos de B.
   Decimos que $A \subseteq B$ pero, como $B = A$, entonces $A \subseteq A$.

5. Sea L el conjunto de los números naturales que son pares y primos:

$$L = \{x | x \in \mathbf{N}, x \text{ es número par, } x \text{ es primo}\}$$
$$L = \{2\}$$
$$L \subseteq \mathbf{N}.$$

Este conjunto tiene un solo elemento. El conjunto que contiene un solo elemento se llama **conjunto unitario.**

6. Sea T el conjunto de los números naturales pares, primos y diferentes de 2:
$T = \{x | x \text{ es un número natural par, primo y diferente de } 2\}$.
Por las propiedades de los elementos de T, T es un subconjunto de $\mathbf{N}$.
No existe un número natural par, primo y diferente de 2. No hay elementos en T. Decimos que T es el conjunto vacío o nulo y lo representamos con el símbolo $\emptyset$ o $\{\ \}$.
$T = \emptyset = \{\ \}$,
$T \subseteq \mathbf{N}$.

Dado un conjunto D cuyos elementos tienen la propiedad p, obtenemos subconjuntos de D añadiéndole propiedades a los elementos de D. De esta afirmación podemos concluir que el conjunto vacío, $\emptyset$, es subconjunto de cualquier conjunto. Si tenemos un conjunto cualquiera, podemos obtener todos los subconjuntos del conjunto dado.

EJEMPLOS:

1. Sea $S = \{a\}$
Sea $V = \{x | x \in S \text{ y } x \neq a\} = \emptyset$
Los subconjuntos de S son: S y $\emptyset$.

2. Sea $P = \{a, b\}$
Los subconjuntos de P son: P, $\{a\}$, $\{b\}$, $\emptyset$.

3. Sea $M = \{a, b, c\}$
Los subconjuntos de M son: M, $\{a, b\}$, $\{a, c\}$, $\{b, c\}$, $\{a\}$, $\{b\}$, $\{c\}$, $\emptyset$.

1-1 EJERCICIOS

1. ¿Cuáles de los siguientes conjuntos están bien definidos?

a. El conjunto de todas las niñas bonitas.

b. El conjunto de todos los hombres altos.

c. El conjunto de todos los números naturales menores que 50.

d. El conjunto de todos los autos que tienen cuatro puertas.

e. El conjunto de todos los estudiantes de la Facultad de Educación.

f. El conjunto de todas las libretas con carpeta negra.

2. Escribe de manera implícita cada uno de los siguientes conjuntos:

a. $\{2, 4, 6, 8, \ldots, 18, 20\}$.
b. {enero, febrero}.
c. $\{1, 4, 9, 16, 25, 36, 49\}$.
d. $\{a, b, c\}$.
e. $\{5, 10, 15, 20, \ldots\}$.
f. $\{100, 101, 102, \ldots, 999, 1000\}$.

3. Escribe de manera implícita cada uno de los siguientes conjuntos:

a. El conjunto de vocales en la palabra ARQUITECTURA.
b. El conjunto de números primos menores que 50.
c. El conjunto de números naturales mayores que 100.
d. El conjunto de todos los hombres que miden más de 10 pies.
e. El conjunto de todos los números naturales menores que 2.

4. Indica qué símbolo, $\in$ o $\notin$, hace cierto cada uno de los siguientes enunciados:

a. x__$\{x, y, z\}$.
b. $\emptyset$__$\{0, 2, 4\}$.
c. 0__$\emptyset$.
d. 3__$\{3\}$.
e. 4__$\{2\}$.
f. x__$\emptyset$.

5. Determina todos los subconjuntos del conjunto dado:

a. $\{10\}$.
b. $\{2, 4\}$.
c. $\{3, 5, 7\}$.
d. $\{a, i, u\}$.
e. $\{5, 10, 15, 20\}$.
e. $\{a, m, o, r\}$.

6. **a.** ¿Es $\{a, e, i, o, u\} \subseteq \{x|x$ es una letra de nuestro alfabeto$\}$?
b. ¿Es $\{x|x$ estudiante de matemáticas de América del Sur$\} \subseteq \{y|y$ es un estudiante de cualquier lugar del mundo$\}$?
c. ¿Es $\{x|x$ un múltiplo positivo de $3\} \subseteq \{y|y$ es un múltiplo positivo de $6\}$?
d. ¿Es $\{5, 10, 15, 20\} \subseteq \{y|y$ es un múltiplo positivo de $5\}$?

7. Indica si los siguientes conjuntos son iguales:

a. $A = \{2, 4, 6, 8, 10\}$.
$B = \{x|x$ es un número par natural menor o igual que $10\}$.
b. $C = \{y|y$ es un número que se usa para contar$\}$.
$D = \{t|t$ es un número natural$\}$.
c. $E = \{1, 2, 3, 4, 5, 6, 7, 8, 9, 10\}$.
$F = \{x|x$ es un número natural par$\}$.

1-2 Operaciones en los conjuntos

El conjunto Universo y el complemento de un conjunto

El conjunto que contiene todos los elementos a los cuales pudiéramos hacer referencia en un momento dado se llama **conjunto Universo** y se representa con la letra U.

Cuando se habla de conjuntos, se supone que todos los conjuntos con los cuales se trabaja son subconjuntos de algún conjunto llamado Universo.

EJEMPLO: Si nos referimos a $B = \{x|x \text{ es un número natural par}\}$, el Universo puede ser $U = \{x|x \text{ es un número natural}\}$.

Si A es un subconjunto del universo, se define el **complemento de A** como el conjunto cuyos elementos pertenecen al Universo y no pertenecen al conjunto A. **El complemento de A** se representa como $\bar{A}$ o $\sim A$.

$$\bar{A} = \{x|x \in U \text{ y } x \notin A\}$$

EJEMPLOS:

1. Sea $U = \{1,2,3,4,5,6,7,8,9,10\}$.
Si $A = \{1,2,3,4,5\}$ y $B = \emptyset$,
entonces $\bar{A} = \{6,7,8,9,10\}$ y $\bar{B} = \{1,2,3,4,5,6,7,8,9,10\}$.
El complemento del conjunto nulo es el Universo.

2. Sea U el conjunto de los números naturales, $U = \mathbb{N}$.
Si $A = \{a \in \mathbb{N}|a \leq 100\} = \{1,2,3,\ldots,100\}$,
y $C = \{x|x \in \mathbb{N} \text{ y } x \text{ es par}\} = \{2,4,6,\ldots\}$,
entonces $\bar{A} = \{b \in \mathbb{N}|b > 100\} = \{101,102,\ldots\}$
y $\bar{C} = \{l|l \in \mathbb{N} \text{ y } l \text{ es impar}\} = \{1,3,5,\ldots\}$.

Si el Universo es el conjunto de los números naturales $\mathbb{N}$, algunos subconjuntos de U son los que hemos representado antes como: A, B, C, D, $\mathbb{N}$ y $\emptyset$.

Definición: Unión de conjuntos

La unión de los conjuntos A y B es el conjunto cuyos elementos pertenecen al Universo y al conjunto A o al conjunto B o a ambos. La unión de A y B se representa simbólicamente como $A \cup B$.

$$A \cup B = \{x \in U|x \in A \text{ o } x \in B\}$$

EJEMPLOS:

1. Si $U = \{1,2,3,4,5,6,7,8,9,10\}$
$A = \{1,2,3,4,5\}$, $B = \{2,4\}$ y $C = \{4,5,6,7\}$,
entonces $A \cup B = \{1,2,3,4,5\}$
$B \cup A = \{1,2,3,4,5\}$
$A \cup C = \{1,2,3,4,5,6,7\}$
$C \cup A = \{1,2,3,4,5,6,7\}$
$B \cup C = \{2,4,5,6,7\}$
$C \cup B = \{2,4,5,6,7\}$.
Podemos concluir que $A \cup B = B \cup A$.

2. Si $U = \mathbb{N}$,
$A = \{x | x \in \mathbb{N}, x$ es un número natural par$\}$ y
$B = \{l | l \in \mathbb{N}, l$ es un número natural impar$\}$,
entonces $A \cup B = \mathbb{N}$.

3. Si $U = \mathbb{N}$,
$A = \{x | x \in \mathbb{N}, x > 2\} = \{3,4,5,6,7,8,9,\ldots\}$ y
$B = \{y | y \in \mathbb{N}, y > 5\} = \{6,7,8,9,\ldots\}$,
entonces $A \cup B = \{3,4,5,6,7,8,9,\ldots\} = \{x | x \in \mathbb{N}, x > 2\}$.

4. Si $U = \{1,2,3,4,5,6,7,8,9,10\}$,
$A = \{2,3,4,5\}$, $B = \{4,7,9\}$ y $C = \{9,10\}$,
entonces $A \cup B = \{2,3,4,5,7,9\}$
$B \cup A = \{2,3,4,5,7,9\} = A \cup B$
$B \cup \bar{A} = \{4,7,9,1,6,8,10\}$
$(A \cup B) \cup C = \{2,3,4,5,7,9,10\}$
$A \cup (B \cup C) = \{2,3,4,5,7,9,10\} = (A \cup B) \cup C$
$A \cup A = A$, $A \cup U = U$, $A \cup \bar{A} = U$.

Definición: Intersección de conjuntos

La intersección de los conjuntos A y B es el conjunto cuyos elementos pertenecen al Universo y a los conjuntos A y B. La intersección de A y B se representa simbólicamente como $A \cap B$.

$$\boldsymbol{A \cap B = \{x \in U | x \in A \text{ y } x \in B\}}$$

EJEMPLOS:

1. Si $U = \{1,2,3,4,5,6,7,8,9,10\}$,
$A = \{1,2,3,4\}$, $B = \{2,4,6\}$, $C = \{4,5,6,7\}$ y $D = \{2\}$,
entonces $A \cap B = \{2,4\}$
$A \cap C = \{4\}$

$$B \cap C = \{4, 6\}$$
$$C \cap D = \{\ \} = \emptyset.$$

2. Si $U = \mathbf{N}$,
$A = \{x | x \in \mathbf{N}, x \text{ es par}\}$ y $B = \{y | y \in \mathbf{N}, y \text{ es impar}\}$,
entonces $A \cap B = \emptyset$.

3. Si $U = \mathbf{N}$,
$A = \{x | x \in \mathbf{N}, x > 2\} = \{3, 4, 5, 6, 7, 8, \ldots\}$ y
$B = \{y | y \in \mathbf{N}, y > 5\} = \{6, 7, 8, 9, \ldots\}$,
entonces $A \cap B = \{y | y \in \mathbf{N},\ y > 5\} = \{6, 7, 8, 9, \ldots\} = B$.

4. Si $U = \{1, 2, 3, 4, 5, 6, 7, 8, 9, 10\}$,
$A = \{2, 3, 4\}$, $B = \{4, 7, 9\}$ y $C = \{9, 10\}$,
entonces $A \cap C = \{\ \}$
$A \cap B = \{4\}$
$B \cap C = \{9\}$
$A \cap \bar{C} = \{2, 3, 4\}$
$(A \cap B) \cap C = \emptyset$
$A \cap \bar{A} = \emptyset$
$A \cap A = A$
$A \cap U = A$.

1-2 EJERCICIOS

1. Si $U = \mathbf{N} = \{1, 2, 3, 4, 5, \ldots\}$, $A = \{x | x \text{ es un número natural impar}\}$, $B = \{5, 10, 15, 20, \ldots\}$ halla:

a. $\bar{A}$.
b. $\bar{B}$.
c. $\bar{A} \cap A$.
d. $\bar{A} \cup A$.
e. $\bar{A} \cup \bar{B}$.
f. $\bar{A} \cap B$.

2. Sea $U = \mathbf{N} = \{1, 2, 3, 4, 5, \ldots\}$, $A = \{1, 2, 3, 4, \ldots, 9, 10\}$ $B = \{x | x \text{ es un número natural par}\}$, $C = \{1, 4, 9\}$ halla:

a. $A \cup C$.
b. $B \cap C$.
c. $\bar{A}$.
d. $\bar{A} \cup A$.
e. $\bar{A} \cup \bar{B}$.
f. $\bar{A} \cap \bar{B}$.
g. $B \cap \bar{B}$.
h. $C \cup \bar{C}$.
i. $(A \cup \bar{A}) \cap \bar{B}$.
j. $(A \cap B) \cup C$.
k. $(A \cup B) \cap C$.
l. $(A \cap C) \cup (B \cap C)$.
m. $(A \cup C) \cap (B \cup C)$.
n. $\overline{B \cap C}$.
o. $\overline{B \cup \bar{B}}$.
o. $A \cap (\bar{B} \cap C)$.

3. Si $A \subseteq B$ y $B \subseteq C$, halla:

a. $A \cup B$.
b. $A \cap B$.
c. $A \cup C$.
d. $A \cap C$.
e. $B \cup C$.
f. $B \cap C$.
g. $A \cup (B \cap C)$.
h. $A \cap (B \cup C)$.

4. Escribe todos los subconjuntos de:

a. $\{1, 2, 3\}$. **b.** $\{2, 4, 6, 8\}$. **c.** $\{a, e\}$.

1-3 El conjunto de los números naturales

En esta sección se analizarán aquellas propiedades de los números naturales que tienen más importancia en el desarrollo de este curso, junto con las operaciones aritméticas en este conjunto.

Suma

Los elementos con los cuales efectuamos una suma se llaman sumandos. **El resultado de la operación se llama total o suma.**

1. Propiedad de clausura
Si $a \in \mathbb{N}$ y $b \in \mathbb{N}$, entonces $a + b \in \mathbb{N}$.

El conjunto de los números naturales está cerrado bajo la operación suma. Esto significa que si tomamos dos números naturales y los sumamos, esta suma es también un número natural.

EJEMPLOS:

1. $2 \in \mathbb{N}$, $3 \in \mathbb{N}$, $2 + 3 = 5 \in \mathbb{N}$.

2. $5 \in \mathbb{N}$, $9 \in \mathbb{N}$, $5 + 9 = 14 \in \mathbb{N}$.

2. Propiedad conmutativa
Si $a \in \mathbb{N}$, $b \in \mathbb{N}$, entonces $a + b = b + a$.

Esta propiedad indica que al efectuar la suma, el orden de los sumandos no altera el total.

EJEMPLOS:

1. $2 + 3 = 5$ y $3 + 2 = 5$.

2. $4 + 5 = 9$ y $5 + 4 = 9$.

3. Propiedad asociativa
Si $a \in \mathbb{N}$, $b \in \mathbb{N}$, $c \in \mathbb{N}$, entonces $(a + b) + c = a + (b + c)$.

Esto es, la forma en que se agrupen los sumandos no altera el total.

EJEMPLOS:

1. $2 + (5 + 6) = (2 + 5) + 6$ ya que $2 + (5 + 6) = 2 + 11 = 13$
y $(2 + 5) + 6 = 7 + 6 = 13$

2. $5 + (4 + 9) = (5 + 4) + 9$ ya que $5 + (4 + 9) = 5 + 13 = 18$
y $(5 + 4) + 9 = 9 + 9 = 18$

3. $(6 + 3) + 2 = 6 + (3 + 2)$ ya que $(6 + 3) + 2 = 9 + 2 = 11$
y $6 + (3 + 2) = 6 + 5 = 11$

4. $3 + (4 + 5) = (3 + 4) + 5$ ya que $3 + (4 + 5) = 3 + 9 = 12$
y $(3 + 4) + 5 = 7 + 5 = 12$

Multiplicación

Los elementos con los cuales efectuamos la multiplicación se llaman factores. **El resultado de esta operación se llama producto.** El **producto de a y b** se puede escribir en distintas formas:

$$a \times b = (a)(b) = a \cdot b = ab.$$

La ausencia del símbolo de operación entre a y b indica multiplicación.

Si $a \times b = c$, decimos que: a es factor o divisor de c
b es factor o divisor de c
c es múltiplo de b y de a.

1. Propiedad de clausura
Si $a \in \mathbb{N}$ y $b \in \mathbb{N}$, entonces $ab \in \mathbb{N}$.

El conjunto de los números naturales está cerrado bajo la operación multiplicación. Esto significa que si multiplicamos dos números naturales, el producto es también un número natural.

EJEMPLOS:

1. $2 \in \mathbb{N}$, $3 \in \mathbb{N}$, entonces $2(3) = 6 \in \mathbb{N}$.

2. $5 \in \mathbb{N}$, $4 \in \mathbb{N}$, entonces $5(4) = 20 \in \mathbb{N}$.

2. Propiedad conmutativa
Si $a \in \mathbb{N}$ y $b \in \mathbb{N}$, entonces $a \cdot b = b \cdot a$.

La propiedad conmutativa indica que al multiplicar dos números naturales el orden de los factores no altera el producto.

EJEMPLOS:

1. $3 \cdot 2 = 2 \cdot 3$.

2. $5 \cdot 4 = 4 \cdot 5$.

3. $4 \cdot 7 = 7 \cdot 4$.

3. Propiedad asociativa
Si $a \in \mathbb{N}$, $b \in \mathbb{N}$, $c \in \mathbb{N}$, entonces $a(bc) = (ab)c$.

La forma en que se agrupen los factores no altera el producto.

EJEMPLOS:

1. $3 \in \mathbb{N}$, $2 \in \mathbb{N}$, $5 \in \mathbb{N}$
$(3 \cdot 2) \cdot 5 = 3 \cdot (2 \cdot 5)$ porque $(3 \cdot 2) \cdot 5 = 6 \cdot 5 = 30$
y $3 \cdot (2 \cdot 5) = 3 \cdot 10 = 30$

2. $4 \cdot (5 \cdot 2) = (4 \cdot 5) \cdot 2$ porque $4 \cdot (5 \cdot 2) = 4 \cdot 10 = 40$
y $(4 \cdot 5) \cdot 2 = 20 \cdot 2 = 40$

3. $(3 \cdot 5)(4) = 3 \cdot (5 \cdot 4)$ porque $(3 \cdot 5)(4) = 15 \cdot 4 = 60$
y $3 \cdot (5 \cdot 4) = 3 \cdot 20 = 60$

4. Ley distributiva de la multiplicación respecto a la suma
Si $a \in \mathbb{N}$, $b \in \mathbb{N}$, $c \in \mathbb{N}$, entonces $a(b + c) = ab + ac$.

La ley distributiva relaciona las operaciones de suma y multiplicación.

EJEMPLOS:

1. $3(4 + 5) = 3 \cdot 4 + 3 \cdot 5$ Aplicamos la propiedad distributiva
   Para hallar el valor de $3 \cdot 4 + 3 \cdot 5$, efectuamos las multiplicaciones antes de la suma. Esto es, $3 \cdot 4 + 3 \cdot 5 = 12 + 15 = 27$.
   Otra forma de encontrar el valor de $3(4+5)$ es: Primero se efectúa la operación dentro del paréntesis y luego la multiplicación, esto es, $3(4 + 5) = 3(9) = 27$.
2. $$\begin{aligned} 9(10 + 7) &= 9 \cdot 10 + 9 \cdot 7 \\ &= 90 + 63 \\ &= 153 \end{aligned}$$
   También: $9(10 + 7) = 9(17) = 153$.

Estas propiedades son útiles en cálculos aritméticos mentales.

EJEMPLOS:

1. $$\begin{aligned} 7 \cdot 22 &= 7(20 + 2) \\ &= 7 \cdot 20 + 7 \cdot 2 \quad \text{Aplicamos la propiedad distributiva.} \\ &= 140 + 14 = 154 \end{aligned}$$
2. $$\begin{aligned} 17 \cdot 31 &= 17(30 + 1) \\ &= 17(30) + 17(1) \quad \text{Aplicamos la propiedad distributiva.} \\ &= 510 + 17 = 527 \end{aligned}$$

Orden de las operaciones

Si en una expresión aparecen dos o más operaciones, es necesario determinar el orden en el cual las efectuaremos.

Cuando aparecen multiplicaciones y suma, las multiplicaciones se efectúan primero a menos que haya un símbolo de agrupación que requiera otra cosa. Si sólo aparecen multiplicaciones y divisiones, se efectúan las operaciones en el orden en que aparecen, de izquierda a derecha. Si en el ejercicio hay divisiones y sumas, las divisiones se efectúan primero a menos que haya un símbolo de agrupación que requiera otra cosa. Si existe el símbolo de agrupación, las operaciones dentro del símbolo se efectúan primero y siguiendo las mismas reglas.

EJEMPLOS:

1. $3 \cdot 2 + 5 = 6 + 5 = 11.$
2. $3(2 + 5) = 3(7) = 21$

   Podemos usar la ley distributiva y obtenemos

   $$3(2 + 5) = 3(2) + 3(5) = 6 + 15 = 21.$$
3. $5 + 4 \cdot 2 = 5 + 8 = 13.$
4. $(5 + 4) \cdot 2 = 9(2) = 18$

   Podemos usar la ley distributiva y obtenemos

   $$(5 + 4) \cdot 2 = 5 \cdot 2 + 4 \cdot 2 = 10 + 8 = 18.$$
5. $6 \div 2 \cdot 3 \cdot 3 = 3 \cdot 3 \cdot 3 = 27.$
6. $6 \div 2 \cdot 3 \div 3 = 3 \cdot 3 \div 3 = 9 \div 3 = 3.$
7. $8 \div 2 + 5 = 4 + 5 = 9.$
8. $5 + 3[4 + 2(1 + 7)] = 5 + 3[4 + 2 \cdot 8] = 5 + 3[4 + 16] = 5 + 3[20] = 5 + 60 = 65$

Resta

Definición

Si $a \in \mathbb{N}$, $b \in \mathbb{N}$, $a - b = c$ si existe $c \in \mathbb{N}$ y se verifica que $c + b = a$.

a se llama **minuendo**

b se llama **sustraendo**

c se llama **diferencia**

$5 - 2 = 3$ porque $3 + 2 = 5$

$9 - 4 = 5$ porque $5 + 4 = 9$

Las propiedades conmutativa, asociativa y de clausura no se aplican en la resta.

EJEMPLOS:

1. $3 \in \mathbb{N}$, $6 \in \mathbb{N}$, $3 - 6 \notin \mathbb{N}$, ya qué no existe un número natural c tal que $c + 6 = 3$. Vemos que no se verifica la propiedad de clausura.
2. $6 - 3 \neq 3 - 6$; la propiedad conmutativa no se aplica.

3. $5-(3-2) \neq (5-3)-2$ porque $5-(3-2) = 5-1 = 4$ y $(5-3)-2 = 2-2 = 0$, lo que nos indica que la propiedad asociativa no se verifica en la resta de números naturales.

El número 0

Supongamos que $a = b$; entonces $a - b = a - a = c$ tal que $\mathbf{c + a = a}$, pero no existe $c \in \mathbb{N}$ que satisfaga esta condición. Introducimos un símbolo nuevo que llamamos cero y lo representamos con el símbolo 0. **El número 0 tiene las siguientes propiedades:**

$$\mathbf{0 + 0 = 0} \qquad \mathbf{a + 0 = a = 0 + a}, \qquad \textbf{para todo } \mathbf{a \in \mathbb{N}}$$

$$\mathbf{0 \cdot 0 = 0} \qquad \mathbf{a \cdot 0 = 0 = 0 \cdot a}, \qquad \textbf{para todo } \mathbf{a \in \mathbb{N}}$$

El número 0 se llama identidad respecto a la operación suma porque $a+0 = 0+a = a$, para todo $a \in \mathbb{N}$.

La unión del conjunto que contiene el elemento 0 con el conjunto de los números naturales forma un nuevo conjunto que representamos con: $\{0, 1, 2, 3, 4, \ldots\}$. Simbólicamente: $\{0\} \cup \mathbb{N} = \{0, 1, 2, 3, 4, \ldots\}$.

Las propiedades de clausura, conmutativa y asociativa no se aplican en la resta.

EJEMPLOS:

1. $3 \in \mathbb{N}$, $6 \in \mathbb{N}$, $3 - 6 \notin \mathbb{N}$, ya que no existe un número natural c tal que $c + 6 = 3$. Vemos que no se verifica la propiedad de clausura.
2. $6 - 3 \neq 3 - 6$, la propiedad conmutativa no aplica.
3. $5-(3-2) \neq (5-3)-2$, porque $5-(3-2) = 5-1 = 4$ y $(5-3)-2 = 2-2 = 0$. Lo que nos indica que la propiedad asociativa no se verifica en la resta de números naturales.

División

Definición

Si $a \in \mathbb{N}$, $b \in \mathbb{N}$, $a \div b = c$ si existe $c \in \mathbb{N}$ y se verifica que $cb = a$.

a se llama **dividendo**

b se llama **divisor**

c se llama **cociente**

Si existe $c \in \mathbb{N}$ tal que $a \div b = c$, decimos que **b divide al número a** o que **b es un factor de a** y que **a es múltiplo de c y de b.** Decimos también que **a es divisible por c y por b.**

Todo número diferente de 0 es divisible por sí mismo y por 1.

EJEMPLOS:

1. $15 \div 3 = 5$ porque $5 \cdot 3 = 15$. Decimos que:

3 divide a 15 (o 3 es factor de 15)

5 divide a 15 (o 5 es factor de 15)

15 es múltiplo de 3 y de 5

15 es divisible por 3 y por 5.

2. $36 \div 12 = 3$ porque $3 \cdot 12 = 36$. Decimos que:

3 es factor de (o divide a) 36

12 es factor de (o divide a) 36

36 es un múltiplo de 12 y de 3

36 es divisible por 12 y por 3.

En general, **para los números naturales n y r, decimos que n es múltiplo de r si existe un elemento en $\mathbb{N}$, digamos t, tal que $n = r \cdot t$.** Cualquier número n es múltiplo de sí mismo, ya que $n \cdot 1 = n$, y todo número es múltiplo de 1, ya que $1 \cdot n = n$. **El número 1 se llama identidad bajo multiplicación** porque $1 \cdot n = n \cdot 1 = n$.

EJEMPLOS:

1. 50 es múltiplo de 10 porque $50 = 10 \cdot 5$. Otros múltiplos de 10 son: 10, 20, 30, 40, 60, 70, ...

2. Como $16 \cdot 1 = 16$ $\quad 16 \cdot 5 = 80$

$16 \cdot 2 = 32$ $\quad 16 \cdot 10 = 160$

$16 \cdot 3 = 48$ $\quad 16 \cdot 20 = 320$

$16 \cdot 4 = 64$ $\quad 16 \cdot 100 = 1600$,

el conjunto de múltiplos de 16 es: $\{16, 32, 48, \ldots, 16n, \ldots\}$, $n \in \mathbb{N}$. Todos los múltiplos de 16 se escriben como $16 \cdot n$, donde $n \in \mathbb{N}$.

Las propiedades conmutativa, asociativa y de clausura no se aplican en la división de números naturales.

EJEMPLOS:

1. $9 \div 2 \notin \mathbb{N}$ porque no existe un número natural c tal que $2 \cdot c = 9$. En este caso decimos que:

2 no es factor de 9
2 no divide a 9
9 no es múltiplo de 2
9 no es divisible por 2.

2. $15 \div 4 \notin \mathbb{N}$ porque no existe un número natural c tal que $4 \cdot c = 15$. En este caso decimos que:

4 no es factor de 15
4 no divide a 15
15 no es múltiplo de 4
15 no es divisible por 4.

3. $17 \div 9 \notin \mathbb{N}$ porque no existe $c \in \mathbb{N}$ tal que $9 \cdot c = 17$. Por eso decimos que:

9 no divide a 17
9 no es factor de 17
17 no es múltiplo de 9
17 no es divisible por 9.

4. $3 \div 6 \neq 6 \div 3$, ya que $3 \div 6 \notin \mathbb{N}$ y $6 \div 3 = 2$; la propiedad conmutativa no se aplica en la división de números naturales.

5. $6 \div (3 \div 2) \neq (6 \div 3) \div 2$ ya que $6 \div (3 \div 2) \notin \mathbb{N}$ y $(6 \div 3) \div 2 = 2 \div 2 = 1$, lo que nos indica que la propiedad asociativa no se verifica en la división de números naturales.

Si existen elementos para los cuales una propiedad no se verifica, esto es suficiente para decir que la propiedad no se aplica. Sin embargo, para probar que la propiedad se aplica, no es suficiente demostrar que es cierta para algunos elementos.

1-3 EJERCICIOS

1. Decide si los siguientes conjuntos están cerrados bajo las operaciones de suma o multiplicación:

a. $\{0\}$

b. $\{1\}$

c. $\{x | x \text{ es un número natural impar}\}$

d. $\{5, 10, 15, 20\}$

e. $\{y | y \text{ es un número natural par menor que } 100\}$

2. Escribe las leyes (propiedades) que justifican la igualdad:

a. $5 + (3 + 4) = 5 + (4 + 3)$

b. $5(3 + 4) = 5(4 + 3)$

c. $5 + (3 + 4) = (5 + 4) + 3$

d. $5(3 + 4) = 5 \cdot 7 = 35$

e. $5(3 + 4) = 5 \cdot 4 + 3 \cdot 5$

f. Si $a, b, c \in \mathbb{N}$, entonces $(ab)c = a(cb)$

g. Si $a, b, c \in \mathbb{N}$, entonces $a(b + c) = ac + ab$

h. $5(3 \cdot 4) = 5(4 \cdot 3)$

i. $5(3 \cdot 4) = (3 \cdot 5) \cdot 4$

j. $5(3 \cdot 4) = 5 \cdot 12 = 60$

k. $5(3 \cdot 4) = (3 \cdot 4) \cdot 5$

3. Efectúa las operaciones indicadas:

a. $5 \cdot (7 + 8)$

b. $5 \cdot 7 + 8$

c. $5 \cdot 7 + 5 \cdot 8$

d. $5 \cdot 8 + 7$

e. $5 \cdot 8 + 5 \cdot 10$

f. $5 \cdot (8 + 5) \cdot 10$

g. $5 + 7(3 + 10)$

h. $(5 + 7)(3 + 10)$

4. Aplica la ley distributiva para escribir una forma equivalente:

a. $5(x + y)$

b. $5x + 3x$

c. $x + nx + 2x$

d. $(x + 3)(5) + (x + 3)(n)$

e. $8x + 8$

f. $(x + 5)(n) + (x + 5)$

5. Usa la ley distributiva y otras propiedades de los números naturales para hallar:

a. 85(102)

b. 85(110)

c. 85(1100)

d. 103(105)

e. 103(110)

f. 103(1100)

1-4 Divisores y múltiplos de números naturales

Entre los divisores de los números naturales, nos interesan en particular los divisores primos.

Un número es **primo** si es mayor que 1 y tiene exactamente dos factores (o divisores) diferentes, que son el propio número y el número 1. Un número **compuesto** es aquel que tiene otros factores además del propio número y el número 1.

EJEMPLOS:

1. 2, 3, 5, 7, 11, 13, 17 son los números primos más pequeños. El 1 no es un número primo.

2. 4 es un número compuesto porque tiene más de dos divisores (o factores) diferentes, que son 4, 1, 2.

3. 12 es un número compuesto porque tiene más de dos divisores diferentes (o factores), que son: 12, 1, 2, 6, 4, 3.

4. El 1 no es un número compuesto.

Factorización

Para facilitar la factorización de números compuestos, hacemos uso del teorema fundamental de la aritmética.

Teorema fundamental de la aritmética

Un número natural $n > 1$, o es primo, o se puede expresar como un producto de factores primos en forma única (excepto por el orden de los factores) o bien como un producto de potencias de primos.

Hagamos uso del teorema fundamental de la aritmética para expresar 24 como producto de potencias de primos. Veamos cómo se hace:

$$24 = 2 \cdot 12 = 2 \cdot 2 \cdot 6 = 2 \cdot 2 \cdot 2 \cdot 3 = 2^3 \cdot 3$$

2^3 es una forma abreviada de escribir $2 \cdot 2 \cdot 2$.

En general, para expresar 24 como producto de potencias de primos, se puede hacer uso de un árbol de factores como sigue:

24	o	24	o	24
∧		∧		∧
$4 \cdot 6$		$2 \cdot 12$		$2 \cdot 12$
∧ ∧		∧		∧
$2 \cdot 2 \cdot 2 \cdot 3$		$2 \cdot 2 \cdot 6$		$2 \cdot 6$
$2^3 \cdot 3$		∧		∧
		$2 \cdot 2 \cdot 2 \cdot 3$		$2 \cdot 3$
		$2^3 \cdot 3$		$24 = 2 \cdot 2 \cdot 2 \cdot 3$
				$= 2^3 \cdot 3$

También podemos realizar divisiones repetidas. Usamos divisores que son números primos, por ejemplo:

$$
\begin{array}{r|l}
2 & 24 \\ \hline
2 & 12 \\ \hline
2 & 6 \\ \hline
3 & 3 \\ \hline
 & 1
\end{array}
\qquad
\begin{array}{r|l}
3 & 24 \\ \hline
2 & 8 \\ \hline
2 & 4 \\ \hline
2 & 2 \\ \hline
 & 1
\end{array}
\qquad
\begin{array}{r|l}
2 & 24 \\ \hline
3 & 12 \\ \hline
2 & 4 \\ \hline
2 & 2 \\ \hline
 & 1
\end{array}
$$

$$
\begin{array}{lll}
24 = 2 \cdot 2 \cdot 2 \cdot 3 & 24 = 2 \cdot 2 \cdot 2 \cdot 3 & 24 = 2 \cdot 2 \cdot 2 \cdot 3 \\
\quad = 2^3 \cdot 3 & \quad = 2^3 \cdot 3 & \quad = 2^3 \cdot 3
\end{array}
$$

Observa que se efectúan las divisiones hasta obtener 1 como cociente.

Veamos cómo se representa 360 como producto de potencias de primos.

$$
\begin{array}{c}
360 \\
\wedge \\
36 \cdot 10 \\
\wedge \quad \wedge \\
6 \cdot 6 \cdot 2 \cdot 5 \\
\wedge \quad \wedge \\
2 \cdot 3 \cdot 2 \cdot 3 \cdot 2 \cdot 5
\end{array}
\quad \text{o} \quad
\begin{array}{r|l}
2 & 360 \\ \hline
2 & 180 \\ \hline
2 & 90 \\ \hline
3 & 45 \\ \hline
3 & 15 \\ \hline
5 & 5 \\ \hline
 & 1
\end{array}
\quad \text{o} \quad
\begin{array}{r|l}
2 & 360 \\ \hline
3 & 180 \\ \hline
5 & 60 \\ \hline
2 & 12 \\ \hline
3 & 6 \\ \hline
2 & 2 \\ \hline
 & 1
\end{array}
$$

Se obtiene $360 = 2 \cdot 2 \cdot 2 \cdot 3 \cdot 3 \cdot 5 = 2^3 \cdot 3^2 \cdot 5$.

Expresemos 490 como producto de potencias de primos.

$$
\begin{array}{c}
490 \\
\wedge \\
49 \cdot 10 \\
\wedge \quad \wedge \\
7 \cdot 7 \cdot 2 \cdot 5
\end{array}
\quad \text{o} \quad
\begin{array}{r|l}
2 & 490 \\ \hline
5 & 245 \\ \hline
7 & 49 \\ \hline
7 & 7 \\ \hline
 & 1
\end{array}
\quad \text{o} \quad
\begin{array}{r|l}
5 & 490 \\ \hline
2 & 98 \\ \hline
7 & 49 \\ \hline
7 & 7 \\ \hline
 & 1
\end{array}
$$

Obtenemos $490 = 7 \cdot 7 \cdot 2 \cdot 5 = 7^2 \cdot 2 \cdot 5$.

En estos ejemplos hemos usado las leyes conmutativa y asociativa de la multiplicación.

Un número es par si tiene a 2 como uno de sus divisores (o factores). Todo número par termina en 0, 2, 4, 6, 8. Si el número termina en 0 ó 5, tiene el divisor (o factor) 5.

Definición: Divisor común mayor

Dados dos números naturales a y b, es posible determinar un número natural único c tal que

1. $c \neq 0$.

2. c es factor de a.

3. c es factor de b.

4. c es el factor mayor que divide a ambos.

El número c se llama divisor común mayor de a y b.

En este libro usaremos del símbolo D_a para representar el conjunto de los divisores de a. Representaremos el **divisor común mayor de a y b como DCM(a, b).**

EJEMPLOS:

1. Halla el divisor común mayor de 24 y 36:

a. $D_{24} = \{x|x \text{ es divisor de } 24\} = \{1, 24, 3, 8, 2, 12, 4, 6\}$
b. $D_{36} = \{x|x \text{ es divisor de } 36\} = \{1, 36, 3, 12, 4, 9, 18, 2, 6\}$
c. Queremos hallar elementos que pertenecen a D_{24} y D_{36}. Estos elementos que son comunes a ambos conjuntos pertenecen a $D_{24} \cap D_{36}$.
$D_{24} \cap D_{36} = \{1, 2, 3, 4, 6, 12\}$. Se selecciona el elemento mayor en este conjunto y decimos que 12 es el divisor común mayor de 24 y 36, esto es, DCM(24, 36) = 12.

2. Halla el divisor común mayor de 40 y 60:

$D_{40} = \{1, 40, 2, 20, 4, 10, 5, 8\}$
$D_{60} = \{1, 60, 2, 30, 3, 20, 4, 15, 5, 12, 6, 10\}$
$D_{40} \cap D_{60} = \{1, 2, 4, 5, 10, 20\}$.
Decimos que el divisor común mayor de 40 y 60 es 20, esto es, DCM(40, 60) = 20.

Ahora se expondrá un método más fácil para hallar el divisor común mayor de dos o más números.

1. Se escribe cada uno de los números que no son primos como un producto de potencias de primos.
2. Se escogen todos los primos que son comunes a estos números.
3. Se escogen la potencia mayor de cada uno de estos primos que es común a los números dados.
4. Se multiplican estas potencias.

EJEMPLOS:

1. Halla el divisor común mayor de 24 y 36:

a. Se expresan los números como un producto de potencias de primos:

$$24 = 2^3 \cdot 3$$
$$36 = 2^2 \cdot 3^2$$

b. Se escogen el 2 y el 3, que son factores primos comunes a estos números.
c. Se escogen la potencia mayor de cada uno de estos dos números que es común a 24 y 36, es decir, 2^2 y 3.
d. El divisor común mayor es el producto de 2^2 y 3, esto es, DCM(24, 36) = $2^2 \cdot 3 = 4 \cdot 3 = 12$.

2. Halla el divisor común mayor de 40 y 60:

a. Se escribe cada uno de los números como potencia de primos.

$$40 = 2^3 \cdot 5$$

$$60 = 2^2 \cdot 3 \cdot 5$$

b. Los factores primos comunes a 40 y 60 son 2 y 5.
c. Las potencias mayores de 2 y 5 que son comunes a 40 y 60 son 2^2 y 5.
d. $\text{DCM}(40, 60) = 2^2 \cdot 5 = 20$.

3. Halla el divisor común mayor de a y b si

$$a = 2^3 \cdot 3^2 \cdot 5 \cdot 7^3 \qquad b = 2^2 \cdot 3^3 \cdot 5$$

Puesto que los dos números están escritos como un producto de potencias de primos, continuamos con el paso **b.** Escogemos el 2, el 3 y el 5 que son los factores primos comunes a ambos números, y luego escogemos la potencia mayor de cada uno de estos números primos que es común a ambos. Así, se tienen: 2^2, 3^2 y 5.

4. $\text{DCM}(a, b) = 2^2 \cdot 3^2 \cdot 5 = 180$.

Si el divisor común mayor de los números dados es 1, decimos que los números son primos entre sí o que son relativamente primos, o bien que son coprimos. Por ejemplo:

8 y 9 son relativamente primos ya que $\text{DCM}(8, 9) = 1$.
15, 8 y 49 son relativamente primos ya que $\text{DCM}(8, 15, 49) = 1$.

Múltiplo común menor
Dado un número natural a, llamamos múltiplos de a a los números naturales divisibles por a. Los múltiplos de a se pueden representar con el símbolo $a \cdot n$, donde $n \in \mathbb{N}$. Usaremos el símbolo M_a para indicar el conjunto de los múltiplos de a.

EJEMPLOS:

1. El conjunto de los múltiplos de 3 es $M_3 = \{3, 6, 9, 12, \ldots\} = \{3n | n \in \mathbb{N}\}$
2. El conjunto de los múltiplos de 2 es $M_2 = \{2, 4, 6, 8, 10, \ldots\} = \{2n | n \in \mathbb{N}\}$
3. El conjunto de los múltiplos de 6 es $M_6 = \{6, 12, 18, 24, \ldots\} = \{6n | n \in \mathbb{N}\}$

Dados dos o más números naturales, podemos hablar del múltiplo común menor de éstos.

Definición: Múltiplo común menor de a y b
c es el múltiplo común menor de a y b si: **1.** $c \neq 0$. **2.** a divide a c. **3.** b divide a c. **4.** c es el número natural menor que es divisible por ambos. El múltiplo común menor de a y b se representa con el símbolo MCM(a, b).

EJEMPLOS:

1. Halla el múltiplo común menor de 8 y 10. El conjunto de los múltiplos de 8 es $M_8 = \{8, 16, 24, 32, 40, 48, \ldots\} = \{8n | n \in \mathbb{N}\}$. El conjunto de los múltiplos de 10 es $M_{10} = \{10, 20, 30, 40, 50, \ldots\} = \{10n | n \in \mathbb{N}\}$. El conjunto de los múltiplos comunes a 8 y 10 es $M_8 \cap M_{10} = \{40, 80, 120, \ldots\} = \{40n | n \in \mathbb{N}\}$. El elemento menor que pertenece a $M_8 \cap M_{10}$ es 40. Por lo tanto, MCM$(10, 8) = 40$.
2. Halla el MCM$(6, 8)$:
   $M_6 = \{6, 12, 18, 24, 30, 36 \ldots\} = \{6n | n \in \mathbb{N}\}$
   $M_8 = \{8, 16, 24, 32, 40, 48 \ldots\} = \{8n | n \in \mathbb{N}\}$
   $M_6 \cap M_8 = \{24, 48, 72, \ldots\} = \{24n | n \in \mathbb{N}\}$
   MCM$(6, 8) = 24$.
3. Halla el MCM$(2, 4, 6)$:
   $M_2 = \{2, 4, 6, 8, 10, 12, 14, \ldots\} = \{2n | n \in \mathbb{N}\}$
   $M_4 = \{4, 8, 12, 16, 20, 24, 28, \ldots\} = \{4n | n \in \mathbb{N}\}$
   $M_6 = \{6, 12, 18, 24, 30, \ldots\} = \{6n | n \in \mathbb{N}\}$
   $M_2 \cap M_4 \cap M_6 = \{12, 24, 36, \ldots\} = \{12n | n \in \mathbb{N}\}$
   MCM$(2, 4, 6) = 12$.

Existe un método más fácil para hallar el MCM de dos o más números.

1. Se escribe cada número que no sea primo como producto de potencias de primos.
2. Se escogen los números primos diferentes que aparecen en las factorizaciones.
3. Se escogen las potencias mayores de estos números primos.
4. El MCM es el producto de las potencias mayores de estos números primos.

EJEMPLOS:

1. Halla el múltiplo común menor de 6 y 8:
   1. Se expresan 6 y 8 como productos de potencias de primos:

$$6 = 2 \cdot 3 \qquad 8 = 2^3$$

2. Se escogen los números primos que aparecen en una u otra factorización, es decir, 2 y 3.
3. Se escogen las potencias mayores de estos números primos, que son 2^3 y 3.
4. El múltiplo común menor es el producto de las potencias mayores de estos números primos. Esto es:

$$2^3 \cdot 3 = 24 = \mathrm{MCM}(6, 8).$$

2. Halla el múltiplo común menor de 20, 40 y 60:

$$20 = 2^2 \cdot 5 \qquad 40 = 2^3 \cdot 5 \qquad 60 = 2^2 \cdot 3 \cdot 5$$

Los números primos diferentes que aparecen en la factorización son 2, 3 y 5. Escogemos las potencias mayores de estos primos, que son 2^3, 3 y 5. Por lo tanto:

$$\mathrm{MCM}(20, 40, 60) = 2^3 \cdot 3 \cdot 5 = 120.$$

3. Halla el MCM(24, 150):

$$24 = 2^3 \cdot 3 \qquad 150 = 2 \cdot 3 \cdot 5^2$$

Los números primos diferentes que aparecen en ambas factorizaciones son 2, 3 y 5.
Escogemos las potencias mayores que aparecen en las factorizaciones 2^3, 3 y 5^2, y tenemos:

$$\mathrm{MCM}(24, 150) = 2^3 \cdot 3 \cdot 5^2 = 600.$$

1-4 EJERCICIOS

1. Expresa cada uno de los siguientes números como producto de potencias de números primos:

a. 72	**g.** 320	**m.** 300
b. 196	**h.** 648	**n.** 960
c. 216	**i.** 4800	**o.** 6250
d. 1250	**j.** 64000	**p.** 4700
e. 135	**k.** 820	**q.** 1152
f. 1350	**l.** 108900	**r.** 265

2. Halla el conjunto de divisores indicado:

a. D_{15}	**d.** $D_{48} \cap D_{72}$
b. D_{48}	**e.** $D_{50} \cap D_{100}$
c. D_{72}	**f.** $D_{14} \cap D_{15}$

3. Halla el conjunto de múltiplos indicado:

a. M_{15}
b. M_{48}
c. M_{72}
d. $M_{48} \cap M_{72}$
e. $M_{50} \cap M_{100}$
f. $M_{20} \cap M_{21}$

4. a. Halla el conjunto de todos los factores (divisores) de 320.
b. ¿Es 3 divisor de 320?
c. Indica si 320 es múltiplo de 20 y explica tu contestación.
d. Escribe cuatro múltiplos de 320.

5. Halla el divisor común mayor de:

a. 72 y 108
b. 120 y 240
c. 132 y 144
d. 216 y 875
e. 648 y 972
f. 90, 225 y 450
g. 150, 210 y 1050
h. 116, 210 y 630

6. Halla el múltiplo común menor de:

a. 72 y 108
b. 120 y 240
c. 132 y 144
d. 320 y 640
e. 648 y 972
f. 90, 225 y 450
g. 150, 210 y 1050
h. 116, 210 y 630

7. Si el divisor común mayor de dos números es 1, ¿qué puedes decir del múltiplo común menor de éstos?

8. Escribe tres números tales que 30 sea el divisor común mayor.

9. Escribe tres números tales que 48 sea su múltiplo común menor.

Capítulo 1 Ejercicios de repaso

1. Indica qué conjuntos están "bien definidos":

a. El conjunto de los niños ricos de la escuela.
b. El conjunto de los libros grandes.
c. El conjunto de los números naturales mayores que 100.

2. Escribe los siguientes conjuntos indicando los elementos de cada uno:

a. El conjunto de las letras que forman la palabra MATEMÁTICAS.

b. El conjunto de los elefantes rosados que toman esta clase.

c. El conjunto de meses que comienzan con vocal.

d. El conjunto de números naturales mayores que 20.

3. Indica qué símbolo, $\in$ o $\notin$ hace cierto a cada enunciado:

a. $3\_\{1,2,3\}$.

b. $0\_\emptyset$.

c. $3\_\{1,2\}$.

d. $2\_\{3,4,\ldots,10\}$.

e. $2\_\{1,2,3,4,5,\ldots,10\}$

f. $2\_\{2\}$.

g. $a\_\emptyset$.

h. $\emptyset\_\{1,2,3\}$.

i. $0\_\{1,2\}$.

j. $1\_\{1\}$.

4. Si $U = \{p,i,e,d,r,a\}$, $A = \{d,a,r\}$, $B = \{p,i,e\}$ y $C = \{p,e,d,i,r\}$:

i. Halla los siguientes conjuntos:

a. $A \cap B$

b. $A \cup B$

c. $A \cup \emptyset$

d. $A \cap \bar{B}$

e. $\overline{A \cap B}$

f. $(A \cap B) \cap \bar{C}$

ii. Escribe todos los subconjuntos del conjunto B y del conjunto C.

5. Identifica la propiedad que se usa en cada una de las siguientes igualdades:

a. $3 \cdot 2 = 2 \cdot 3$

b. $3(2+3) = 3(3+2)$

c. $1 \cdot 8 = 8$

d. $6(3+5) = 6 \cdot 3 + 6 \cdot 5$

e. $(3+5)6 = 3 \cdot 6 + 5 \cdot 6$

f. $3(2 \cdot 4) = (3 \cdot 2)4$

g. $8 \cdot 0 = 0$

h. $6(3+5) = (3+5)6$

6. Aplica la ley distributiva para escribir una forma equivalente:

a. $3(x+y)$

b. $3(2x+y+3)$

c. $9x+9$

d. $(x+1)x$

e. $mx+my$

f. $2x+3x$

g. $x+5x+8x$

h. $2(x+1)+3(x+1)$

i. $2(x+3)+x(x+3)$

j. $(m+n)(m+n)$

7. Expresa cada uno de los siguientes números como producto de potencias de números primos:

a. 504

b. 2475

c. 11250

f. 221

g. 455

h. 33600

8. Halla el divisor común mayor en cada uno de los siguientes ejercicios:

a. 20 y 32
b. 108 y 72
c. 180 y 168
d. 56 y 72
e. 84 y 92
f. 20, 24 y 12

9. Halla el múltiplo común menor en cada uno de los siguientes ejercicios:

a. 24 y 82
b. 56 y 72
c. 24 y 36
d. 963 y 657
e. 8, 24 y 52
f. 72, 90 y 96

CAPÍTULO 2

Números racionales positivos

2-1 Conceptos básicos del conjunto de los números racionales positivos

En esta sección trabajaremos con el conjunto de los números racionales positivos usando las propiedades básicas del conjunto de los números naturales.

Definición del conjunto de los números racionales positivos, $\mathbb{Q}^+$

Definición:
Se llama conjunto de números racionales positivos y se representa con el símbolo $\mathbb{Q}^+$, el conjunto de los números de la forma $\frac{a}{b}$, donde a y b son números naturales. Esto es, $\mathbb{Q}^+ = \{\frac{a}{b} \mid a \in \mathbb{N} \text{ y } b \in \mathbb{N}\}$.

Es decir, Q^+ es el conjunto de los números que se pueden escribir como la razón entre dos números naturales.

En la fracción $\frac{a}{b}$, **a se llama numerador y b se llama denominador de la fracción.**

EJEMPLOS: $\frac{1}{2}, \frac{3}{5}, \frac{4}{6}, \frac{3}{3}, \frac{2}{1}, \frac{7}{10}, \frac{8}{2}, \ldots$

Podemos decir que una fracción es otra manera de representar un cociente. Esto es, $\frac{a}{b} = a \div b$.

EJEMPLOS:

1. $\frac{6}{2} = 6 \div 2 = 3$

2. $\frac{3}{5} = 3 \div 5$

3. $\frac{0}{1} = 0 \div 1 = 0$

4. $2 \div 6 = \frac{2}{6}$

5. $3 \div 1 = \frac{3}{1} = 3$

6. $10 \div 2 = \frac{10}{2} = 5$

Decimos que $\frac{a}{b}$ **es una fracción propia si** $a < b$ y **es una fracción impropia si** $a \geq b$.

EJEMPLOS:

1. $\frac{3}{4}, \frac{2}{3}, \frac{1}{2}, \frac{4}{8}$ son fracciones propias.

2. $\frac{7}{5}, \frac{4}{3}, \frac{9}{8}, \frac{3}{3}$ son fracciones impropias.

Definición:
Dos fracciones son homogéneas si tienen el mismo denominador.

EJEMPLOS:

1. $\frac{3}{5}$ y $\frac{2}{5}$ son fracciones homogéneas.

2. $\frac{7}{4}$ y $\frac{3}{4}$ son fracciones homogéneas.

3. $\frac{3}{7}$ y $\frac{3}{5}$ no son fracciones homogéneas.

4. $\frac{9}{8}$ y $\frac{5}{3}$ no son fracciones homogéneas.

Definición: Igualdad de fracciones positivas
Decimos que la fracción $\frac{a}{b}$ es equivalente a $\frac{c}{d}$ y lo escribimos $$\frac{a}{b} = \frac{c}{d}, \text{ si } ad = bc.$$

EJEMPLOS:

1. $\frac{1}{2} = \frac{3}{6}$ ya que $1 \cdot 6 = 2 \cdot 3$.

2. $\frac{5}{4} = \frac{25}{20}$ ya que $5 \cdot 20 = 4 \cdot 25$.

3. $\frac{7}{11} = \frac{28}{44}$ ya que $7 \cdot 44 = 28 \cdot 11$.

4. Determina si $\frac{6}{7}$ es equivalente a $\frac{7}{8}$

$\frac{6}{7} \neq \frac{7}{8}$ ya que $6 \cdot 8 \neq 7 \cdot 7$.

5. ¿Es $\frac{4}{9}$ equivalente a $\frac{16}{12}$?

$\frac{4}{9} \neq \frac{16}{12}$ ya que $4 \cdot 12 \neq 16 \cdot 9$

¿Cómo obtenemos fracciones equivalentes a una fracción dada?

Observemos los siguientes ejemplos de fracciones equivalentes:

1. $\frac{1}{2} = \frac{5}{10} = \frac{6}{12} = \frac{8}{16} = \frac{9}{18} = \frac{7}{14} = \cdots$

2. $\frac{3}{5} = \frac{6}{10} = \frac{9}{15} = \frac{12}{20} = \frac{15}{25} = \cdots$

3. $\frac{8}{3} = \frac{16}{6} = \frac{40}{15} = \frac{32}{12} = \cdots$

¿Qué relación observas entre la primera fracción de cada ejemplo y la segunda del mismo ejemplo, entre la primera y la tercera, y entre la primera y la cuarta?

Observa que si multiplicas el numerador y el denominador de una fracción por el mismo número diferente de cero, obtienes una fracción equivalente a la fracción dada. Esto es:

$$\frac{8}{3} = \frac{8 \cdot 2}{3 \cdot 2} = \frac{16}{6}$$

$$\frac{8}{3} = \frac{8 \cdot 5}{3 \cdot 5} = \frac{40}{15}$$

$$\frac{8}{3} = \frac{8 \cdot 4}{3 \cdot 4} = \frac{32}{12}$$

Podemos generalizar y decir que se obtienen fracciones equivalentes a una fracción dada multiplicando el numerador y el denominador de la fracción por el mismo número si este número es diferente de cero. Esto es,

$$\frac{a}{b} = \frac{ak}{bk}, \qquad k \neq 0$$

Vemos que $abk = bak$, lo que nos indica que la relación que expresamos en la definición es cierta. (Recordemos la conmutatividad en la multiplicación de los números naturales.)

EJEMPLOS:

1. Halla una fracción equivalente a $\frac{3}{5}$ con denominador 30.

$$\frac{3}{5} = \frac{3 \cdot 6}{5 \cdot 6} = \frac{18}{30}$$

2. Halla una fracción equivalente a $\frac{4}{7}$ con numerador 20.

$$\frac{4}{7} = \frac{4 \cdot 5}{7 \cdot 5} = \frac{20}{35}$$

3. Halla una fracción equivalente a $\frac{9}{8}$ con denominador 72.

$$\frac{9}{8} = \frac{9 \cdot 9}{8 \cdot 9} = \frac{81}{72}$$

Simplificación de fracciones

Decimos que **una fracción está en su forma más simple (o reducida) si el numerador y el denominador tienen como único factor común el número 1.** Esto es, si el divisor común mayor del numerador y el denominador es 1. En otras palabras, la fracción está en su forma más simple si el numerador y el denominador son relativamente primos.

EJEMPLOS:

1. $\frac{2}{3}$ está en su forma más simple, ya que 2 y 3 son relativamente primos.

2. $\frac{8}{9}$ está en su forma más simple, ya que 1 es el único factor común a 8 y 9.

3. $\frac{33}{49}$ está en su forma más simple.

4. $\frac{6}{8}$ no está en su forma más simple porque, además del número 1, 2 es un factor común a 6 y 8.

Para escribir una fracción en su forma más simple (o reducida), dividimos el numerador y el denominador por los factores comunes a ambos. Esto es, dividimos el numerador y el denominador por su divisor común mayor.

EJEMPLOS:

1. Simplifica $\frac{15}{25}$.
15 y 25 tienen el divisor común 5:

$$\frac{15}{25} = \frac{3 \cdot 5}{5 \cdot 5}$$

Si dividimos el numerador y el denominador por 5, obtenemos $\frac{15}{25} = \frac{3}{5}$.

Si el numerador y el denominador están expresados como productos de potencias de primos, simplificamos la fracción de la siguiente manera:

2. $\frac{84}{105} = \frac{2^2 \cdot 3 \cdot 7}{3 \cdot 5 \cdot 7} = \frac{4}{5}$ Dividimos el numerador y el denominador entre $3 \cdot 7$.

3. $\frac{2^2 \cdot 3^2 \cdot 5}{2 \cdot 3 \cdot 5^2} = \frac{2 \cdot 3}{5} = \frac{6}{5}$ Dividimos el numerador y el denominador entre $2 \cdot 3 \cdot 5$. Recuerda: $2^2 = 2 \cdot 2$, $3^2 = 3 \cdot 3$, $5^2 = 5 \cdot 5$

4. Halla una fracción equivalente a $\frac{49}{63}$ con denominador 45.

Simplificamos la fracción $\frac{49}{63}$:

$$\frac{49}{63} = \frac{7 \cdot 7}{7 \cdot 9} = \frac{7}{9}$$

Usamos la fracción simplificada y obtenemos una fracción equivalente con denominador 45:

$$\frac{7}{9} = \frac{7 \cdot 5}{9 \cdot 5} = \frac{35}{45}$$

$$\frac{49}{63} = \frac{35}{45}$$

Ordenación de fracciones positivas

Dadas las fracciones $\frac{a}{b}$ y $\frac{c}{d}$, una de las siguientes relaciones es cierta.

$$1.\ \frac{a}{b} = \frac{c}{d} \quad \text{o} \quad 2.\ \frac{a}{b} > \frac{c}{d} \quad \text{o} \quad 3.\ \frac{a}{b} < \frac{c}{d}$$

Esto permite ordenar las fracciones de menor a mayor o de mayor a menor, según sea el caso.

EJEMPLOS:

$$\frac{4}{6} < \frac{5}{6}, \quad \frac{8}{7} < \frac{10}{7}, \quad \frac{5}{9} > \frac{2}{9}$$

Observa que hemos ordenado fracciones con el mismo denominador.

Si las dos fracciones son homogéneas, será menor aquella cuyo numerador sea menor. Esto es,

$$\frac{a}{b} < \frac{c}{b} \text{ si } a < c$$

$$\frac{a}{b} < \frac{c}{b} \text{ implica que } \frac{c}{b} > \frac{a}{b}$$

Cuando las fracciones no son homogéneas, puedes hacerlas homogéneas usando el principio de fracciones equivalentes; luego comparas los numeradores.

EJEMPLOS:

1. Determina si $\frac{3}{5}$ es menor que $\frac{2}{3}$.
Conseguimos fracciones homogéneas equivalentes a las fracciones dadas.

$$\frac{3}{5} = \frac{9}{15}, \quad \frac{2}{3} = \frac{10}{15}$$

Como $9 < 10$, entonces $\frac{9}{15} < \frac{10}{15}$. Podemos decir que $\frac{3}{5} < \frac{2}{3}$.

2. Determina si $\frac{4}{9}$ es menor que $\frac{5}{11}$.
Las fracciones homogéneas correspondientes son:

$$\frac{4}{9} = \frac{44}{99}, \quad \frac{5}{11} = \frac{45}{99}$$

Como $44 < 45$, entonces $\frac{44}{99} < \frac{45}{99}$. Decimos que $\frac{4}{9} < \frac{5}{11}$.

3. Coloca en orden ascendente (de menor a mayor) las fracciones

$$\frac{2}{5}, \quad \frac{3}{4}, \quad \frac{5}{8}.$$

Cambiemos las fracciones dadas a fracciones homogéneas. El múltiplo común menor de 4, 5 y 8 es 40. Luego éste es el denominador común menor.

$$\frac{2}{5} = \frac{16}{40}, \quad \frac{3}{4} = \frac{30}{40}, \quad \frac{5}{8} = \frac{25}{40}$$

Observamos que $\frac{16}{40} < \frac{25}{40} < \frac{30}{40}$, luego las fracciones dadas ordenadas de menor a mayor se representan como sigue: $\frac{2}{5} < \frac{5}{8} < \frac{3}{4}$. Esto nos permite colocar las fracciones dadas en orden ascendente.

$$\frac{2}{5}, \quad \frac{5}{8}, \quad \frac{3}{4}$$

4. Escribe en orden descendente (de mayor a menor) $\frac{2}{3}$, $\frac{3}{4}$, $\frac{7}{12}$.

$$\frac{2}{3} = \frac{8}{12}, \quad \frac{3}{4} = \frac{9}{12}, \quad \frac{7}{12}$$

$$\frac{7}{12} < \frac{8}{12} < \frac{9}{12}, \text{ esto es, } \frac{3}{4} > \frac{2}{3} > \frac{7}{12}.$$

Las fracciones dadas quedan en orden descendente como sigue:

$$\frac{3}{4}, \quad \frac{2}{3}, \quad \frac{7}{12}$$

5. Escribe en orden ascendente (de menor a mayor) $\frac{5}{7}$, $\frac{9}{11}$, $\frac{5}{8}$, $\frac{7}{11}$.

$$\frac{5}{7} = \frac{5 \cdot 8 \cdot 11}{7 \cdot 8 \cdot 11} = \frac{440}{616} \qquad \frac{9}{11} = \frac{9 \cdot 7 \cdot 8}{7 \cdot 8 \cdot 11} = \frac{504}{616}$$

$$\frac{5}{8} = \frac{5 \cdot 7 \cdot 11}{7 \cdot 8 \cdot 11} = \frac{385}{616} \qquad \frac{7}{11} = \frac{7 \cdot 7 \cdot 8}{7 \cdot 8 \cdot 11} = \frac{392}{616}$$

Como $\frac{385}{616} < \frac{392}{616} < \frac{440}{616} < \frac{504}{616}$, tenemos que $\frac{5}{8} < \frac{7}{11} < \frac{5}{7} < \frac{9}{11}$. Las fracciones dadas quedan colocadas en orden ascendente como sigue: $\frac{5}{8}$, $\frac{7}{11}$, $\frac{5}{7}$, $\frac{9}{11}$.

Dadas dos fracciones $\frac{a}{b}$ y $\frac{c}{d}$ tales que $\frac{a}{b} < \frac{c}{d}$, siempre podemos encontrar una fracción $\frac{e}{f}$ tal que $\frac{a}{b} < \frac{e}{f} < \frac{c}{d}$. Esto es, entre dos fracciones diferentes siempre podemos hallar otra fracción.

6. Halla una fracción entre $\frac{3}{8}$ y $\frac{4}{5}$. Para conseguir esta fracción, nos conviene escribir las fracciones dadas con el mismo denominador. Escogemos 40, que es el múltiplo común menor de 8 y 5.

$$\frac{3}{8} = \frac{3 \cdot 5}{8 \cdot 5} = \frac{15}{40} \qquad \frac{4}{5} = \frac{4 \cdot 8}{8 \cdot 5} = \frac{32}{40} \qquad \frac{3}{8} < \frac{17}{40} < \frac{4}{5}$$

Observa que también $\frac{16}{40}$, $\frac{18}{40}$, $\frac{20}{40}$, ... y otras están entre estas dos fracciones.

7. Halla una fracción entre $\frac{2}{3}$ y $\frac{3}{4}$.

Hallamos fracciones equivalentes a cada una de ellas con el mismo denominador.

$$\frac{2}{3} = \frac{8}{12} \qquad \frac{3}{4} = \frac{9}{12}$$

Como no hay un número natural entre 8 y 9, buscamos otras fracciones homogéneas con denominador mayor equivalentes a cada una de las fracciones dadas, digamos con denominador 36, que es múltiplo común de 3 y 4.

$$\frac{2}{3} = \frac{24}{36} \qquad \frac{3}{4} = \frac{27}{36}$$

Decimos ahora que $\frac{25}{36}$, $\frac{26}{36}$ son dos fracciones entre $\frac{2}{3}$ y $\frac{3}{4}$. Si continuamos aumentando el denominador mediante múltiplos comunes a los denominadores para obtener fracciones homogéneas equivalentes a cada una de las fracciones dadas, podemos obtener un número infinito de fracciones entre estas dos fracciones.

$$\frac{2}{3} = \frac{48}{72} \qquad \frac{3}{4} = \frac{54}{72}$$

$\frac{49}{72}, \frac{50}{72}, \frac{51}{72}, \frac{53}{72}, \ldots$ son fracciones entre $\frac{2}{3}$ y $\frac{3}{4}$.

2-1 EJERCICIOS

1. Determina si las siguientes fracciones son equivalentes:

a. $\frac{5}{8}$ y $\frac{25}{40}$ **c.** $\frac{24}{32}$ y $\frac{27}{36}$ **e.** $\frac{2}{3}$ y $\frac{16}{24}$

b. $\frac{3}{11}$ y $\frac{5}{17}$ **d.** $\frac{8}{15}$ y $\frac{120}{225}$ **f.** $\frac{30}{110}$ y $\frac{15}{55}$

2. Escribe una fracción equivalente a:

a. $\frac{3}{10}$ con denominador 40, con numerador 60.

b. $\frac{6}{8}$ con denominador 28, con numerador 27.

c. $\frac{15}{12}$ con denominador 16, con numerador 25.

d. $\frac{5}{9}$ con denominador 45, con numerador 100.

e. $\frac{2}{3}$ con denominador 27, con numerador 10.

f. $\frac{9}{33}$ con denominador 44, con numerador 15.

3. Reduce cada una de las siguientes fracciones a su forma más simple:

a. $\frac{18}{30}$ **c.** $\frac{20}{20}$ **e.** $\frac{15}{650}$ **g.** $\frac{960}{800}$

b. $\frac{480}{320}$ **d.** $\frac{144}{12}$ **f.** $\frac{125}{15}$ **h.** $\frac{50}{625}$

4. Determina si $\frac{5}{6}$ es menor que (<), mayor que (>) o igual a (=):

a. $\frac{6}{7}$ **d.** $\frac{4}{5}$

b. $\frac{3}{4}$ **e.** $\frac{10}{12}$

c. $\frac{8}{9}$ **f.** $\frac{12}{13}$

5. Ordena lo siguiente en forma ascendente (de menor a mayor):

a. $\frac{4}{5}, \frac{8}{9}, \frac{30}{4}$ **d.** $\frac{10}{11}, \frac{9}{10}, \frac{11}{12}$

b. $\frac{7}{4}, \frac{17}{10}, \frac{17}{9}$ **e.** $\frac{14}{5}, \frac{30}{10}, \frac{61}{20}, \frac{301}{100}$

c. $\frac{3}{4}, \frac{4}{5}, \frac{2}{3}$ **f.** $\frac{21}{4}, \frac{132}{25}, \frac{262}{50}, \frac{526}{100}$

6. Escribe lo siguiente en forma descendente (de mayor a menor):

a. $\frac{5}{2}, \frac{12}{5}, \frac{27}{10}$ **b.** $\frac{11}{12}, \frac{12}{13}, \frac{13}{15}$ **c.** $\frac{27}{4}, \frac{35}{7}, \frac{55}{8}$

7. a. Escribe una fracción entre $\frac{4}{7}$ y $\frac{5}{7}$.

b. Escribe una fracción entre $\frac{7}{9}$ y $\frac{8}{9}$.

c. Escribe tres fracciones entre $\frac{3}{8}$ y $\frac{7}{12}$.

d. Escribe tres fracciones entre $\frac{5}{6}$ y $\frac{11}{12}$.

e. Escribe cinco fracciones entre $\frac{3}{8}$ y $\frac{4}{9}$.

f. Escribe cinco fracciones entre $\frac{7}{9}$ y $\frac{9}{10}$.

2-2 Operaciones en el conjunto de los números racionales positivos

Suma de números racionales positivos

Dadas dos fracciones homogéneas $\frac{a}{b}$ y $\frac{c}{b}$, entonces $\frac{a}{b} + \frac{c}{b} = \frac{a+c}{b}$. La suma de estas dos fracciones es una fracción homogénea con un numerador que es la suma de los numeradores.

EJEMPLOS:

1. $\frac{2}{5} + \frac{1}{5} = \frac{2+1}{5} = \frac{3}{5}$
2. $\frac{8}{7} + \frac{3}{7} = \frac{8+3}{7} = \frac{11}{7}$
3. $\frac{1}{3} + \frac{7}{3} = \frac{8}{3}$

Para sumar fracciones que no son homogéneas, debemos encontrar fracciones homogéneas equivalentes a cada una de ellas y usar la regla anterior.

4. $\frac{2}{3} + \frac{1}{5} =$

Como $\frac{2}{3}$ y $\frac{1}{5}$ no son fracciones homogéneas, buscamos fracciones equivalentes a $\frac{2}{3}$ y $\frac{1}{5}$ que sean homogéneas usando como denominador común el 15, que es el múltiplo común menor de 3 y 5.

$$\frac{2}{3} = \frac{2 \cdot 5}{3 \cdot 5} = \frac{10}{15} \qquad \frac{1}{5} = \frac{1 \cdot 3}{5 \cdot 3} = \frac{3}{15}$$

$$\frac{2}{3} + \frac{1}{5} = \frac{10}{15} + \frac{3}{15} = \frac{10 + 3}{15} = \frac{13}{15}$$

5. $\frac{5}{6} + \frac{4}{15} =$

Como $\frac{5}{6}$ y $\frac{4}{15}$ no son fracciones homogéneas, hallamos fracciones equivalentes a cada una de las fracciones dadas con denominador 30, que es el múltiplo común menor de 6 y 15.

$$\frac{5}{6} = \frac{5(5)}{6(5)} = \frac{25}{30} \qquad \frac{4}{15} = \frac{4(2)}{15(2)} = \frac{8}{30}$$

Ahora estas fracciones son homogéneas y aplicamos la regla de suma de fracciones homogéneas.

$$\frac{5}{6} + \frac{4}{15} = \frac{25}{30} + \frac{8}{30} = \frac{33}{30} = \frac{11(3)}{10(3)} = \frac{11}{10}$$

6. $\frac{3}{4} + \frac{1}{2} + \frac{2}{3}$

Estas fracciones no son homogéneas; debemos hallar fracciones equivalentes con denominador 12, que es el múltiplo común menor de 4, 2 y 3.

$$\frac{3}{4} = \frac{3(3)}{4(3)} = \frac{9}{12} \qquad \frac{1}{2} = \frac{1(6)}{2(6)} = \frac{6}{12} \qquad \frac{2}{3} = \frac{2(4)}{3(4)} = \frac{8}{12}$$

Una vez que se obtienen las fracciones homogéneas, se aplica la regla de suma de fracciones homogéneas.

$$\frac{3}{4} + \frac{1}{2} + \frac{2}{3} = \frac{9}{12} + \frac{6}{12} + \frac{8}{12} = \frac{9 + 6 + 8}{12} = \frac{23}{12}$$

7. $3 + \frac{5}{8}$

Se obtienen fracciones homogéneas con denominador 8.

$$3 = \frac{3}{1} = \frac{3(8)}{1(8)} = \frac{24}{8}$$

$$3 + \frac{5}{8} = \frac{24}{8} + \frac{5}{8} = \frac{24 + 5}{8} = \frac{29}{8}$$

Un número mixto es otra manera de representar fracciones impropias que no son equivalentes a números enteros. **Un número mixto es la suma de un número entero y una fracción propia.**

EJEMPLOS:

1. Escribe $\frac{23}{12}$ como un número mixto:

$$\frac{23}{12} = \frac{12}{12} + \frac{11}{12}$$
$$= 1 + \frac{11}{12} = 1\frac{11}{12}$$

$\frac{23}{12}$ se puede representar como una división:

$$23 \div 12 = 1 + \frac{11}{12} = 1\frac{11}{12}.$$

2. Escribe $\frac{29}{8}$ como un número mixto:

$$\frac{29}{8} = \frac{24}{8} + \frac{5}{8}$$
$$= 3 + \frac{5}{8} = 3\frac{5}{8}$$

Recordemos que $\frac{29}{8} = 29 \div 8 = 3 + \frac{5}{8} = 3\frac{5}{8}$

3. Escribe $\frac{11}{5}$ como un número mixto:

$$\frac{11}{5} = \frac{10}{5} + \frac{1}{5}$$
$$= 2 + \frac{1}{5} = 2\frac{1}{5}$$

Recordemos que $\frac{11}{5} = 11 \div 5 = 2 + \frac{1}{5} = 2\frac{1}{5}$

4. Efectúa la operación indicada $4\frac{1}{3} + 5\frac{1}{4}$:

$$4\frac{1}{3} + 5\frac{1}{4} = \left(4 + \frac{1}{3}\right) + \left(5 + \frac{1}{4}\right)$$

Recuerda que un número mixto es la suma de un número entero y una fracción propia.

$$= (4 + 5) + \left(\frac{1}{3} + \frac{1}{4}\right)$$

Aplicamos las propiedades asociativa y conmutativa para la suma.

$$= 9 + \left(\frac{4}{12} + \frac{3}{12}\right)$$

Convertimos $\frac{1}{3}$ y $\frac{1}{4}$ en fracciones homogéneas equivalentes con denominador 12.

$$= 9 + \frac{7}{12} = 9\frac{7}{12}$$

5. Suma $2\frac{2}{3}$, $8\frac{1}{4}$ y $3\frac{2}{5}$:

$$2\frac{2}{3} + 8\frac{1}{4} + 3\frac{2}{5} = \left(2+\frac{2}{3}\right) + \left(8+\frac{1}{4}\right) + \left(3+\frac{2}{5}\right)$$

Aplicamos las propiedades asociativa y conmutativa para la suma y obtenemos.

$$= (2 + 8 + 3) + \left(\frac{2}{3} + \frac{1}{4} + \frac{2}{5}\right)$$
$$= 13 + \left(\frac{40}{60} + \frac{15}{60} + \frac{24}{60}\right)$$

Convertimos $\frac{2}{3}$, $\frac{1}{4}$ y $\frac{2}{5}$ en fracciones homogéneas equivalentes con denominador 60.

$$= 13 + \frac{79}{60} = 13 + \frac{60}{60} + \frac{19}{60}$$

Recordemos que $\frac{79}{60} = 79 \div 60 = 1 + \frac{19}{60} = 1\frac{19}{60}$

$$= 13 + 1 + \frac{19}{60} = 14 + \frac{19}{60} = 14\frac{19}{60}.$$

Resta de números racionales positivos

Si $\frac{a}{b}$ y $\frac{c}{b}$ son dos fracciones homogéneas tales que $\frac{a}{b} > \frac{c}{b}$, entonces

$$\frac{a}{b} - \frac{c}{b} = \frac{a-c}{b}.$$

Igual que en la suma, para restar fracciones es necesario que las fracciones sean homogéneas.

EJEMPLOS:

1. $\frac{3}{4} - \frac{1}{4} = \frac{2}{4}$ **2.** $\frac{9}{7} - \frac{3}{7} = \frac{6}{7}$ **3.** $\frac{8}{5} - \frac{2}{5} = \frac{6}{5}.$

Si las fracciones no tienen el mismo denominador, se cambia cada fracción a una fracción equivalente de modo que las nuevas fracciones sean homogéneas, y se aplica la regla para restar.

4. $\frac{3}{4} - \frac{1}{2}$

Se cambia $\frac{1}{2}$ a una fracción equivalente con denominador 4.

$$\frac{3}{4} - \frac{1}{2} = \frac{3}{4} - \frac{2}{4} = \frac{1}{4}$$

5. $\frac{8}{5} - \frac{2}{3}$

Se cambian $\frac{8}{5}$ y $\frac{2}{3}$ a fracciones equivalentes homogéneas con denominador 15.

$$\frac{8}{5} = \frac{8(3)}{5(3)} = \frac{24}{15}, \qquad \frac{2}{3} = \frac{2(5)}{3(5)} = \frac{10}{15}$$

$$\frac{8}{5} - \frac{2}{3} = \frac{24}{15} - \frac{10}{15} = \frac{14}{15}$$

6. $5 - \frac{1}{4}$

Se cambia 5 a una fracción equivalente con denominador 4.

$$5 - \frac{1}{4} = \frac{20}{4} - \frac{1}{4} = \frac{19}{4}$$

7. $5\frac{2}{3} - 3\frac{1}{2}$

Recuerda que un número mixto es la suma de un número entero y una fracción propia. Cambiamos a fracciones impropias.

$$5\frac{2}{3} - 3\frac{1}{2} = \left(5 + \frac{2}{3}\right) + \left(3 - \frac{1}{2}\right)$$

$$5 + \frac{2}{3} = \frac{15}{3} + \frac{2}{3} = \frac{17}{3}, \qquad 3 + \frac{1}{2} = \frac{6}{2} + \frac{1}{2} = \frac{7}{2}$$

$$\frac{17}{3} - \frac{7}{2}$$

Cambiamos a fracciones homogéneas equivalentes con denominador 6 y aplicamos la regla de la resta de fracciones homogéneas.

$$\frac{17}{3} = \frac{17 \cdot 2}{3 \cdot 2} = \frac{34}{6}, \qquad \frac{7}{2} = \frac{7 \cdot 3}{2 \cdot 3} = \frac{21}{6}$$

$$\frac{17}{3} - \frac{7}{2} = \frac{34}{6} - \frac{21}{6} = \frac{13}{6} = 2\frac{1}{6}$$

2-2 EJERCICIOS

1. Cambia cada una de las siguientes fracciones a número mixto:

a. $\frac{49}{32}$

b. $\frac{60}{13}$

c. $\frac{145}{41}$

d. $\frac{38}{17}$

e. $\frac{128}{11}$

f. $\frac{240}{7}$

g. $\frac{18}{5}$

h. $\frac{100}{23}$

i. $\frac{450}{38}$

j. $\frac{115}{9}$

k. $\frac{320}{13}$

l. $\frac{651}{10}$

2. Cambia cada uno de los siguientes números mixtos a fracción impropia:

a. $3\frac{7}{8}$

b. $20\frac{5}{8}$

c. $11\frac{3}{11}$

g. $5\frac{7}{6}$

h. $50\frac{11}{12}$

i. $300\frac{5}{13}$

d. $8\frac{9}{10}$

e. $11\frac{7}{11}$

f. $102\frac{3}{5}$

j. $12\frac{7}{9}$

k. $100\frac{1}{10}$

l. $48\frac{7}{9}$

3. Efectúa las operaciones indicadas y simplifica el resultado:

a. $\frac{3}{10} + \frac{7}{10}$

b. $\frac{7}{8} + \frac{2}{9}$

c. $4 + \left(\frac{3}{5} - \frac{2}{5}\right)$

d. $\left(4 + \frac{3}{5}\right) + \left(4 - \frac{3}{5}\right)$

e. $4\frac{5}{8} + 5\frac{3}{8} - 1$

f. $5\frac{1}{2} + \left(2 - \frac{1}{3}\right)$

g. $\left(\frac{3}{4} + \frac{1}{8}\right) - \left(\frac{5}{6} - \frac{1}{2}\right)$

h. $\left(1 - \frac{3}{4}\right) + \left(1 - \frac{4}{5}\right) + \left(1 - \frac{5}{6}\right)$

i. $\left(\frac{2}{3} + \frac{3}{4}\right) + \left(\frac{1}{3} + \frac{1}{4}\right)$

j. $\left(\frac{3}{5}\right) + \left(\frac{3}{4}\right) - \left(\frac{4}{5}\right) + \left(\frac{1}{4}\right)$

k. $\left(\frac{5}{6} + \frac{5}{12}\right) - \left(\frac{1}{8}\right)$

l. $\left(\frac{1}{2} + \frac{2}{3} + \frac{3}{4}\right) - \frac{4}{5}$

m. $\left(1 + \frac{9}{10}\right) - \left(1 - \frac{9}{10}\right)$

n. $\left(\frac{1}{2} + \frac{1}{4}\right) + \left(\frac{1}{3} - \frac{1}{4}\right) + \left(\frac{2}{5} - \frac{1}{3}\right)$

o. $\left(\frac{5}{2} + \frac{6}{5}\right) - 2$

p. $2\frac{3}{5} + 3\frac{4}{5} - 5\frac{1}{3}$

q. $2 - \frac{1}{2} + \frac{1}{3} - \frac{1}{4}$

r. $\left(2 - \frac{1}{2}\right) + \left(2 + \frac{1}{2}\right) + \left(3 - \frac{1}{4}\right)$

2-3 Multiplicación y división de números racionales positivos

Multiplicación de números racionales positivos

Dados $\frac{a}{b}$ y $\frac{c}{d}$, definimos la **multiplicación de fracciones** como:

$$\frac{a}{b} \cdot \frac{c}{d} = \frac{ac}{bd}.$$

EJEMPLOS:

1. $\frac{2}{3} \cdot \frac{4}{5} = \frac{2 \cdot 4}{3 \cdot 5} = \frac{18}{15}.$

2. $\frac{3}{7} \cdot \frac{8}{7} = \frac{3 \cdot 8}{7 \cdot 7} = \frac{24}{49}.$

3. $\frac{4}{5} \cdot \frac{3}{8} = \frac{4 \cdot 3}{5 \cdot 8} = \frac{4 \cdot 3}{5 \cdot 2 \cdot 4} = \frac{3}{10}.$

4. $\frac{1}{4} \cdot 2 = \frac{1}{4} \cdot \frac{2}{1} = \frac{1 \cdot 2}{1 \cdot 2 \cdot 2} = \frac{1}{2}.$

5. $\frac{4}{15} \cdot \frac{10}{32} = \frac{4 \cdot 10}{15 \cdot 32} = \frac{1 \cdot 4 \cdot 2 \cdot 5}{5 \cdot 3 \cdot 4 \cdot 4 \cdot 2} = \frac{1}{12}.$

6. $3\frac{1}{2} \cdot 5\frac{1}{3}.$

Cambiamos cada número mixto a una fracción impropia y aplicamos la regla de multiplicación de fracciones.

$$3\frac{1}{2} \cdot 5\frac{1}{3} = \frac{7}{2} \cdot \frac{16}{3} = \frac{7 \cdot 16}{2 \cdot 3} = \frac{7 \cdot 2 \cdot 8}{2 \cdot 3} = \frac{56}{3} = 18\frac{2}{3}$$

7. $2\frac{1}{3} \cdot \frac{1}{4} = \frac{7}{3} \cdot \frac{1}{4} = \frac{7 \cdot 1}{3 \cdot 4} = \frac{7}{12}$

8. $\frac{7}{8} \cdot \frac{16}{21} \cdot 1\frac{1}{2} = \frac{7}{8} \cdot \frac{16}{21} \cdot \frac{3}{2} = 1$

Si en un ejercicio aparece el producto de una fracción por la suma de dos fracciones, la operación se puede efectuar de dos maneras diferentes:

A. Si usamos la ley distributiva:

$$\frac{a}{b}\left(\frac{c}{d} + \frac{e}{f}\right) = \frac{a}{b} \cdot \frac{c}{d} + \frac{a}{b} \cdot \frac{e}{f} = \frac{ac}{bd} + \frac{ae}{bf}$$

$$= \frac{acf}{bdf} + \frac{ade}{bdf} = \frac{acf + ade}{bdf}.$$

En este caso, hacemos primero las multiplicaciones y sumamos después.

B. De otro modo, primero se efectúa la operación de suma dentro del paréntesis y luego se utiliza la definición de multiplicación.

$$\begin{aligned}\frac{a}{b}\left(\frac{c}{d}+\frac{e}{f}\right) &= \frac{a}{b}\left(\frac{cf}{df}+\frac{ed}{df}\right)\\ &= \frac{a}{b}\left(\frac{cf+ed}{df}\right)\\ &= \frac{a(cf+de)}{b(df)}\\ &= \frac{acf+ade}{bdf}.\end{aligned}$$

Veamos un ejemplo:

$$\begin{aligned}\frac{3}{4}\left(\frac{1}{3}+\frac{5}{6}\right) &= \frac{3}{4}\cdot\frac{1}{3}+\frac{3}{4}\cdot\frac{5}{6}, \quad \text{Usamos la ley distributiva.}\\ &= \frac{1}{4}+\frac{5}{8}\\ &= \frac{2}{8}+\frac{5}{8}=\frac{7}{8}.\end{aligned}$$

De otro modo, si realizamos primero la suma en el paréntesis, obtenemos:

$$\begin{aligned}\frac{3}{4}\left(\frac{1}{3}+\frac{5}{6}\right) &= \frac{3}{4}\left(\frac{2}{6}+\frac{5}{6}\right)\\ &= \frac{3}{4}\left(\frac{7}{6}\right)\\ &= \frac{7}{8}.\end{aligned}$$

Antes de definir la división de números racionales positivos, es necesario introducir un concepto nuevo: el **recíproco de un número diferente de cero.**

Definición:
El recíproco de a, $a \neq 0$, es el número c tal que $a \cdot c = 1$.

EJEMPLOS:

1. El recíproco de 2 es $\frac{1}{2}$ porque $2 \cdot \frac{1}{2} = 1$.

2. El recíproco de $\frac{1}{2}$ es 2 porque $\frac{1}{2} \cdot 2 = 1$.

3. El recíproco de $\frac{1}{8}$ es 8 porque $\frac{1}{8} \cdot 8 = 1$.
4. El recíproco de $\frac{7}{8}$ es $\frac{8}{7}$ porque $\frac{7}{8} \cdot \frac{8}{7} = 1$.

El recíproco de a, $a \neq 0$, se representa con el símbolo $\frac{1}{a}$ porque $a \cdot \frac{1}{a} = 1$. Observemos que **si $a \neq 0$, el recíproco de $\frac{1}{a}$ es a porque $\frac{1}{a} \cdot a = 1$.** El número 0 no tiene recíproco y ningún número tiene al número 0 como recíproco. ¿Por qué? Supongamos que 0 es el recíproco de algún número n. Esto significa que $0 \cdot n = 1$. Sin embargo, sabemos que al multiplicar cualquier número por 0, obtenemos 0. Luego 0 no puede ser el recíproco de algún número. Razonamos de igual manera para decir que 0 no tiene recíproco.

EJEMPLOS:

1. El recíproco de 3 es $\frac{1}{3}$, el recíproco de $\frac{1}{3}$ es 3.
2. El recíproco de $\frac{7}{8}$ es $\frac{1}{\frac{7}{8}} = \frac{8}{7}$ ya que $\frac{7}{8} \cdot \frac{8}{7} = 1$.

En general, **el recíproco de $\frac{a}{b}$ es $\frac{1}{\frac{a}{b}} = \frac{b}{a}$, ya que $\frac{a}{b} \cdot \frac{b}{a} = 1$.**

División de números naturales positivos

Dadas las fracciones $\frac{a}{b}$ y $\frac{c}{d}$, para definir la divisón de fracciones usaremos la multiplicación de fracciones.

$$\frac{a}{b} \div \frac{c}{d} = \frac{\frac{a}{b}}{\frac{c}{d}}.$$

Si pudiésemos obtener 1 en el denominador, el problema sería sencillo pues estaríamos dividiendo por 1. ¿Cómo logramos que el denominador $\frac{c}{d}$ se convierta en 1? Esto se logra multiplicando por $\frac{d}{c}$, que es su recíproco. Esta operación también se lleva a cabo en el numerador. Escribimos el número 1 en la forma $\frac{\frac{d}{c}}{\frac{d}{c}} = 1$.

$$\frac{\frac{a}{b}}{\frac{c}{d}} = \frac{\frac{a}{b} \cdot \frac{d}{c}}{\frac{c}{d} \cdot \frac{d}{c}} = \frac{\frac{ad}{bc}}{1} = \frac{ad}{bc}$$

Luego, la regla para dividir $\frac{a}{b}$ entre $\frac{c}{d}$ es:

$$\frac{a}{b} \div \frac{c}{d} = \frac{a}{b} \cdot \frac{d}{c} = \frac{ad}{bc}$$

EJEMPLOS:

1. $\frac{3}{4} \div \frac{2}{5}$

$$\frac{3}{4} \div \frac{2}{5} = \frac{\frac{3}{4}}{\frac{2}{5}} = \frac{\frac{3}{4} \cdot \frac{5}{2}}{\frac{2}{5} \cdot \frac{5}{2}} = \frac{\frac{3}{4} \cdot \frac{5}{2}}{1} = \frac{15}{8}$$

Esto es, $\frac{3}{4} \div \frac{2}{5} = \frac{3}{4} \cdot \frac{5}{2} = \frac{15}{8}$.

2. $\frac{5}{8} \div \frac{1}{2}$

$$\frac{5}{8} \div \frac{1}{2} = \frac{5}{8} \cdot \frac{2}{1} = \frac{5 \cdot 2}{8 \cdot 1} = \frac{5}{4}$$

3. $\frac{8}{9} \div \frac{2}{3}$

$$\frac{8}{9} \div \frac{2}{3} = \frac{8}{9} \cdot \frac{3}{2} = \frac{8 \cdot 3}{9 \cdot 2} = \frac{4}{3}$$

4. $3\frac{1}{4} \div \frac{2}{3}$

$$3\frac{1}{4} \div \frac{2}{3} = \frac{13}{4} \div \frac{2}{3}$$

Cambiamos $3\frac{1}{4}$ a la fracción impropia $\frac{13}{4}$.

$$= \frac{13}{4} \cdot \frac{3}{2}$$
$$= \frac{13 \cdot 3}{4 \cdot 2}$$
$$= \frac{39}{8}$$

5. $\left(\frac{1}{4} + \frac{2}{3}\right) \div \left(\frac{5}{6} + \frac{3}{4}\right)$

$$\left(\frac{1}{4} + \frac{2}{3}\right) \div \left(\frac{5}{6} + \frac{3}{4}\right) = \left(\frac{3}{12} + \frac{8}{12}\right) \div \left(\frac{10}{12} + \frac{9}{12}\right)$$

Cambiamos a fracciones homogéneas para efectuar primero las operaciones dentro de los paréntesis.

$$= \frac{11}{12} \div \frac{19}{12} = \frac{11}{12} \cdot \frac{12}{19} = \frac{11 \cdot 12}{19 \cdot 12} = \frac{11}{19}$$

6. $\dfrac{1\frac{3}{8} - \frac{1}{2}}{1\frac{3}{4} + \frac{1}{3}}$

$$\frac{1\frac{3}{8} - \frac{1}{2}}{1\frac{3}{4} + \frac{1}{3}} = \left(1\frac{3}{8} - \frac{1}{2}\right) \div \left(1\frac{3}{4} + \frac{1}{3}\right) = \left(\frac{11}{8} - \frac{1}{2}\right) \div \left(\frac{7}{4} + \frac{1}{3}\right)$$

$$= \left(\frac{11}{8} - \frac{4}{8}\right) \div \left(\frac{21}{12} + \frac{4}{12}\right) = \left(\frac{7}{8} \div \frac{25}{12}\right) = \frac{7}{8} \cdot \frac{12}{25} = \frac{21}{50}$$

2-3 EJERCICIOS

1. Efectúa las operaciones indicadas y simplifica el resultado:

a. $\frac{32}{50} \cdot \frac{75}{64}$

b. $5 \cdot \frac{8}{15}$

c. $\left(5\frac{3}{4}\right) \cdot \left(\frac{20}{46}\right)$

d. $\frac{27}{20} \div \frac{9}{10}$

e. $\left(4\frac{5}{8}\right) \div \left(9\frac{1}{5}\right)$

f. $\left(3\frac{1}{3}\right) \div (3)$

g. $\left(2\frac{1}{3}\right) \div (2)$

h. $\frac{48}{36} \cdot \frac{3}{4}$

i. $\frac{48}{36} \div \frac{3}{4}$

j. $\frac{5}{6} \div \frac{150}{108}$

k. $\frac{3}{5} \cdot \frac{5}{6} \cdot \frac{6}{7} \cdot \frac{7}{8} \cdot \frac{8}{9} + \frac{1}{3}$

l. $3\frac{4}{5} - \left(2\frac{3}{4}\right)\left(1\frac{1}{11}\right)$

m. $\frac{3}{5}\left(\frac{5}{6} + \frac{5}{12}\right) - \frac{1}{2} \cdot \frac{1}{4}$

n. $\frac{3}{5} \div \frac{14}{15} \cdot \frac{7}{9} - \frac{1}{7}$

o. $4\frac{1}{2} + \frac{1}{5}\left(2 + \frac{1}{3}\right)$

p. $\frac{1}{2} + \frac{1}{4}\left\{\frac{1}{2} + \frac{1}{4}\left(\frac{1}{2} + \frac{1}{4}\right)\right\}$

q. $\dfrac{\frac{3}{4} + \frac{3}{5}}{\frac{3}{4} - \frac{3}{5}}$

r. $\left(\frac{5}{8} \cdot \frac{4}{15}\right) \div \left(\frac{3}{2} + \frac{2}{3}\right)$

s. $3\frac{3}{4} + \frac{4}{5}\left(\frac{3}{4} + 1\frac{1}{4}\right)$

t. $\left(3\frac{3}{4} + \frac{4}{15}\right)\left(\frac{3}{4} + 1\frac{1}{4}\right)$

2. Juan compró 9 galones de pintura.

a. Si Juán usó $\frac{2}{3}$ de la pintura para pintar el baño y $\frac{1}{6}$ de la que le sobró para pintar una silla, ¿qué cantidad de pintura le quedó finalmente?

b. Juan dice que usó $\frac{3}{4}$ de la pintura que compró para pintar su habitación y $\frac{2}{3}$ de ésta para pintar su baño. ¿Dice Juan la verdad?

2. Ana quiere cortar un pedazo de alambre de 11 pies de largo en 5 partes iguales. Si ella usa $\frac{3}{4}$ de un pedazo y $\frac{2}{3}$ de otro, ¿cuántos pies de alambre le quedan?

Capítulo 2 Ejercicios de repaso

1. Halla dos fracciones equivalentes a:

a. $\frac{3}{4}$

b. $\frac{12}{42}$

c. $\frac{10}{35}$

d. $\frac{0}{3}$

e. $\frac{2}{9}$

f. $\frac{a}{2}$

2. Reduce las siguientes fracciones a su expresión mínima:

a. $\frac{186}{93}$

b. $\frac{0}{68}$

c. $\frac{27}{45}$

d. $\frac{60}{210}$

e. $\frac{84}{91}$

f. $\frac{2a}{3a}$, $a \neq 0$

3. Escribe el símbolo (>, <, =) que corresponde entre cada par de fracciones:

a. $\frac{7}{8} \quad \frac{5}{6}$

b. $2\frac{4}{5} \quad 2\frac{3}{6}$

c. $\frac{1}{7} \quad \frac{1}{8}$

d. $\frac{2}{5} \quad \frac{4}{10}$

e. $\frac{0}{7} \quad \frac{0}{17}$

f. $\frac{7}{8} \quad \frac{4}{5}$

4. Escribe las siguientes fracciones en orden ascendente:

a. $\frac{11}{22}, \frac{11}{16}, \frac{11}{13}$

b. $\frac{33}{16}, \frac{23}{16}, 2$

c. $\frac{3}{5}, \frac{19}{36}, \frac{17}{30}$

5. Efectúa las operaciones indicadas y expresa el resultado en su expresión mínima:

a. $5 + \frac{3}{4}$

b. $\frac{3}{4} + \frac{1}{2}$

c. $\frac{7}{8} - \frac{3}{24}$

g. $\frac{1}{7} \cdot \frac{21}{4}$

h. $\frac{4}{3} + \frac{12}{5}$

i. $\frac{5}{6} + \frac{12}{15}$

d. $\frac{5}{6} + \frac{4}{15}$

e. $\frac{5}{6} \cdot \frac{3}{35}$

f. $\frac{4}{25} - \frac{3}{35}$

j. $\left(5\frac{1}{6} + 7\frac{1}{3}\right) + \frac{9}{4}$

k. $50 \cdot \frac{3}{2}$

l. $15 \div \frac{5}{3}$

6. Simplifica cada una de las siguientes expresiones:

a. $\dfrac{\frac{3}{4} - \frac{1}{2}}{\frac{7}{8} - \frac{5}{6}}$

b. $\dfrac{\frac{3}{4} \cdot \frac{5}{6}}{\frac{1}{2}}$

c. $\dfrac{\frac{3}{4} - \frac{1}{2}}{\frac{3}{4} + \frac{1}{2}}$

CAPÍTULO

Decimales 3

En nuestras comunicaciones diarias usamos diferentes sistemas de medidas para expresar conceptos y combinaciones de esas medidas y así facilitar la expresión. Para hablar del tiempo usamos segundos, minutos, horas, días, semanas, meses, años, siglos. Decimos que hay 60 segundos en 1 minuto, 60 minutos en una hora, 24 horas en 1 día, etcétera. Esta idea se usa también en medidas de otra clase, como las medidas lineales o los pesos.

Cuando hablamos de 120 minutos, decimos 2 horas; cuando aludimos a 24 horas, decimos 1 día. En el concepto "semana" agrupamos siete días; 2 grupos de 7 días hacen 2 semanas; 100 años hacen 1 siglo.

Hablando de peso hacemos algo parecido: 1000 gramos equivalen a 1 kilogramo, 16 onzas equivalen a 1 libra; decimos que una persona pesa 100 libras y no que pesa 1600 onzas.

3-1 Sistemas de numeración

Diferentes culturas han usado símbolos variados para representar números. Recordemos que el número es una idea que representamos con símbolos. Los romanos usaban símbolos como los siguientes:

I, V, X, L, C, D, M

En el sistema hindú-arábigo, que es el nuestro, los símbolos anteriores corresponden a:

1 5 10 50 100 500 1000

Los números romanos se agrupan de diferente manera para indicar números diferentes.

VI corresponde al número 6.

XL corresponde al número 40.

Los egipcios usaban los siguientes símbolos:

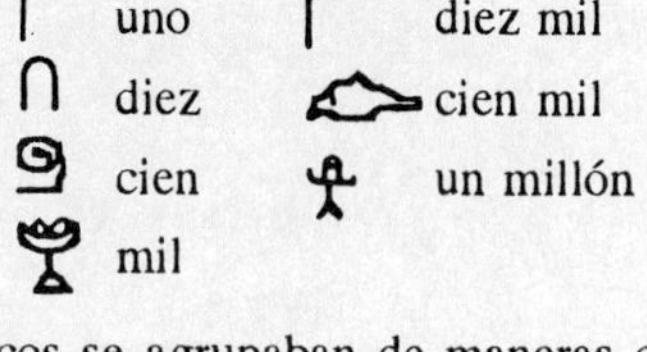

Estos símbolos básicos se agrupaban de maneras diferentes para representar varios números.

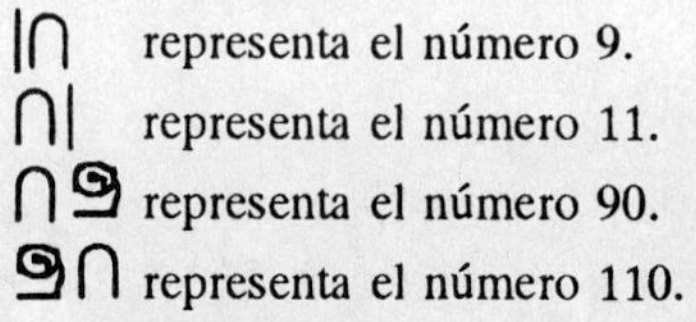

El sistema que nosotros usamos, conocido como hindú-arábigo por su origen, hace uso de diez símbolos o dígitos: 0, 1, 2, 3, 4, 5, 6, 7, 8, 9. Por el hecho de utilizar diez símbolos, se llama sistema decimal. Para escribir diferentes cantidades, usamos estos diez símbolos. Los agrupamos usando la base 10 y los colocamos en posiciones diferentes, asignando un valor a cada posición. La primera posición, la de la extrema derecha, representa las unidades; la segunda representa las decenas; la tercera representa las centenas; la cuarta la unidad de millar; la quinta la decena de millar; la sexta la centena de millar, y así sucesivamente.

EJEMPLOS:

1. 24 tiene 2 grupos de 10, y 4 unidades; es decir, 2 decenas y 4 unidades.

$$24 = 2 \cdot 10 + 4$$

2. 87 tiene 8 grupos de 10, y 7 unidades; es decir, 8 decenas y 7 unidades.

$$87 = 8 \cdot 10 + 7$$

3. 356 tiene 3 grupos de 100, 5 grupos de 10, y 6 unidades; esto es, 3 centenas, 5 decenas y 6 unidades.

$$356 = 3 \cdot 100 + 5 \cdot 10 + 6$$

4. En el número 847,

7 ocupa el lugar de las unidades; indica 7 unidades.

4 ocupa el lugar de las decenas; indica 4 decenas que representan 40 unidades.

8 ocupa el lugar de las centenas; indica 8 centenas, que representan 80 decenas, u 800 unidades.

5. En el número 29538,

8 representa 8 unidades.

3 representa 3 decenas.

5 representa 5 centenas.

9 representa 9 unidades de millar.

2 representa 2 decenas de millar.

6. $3 \cdot 10^4 + 5 \cdot 10^3 + 4 \cdot 10^2 + 8 \cdot 10 + 7$

$$= 3 \cdot 10000 + 5 \cdot 1000 + 4 \cdot 100 + 8 \cdot 10 + 7$$
$$= 30000 + 5000 + 400 + 80 + 7$$

El resultado anterior se escribe 35487. Si nos referimos a las posiciones de derecha a izquierda en este número, entonces:

7 en la primera posición representa las unidades.

8 en la segunda posición representa las decenas.

4 en la tercera posición representa las centenas.

5 en la cuarta posición representa las unidades de millar.

3 en la quinta posición representa las decenas de millar.

7. $2739 = 2000 + 700 + 30 + 9$
$= (2 \cdot 1000) + (7 \cdot 100) + (3 \cdot 10) + (9 \cdot 1)$
$= 2 \cdot 10^3 + 7 \cdot 10^2 + 3 \cdot 10 + 9 \cdot 1$

8. $908 = 900 + 0 + 8$
$= (9 \cdot 100) + (0 \cdot 10) + (8 \cdot 1)$
$= 9 \cdot 10^2 + 0 \cdot 10 + 8 \cdot 1$

En el ejemplo 7, observa que el número 9 no tiene el mismo significado que el número 9 del ejemplo 8. En el ejemplo 7, el número 9 representa 9 unidades, pero en el ejemplo 8 representa 9 centenas. Como ves, el valor depende de la posición que ocupa el dígito.

En la siguiente tabla, representaremos las potencias de 10 y sus nombres usando la cifra 540278 como ejemplo.

Tabla 3-1

Número	6a. posición	5a. posición	4a. posición	3a. posición	2a. posición	1a. posición
	Centena de millar $100000 = 10^5$	Decena de millar $10000 = 10^4$	Unidad de millar $1000 = 10^3$	Centena $100 = 10^2$	Decena $10 = 10^1$	Unidad 1
540278	5	4	0	2	7	8

Los números se leen de izquierda a derecha. Así, el número 540278 se lee **quinientos cuarenta mil doscientos setenta y ocho.**

¿Qué significado tiene el 4 en el número 5247? Recuerda que $5247 = 5000 + 200 + 40 + 7$. El número 5 ocupa el lugar de las unidades de millar, el 2 el de las centenas, el 4 el de las decenas y el 7 el de las unidades. Observa otra vez que si cambiamos de posición los dígitos, tendremos números diferentes.

Tabla 3-2

Número	6a. posición	5a. posición	4a. posición	3a. posición	2a. posición	1a. posición
	Centena de millar	Decena de millar	Unidad de millar	Centena	Decena	Unidad
5247	0	0	5	2	4	7
5724	0	0	5	7	2	4
5427	0	0	5	4	2	7

En el número 5427, el 7 está en la primera posición y representa 7 unidades; el 2 se halla en la segunda posición y representa 2 decenas; el 4 está en la tercera posición y representa 4 centenas; el 5 se encuentra en la cuarta posición y representa 5 millares.

¿Qué significado tiene el 4 en el número 5724?

Consideremos ahora el número 444. El mismo símbolo, 4, aparece en tres posiciones diferentes. Es importante que entiendas que en cada posición representa cantidades diferentes. En la primera posición el 4 representa 4 unidades, en la segunda 4 decenas y en la tercera 4 centenas.

Ahora observa los números 458 y 485. Hemos usado los mismos dígitos, pero ocupando posiciones distintas; por eso tienen diferente valor.

En 548, el 5 representa 5 centenas
el 4 representa 4 decenas
el 8 representa 8 unidades

$$548 = 500 + 40 + 8 = 5 \cdot 10^2 + 4 \cdot 10 + 8$$

En 485, el 4 representa 4 centenas
el 8 representa 8 decenas
el 5 representa 5 unidades

$$485 = 400 + 80 + 5 = 4 \cdot 10^2 + 8 \cdot 10 + 5$$

Notación decimal

En los ejemplos anteriores vimos que es posible expresar cualquier número natural como una suma en la cual cada sumando es una potencia de 10 multiplicada por uno de los números 0, 1, 2, ..., 9. En forma análoga, podemos representar las fracciones como una suma en la cual cada sumando es el recíproco de una potencia de 10 multiplicado por uno de los números 0, 1, 2, ..., 9.

EJEMPLOS:

1. $\dfrac{3}{10} = 3 \cdot \dfrac{1}{10}$

2. $\dfrac{3}{100} = \dfrac{3}{10^2} = 3 \cdot \dfrac{1}{10^2}$

3. $\dfrac{5}{1000} = \dfrac{5}{10^3} = 5 \cdot \dfrac{1}{10^3}$

4. $\dfrac{335}{1000} = \dfrac{300}{1000} + \dfrac{30}{1000} + \dfrac{5}{1000} = \dfrac{3}{10} + \dfrac{3}{100} + \dfrac{5}{1000} = 3 \cdot \dfrac{1}{10} + 3 \cdot \dfrac{1}{10^2} + 5 \cdot \dfrac{1}{10^3}$

En el caso de los decimales, agrupamos de manera análoga a la agrupación en los enteros.

10 décimas equivalen a 1 unidad.

10 centésimas equivalen a 1 décima.

10 milésimas equivalen a 1 centésima.

Usando el valor asignado a la posición, como lo hicimos en las tablas 3-1 y 3-2 para los enteros, ahora podemos representar en la tabla 3-3 las potencias de $\frac{1}{10}$ y sus nombres:

Tabla 3-3

Décima	Centésima	Milésima	Diez-milésima	...
$\frac{1}{10}$	$\frac{1}{100}$	$\frac{1}{1000}$	$\frac{1}{10000}$	...
$\frac{1}{10^1}$	$\frac{1}{10^2}$	$\frac{1}{10^3}$	$\frac{1}{10^4}$	...
0.1	0.01	0.001	0.0001	...

Considera el número $42\frac{3}{10}$, que se representa como $42 + \frac{3}{10} = 40 + 2 + \frac{3}{10} = (4 \cdot 10) + (2 \cdot 1) + \left(3 \cdot \frac{1}{10}\right)$. Si usamos la notación decimal ilustrada en las tablas, otro símbolo para $42\frac{3}{10}$ es "42.3". El punto separa la parte entera de la parte fraccional. Este punto se llama **punto decimal.** Los símbolos ubicados a la izquierda del punto decimal representan la parte entera y los que están a la derecha representan la parte fraccional. La siguiente tabla combina las tablas anteriores:

Tabla 3-4

Número	...	Millar	Centena	Decena	Unidad	Décima	Centésima	Milésima	...
		10^3	10^2	10	1	$\frac{1}{10}$	$\frac{1}{100}$	$\frac{1}{1000}$	
38.39		0	0	3	8	3	9	0	
4924.051		4	9	2	4	0	5	1	

punto decimal

Estos números se leen así:

38.39, treinta y ocho con treinta y nueve centésimas.

4924.051, cuatro mil novecientos veinticuatro con cincuenta y una milésimas.

Un número natural se puede escribir como decimal. Por ejemplo:

$$27 = 27.0 = 27.00 = 27.000 = \ldots$$
$$8 = 8.0 = 8.00 = 8.000 = \ldots$$
$$1 = 1.0 = 1.00 = 1.000 = \ldots$$

Decimos que la representación decimal **termina** si corresponde a una fracción que se puede representar con numerador entero y denominador como potencia de 10.

EJEMPLOS:

1. $\frac{1}{2} = \frac{5}{10} = 0.5$

2. $\frac{3}{5} = \frac{6}{10} = 0.6$

3. $\frac{3}{4} = \frac{3(25)}{4(25)} = \frac{75}{100} = \frac{70}{100} + \frac{5}{100}$

$= \frac{7}{10} + \frac{5}{100} = 7\left(\frac{1}{10}\right) + 5\left(\frac{1}{100}\right)$

$= 0.75$

4. $\frac{35}{10} = \frac{30}{10} + \frac{5}{10} = 3 + \frac{5}{10}$

$= 3 + 5\left(\frac{1}{10}\right)$

$= 3.5$

5. $\frac{1}{200} = \frac{5}{1000} = 5\left(\frac{1}{1000}\right) = 0.005$

6. $\frac{247}{1000} = \frac{200}{1000} + \frac{40}{1000} + \frac{7}{1000}$

$= \frac{2}{10} + \frac{4}{100} + \frac{7}{1000}$

$= 2\left(\frac{1}{10}\right) + 4\left(\frac{1}{100}\right) + 7\left(\frac{1}{1000}\right)$

$= 0.247$

7. Escribe en forma desarrollada los siguientes números:

a. Doscientos cincuenta y tres con siete décimas.

$253.7 = 2 \cdot 100 + 5 \cdot 10 + 3 \cdot 1 + 7 \cdot \frac{1}{10}$

b. Doscientos cuatro con trece milésimas.

$204.013 = 2 \cdot 100 + 0 \cdot 10 + 4 \cdot 1 + 0 \cdot \frac{1}{10} + 1 \cdot \frac{1}{100} + 3 \cdot \frac{1}{1000}$

8. Escribe 0.65 como una fracción propia:

$0.65 = \frac{6}{10} + \frac{5}{100} = \frac{60}{100} + \frac{5}{100} = \frac{65}{100}$, que también se puede reducir a $\frac{13}{20}$

Leemos 0.65 como sesenta y cinco centésimas.

9. Escribe tres con veinticinco centésimas como una fracción impropia:

$3.25 = 3 + \frac{2}{10} + \frac{5}{100} = \frac{300}{100} + \frac{20}{100} + \frac{5}{100} = \frac{325}{100}$, que también se puede reducir a $\frac{13}{4}$.

3-1 EJERCICIOS

1. Usa la tabla 3-4 para esribir en forma desarrollada los siguientes números.

a. 729
b. 53.64
c. 3087.012
d. 0.302
e. 5.4075
f. 320.0008
g. 0.00387
h. 98765.4035
i. 0.0000123

2. Escribe el nombre de los siguientes números:

a. 27.048
b. 5100.409
c. 207.0806
d. 3478.605
e. 203.4008
f. 5003.3005
g. 98765.4035
h. 0.302
i. 0.0000123

3. Escribe los siguientes números usando los símbolos de nuestro sistema de numeración:

a. Treinta y ocho con cuatro milésimas.
b. Setecientos cuarenta y cinco diezmilésimas.
c. Veintiocho con treinta milésimas.
d. Quinientos treinta y dos diezmilésimas.
e. Tres con seis centésimas.
f. Cuatro millonésimas.
g. Tres mil tres con tres décimas.
h. Cuarenta mil con cuatro milésimas.
i. Ciento cincuenta y dos diezmilésimas.

4. Escribe cada uno de los siguientes decimales como una fracción propia:

a. 0.34
b. 0.487
c. 0.2053
d. 0.068
e. 0.00105

5. Escribe cada uno de los siguientes decimales como una fracción impropia:

a. 4.305

b. 32.3

c. 7.008

d. 1.05

e. 42.00036

3-2 Representación decimal de las fracciones

Hemos visto que es fácil escribir una fracción como decimal si ésta aparece expresada como una suma en la cual cada sumando es el recíproco de alguna potencia de 10 multiplicado por uno de los dígitos 0, 1, ..., 9. Sin embargo el proceso para escribir una fracción cualquiera en esta forma no es sencillo, a menos que los factores del denominador sean potencias de 2 ó 5. Por ejemplo, ¿cómo escribirías $\frac{2}{3}$ como una suma en la cual cada sumando es el recíproco de una potencia de 10 multiplicada por uno de los dígitos 0, 1, 2, 3, ..., 9?

Nos interesa obtener un método que permita cambiar una fracción a un decimal sin tener que pasar por el proceso anterior.

Para representar una fracción $\frac{p}{q}$ en forma decimal, escribimos p como un decimal usando la notación $q\overline{\smash{)}p.000\ldots}$ y llevamos a cabo la división. Los posibles residuos en el proceso de división son los números 0, 1, 2, ..., $q - 1$. Si al llevar a cabo la división el residuo es cero, hemos terminado el proceso y el cociente obtenido es la representación decimal de $\frac{p}{q}$. De otra manera, continuamos la división hasta que se repita uno de los residuos; de ahí en adelante los otros residuos se repetirán en el mismo orden y lo mismo ocurrirá con los dígitos que se obtienen en el cociente. Aunque el proceso de división no termina, vemos que el cociente es un decimal periódico. En este caso, la representación decimal de $\frac{p}{q}$ es el decimal periódico obtenido. Para expresar la repetición de estos dígitos usamos una notación especial: se coloca una barra sobre el primer grupo de dígitos que se repite, indicando con ello que este grupo de dígitos se repite indefinidamente.

EJEMPLOS:

1. $\frac{1}{2}$ es equivalente a $1 \div 2$.
Esto es, $\frac{1}{2} = 0.50\ldots$
Recordemos que $\frac{1}{2} = \frac{5}{10} = 0.5$

$$\begin{array}{r} 0.500\ldots \\ 2\overline{\smash{)}1000\ldots} \\ \underline{10} \\ 0 \end{array}$$

2. $\frac{2}{3}$ es equivalente a $2 \div 3$.
Esto es, $\frac{2}{3} = 0.666\ldots$

```
   0.66...
3 ⟌2.00...
   18
    20
    18
     2
```

3. $\frac{3}{11}$ es equivalente a $3 \div 11$.
Esto es, $\frac{3}{11} = 0.2727\ldots$

```
    0.2727...
11 ⟌3.0000...
    22
     80
     77
      30
      22
       8
```

4. Expresa $\frac{5}{6}$ como un decimal.

```
  0.8333...
6⟌5.0000...
  48
   20
   18
    20
    18
     20
     18
      2
```

Observa que el residuo se repite.

$\frac{5}{6} = 0.833\ldots = .8\overline{3}$

5. Expresa $\frac{2}{7}$ como un decimal.

```
  0.285714285714                Residuo
7⟌2.000000000000                          20 ÷ 7
  14
   60                              6      60 ÷ 7
   56
    40                             4      40 ÷ 7
    35
     50                            5      50 ÷ 7
     49
      10                           1      10 ÷ 7
       7
      30                           3      30 ÷ 7
      28
       2                           2      20 ÷ 7
```

Este proceso se repite ya que el 2 reaparece como residuo.

Vemos que $\frac{2}{7} = 0.\overline{285714}$

En resumen, **toda fracción puede expresarse como un decimal finito o como un decimal periódico infinito.** ¿Es cierto el recíproco?

En el caso en que tenemos una representación decimal finita, es fácil ver que la contestación es cierta; por ejemplo, $0.23 = \frac{23}{100}$. Cuando la representación decimal es periódica infinita, más adelante se demostrará que también es posible escribirla como una fracción.

EJEMPLOS:

1. $0.3 = 3\left(\frac{1}{10}\right) = \frac{3}{10}$

2. $0.35 = 3\left(\frac{1}{10}\right) + 5\left(\frac{1}{100}\right) = \frac{3}{10} + \frac{5}{100} = \frac{30}{100} + \frac{5}{100} = \frac{35}{100}$

3. $0.357 = 3\left(\frac{1}{10}\right) + 5\left(\frac{1}{100}\right) + 7\left(\frac{1}{1000}\right) = \frac{3}{10} + \frac{5}{100} + \frac{7}{1000}$

$= \frac{300}{1000} + \frac{50}{1000} + \frac{7}{1000} = \frac{357}{1000}$

3-2 EJERCICIOS

1. Halla la representación decimal de las siguientes fracciones y determina si tienen una representación finita:

a. $\frac{1}{3}$ **b.** $\frac{1}{4}$ **c.** $\frac{2}{5}$ **d.** $\frac{6}{10}$

e. $\frac{2}{9}$ **f.** $\frac{3}{100}$ **g.** $\frac{127}{1000}$ **h.** $\frac{5}{9}$

i. $\frac{42}{5}$ **j.** $\frac{27}{11}$ **k.** $\frac{16}{13}$ **l.** $\frac{19}{6}$

2. Escribe la fracción común que corresponde a cada uno de los siguientes decimales:

a. 0.27 **b.** 0.102 **c.** 2.5 **d.** 0.555 **e.** 4.75

f. 3.205 **g.** 25.4 **h.** 30.045 **i.** 1.003 **j.** 0.00033

k. 5.00308 **l.** 0.2345 **m.** 125.30 **n.** 705.05 **o.** 0.00303

3-3 Suma y resta de decimales positivos

Para entender las operaciones de suma y resta de decimales, es necesario recordar dos cosas: primero, la importancia de la posición en la notación decimal, y segundo, que podemos combinar fracciones homogéneas con la regla $\frac{a}{b} + \frac{c}{b} = \frac{a+c}{b}$.

EJEMPLOS:

1. Halla la suma de 0.37 y 0.12:

$$0.37 = \frac{3}{10} + \frac{7}{100} \text{ y } 0.12 = \frac{1}{10} + \frac{2}{100}$$

$$\begin{aligned} 0.37 + 0.12 &= \left(\frac{3}{10} + \frac{7}{100}\right) + \left(\frac{1}{10} + \frac{2}{100}\right) \\ &= \left(\frac{3}{10} + \frac{1}{10}\right) + \left(\frac{7}{100} + \frac{2}{100}\right) \\ &= \frac{4}{10} + \frac{9}{100} = \frac{40}{100} + \frac{9}{100} = \frac{49}{100} = 0.49 \end{aligned}$$

También podríamos decir que:

$$0.37 + 0.12 = \frac{37}{100} + \frac{12}{100} = \frac{49}{100} = 0.49$$

2. Halla la suma de 0.024 + 0.35:

$$0.024 = \frac{0}{10} + \frac{2}{100} + \frac{4}{1000} \text{ y } 0.35 = \frac{3}{10} + \frac{5}{100}$$

$$\begin{aligned} 0.024 + 0.35 &= \frac{3}{10} + \left(\frac{2}{100} + \frac{5}{100}\right) + \frac{4}{1000} \\ &= \frac{3}{10} + \frac{7}{100} + \frac{4}{1000} \\ &= \frac{300}{1000} + \frac{70}{1000} + \frac{4}{1000} = \frac{374}{1000} = 0.374 \end{aligned}$$

Es cierto que no se utiliza este procedimiento cada vez que se suman (o se restan) decimales, pero el proceso es equivalente. Veamos:

1. 0.37 + 0.12

$$\begin{array}{r} 0.37 \\ +0.12 \\ \hline 0.49 \end{array}$$

(Los números se escriben en bloque con los puntos decimales alineados en forma vertical.)

2. 0.024 + 0.35

$$\begin{array}{rcrl} 0.024 & \text{o} & 0.024 & \\ +0.35 & & +0.350 & \text{(Recuerda que } 0.35 = 0.350) \\ \hline 0.374 & & 0.374 & \\ \uparrow & & \uparrow & \end{array}$$

punto decimal
alineado y fijo

¿Qué hicimos? A 4 milésimas le sumamos 0 milésimas, a 2 centésimas le sumamos 5 centésimas y a 0 décimas le sumamos 3 décimas. Observa que el punto nos señala cómo colocar los sumandos.

En resumen, para sumar o restar decimales usamos el siguiente método:

1. Escribimos los sumandos colocando los puntos decimales alineados verticalmente, de manera que las posiciones correspondientes queden en la misma columna.
2. Efectuamos la suma o resta de la misma manera que lo hicimos con los enteros.
3. Fijamos el punto decimal en la misma posición que ocupa una vez alineados los sumandos.

EJEMPLOS:

1. 3.2 + 0.04 + 21.236:

$$\begin{array}{lcr} 3.2 & \text{o} & 3.200 \\ 0.04 & & 0.040 \\ 21.236 & & 21.236 \\ \hline 24.476 & & 24.476 \end{array}$$

2. 15.478 + 0.7:

$$\begin{array}{r} 15.478 \\ 0.700 \\ \hline 16.178 \end{array}$$

3. 5.43 + 8 + 93.706:

$$\begin{array}{r} 5.430 \\ 8.000 \\ 93.706 \\ \hline 107.136 \end{array}$$

4. 50.003 – 3.58:

$$\begin{array}{r} 50.003 \\ -3.580 \\ \hline 46.423 \end{array}$$

5. Resta 0.2074 de 0.245:

$$\begin{array}{r} 0.2450 \\ -0.2074 \\ \hline 0.0376 \end{array}$$

6. Resta 13.42 de 18.0745:

$$\begin{array}{r} 18.0745 \\ -13.4200 \\ \hline 4.6545 \end{array}$$

7. Resta 0.934 de 4:

$$\begin{array}{r} 4.000 \\ -0.934 \\ \hline 3.066 \end{array}$$

Recuerda que debes alinear los puntos decimales y fijarlos.

Operaciones con decimales y fracciones comunes

Como tenemos diferentes representaciones de los números, quizá sea necesario combinar números que están escritos en diferentes formas. Si sumamos números escritos como decimales y otros como fracciones comunes, entonces se requerirá cambiar todos los números a la misma forma, decimal o fracción común, y efectuar la operación indicada.

EJEMPLOS:

1. Halla la suma de 0.3 y $\frac{1}{2}$:

$0.3 + \frac{1}{2} =$

Si cambiamos 0.3 a fracción común, obtenemos

$$\frac{3}{10} + \frac{1}{2} = \frac{3}{10} + \frac{5}{10} = \frac{8}{10} = 0.8.$$

Si cambiamos $\frac{1}{2}$ a decimal, obtenemos

$$0.3 + \frac{1}{2} = 0.3 + 0.5 = 0.8.$$

2. Halla la suma de 0.75 y $1\frac{1}{2}$:

$0.75 + 1\frac{1}{2} =$

Si cambiamos $1\frac{1}{2}$ a la forma decimal, obtenemos

$0.75 + 1.5 = 2.25.$

Si cambiamos 0.75 a fracción común, obtenemos

$$0.75 + 1\frac{1}{2} = \frac{3}{4} + \frac{3}{2} = \frac{3}{4} + \frac{6}{4} = \frac{9}{4} = 2.25.$$

3. Halla la suma de $\frac{3}{4} + 1.32$:

Una forma es cambiar $\frac{3}{4}$ a decimal.

$\frac{3}{4} + 1.32 = 0.75 + 1.32 = 2.07.$

Otra forma es cambiar 1.32 a fracción común.

$$\frac{3}{4} + 1.32 = \frac{3}{4} + \frac{132}{100} = \frac{75}{100} + \frac{132}{100} = \frac{207}{100} = 2.07$$

4. Halla la suma de 2.45 y $1\frac{1}{3}$:

Cambiamos $1\frac{1}{3}$ a decimal.

$$\begin{aligned} 2.45 + 1\frac{1}{3} &= 2.45 + 1.\overline{3} \\ &= 2.45 + 1.333\ldots \\ &= 3.7833\ldots \\ &= 3.78\overline{3} \end{aligned}$$

O bien cambiamos 2.45 a fracción común.

$$\begin{aligned} 2.45 + 1\frac{1}{3} &= \frac{245}{100} + \frac{4}{3} = \frac{(245)3}{(100)3} + \frac{4(100)}{3(100)} = \frac{735 + 400}{300} \\ &= \frac{1135}{300} = 3.78\overline{3} \end{aligned}$$

5. Resta 0.07 de $\frac{5}{2}$:

Cambiamos $\frac{5}{2}$ a decimal.

$\frac{5}{2} - 0.07 = 2.50 - 0.07 = 2.43$

O bien cambiamos 0.07 a fracción común.

$$\begin{aligned} \frac{5}{2} - 0.07 &= \frac{5}{2} - \frac{7}{100} = \frac{5(50)}{2(50)} - \frac{7}{100} = \frac{250}{100} - \frac{7}{100} \\ &= \frac{243}{100} = 2.43 \end{aligned}$$

3-3 EJERCICIOS

1. Efectúa las operaciones indicadas:

a. $300.1 + 4.76 + 22.032$

b. $4.85 + 2 + 3.086$

c. $4.902 - 1.31$

d. $4 - 0.003$

e. $56.7003 - 48.0709$

f. $1.0042 - 1.00042$

g. Resta 3.0589 de 42.705

h. Resta 40.5597 de 50.75

i. $31.42 + 6.078 + 20.0003$

j. $4.0705 + 23.9957 + 50.0889$

2. a. Resta 5.0082 de la suma de 40.62 y 38.978.

b. Resta 1.0034 de la suma de 507.4 y 4.07.

c. Resta la suma de 5.07 y 4.8 de la suma de 56.3 y 0.202.

3. Si se corta un pedazo de alambre de $3\frac{3}{4}$ metros de largo de un rollo que tiene 100 metros de alambre, ¿cuánto alambre queda en el rollo?

4. Tres pedazos de madera cuyas longitudes son de 13.5, 14.08 y 15.555 centímetros se unirán para cubrir una sección recta que mide cincuenta centímetros de largo. ¿Qué parte de la sección quedará sin cubrir?

5. Efectúa las operaciones indicadas:

a. $\frac{2}{5} + 3.72$

b. $5 + \frac{7}{8} + 0.028$

c. $3\frac{1}{4} - 0.29$

d. Resta 0.75 de $2\frac{1}{3}$

e. Resta $4\frac{1}{4}$ de 10.3

f. $10\frac{3}{4} + 0.4 - \frac{5}{8}$

g. $0.87 - \frac{2}{9}$

h. Resta $\frac{3}{8}$ de 4.25

i. $31.2 + \frac{3}{5} + \frac{4}{3}$

j. $\frac{3}{4} - 0.73$

k. $8.75 - \frac{2}{3}$

l. Resta 5.68 de $6\frac{1}{4}$

3-4 Multiplicación y división de decimales

Para entender mejor la multiplicación y la división de decimales, vamos a considerar primero los siguientes ejemplos:

EJEMPLOS:

1. $3(10^1) = 3.0(10) = 30.0$

Observa que al multiplicar por 10, el punto decimal se movió una posición a la derecha.

$30.0 \div 10 = 3.0 = 3$

En este caso, al dividir entre 10 el punto decimal se movió una posición a la izquierda.

2. $3.0(10^2) = 3.0(100) = 300.0$

Al multiplicar por 100, el punto decimal se movió dos posiciones a la derecha.

$300 \div 10^2 = 300.0 \div 100 = 3.00 = 3$

Al dividir entre 100, el punto decimal se movió dos posiciones a la izquierda.

3. $3.00 \times 10^3 = 3.000 \times 1000 = 3000$

Al multiplicar por 1000, el punto decimal se movió tres posiciones a la derecha.

$3000.0 \div 10^3 = 3000.0 \div 1000 = 3.000 = 3$

Al dividir entre 1000, el punto decimal se movió tres posiciones a la izquierda.

De lo anterior se desprende la siguiente regla:

A. Multiplicar un número por una potencia de 10 equivale a mover el punto decimal hacia la derecha tantos sitios como indique la potencia de 10.

B. Dividir un número entre una potencia de 10 equivale a mover el punto decimal hacia la izquierda tantos sitios como indique la potencia de 10.

EJEMPLOS:

1. Efectúa las operaciones indicadas:

a. $0.54(10) = 5.4$

b. $0.54(1000) = 540$

c. $0.54 \div 10 = 0.054$

d. $0.54 \div 100 = 0.0054$

e. $13.92 \times 10^2 = 1392$

f. $148.32 \div 10^3 = 0.14832$

Para sumar y restar decimales, recurrimos a las operaciones que conocíamos en las fracciones. Para multiplicar haremos lo mismo; usaremos la regla de multiplicación de fracciones: $\frac{a}{b} \cdot \frac{c}{d} = \frac{ac}{bd}$.

EJEMPLOS:

1. Halla el producto (0.53)(1.6):

$$(0.53)(1.6) = \frac{53}{100} \cdot \frac{16}{10} = \frac{53 \cdot 16}{100 \cdot 10} = \frac{848}{1000} = 0.848.$$

2. Halla el producto (0.64)(0.231):

$$(0.04)(0.231) = \frac{4}{100} \cdot \frac{231}{1000} = \frac{4 \cdot 231}{100 \cdot 1000} = \frac{924}{100000} = 0.00924$$

Para multiplicar decimales no tenemos que efectuar es os pasos, pero son útiles porque de ellos obtenemos un método más sencillo.

Método para multiplicar decimales positivos
1. Se multiplican los números como se hace con los enteros. **2.** Se suma el número de lugares decimales en cada uno de los factores para fijar el punto decimal en el producto. Ese total de lugares en el producto se cuenta de derecha a izquierda y se fija el punto decimal.

EJEMPLOS:

1. Halla el producto (0.53)(1.6):

$$\left.\begin{array}{l} 0.53 \Rightarrow 2 \text{ lugares decimales} \\ 1.6 \Rightarrow 1 \text{ lugar decimal} \end{array}\right\} \text{El total de lugares decimales es 3.}$$

Multiplicamos los enteros.

$$\begin{array}{r} 53 \\ \underline{16} \\ 318 \\ \underline{53} \\ 848 \end{array} = 848.0$$

Tenemos que 53(16) = 848.0. Para obtener el producto (0.53)(1.6) movemos el punto decimal de derecha a izquierda 3 lugares decimales y obtenemos 0.848. Esto es, (0.53)(1.6) = 0.848.

2. Halla el producto (0.04)(0.231):

$$\left.\begin{array}{r} 0.04 \Rightarrow 2 \text{ lugares decimales} \\ 0.231 \Rightarrow 3 \text{ lugares decimales} \end{array}\right\} \begin{array}{l} \text{el total de lugares} \\ \text{decimales es 5.} \end{array}$$

Multiplicamos los enteros.

$$\begin{array}{r} 231 \\ \underline{4} \\ 924 \end{array} = 924.0$$

Movemos el punto decimal de derecha a izquierda 5 lugares decimales.

(0.04)(0.231) = 0.00924

División de decimales positivos

Desarrollaremos un método para la división de decimales análogo a la división de enteros y usaremos las reglas de división de fracciones: $\frac{a}{b} \div \frac{c}{d} = \frac{a}{b} \cdot \frac{d}{c} = \frac{ad}{bc}$.

EJEMPLOS:

1. Divide $0.405 \div 0.03$:

Si consideramos los dos números decimales como fracciones, obtenemos

$$\frac{405}{1000} \div \frac{3}{100} = \frac{405}{1000}\left(\frac{100}{3}\right) = \frac{405(100)}{1000(3)}$$
$$= \frac{405}{3}\left(\frac{100}{1000}\right) = 135\left(\frac{1}{10}\right) = \frac{135}{10} = 13.5$$

Podemos efectuar la división como sigue:

$$\frac{0.405}{0.03} = \frac{(0.405)(100)}{(0.03)(100)} = \frac{40.5}{3}$$

Multiplicamos por 100 para obtener un denominador entero, que es el divisor. Ahora dividimos 40.5 entre 3 considerándolos como enteros y el punto decimal en el cociente aparecerá alineado con el punto decimal en el dividendo. Esto es,

$$\begin{array}{r} 13.5 \\ 3\overline{)40.5} \\ \underline{3} \\ 10 \\ \underline{9} \\ 15 \\ \underline{15} \\ 0 \end{array} \qquad 0.405 \div 0.003 = 13.5$$

2. Divide 1.728 ÷ 1.2:

Se mueve el punto decimal una posición a la derecha y se convierte el divisor 1.2 en el entero 12. Se efectúa también el movimiento del punto decimal una posición a la derecha en el dividendo 1.728 y éste se convierte en 17.28. Se alinean el punto decimal del cociente y el del dividendo.

```
    1.44
12 ⟌17.28        1.728 ÷ 1.2 = 1.44
    12
    ──
     52
     48
     ──
      48
      48
      ──
       0
```

Método de división
1. Para dividir dos números decimales, se multiplica el divisor y el dividendo por aquella potencia de 10 que convierta al divisor en un entero.   **2.** Se coloca el punto decimal del cociente alineado con el punto decimal del dividendo.   **3.** Se lleva a cabo la división como si dividendo y divisor fueran enteros.

EJEMPLOS:

1. Divide 4.08 entre 4:

Como el divisor es entero, fijamos el punto decimal.

```
   .
4 ⟌4.08
```

Se divide como si el dividendo y el divisor fueran enteros.

```
   1.02
4 ⟌4.08
   4
   ─
   00
    0
    ─
    08
     8
     ─
     0
```

4.08 ÷ 4 = 1.02.

2. Divide 0.2 entre 0.003:

Multiplicamos el numerador y el denominador por 1000, lo que convierte al divisor 0.003 en el entero 3.

$$\frac{0.2}{0.003} = \frac{(0.2)(1000)}{(0.003)(1000)} = \frac{200}{3} = 66.\overline{6}$$

o $0.003\overline{)0.2}$ El divisor se convierte en entero y obtenemos $3\overline{)200.}$

$$\begin{array}{r} 66.66 \\ 3\overline{)200.00} \\ \underline{18} \\ 20 \\ \underline{18} \\ 20 \\ \underline{18} \\ 20 \end{array}$$

$0.2 \div 0.003 = 66.\overline{6}$.

3. Divide 48.9 entre 0.25:

Primero convertimos el divisor 0.25 en entero multiplicando por 100. Asimismo, multiplicamos el dividendo 48.9 por 100. Obtenemos $25\overline{)4890.}$ y fijamos el punto decimal. Luego efectuamos la división de enteros.

$$\begin{array}{r} 195.6 \\ 25\overline{)4890.0} \\ \underline{25} \\ 239 \\ \underline{225} \\ 140 \\ \underline{125} \\ 150 \\ \underline{150} \\ 0 \end{array}$$

$48.9 \div 0.25 = 195.6$.

3-4 EJERCICIOS

1. Multiplica cada uno de los siguientes números por 100; luego multiplica los mismos números por 1000000:

a. 4.29

b. 50.02

c. 0.00287

d. 428.698

2. Divide cada uno de los siguientes números entre 10; luego divide los mismos números entre 1000:

a. 1.834
b. 0.00378
c. 19.74
d. 1000.2

3. Efectúa las operaciones indicadas usando las reglas de multiplicar y dividir por una potencia de 10:

a. 1.53×10^9
b. 6.4×10^5
c. 0.036×10^4
d. 4.8×10^8
e. $300.3 \div 10^5$
f. $83405 \div 10^9$
g. $0.04 \div 10^2$
h. $0.12 \div 10^3$

4. Multiplica:

a. (4.54)(0.0032)
b. (35.2)(0.051)
c. (347)(8.058)
d. (0.008)(4.96)
e. (67.2)(12.63)
f. (0.00027)(0.000048)
g. (0.005)(34.5)
h. (0.0005)(3405)
i. (0.00005)(34.005)

5. Resta el producto (1.568)(0.52) de la suma de 2.0001 y 1.8399.

6. Resta la suma de 42.37 y 64.08 del producto 300.5×1.8.

7. Resta de 4.085 el producto de 0.305×0.0042.

8. Suma los productos 0.67×0.00035 y 1.0008×0.0067.

9. Divide:

a. $480.32 \div 8$
b. $7.01 \div 0.4$
c. $1000.03 \div 6$
d. $0.0048 \div 0.00012$
e. $3.56 \div 0.0005$
f. $49.2 \div 0.02$
g. $5.4 \div 0.05$
h. $4.804 \div 2.402$
i. $0.00036 \div 0.000009$
j. $36.36 \div 400$

10. Resta el producto 4.05×0.0035 del cociente $0.0048 \div 0.00012$.

11. Efectúa las operaciones indicadas: $(4.52 \div 1.004) + (6.48 \div 0.0008)$.

3-5 ¿Cómo escribir un decimal periódico infinito en la forma $\frac{a}{b}$?

En la sección 3-2 observamos que la representación decimal de toda fracción es finita o periódica infinita; ahora veremos que todo decimal periódico infinito se puede escribir como una fracción común.

EJEMPLOS:

1. Escribamos el decimal periódico $0.\overline{3}$ como una fracción común.

Llamemos a esta fracción n: $n = 0.\overline{3} = 0.333\ldots$ ¿Cuánto será 10 veces n?

$$(10)(n) = (0.333\ldots)(10)$$

$$10n = 3.33\ldots$$ (Recuerda que cuando multiplicamos por 10, movemos el punto decimal un lugar a la derecha.)

Restamos n de $10n$ y $0.\overline{3}$ de $3.\overline{3}$ para obtener:

$$\begin{array}{rr} 10n = & 3.\overline{3} \\ -n = & -0.\overline{3} \\ \hline 9n = & 3.0 \end{array} \quad \text{o} \quad \begin{array}{rr} 10n = & 3.333\ldots \\ -n = & -0.333\ldots \\ \hline 9n = & 3.000\ldots \end{array}$$

$9n = 3$ Dividimos $9n$ entre 9 y 3 entre 9 para obtener:

$$n = \frac{3}{9} = \frac{1}{3}$$

2. Hallemos la fracción que corresponde a $0.\overline{17}$:

$n = 0.1717\ldots$ Entonces, $100n = 17.1717\ldots$

Observa que en este caso se repiten dos dígitos y por eso multiplicamos por 100. Veamos:

$$\begin{array}{rr} 100n = & 17.1717\ldots \\ -n = & -0.1717\ldots \\ \hline 99n = & 17.0 \end{array}$$

Dividimos $99n$ entre 99 y 17 entre 99 para obtener:

$$n = \frac{17}{99}$$

3. En algunos casos tenemos que usar nuestro ingenio para eliminar la parte repetitiva. Veamos cómo hallar la fracción que corresponde a 0.544...

$$n = 0.544\ldots \qquad 10n = 5.44\ldots \qquad 100n = 54.44\ldots$$

Aquí restamos: $100n - 10n$:

$$\begin{array}{rr} 100n = & 54.44\ldots \\ -10n = & -5.44\ldots \\ \hline 90n = & 49.0 \end{array}$$

Dividimos $90n$ entre 90 y 49 entre 90 para obtener:

$$n = \frac{49}{90}$$

En resumen:

a. Observa el patrón repetitivo en cada caso.

b. Escribe n igual al número dado.

c. Multiplica por la potencia de 10 conveniente (si el primer dígito del primer bloque repetitivo no ocupa la posición de las décimas, tenemos que multiplicar por otras potencias de 10).

d. Resta para eliminar la parte que se repite.

e. Divide para obtener el valor de n como fracción.

3-5 EJERCICIOS

1. Halla la fracción equivalente a:

a. 0.77... **e.** $0.\overline{125}$ **i.** $0.\overline{0245}$

b. 0.1515... **f.** 0.233... **j.** $0.4\overline{32}$

c. $2.\overline{4}$ **g.** $3.2\overline{58}$ **k.** $2.15\overline{6}$

d. $2.\overline{35}$ **h.** $10.0\overline{757}$ **l.** $4.\overline{09}$

2. Efectúa las operaciones indicadas:

a. Suma $0.2\overline{5}$ y $\frac{1}{4}$

b. $(4.\overline{8} + 5.\overline{7}) - \frac{2}{3}$

c. $(8.\overline{2} + 3.\overline{6}) - \frac{4}{5}$

d. Resta $3.\overline{5}$ de $10.0\overline{5}$

e. $(4.\overline{3} + 5.\overline{6}) - \frac{1}{2}$

f. Resta $\frac{1}{6}$ de la suma de $\frac{1}{4}$ y 0.75

3-6 Por ciento

En muchos momentos de tu vida te han mencionado la expresión por ciento. Las noticias nos hablan del aumento en el por ciento de criminalidad, del por ciento de aumento en el costo de la vida, del alto por ciento de personas mayores de 65 años en nuestra población. Te enteras de una venta especial con un descuento de 25% o de que obtuviste 80% en tu examen de matemáticas. Nos interesa saber qué significado tienen estas expresiones.

Al escribir **1%**, que se lee "uno por ciento", lo que estamos diciendo **es una parte de cien**, y lo escribimos como una fracción común o decimal:

$$1\% = \frac{1}{100} = 0.01$$

Definimos $\boxed{n\% = \frac{n}{100}}$

De modo que $n\%$ es otra forma de escribir la fracción $\frac{n}{100}$.

EJEMPLOS:

$$50\% = \frac{50}{100}, \qquad 20\% = \frac{20}{100}, \qquad 15\% = \frac{15}{100}$$

Tabla 3-5

Por ciento	Fracción común	Fracción decimal
25%	$\frac{25}{100} = \frac{1}{4}$	0.25
40%	$\frac{40}{100} = \frac{2}{5}$	0.40
8%	$\frac{8}{100} = \frac{2}{25}$	0.08
75%	$\frac{75}{100} = \frac{3}{4}$	0.75
62.5%	$\frac{62.5}{100} = \frac{5}{8}$	0.625

EJEMPLOS:

$$25\% = \frac{25}{100} = 0.25$$

$$6\% = \frac{6}{100} = 0.06$$

$$0.32\% = \frac{0.32}{100} = 0.0032$$

$$4.9\% = \frac{4.9}{100} = 0.049$$

[Recuerda el proceso de dividir entre 100.]

$$250\% = \frac{250}{100} = 2.50$$

$$100\% = \frac{100}{100} = 1$$

Observa esta última fracción. Dice que el número 1 corresponde al 100%.

Si decimos que el 100% de los habitantes de un país sabe leer y escribir, estaríamos describiendo una situación ideal: todas las personas del país, la totalidad de la población, saben leer y escribir.

¿Cómo usamos el concepto de por ciento para obtener información acerca de la población o del precio de un artículo en una venta especial?

EJEMPLOS:

1. Un artículo está marcado en \$400 y tiene 20% de descuento. Razonemos un poco, recordando la definición de por ciento:

¿Cuánto es el 20% de \$400?

20% significa 20 partes de 100.

Esto significa que por cada \$100 se descontarán \$20.

Por \$400 se descontarán \$80. Si a \$400 le restamos \$80 de descuento, determinamos lo que pagamos por el artículo.

Por el artículo pagamos: \$400 – \$80 = \$320.00

Presentamos ahora un método más corto de hallar esta contestación:

Para encontrar el 20% de \$400:

a. Cambiamos 20% a decimal

$$20\% = 0.20$$

b. Multiplicamos 0.20 por \$400 y obtenemos \$80, que es el descuento.

c. A \$400 le restamos \$80 para determinar lo que pagamos por el artículo.

En general, **el $r\%$ de un número N es** $\left(\frac{r}{100}\right)(N)$.

2. En el examen de matemáticas, 80% de tus contestaciones estaban correctas. Si el examen tenía 120 preguntas, ¿cuántas respondiste correctamente?

Estamos pidiéndote que halles el 80% de 120. Esto es,

$$\left(\frac{80}{100}\right)(120) = (0.80)(120) = 96$$

Igual que antes, cambias el por ciento a decimal y multiplicas éste por 120. La contestación es: 96 preguntas contestadas correctamente.

El uso de fracciones equivalentes es otra manera de resolver este problema, pues lo que se requiere es que la cantidad de preguntas N de un total de 120 sea el 80%.

$$\frac{80}{100} = \frac{N}{120}$$

Como estas dos fracciones son equivalentes,

$$80(120) = 100(N)$$

$$N = \frac{80 \cdot 120}{100} = 96$$

96 es el 80% de 120.

3. Otra pregunta que podemos contestar es: ¿De qué número N es 60 el 30%? Esto equivale a decir: 60 es el 30% de un número N.

$$\frac{30}{100} = \frac{60}{N} \quad \text{(Escribimos como fracciones equivalentes.)}$$

$$30(N) = 100(60)$$

$$N = \frac{100(60)}{30} = \frac{6000}{30}$$

$$N = 200$$

60 es el 30% de 200.

4. Pueden preguntarte: ¿qué por ciento de 40 es 8?, que equivale a decir: el x% de 40 es 8.

$$\frac{x}{100} = \frac{8}{40} \quad \text{(Las fracciones son equivalentes.)}$$

$$40x = 8(100)$$

$$40x = 800$$

$$x = \frac{800}{40} = 20$$

$$x = 20\%$$

8 es el 20% de 40.

Observa que todas las preguntas que se relacionan con por cientos se pueden resolver haciendo uso de fracciones equivalentes.

3-6 EJERCICIOS

1. Escribe cada fracción como por ciento:

a. $\frac{3}{5}$ **d.** $\frac{1}{8}$ **g.** $\frac{1}{200}$

b. $\frac{3}{50}$ **e.** $\frac{3}{8}$ **h.** $\frac{62}{20}$

c. $\frac{3}{500}$ **f.** $\frac{4}{3}$ **i.** $\frac{3}{2}$

2. Escribe cada decimal como fracción común y como por ciento:

a. 0.8 **d.** $0.8\overline{3}$ **g.** $0.04\overline{0}$

b. 7.25 **e.** 0.375 **h.** 1.06

c. 0.064 **f.** $4.5\overline{6}$ **i.** $6.8\overline{5}$

3. Escribe cada por ciento como fracción común y como decimal:

a. 37% **d.** $11\frac{1}{2}\%$ **g.** $\frac{1}{2}\%$

b. 25% **e.** 99.9% **h.** $1\frac{1}{4}\%$

c. 4% **f.** $\frac{2}{3}\%$ **i.** 0.005%

4. Contesta cada una de las siguientes preguntas:

a. El 50% de 40 es ___.

b. ¿Cuál es el 3% de 96?

c. ¿De qué número es 100 el 40%?

d. ¿Qué por ciento de 75 es 10?

e. El 4% de 13 es ___.

f. ¿Qué por ciento de 11 es 55?

g. ¿Qué por ciento de 12 es 24?

h. ¿De qué número es 9 el 10%?

i. El 250% de 20 es ___.

j. ¿Qué por ciento de 4 es 8?

k. ¿Cuál es el 12% de 58?

l. ¿De qué número es 18 el 15%?

m. ¿De qué número es 13 el 0.2%?

n. ¿Qué por ciento de 5200 es 5148?

5. Resuelve cada uno de los siguientes problemas:

a. José gana $140 por semana en su trabajo y le deducen el 20% de su salario. ¿Qué cantidad le llega en su cheque semanal?

b. La Escuela Superior Eugenio María de Hostos tiene una matrícula de 500 estudiantes. El 18% de ellos son graduandos. ¿Cuántos graduandos hay en la Escuela Superior Eugenio M. de Hostos?

c. Tenemos información de que, de 600 mujeres investigadas con hijos menores de 18 años, alrededor de 300 trabajaban fuera del hogar. ¿Qué por ciento de mujeres es éste?

d. ¿Qué por ciento de los números enteros positivos no mayores de 50 son primos? ¿Qué por ciento son compuestos?

e. La compañía Super Radio Rack planificó la venta de 150 radioteléfonos en tres meses. Vendieron 30 radioteléfonos el primer mes, 45 el segundo y 50 el tercero. ¿Qué por ciento de lo planificado vendieron?

f. Un examen de inglés tiene un total de 130 puntos. Con 70% de contestaciones correctas se aprobaba el examen. Si Ana obtuvo 90 puntos, ¿aprobó el examen?

g. De 125 estudiantes en la clase de matemáticas, 65 recibieron A o B en el último examen. ¿Qué por ciento de los estudiantes recibió menos de B?

h. 20% de los estudiantes de una escuela fueron de paseo al campo. Si sólo quedaron 240 estudiantes en la escuela, ¿cuántos estudiantes fueron de paseo?

i. María deposita 15% de su cheque semanal en una cuenta de ahorros en el Banco Republicano. Si su paga semanal es de $215, ¿cuánto deposita María semanalmente en sus ahorros? Suponiendo que no le han calculado interés sobre sus ahorros, ¿cuánto dinero habrá ahorrado al terminar un año?

Capítulo 3 Ejercicios de repaso

1. Escribe lo siguiente en su forma desarrollada:

a. 73.14
b. 2583.104
c. 1500000.8
d. 0.000132
e. 7.814
f. 0.1203

2. Escribe el número que corresponde al lugar de las milésimas en cada uno de los siguientes números:

a. 2100.1008 **b.** 23 **c.** 3504.1457

3. Escribe en símbolos los siguientes números:

   a. Dos millones veinte mil cuatrocientos cinco con veinte centésimas.
   b. Ciento cuarenta y tres con trescientos trece diezmilésimas.
   c. Catorce con siete milésimas.
   d. Doscientos veintiuno con veintiocho milésimas.

4. Escribe el nombre de los siguientes números:

   a. 387000.14
   b. 508.023
   c. 5000000.02
   d. 3.1458

5. Halla la representación decimal de las siguientes fracciones y determina si tienen representación finita:

   a. $\frac{7}{8}$
   b. $\frac{6}{125}$
   c. $\frac{21}{28}$
   d. $\frac{37}{768}$
   e. $\frac{2}{35}$
   f. $\frac{1}{3}$

6. Escribe la fracción común que corresponde a cada uno de los siguientes decimales:

   a. 0.436
   b. 28.1906
   c. 25.16
   d. 4.3
   e. 316.027
   f. 62.01

7. Efectúa las siguientes operaciones:

   a. $36.812 + 0.43 + 1.96$
   b. $200.01 - 32.007$
   c. 3.61×0.413
   d. $(1.36)(0.02)$
   e. $121.62 - 4.082$
   f. $386.0193 \div 4.012$
   g. 13.62×10000
   h. $13.62 \div 1000$
   i. $403.18 \div 1000000$
   j. 403.18×10000
   k. Resta $5\frac{3}{4}$ de 10.5
   l. $30.4 - 2\frac{2}{5} - 3\frac{3}{5}$

8. Halla la fracción equivalente a cada uno de los siguientes números y escríbela en su forma más simple:

   a. $0.\overline{128}$
   b. 0.33...
   c. $17.2\overline{1}$
   d. $2.\overline{4}$

9. a. Juan compró en la tienda Radison un par de pantalones por $52.85, una chaqueta deportiva por $45.99, una camisa de manga larga por $29.89 y una corbata por $30.00. Si pagó con dos billetes de $100, ¿cuánto dinero le devolvieron?

b. Ana y Celia compraron los siguientes artículos para preparar un bizcocho: 2 libras de harina a 69 centavos la libra, $1\frac{1}{2}$ docena de huevos a $1.58 la docena, 1 litro de leche a 95 centavos el litro, media libra de mantequilla a 98 centavos la libra, $1\frac{1}{4}$ libra de azúcar a 56 centavos la libra. ¿Cuánto pagaron?

10. Llena la siguiente tabla:

Por ciento	Decimal	Fracción
16%		
	7.89	
		$\frac{3}{20}$
$\frac{1}{5}\%$		
		$\frac{5}{6}$
	0.032	
		$\frac{41}{8}$
$4\frac{1}{2}\%$		
	0.2	

11. Resuelve los siguientes problemas:

a. Marcos tenía 84 cajas de dulces para vender. Si vendió el 75% de las cajas, ¿cuántas vendió?

b. Juana ganó $16,000 el año pasado y este año recibió un aumento del 6% de su sueldo anual. ¿Cuánto ganará este año?

c. Sara recibió un aumento del 7% de su sueldo y ganará $15,515. ¿Cuánto ganaba antes de recibir el aumento?

d. José vendió 180 periódicos de un total de 200; Pedro vendió el 85% de sus 260 periódicos; Carlos vendió 212 periódicos, un 80% de los que tenía.

i. ¿Quién vendió más periódicos y cuántos fueron?

ii. ¿Quién vendió el mayor por ciento de sus periódicos y qué por ciento fue?

iii. ¿Quién comenzó con el mayor número de periódicos y qué cantidad era ésta?

e. ¿Qué por ciento de rebaja tiene un vestido que se vende normalmente a \$50 y está en especial a \$28?

f. Susana compró un vestido con un 20% de rebaja. Si su precio regular es de \$68, ¿cuál es su precio de rebaja?

g. Un boleto de avión costó \$320 sin impuestos. Si el impuesto es el 5% de este costo, ¿cuál es el costo total del boleto?

CAPÍTULO 4

El conjunto de los números reales

En el capítulo anterior vimos que todas las fracciones se pueden escribir en forma única como un decimal periódico infinito y viceversa. En este capítulo presentaremos otro tipo de número decimal, el decimal infinito no periódico. **Los decimales positivos periódicos infinitos, unidos a los decimales positivos infinitos no periódicos, forman un nuevo conjunto, el conjunto de los números reales positivos.**

Además de estudiar este conjunto, lo extenderemos para obtener el conjunto de los números reales.

4-1 Conceptos básicos

Consideremos una recta L, seleccionemos un punto en L al cual llamaremos P_0 y escojamos un segmento arbitrario AB cuya medida se llamará la unidad y se representará como $m(\overline{AB}) = 1$.

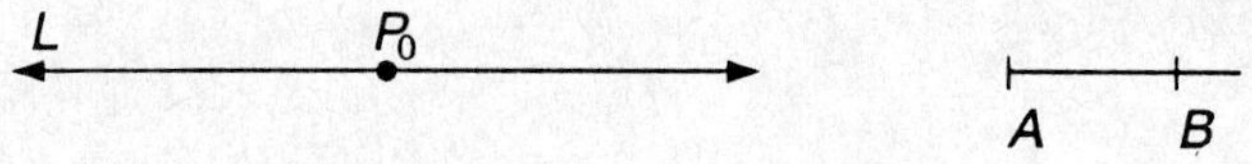

Empezando en el punto P_0, colocamos el segmento AB en forma sucesiva a lo largo de la recta.

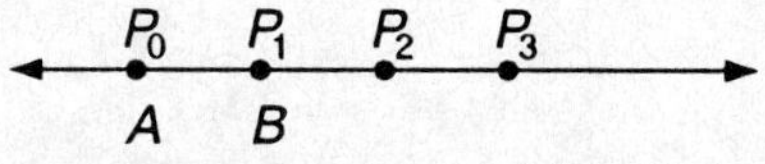

En esta forma queda determinado un conjunto de puntos $\{P_0, P_1, P_2, \ldots\}$, de modo que la distancia entre cualesquiera dos puntos consecutivos es la unidad. Esto es, $m(\overline{P_0P_1}) = m(\overline{P_1P_2}) = m(\overline{P_2P_3}) = \ldots = 1$.

Vamos a establecer ahora una correspondencia entre los puntos P_0, P_1, P_2, ...y el conjunto $\{0, 1, 2, 3, 4, \ldots\}$ en la siguiente forma:

a P_0 le asignamos el número 0

a P_1 le asignamos el número 1

a P_2 le asignamos el número 2

⋮

a P_n le asignamos el número n

⋮

Ésta es una correspondencia uno a uno, es decir, cada elemento del conjunto determina un punto P_n en la recta y cada punto P_n en la recta determina un elemento del conjunto. El número n asociado al punto P_n se llama coordenada del punto.

Observa que entre cada dos puntos que corresponden a dos números naturales consecutivos hay un número infinito de puntos a los cuales no hemos asignado ningún número natural. Además, hay otros números que no son naturales a los cuales no les hemos asignado ningún punto en la recta. Esto nos sugiere que podemos ampliar este proceso de modo que a cada número fraccionario en $\mathbb{Q}^+$ se le asigne un punto en la recta.

¿Qué punto podemos asignar a $\frac{1}{2}$? Si dividimos el segmento $\overline{P_0P_1}$ en dos partes iguales (bisecamos el segmento), podemos asignar a $\frac{1}{2}$ el punto medio del segmento $\overline{P_0P_1}$.

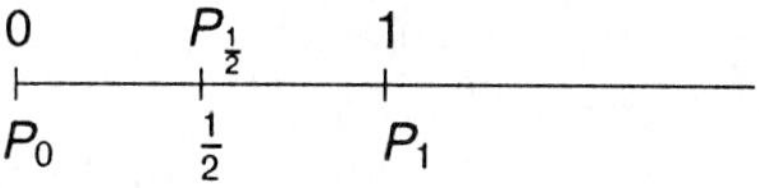

Si tomamos a $\overline{P_0P_{\frac{1}{2}}}$ como la unidad, quedan determinados los puntos que corresponden a $\frac{1}{2}, \frac{2}{2}, \frac{3}{2}, \frac{4}{2}, \ldots$, según se ilustra a continuación:

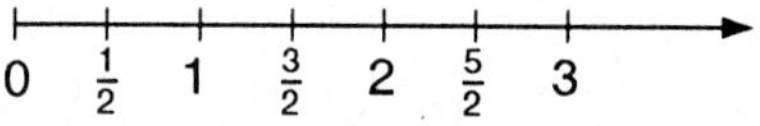

Veamos qué punto asignamos a $\frac{1}{4}$. Como $\frac{1}{4}$ es la mitad de $\frac{1}{2}$, es posible asignar a $\frac{1}{4}$ el punto medio del segmento $\overline{P_0P_{\frac{1}{2}}}$. Ahora, tomando como unidad el segmento $\overline{P_0P_{\frac{1}{4}}}$, podemos determinar los puntos que corresponden a $\frac{1}{4}, \frac{2}{4}, \frac{3}{4}, \frac{4}{4}, \frac{5}{4}, \frac{6}{4}, \frac{7}{4}, \ldots$.

Si hacemos uso de la geometría, podemos determinar el punto en la recta numérica que corresponde a cualquier número de la forma $\frac{a}{b}$. Veamos.

EJEMPLOS:

1. Localiza en la recta numérica el punto $P_{\frac{11}{8}}$ que corresponde a $\frac{11}{8}$.

a. Expresamos $\frac{11}{8}$ como el número mixto $1\frac{3}{8}$.

b. Esto significa que el punto que corresponde a $\frac{11}{8}$ se encuentra entre los puntos P_1 y P_2, los puntos asociados con los enteros uno y dos, esto es, $1 < 1\frac{3}{8} < 2$.

c. Dividimos el segmento $\overline{P_1P_2}$ en ocho partes iguales. Cada parte mide $\frac{1}{8}$ de unidad. A la derecha de P_1 escogemos tres de estas ocho partes iguales. El punto que se asocia está a $\frac{3}{8}$ de unidad de P_1 y corresponde a $1\frac{3}{8}$.

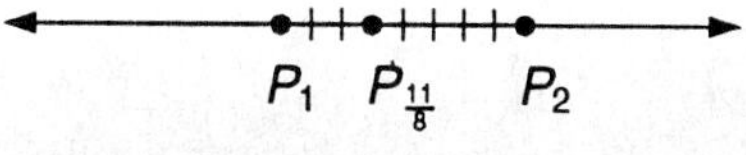

d. Hemos localizado el punto $P_{\frac{11}{8}}$, que corresponde a $\frac{11}{8}$.

2. Localiza en la recta numérica el punto $P_{\frac{23}{3}}$ que corresponde a $\frac{23}{3}$:

a. $\frac{23}{3}$ se puede expresar como el número mixto $7\frac{2}{3}$.

b. Esto significa que el punto $P_{\frac{23}{3}}$ se halla en el segmento que corresponde a los puntos asociados con los enteros 7 y 8, esto es $7 < 7\frac{2}{3} < 8$.

c. Dividimos el segmento $\overline{P_7P_8}$ en tres partes iguales. Cada parte mide $\frac{1}{3}$ de unidad. A la derecha de P_7 escogemos dos de estas tres partes iguales. El punto, que está a $\frac{2}{3}$ de unidad de P_7, corresponde a $7\frac{2}{3}$.

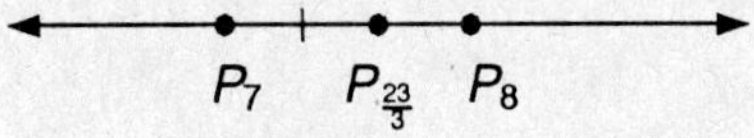

d. Hemos localizado el punto $P_{\frac{23}{3}}$, que corresponde a $\frac{23}{3}$.

En forma similar, podemos asignar a cada número racional positivo $\frac{a}{b}$ un punto en la recta. Demostraremos ahora que todavía quedan puntos en la recta que no hemos asociado con ningún número racional.

Consideremos un punto P que se halla entre los puntos que corresponden a los enteros 2 y 3 en la recta. ¿Cómo podemos determinar el número asociado a P? Ilustraremos esto con un dibujo, que para mayor claridad no está hecho a escala.

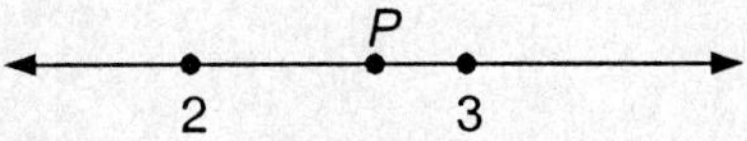

Asociemos con el punto P un número n que está entre 2 y 3, esto es, $2 < n < 3$.

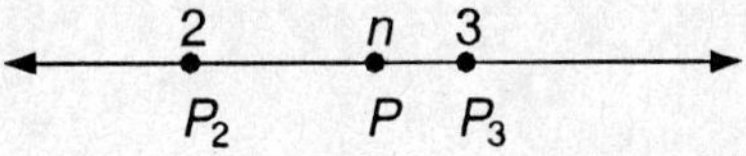

¿Es n racional? Podemos contestar esta pregunta si sabemos su representación decimal. Para determinar su representación decimal, el segmento $\overline{P_2P_3}$ se divide en diez partes iguales (para ilustrarlo se ha agrandado el segmento ($\overline{P_2P_3}$).

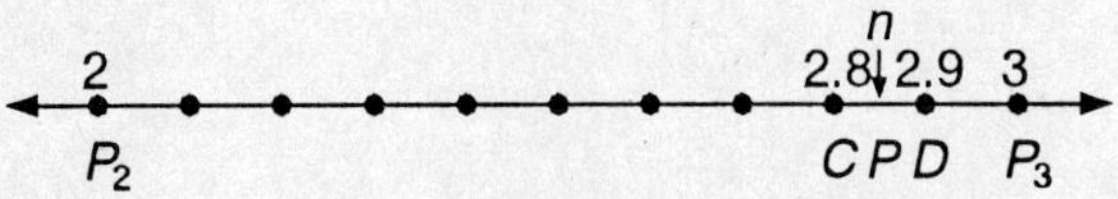

Ahora sabemos que $2.8 < n < 2.9$. Del mismo modo, tomamos el segmento $\overline{CD}$, lo agrandamos y lo dividimos en diez partes iguales.

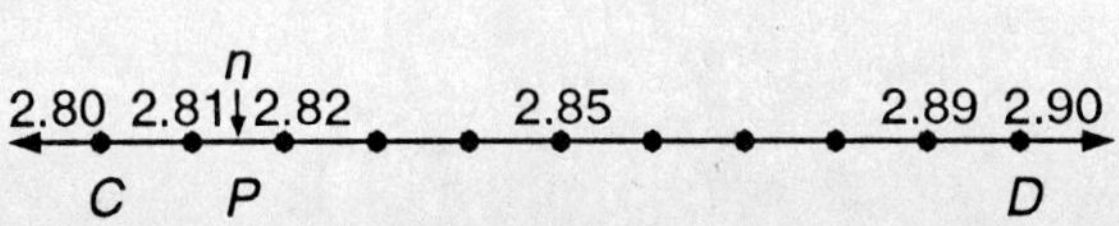

Hemos determinado que $2.81 < n < 2.82$.

Si continuamos este proceso, veremos que la representación decimal de n podría ser o no periódica. Si es periódica, n es un número racional. Si no es periódica, hemos encontrado un punto que asociamos con un número que no es racional. A estos números los llamaremos números irracionales. Observa que todo punto en la recta se asocia con un número racional o con un número que se localiza entre dos números racionales.

Definición:
Un decimal es un número irracional si no se puede representar en la forma $\frac{a}{b}$, donde a y b son números naturales y $b \neq 0$.

Veremos más adelante que hay un número infinito de números irracionales.

La unión del conjunto de los números racionales positivos con el conjunto de los números irracionales positivos se llama conjunto de los números reales positivos $\mathbb{R}^+$.

Ejemplos de números irracionales

1. Son números irracionales aquellos cuya representación decimal sigue un patrón que no es de decimal periódico, como los siguientes:

$$.010010001\ldots$$
$$.2020020002\ldots$$
$$.220220022000\ldots$$

2. El número $\pi = 3.141659...$, que surge de la razón entre la circunferencia y el diámetro de un círculo, es un número irracional.

3. La suma o diferencia de un número irracional con números racionales, es a su vez, un número irracional.

$$1 + \pi \qquad 1 + .010010001\ldots$$
$$\frac{2}{3} + \pi \qquad \frac{3}{5} + .202002002\ldots$$

En la próxima sección daremos ejemplos de números irracionales que ya conoces y te demostraremos cómo asociarlos con puntos en la recta numérica. Para esto es necesario recordar el teorema de Pitágoras.

Teorema de Pitágoras:
En un triángulo rectángulo, la suma de los cuadrados de los catetos es igual al cuadrado de la hipotenusa.

Esto es, si a y b representan la medida de los catetos del triángulo rectángulo y c la hipotenusa, entonces

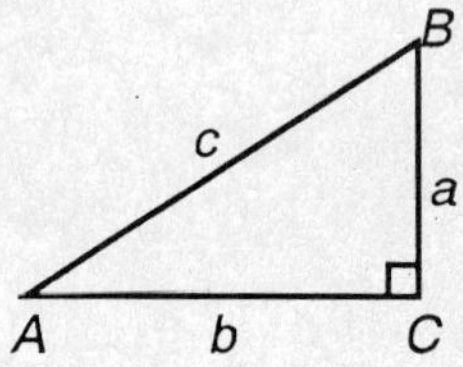

$$a^2 + b^2 = c^2$$

Usaremos el teorema de Pitágoras para hallar la medida de un lado de un triángulo rectángulo si nos dan los otros dos lados del triángulo.

EJEMPLOS:

1. En el triángulo rectángulo ABC, halla la medida de la hipotenusa si un cateto mide 3 unidades y el otro mide 4 unidades:

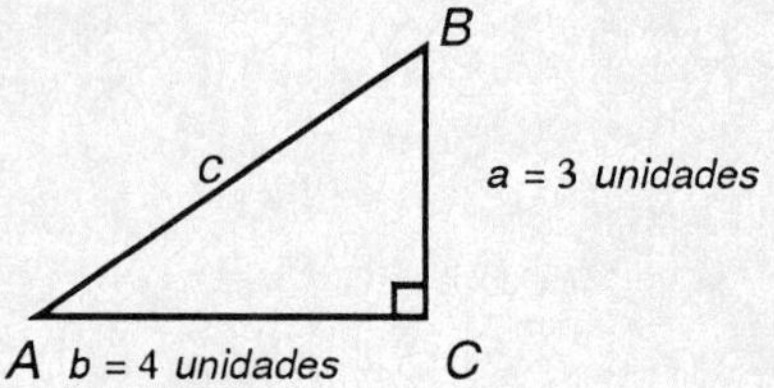

$$a^2 + b^2 = c^2$$
$$3^2 + 4^2 = c^2$$
$$9 + 16 = c^2$$
$$25 = c^2$$
$$c = 5 \quad \text{unidades}$$
(porque $5^2 = 25$)

2. Si la hipotenusa de un triángulo ABC mide 13 unidades y uno de los catetos mide 5 unidades, halla la medida del otro cateto:

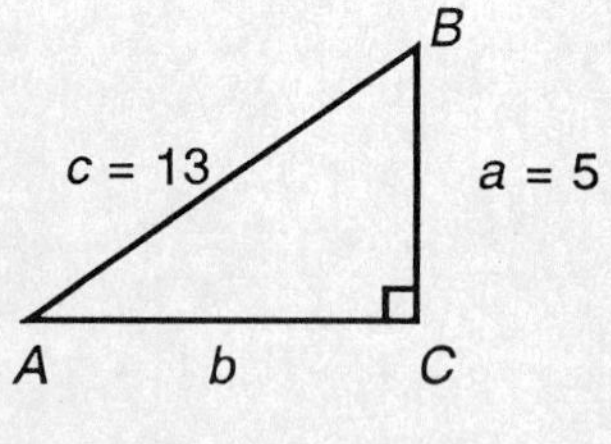

$$a^2 + b^2 = c^2$$
$$5^2 + b^2 = 13^2$$
$$25 + b^2 = 169$$
$$b^2 = 169 - 25$$
$$b^2 = 144$$
$$b = 12 \quad \text{unidades}$$
(porque $12^2 = 144$)

3. Halla la medida de la hipotenusa de un triángulo ABC si uno de los catetos mide 2 unidades y el otro mide 3 unidades:

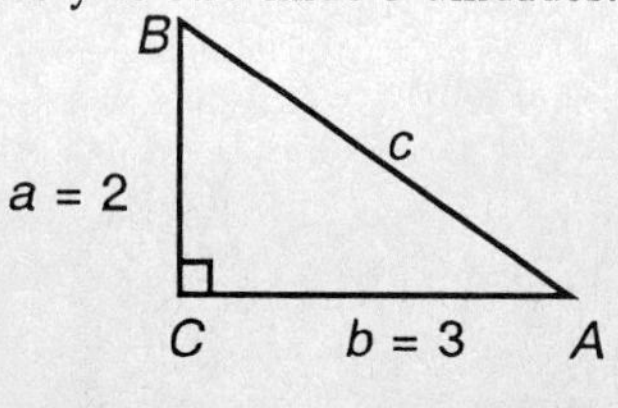

$$a^2 + b^2 = c^2$$
$$2^2 + 3^2 = c^2$$
$$4 + 9 = c^2$$
$$13 = c^2$$

Tenemos que hallar un número cuyo cuadrado sea 13. Sabemos que $3^2 = 9$ y $4^2 = 16$; como el número 13 es mayor que 9 y menor que 16, c se encuentra entre 3 y 4, esto es, $3 < c < 4$. El número c puede ser racional o irracional. Hallemos algunas aproximaciones de c.

Empezamos aproximando el número c a la décima más cercana.

¿Es $3.0 < c < 3.1$? No, porque $3^2 < (3.1)^2 < c^2 = 13$

¿Es $3.1 < c < 3.2$? No, porque $(3.1)^2 < (3.2)^2 < c^2 = 13$

¿Es $3.2 < c < 3.3$? No, porque $(3.2)^2 < (3.3)^2 < c^2 = 13$

¿Es $3.3 < c < 3.4$? No, porque $(3.3)^2 < (3.4)^2 < c^2 = 13$

¿Es $3.4 < c < 3.5$? No, porque $(3.4)^2 < (3.5)^2 < c^2 = 13$

¿Es $3.5 < c < 3.6$? No, porque $(3.5)^2 < (3.6)^2 < c^2 = 13$

¿Es $3.6 < c < 3.7$? Sí, porque $(3.6)^2 < c^2 < (3.7)^2 = 13.69$

Ahora aproximamos el número c a la centésima más cercana.

¿Es $3.60 < c < 3.61$? Si, porque $12.96 = (3.60)^2 < c^2 < (3.61)^2 = 13.0321$. Continuamos este proceso para hallar una aproximación del número c a la milésima más cercana.

¿Es $3.600 < c < 3.601$? No, porque $(3.600)^2 < (3.601)^2 < c^2 = 13$

¿Es $3.601 < c < 3.602$? No, porque $(3.601)^2 < (3.602)^2 < c^2 = 13$

¿Es $3.602 < c < 3.603$? No, porque $(3.602)^2 < (3.603)^2 < c^2 = 13$

¿Es $3.603 < c < 3.604$? No, porque $(3.603)^2 < (3.604)^2 < c^2 = 13$

¿Es $3.604 < c < 3.605$? No, porque $(3.604)^2 < (3.605)^2 < c^2 = 13$

¿Es $3.605 < c < 3.606$? Sí, porque $(3.605)^2 < c^2 < (3.606)^2 = 13.003236$.

Si continuamos este proceso, encontraremos que la representación decimal de c es igual a 3.6055513... que es un decimal infinito no periódico. Más adelante demostraremos que c no es un número racional.

El número $c \geq 0$, cuyo cuadrado es 13, se representa con el símbolo $\sqrt{13}$. Esto es $(\sqrt{13})^2 = 13$.

Definición:
Si $a \geq 0$, el número $c \geq 0$ tal que $c^2 = a$ se llama raíz cuadrada de a y se representa como $\sqrt{a}$.

Así, obtenemos que la medida de la hipotenusa del triángulo rectángulo es $\sqrt{13}$, ya que el cuadrado de $\sqrt{13}$ es igual a 13.

EJEMPLOS:

$\sqrt{36} = 6$ porque $6^2 = 36$, $6 > 0$

$\sqrt{1} = 1$	porque	$1^2 = 1$,	$1 > 0$
$\sqrt{100} = 10$	porque	$10^2 = 100$,	$10 > 0$
$\sqrt{0.01} = 0.1$	porque	$(0.1)^2 = 0.01$,	$0.1 > 0$
$\sqrt{\frac{4}{9}} = \frac{2}{3}$	porque	$\left(\frac{2}{3}\right)^2 = \frac{4}{9}$,	$\frac{2}{3} > 0$

Todo número racional se puede representar como la raíz cuadrada de un número racional. Tenemos un símbolo nuevo para representar los números que hemos estudiado hasta ahora.

EJEMPLOS:

$2 = \sqrt{4}$	$5 = \sqrt{25}$	$8 = \sqrt{64}$	$\frac{1}{3} = \sqrt{\frac{1}{9}}$
$3 = \sqrt{9}$	$6 = \sqrt{36}$	$9 = \sqrt{81}$	$\frac{3}{4} = \sqrt{\frac{9}{16}}$
$4 = \sqrt{16}$	$7 = \sqrt{49}$	$10 = \sqrt{100}$	$1.5 = \sqrt{2.25}$

¿Cómo asociar la raíz cuadrada de un número con un punto en la recta numérica?

EJEMPLOS:

1. Hallemos el punto en la recta numérica correspondiente a $\sqrt{13}$:

   Usando el teorema de Pitágoras, si tomamos un triángulo rectángulo cuyos catetos miden 2 y 3 unidades respectivamente, entonces la medida de la hipotenusa es de $\sqrt{13}$ unidades.

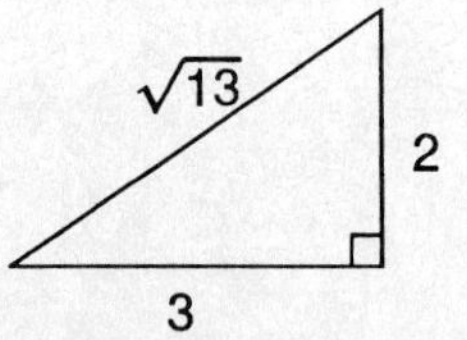

   Traza un arco con P_0 como centro y la hipotenusa como radio.

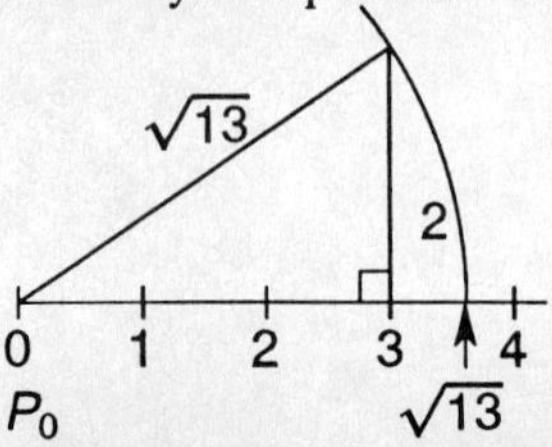

   El arco corta la recta numérica en el punto que corresponde a $\sqrt{13}$.

2. Localicemos en la recta numérica el punto correspondiente a $\sqrt{5}$:

Tomemos un triángulo rectángulo cuyos catetos miden 1 y 2 unidades respectivamente. Por el teorema de Pitágoras, sabemos que la hipotenusa mide $\sqrt{5}$ unidades.

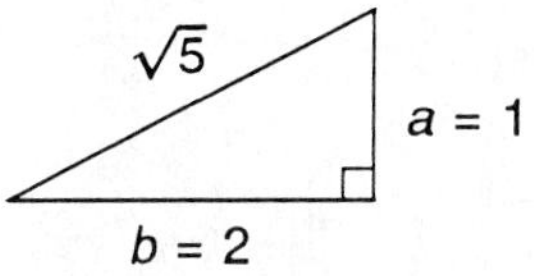

Ahora, tomando como centro P_0 y como radio la medida de la hipotenusa, trazamos un arco que corte la recta numérica. El arco corta la recta numérica en el punto que corresponde a $\sqrt{5}$.

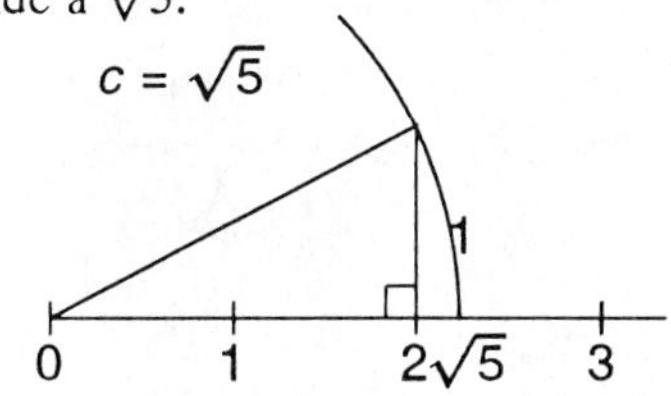

Localizamos $\sqrt{5}$ entre 2 y 3, esto es, $2 < \sqrt{5} < 3$. Nota que $\sqrt{4} < \sqrt{5} < \sqrt{6} < \sqrt{7} < \sqrt{8} < \sqrt{9}$, lo que nos indica $\sqrt{4} < \sqrt{5} < \sqrt{9}$, es decir, $2 < \sqrt{5} < 3$.

Hallemos algunas aproximaciones de $\sqrt{5}$.

¿Es $2 < \sqrt{5} < 3$? Sí, porque $2^2 < (\sqrt{5})^2 < 3^2$. Recuerda que $(\sqrt{5})^2 = 5$.

Aproximemos $\sqrt{5}$ a la décima más cercana.

¿Es $2.0 < \sqrt{5} < 2.1$? No, porque $2^2 < (2.1)^2 < (\sqrt{5})^2 = 5$.
¿Es $2.1 < \sqrt{5} < 2.2$? No, porque $(2.1)^2 < (2.2)^2 < (\sqrt{5})^2 = 5$.
¿Es $2.2 < \sqrt{5} < 2.3$? Sí, porque $4.84 = (2.2)^2 < (\sqrt{5})^2 < (2.3)^2 = 5.29$.

Aproximemos $\sqrt{5}$ a la centésima más cercana.

¿Es $2.20 < \sqrt{5} < 2.21$? No, porque $(2.20)^2 < (2.21)^2 < (\sqrt{5})^2 = 5$
¿Es $2.21 < \sqrt{5} < 2.22$? No, porque $(2.21)^2 < (2.22)^2 < (\sqrt{5})^2 = 5$
¿Es $2.22 < \sqrt{5} < 2.23$? No, porque $(2.22)^2 < (2.23)^2 < (\sqrt{5})^2 = 5$
¿Es $2.23 < \sqrt{5} < 2.24$? Sí, porque $4.9729 = (2.23)^2 < (\sqrt{5})^2 < (2.24)^2 = 5.0176$

Si continúas este proceso, encontrarás que la representación decimal de $\sqrt{5} = 2.23606797\ldots$ es un decimal infinito no periódico, esto es, $\sqrt{5}$ es un número irracional. Además sabemos que $\left(\sqrt{5}\right)^2 = 5$.

4-1 EJERCICIOS

1. En un triángulo rectángulo ABC, halla la medida de la hipotenusa si uno de los catetos mide 1 unidad y el otro $\sqrt{2}$ unidades.

2. Localiza en la recta numérica cada uno de los siguientes números y represéntalos en forma decimal aproximándolos a 3 sitios decimales. Indica si el número es racional o irracional:

$$\sqrt{2},\quad \sqrt{3},\quad \sqrt{6},\quad \sqrt{7},\quad \sqrt{9},\quad \sqrt{10},\quad \sqrt{11},\quad \sqrt{12}$$

3. Escribe cada uno de los siguientes números haciendo uso de una raíz cuadrada:

a. 12
b. $\frac{3}{4}$
c. $\frac{1}{5}$
d. $\frac{3}{10}$
e. 1.2
f. 0.7
g. 0.08
h. 15

4. Identifica cada uno de los siguientes números como racional o irracional:

a. 0.0101
b. $0.\overline{01}$
c. 0.1010010001...
d. 1.415
e. 1.41541555...
f. $1.41\overline{5}$

5. Aproxima a la centésima más cercana:

a. $\sqrt{3}$
b. $\sqrt{6}$
c. $\sqrt{10}$
d. $\sqrt{7}$
e. $\sqrt{18}$
f. $\sqrt{20}$
g. $\sqrt{30}$
h. $\sqrt{32}$
i. $\sqrt{60}$

6. Usando el teorema de Pitágoras, halla la medida de la hipotenusa de un triángulo rectángulo cuyos catetos miden:

a. 3 y 4 unidades.

b. 5 y 12 unidades.

c. 1 centímetro cada uno.

d. 2 y 4 centímetros.

7. Usando el teorema de Pitágoras, halla la medida de un cateto del triángulo rectángulo en cada uno de los siguientes casos:

a. La hipotenusa mide 5 cm y un cateto mide 2 cm.
b. La hipotenusa mide 7 cm y un cateto mide 3 cm.
c. La hipotenusa mide 10 pulgadas y un cateto mide 8 pulgadas.
d. La hipotenusa mide $3\sqrt{2}$ metros y un cateto mide 3 metros.
e. La hipotenusa mide 13 yardas y un cateto mide 12 yardas.
f. La hipotenusa mide 15 yardas y un cateto mide 12 yardas.

4-2 Conjunto de los números reales

La raíz cuadrada de un número primo es un número irracional

Usando conceptos que ya conoces demostraremos que la raíz cuadrada de un número primo es irracional:

1. Cualquier número natural $n > 1$, o es primo o se puede representar en forma única como producto de factores primos.

2. El cuadrado de cualquier número natural tiene un número par de factores primos. Esto es,

$$n = q \cdot r \cdots s$$
$$n^2 = (q \cdot r \cdots s)(q \cdot r \cdots s)$$

Observa que cada primo aparece como factor en n^2 el doble de veces que aparece en n.

3. Cualquier número racional se puede expresar como $\frac{a}{b}$ en forma reducida, a y b naturales, $b \neq 0$.

Veamos qué ocurre si suponemos que $\sqrt{p}$ es racional, donde p es primo.

$$\sqrt{p} = \frac{a}{b}, \quad \text{entonces} \quad p = \frac{a^2}{b^2} \quad \text{implica que} \quad pb^2 = a^2$$

Supongamos que $a = p_1 \cdot p_2 \cdots p_r$, $b = q_1 \cdot q_2 \cdots q_s$, y que $p_1, p_2, \ldots, p_r, q_1, q_2, \ldots, q_s$ son números primos. Como $pb^2 = a^2$, tenemos que

$$p(q_1 \cdot q_2 \cdots q_s)(q_1 \cdot q_2 \cdots q_s) = (p_1 \cdot p_2 \cdots p_r)(p_1 \cdot p_2 \cdots p_r)$$

Si contamos los números primos a la izquierda y a la derecha del signo igual, encontraremos que a la izquierda hay un número impar de números primos y a la derecha un número par de éstos. Hemos representado de dos maneras diferentes el mismo número como un producto de números primos, lo que contradice la propiedad de factorización única de un número. Esto significa que lo habíamos supuesto, es decir "$\sqrt{p}$ es racional", no es cierto. Decimos entonces que $\sqrt{p}$ es irracional. Así, podemos concluir que $\sqrt{2}$, $\sqrt{3}$, $\sqrt{5}$, $\sqrt{7}$, $\sqrt{11}$, ... son números irracionales.

Con los ejemplos de números irracionales que hemos visto, podemos sospechar que el conjunto de los números irracionales tiene más elementos que el de los números racionales.

Conjunto de los números reales

El conjunto de los números que hemos analizado está cerrado respecto a la suma, la multiplicación y la división, excluyendo la división por cero. Sin embargo, este conjunto no está cerrado respecto a la resta. Si a y b son números reales positivos o son iguales a 0, entonces $a - b$ no tiene que ser un número real positivo.

EJEMPLOS:

1. $7 - 9$ no es un número real positivo ya que no existe $c \in \mathbb{R}^+$ tal que $9 + c = 7$.

2. $\frac{1}{2} - \frac{3}{4}$ no es un número real positivo ya que no existe $c \in \mathbb{R}^+$ tal que $\frac{3}{4} + c = \frac{1}{2}$.

Extendamos el conjunto de los números reales positivos para que este nuevo conjunto esté cerrado respecto a la operación de resta. Hasta aquí hemos trabajado con números que corresponden a puntos que se encuentran a la derecha de P_0 en la recta numérica. Extenderemos el conjunto numérico de modo que a cada punto en la recta le corresponda un número y a cada número le corresponda un punto en la recta. De la misma manera que marcábamos distancias a la derecha de P_0 podemos marcar, en forma simétrica, distancias a la izquierda de P_0. De modo que si a es un número real que corresponde a un punto localizado a una distancia a de P_0 y a la derecha de éste, entonces se llamará **opuesto de a** y se representará con el símbolo $-a$ el número real que corresponde a un punto ubicado a una distancia a de P_0 pero a la izquierda de P_0.

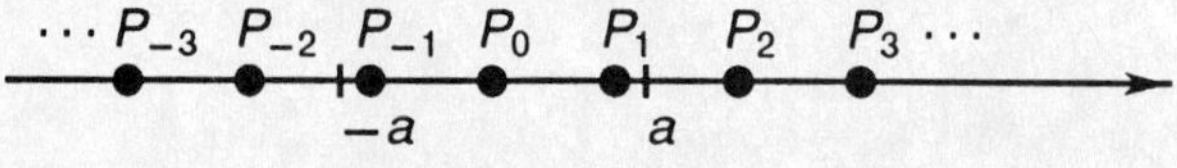

En esta forma, para cada número natural n tenemos un número $-n$. La unión de los números naturales, el cero y el opuesto de cada número natural forma el conjunto de los números enteros que se representará con el símbolo $\mathbb{Z}$.

$$\mathbb{Z} = \{\ldots, -2, -1, 0, 1, 2, \ldots\}$$

El conjunto de los números naturales es un subconjunto del conjunto de los números enteros, esto es, $\mathbb{N} \subset \mathbb{Z}$.

Cada número de la forma $\frac{a}{b}$, a y $b \in \mathbb{N}$, determina un número de la forma $-\frac{a}{b}$. El conjunto de los números de la forma $\frac{a}{b}$, $-\frac{a}{b}$ y el número 0, se representa con el símbolo $\mathbb{Q}$, y se llama el conjunto de los números racionales. Esto es,

$$\mathbb{Q} = \left\{ \frac{a}{b} \middle| a, b \in \mathbb{Z}, b \neq 0 \right\}$$

Nota que $\mathbb{Z}$ es un subconjunto de $\mathbb{Q}$ ya que todo número entero a se puede representar en la forma $\frac{a}{1}$.

De manera similar, cada número irracional que asociamos con un punto a la derecha de P_0 determina un número irracional que asociamos con un punto a la izquierda de P_0. El conjunto que contiene estos elementos se llama conjunto de los números irracionales. **La unión del conjunto de los números irracionales con el conjunto de los números racionales se conoce como conjunto de los números reales y se representa con el símbolo $\mathbb{R}$.**

$$\mathbb{N} \subseteq \mathbb{Z} \subseteq \mathbb{Q} \subseteq \mathbb{R}$$

Los números reales que corresponden a puntos localizados a la derecha de P_0 son números positivos y los que corresponden a puntos ubicados a la izquierda de P_0 son números negativos. Se dice que un número r es mayor que un número s, y se escribe $r > s$, si el punto asociado a r en la recta numérica se encuentra a la derecha del punto asociado a s; **$r > s$ implica que $s < r$. Si r es un número real positivo, decimos que $r > 0$. Si r es un número real negativo, entonces $r < 0$.**

EJEMPLO: $0 > -1$, $5 > -3$, $\frac{1}{2} < \frac{3}{4}$, $\frac{1}{2} < \frac{1}{\sqrt{2}}$.

Generalización del opuesto de un número real

Si a es un número real, **el opuesto de a se representa con el símbolo $-a$** y tiene la propiedad de que al sumarlo al número a, la suma es cero. Esto es,

$$a + (-a) = 0$$

El opuesto de un número a no tiene que ser un número negativo. Si P_a está a la derecha de P_0, entonces el opuesto de P_a, P_{-a}, se halla a la izquierda de P_0 y en este caso $-a$ es negativo. Si P_a está a la izquierda de P_0, entonces el opuesto de P_a, P_{-a}, se encuentra a la derecha de P_0 y en este caso $-a$ es positivo.

EJEMPLOS:

1. El opuesto de 3 es -3, que está a la izquierda de 0, $-3 < 0$ y $3 + (-3) = 0$.
2. El opuesto de -3 es $-(-3) = 3$, que está a la derecha de 0, $3 > 0$ y $-3 + [-(-3)] = -3 + 3 = 0$.
3. El opuesto de 0 es 0, ya que $0 + 0 = 0$.

En resumen,

Si $a > 0$ entonces $-a < 0$.

Si $a < 0$ entonces $-a > 0$.

La unión del conjunto de los números reales positivos, el conjunto de los números reales negativos y el conjunto que contiene el elemento cero es el conjunto de los números reales y se representa con el símbolo $\mathbb{R}$.

La siguiente definición nos hace falta para las operaciones en $\mathbb{R}$.

Definición:
La distancia a la cual se encuentra el punto asociado al número a del punto asociado a cero se llamará valor absoluto de a y se representará con el símbolo $\lvert a\rvert$. Esto es $\lvert a\rvert = m(\overline{P_0P_a})$.

Si a se halla a la derecha de cero en la recta numérica $|a| = a$, y si a está a la izquierda de cero, entonces $|a| = -a$ y si $|a| = 0$, $|a| = 0$. Escribimos la definición en símbolos:

Definición

$$|a| = \begin{cases} a & \text{si } a > 0 \\ 0 & \text{si } a = 0 \\ -a & \text{si } a < 0 \end{cases}$$

EJEMPLOS:

1. $|3| = 3$
2. $|-3| = -(-3) = 3$
3. $|0| = 0$
4. $|5| = 5$
5. $|-5| = -(-5) = 5$
6. $\left|-\frac{3}{2}\right| = -\left(-\frac{3}{2}\right) = \frac{3}{2}$
7. $|\sqrt{2}| = \sqrt{2}$
8. $|-\sqrt{2}| = -(-\sqrt{2}) = \sqrt{2}$
9. $|2.5| = 2.5$
10. $|2.5| = -(-2.5) = 2.5$

Sabemos que 3 y -3 se encuentran a la misma distancia de cero; esto quiere decir que $|3| = |-3|$, lo cual implica que $-(-3) = 3$. Análogamente $|-5| = |5|$, luego $-(-5) = 5$; $|-\sqrt{2}| = |\sqrt{2}|$, que implica que $-(-\sqrt{2}) = \sqrt{2}$.

En general,

$$-(-a) = a \text{ para todo } a \in \mathbb{R}.$$

Suma de números reales

Vamos a considerar ahora la suma de números reales como movimientos en la recta real.

Moverse x unidades en la recta significa moverse una distancia igual a $|x|$ unidades hacia la derecha si $x > 0$ y hacia la izquierda si $x < 0$. No ocurre movimiento alguno si $x = 0$.

Definición:
Si $a \in \mathbb{R}$ y $b \in \mathbb{R}$, $a + b$ es el número $c \in \mathbb{R}$ que resulta de los siguientes movimientos en la recta real: **1**) empezando en cero, nos movemos $|a|$ unidades hacia la derecha si el número a es positivo o hacia la izquierda si el número a es negativo; no se efectúa movimiento si $a = 0$. **2**) a partir del punto donde terminamos el movimiento anterior nos movemos $|b|$ unidades hacia la derecha o hacia la izquierda, dependiendo del signo de b; no se efectúa movimiento si $b = 0$. El punto donde terminamos el segundo movimiento es el asociado a **c**, esto es, $\boldsymbol{a + b = c}$.

EJEMPLOS:

1. $3 + 0 = 3 = 0 + 3.$

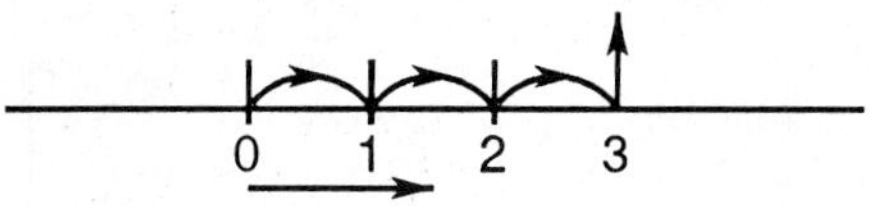

3 + (−3) = 0

2. $5 + 4.$

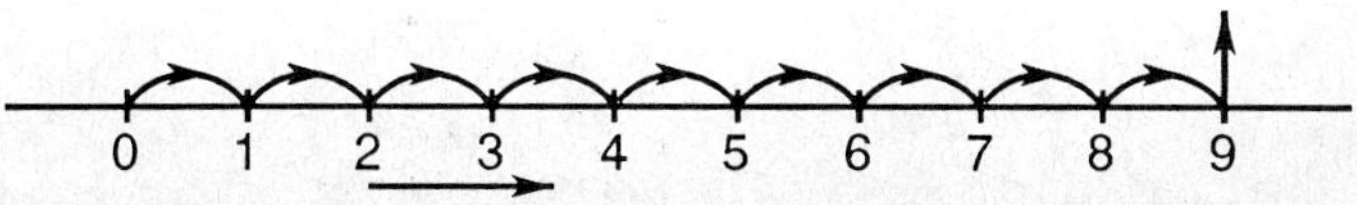

5 + 4 = 9

3. $-5 + (-3)$.

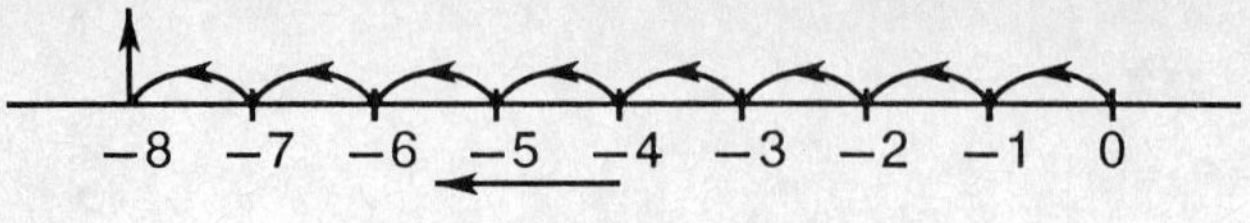

$-2 + (-4) = -6$

4. $-2 + (-4)$.

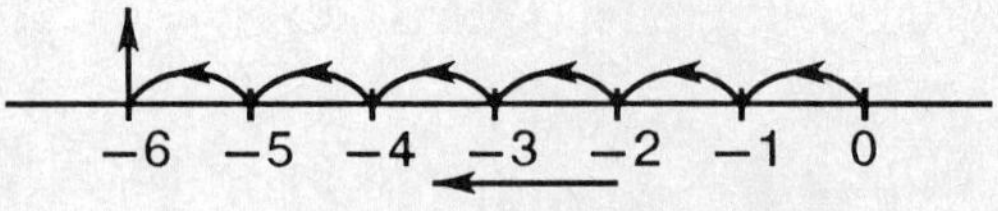

$-2 + (-4) = -6$

5. $-5 + (4)$.

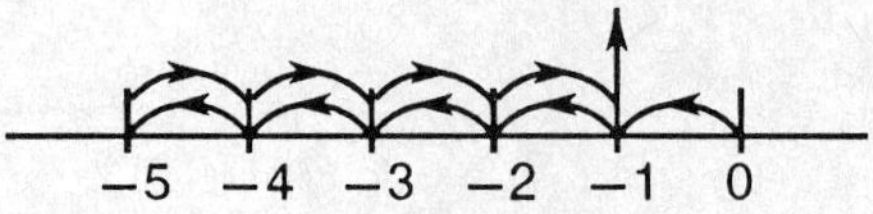

$-5 + (4) = -1$

6. $6 + (-3)$.

$6 + (-3) = 3$

7. $3 + (-3)$.

$3 + (-3) = 0$

8. $-5 + 5$.

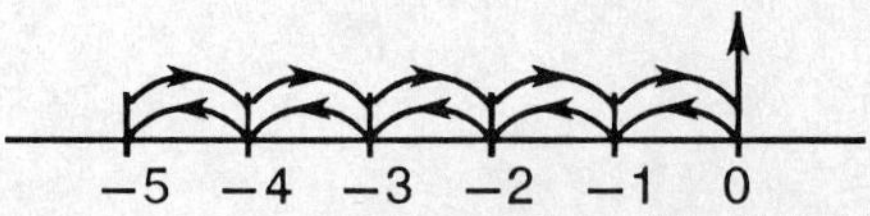

$-5 + (5) = 0$

De los ejemplos anteriores obtenemos las siguientes reglas:

1. $a + 0 = a$, *para toda* $a \in \mathbb{R}$.
2. $(a) + (-a) = 0$, *para toda* $a \in \mathbb{R}$.
3. $(+a) + (+b) = +(a + b)$, *si* $a > 0$ *y* $b > 0$.
4. $(-a) + (-b) = -(a + b)$, *si* $a > 0$ *y* $b > 0$.
5. *Si a y b tienen signos opuestos, usas el valor absoluto de cada uno de los números, hallas la diferencia entre los valores absolutos de los números y le asignas el signo del número con valor absoluto mayor.*

EJEMPLOS:

1. $3 + (-5) = -(5 - 3) = -2.$
2. $-8 + 10 = +(10 - 8) = +2 = 2.$
3. $-7 + 13 = +(13 - 7) = +6 = 6.$
4. $-5 + 2 = -(5 - 2) = -3.$

Propiedades de la suma de números reales	
Si $a, b \in \mathbb{R}$, entonces $a + b \in \mathbb{R}$.	Propiedad de clausura.
Si $a, b \in \mathbb{R}$, entonces $a + b = b + a$.	Propiedad conmutativa.
Si $a, b, c \in \mathbb{R}$, entonces $a + (b + c) = (a + b) + c$.	Propiedad asociativa.

Resta de números reales

Definición:
Si $a, b \in \mathbb{R}$, entonces $a - b = a + (-b)$.

Demostración:

$b + [a + (-b)] = b + [(-b) + a]$ Propiedad conmutativa de la suma.

$b + [(-b) + a] + a = [b + (-b)] + a$ Propiedad asociativa de la suma.

$b + (-b) = 0$ Un número sumado a su opuesto es cero.

Tenemos que:

$[b + (-b)] + a = 0 + a = a$ Porque 0 es la identidad bajo la suma.

Concluimos que $b + [a + (-b)] = a$, por lo tanto $a - b = a + (-b)$.

4-2 EJERCICIOS

1. Para cada uno de los siguientes elementos, indica a cuál o a cuáles de los siguientes conjuntos pertenece: $\mathbb{N}$, $\mathbb{Z}$, $\mathbb{Q}$ o $\mathbb{R}$. Incluyéndolos en tantos conjuntos como sea posible.

   a. 3 **d.** $\sqrt{\frac{9}{5}}$ **g.** $\sqrt{25 + 4}$

b. $\sqrt{28}$ **e.** $-\sqrt{36}$ **h.** $\sqrt{64+36}$

c. $\frac{3}{4}$ **f.** $-\sqrt{4}$ **i.** $\sqrt{49}-\sqrt{64}$

2. Efectúa la operación indicada y halla el opuesto en cada caso:

a. -7 **c.** $-\frac{2}{3}+\frac{1}{3}$ **e.** $\sqrt{25-9}$

b. $-7-(-3)$ **d.** $-\sqrt{5}$ **f.** $-5+(-5)$

3. Efectúa la operación indicada y halla el valor absoluto en cada caso:

a. -7 **c.** $-\frac{1}{2}+3$ **e.** $4-\left(-\frac{2}{3}-\frac{2}{3}\right)$

b. $-7-(-8)$ **d.** $-\frac{1}{2}+\frac{1}{2}$ **f.** $10+(-8)$

4. Ordena cada una de las siguientes expresiones de menor a mayor (en forma ascendente):

a. $-\frac{3}{4}, -\frac{2}{3}, -\frac{7}{10}$

b. $-\frac{33}{100}, -\frac{1}{3}, -\frac{3}{10}$

c. $-\sqrt{2}, -\frac{7}{5}, -\frac{71}{50}$

5. Realiza las operaciones indicadas:

a. $(-11)+(-8)$ **f.** $7+(-7)$ **k.** $-\frac{2}{3}+\frac{2}{3}$

b. $-11+8$ **g.** $-9-8$ **l.** $-\sqrt{2}-\sqrt{2}$

c. $-11-8$ **h.** $(-9)+(-8)$ **m.** $-5+\frac{2}{3}$

d. $(+11)+(+8)$ **i.** $\frac{3}{4}-\frac{1}{2}$ **n.** $\frac{3}{4}-5$

e. $(-11)+0$ **j.** $\frac{3}{4}+\frac{1}{2}$ **o.** $-2.5+3.03$

6. a. Resta (-8) de la suma de (-5) y (-7).

b. Suma (-1) a la diferencia entre $\left(-\frac{4}{3}\right)$ y $\left(-\frac{1}{3}\right)$.

c. Halla la diferencia entre (-3) y la suma de (-2.5) y (0.5).

7. Efectúa primero la operación en paréntesis y luego halla el valor de la expresión:

a. $(-1-2)-(-3+5)$ **d.** $(-3.5+4.8)+(-0.2-1.1)$

b. $\left(-\frac{1}{2}-\frac{3}{4}\right)+(-3-5)$ **e.** $(-2-2)-(-2-2)$

c. $\left(-\frac{2}{3}-\frac{3}{4}\right)+(-6-2)$ **f.** $(5-5)-(5+5)$

4-3 Multiplicación y división de números reales

Si $a > 0$, $b > 0$, *entonces* $(-a)b = a(-b) = -ab$.

Demostración:

$b(0) = 0$	Usando la propiedad del cero.
$b(-a + a) = 0$	Un número sumado a su opuesto es cero.
$b(-a) + ba = 0$	Usando la ley distributiva.
$(-a)b + ab = 0$	Por la ley conmutativa de la multiplicación.
	Esto quiere decir que $(-a)b = -ab$, ya que un número sumado a su opuesto es cero.
$(-a)b = a(-b) = -ab$	Ley conmutativa de la multiplicación.

EJEMPLOS:

1. $3(-5) = (-5) + (-5) + (-5) = -15 = -(3)(5)$.
2. $(-5)(3) = 3(-5) = -(3)(5) = -15 = -(5)(3)$
3. $4(-2) = (-2) + (-2) + (-2) + (-2) = -8 = -(4)(2)$
4. $(-2)(4) = 4(-2) = -8 = -(2)(4)$
5. $(-3)(4) = 4(-3) = (-3) + (-3) + (-3) + (-3) = -12 = -(3)(4)$
6. $(-2)(3) = 3(-2) = (-2) + (-2) + (-2) = -6 = -(2)(3)$

Si $a > 0$ **y** $b > 0$, **entonces** $(-a)(-b) = ab$.

Para justificar esta aseveración, vamos a recordar la propiedad distributiva: $a(b + c) = ab + ac$.

Tomemos el producto $-a(0)$, que se puede escribir en diferentes formas. Si escribimos 0 como $b + (-b)$, tenemos que

$$-a(0) = -a\left[b + (-b)\right] = -ab + \left[-a(-b)\right] = 0$$

Esto nos indica que $-ab$ es el opuesto de $(-a)(-b)$. Como sabemos que $-ab$ es el opuesto de ab, definimos $(-a)(-b) = ab$ para que $-ab$ tenga un solo opuesto.

EJEMPLOS:

1. $-3(-4) = 12$.
2. $(-5)(-3) = 15$

Propiedades de la multiplicación de números reales

1. Propiedad de clausura.
   Si $a \in \mathbb{R}$ y $b \in \mathbb{R}$, entonces $a, b \in \mathbb{R}$.
2. Propiedad conmutativa.
   Si $a \in \mathbb{R}$ y $b \in \mathbb{R}$, entonces $ab = ba$.
3. Propiedad asociativa.
   Si $a \in \mathbb{R}$, $b \in \mathbb{R}$ y $c \in \mathbb{R}$, entonces $a(bc) = (ab)c$.
4. Propiedad distributiva de la multiplicación respecto a la suma.
   Si $a \in \mathbb{R}$, $b \in \mathbb{R}$ y $c \in \mathbb{R}$, entonces $a(b + c) = ab + ac$.

División de números reales

Si a, b y $c \in \mathbb{R}$, con $b \neq 0$, entonces $a \div b = c$ si $bc = a$. Recuerda que $a \div b = \frac{a}{b}$.

Si $a > 0$ *y* $b > 0$, *entonces* $(-a) \div b = \frac{-a}{b} = -\left(\frac{a}{b}\right)$, ya que si multiplicamos el cociente, $-\left(\frac{a}{b}\right)$, por el divisor b obtenemos $-\left(\frac{a}{b}\right)(b) = -\left(\frac{a}{b} \cdot \frac{b}{1}\right) = -\left(\frac{ab}{b}\right) = -a$, que es el dividendo.

Si $a > 0$ *y* $b > 0$, *entonces* $a \div (-b) = \frac{a}{-b} = -\left(\frac{a}{b}\right)$, porque si multiplicamos el cociente, $-\frac{a}{b}$, por el divisor, $-b$, obtenemos $-\left(\frac{a}{b}\right)(-b) = -\left(\frac{a}{b}\right) \cdot \left(-\frac{b}{1}\right) = \frac{ab}{b} = -a$, que es el dividendo.

Si $a > 0$ *y* $b > 0$, *entonces* $(-a) \div (-b) = \frac{(-a)}{(-b)} = \frac{a}{b}$, porque si multiplicamos el cociente, $\frac{a}{b}$, por el divisor, $-b$, obtenemos $\frac{a}{b}(-b) = \left(\frac{a}{b}\right) \cdot \left(\frac{-b}{1}\right) = \frac{-ab}{b} = -a$, que es el dividendo.

En resumen:

a. *Si dividimos o multiplicamos dos números con signos opuestos, el resultado es negativo.*

b. *Si dividimos o multiplicamos dos números con signos iguales, el resultado es positivo.*

EJEMPLOS:

1. $-\frac{1}{3} \div \left(\frac{5}{6}\right) = -\left(\frac{1}{3} \cdot \frac{6}{5}\right) = -\frac{2}{5}$.
2. $\left(-\frac{2}{5}\right) \div \left(-\frac{4}{25}\right) = \left(\frac{-2}{5}\right)\left(\frac{-25}{4}\right) = \frac{2(25)}{5(4)} = \frac{5}{2}$.
3. $(-8) \div (-4) = \frac{-8}{-4} = 2$.
4. $9 \div (-3) = -\left(\frac{9}{3}\right) = -3$.

4-3 EJERCICIOS

1. Efectúa las operaciones indicadas y simplifica la contestación:

a. $(-18) \div (-6)$

b. $(-10) \times (6)$

c. $\left(-\frac{2}{3}\right)\left(-\frac{3}{4}\right)\left(-\frac{4}{5}\right)$

ch. $\frac{5}{6}\left(-\frac{9}{10}\right)$

d. $(-0.20) \div (-4)$

e. $2(-6)(-5)$

f. $(-3)(-10) \div (0-5)(0.6)$

g. $-2 + \frac{1}{2}\left(-3 - \frac{2}{3}\right)$

h. $\left(-2 + \frac{1}{2}\right)\left(-3 - \frac{2}{3}\right)$

i. $\left(-\frac{3}{4}\right)\left(-\frac{4}{5}\right)\left(-\frac{5}{6}\right)\left(-\frac{6}{7}\right)\left(-\frac{7}{8}\right)+\frac{1}{4}$

j. $(-2)\left(-\frac{1}{2}\right)\left(-\frac{3}{4} - \frac{2}{3}\right)$

k. $5 + 2\left(-\frac{5}{2}\right)$

l. $(5+2)\left(-\frac{5}{2} - \frac{5}{2}\right)$

ll. $(-2-2)(-2+2)$

m. $\left(-\frac{6}{7}\right) + \left(\frac{2}{7}\right)(2-4)$

n. $20|-8+3| + 5 - 8$

ñ. $10.5 \div 2.0 + 2.1(-2)$

o. $-24 \div (-3) \times \frac{3}{4}$

p. $|-3| + |4|\left(-\frac{1}{2} + \frac{3}{4}\right)$

q. $\dfrac{\frac{1}{2} - \frac{3}{4}}{\frac{1}{2} + \frac{3}{4}}$

r. $\frac{-6}{11} + \frac{5}{11}\left(\frac{-11}{12}\right)$

s. $8 \div 2(-4)$

t. $(8 \div 2)(-4)$

u. $-\frac{3}{4} + \frac{3}{5} + \frac{1}{4}$

v. $\frac{-3}{4} + \frac{3}{5} \div \frac{6}{5}$

w. $4 - 8(-2 + 3(-5+4))$

x. $(4-8)(-2+3)(-5+4)$

y. $(-0.5)(0.008)$

4-4 Exponenciación de números reales

Definición:

Si $a \in \mathbb{R}$, $n \in \mathbb{N}$, entonces $a^n = \overbrace{a \times a \times a \times \ldots \times a}^{n \text{ factores}}$. Llamamos exponente al número n y base al número a.

EJEMPLOS:

1. $5^3 = 5 \times 5 \times 5 = 125$ 3 es el exponente, 5 es la base.

2. $(-2)^2 = (-2)(-2) = 4$ 2 es el exponente, -2 es la base.

3. $\left(-\frac{1}{2}\right)^3 = \left(-\frac{1}{2}\right)\left(-\frac{1}{2}\right)\left(-\frac{1}{2}\right) = -\frac{1}{8}$.

4. $2^4 = 2 \times 2 \times 2 \times 2 = 16$.

5. $(-2)^4 = (-2)(-2)(-2)(-2) = 16$.

6. $-2^4 = -(2 \times 2 \times 2 \times 2) = -16$.

7. $-2^2 = -(2 \times 2) = -4$.

8. $-2^3 = -(2 \times 2 \times 2) = -8$.

9. $(0.01)^3 = 0.000001$.

10. $\left(\sqrt{2}\right)^2 = \sqrt{2} \cdot \sqrt{2} = \sqrt{4} = 2$.

11. $\left(\sqrt{2}\right)^3 = \sqrt{2}\sqrt{2}\sqrt{2} = \left(\sqrt{2}\right)^2 \cdot \sqrt{2} = 2\sqrt{2}$.

Reglas de exponentes

Regla 1

$a^n \cdot a^m = a^{n+m}$, $n, m \in \mathbb{N}$

Demostración:

$$a^n \cdot a^m = \overbrace{a \times a \times a \times \cdots \times a}^{n \text{ factores}} \cdot \overbrace{a \times a \times a \times \cdots \times a}^{m \text{ factores}}$$

$$= \overbrace{a \times a \times a \times \cdots \times a}^{n+m \text{ factores}} = a^{n+m}$$

EJEMPLOS:

Escribe como una potencia de un número:

1. $2^3 \cdot 2^2 = 2^5$.

2. $(-2)^4(-2)^3 = (-2)^7$.

3. $5^2 \cdot 5^2 = 5^4$.

4. $4^2 \cdot 4 = 4^3$.

5. $\left(\frac{1}{2}\right)^3 \left(\frac{1}{2}\right)^5 = \left(\frac{1}{2}\right)^8$.

Regla 2
$(a^n)^m = a^{nm},\ n, m \in \mathbb{N}$

Demostración:

$$(a^n)^m = \underbrace{a^n \cdot a^n \cdot a^n \cdots a^n}_{m \text{ factores}}$$

$$= \underbrace{\underbrace{(a \cdot a \cdots a)}_{n \text{ factores}} \underbrace{(a \cdot a \cdots a)}_{n \text{ factores}} \cdots \underbrace{(a \cdot a \cdots a)}_{n \text{ factores}}}_{m \text{ factores}}$$

$$= \underbrace{a \cdot a \cdots a}_{mn \text{ factores}} = a^{mn}$$

EJEMPLOS:

Escribe como una potencia de un número:

1. $\left(2^3\right)^2 = 2^6$.

2. $\left(3^4\right)^5 = 3^{20}$.

3. $5 \cdot (5^3)^4 = 5 \cdot 5^{12} = 5^{13}$.

4. $\left((-3)^5\right)^6 = \left(-3^5\right)^6 = 3^{30}$.

5. $\left((0.01)^4\right)^2 = (0.01)^8$.

6. $(4^2)^3(4^3)^4 = 4^6 \cdot 4^{12} = 4^{18}$.

7. $27^3 \cdot 81^2 = \left(3^3\right)^3 \cdot \left(3^4\right)^2 = 3^9 \cdot 3^8 = 3^{17}$.

8. $125^2 \cdot 25^4 = \left(5^3\right)^2 \cdot \left(5^2\right)^4 = 5^6 \cdot 5^8 = 5^{14}$.

Regla 3

$(ab)^n = a^n b^n$.

$\left(\frac{a}{b}\right)^n = \frac{a^n}{b^n}$, $b \neq 0$, $n, m \in \mathbb{N}$.

Demostración:

$$(ab)^n = \overbrace{(ab)(ab)\cdots(ab)}^{n \text{ factores}}$$
$$= \overbrace{(a)(a)\cdots(a)}^{n \text{ factores}} \cdot \overbrace{(b)(b)\cdots(b)}^{n \text{ factores}}$$
$$= a^n b^n$$

$$\left(\frac{a}{b}\right)^n = \overbrace{\left(\frac{a}{b}\right)\left(\frac{a}{b}\right)\cdots\left(\frac{a}{b}\right)}^{n \text{ factores}}$$
$$= \frac{\overbrace{(a)(a)\cdots(a)}^{n \text{ factores}}}{\underbrace{(b)(b)\cdots(b)}_{n \text{ factores}}}$$
$$= \frac{a^n}{b^n}$$

EJEMPLOS:

1. $12^{10} = (3 \cdot 4)^{10} = 3^{10} \cdot 4^{10}$.
2. $2^3 \cdot 5^3 = (2 \cdot 5)^3 = 10^3$.
3. $\left(\frac{5}{7}\right)^{10} = \frac{5^{10}}{7^{10}}$.
4. $\frac{2^8}{9^8} = \left(\frac{2}{9}\right)^8$.

Regla 4

$\frac{a^n}{a^m} = a^{n-m}$, $a \neq 0$, n y $m \in \mathbb{N}$

Caso I: Considera $\frac{a^n}{a^m}$ cuando $n > m$, $a \neq 0$.

EJEMPLOS:

Simplifica las siguientes expresiones:

1. $\frac{a^5}{a^3} = \frac{\cancel{a} \cdot \cancel{a} \cdot \cancel{a} \cdot a \cdot a}{\cancel{a} \cdot \cancel{a} \cdot \cancel{a}} = a^{5-3} = a^2.$

2. $\frac{2^7}{2^3} = \frac{\cancel{2} \cdot \cancel{2} \cdot \cancel{2} \cdot 2 \cdot 2 \cdot 2 \cdot 2}{\cancel{2} \cdot \cancel{2} \cdot \cancel{2}} = 2^{7-3} = 2^4.$

3. $\frac{3^8}{3^5} = \frac{\cancel{3} \cdot \cancel{3} \cdot \cancel{3} \cdot \cancel{3} \cdot \cancel{3} \cdot 3 \cdot 3 \cdot 3}{\cancel{3} \cdot \cancel{3} \cdot \cancel{3} \cdot \cancel{3} \cdot \cancel{3}} = 3^{8-5} = 3^3$

Caso II: Considera el cociente $\frac{a^n}{a^n}$ cuando $n = m$, $\frac{a^n}{a^n} = 1$, $a \neq 0$.

Como estamos dividiendo una cantidad entre sí misma, sabemos que el resultado es 1. Por otra parte, si aplicamos la regla de exponentes, $\frac{a^n}{a^n} = a^{n-n} = a^0$.

Definición:
$a^0 = 1$ si $a \neq 0$, $a \in \mathbb{R}$.

EJEMPLOS:

1. $\frac{3^5}{3^5} = 3^0 = 1$ **2.** $\frac{2^7}{2^7} = 2^0 = 1$ **3.** $\frac{4^3}{4^3} = 4^0 = 1$

Caso III: En el cociente $\frac{a^n}{a^m}$ puede ocurrir que $m > n$.

EJEMPLOS:

1. $\frac{3^2}{3^4} = 3^{2-4} = 3^{-2}$. Usando la regla de exponentes.

   De otro modo, $\frac{3^2}{3^4} = \frac{\cancel{3} \cdot \cancel{3} \cdot 1}{\cancel{3} \cdot \cancel{3} \cdot 3 \cdot 3} = \frac{1}{3^2}$

   Como queremos que la solución sea única, $\frac{3^2}{3^4} = 3^{-2} = \frac{1}{3^2}$

2. $\frac{2^4}{2^7} = 2^{4-7} = 2^{-3}$. Usando la regla de exponentes.

   De otro modo, $\frac{2^4}{2^7} = \frac{\cancel{2} \cdot \cancel{2} \cdot \cancel{2} \cdot \cancel{2} \cdot 1}{2 \cdot 2 \cdot 2 \cdot \cancel{2} \cdot \cancel{2} \cdot \cancel{2} \cdot \cancel{2}} = \frac{1}{2^3}.$

   Para que la solución sea única, $2^{-3} = \frac{1}{2^3}$

3. $\frac{5^4}{5^8} = 5^{4-8} = 5^{-4}$. Usando la regla de exponentes.

De otro modo, $\frac{5^4}{5^8} = \frac{\not{5} \cdot \not{5} \cdot \not{5} \cdot \not{5} \cdot 1}{\not{5} \cdot \not{5} \cdot \not{5} \cdot \not{5} \cdot 5 \cdot 5 \cdot 5 \cdot 5} = \frac{1}{5^4}$.

Para que la solución sea única, $5^{-4} = \frac{1}{5^4}$.

Definición:
$a^{-n} = \frac{1}{a^n}$ si $a \neq 0$, $n \in \mathbb{N}$.

EJEMPLOS:

Escribe cada una de las siguientes expresiones con exponentes positivos:

1. $3^{-4} = \frac{1}{3^4}$.
2. $2^{-3} = \frac{1}{2^3}$.
3. $3^{-2} = \frac{1}{3^2}$.
4. $2^{-2} = \frac{1}{2^2}$.
5. $10^{-1} = \frac{1}{10}$.
6. $10^{-2} = \frac{1}{10^2}$.

Simplifica las siguientes expresiones:

7. $5^{-2} = \frac{1}{5^2} = \frac{1}{25}$.
8. $3^{-3} = \frac{1}{3^3} = \frac{1}{27}$.
9. $2^{-5} = \frac{1}{2^5} = \frac{1}{32}$.
10. $\left(\frac{1}{2}\right)^{-3} = \frac{1}{\left(\frac{1}{2}\right)^3} = \frac{1}{\frac{1}{8}} = 8$
11. $\left(\frac{3}{5}\right)^{-2} = \frac{1}{\left(\frac{3}{5}\right)^2} = \frac{1}{\frac{9}{25}} = \frac{25}{9}$

Escribe cada expresión con exponentes negativos:

1. $\frac{1}{5^2} = 5^{-2}$

2. $\frac{1}{3^5} = 3^{-5}$

3. $\left(\frac{2}{3}\right)^2 = \left(\frac{3}{2}\right)^{-2}$

4. $\frac{1}{10^2} = 10^{-2}$

5. $2\left(\frac{3}{5}\right)^3 = 2\left(\frac{5}{3}\right)^{-3}$

6. $\frac{2}{10^2} = 2(10^{-2})$

En general,

$$\frac{a^n}{a^m} = \begin{cases} a^{n-m} & \text{si } n - m > 0 \\ 1 & \text{si } n - m = 0 \\ \frac{1}{a^{m-n}} & \text{si } n - m < 0 \end{cases}$$

4-4 EJERCICIOS

1. Usa la definición de exponenciación para hallar el valor:

a. 2^8

b. -2^8

c. $\left(-\frac{1}{2}\right)^7$

d. $\left(-\frac{3}{4}\right)^4$

e. $(\sqrt{3})^4$

f. $(-5)^6$

g. $(-5)^5$

h. $(-0.01)^3$

i. $-(1.1)^3$

2. Escribe como una potencia de un número:

a. $3^8 \cdot 3^2$

b. $(-3)^4 \cdot (-3)^5$

c. $\left(\frac{1}{4}\right)^4 \cdot \left(\frac{1}{4}\right)^5$

d. $\left(-\frac{2}{3}\right)^5 \cdot \left(-\frac{2}{3}\right)^2$

e. $\left(-\frac{1}{3}\right)^4 \cdot \left(-\frac{1}{3}\right)^6$

f. $(-5)^7 \cdot (5)^4$

g. $(3^3)^5 \cdot (3^2)^3$

h. $-\frac{3}{5} \times \frac{3}{5} \times \frac{3}{5}$

i. $\frac{(3^4)^5}{(3^2)^3}$

j. $(-4)(-4)(-4)(-4)(-4)$

k. $(-4)(-4)(4)(4)$

l. $5 \cdot \frac{4^2}{10}$

m. $\frac{9^8}{27^6}$

n. $\frac{6^{10}}{36^6}$

o. $12^8 \cdot 144$

p. $16^5 \cdot 64^3$

q. $\frac{81^4 \cdot 4^9}{6^{16}}$

r. $\frac{16^5}{64^5}$

3. Usa las propiedades de exponentes para simplificar cada expresión:

a. $(-5)^8 \div (-5)^3$

b. $-5^8 \div 5^4$

c. $-5^{10} \div 5^{12}$

d. $\left((-2)^6(-2)^4\right) \div (-2)^{10}$

e. $(-3)^4 \div (3)^{-5}$

f. $\dfrac{5^3 \cdot 5^8}{5^{12}}$

g. $\dfrac{15^3}{5^4 \cdot 6^3}$

h. $\dfrac{25^2 \cdot 4^3}{10^4}$

4. Simplifica y escribe el resultado con exponentes positivos:

a. $\left(-\dfrac{1}{2}\right)^0 (3)^2(3)^{-3}$

b. $4^{-2}(2)^4$

c. $10^3 \div 10^{-6}$

d. $10^{-3} \div 10^6$

e. $3^{-1} + 3^{-2}$

f. $\left(3^{-1}\right)^0 \cdot (3)^{-2}$

g. $(3^{-1} + 3)^{-1}$

h. $(3^{-1} + 3)^2$

5. Simplifica cada expresión y escribe la contestación sin exponentes negativos:

a. $4^{-3} \cdot 4^{-1}$

b. $4^2 \cdot 4^{-5}$

c. $\dfrac{4^{-2} \cdot 4^{-1}}{4^{-5}}$

d. $\dfrac{2^{-1} + 2^{-2}}{2^{-1} \cdot 2^{-2}}$

e. $\dfrac{3^{-1} - 3^{-2}}{3^{-1} + 3^{-2}}$

f. $\dfrac{\left(5^{-1} + 5^{-2}\right)^0}{5^{-1} + 5^{-2}}$

g. $\dfrac{5^{-1} + 5^{-2}}{\left(5^{-1} + 5^{-2}\right)^0}$

h. $\dfrac{5^{-1} + \left(5^{-2}\right)^0}{5^{-1} + 5^{-2}}$

4-5 Notación científica

Las reglas de exponentes son muy útiles para escribir números que son muy grandes o muy pequeños y para efectuar operaciones con éstos. Cuando trabajamos con estos números, es conveniente escribirlos usando notación científica. Decimos que **un número N está en notación científica cuando lo expresamos como el producto de un número p, $1 \leq p < 10$; por una potencia entera de 10.** Esto es,

$$N = p \cdot 10^n, \quad \text{donde} \quad 1 \leq p < 10; n \quad \text{es un número entero.}$$

EJEMPLOS:

1. $15\,000 = 1.5 \times 10^4$.

2. $30\,000 = 3 \times 10^4$.

3. $0.0001 = \dfrac{1}{10^4} = 10^{-4}$.

4. $0.003 = \dfrac{3}{1000} = 3 \times \dfrac{1}{10^3} = 3 \times 10^{-3}$.

5. $0.00007 = \dfrac{7}{100000} = \dfrac{7}{10^5} = 7 \times 10^{-5}$.

6. $(70\,000)(900\,000) = (7 \times 10^4)(9 \times 10^5) = (7 \times 9) \times 10^4 \times 10^5 = 63 \times 10^9$
$= 6.3 \times 10^{10}$.

7. $(4000)(200) = (4 \times 10^3)(2 \times 10^2) = (4 \times 2)(10^3 \times 10^2) = 8 \times 10^5$.

8. $(4000) \div (0.02) = 4 \times 10^3 \div 2 \times 10^{-2} = \dfrac{4 \times 10^3}{2 \times 10^{-2}} = 2 \times 10^{3-(-2)} = 2 \times 10^5$.

9. $(600\,000) \div (0.002) = \dfrac{6 \times 10^5}{2 \times 10^{-3}} = 3 \times 10^{5-(-3)} = 3 \times 10^8$.

10. $(15\,000\,000)(80\,000) = (1.5 \times 10^7)(8 \times 10^4) = (15 \times 8) \times 10^{10} = 120 \times 10^{10}$
$= (1.2 \times 10^2) \times 10^{10} = 1.2 \times 10^{12}$.

11. $0.000045 \div 150 = \dfrac{4.5 \times 10^{-5}}{1.5 \times 10^2} = 3 \times 10^{-5-2} = 3 \times 10^{-7}$.

4-5 EJERCICIOS

1. Escribe cada número usando notación científica:

a. 48 700

b. 5 000 000

c. 0.0000005

d. 0.87003

e. 5.007

f. 0.5007

g. 0.000000057

h. 65 700 000

2. Usa notación científica y efectúa la operación indicada:

a. $3600 \div 0.00036$

b. $(0.0008)(80\,000)$

c. $0.000121 \div 0.0011$

d. $(120\,000)(0.12)$

e. $80\,000 \div 0.0004$

f. $(20\,000\,000)(3\,500\,000)$

g. $0.0000064 \div 160$

h. $810\,000\,000 \div 0.00027$

3. Simplifica cada expresión usando notación científica:

a. $\dfrac{(54\,000\,000)(0.5)}{(0.00003)(90\,000\,000)}$

b. $\dfrac{(0.0004)^3(0.00002)^4}{(8\,000\,000)^5}$

c. $\dfrac{(2\,500\,000)^2}{(0.5)^4(125\,000)}$

4-6 Operaciones con radicales

De igual manera que las otras operaciones aritméticas tienen su operación inversa, la operación radicación es la inversa de la operación exponenciación.

Notación

La raíz enésima de un número d se representa con el símbolo $\sqrt[n]{d}$. Se llama radical al símbolo $\sqrt{\ }$, orden o índice a n, donde n es un número natural, $n \geq 2$, y radicando a d.

índice ← $\sqrt[n]{d}$ → radical → radicando

Definición:
Sea $d \in \mathbb{R}$, se llama raíz enésima de d, y se representa con el símbolo $\sqrt[n]{d}$, al número real a, si existe, que tiene el mismo signo que d y tal que $a^n = d$. Si $d = 0$, $\sqrt[n]{0} = 0$.

Esto es, $\sqrt[n]{d} = a$ si y sólo si a y d tienen el mismo signo y $a^n = d$.

1. $\sqrt{4} = 2$ porque 4 y 2 tienen el mismo signo y $2^2 = 4$.
2. $\sqrt{4} \neq -2$ porque 4 y -2 no tienen el mismo signo, aunque $(-2)^2 = 4$.
3. $\sqrt{-4}$ no es un número real.

Análisis de la definición

1. Si $n \in \mathbb{N}$, $n \geq 2$, $d \geq 0$, entonces $\sqrt[n]{d} = a$, donde $a \geq 0$ y $a^n = d$.
   a. Si $d > 0$ y está escrito como una enésima potencia de un número a, $a \geq 0$, entonces $\sqrt[n]{d} = \sqrt[n]{a^n} = a$.
   b. Si $d > 0$ y está escrito como una enésima potencia de un número a, $a < 0$, entonces $\sqrt[n]{d} = \sqrt[n]{a^n} = |a|$.
   c. Si $d = 0$, entonces $\sqrt[n]{0} = 0$.
2. Si $d < 0$, $n \in N$ y n es impar, entonces $\sqrt[n]{d} = a$, donde $a < 0$ y $a^n = d$. En particular, si $d < 0$ y está escrito como la enésima potencia de a, entonces $\sqrt[n]{d} = \sqrt[n]{a^n} = a$.
3. Si $d < 0$, y n es par, entonces $\sqrt[n]{d}$ no está definido en el conjunto de los números reales.

EJEMPLOS:

1. $\sqrt[5]{-32} = -2$ porque -32 y -2 tienen el mismo signo y $(-2)^5 = -32$.
2. $\sqrt[4]{81} = 3$ porque 81 y 3 tienen el mismo signo y $3^4 = 81$.
3. $\sqrt{\frac{49}{25}} = \frac{7}{5}$ porque $\frac{49}{25}$ y $\frac{7}{5}$ tienen el mismo signo y $\left(\frac{7}{5}\right)^2 = \frac{49}{25}$.
4. $\sqrt{0.16} = 0.4$ porque 0.16 y 0.4 tienen el mismo signo y $(0.4)^2 = 0.16$.
5. $\sqrt[3]{0.008} = 0.2$ porque 0.008 y 0.2 tienen el mismo signo y $(0.2)^3 = 0.008$.

6. $\sqrt{5^2} = |5| = 5$
7. $\sqrt[6]{3^6} = |3| = 3$
8. $\sqrt[3]{4^3} = 4$
9. $\sqrt{(-2)^2} = |-2| = 2$
10. $\sqrt[8]{(-3)^8} = |-3| = 3$
11. $\sqrt[3]{(-4)^3} = -4$

Propiedad I:
Si $\sqrt[n]{a} \in \mathbb{R}$, $\sqrt[n]{b} \in \mathbb{R}$, entonces $\sqrt[n]{ab} = \sqrt[n]{a} \cdot \sqrt[n]{b}$.

Demostración:

Sea $\sqrt[n]{a} = p$; entonces $a = p^n = \overbrace{p \cdot p \cdot p \cdots p}^{n \text{ factores}}$

$\sqrt[n]{b} = q$; entonces $b = q^n = \overbrace{q \cdot q \cdot q \cdots q}^{n \text{ factores}}$

$$ab = p^n q^n = \overbrace{p \cdot p \cdot p \cdots p}^{n \text{ factores}}\overbrace{q \cdot q \cdot q \cdots q}^{n \text{ factores}} = \overbrace{(pq)(pq)(pq) \cdots (pq)}^{n \text{ factores}} = (pq)^n$$

$ab = (pq)^n$ por las propiedades asociativa y conmutativa de la multiplicación.

Por definición, $p \cdot q = \sqrt[n]{ab}$.

Habíamos definido $p = \sqrt[n]{a}$, $q = \sqrt[n]{b}$. Si sustituimos estos valores en nuestra última igualdad, tenemos que

$$\sqrt[n]{ab} = p \cdot q = \sqrt[n]{a} \cdot \sqrt[n]{b}.$$

EJEMPLOS:

1. $\sqrt{(64)(25)} = (\sqrt{64})(\sqrt{25}) = 8(5) = 40.$
2. $\sqrt[3]{(27)(64)} = \sqrt[3]{27}\sqrt[3]{64} = 3(4) = 12.$
3. $\sqrt[4]{(81)(16)} = \sqrt[4]{81}\sqrt[4]{16} = 3(2) = 6.$
4. $\sqrt{2} \cdot \sqrt{18} = \sqrt{36} = 6.$
5. $\sqrt[5]{(8)}\sqrt[5]{(4)} = \sqrt[5]{32} = 2.$
6. $\sqrt{75} = \sqrt{25 \cdot 3} = \sqrt{25} \cdot \sqrt{3} = 5\sqrt{3}.$

Propiedad II:

Si $\sqrt[n]{a} \in \mathbb{R}$ y $\sqrt[n]{b} \in \mathbb{R}$, con $b \neq 0$, entonces $\sqrt[n]{\dfrac{a}{b}} = \dfrac{\sqrt[n]{a}}{\sqrt[n]{b}}$.

La demostración de esta propiedad es análoga a la demostración de la Propiedad I.

EJEMPLOS:

1. $\sqrt{\dfrac{25}{16}} = \dfrac{\sqrt{25}}{\sqrt{16}} = \dfrac{5}{4}$
2. $\sqrt[3]{\dfrac{8}{27}} = \dfrac{\sqrt[3]{8}}{\sqrt[3]{27}} = \dfrac{2}{3}$
3. $\dfrac{\sqrt{27}}{\sqrt{3}} = \sqrt{\dfrac{27}{3}} = \sqrt{9} = 3$
4. $\dfrac{\sqrt[3]{4}}{\sqrt[3]{32}} = \sqrt[3]{\dfrac{4}{32}} = \sqrt[3]{\dfrac{1}{8}} = \dfrac{1}{2}$
5. $\sqrt[3]{\dfrac{125}{64}} = \dfrac{\sqrt[3]{125}}{\sqrt[3]{64}} = \dfrac{5}{4}$
6. $\dfrac{\sqrt[4]{16}}{81} = \dfrac{\sqrt[4]{16}}{\sqrt[4]{81}} = \dfrac{2}{3}$

Propiedad III:

Para evaluar $\sqrt[n]{a \pm b}$ primero sumamos (o restamos) a y b luego efectuamos la radicación.

EJEMPLOS:

1. $\sqrt{36+64} = \sqrt{100} = 10.$
2. Compara $\sqrt{36}+\sqrt{64}$ con $\sqrt{36+64}$. ¿Cuál es mayor? $\sqrt{36}+\sqrt{64} = 6+8 = 14$ y $\sqrt{36+64} = \sqrt{100} = 10$. Luego $10 = \sqrt{36+64} < \sqrt{36}+\sqrt{64} = 14.$
3. $\sqrt{100-36} = \sqrt{64} = 8.$
4. $\sqrt{100} - \sqrt{36} = 10 - 6 = 4.$
5. $\sqrt[3]{27+8} = \sqrt[3]{35}.$
6. $\sqrt[3]{27} + \sqrt[3]{8} = 3 + 2 = 5.$
7. ¿Cuál es mayor: $\sqrt[3]{27+8}$ o $\sqrt[3]{27}+\sqrt[3]{8}$? De los ejemplos 5 y 6, tenemos que $\sqrt[3]{27}+\sqrt[3]{8} = 3+2 = 5 > \sqrt[3]{27+8} = \sqrt[3]{35} \approx 3.26719.$

Definición:

Dos radicales son semejantes si tienen el mismo índice y el mismo radicando. Podemos combinar radicales semejantes.

Propiedad IV:

Si $\sqrt[n]{a} \in \mathbb{R}$, $c\sqrt[n]{a} + d\sqrt[n]{a} = (c+d)\sqrt[n]{a}.$

Observa que en ambos términos tenemos la raíz enésima de a.
En general,

$$\text{Si } \sqrt[n]{a} \in \mathbb{R},\quad \sqrt[n]{b} \in \mathbb{R},\qquad c\sqrt[n]{a} + d\sqrt[n]{a} + e\sqrt[n]{b} + f\sqrt[n]{b} = (c+d)\sqrt[n]{a} + (e+f)\sqrt[n]{b}$$

EJEMPLOS:

1. $5\sqrt{2} + 3\sqrt{2} = 8\sqrt{2}.$
2. $7\sqrt[3]{5} + \sqrt[3]{5} = 8\sqrt[3]{5}.$
3. $\sqrt{75} + 5\sqrt{3} = \sqrt{25\cdot 3} + 5\sqrt{3} = \sqrt{25}\sqrt{3} + 5\sqrt{3} = 5\sqrt{3} + 5\sqrt{3} = 10\sqrt{3}.$
4. $3\sqrt{16} + 5\sqrt[3]{2} + 2\sqrt[3]{16} = 3(4) + 5\sqrt[3]{2} + 2\sqrt[3]{8\cdot 2} = 12 + 5\sqrt[3]{2} + 2\sqrt[3]{8}\cdot\sqrt[3]{2} = 12 + 5\sqrt[3]{2} + 4\sqrt[3]{2} = 12 + 9\sqrt[3]{2}.$

Con estos conceptos, con la notación científica y con las propiedades de radicales que conocemos, se nos hace más fácil hallar la raíz enésima de algunos números, como veremos en los siguientes ejemplos:

EJEMPLOS:

1. $\sqrt{400} = \sqrt{4 \times 10^2} = \sqrt{4} \times \sqrt{10^2} = 2 \times 10 = 20.$
2. $\sqrt[3]{8000} = \sqrt[3]{8 \times 10^3} = \sqrt[3]{8} \times \sqrt[3]{10^3} = 2 \times 10 = 20.$
3. $\sqrt{140} = \sqrt{1.4} \times 10^2 = \sqrt{1.4} \times \sqrt{10^2} = \sqrt{1.4} \times 10 \approx (1.183216)(10) \approx 11.83216.$
4. $\sqrt{9000} = \sqrt{9 \times 10^3} = \sqrt{9} \times \sqrt{10^2} \times \sqrt{10} = 3 \times 10 \times \sqrt{10} = 30\sqrt{10} \approx 30(3.162277) = 94.86831.$
5. $\sqrt{0.0009} = \sqrt{9 \times 10^{-4}} = \sqrt{9} \times \sqrt{10^{-4}} = 3 \times 10^{-2} = 0.03.$
6. $\sqrt{0.000016} = \sqrt{16 \times 10^{-6}} = \sqrt{16} \times \sqrt{10^{-6}} = 4 \times 10^{-3} = 0.004.$

Racionalización

Antes de terminar el análisis de algunas propiedades de los radicales, debemos observar que hay expresiones con fracciones y radicales que tienen diferentes formas equivalentes.

EJEMPLOS:

1. $\sqrt{\frac{2}{3}} = \sqrt{\frac{2 \cdot 2}{3 \cdot 2}} = \sqrt{\frac{2 \cdot 3}{3 \cdot 3}} = \sqrt{\frac{2 \cdot 4}{3 \cdot 4}} = \sqrt{\frac{2 \cdot n}{3 \cdot n}},\ n > 0.$
2. $\frac{\sqrt{5}}{\sqrt{2}} = \frac{\sqrt{5} \cdot \sqrt{2}}{\sqrt{2} \cdot \sqrt{2}} = \frac{\sqrt{10}}{2} = \frac{n\sqrt{10}}{n(2)},\ n \neq 0.$
3. $\frac{\sqrt{5}}{\sqrt{2}} = \frac{\sqrt{5}\sqrt{3}}{\sqrt{2}\sqrt{3}} = \frac{\sqrt{15}}{\sqrt{6}} = \frac{\sqrt{5}k}{\sqrt{2}k},\ k \neq 0.$
4. $\frac{\sqrt{5}}{\sqrt{2}} = \frac{\sqrt{5} \cdot \sqrt{5}}{\sqrt{2} \cdot \sqrt{5}} = \frac{5}{\sqrt{10}}.$

Para obtener expresiones equivalentes a la expresión de la forma $\sqrt[n]{\frac{a}{b}}$, seguimos las mismas reglas que usamos para obtener fracciones equivalentes.

En algunos casos nos interesa obtener una forma equivalente a la expresión $\sqrt[n]{\frac{a}{b}}$, donde la raíz enésima del numerador (o del denominador) se pueda expresar como un número entero. A este proceso lo llamamos racionalización del numerador (o del denominador). Para racionalizar el numerador (el denominador) de una expresión de la forma $\sqrt[n]{\frac{a}{b}}$, multiplicamos el numerador y el denominador por aquel factor que nos permite obtener la raíz enésima de una enésima potencia, $\sqrt[n]{a^n}$, del numerador (el denominador), dependiendo de lo que se quiere racionalizar.

EJEMPLOS:

1. Expresa $\sqrt{\frac{2}{3}}$ en una forma equivalente con denominador entero

$$\sqrt{\frac{2}{3}} = \sqrt{\frac{2 \cdot 3}{3 \cdot 3}} = \sqrt{\frac{6}{9}} = \frac{\sqrt{6}}{3}.$$

2. Expresa $\sqrt{\frac{2}{3}}$ en una forma equivalente con numerador entero

$$\sqrt{\frac{2}{3}} = \sqrt{\frac{2 \cdot 2}{3 \cdot 2}} = \sqrt{\frac{4}{6}} = \frac{\sqrt{4}}{\sqrt{6}} = \frac{2}{\sqrt{6}}$$

Por lo tanto, $\sqrt{\frac{2}{3}} = \frac{2}{\sqrt{6}} = \frac{\sqrt{6}}{3}$.

3. Racionaliza el denominador de la expresión $\frac{3}{\sqrt[3]{4}}$

$$\frac{3}{\sqrt[3]{4}} = \frac{3\sqrt[3]{2}}{\sqrt[3]{4} \cdot \sqrt[3]{2}} = \frac{3\sqrt[3]{2}}{\sqrt[3]{8}} = \frac{3\sqrt[3]{2}}{2}$$

4. Racionaliza el numerador de la expresión $\sqrt[5]{\frac{8}{3}}$

$$\sqrt[5]{\frac{8}{3}} = \sqrt[5]{\frac{8}{3}} \cdot \sqrt[5]{\frac{4}{4}} = \sqrt[5]{\frac{32}{12}} = \frac{\sqrt[5]{32}}{\sqrt[5]{12}} = \frac{2}{\sqrt[5]{12}}$$

5. Racionaliza el denominador de la expresión $\frac{2}{\sqrt[4]{3}}$

$$\frac{2}{\sqrt[4]{3}} = \frac{2}{\sqrt[4]{3}} \frac{\sqrt[4]{3^3}}{\sqrt[4]{3^3}} = \frac{2\sqrt[4]{3^3}}{\sqrt[4]{3^4}} = \frac{2\sqrt[4]{3^3}}{3}$$

6. Racionaliza el denominador de la expresión $\frac{5}{\sqrt[5]{5}}$

$$\frac{5}{\sqrt[5]{5}} = \frac{5\sqrt[5]{5^4}}{\sqrt[5]{5} \cdot \sqrt[5]{5^4}} = \frac{5\sqrt[5]{5^4}}{\sqrt[5]{5^5}} = \frac{5\sqrt[5]{5^4}}{5} = \sqrt[5]{5^4}$$

4-6 EJERCICIOS

1. Simplifica las siguientes expresiones:

a. $\sqrt{14\,400}$

b. $\sqrt[3]{(64)(27)}$

c. $\sqrt[5]{-32}$

d. $\sqrt{0.0049}$

e. $\sqrt{8^2 + 6^2}$

f. $\sqrt{64} + \sqrt{36}$

g. $\sqrt{13^2 - 5^2}$

h. $\sqrt{36 - 25}$

i. $\sqrt{36} - \sqrt{25}$

j. $\sqrt{625 - 49}$

k. $\sqrt{169} - \sqrt{25}$

l. $\sqrt{169 - 25}$

2. Si $\sqrt{10} \approx 3.1623$ resuelve, usando las propiedades de radicales, cada uno de los siguientes casos aproximando a la décima más cercana:

a. $\sqrt{40}$

b. $\sqrt{1000}$

c. $\sqrt{90}$

d. $\sqrt{0.1}$

e. $\sqrt{0.009}$

f. $\sqrt{36\,000}$

3. Efectúa la operación indicada en cada ejercicio y simplifica tu contestación expresándola en forma de radicales:

a. $\sqrt{50} + \sqrt{98}$

b. $\sqrt{50} \times \sqrt{98}$

c. $\sqrt[3]{54} + \sqrt[3]{16}$

d. $2\sqrt{25} + 3\sqrt{100} + \sqrt{81}$

e. $\sqrt{75} - \sqrt{27} + 2\sqrt{48}$

f. $\sqrt{\frac{3}{4}} - \sqrt{\frac{3}{25}} - \sqrt{\frac{27}{16}}$

4. Racionaliza el numerador:

a. $\sqrt{\frac{3}{4}}$

b. $\sqrt{\frac{2}{5}}$

c. $\frac{\sqrt{10}}{\sqrt{15}}$

d. $\frac{\sqrt{2}}{\sqrt{3}}$

e. $\sqrt{\frac{2}{9}}$

f. $\sqrt{\frac{50}{49}}$

5. Racionaliza el denominador:

a. $\sqrt{\frac{1}{3}}$

b. $\sqrt{\frac{4}{5}}$

c. $\frac{\sqrt{3}}{\sqrt{5}}$

d. $\frac{\sqrt{5}}{\sqrt{10}}$

e. $\frac{\sqrt{16}}{\sqrt{50}}$

f. $\frac{\sqrt{25}}{\sqrt[3]{54}}$

6. Simplifica racionalizando el denominador:

a. $\sqrt[3]{\frac{1}{16}}$

b. $\sqrt[4]{\frac{1}{27}}$

c. $\sqrt[6]{\frac{1}{243}}$

d. $\sqrt[5]{\frac{1}{64}}$

e. $\sqrt[3]{\frac{8}{25}}$

f. $\sqrt[5]{\frac{32}{81}}$

Capítulo 4 Ejercicios de repaso

1. Localiza el punto en la recta numérica que corresponde a cada uno de los siguientes números racionales:

a. $\frac{18}{5}$

b. $\frac{7}{2}$

c. $\frac{3}{4}$

d. $\frac{20}{2}$

e. $\frac{20}{3}$

f. $\frac{19}{6}$

2. Clasifica cada una de las siguientes cifras como número racional o irracional:

a. 14.51234

b. 100.090990999

c. 3.270270270...

d. 1.167333...

e. 3.1415992654...

f. 1.414243...

g. 1.414243

h. 13.2323323323323...

3. Si a y b son las medidas de los catetos y c es la medida de la hipotenusa de un triángulo rectángulo, halla la parte que falta e identifícala como racional o irracional:

a	b	c
5	12	
5		7
2	3	
	1	2
4		7

4. Halla un triángulo rectángulo tal que las medidas de sus catetos sean enteros y su hipotenusa mida:

a. $\sqrt{10}$

b. $\sqrt{29}$

c. $\sqrt{53}$

5. Halla el punto que corresponde a cada número en la recta numérica:

a. $\sqrt{3}$

b. $\sqrt{11}$

c. $\sqrt{23}$

6. Halla el valor de cada una de las siguientes expresiones:

a. $\sqrt{\dfrac{16}{25}}$

b. $\sqrt{0.49}$

c. $\sqrt[3]{\dfrac{8}{27}}$

d. $\sqrt[3]{0}$

e. $\sqrt[4]{5^4}$

f. $\sqrt{81}$

g. $\sqrt[3]{0.008}$

h. $\sqrt[3]{\dfrac{1}{64}}$

i. $\sqrt[5]{3\,200\,000}$

j. $\sqrt{\dfrac{49}{81}}$

k. $\sqrt{\dfrac{169}{196}}$

l. $\sqrt[5]{\dfrac{32}{243}}$

7. Efectúa las operaciones indicadas y simplifica el resultado:

a. $\sqrt{20} - \sqrt{80}$

b. $\sqrt{12} + \sqrt{27}$

c. $\sqrt{40} + \sqrt{90}$

8. Efectúa las operaciones indicadas y simplifica la contestación:

a. $|-7| - |9|$

b. $-(-3.5) + 7$

c. $\dfrac{1}{5} - (-2)$

d. $(-24) + (3)(-2)$

e. $|-10| + 2(-5)$

f. $-(2 \times 5) + 10 \times (-3) \div (5 - 2)$

g. $\dfrac{-6}{5} + \dfrac{2}{5} \times 2 \div 4$

h. $-\dfrac{1}{2} + (-3.5) - 1 \times 1 - 3$

i. $|-5 + 2| \times 40 \div 5 + 7$

j. $\dfrac{30}{3} \times \dfrac{1}{2} \div (-3) + |1.5|$

k. $3 \times 0 \div 15 + (-35)$

l. $18.5 - 10.5 + |0.4| \div 1.0$

9. Efectúa las operaciones indicadas y simplifica el resultado expresándolo con exponentes positivos:

a. 5^0

b. 10^{-5}

c. 5^{-2}

d. $3^2 + 3^0$

e. $(3^2 + 3)^0$

f. $3^{-1} + 3^{-2}$

g. $-(-2)^4$

h. $10^{-2} \times 105$

i. $10^{-2} \div 10^{-5}$

j. $3(0.3)^4$

k. $\left(-\dfrac{2}{3}\right)^3 + \left(-\dfrac{1}{2}\right)^2$

l. $\dfrac{9^5}{27^3}$

10. Racionaliza el numerador:

a. $\dfrac{\sqrt{2}}{5}$ **b.** $\sqrt{\dfrac{3}{4}}$ **c.** $\sqrt[3]{\dfrac{4}{9}}$

11. Racionaliza el denominador:

a. $\dfrac{8}{\sqrt{2}}$ **b.** $\dfrac{15}{\sqrt{5}}$ **c.** $\sqrt[3]{\dfrac{8}{9}}$

CAPÍTULO 5

Ecuaciones lineales y conceptos elementales de funciones

Una vez conocidas las operaciones y las propiedades de los números reales, estamos listos para comenzar nuestro trabajo en álgebra. Las operaciones que se efectúan en álgebra son las mismas de la aritmética. En álgebra utilizamos letras y números para representar expresiones.

Anteriormente hemos usado letras para indicar en forma general las propiedades de los números reales. Por ejemplo, cuando hablamos de la propiedad conmutativa de la suma de los números naturales: "La suma de dos números naturales se puede efectuar en cualquier orden sin afectar el total", lo escribimos en forma simbólica: "Si a y $b \in \mathbb{N}$, entonces $a + b = b + a$".

Las letras en álgebra tienen la misma función que los números en aritmética. Si queremos representar en forma simbólica la suma de cualesquiera dos números, lo hacemos de la siguiente manera: escogemos una letra, digamos a, que represente el primer número y otra letra, digamos b, que represente el segundo número; entonces la suma de estos dos números se representa simbólicamente como $a + b$. De igual manera, si queremos representar simbólicamente la frase "el producto de dos números naturales", seleccionamos una letra, digamos m, que represente uno de los números, y otra letra, digamos n, que represente el otro número; la frase se representa con el símbolo $m \cdot n$.

5-1 Expresiones algebraicas

Veamos algunos ejemplos de cómo representar frases por medio de símbolos algebraicos:

Si a y b son números reales:

	Frase	**Representación algebraica**
1.	el doble de b	$2b$
2.	dos más que b	b+2
3.	la mitad de b	$\frac{b}{2}$
4.	tres más que la mitad de b	$\frac{b}{2} + 3$
5.	tres veces el cuadrado de b	$3b^2$
6.	el cuadrado de tres veces b	$(3b)^2$
7.	3 menos que b	$b - 3$
8.	5 menos que 3 veces b	$3b - 5$
9.	un tercio de la suma de a y b	$\frac{1}{3}(a + b)$
10.	2 más que tres veces b	$3b + 2$
11.	la suma de los cuadrados de a y cinco	$a^2 + 5^2$

Llamamos expresión algebraica a cualquier combinación de números y letras con los símbolos de las operaciones básicas, exponenciación y radicación.

Las siguientes expresiones son ejemplos de expresiones algebraicas:

$$u + v, \quad 2x - 4, \quad \frac{x + y^2}{z + c}, \quad x - \sqrt{x^2 + 1} + 5$$

Algunos ejemplos de expresiones no algebraicas son: 2^x, $\log x$, $\cos x$.

El valor de una expresión algebraica depende de los valores que se asignan a cada una de las letras que aparecen en la expresión. Para evaluar una expresión algebraica, sustituimos cada letra por el valor asignado y efectuamos las operaciones indicadas (recuerda el orden de las operaciones que se analizó anteriormente).

EJEMPLOS:

1. Evalúa la expresión $x + 3t$ si $x = 1$, $t = 0$.

En la expresión $x + 3t$, sustituimos x por 1, t por 0 y obtenemos:

$$1 + 3(0)$$

Ahora efectuamos las operaciones indicadas. Recuerda que primero se multiplica y luego se suma:

$$1 + 3(0) = 1 + 0 = 1$$

El valor de la expresión $x + 3t$ para $x = 1$, $t = 0$ es 1.

2. Evalúa la expresión $5 - x^2$ si $x = -\frac{1}{2}$.

Sustituimos, en la expresión $5 - x^2$, x por $-\frac{1}{2}$ y obtenemos:

$$5 - \left(-\frac{1}{2}\right)^2$$

Ahora efectuamos las operaciones indicadas: primero cuadramos $-\frac{1}{2}$ y luego restamos de 5.

$$5 - \left(-\frac{1}{2}\right)^2 = 5 - \frac{1}{4} = \frac{20}{4} - \frac{1}{4} = \frac{19}{4}$$

Si sustituimos x por $-\frac{1}{2}$, el valor de la expresión $5 - x^2$ es $\frac{19}{4}$.

3. Evalúa la expresión $|x| + 2$ si $x = -3$.

Sustituimos x por -3 y obtenemos $|-3|+2$. Ahora efectuamos las operaciones indicadas: primero hallamos $|-3|$ y luego 2.

$$|-3| + 2 = 3 + 2 = 5$$

Cuando $x = -3$, el valor de la expresión $|x| + 2$ es 5.

4. Evalúa la expresión $\frac{x+9}{3}$ si $x = 6$.

Sustituimos x por 6: $\frac{6+9}{3}$. Luego efectuamos las operaciones indicadas:

$$\frac{6+9}{3} = \frac{15}{3} = 5$$

Cuando $x = 6$, el valor de la expresión $\frac{x+9}{3}$ es 5.

5. Evalúa la expresión $a^2 - 2ab$ si $a = -1$, $b = 3$. Sustituimos a por -1 y b por 3 y obtenemos:

$$(-1)^2 - 2(-1)(3)$$

Luego efectuamos las operaciones indicadas: cuadramos -1, multiplicamos $2(-1)(3)$ y, por último, hallamos la diferencia. Esto es,

$$(-1)^2 - 2(-1)(3) = 1 - (-6) = 1 + 6 = 7$$

7 es el valor de la expresión $a^2 - 2ab$ si $a = -1$, $b = 3$.

6. Evalúa la expresión $xy + yz - xz$ si $x = 1$, $y = -3$, $z = 2$.

En la expresión $xy + yz - xz$, sustituimos x por 1, y por -3, z por 2 y obtenemos:

$$(1)(-3) + (-3)(2) - (1)(2)$$

Ahora efectuamos cada una de las tres multiplicaciones y, por último, sumamos y restamos.

$$(1)(-3) + (-3)(2) - (1)(2) = -3 + (-6) - 2 = -11$$

7. Si $x \in A = \{1, 2, 3\}$, evalúa la expresión $3x + a$ para cada $x \in A$. Si $x = 1$, sustituimos x por 1 en la expresión y obtenemos

$$3(1) + a = 3 + a$$

Si $x = 2$, sustituimos x por 2 en la expresión

$$3(2) + a = 6 + a$$

Si $x = 3$, sustituimos x por 3 en la expresión

$$3(3) + a = 9 + a$$

8. Si $x \in B = \left\{-1, \frac{1}{2}, 0\right\}$ y $a = 3$, evalúa la expresión $ax^3 + 4$ para cada $x \in B$. Si $x = -1$, en la expresión $ax^3 + 4$ sustituimos x por -1, a por 3 y obtenemos:

$$(3)(-1)^3 + 4 = 3(-1) + 4 = -3 + 4 = 1$$

Si $x = \frac{1}{2}$, en la expresión $ax^3 + 4$ sustituimos x por $\frac{1}{2}$, a por 3 y obtenemos:

$$3\left(\frac{1}{2}\right)^3 + 4 = \frac{3}{8} + 4 = \frac{3}{8} + \frac{32}{8} = \frac{35}{8}$$

Si $x = 0$, sustituimos x por 0, a por 3 y obtenemos:

$$3(0)^3 + 4 = 0 + 4 = 4$$

Observa que en este ejercicio mantuvimos fijo el valor de a y variamos el valor asignado a x.

9. Evalúa la expresión $\frac{1}{x}$ si $x \in \{0, \frac{1}{2}, 2\}$.

Si en $\frac{1}{x}$ sustituimos $x = 0$ obtenemos $\frac{1}{0}$, que no está definido. Si $x = \frac{1}{2}$, sustituimos x por $\frac{1}{2}$ y obtenemos $\frac{1}{1/2} = 2$. Si $x = 2$, sustituimos x por 2 y obtenemos $\frac{1}{2}$.

5-1 EJERCICIOS

1. Usa símbolos algebraicos para representar cada una de las siguientes frases:

a. cinco más que un número n.

b. doce menos que un número n.

c. tres más que el doble de n.

d. el número de horas en x días.

e. el número de semanas en x días.

f. dos menos que el cuadrado de n.

g. el cuadrado de la suma de a y b.

h. la suma de los cuadrados de a y b.

i. un quinto de la suma de s y t.

j. cuatro menos que un quinto de la suma de s y t.

2. Escribe la frase que mejor describa cada símbolo algebraico:

a. $5n$.

b. $n + m$

c. $3(n + m)$

d. $n - 7$

e. $3n - 7$

f. $(n + m)^2$

g. $(n + m)^2 + 3$

h. $\frac{1}{3}(n + m)^2 + 3$

i. $x^2 + y^2$

j. $\sqrt{x + y}$

3. Evalúa cada una de las siguientes expresiones para los valores indicados:

a. Si $x = -1$, $y = 2$:

i. $3x$

ii. $6y - x$

iii. $4x^2$

iv. $|x - 2y|$

v. $xy - 3$

vi. $x(y - 3)$

vii. $x(y + 1)$

viii. $\frac{2x^2}{y}$

b. Si $x = 2$, $y = -3$, $z = -1$:

i. $8x + 3y$

ii. $4x - y$

iii. $3x^2 - y^2$

iv. $\dfrac{4x + 4z}{2y}$

v. $3x + 2y - z^2$

vi. $-x^2 + y^2 - z^2$

vii. $(y - z)^3$

viii. $\dfrac{z(x - y)}{y + z}$

c. Si $x = -2$, $y = -5$, $z = -\frac{1}{2}$, $w = -4$:

i. $xz + yw$

ii. $2x(x + y - z)$

iii. $x^2(x + w)^2$

iv. $\dfrac{x^2 + y}{x^2 + w}$

v. $(y + z)(y - z)$

vi. $(x^2 - y^2)(z + w)$

vii. $x^3 - w^3$

viii. $\dfrac{x^2y^2 + w^2}{zw - xy}$

4. Si $x \in A = \{-1, 0, 1, 2\}$, evalúa la expresión $\dfrac{2x - c}{4}$ para cada $x \in A$.

5. Si $x \in B = \{-1, -\frac{1}{2}, 0, 1, \frac{1}{2}, 2\}$ y $c = -2$, evalúa la expresión $\dfrac{cx^3 - 8}{c}$ para cada $x \in B$.

5-2 Ecuaciones y soluciones

Una ecuación matemática es una oración que nos indica la igualdad entre dos expresiones matemáticas.

EJEMPLOS:

1. $x = 3$

2. $x + 3 = 8$

3. $3x + 3 = 5$

4. $3(x + 2) = 3x + 6$

5. $5x + 2 = 0$

6. $3x^2 - 6 = \dfrac{5x - 2}{7}$

7. $\sqrt{x + 2} = 8$

8. $\dfrac{7}{x - 2} + \dfrac{1}{x^2 - 4} = 0$

En una ecuación, a la variable o variables se le asignan valores que son elementos de un conjunto dado y se dice que la ecuación está definida sobre ese conjunto. Si no se especifica el conjunto, se supone que éste es el conjunto de los números reales. Los elementos del conjunto en el cual está definida la ecuación se llaman **valores permitidos** a la variable o variables. Al sustituir en la ecuación los valores permitidos, la oración se hace cierta o falsa. Llamamos **soluciones de la ecuación a los valores permitidos a la variable que hacen cierta la ecuación. El conjunto de valores permitidos que hacen cierta la ecuación se llama conjunto solución de la ecuación, y decimos que estos valores satisfacen la ecuación.**

EJEMPLOS:

1. Si consideramos la ecuación $3x+2 = 8$, definida en el conjunto de los números reales, los valores permitidos a la variable son los números reales.

$$\text{Para } x = 1, \quad 3 \cdot 1 + 2 = 3 + 2 = 5 \neq 8$$
$$\text{Para } x = 2, \quad 3 \cdot 2 + 2 = 6 + 2 = 8$$
$$\text{Para } x = 3, \quad 3 \cdot 3 + 2 = 9 + 2 = 11 \neq 8$$

La ecuación se hace cierta para $x = 2$ y no se satisface o es falsa para $x = 1$ y $x = 3$. Como 2 satisface la ecuación, decimos que 2 es solución de la ecuación. Más adelante aprenderemos a hallar el conjunto solución de la ecuación, que en este caso es $\{2\}$.

2. Si consideramos la ecuación $3x+2x = 5x$, definida sobre los reales, los valores permitidos a la variable son los números reales

$$\text{Para } x = 1, \quad 3 \cdot 1 + 2 \cdot 1 = 3 + 2 = 5 \cdot 1 = 5$$
$$\text{Para } x = 2, \quad 3 \cdot 2 + 2 \cdot 2 = 6 + 4 = 10 = 5 \cdot 2$$
$$\text{Para } x = 3, \quad 3 \cdot 3 + 2 \cdot 3 = 9 + 6 = 15 = 5 \cdot 3$$

Si continuamos sustituyendo números reales en esta ecuación encontraremos que para todo $x \in \mathbb{R}$ el enunciado se hace cierto. El conjunto solución de la ecuación es el conjunto de los números reales.

Hay dos tipos de ecuaciones: ecuación identidad y ecuación condicional.

A. Ecuación identidad:
La ecuación identidad es aquella ecuación que se hace cierta para todo valor permitido a la variable o variables.

EJEMPLOS:

Consideremos las siguientes ecuaciones definidas sobre el conjunto de los números reales.

1. $x^2 + 3x = x(x + 3)$.

$$\text{Si } x = 1, \quad 1^2 + 3 \cdot 1 = 1 + 3 = 4 = 1(1 + 3) = 1 \cdot 4$$
$$\text{Si } x = 2, \quad 2^2 + 3 \cdot 2 = 4 + 6 = 10 = 2(2 + 3) = 2 \cdot 5$$
$$\text{Si } x = 3, \quad 3^2 + 3 \cdot 3 = 9 + 9 = 18 = 3(3 + 3) = 3 \cdot 6$$
$$\text{Si } x = -\frac{1}{2}, \quad \left(-\frac{1}{2}\right)^2 + 3\left(-\frac{1}{2}\right) = \frac{1}{4} - \frac{3}{2} = \frac{-5}{4} = -\frac{1}{2}\left(\frac{-1}{2} + 3\right)$$
$$= -\frac{1}{2}\left(\frac{5}{2}\right) = -\frac{5}{4}$$

Si las sustituciones continúan, encontramos que la ecuación se hace cierta para todo número real. El conjunto solución de la ecuación es el conjunto de los números reales.

Si el conjunto sobre el cual está definida una ecuación tiene infinitos elementos, para hallar el conjunto solución de una identidad no es suficiente asignar valores a las variables y observar si la identidad es o no es cierta, ya que no podemos asignar a las variables todos los elementos permitidos. En estos casos, lo que hacemos es demostrar que la expresión del lado izquierdo se puede transformar, mediante operaciones algebraicas, en una expresión igual a la que tenemos en el lado derecho, y viceversa.

2. $2x + 4x = 6x$ es una identidad, ya que

$$2x + 4x = (2 + 4)x = 6x.$$

Usamos la propiedad distributiva para demostrar que el lado izquierdo es igual al lado derecho. No importa qué elementos de $\mathbb{R}$ escojamos, la ecuación es cierta. Todos los elementos del conjunto sobre el cual está definida la ecuación pertenecen al conjunto solución.

3. $3(x + 2) = 3x + 6$.

Se trata de una identidad ya que si aplicamos la propiedad distributiva al lado izquierdo, $3(x + 2)$, obtenemos $3x + 6$, que es el lado derecho. No importa qué elementos de $\mathbb{R}$ escojamos, la ecuación es cierta. Todos los elementos del dominio pertenecen al conjunto solución.

B. Ecuación condicional (o ecuación):
Es aquella ecuación que se hace falsa o no se satisface para uno o más valores permitidos a la variable. Podemos decir también que es cierta para algunos valores permitidos a la variable.

Para demostrar que una ecuación es condicional, es suficiente con hallar un valor permitido que haga falsa la igualdad.

EJEMPLOS:

Clasifica las siguientes ecuaciones como ecuación identidad o condicional si los valores permitidos a la variable son los números reales.

1. $3x = 12$.
Si $x = 1$, $3 \cdot 1 = 3 \neq 12$.
$3x = 12$ es una ecuación condicional.

2. $5x = 10$.
Si $x = 0$, $5 \cdot 0 \neq 10$.
$5x = 10$ es una ecuación condicional.

3. $4(3x + 2) = 12x + 8$.
Es una identidad porque el lado izquierdo se puede transformar en el lado derecho usando la propiedad distributiva.

$$4(3x + 2) = 4(3x) + 4(2) = 12x + 8$$

4. $3x - x = 2x$.
Es una identidad porque $3x - x = (3 - 1)x = 2x$.

5. $x + 7 = 10$.
Si $x = 1$, entonces $1 + 7 \neq 10$.
$x + 7 = 10$ es una ecuación condicional.

6. $\dfrac{x}{2} + \dfrac{3x}{4} = \dfrac{5x}{4}$
Es una identidad porque $\dfrac{x}{2} + \dfrac{3x}{4} = \left(\dfrac{1}{2} + \dfrac{3}{4}\right) x = \dfrac{5x}{4}$.

7. $x + 2x = 3x$
Es una identidad porque $x + 2x = (1 + 2)x = 3x$.

8. $x = 5$
Es una ecuación condicional ya que si $x = 3$, entonces $3 \neq 5$.

En esta sección estudiaremos las propiedades de la igualdad que son útiles para hallar el conjunto solución de una ecuación.

1. Propiedad reflexiva:

$$a = a \text{ para toda } a \in \mathbb{R}.$$

2. Propiedad simétrica:

$$\text{Si } a = b, \text{ entonces } b = a.$$

En una ecuación se pueden intercambiar los dos lados de la ecuación sin alterar la igualdad. En algunos casos, la expresión de uno de los lados está escrita en forma más sencilla, y es más fácil trabajar con ella.

3. Propiedad transitiva:

$$\text{Si } a = b \text{ y } b = c, \text{ entonces } a = c.$$

Toda expresión se puede sustituir por su igual sin alterar la igualdad.

4. Si $a = b$, entonces $a \pm p = b \pm p$ para todo $p \in \mathbb{R}$.
La condición de igualdad no se altera si se suma o se resta la misma expresión a ambos lados de la ecuación.

5. Si $a = b$, $k \neq 0$, entonces $a \cdot k = b \cdot k$ y $\dfrac{a}{k} = \dfrac{b}{k}$.
La condición de igualdad no se altera si se multiplican o se dividen ambos lados de la ecuación por una expresión diferente de cero.

Estas cinco propiedades se usan para transformar una ecuación en ecuaciones equivalentes a ella que son más fáciles de resolver. **Las ecuaciones equivalentes a una ecuación dada son aquellas ecuaciones que tienen el mismo conjunto solución y se obtienen usando las propiedades que mantienen la igualdad.**

EJEMPLOS:

1. $x = 5$ es equivalente a $5 = x$
es equivalente a $3x = 5(3)$
es equivalente a $x + 5 = 5 + 5$
es equivalente a $x - 3 = 5 - 3$
es equivalente a $\frac{x}{5} = \frac{5}{5}$.

De todas estas ecuaciones equivalentes, $x = 5$ es la más fácil de resolver. La solución de la ecuación $x = 5$ es 5, y su conjunto solución es $\{5\}$.

5 satisface la ecuación $5 = x$ ya que $5 = 5$.

5 satisface la ecuación $3x = 15$ ya que $3 \cdot 5 = 15$.

5 satisface la ecuación $x + 5 = 10$ ya que $5 + 5 = 10$.

5 satisface la ecuación $x - 3 = 5 - 3$ ya que $5 - 3 = 5 - 3$.

5 satisface la ecuación $\frac{x}{5} = \frac{5}{5}$ ya que $\frac{5}{5} = \frac{5}{5}$.

2. Halla el conjunto solución de cada una de las siguientes ecuaciones equivalentes.

$$3x + 5 = 11$$
$$6x + 10 = 22$$
$$3x = 6$$
$$x = 2$$
$$7x = 14$$

De todas éstas ecuaciones equivalentes, $x = 2$ es la más fácil de resolver. La solución de la ecuación $x = 2$ es 2 y su conjunto solución es $\{2\}$.

2 satisface la ecuación $3x + 5 = 6 + 5 = 11$, ya que $3(2) + 5 = 6 + 5 = 11$.

2 satisface la ecuación $6x + 10 = 22$, ya que $6(2) + 10 = 12 + 10 = 22$.

2 satisface la ecuación $3x = 6$, ya que $3(2) = 6$.

2 satisface la ecuación $x = 2$, ya que $2 = 2$.

2 satisface la ecuación $7x = 14$, ya que $7(2) = 14$.

3. Halla algunas ecuaciones equivalentes a la ecuación $2x - 1 = 8$.

$2x - 1 + 5 = 8 + 5$ implica que $2x + 4 = 13$ — Sumamos 5 a ambos lados de la ecuación.

$2x - 1 + 10 = 8 + 10$ implica que $2x + 9 = 18$ — Sumamos 10 a ambos lados de la ecuación.

$2x - 1 + 1 = 8 + 1$ implica que $2x = 9$ — Sumamos 1 a ambos lados de la ecuación.

$\frac{2x}{2} = \frac{9}{2}$ implica que $x = \frac{9}{2}$ — Multiplicamos por $\frac{1}{2}$ ambos lados de la ecuación $2x = 9$.

Todas estas ecuaciones son equivalentes. Las obtuvimos usando las propiedades de igualdad.

¿Cuál es el conjunto solución de la ecuación $2x - 1 = 8$? El conjunto solución de la ecuación $x = \frac{9}{2}$ es $\{\frac{9}{2}\}$ y, como $2x - 1 = 8$ es equivalente a $x = \frac{9}{2}$, el conjunto solución de la ecuación $2x - 1 = 8$ es $\{\frac{9}{2}\}$.

4. Consideremos la ecuación $3x + 2 = 8$. Vamos a hallar ecuaciones equivalentes a ésta aplicando las propiedades de igualdad.
Si sumamos -2 a ambos lados de la ecuación $3x + 2 = 8$, obtenemos la ecuación

$$3x + 2 + (-2) = 8 + (-2)$$
$$3x + 0 = 6$$
$$3x = 6$$

que es una ecuación equivalente a la ecuación dada. Multipliquemos por $\frac{1}{3}$ esta nueva ecuación:

$$\frac{1}{3}(3x) = \frac{1}{3}(6)$$

obtenemos $x = 2$.
$x = 2$ es una ecuación equivalente a las dos ecuaciones anteriores, $3x + 2 = 8$ y $3x = 6$. La ecuación $x = 2$ es la forma equivalente más simple de estas ecuaciones, ya que podemos indicar su conjunto solución sin hacer otra operación. El conjunto solución de la ecuación $x = 2$ es $\{2\}$. Decimos además que $\{2\}$ es el conjunto solución de la ecuación $3x = 6$ y de la ecuación $3x + 2 = 8$.

Resolución de ecuaciones lineales

Definición:
Una ecuación lineal es aquella que se puede expresar en la forma $ax + b = 0$, $a, b \in \mathbb{R}$, $a \neq 0$.

Observación: El exponente mayor de la variable es 1, y por esto se le llama también ecuación de primer grado.

EJEMPLOS:

1. $x - 3 = 0$.
2. $2x = 0$.
3. $2x - 3 = 0$.
4. $x = 8$, ya que se puede escribir en la forma $x - 8 = 0$ sumando -8 a ambos lados de la ecuación.
5. $2x + 5 = 7$
   Esta ecuación se puede escribir en la forma $ax + b = 0$, $a \neq 0$. Sumamos -7 a ambos lados de la ecuación y obtenemos una ecuación equivalente.
   $$2x + 5 + (-7) = 7 + (-7)$$
   $$2x - 2 = 0$$
6. Escribamos la ecuación $5(x - 1) = 3x - 2$ en la forma $ax + b = 0$, $a \neq 0$. Aplicamos la propiedad distributiva y obtenemos:
   $$5(x - 1) = 3x - 2$$
   $$5x - 5 = 3x - 2$$
   Ahora sumamos $-3x$ y 2 a ambos lados de la ecuación para obtener:
   $$5x - 5 - 3x + 2 = 3x - 2 - 3x + 2$$
   $$2x - 3 = 0$$

A continuación presentamos algunos ejemplos de ecuaciones que no son lineales:

1. $x^2 = 0$.
2. $3x^2 - 1 = 0$.
3. $\sqrt{x} - 1 = 0$.
4. $x^3 + 2x + 3 = 0$.
5. $\frac{1}{x+3} = 0$

¿Cómo resolvemos las ecuaciones lineales?

Para hallar la solución de una ecuación lineal, transformamos la ecuación dada en ecuaciones equivalentes más simples hasta obtener una ecuación equivalente de la forma $x = c$. El conjunto solución de esta ecuación es $\{c\}$, que es el conjunto de la ecuación lineal dada.

Resolver una ecuación es hallar el conjunto solución de la ecuación.

EJEMPLOS:

1. Halla el conjunto solución de la ecuación $x + 5 = 11$.

Sumamos -5 a ambos lados de la ecuación y obtenemos la ecuación equivalente:

$$x + 5 + (-5) = 11 + (-5)$$
$$x = 6$$

El conjunto solución es $\{6\}$. Veamos que 6 satisface la ecuación: $6 + 5 = 11$.

2. Halla el conjunto solución de la ecuación $x - 3 = 13$.

Sumamos 3 a ambos lados de la ecuación y obtenemos la ecuación equivalente:

$$x - 3 + 3 = 13 + 3$$
$$x = 16$$

El conjunto solución es $\{16\}$. 16 satisface la ecuación $x - 3 = 13$, ya que $16 - 3 = 13$.

3. Halla el conjunto solución de la ecuación $4x = 17$.

Multiplicamos por $\frac{1}{4}$ ambos lados de la ecuación y obtenemos la ecuación equivalente más simple.

$$\frac{1}{4}(4x) = \frac{1}{4}(17)$$
$$x = \frac{17}{4}$$

El conjunto solución es $\{\frac{17}{4}\}$. $\frac{17}{4}$ satisface la ecuación $4x = 17$.

$$4\left(\frac{17}{4}\right) = \frac{4(17)}{4} = 17$$

4. Halla el conjunto solución de la ecuación $\frac{x}{3} = 5$.

Multiplicamos por 3 ambos lados de la ecuación para obtener la ecuación equivalente más simple.

$$(3)\frac{x}{3} = 5(3)$$
$$x = 15$$

El conjunto solución es $\{15\}$. 15 satisface la ecuación $\frac{x}{3} = 5$.

$$\frac{15}{3} = 5$$

5. Halla el conjunto solución de la ecuación $2x + 5 = 11$.

Sumamos -5 a ambos lados de la ecuación y obtenemos

$$2x + 5 + (-5) = 11 + (-5)$$
$$2x = 6$$

Multiplicamos por $\frac{1}{2}$ ambos lados de la ecuación y obtenemos la ecuación equivalente más simple.

$$\frac{1}{2}(2x) = \frac{1}{2}(6)$$
$$x = 3$$

El conjunto solución es $\{3\}$. 3 satisface la ecuación $2x+5 = 11$. Si sustituimos x por 3, obtenemos:

$$2(3) + 5 = 6 + 5 = 11$$

6. Resuelve la ecuación $3x - 2 = 7 - x$.

Sumamos x a ambos lados de la ecuación y obtenemos la ecuación equivalente

$$3x + x - 2 = 7 - x + x$$
$$4x - 2 = 7$$

Esta ecuación no es la ecuación equivalente más simple. Sumamos 2 a ambos lados de la ecuación y obtenemos

$$4x - 2 + 2 = 7 + 2$$
$$4x = 9$$

Ahora, para obtener la ecuación equivalente más simple multiplicamos por $\frac{1}{4}$ ambos lados de la ecuación:

$$\frac{1}{4}(4x) = \frac{1}{4}(9)$$
$$x = \frac{9}{4}$$

El conjunto solución de la ecuación es $\{\frac{9}{4}\}$. $\frac{9}{4}$ satisface la ecuación $3x - 2 = 7 - x$. Si sustituimos x por $\frac{9}{4}$, obtenemos

$$3\left(\frac{9}{4}\right) - 2 = 7 - \frac{9}{4}$$
$$\frac{27}{4} - \frac{8}{4} = \frac{28}{4} - \frac{9}{4}$$

$\frac{19}{4} = \frac{19}{4}$, que es un enunciado cierto.

7. Resuelve por x y halla el conjunto solución de la ecuación

$$5x + 7 = 2x + 2$$

Obtenemos la ecuación equivalente más simple.

$5x - 2x + 7 = 2x - 2x + 2$	Sumamos $2x$ a ambos lados y simplificamos.
$3x + 7 = 2$	
$3x = 2 - 7$	Sumamos -7 a ambos lados de la ecuación y simplificamos.
$3x = -5$	
$\frac{1}{3}(3x) = \frac{1}{3}(-5)$	Multiplicamos por $\frac{1}{3}$ ambos lados de la ecuación y simplificamos.
$x = \frac{-5}{3}$	

El conjunto solución es $\{\frac{-5}{3}\}$. $\frac{-5}{3}$ satisface la ecuación original. Verifícalo.

8. Resuelve por x la ecuación $ax + b = c$, $a \neq 0$, a, b y $c \in \mathbb{R}$.

$ax + b = c$	
$ax = c - b$	Restamos b a ambos lados de la ecuación.
$x = \frac{c - b}{a}$	Dividimos entre $a \neq 0$ ambos lados de la ecuación.

El conjunto solución es $\{\frac{c-b}{a}\}$. Verifiquemos: Sustituimos x por $\frac{c-b}{a}$ en la ecuación $ax + b = c$:

$$a\left(\frac{c - b}{a}\right) + b = c - b + b = c + (-b + b)$$

$$= c + 0 = c$$

que es un enunciado cierto.

9. Resuelve por x la ecuación $3(2x + 5) = 3x + 2$.
Aplicamos la propiedad distributiva y obtenemos:

$6x + 15 = 3x + 2$	
$6x - 3x + 15 = 2$	Sumamos $-3x$ a ambos lados de la ecuación y simplificamos.
$3x + 15 = 2$	
$3x + 15 - 15 = 2 - 15$	Sumamos -15 a ambos lados de la ecuación.
$3x = -13$	Simplificamos.
$\frac{1}{3}(3x) = \frac{1}{3}(-13)$	Multiplicamos por $\frac{1}{3}$ ambos lados de la ecuación.
$x = \frac{-13}{3}$	Simplificamos.

El conjunto solución de la ecuación original es $\{\frac{-13}{3}\}$. Verifica que $\frac{-13}{3}$ es solución de la ecuación.

10. Resuelve por x la ecuación

$$\frac{x}{3}+\frac{2}{5}=2(x+2)$$

$$\frac{x}{3}+\frac{2}{5}=2x+4 \qquad \text{Eliminamos el paréntesis.}$$

Si aparecen fracciones, multiplicamos por el múltiplo común menor de los denominadores y obtenemos una ecuación sin fracciones. Como 15 = MCM(3, 5), multiplicamos por 15 cada uno de los miembros de la ecuación.

$$15\left(\frac{x}{3}+\frac{2}{5}\right)=15(2x+4) \qquad \text{Aplicamos la propiedad distributiva.}$$

$$15\left(\frac{x}{3}\right)+15\left(\frac{2}{5}\right)=15(2x)+15(4) \qquad \text{Efectuamos la multiplicación y simplificamos.}$$

$$5x+6=30x+60$$

$$5x-30x+6-6=30x-30x+60-6 \qquad \text{Sumamos } -30x \text{ y } -6 \text{ a ambos lados de la ecuación y}$$

$$-25x=54 \qquad \text{Simplificamos.}$$

$$\left(-\frac{1}{25}\right)(-25x)=54\left(-\frac{1}{25}\right) \qquad \text{Multiplicamos por } -\tfrac{1}{25} \text{ ambos lados de la ecuación y simplificamos.}$$

$$x=\frac{-54}{25}$$

El conjunto solución es $\left\{\frac{-54}{25}\right\}$. Verifícalo.

11. Demuestra que la ecuación $2(x+3)=2x$ no tiene solución.

$$2(x+3)=2x$$

$$2x+6=2x \qquad \text{Aplicamos la propiedad distributiva.}$$

$$2x+6-2x-6=2x-2x-6 \qquad \text{Sumamos } -2x \text{ y } -6 \text{ a ambos lados de la ecuación y simplificamos.}$$

$$0=-6$$

Como $0 \neq -6$, el conjunto solución es vacío, { }. La ecuación dada no tiene solución.

En resumen, para resolver una ecuación lineal en una desconocida:

1. Si la ecuación contiene fracciones, multiplicamos ambos miembros de la ecuación por el múltiplo común menor de los denominadores.
2. Si la ecuación tiene símbolos de agrupación, los eliminamos.
3. Efectuamos las transformaciones necesarias para conseguir la ecuación de la forma $x = c$, que es la forma más sencilla equivalente a la ecuación dada.

5-2 EJERCICIOS

1. Clasifica las siguientes ecuaciones como **ecuación identidad o condicional.** Los valores permitidos a la variable son los números reales:

a. $5x = 15$

b. $3x = 0$

c. $5(2x - 3) = 10x - 15$

d. $4x - x = 3x$

e. $x + 2 = 10$

f. $x = -2$

g. $\frac{x}{2} + \frac{3x}{2} = 2x$

h. $5x + 2 = 2x + 5$

2. Halla 5 ecuaciones equivalentes a la ecuación $3x - 2 = 7$.

3. Halla 5 ecuaciones lineales equivalentes a la ecuación $5(2x - 1) = 2x + 3$ que sean de la forma $ax + b = 0$.

4. Halla el conjunto solución de cada una de las siguientes ecuaciones:

a. $x + 5 = 8$

b. $4 - x = 5$

c. $\frac{3}{4}x = \frac{1}{2}$

d. $5x = 0$

e. $\frac{x}{5} = -2$

f. $3y - 4 = 8$

g. $2 - 3x = 5 - x$

h. $2(y - 4) = 2y$

i. $2(2y + 5) = 2y - 1$

j. $\frac{1}{2}(2x - 1) = 3\left(x + \frac{1}{6}\right)$

k. $0.2y + 0.3 = 1.5 - 0.4y$

l. $5\left(y + \frac{1}{3}\right) = \frac{1}{4}$

m. $2x = 4x - 5$

n. $3(0.04 - 2.1x) = 7.2$

o. $5y - 2 + y = 3y + 5y + 6$

p. $5(5x + 3) = 3(8x - 2) + x$

q. $6(6x - 1) - 5(7x + 3) = 3$

r. $2.7y + 5.4y = 16.2$

s. $5(x - 3) - 2x = 3(x + 7)$

t. $\frac{y}{4} - \frac{y}{3} = \frac{5}{3}y + \frac{1}{6}$

5. En cada una de las siguientes ecuaciones, verifica que el conjunto dado es el conjunto solución de la ecuación:

a. $\frac{2}{3}x = 24$, $\{36\}$.

b. $\frac{2}{3}x - 8 = -12$, $\{-6\}$.

c. $5x - 3 + 2x = -3 + x - 12$, $\{-2\}$.

d. $\frac{3}{5}x + 5 = 11$ $\{10\}$.

5-3 Aplicaciones de ecuaciones

En la primera sección de este capítulo aprendimos a representar frases en forma algebraica. En esta sección cambiaremos oraciones sencillas o algunos problemas verbales sencillos que encontramos en nuestra vida diaria a ecuaciones lineales y las resolveremos.

EJEMPLOS:

1. Cinco más que el doble de un número n es 11. Halla ese número.

La expresión "cinco más que el doble de un número n" se representa como $2n + 5$. La oración se transforma en "$2n + 5$ es 11". En vez de **es** escribimos el signo = y obtenemos la ecuación

$$2n + 5 = 11.$$

Resolvemos la ecuación por n:

$$2n + 5 = 11$$
$$2n = 11 - 5$$
$$2n = 6$$
$$n = \frac{6}{2} = 3$$

El número que buscamos es 3. Veamos si las condiciones del problema se satisfacen:

2 veces el número 3 es $2(3) = 6$.

5 más que 6 es 11.

El número 3 satisface las condiciones del problema.

2. Tres menos que cinco veces un número n es 17. Halla el número n.

La expresión "tres menos que cinco veces un número n" se representa como $5n - 3$. La oración se transforma en la ecuación

$$5n - 3 = 17.$$

Resolvemos por n:

$$5n = 17 + 3$$
$$5n = 20$$
$$n = \frac{20}{5} = 4$$

Veamos si las condiciones del problema se satisfacen.

5 veces el número n es $5(4) = 20$.

Tres menos que 20 es 17.

3. La suma de dos números naturales consecutivos es 51. Halla los dos números.

Si n es uno de los números naturales, el otro será $n+1$ por tratarse de números consecutivos. La oración se transforma en la ecuación

$$n + (n + 1) = 51$$

Resolvemos la ecuación por n:

$$\begin{aligned} n + (n + 1) &= 51 \\ 2n + 1 &= 51 \\ 2n &= 51 - 1 \\ 2n &= 50 \\ n &= \frac{50}{2} = 25 \\ n &= 25 \\ n + 1 &= 26 \end{aligned}$$

Verificamos las condiciones del problema: Observa que 25 y 26 son números naturales consecutivos cuya suma es 51.

4. Halla las dimensiones de un rectángulo cuyo perímetro es 52 cm, si su largo es cinco más que el doble del ancho.

Para resolver este problema es aconsejable hacer una figura:

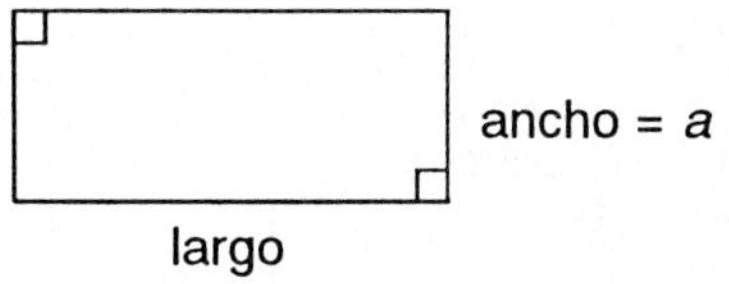

Usamos a para representar el ancho del rectángulo; el largo es cinco más que el doble del ancho a, es decir, $2a + 5$.

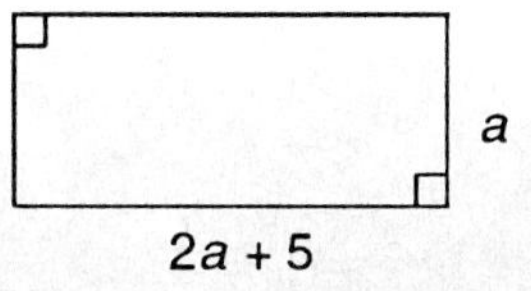

El perímetro de un rectángulo es igual a la suma de la medida de cada uno de sus lados. Como los lados opuestos de un rectángulo son iguales, el perímetro, P, es igual a la suma de dos veces el largo y dos veces el ancho.

$$P = 2(\text{largo}) + 2(\text{ancho})$$
$$52 = 2[2a + 5] + 2a$$

Resolvemos la ecuación por a.

$$52 = 4a + 10 + 2a$$
$$52 = 6a + 10$$
$$52 - 10 = 6a$$
$$42 = 6a$$
$$6a = 42$$
$$a = \frac{42}{6} = 7$$

El ancho es de 7 cm y el largo es de $2(7) + 5 = 19$ cm. Veamos que se verifiquen las condiciones del problema: El largo 19 cm es 5 más que el doble de 7.

$$19 = 5 + 2(7) = 19$$

El perímetro es

$$2(19) + 2(7)$$
$$38 + 14 = 52.$$

5. Halla las dimensiones de un rectángulo si su área tiene 42 cm^2 y uno de los lados mide 7 cm.

Hacemos la figura:

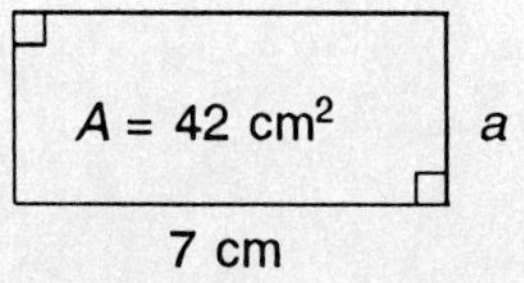

Usamos la fórmula para el área, A, de un rectángulo.

$$A = \text{largo} \times \text{ancho}$$
$$42 = 7a$$
$$a = \frac{42}{7} = 6 \text{ cm}$$

6. En un grupo de monedas de 5 y de 10 centavos, hay ocho monedas más de 5¢ que las que hay de 10¢. Si el total es un dólar, halla la cantidad de monedas de cada tipo.

n representa la cantidad de monedas de 10¢. Las monedas de 5¢ son ocho más que las de 10¢, lo cual se transforma en la expresión $n + 8$.

Valor de n monedas de 10¢ es	$10n$ centavos.
Valor de $n + 8$ monedas de 5¢ es	$5(n + 8)$ centavos.
$1.00 son 100 centavos	

El valor total de las n monedas de 10¢ y las $(n + 8)$ monedas de 5¢ es 100¢. La oración se transforma en la ecuación

$$10n + 5[n + 8] = 100.$$

Resolvemos por n,

$$\begin{aligned} 10n + 5n + 40 &= 100 \\ 15n &= 100 - 40 \\ 15n &= 60 \\ n &= \frac{60}{15} = 4 \end{aligned}$$

Hay 4 monedas de 10¢ y 8+4 = 12 monedas de 5¢. Verificación del enunciado:

$$4(10¢) + 12(5¢) = 40¢ + 60¢ = 100¢ = \$1.00$$

5-3 EJERCICIOS

Resuelve los siguientes problemas verbales. Identifica las desconocidas y escribe la ecuación que usas para hallar la solución.

1. La suma de 7 y tres veces un número es 31. ¿Cuál es ese número?
2. Ocho menos que cinco veces un número es 32. Halla ese número.
3. La suma de dos números naturales consecutivos es 287. Halla los dos números.
4. La suma de dos números impares consecutivos es 88. ¿Cuáles son esos números?
5. La suma de tres números impares consecutivos es 111. Halla los tres números.
6. La suma de dos números pares consecutivos es 126. Halla esos números.
7. Halla tres números consecutivos impares tales que la suma del primero y el segundo sea 5 más que el tercero.
8. El perímetro de un rectángulo es de 28 pulgadas. Si el largo es una pulgada menos que el doble del ancho, ¿Cuáles son las dimensiones del rectángulo?

9. Un lado de un triángulo es 3 centímetros más largo que el lado más corto. El tercer lado es el doble del largo del lado más corto. Si el perímetro del triángulo es de 35 centímetros, halla la medida de los tres lados del triángulo.

10. Halla las dimensiones de un rectángulo con perímetro igual a 128 pulgadas si su largo tiene 6 pulgadas menos que 4 veces su ancho.

11. Una persona tiene en el bolsillo monedas de 10¢ y de 25¢ por un valor de $1.10. Si tiene el triple de monedas de 10¢ que de 25¢, ¿cuántas monedas de cada tipo tiene?

12. Si Efraín tiene 30 monedas de 10¢ y de 5¢ que suman un total de $2.50, ¿cuántas monedas de cada tipo tiene Efraín?

13. Si un lado de un triángulo mide una cuarta parte del perímetro, el segundo lado mide 7 metros y el tercer lado mide dos terceras partes del perímetro, ¿cuánto mide el perímetro?

14. Halla las dimensiones de un rectángulo cuyo perímetro tiene 176 cm, si su ancho equivale a tres octavas partes de su largo.

15. Halla las dimensiones de un rectángulo cuyo perímetro es 112 cm, si su ancho tiene 7 cm menos que dos quintas partes de su largo.

5-4 Funciones, dominio y campo de valores

Uno de los conceptos más útiles en matemáticas es el de correspondencia entre conjuntos, en particular el concepto de función. El concepto de correspondencia entre conjuntos lo encontramos frecuentemente en nuestra vida diaria. Por ejemplo, a cada carta le corresponde un franqueo que depende de su peso, a cada salón de clases le corresponde un número de sillas, a cada familia le corresponde un apellido, a cada rectángulo le corresponde un perímetro, a cada persona le corresponde su peso en kilogramos.

Una correspondencia asigna a elementos de un conjunto elementos de otro conjunto. La correspondencia puede definirse por un criterio, por unas flechas o por una fórmula. Esto se puede ilustrar mediante un diagrama.

EJEMPLOS:

1. Sean C = {Ana Pérez, Luis Aguilar, Enrique Ríos} y D = {Pérez, Aguilar, Ríos}. La correspondencia g entre los conjuntos C y D asigna a cada elemento

del conjunto C un apellido, que pertenece al conjunto D.

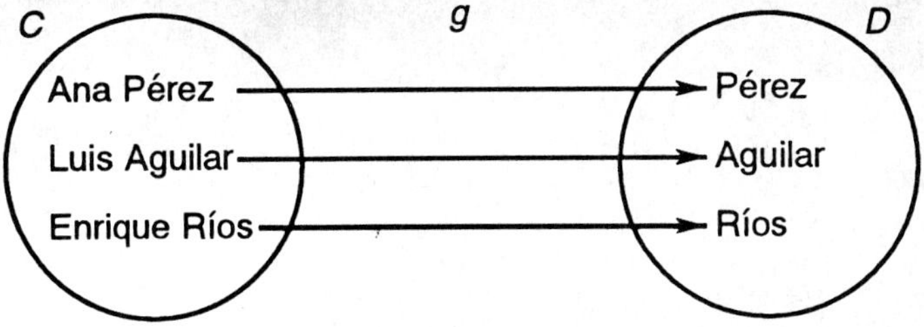

2. Considera los conjuntos C y D

$$A = \{*, \triangle, \odot, \square, \#, =, \div\} \quad \text{y} \quad B = \{a, t, c, r, s, i, d\}$$

La correspondencia f asigna a cada símbolo de A la letra inicial de su nombre que es elemento de B.

$$A \xrightarrow{f} B$$

$* \xrightarrow{f} a$	*a*sterisco
$\triangle \xrightarrow{f} t$	*t*riángulo
$\odot \xrightarrow{f} c$	*c*írculo
$\square \xrightarrow{f} r$	*r*ectángulo
$\# \xrightarrow{f} s$	*s*ostenido
$= \xrightarrow{f} i$	*i*gual
$\div \xrightarrow{f} d$	*d*ivisión

Notación

En matemáticas usamos una notación especial para representar las correspondencias entre conjuntos. Usamos una letra, digamos f, para representar la correspondencia entre los dos conjuntos y el símbolo $f(x)$ para representar el elemento que asignamos al elemento x del primer conjunto; decimos que $f(x)$ es la imagen de x en la correspondencia f. En el ejemplo anterior

f asigna al elemento $* \in A$ el elemento $a \in B$; esto se representa como $f(*) = a$

f asigna al elemento $\triangle \in A$ el elemento $t \in B$, esto se representa como $f(\triangle) = t$

f asigna al elemento $\odot \in A$ el elemento $c \in B$, esto se representa como $f(\odot) = c$

En forma análoga, podemos decir que

$$f(\square) = r \qquad f(=) = i$$
$$f(\#) = s \qquad f(\div) = d$$

El símbolo $f(\#) = s$ se puede leer de la siguiente manera: la correspondencia f asigna al elemento # el elemento s; la imagen de # en la correspondencia f es el elemento s.

En términos generales, "$f(x) = y$" se lee: la correspondencia f asigna al elemento x el elemento y; la imagen de x en la correspondencia f es y; la imagen del elemento x es $f(x)$.

Si la correspondencia f asigna al elemento $a \in A$ el elementos $b \in B$, decimos que $f(a) = b$.

El conjunto de los elementos $a \in A$ que tienen imagen en el conjunto B se llama **dominio** de correspondencia y se representa con la letra D. El conjunto de los elementos de B que son imágenes de elementos de A se llama **campo de valores** de la correspondencia y se representa como CV.

La notación $f(a) = b$ se puede escribir como un par ordenado de la forma (a, b) o $(a, f(a))$. Podemos decir que cada correspondencia determina un conjunto de pares ordenados. Este conjunto lo representamos también con la letra f como sigue:

$$f = \{(a, f(a)) | a \in A, f(a) \in B\}.$$

EJEMPLOS:

1. Sean $A = \{1, 2, 3, 4\}$ y $B = \{0, 2, 4, 6, 8, 10\}$. La correspondencia f asigna a cada elemento de A el doble del elemento.

$$f(1) = 2(1) = 2 \qquad f(3) = 2(3) = 6$$
$$f(2) = 2(2) = 4 \qquad f(4) = 2(4) = 8$$

El dominio de la correspondencia f es A. El campo de valores de la correspondencia f es $\{2, 4, 6, 8\} \subseteq B$. La correspondencia f determina el conjunto de pares ordenados:

$$\{(1, 2), (2, 4), (3, 6), (4, 8)\}$$

2. La función f asigna a cada entero positivo tres más que su doble.

Usando la notación especial de funciones, escribimos:

$$f(x) = 2x + 3$$

En este ejemplo, el dominio de f es el conjunto de los números enteros positivos. Evaluemos la función para valores 1, 2, 3, ...

Para $x = 1$, $\quad f(1) = 2(1) + 3 = 5$

$x = 2$, $\quad f(2) = 2(2) + 3 = 7$

$x = 3$, $\quad f(3) = 2(3) + 3 = 9$

Los pares ordenados $(x, f(x))$ que están definidos por la función son:

$$(1, 5), (2, 7), (3, 9), \ldots$$

El campo de valores de f es:

$$\{5, 7, 9, \ldots\}$$

El conjunto de pares ordenados $\{x, f(x)\}$ determinados por f es:

$$\{(1,5), (2,7), (3,9), \ldots\}$$

3. Considera la función G, que asigna a cada número real tres más que su doble: $G(x) = 2x + 3$. El dominio de la función G es el conjunto de los números reales. Observa que la regla es igual que la de la función anterior. Sin embargo, como el dominio es diferente, obtenemos otros pares ordenados:

$$\begin{aligned}
\text{Para } x &= -1,\ G(-1) = 2(-1) + 3 = 1.\\
x &= 0,\ G(0) = 2(0) + 3 = 3.\\
x &= \frac{1}{2},\ G\left(\frac{1}{2}\right) = 2\left(\frac{1}{2}\right) + 3 = 4\\
x &= 1,\ G(1) = 2(1) + 3 = 5.\\
x &= \sqrt{2},\ G(\sqrt{2}) = 2(\sqrt{2}) + 3 = 2\sqrt{2} + 3.\\
x &= 2,\ G(2) = 2(2) + 3 = 7.
\end{aligned}$$

Algunos de los pares ordenados determinados por la correspondencia G son:

$$(-1,1), (0,3), \left(\frac{1}{2}, 4\right), (1,5), \left(\sqrt{2}, 2\sqrt{2} + 3\right), (2,7)$$

El algunos casos, las condiciones de los problemas que surgen en la vida real determinan el dominio de una función. Por ejemplo, si decimos que en una empresa constructora se construyen $3x$ casas diaramente, x no puede ser negativo; x tiene que ser un número positivo o cero porque representa el número de casas.

En este texto hablaremos de funciones algebraicas definidas en los números reales. Esto significa que el dominio se determinará considerando aquel subconjunto de $\mathbb{R}$ donde la regla de correspondencia está definida, a menos que se indique otro dominio.

EJEMPLOS:

1. Si $f(x) = \frac{5}{x-2}$, x no puede ser 2, ya que estaríamos dividiendo cinco entre cero. Por eso decimos que el dominio de esta función es el conjunto de todos los números reales diferentes de 2 y lo representamos como: Dominio de $F(x) = \{x | x \in \mathbb{R}, x \neq 2\}$.

2. Sea $G(x) = \frac{3x}{2x-1}$. Si $2x - 1$ fuese igual a cero, estaríamos dividiendo entre cero. Tenemos que escoger aquellos valores de la variable que no convierten el denominador en 0. Éstos son todos los números reales excepto $\frac{1}{2}$, que se escribe así: Dominio de $G(x) = \{x | x \in \mathbb{R}, x \neq \frac{1}{2}\}$.

Definición de función

Definición:

Una función es una correspondencia entre dos conjuntos que asigna a cada elemento del dominio una y solamente una imagen del campo de valores.

EJEMPLOS:

1.

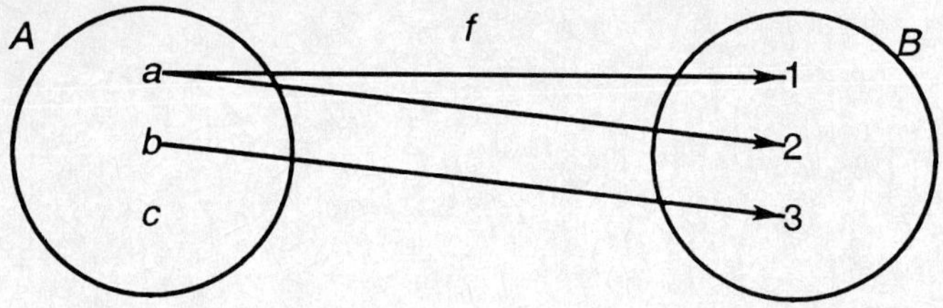

$D = \{a, b\}$ $CV = \{1, 2\}$

La correspondencia f no es función porque $f(a) = 1$ y $f(a) = 2$; es decir, al elemento a le corresponden dos imágenes en el campo de valores.

2.

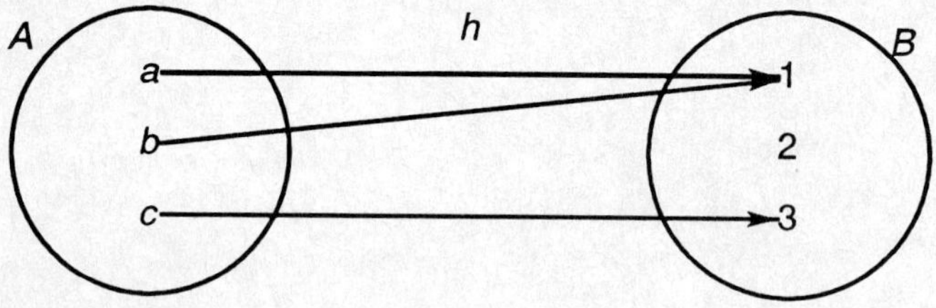

$D = \{a, b, c\}$ $CV = \{1, 3\}$

$h(a) = 1$, $h(b) = 2$, $h(c) = 3$. Como cada elemento del dominio tiene una y solamente una imgen en el campo de valores, la correspondencia h es una función.

3.

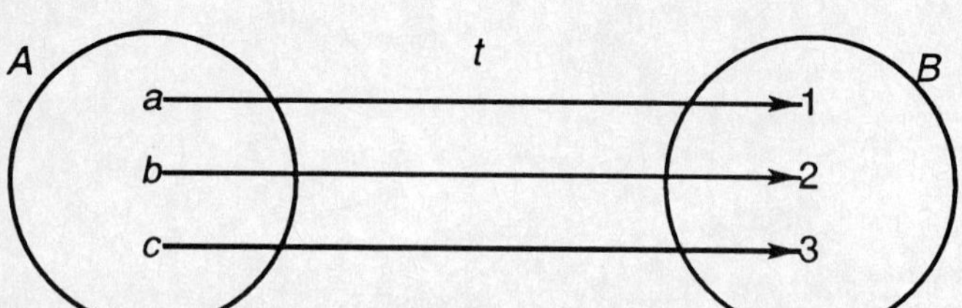

$D = \{a, b, c\}$ $CV = \{1, 2, 3\}$

La correspondencia t es una función: $t(a) = 1$, $t(b) = 2$ y $t(c) = 3$. Cada elemento del dominio tiene una y sólo una imagen en el campo de valores.

En los siguientes ejemplos, usaremos la notación y terminología que hemos visto anteriormente.

4. Sea $A = \mathbb{N}$, $B = \mathbb{R}$, y f es la correspondencia, $A \xrightarrow{f} B$, que asigna a cada entero positivo uno más que el doble del número.
Si $x \in \mathbb{N}$, entonces la imagen de x es $2x + 1$. Si usamos la notación especial de funciones, la regla de correspondencia se puede escribir:

$$f(x) = 2x + 1$$

El dominio de f es el conjunto de los números naturales. Hallemos las imágenes de algunos elementos:

$$f(1) = 2(1) + 1 = 2 + 1 = 3$$
$$f(2) = 2(2) + 1 = 4 + 1 = 5$$
$$f(3) = 2(3) + 1 = 6 + 1 = 7$$

Halla la imagen de 13 en la correspondencia f:

$$f(13) = 2(13) + 1 = 26 + 1 = 27$$

¿Para qué valor de $a \in \mathbb{N}$ la imagen es 21? Tenemos que $f(a) = 2a + 1 = 21$. Para hallar el valor de a resolvemos por a la ecuación $2a + 1 = 21$.

$$2a = 21 - 1 = 20$$
$$2a = 20$$
$$a = \frac{20}{2} = 10$$
$$f(10) = 2(10) + 1 = 21$$

Como todos los números de la forma $2n + 1$, $n \in \mathbb{N}$, son impares, todas las imágenes en esta correspondencia son impares, y además el impar más pequeño que es imagen de algún elemento de $\mathbb{N}$ es 3, podemos decir que el campo de valores de la correspondencia f es el conjunto de los números impares mayores o iguales que 3.

$$CV = \{n \in \mathbb{N} | n \text{ impar}, n \geq 3\}$$

5. Considera otra función g definida del conjunto de los números reales al conjunto de los números reales tal que g asigna a cada número real diferente de cero su recíproco.

$$\mathbb{R} \xrightarrow{g} \mathbb{R}$$

Si $x \in \mathbb{R}$, $x \neq 0$, entonces la imagen de x es $\frac{1}{x}$. Si usamos la notación especial de funciones, escribimos $g(x) = \frac{1}{x}$. El dominio de la función g es el conjunto de los números reales diferentes de cero.

Evalúa cada una de las siguientes expresiones si $g(x) = \dfrac{1}{x}$: $g(-1)$, $g(\sqrt{2})$, $g\left(\frac{1}{2}\right)$, $g(5)$, $g(2+3)$, $g\left(1+\frac{1}{3}\right)$ y $g\left(-5+\frac{1}{2}\right)$.

$$g(-1) = \frac{1}{-1} = -1$$

$$g(\sqrt{2}) = \frac{1}{\sqrt{2}}$$

$$g\left(\frac{1}{2}\right) = \frac{1}{\frac{1}{2}} = 2$$

$$g(5) = \frac{1}{5}$$

$$g(2+3) = g(5) = \frac{1}{5}$$

$$g\left(1+\frac{1}{3}\right) = g\left(\frac{4}{3}\right) = \frac{1}{\frac{4}{3}} = \frac{3}{4}$$

$$g\left(-5+\frac{1}{2}\right) = g\left(-\frac{9}{2}\right) = \frac{1}{-\frac{9}{2}} = -\frac{2}{9}$$

¿Qué elemento en el dominio tiene imagen 10? Si $g \neq 0$, el número cuya imagen es 10 se escribe $g(a) = \dfrac{1}{a} = 10$. Como el recíproco de $\frac{1}{10}$ es 10, escribimos $g(10) = \frac{1}{1/10} = 10$. La imagen de $x = \frac{1}{10}$ es 10.
Halla la imagen de $\frac{3}{4}$ en la correspondencia g.

$$g\left(\frac{3}{4}\right) = \frac{1}{\frac{3}{4}} = \frac{4}{3}$$

¿Qué número real no pertenece al conjunto de las imágenes? Como la función $g(x) = \frac{1}{x}$ tiene numerador 1, esta función nunca será igual a cero, así que cero no pertenece al conjunto de las imágenes de esta correspondencia porque no existe $x \in \mathbb{R}$ tal que $g(x) = 0$.

Dominio: $\{x \in \mathbb{R} | x \neq 0\}$

Campo de valores: $\{g(x) \in \mathbb{R} | g(x) \neq 0\}$

5-4 EJERCICIOS

1. Decide si los siguientes conjuntos de pares ordenados definen una función. Si son funciones, escribe el dominio y campo de valores de cada una.

   a. g: $\{(1,5), (2,7), (3,9), (4,11), (5,13)\}$.

   b. g: $\{(1,1), (1,2), (2,1), (3,2)\}$.

c. $h: \{(1,2), (2,3), (3,4)\}$.

d. $F: \{(1,1), (1,2), (1,3), (1,4)\}$.

e. $t: \{(5,2), (7,2), (9,2), (11,2)\}$.

f. $G: \{(0,1), (1,0), (2,1), (3,2), (4,0)\}$.

g. $p: \{(0,0), (1,1), (2,2), (3,3), (4,4), (5,5)\}$.

2. Si f es la función que asigna a cada $x \in A = \{0, 1, 2, 3, 4, 5\}$ cinco más que tres veces el número, halla el conjunto de pares ordenados y el campo de valores de f.

3. Escribe la regla de correspondencia usando símbolos:

a. La correspondencia f asigna a cada número entero dos menos que su cuadrado.

b. La correspondencia g asigna a cada número real tres veces su valor absoluto.

4. Si $F(x) = 4 - 2x^2$, $G(x) = |x| - 2$, halla:

a. $F(-1)$

b. $F(3)$

c. $F(-1) + G(-1)$

d. $F(a)$

e. $F(a+2)$

f. $G(-1)$

g. $G\left(\frac{1}{2}\right)$

h. $F(a) + 2$

i. $F(3) + 26$

j. $1 + G\left(\frac{1}{2}\right)$

5. En cada una de las siguientes funciones, indica qué número real no puede pertenecer a su dominio:

a. $F(x) = \dfrac{1}{x-3}$

b. $H(x) = \dfrac{5}{x+4}$

c. $G(x) = \dfrac{5x-2}{2x}$

d. $g(x) = \dfrac{2x}{3x+4}$

6. Expresa el área, A, de un rectángulo como función de su largo l si el ancho, a, es un tercio de la medida del largo.

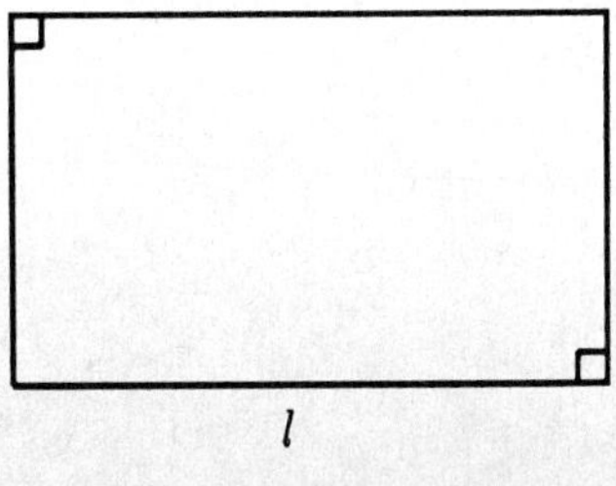

7. Expresa el perímetro, P, de un cuadrado como función de uno de sus lados cuya medida es de x unidades.

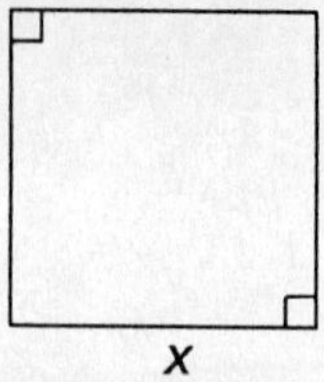

5-5 Sistema de coordenadas cartesianas

Una de las correspondencias más importantes en matemáticas es la que asigna a cada punto en el plano un par ordenado de números reales y a cada par ordenado de números reales un punto en el plano.

Consideremos una recta numérica que llamaremos eje de x (eje de las abscisas). Tracemos una recta numérica perpendicular a aquélla que llamaremos eje de y (eje de las ordenadas). Esas dos rectas se intersecan en el punto que llamaremos origen y que asociamos con el par ordenado $(0, 0)$. La porción del eje de y que queda sobre el eje de x se asocia con los números reales positivos y la que queda debajo del eje de x se asocia con los números reales negativos. Las rectas separan el plano en cuatro regiones que llamaremos cuadrantes y que numeramos empezando en la parte positiva del eje de x, moviéndonos en sentido contrario al movimiento de las manecillas del reloj: Cuadrante I, Cuadrante II, Cuadrante III, Cuadrante IV.

La primera persona que usó este sistema fue René Descartes, de ahí surge el nombre de coordenadas cartesianas.

Para asignar a cada par ordenado (a, b) un punto en el plano, hacemos lo siguiente: marcamos en el eje de x el punto que asociamos con la primera parte, a,

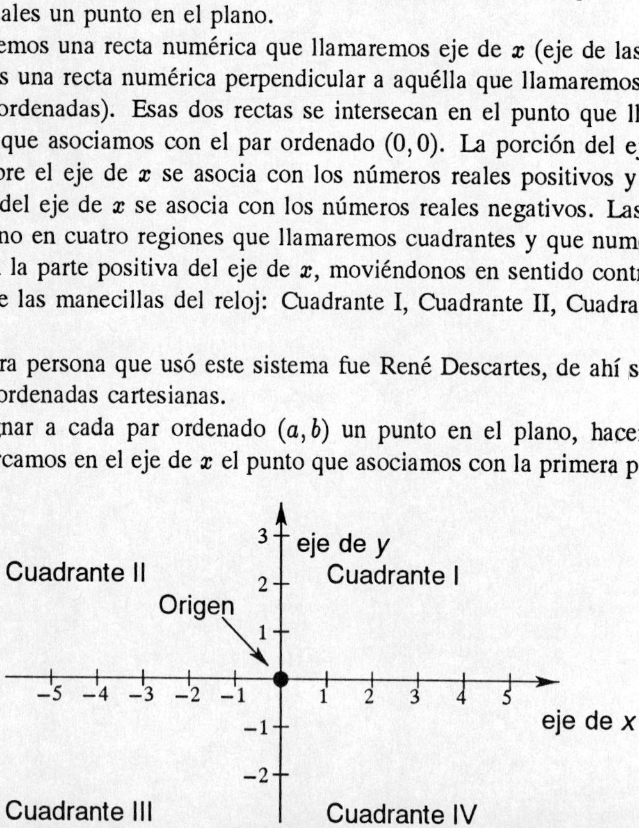

Figura 5.1

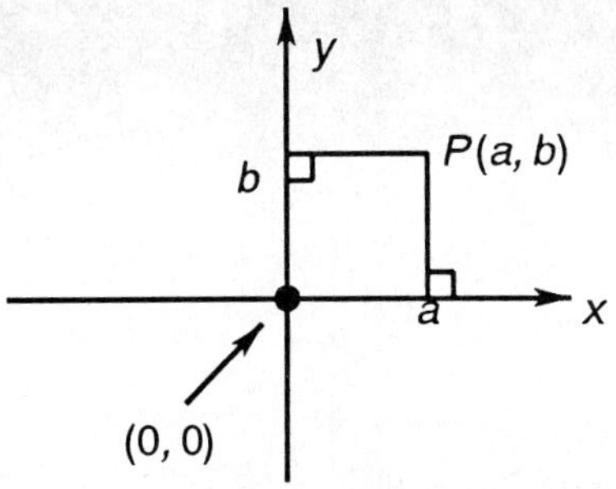

Figura 5.2

del par ordenado y trazamos una recta perpendicular al eje de x que pasa por ese punto; marcamos en el eje de y el punto que asociamos con la segunda parte del par ordenado, b, y trazamos una recta perpendicular al eje de y que pase por ese punto. La intersección de estas dos rectas determina un punto P que asociamos con el par ordenado (a, b) (Figura 5.2). Decimos, entonces, que **las coordenadas de P son (a, b).** Siempre se escribe primero el número que asociamos con el punto en el eje de x y luego el número que asociamos con el punto en el eje de y. La primera parte del par ordenado se llama **abscisa** del punto. La segunda parte del par ordenado se llama **ordenada** del punto.

EJEMPLOS:

1. a. Los pares ordenados con abscisa igual a cero están asociados con puntos en el eje de y. El par ordenado $(0, 5)$ con el punto A; $(0, -2)$ con el punto B; $(0, 4)$ con el punto C; $(0, 3)$ con el punto D; $(0, -5)$ con el punto E; y $(0, -1)$ con el punto F, según se ilustra en la figura 5.3.

b. Los pares ordenados con ordenada igual a cero están asociados con puntos en el eje de x: el par ordenado $(-2, 0)$ con el punto G; $(4, 0)$ con el punto H; $(3, 0)$ con el punto I; $(-5, 0)$ con el punto J; y $(-1, 0)$ con el punto K, según se ilustra en la figura 5.3.

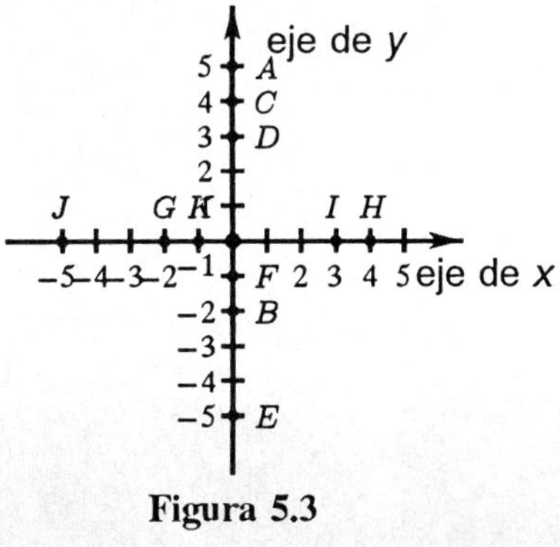

Figura 5.3

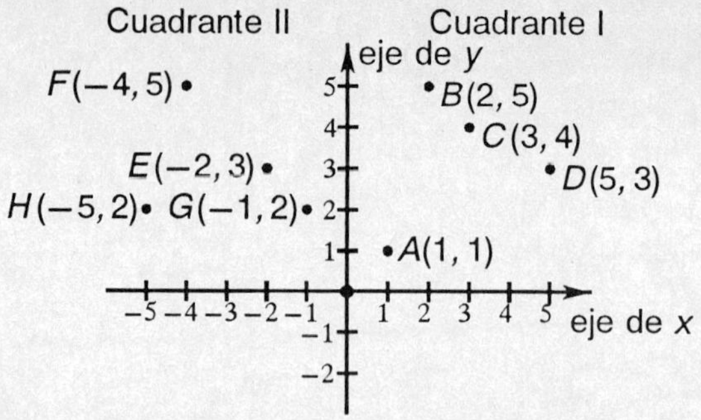

Figura 5.4

2. **a.** Los pares ordenados con abscisa positiva y ordenada positiva están asociados a puntos en el primer cuadrante: el par ordenado $(1, 1)$ con el punto A; $(2, 5)$ con el punto B; $(3, 4)$ con el punto C; y $(5, 3)$ con el punto D (Figura 5.4).

   b. Los pares ordenados con abscisa negativa y ordenada positiva están asociados a puntos en el segundo cuadrante: el par ordenado $(-2, 3)$ con el punto E; $(-4, 5)$ con el punto F; $(-1, 2)$ con el punto G; y $(-5, 2)$ con el punto H (Figura 5.4).

3. **a.** Los pares ordenados con abscisa negativa y ordenada negativa están asociados a puntos en el tercer cuadrante: el par ordenado $(-3, -1)$ con el punto A; $(-2, -3)$ con el punto B; $(-4, -4)$ con el punto C; y $(-5, -3)$ con el punto D (Figura 5.5).

   b. Los pares ordenados con abscisa positiva y ordenada negativa están asociados a puntos en el cuarto cuadrante: el par ordenado $(2, -4)$ con el punto E; $(3, -1)$ con el punto F; $(4, -2)$ con el punto G; y $(5, -3)$ con el punto H (Figura 5.5).

Hemos definido la correspondencia que asigna a cada par ordenado de números reales un punto en el plano. Ahora, vamos a definir la correspondencia que asigna a cada punto en el plano un par ordenado de números reales.

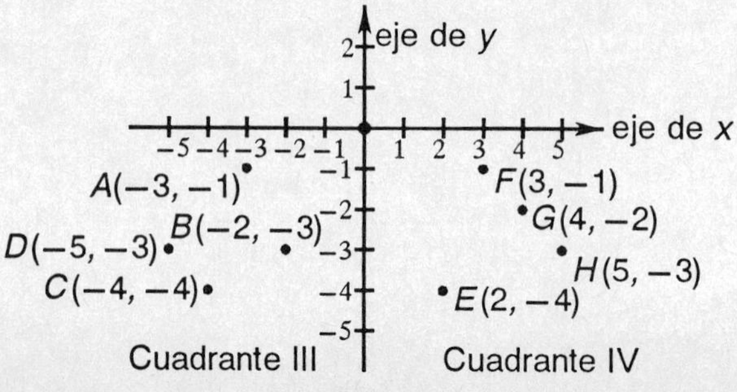

Figura 5.5

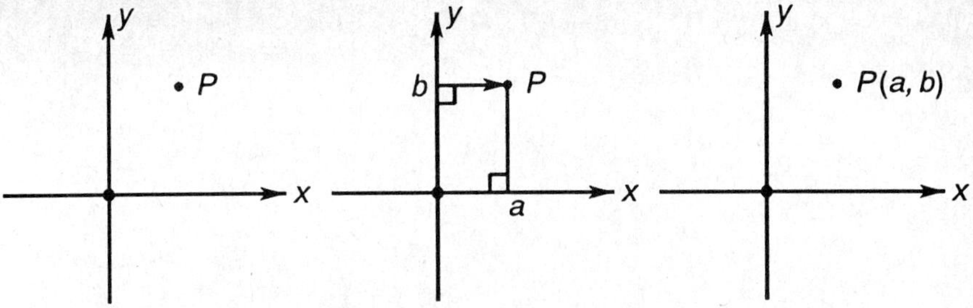

Figura 5.6

La correspondencia se hace en la siguiente forma: sea P un punto en el plano. Desde el punto P trazamos una recta perpendicular al eje de x y otra perpendicular al eje de y. El punto de intersección de la perpendicular al eje de x y el eje de x determina la primera parte, a (abscisa) del par ordenado, mientras que la intersección de la perpendicular al eje de y y el eje de y determina la segunda parte, b (ordenada) del par ordenado, según se ilustra en la figura 5.6. El punto P tiene coordenadas (a, b).

EJEMPLO:

Al punto A de la figura 5.7 le corresponde el par ordenado $(2, 1)$, mientras que al punto B le corresponde el par ordenado $(1, 2)$.

Simetría

Dos puntos A y B en el plano xy, son simétricos respecto a un punto C si éste es el punto medio del segmento AB. Esto es, C es un punto en el segmento AB y el segmento AC tiene la misma medida que el segmento CB. **El punto C se llama centro de simetría de los puntos A y B:** (ver Figura 5.8)

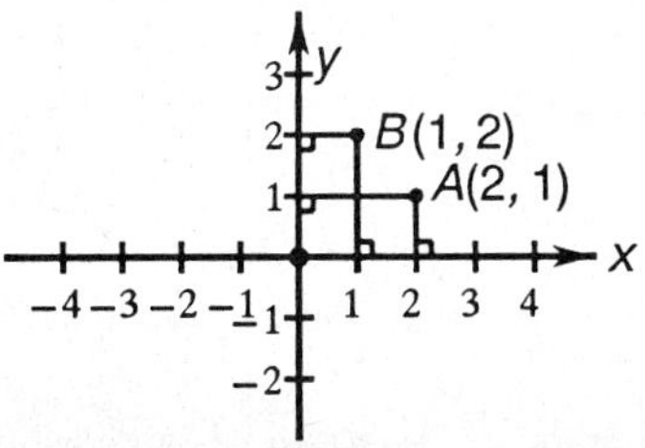

Figura 5.7

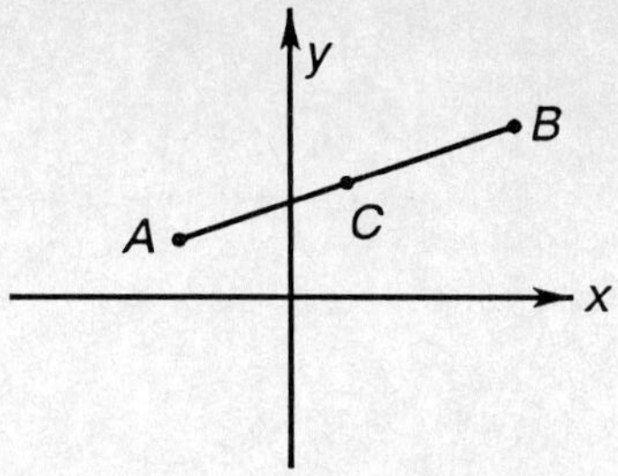

Figura 5.8

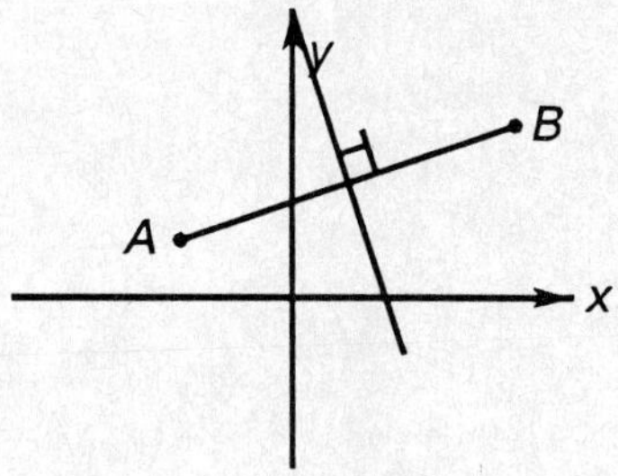

Figura 5.9

Dos puntos A y B en el plano xy son simétricos respecto a una recta l en el mismo plano si la recta l es la mediatriz del segmento AB. Esto es, l es perpendicular al segmento AB en su punto medio. **La recta l se llama eje de simetría de los puntos A y B.** (ver Figura 5.9)

En la figura 5.10, si al doblar el plano xy por el eje de y y los puntos A y B coinciden, decimos que A es el punto simétrico de B y B es el punto simétrico de A respecto al eje de y.

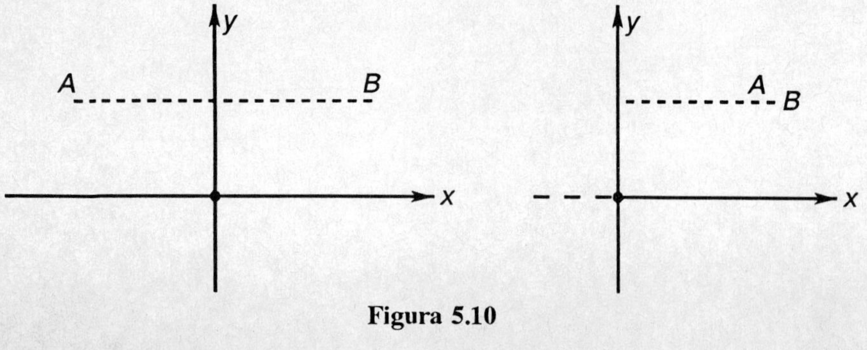

Figura 5.10

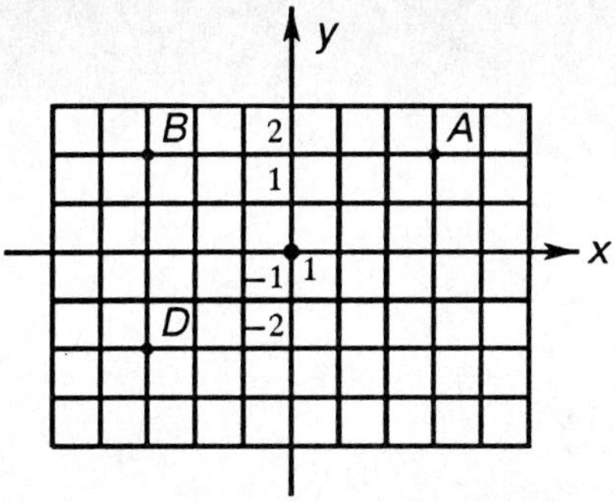

Figura 5.11

El eje de y es el eje de simetría de los puntos A y B. La abscisa del punto A es el opuesto de la abscisa del punto B. Ambos puntos tienen la misma ordenada. Por ejemplo, los pares ordenados $A(3, 2)$ y $B(-3, 2)$ corresponden a puntos simétricos respecto al eje vertical. Véase la figura 5.11.

Los puntos $B(-3, 2)$ y $D(-3, -2)$ son simétricos respecto al eje de x; ambos puntos tienen la misma abscisa y la ordenada de uno es el opuesto de la ordenada del otro.

El punto $D(-3, -2)$ y el punto $A(3, 2)$ son simétricos respecto al origen. La abscisa del punto D es el opuesto de la abscisa del punto A y la ordenada del punto D es el opuesto de la ordenada del punto A.

5-5 EJERCICIOS

1. Localiza en el plano cartesiano los puntos con coordenadas:

a. $(-4, 2)$, $(2, -4)$, $(-2, 4)$ y $(4, -2)$.

b. $(3, -1)$, $(-3, 1)$, $(-1, 3)$ y $(-1, -3)$.

c. con abscisa 4 y ordenada 2.

d. con abscisa -2 y ordenada 0.

e. con abscisa 5 y la misma ordenada que el punto $(3, -4)$.

f. Con la misma abscisa que el punto $(-4, 0)$ y con ordenada -5.

2. Lee las coordenadas de los puntos A, B, C, D, E, F y G:

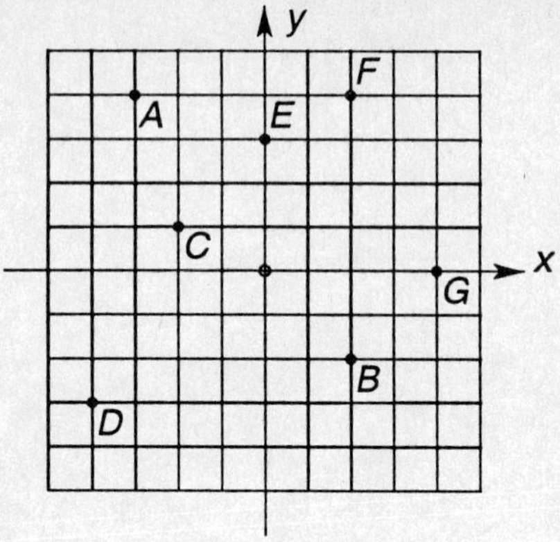

Figura 5.12

3. Los siguientes pares ordenados son coordenadas de puntos en el plano cartesiano. Halla las coordenadas del punto correspondiente simétrico respecto al: eje de y, eje de x, origen.

a. $(-2,-1)$
b. $(3,-2)$
c. $(-4,1)$
d. $(-1,-1)$
e. $(3,0)$
f. $(0,4)$
g. $(-1,0)$
h. $(0,0)$

5-6 Conceptos básicos de gráficas

En la sección anterior aprendimos a asociar puntos del plano con pares ordenados y viceversa. Como una función determina un conjunto de pares ordenados, podemos representarla en el plano. **El conjunto de puntos en el plano asociados con los pares ordenados de una función se llama la gráfica de la función.**

EJEMPLOS:

1. Dibujemos la gráfica de f si f determina el siguiente conjunto de pares ordenados:

$$f\colon \{(2,1),(3,4),(-1,-1)\}$$

Observa que esta función tiene tres pares ordenados. Con cada par ordenado asociamos un punto en el plano. La gráfica de la función f tiene tres puntos solamente (figura 5.13)

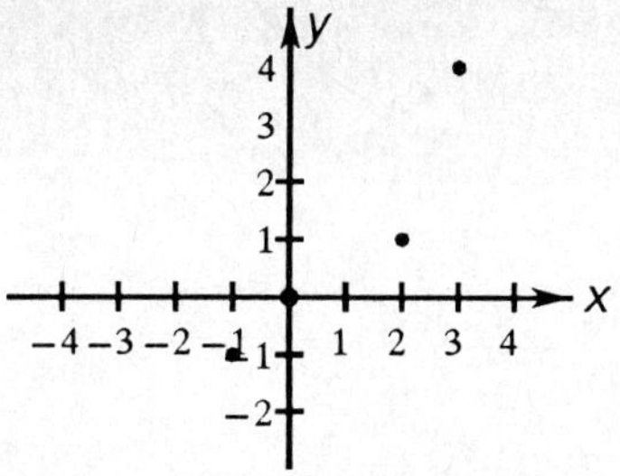

Figura 5.13

2. Dibujemos la gráfica de $F(x) = x + 2$ si el dominio de F es

$$D: \left\{-2, -\frac{1}{2}, 0, 1\right\}$$

Vamos a construir una tabla que nos permita leer los pares ordenados:

x	-2	$-\frac{1}{2}$	0	1
$F(x)$	0	$\frac{3}{2}$	2	3

El campo de valores de F es $CV: \{0, \frac{3}{2}, 2, 3\}$. F determina el siguiente conjunto de pares ordenados:

$$F: \left\{(-2, 0), \left(-\frac{1}{2}, \frac{3}{2}\right), (0, 2), (1, 3)\right\}$$

En este caso, la gráfica de la función F tiene cuatro puntos ya que la función tiene cuatro pares ordenados (figura 5.14)

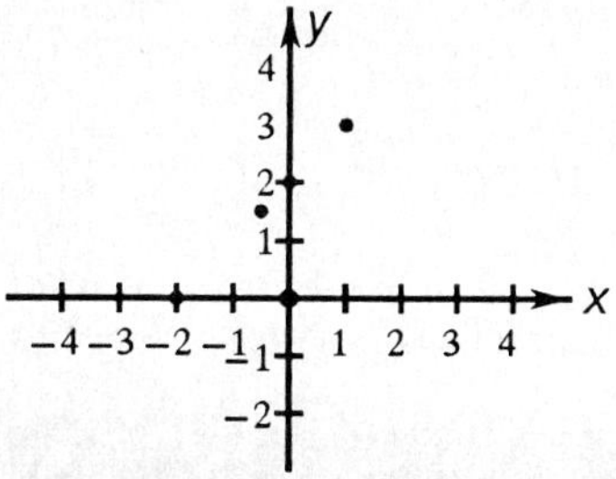

Figura 5.14

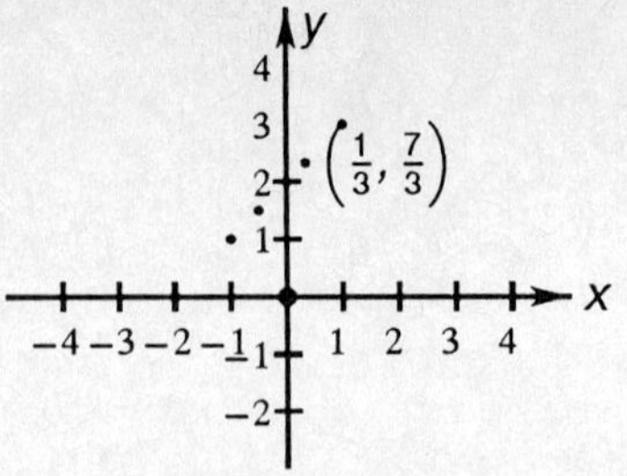

Figura 5.15

3. Dibujemos la gráfica de $G(x) = x + 2$ si su dominio es

$$\{x | x \in \mathbb{R}, -2 \leq x \leq 1\}.$$

¿Cuál es la diferencia entre esta gráfica y la gráfica de la función anterior? A diferencia de la función anterior, la función G tiene infinitos pares ordenados ya que su dominio es un conjunto infinito. Su gráfica tiene infinitos puntos.

Cuando la función consta de infinitos pares ordenados, es imposible tabularlos todos. Sin embargo, con algunos pares ordenados y con ciertos conocimientos sobre la regla de correspondencia, podemos dibujar aproximadamente su gráfica. En este curso aprenderemos a reconocer la forma de la gráfica de algunas funciones. Para conseguir algunos de los pares ordenados de la función G, formemos la siguiente tabla:

x	-2	-1	$-\frac{1}{2}$	0	$\frac{1}{2}$	$\frac{3}{4}$	1
$G(x)$	0	1	$\frac{3}{2}$	2	$\frac{5}{2}$	$\frac{11}{4}$	3

¿Puedes conseguir otros pares ordenados? Por ejemplo, $\left(\frac{1}{3}, \frac{7}{3}\right)$. Localiza este punto en la figura 5.15 y luego localiza otros puntos en la gráfica de G. ¿Dónde quedan estos puntos respecto a los otros?

Todos los puntos que corresponden a los pares ordenados en esta gráfica queda en un segmento con extremos en $(-2, 0)$ y $(1, 3)$. (ver figura 5.16)

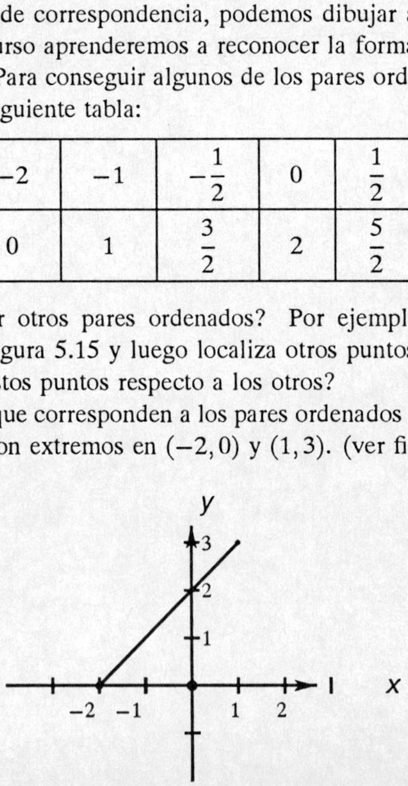

Figura 5.16

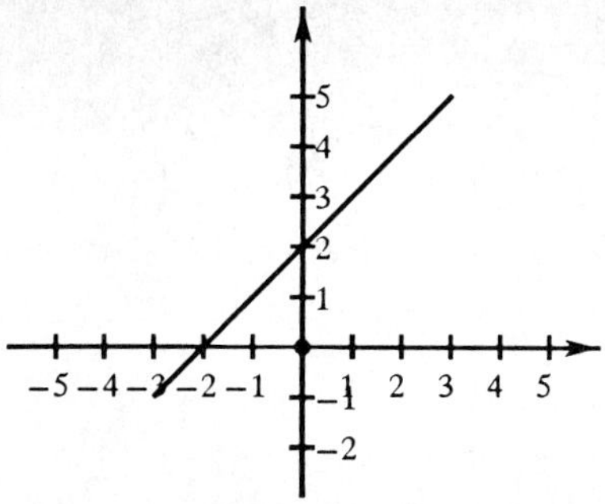

Figura 5.17

Observa que los puntos que corresponden a la gráfica de la función F están en esta gráfica.

4. Dibujemos la gráfica de $H(x) = x + 2$, cuyo dominio es el conjunto de los números reales. La siguiente tabla contiene una representación adecuada de un subconjunto de los pares ordenados que definen H:

x	-2	0	$\frac{1}{2}$	$\sqrt{2}$	1.7	3
$H(x)$	0	2	$\frac{5}{2}$	$2 + \sqrt{2}$	3.7	5

Localiza otros puntos en la gráfica de función de la figura 5.17.
¿Cuáles de los siguientes puntos están en la gráfica de H?

$$(-3, -1), \left(\frac{3}{2}, 3\frac{1}{2}\right), (5, 7), (8, 10)$$

En este caso, la gráfica de H es una recta. La regla de correspondencia que define a H es de la forma $ax + b$. Más adelante veremos con mayor detalle que la gráfica de las funciones definidas por expresiones de la forma $ax + b$ son rectas no paralelas al eje de y.

5. Dibujemos la gráfica de $h(x) = x^2 - 1$ si su dominio es

$$D: \left\{0, \frac{1}{2}, 1, 2\right\}$$

$$h: \left\{(0, -1), \left(\frac{1}{2}, -\frac{3}{4}\right), (1, 0), (2, 3)\right\}$$

La gráfica de la función de la figura 5.18 consta de cuatro puntos:

6. Dibujemos la gráfica de $p(x) = x^2 - 1$ si su dominio es el conjunto de los números reales no negativos. Como el dominio de p es $\{x | x \geq 0\}$, la función

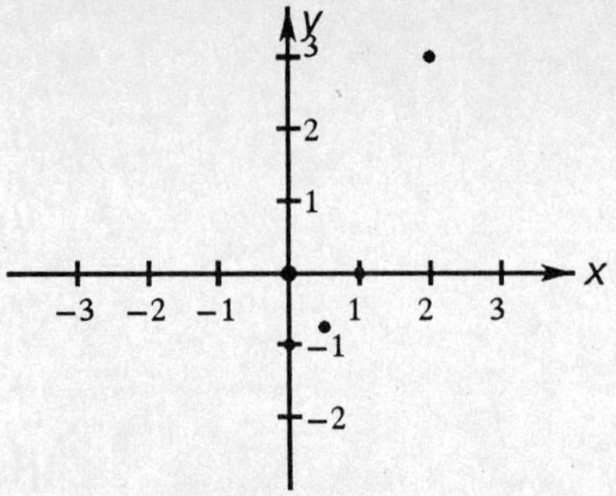

Figura 5.18

p tiene infinitos pares ordenados. La gráfica de esta función tiene infinitos puntos. En la siguiente tabla se ilustran algunos pares ordenados de p:

x	0	$\frac{1}{2}$	$\frac{3}{4}$	1	$\frac{3}{2}$	2
$p(x)$	-1	$-\frac{3}{4}$	$-\frac{7}{16}$	0	$\frac{5}{4}$	3

Halla otros pares ordenados de p y localízalos en la gráfica: (figura 5.19) Observa que la gráfica de p no es una recta porque los puntos no están alineados, ya que la regla de correspondencia no es de la forma $ax + b$.

7. Dibujemos la gráfica de $P(x) = x^2 - 1$ si su dominio es el conjunto de los números reales. La función P tiene infinitos pares ordenados y, por consiguiente su gráfica tiene infinitos puntos. La siguiente es una tabla representativa:

x	-2	-1	$-\frac{1}{2}$	0	$\frac{1}{2}$	1	$\frac{3}{2}$	2
$P(x)$	3	0	$-\frac{3}{4}$	-1	$-\frac{3}{4}$	0	$\frac{5}{4}$	3

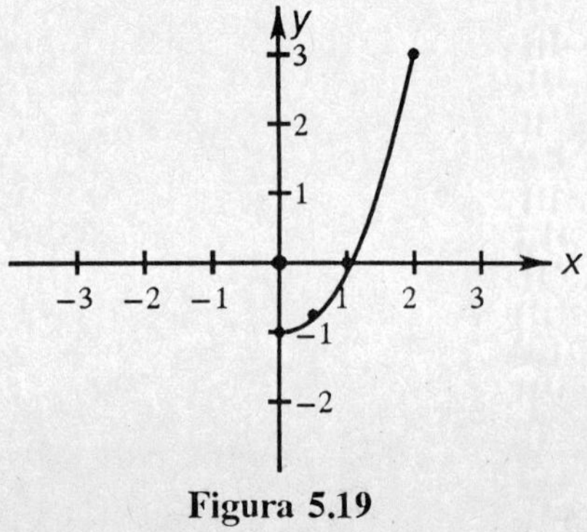

Figura 5.19

Observa que

$$P(2) = P(-2)$$
$$P(1) = P(-1)$$
$$P\left(\frac{1}{2}\right) = P\left(-\frac{1}{2}\right)$$

En general, para toda a en el dominio de P, $P(a) = P(-a)$. Si doblamos el papel por el eje de y, observaremos que esta gráfica es simétrica respecto al eje de y.

Encuentra otros pares ordenados de P y localiza los puntos que corresponden a estos pares en la gráfica. Esta gráfica es una parábola. Más adelante aprenderás a reconocerla.

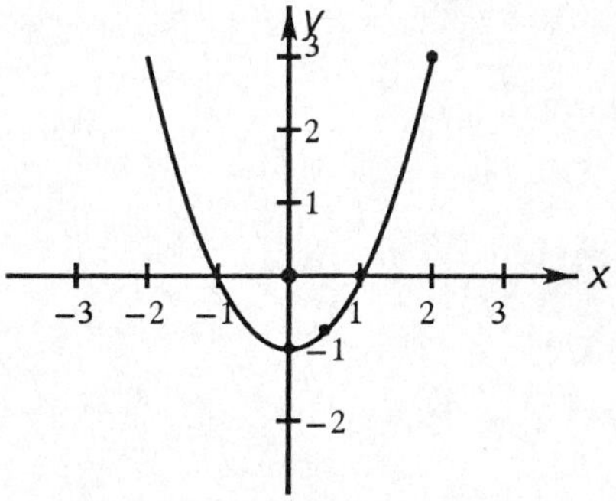

Figura 5.20

Conceptos importantes en el trazado de gráficas

Los siguientes conceptos nos ayudan a dibujar la gráfica de una función:

1. Los puntos donde la gráfica de la función corta el eje de abscisas o cortes en el eje de x. Estos puntos tienen ordenada cero por estar en el eje de x y son de la forma $(x, 0)$.

Por ejemplo, para hallar el corte en el eje de x de la gráfica de la función $f(x) = 2x + 4$ definida sobre los reales, buscamos los pares de la forma $(x, 0)$ que pertenecen a la función. Esto es, hallamos los valores de x tales que $f(x) = 0$. Resolvemos la ecuación

$$f(x) = 2x + 4 = 0$$
$$2x = -4$$
$$x = \frac{-4}{2} = -2$$

El par ordenado $(-2, 0)$ corresponde al corte en el eje de x de la gráfica de la función f.

2. Si cero es elemento del dominio, el punto donde la gráfica de la función corta el eje de ordenadas es el corte en el eje de y. Este punto tiene abscisa cero por estar en el eje de y y es de la forma $(0, f(0))$. Por ejemplo, si $f(x) = 2x + 4$, entonces $f(0) = 2(0) + 4 = 4$. El punto con coordenadas $(0, 4)$ es el corte en el eje de y.

3. Si seleccionamos un punto en la gráfica de una función, sus coordenadas corresponden a un par ordenado de la función, ya que a todo par ordenado de la función asociamos un punto en el plano. Por ejemplo, ¿está en la gráfica de $f(x) = 2x + 5$ el punto con coordenadas $(-4, -3)$? Veamos:

$$f(-4) = 2(-4) + 5 = -3$$

Sí está en la gráfica de $f(x) = 2x + 5$; $(-4, -3)$ es un par ordenado de la función f.

5-6 EJERCICIOS

1. Para cada una de las siguientes funciones, halla los cortes en los ejes de su gráfica:

a. $f(x) = 4$
b. $g(x) = 3x - 2$
c. $h(x) = 2 - 3x$
d. $H(x) = x^2$
e. $F(x) = |x|$
f. $G(x) = 3x + 4$
g. $t(x) = 2x - 1$
h. $p(x) = x^3$

2. Decide si el punto con coordenadas $(2, -1)$ está en la gráfica de las siguientes funciones:

a. $F(x) = 2x - 5$
b. $G(x) = x^2 - 5$
c. $H(x) = |x - 3| - 2$
d. $P(x) = x^3 - 2x + 3$
e. $f(x) = 3x - 6$
f. $g(x) = |x| - 2x + 1$
g. $h(x) = 3 - x^2$
h. $p(x) = \dfrac{2 - 3x}{2x}$

3. Dibuja la gráfica de cada una de las siguientes funciones con el dominio indicado.

a. $F(x) = x, D\colon \mathbb{N}$
b. $R(x) = -x, D\colon \mathbb{N}$
c. $G(x) = 3x, D\colon \{-3, -2, -1, 0, 1, 2, 3\}$
d. $r(x) = 3x, D\colon \mathbb{R}$
e. $H(x) = x - 3$, $D\colon \{x \in \mathbb{R} \mid -2 \le x \le 3\}$
i. $f(x) = 2x + 1, D\colon \mathbb{N}$
j. $K(x) = 2x + 1, D\colon \mathbb{R}$
k. $g(x) = x + 5, D\colon \mathbb{R}$
l. $L(x) = 5 - x, D\colon \mathbb{R}$
m. $h(x) = 2x - 3$, $D\colon \{-3, -2, -1, 0\}$

f. $T(x) = 3 - x$,
$D: \{x \in \mathbb{R} | -2 \leq x \leq 3\}$

g. $P(x) = |x|, D: \mathbb{N}$

h. $t(x) = |x|, D: \mathbb{R}$

n. $k(x) = 3x - 2, D: \mathbb{N}$

o. $p(x) = x^2 + 1$,
$D: \{-3, -2, -1, 0, 1, 2, 3\}$

p. $l(x) = x^2 - 4$,
$D: \{-3, -2, -1, 0, 2, 3\}$

Capítulo 5 Ejercicios de repaso

1. Usa símbolos algebraicos para representar las siguientes frases:

a. tres más que el doble de a.

b. uno menos que el cuadrado de b.

c. la tercera parte del doble de x.

d. cinco veces el cuadrado de k.

e. el cuadrado de cinco veces k.

f. la diferencia de los cuadrados de a y b.

g. el cuadrado de la diferencia entre a y b.

h. el número de horas en x semanas.

i. tres menos que dos veces el cuadrado de b.

j. el número de pulgadas en n pies.

k. el número de pies en n yardas.

l. la edad de Arturo dentro de 5 años si su edad actual es d años.

2. Halla el valor de cada expresión algebraica para $x = 4$, $y = 5$, $z = -1$, $a = 1$, $b = -2$, $c = -3$, $d = 3$.

a. $5a$

b. $\frac{2}{3}b - 3ab$

c. $y^3 + x^3 + z^3$

d. $\frac{2}{3}d^3 + 3xy - 4xz$

e. $2y^2 - 4xz$

f. $\frac{1}{2}x^2 - \frac{1}{4}b^2$

g. $g - 4|z|$

h. $b^3 - |z^3|$

i. $|cd| - \frac{1}{9}bdy$

j. $\frac{1}{5}y^2 + \frac{1}{2}x^2$

3. Indica si las ecuaciones siguientes son una identidad o una ecuación condicional:

a. $a^2 - b^2 = (a - b)(a + b)$

b. $2a(a + 1) = 2a^2 + 1$

c. $x(x + 2) = x^2 + 2x$

d. $\dfrac{4a^2 - 2b}{2} = 2a^2 - b$

e. $\dfrac{a^3 - ab}{a} = a^2 - b, a \neq 0$

f. $a^6 - b^4 = (a^3 + b^2)(a^3 - b^2)$

g. $x^2 - 1 = (x - 1)(x + 1)$

h. $a^2 + b^2 = (a + b)^2$

4. Halla el conjunto solución de cada una de las siguientes ecuaciones lineales:

a. $2x + 15 = 13$

b. $20 = 4x - 8$

c. $\dfrac{1}{2}x = 36$

d. $2x + 15 = 7 + 3x$

e. $7b = b + 1$

f. $0.6 + m = 0.6m$

g. $5n = 7n - 12$

h. $-3 = s - 7$

i. $0.002y = 0.4$

j. $\dfrac{3}{4}x = 36$

k. $\dfrac{2}{3}x = \dfrac{4}{9}$

l. $-x = -3$

m. $3 = c + 12$

n. $1.4x - 7 = 5 - 0.6x$

5. Escribe una ecuación lineal que represente el problema y resuélvela:

a. Halla tres enteros consecutivos tales que su suma sea 75.

b. La familia Piedradura gastó \$625 en la compra de un instrumento musical para cada uno de sus dos hijos. Si uno de los instrumentos costó \$195 más que el otro, ¿cuál fue el costo de cada instrumento?

c. El señor Planas caminó un total de 6600 yardas en tres noches. Si cada noche aumentó la distancia en 440 yardas, ¿qué distancia caminó la primera noche?

d. La suma de cuatro números enteros consecutivos es 262. Halla esos números.

e. El perímetro de un triángulo es de 61 cm. Halla la medida de cada lado si un lado es el doble de la base y el otro tiene 5 cm menos que tres veces la base.

6. Indica qué conjuntos de pares ordenados representan una función:

a. $\{(1, 1), (2, 1), (3, 2), (4, 3)\}$

b. $\{(3, 5), (1, 3), (1, 2), (-1, 0)\}$

c. $\{(1, 2), (1, 4), (1, 6), (2, 4), (2, 6), (3, 6)\}$

d. $\{(1, 3), (2, 5), (3, 7)\}$

e. $\{(0, 5), (0, 0), (-1, 1)\}$

f. $\{(1, 1), (2, 2), (3, 3)\}$

7. Halla el dominio y el campo de valores de las siguientes funciones:

a. $\{(-2, 2), (-1, 1), (0, 0), (1, 1), (2, 2)\}$

b. $\{(1, 2), (3, 2), (5, 4), (-1, 0)\}$

c. $\{(2, 1), (4, 3), (5, 3)\}$

d. $\{(2, 5), (4, 6), (-2, 5), (3, 4)\}$

8. Usa la notación especial de funciones para indicar la regla de correspondencia en cada caso:

a. Expresa el perímetro de un triángulo equilátero como función de un lado cuya medida es c centímetros.

b. Expresa el perímetro de un rectángulo como función de su ancho, a, si su largo es de 12 pulgadas.

9. Halla cinco pares ordenados que pertenezcan a las siguientes funciones si el dominio de cada una es $(-2, -1, 0, 1, 2, 1/2, 2/3)$:

a. $f(x) = 6x$

b. $g(y) = 4y - 7$

c. $h(x) = -x + 3$

d. $G(x) = x^2 - 3$

e. $H(s) = s^2 + 3$

f. $p(x) = -x^3 - x^2 - x$

g. $F(x) = 2$

h. $P(x) = -1$

10. Indica qué números reales no pertenecen al dominio de las siguientes funciones:

a. $f(x) = \dfrac{3}{x+6}$

b. $g(x) = \dfrac{1}{x-1}$

c. $h(x) = \dfrac{5}{3x-2}$

d. $F(x) = \dfrac{3x}{x^2+1}$

e. $H(x) = \dfrac{1}{2x+1}$

f. $G(x) = \dfrac{2x}{x^2-1}$

11. Halla el campo de valores de las siguientes funciones si el dominio es el conjunto de los números enteros:

a. $f(x) = 2x$

b. $F(x) = 2|x|$

c. $g(x) = 2x + 1$

d. $G(x) = \dfrac{1}{2}$

e. $h(x) = 2 + x$

f. $H(x) = x^2$

12. Halla las imágenes que siguen si $f(x) = x^2 - 3x + 5$, $g(x) = \frac{1}{2}x + 3$:

a. $f(6)$

b. $f\left(\dfrac{2}{3}\right) - g(2)$

c. $f(0) + g(0)$

d. $g(|-3|)$

e. $f(g(-1))$

f. $3(g(2))$

g. $g(2a) + f(1)$

h. $f(c+4)$

i. $g(3b-1)$

j. $g(f(-1))$

13. Localiza los siguientes puntos en el plano cartesiano:

a. $A(6,2)$
b. $B(6,-2)$
c. $C(-2,3)$
d. $D(0,0)$
e. $E(5,-4)$
f. $F(-2,-1)$
g. $G(0,1)$
h. $H(-2,-3)$
i. $I(3,-4)$
j. $(-4,2)$

14. Indica el cuadrante en el que cae cada uno de los siguientes puntos:

a. $A(2,3)$
b. $B(-2,-1)$
c. $C(2,-2)$
d. $D(-2,2)$
e. $E(-2,-3)$
f. $F(2,1)$

15. Para cada par de puntos en el plano cartesiano, indica si son simétricos respecto al eje de x, al eje de y o al origen:

a. $A(2,3), B(2,-3)$
b. $C(1,-2), D(-1,2)$
c. $E(-2,-1), F(2,-1)$
d. $G(3,2), H(3,-2)$
e. $I(-3,2), J(3,2)$
f. $K(-2,-3), L(2,3)$

16. Halla las coordenadas de los puntos A, B, C, D, E, F, G, H, I localizados en el siguiente plano cartesiano:

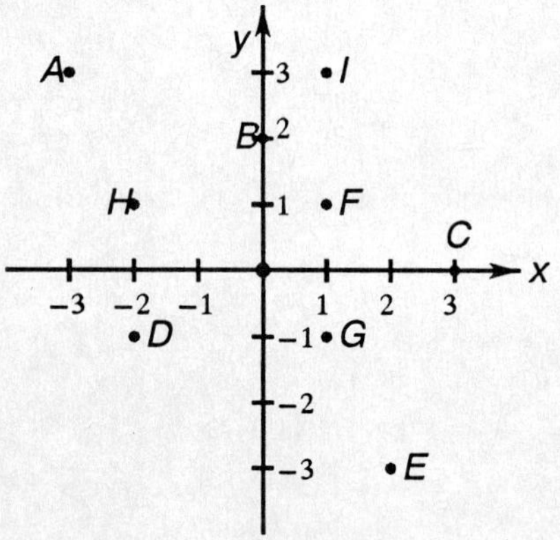

17. Dibuja la gráfica de cada una de las siguientes funciones:

a. $f(x) = 2x + 3$, $D = \{0, 1, 2, 3, 4\}$
b. $g(x) = x^2$, $D = \mathbb{R}$.
c. $h(x) = x - 1$, $D = \{x \in \mathbb{R} | x \geq 0\}$.
d. $F(x) = -x^2$, $D = \{x \in \mathbb{R} | x \leq 3\}$.
e. $G(x) = 4x - 1$, $D = \{x \in \mathbb{R} | x \leq 3\}$.

18. Indica los cortes en el eje de x y en el eje de y de las gráficas de cada una de las funciones del ejercicio anterior.

19. Indica si el punto $(3, -1)$ está en la gráfica de las siguientes funciones:

a. $f(x) = 3$

b. $g(x) = \frac{x}{3} - 2$

c. $H(x) = x - 4$

d. $F(x) = 2x - 5$

e. $h(x) = -1$

f. $G(x) = x^2 - 10$

CAPÍTULO 6

Exponentes

6-1 Generalización del concepto de exponente

En el capítulo 4 analizamos la operación exponenciación y las reglas de exponentes para el caso particular en que la base es un número real. En este capítulo veremos la operación exponenciación en el caso en que la base es una expresión algebraica. Todas las propiedades analizadas en las operaciones con números reales son ciertas en las operaciones con expresiones algebraicas. Además, las reglas de exponentes se mantienen ciertas.

Definición:

Si n es un número entero positivo y a es una expresión algebraica, entonces

$$a^n = \overbrace{a \cdot a \cdot a \cdots a}^{n \text{ factores}}, \qquad n \in \mathbb{N}.$$

EJEMPLOS:

1. $(-3)^4 = (-3)(-3)(-3)(-3) = 81.$

2. $5^3 = 5 \cdot 5 \cdot 5 = 125.$

3. $(0.2)^5 = (0.2)(0.2)(0.2)(0.2)(0.2) = 0.00032.$

4. $(\sqrt{3})^3 = (\sqrt{3})(\sqrt{3})(\sqrt{3}) = 3(\sqrt{3}).$

5. $(5x)^3 = (5x)(5x)(5x)$. Usando la definición de exponente. Si aplicamos las propiedades conmutativa y asociativa del producto de números reales, obtenemos:

$$(5)(5)(5)x \cdot x \cdot x = 5^3 \cdot x^3 = 125x^3.$$

6. $(2y)^4 = (2y)(2y)(2y)(2y)$. Si aplicamos las propiedades conmutativa y asociativa de la multiplicación, obtenemos:

$$2 \cdot 2 \cdot 2 \cdot 2 \cdot y \cdot y \cdot y \cdot y = 2^4 y^4.$$

7. $\left(\frac{5x}{y}\right)^2 = \left(\frac{5x}{y}\right)\left(\frac{5x}{y}\right) = \frac{(5x)(5x)}{y \cdot y}.$

Usando las propiedades asociativa y conmutativa para números reales, obtenemos:

$$= \frac{5 \cdot 5 \cdot x}{y \cdot y} = \frac{5^2 x^2}{y^2} = \frac{25x^2}{y^2}$$

8. $(3abc)^4 = (3abc)(3abc)(3abc)(3abc)$

$$= (3 \cdot 3 \cdot 3 \cdot 3)(a \cdot a \cdot a \cdot a)(b \cdot b \cdot b \cdot b)(c \cdot c \cdot c \cdot c)$$

$$= 3^4 a^4 b^4 c^4$$

Regla 1:

Si a y b son expresiones algebraicas, $n \in \mathbb{N}$, la enésima potencia del producto de las expresiones a y b es igual al producto de la enésima potencia de a por la enésima potencia de b. Esto es,

$$(ab)^n = a^n \cdot b^n, \qquad n \in \mathbb{N}$$

$$(ab)^n = \overbrace{(ab)(ab)(ab)\cdots(ab)}^{n \text{ factores}}$$

Si aplicamos las propiedades conmutativa y asociativa para la multiplicación de números reales en las expresiones algebraicas, tenemos que

$$\overbrace{(ab)(ab)(ab)\cdots(ab)}^{n \text{ factores}} = \overbrace{(a \cdot a \cdot a \cdots a)}^{n \text{ factores}}\overbrace{(b \cdot b \cdot b \cdots b)}^{n \text{ factores}} = a^n \cdot b^n$$

EJEMPLOS:

Escribe cada expresión como un producto de potencias de cada uno de los factores en la expresión algebraica:

1. $[3(5)]^3 = 3^3 \cdot 5^3$.
2. $[2(7)]^4 = 2^4 \cdot 7^4$.
3. $(3\sqrt{5})^4 = 3^4(\sqrt{5})^4$.
4. $\left[5\left(\frac{2}{3}\right)\right]^3 = 5^3\left(\frac{2}{3}\right)^3$.
5. $(3xy)^4 = 3^4x^4y^4$.
6. $\left(\frac{5}{3}st\right)^3 = \left(\frac{5}{3}\right)^3 s^3t^3$.
7. $(-2ab)^6 = (-2)^6a^6b^6$.
8. $(-2ab)^5 = (-2)^5a^5b^5$.
9. $(4rst)^3 = 4^3s^3t^3$.

Regla 2:

Si a y b son expresiones algebraicas, $b \neq 0$, $n \in \mathbb{N}$, la enésima potencia del cociente de las expresiones a y b es igual al cociente de la enésima potencia de a entre la enésima potencia de b. Esto es,

$$\left(\frac{a}{b}\right)^n = \frac{a^n}{b^n}, \qquad n \in \mathbb{N}.$$

$$\left(\frac{a}{b}\right)^n = \overbrace{\frac{a}{b}\cdot\frac{a}{b}\cdots\frac{a}{b}}^{n \text{ factores}} = \frac{\overbrace{a\cdot a\cdot a\cdots a}^{n \text{ factores}}}{\underbrace{b\cdot b\cdot b\cdots b}_{n \text{ factores}}} = \frac{a^n}{b^n}$$

EJEMPLOS:

1. $\left(\dfrac{3xy}{4tz}\right)^3 = \dfrac{(3xy)^3}{(4tz)^3} = \dfrac{3^3x^3y^3}{4^3t^3z^3} = \dfrac{27x^3y^3}{64t^3z^3}$.
2. $\left(\dfrac{3x}{5z}\right)^4 = \dfrac{(3x)^4}{(5z)^4} = \dfrac{3^4x^4}{5^4z^4} = \dfrac{81x^4}{625z^4}$.
3. $\left(\dfrac{-2xy}{3tz}\right)^2 = \dfrac{(-2xy)^2}{(3tz)^2} = \dfrac{(-2)^2x^2y^2}{3^2t^2z^2} = \dfrac{4x^2y^2}{9t^2z^2}$.
4. $\left(\dfrac{-5zt}{2xr}\right)^3 = \dfrac{(-5zt)^3}{(2xr)^3} = \dfrac{(-5)^3z^3t^3}{2^3x^3r^3} = \dfrac{-125z^3t^3}{8x^3r^3}$.

Regla 3:

Si a es una expresión algebraica, r y $n \in \mathbb{N}$, la enésima potencia de la erésima potencia de a es igual a la base a elevada al exponente nr. Esto es,

$$(a^r)^n = a^{nr}, \qquad r \text{ y } n \in \mathbb{N}.$$

$$(a^r)^n = \overbrace{(a^r)(a^r)\cdots(a^r)}^{n \text{ factores}} = a^{\overbrace{r+r+\cdots+r}^{n \text{ terminos}}} = a^{n\cdot r}$$

EJEMPLOS:

Escribe cada expresión como un producto de potencias de cada uno de los factores en la expresión:

1. $(3x^2y)^4 = 3^4(x^2)^4y^4 = 3^4x^8y^4$.

2. $\left(-2x^3y^2\right)^3 = (-2)^3\left(x^3\right)^3\left(y^2\right)^3 = (-2)^3x^9y^6.$

3. $\left(5^2a^2b^3c^4\right)^3 = \left(5^2\right)^3\left(a^2\right)^3\left(b^3\right)^3\left(c^4\right)^3 = 5^6a^6b^9c^{12}.$

4. $\left(2x^2y\right)^3 = 2^3\left(x^2\right)^3y^3 = 2^3x^6y^3.$

5. $\left(\dfrac{3^2x^3y^4}{5^4z^2t^3}\right)^3 = \dfrac{\left(3^2\right)^3\left(x^3\right)^3\left(y^4\right)^3}{\left(5^4\right)^3\left(z^2\right)^3\left(t^3\right)^3} = \dfrac{3^6x^9y^{12}}{5^{12}z^6t^9}.$

6. $\left[\dfrac{2^3x^2r}{3^2y^3s^4}\right]^3 = \dfrac{\left(2^3\right)^3\left(x^2\right)^3r^3}{\left(3^2\right)^3\left(y^3\right)^3\left(s^4\right)^3} = \dfrac{2^9x^6r^3}{3^6y^9s^{12}}.$

En el capítulo 4 estudiamos dos definiciones que se aplican también a las expresiones algebraicas.

Definición 1:
Si $a \neq 0$, $a \in \mathbb{R}$, entonces $a^0 = 1$.

EJEMPLOS:

En los siguientes ejercicios las variables x, y son diferentes de cero.

1. $3x^0 = 3(1) = 3$
2. $(3x)^0 = 1$
3. $3xy^0 = 3x(1) = 3x$
4. $\dfrac{3}{4^0} = \dfrac{3}{1} = 3$
5. $\left(\dfrac{3}{4}\right)^0 = 1$
6. $3^0x^2 = (1)(x^2) = x^2$
7. $3\left(\dfrac{x}{4}\right)^0 = 3(1) = 3$
8. $3^0x = (1)x = x$
9. $2(-3)^0 = 2(1) = 2$
10. $3x^0y = 3(1)y = 3y$
11. $\dfrac{3^0}{4} = \dfrac{1}{4}$
12. $3(x^2)^0 = 3(1) = 3$
13. $\left(3x^0\right)^2 = (3 \cdot 1)^2 = 3^2 = 9$
14. $-3^0 = -(1) = -1$
15. $(4xy)^0 = 1$
16. $-4x^0y = -4(1)(y) = -4y$

Definición 2:
Si $a \neq 0$, $n \in \mathbb{R}$, entonces $a^{-n} = \dfrac{1}{a^n}$.

EJEMPLOS:

1. $3^2 = 9$ y $3^{-2} = \frac{1}{3^2} = \frac{1}{9}$.
2. $2^1 = 2$ y $2^{-1} = \frac{1}{2}$.
3. $\left(\frac{1}{4}\right)^2 = \frac{1}{16}$ y $\left(\frac{1}{4}\right)^{-2} = \frac{1}{\left(\frac{1}{4}\right)^2} = \frac{1}{\frac{1}{16}} = 16$.
4. $\left(\frac{2}{3}\right)^3 = \frac{8}{27}$ y $\left(\frac{2}{3}\right)^{-3} = \frac{1}{\left(\frac{2}{3}\right)^3} = \frac{1}{\frac{8}{27}} = \frac{27}{8}$.
5. $3x^{-1} = 3\left(\frac{1}{x}\right) = \frac{3}{x}, x \neq 0$.
6. $3^{-1}x = \frac{1}{3}x = \frac{x}{3}$.
7. $(3x)^{-1} = \frac{1}{3x}, x \neq 0$.
8. $(0.2)^{-2} = \left(\frac{2}{10}\right)^{-2} = \frac{1}{\left(\frac{2}{10}\right)^2} = \frac{1}{\frac{4}{100}} = \frac{100}{4} = 25$.
9. $\left(\frac{3}{2}\right)^{-4} = \frac{1}{\left(\frac{3}{2}\right)^4} = \frac{1}{\frac{3^4}{2^4}} = \frac{2^4}{3^4} = \frac{16}{81}$.
10. $-2^{-2} = \frac{-1}{2^2} = -\frac{1}{4}$.
11. $(-2)^{-2} = \frac{1}{(-2)^2} = \frac{1}{4}$.

Observa que en el caso en que la base es una expresión de la forma $\frac{a}{b}$, entonces $\left(\frac{a}{b}\right)^{-n} = \frac{b^n}{a^n}$. En efecto, $\left(\frac{a}{b}\right)^{-n} = \frac{1}{(a/b)^n} = 1 \times \frac{b^n}{a^n} = \frac{b^n}{a^n}$.

En general,

$$\frac{a^{-n}}{b^{-m}} = \frac{b^m}{a^n}, \qquad a \neq 0, \qquad b \neq 0$$

Demostración:

$$\frac{a^{-n}}{b^{-m}} = \frac{\frac{1}{a^n}}{\frac{1}{b^m}} = \frac{1}{a^n} \cdot \frac{b^m}{1} = \frac{b^m}{a^n}.$$

EJEMPLOS:

1. $\frac{2^{-3} \cdot 3^2}{2^2 \cdot 3^{-4}} = \frac{3^2 \cdot 3^4}{2^3 \cdot 2^2} = \frac{3^6}{2^5}$.
2. $\frac{3^{-1} \cdot 5^2}{4} = \frac{5^2}{3 \cdot 4} = \frac{25}{12}$.
3. $\frac{3^{-5} \cdot 5^{-2}}{3^2 \cdot 5^{-4}} = \frac{5^4}{5^2 3^2 3^5} = \frac{5^2}{3^7}$.

4. $\dfrac{(4^4)(3^{-7})}{6^{-8}} = \dfrac{(4^4)(6^8)}{3^7} = \dfrac{(4^4)(3\cdot 2)^8}{3^7} = \dfrac{(4^4)(3^8)(2^8)}{3^7}$

$= \dfrac{(4^4)(2^8)(3)}{1} = \dfrac{(2^2)^4(2^8)(3)}{1} = \dfrac{(2^8)(2^8)(3)}{1} = 2^{16}\cdot 3$

5. $\dfrac{3^{-1}5^2}{2} = \dfrac{5^2}{(3)(2)} = \dfrac{25}{6}.$

Esta regla no se aplica si la potencia con el exponente negativo es parte de una suma o una resta. Sin embargo, estas expresiones se pueden simplificar usando otros métodos.

6. $\dfrac{3^{-1}+5^2}{4} = \dfrac{\frac{1}{3}+25}{4} = \dfrac{\frac{1+75}{3}}{4} = \dfrac{76}{12} = \dfrac{19}{3}.$

7. $(4^{-1}+4^2)^{-2} = \left(\dfrac{1}{4}+4^2\right)^{-2} = \left(\dfrac{1+4^3}{4}\right)^{-2} = \left(\dfrac{1+64}{4}\right)^{-2}$

$= \left(\dfrac{65}{4}\right)^{-2} = \dfrac{4^2}{65^2}.$

6-1 EJERCICIOS

Simplifica cada una de las siguientes expresiones usando las reglas de exponentes. Las variables x, y, z, t son diferentes de cero.

1. a. $(-5\sqrt{2})^2$
b. $-5(\sqrt{2})^4$
c. $(0.3)^5$
d. $(10^5)^4$
e. $(2x^2)^7$
f. $2(x^2)^7$
g. $(-y^3)^5$
h. $(-3t^3y^2)^2$
i. $-3(t^3y)^2$
j. $(5^2t^3)^3$
k. $(-3t^3)^4$
l. $-(3t^4)^4$
m. $-3(t^5)^4$
n. $-3(t^2z)^5$
o. $(5x^3y^2)^4$
p. $(3^2xy^3)^6$
q. $(4x^6y^5)^3$
r. $4(x^4y^2)^3$
s. $-4x^2(yz^3)^3$
t. $(-4x^2yz^3)^4$

2. a. $\left(\dfrac{3x}{4}\right)^3$
b. $\left(\dfrac{-15x^2y}{z}\right)^4$
c. $-\left(\dfrac{4x^3}{\sqrt{2}}\right)^4$
f. $\left(\dfrac{3x^3y}{z^4}\right)^4$
g. $-\left(\dfrac{-3x^2}{y^3}\right)^7$
h. $-\left(\dfrac{5^2y^2}{tx^2}\right)^2$

d. $\left(\frac{5x^2y^3}{-3z}\right)^3$

e. $\left(\frac{2xy^2}{3zt^2}\right)^4$

i. $-\left(\frac{-5xy^2}{tz^2}\right)^3$

j. $\left(\frac{-2xy^3}{3z^3t^2}\right)^3$

3. a. $2x^0$

b. $(2x)^0$

c. 2^0x

d. $2xy^0$

e. $-2(xy)^0$

f. $(-2xy)^0$

g. $\frac{4(x^2y^4)^0}{3}$

h. $\left(\frac{4x^0}{3y^2}\right)^2$

i. $\frac{4x^2t^0}{3y^0}$

j. $(-3x^2yz^0)^4$

k. $-(3x^2yz^4)^0$

l. $-3x^2(yz^4)^0$

m. $-3(x^2yz^4)^0$

n. $(-3^2x^2yz^4)^0$

o. $-3(x^2y)^0z^4$

p. $-(3x^2y)^0z^4$

q. $\frac{4x(y^2)^0}{(3z^3)^0}$

r. $\frac{4^0(xy^2)^2}{3}$

4. a. $2^{-2}\cdot 3^{-3}$

b. $(2x)^{-2}$

c. $2x^{-2}$

d. $2^{-3}x$

e. $\left(\frac{3}{4}\right)^{-3}\left(\frac{4}{3}\right)^{-3}$

f. $(-3)^{-2}\cdot 5^2$

g. $-3^{-2}\cdot 2^3$

h. $(2x^{-1}y^2)^{-2}$

i. $2(x^{-1}y^2)^{-2}$

j. $2x^{-1}(y^2)^{-2}$

k. $(2x^3y^{-1})^{-3}$

l. $3(x^{-3}y^{-1})^0$

m. $(3x^{-3}y^{-1})^0$

n. $\left(\frac{3y^{-1}}{t^{-2}}\right)^{-1}$

o. $\left(\frac{3x^2}{2t}\right)^{-1}$

p. $\frac{2^2x^{-2}y^0}{3t^2}$

q. $\frac{3^{-1}}{x^{-2}y^2}$

r. $\left(\frac{2x^{-2}}{3y^2z^0}\right)^{-1}$

s. $\left(\frac{3x^{-1}y^{-2}}{4zt^2}\right)^{-2}$

t. $\left(\frac{3xy^{-1}}{2tz^{-2}}\right)^{-1}$

u. $\left(\frac{5^{-1}x^0y^{-1}}{3t^2y^0z^{-2}}\right)^{-2}$

5. a. $2^{-1}+2^{-3}$

b. $\frac{3^{-1}+3^{-2}}{3}$

c. $(3^{-1}+3^{-2})^2$

d. $\frac{1}{2}(2^{-2}+2^{-3})^{-1}$

e. $(3^2+3^{-2})(3^2-3^{-2})$

f. $(5^{-2}+5^2)^0$

g. $(5^{-2}+5^0)^2$

h. $(2^{-1}+2^{-2})(2^{-1}-2^{-2})$

i. $3^0+3^{-1}(3^{-2}+3^{-3})$

j. $3^3+4^3(4^{-3}+4^2)$

6-2 Multiplicación y división de expresiones algebraicas con exponentes enteros positivos

Como vimos en la sección anterior, la definición de exponente nos permite desarrollar reglas simples para representar el producto de los factores de una expresión. Ahora examinaremos con más detalle las reglas que se aplican para multiplicación y división de expresiones algebraicas monomiales con exponentes enteros positivos.

Regla 4:

Si n y m son números enteros positivos y a es una expresión algebraica, el producto de la enésima y la emésima potencia de la misma base, a, es igual a la base a elevada al exponente $n + m$. Esto es,

$$a^n \cdot a^m = a^{n+m}, \qquad m \text{ y } n \in \mathbb{N}.$$

$$a^n \cdot a^m = \overbrace{a \cdot a \cdot a \cdots a}^{n \text{ factores}} \cdot \overbrace{a \cdot a \cdot a \cdots a}^{m \text{ factores}}$$

$$= \overbrace{a \cdot a \cdot a \cdots a}^{n+m \text{ factores}} = a^{n+m}$$

EJEMPLOS:

1. $7^3 \cdot 7^5 = 7^{3+5} = 7^8.$

2. $x^6 \cdot x^4 = x^{6+4} = x^{10}.$

3. $(3x)(3^2x^3) = 3^{1+2}x^{1+3} = 3^3x^4.$

Usamos las propiedades conmutativa y asociativa para números reales.

4. $(3x^2y^3)(3x^3y^4) = 3 \cdot 3x^2 \cdot x^3 \cdot y^3 \cdot y^4 = 3^{1+1}x^{2+3}y^{3+4} = 3^2x^5y^7.$

5. $(5^4xy^2)(5xy) = 5^4 \cdot 5x \cdot xy^2 \cdot y$
$= 5^{4+1}x^{1+1}y^{2+1} = 5^5x^2y^3.$

6. $(2a^2b^3c^4)(3a^3 \cdot b \cdot c^2) = 2 \cdot 3 \cdot a^2 \cdot a^3 \cdot b^3 \cdot b \cdot c^4 \cdot c^2$
$= 6a^{2+3}b^{3+1}c^{4+2} = 6a^5b^4c^6.$

Regla 5:

Si n y m son números enteros positivos y a es una expresión algebraica, el cociente de la enésima potencia de a entre la emésima potencia de a es igual a la base a elevada al exponente $n - m$.

$$a^n \div a^m = a^{n-m}, \qquad a \neq 0, m \text{ y } n \in \mathbb{N}.$$

Surgen tres casos que dependen de la relación que hay entre m y n.

Caso I:

Si $n > m$, $\dfrac{a^n}{a^m} = a^{n-m}$, $a \neq 0$.

Si $n > m$, entonces $n = m + p$, siendo p un número positivo.

$$\frac{a^n}{a^m} = \frac{a^{m+p}}{a^m} = \frac{\overbrace{a \cdot a \cdot a \cdots a}^{m+p \text{ factores}}}{\underbrace{a \cdot a \cdot a \cdots a}_{m \text{ factores}}} = \frac{\overbrace{a \cdot a \cdot a \cdots a}^{m \text{ factores}}\overbrace{(a \cdot a \cdot a \cdots a)}^{p \text{ factores}}}{\underbrace{a \cdot a \cdot a \cdots a}_{m \text{ factores}}} = a^p$$

Como $p = n - m$, tenemos que $\frac{a^n}{a^m} = a^p = a^{n-m}$.

EJEMPLOS:

1. $\dfrac{3^8}{3^3} = 3^{8-3} = 3^5$.
2. $\dfrac{5^4}{5^2} = 5^{4-2} = 5^2$.
3. $\dfrac{7^5}{7^4} = 7^{5-4} = 7^1 = 7$.
4. $(3x)^6 \div (3x)^4 = (3x)^{6-4} = (3x)^2 = 3^2x^2$.
5. $y^8 \div y^3 = y^{8-3} = y^5$.
6. $\dfrac{(5x^2y^3)^4}{(x^3y^2)^2} = \dfrac{5^4x^8y^{12}}{x^6y^4} = 5^4x^2y^8$.
7. $\dfrac{5^4 \cdot 3^3x^4t^5}{15^3x^3t^4} = \dfrac{5^4 \cdot 3^3xt}{(5 \cdot 3)^3} = \dfrac{5^4 \cdot 3^3xt}{5^3 \cdot 3^3} = 5xt$.
8. $\dfrac{12^3t^4x^3}{6^22^3t^2x} = \dfrac{(6 \cdot 2)^3t^2x^2}{6^2 \cdot 2^3} = \dfrac{6^3 \cdot 2^3t^2x^2}{6^2 \cdot 2^3} = 6t^2x^2$

Caso II:

Si $n = m$, $\dfrac{a^n}{a^n} = 1$, $a \neq 0$.

Como el número 1 se puede escribir como a^0, $a \neq 0$, y $a^{n-n} = a^0$, tenemos que $\frac{a^n}{a^n} = a^{n-n} = a^0 = 1$.

EJEMPLOS:

1. $\dfrac{x^5}{x^5} = 1.$
2. $\dfrac{3x^2}{3x^2} = 1.$
3. $\dfrac{(5x^3)^2}{(5x^3)^2} = 1.$

Caso III:

Si $n < m$, entonces $\dfrac{a^n}{a^m} = \dfrac{1}{a^{m-n}} = a^{n-m}$, $a \neq 0$.

Si $n < m$, $n + t = m$, para t un número positivo, entonces

$$\frac{a^n}{a^m} = \frac{a^n}{a^{n+t}} = \frac{\overbrace{a \cdot a \cdot a \cdots a}^{n \text{ factores}}}{\underbrace{a \cdot a \cdot a \cdots a}_{n+t \text{ factores}}} = \frac{\overbrace{a \cdot a \cdot a \cdots a}^{n \text{ factores}}}{\underbrace{a \cdot a \cdot a \cdots a}_{n \text{ factores}}\underbrace{a \cdot a \cdot a \cdots a}_{t \text{ factores}}} = \frac{1}{a^t} = \frac{1}{a^{m-n}} = a^{n-m}, \qquad a \neq 0.$$

por ser $t = m - n$.

Recuerda la definición de exponente negativo, que nos indica que:

$$a^{-t} = \frac{1}{a^t}, \qquad a \neq 0, \text{ esto es } \frac{1}{a^{m-n}} = a^{n-m}.$$

EJEMPLOS:

1. $\dfrac{7^2}{7^5} = 7^{2-5} = 7^{-3} = \dfrac{1}{7^3}.$
2. $\dfrac{x^6}{x^9} = x^{6-9} = x^{-3} = \dfrac{1}{x^3},\ x \neq 0.$
3. $\dfrac{5^3}{5^4} = 5^{3-4} = 5^{-1} = \dfrac{1}{5}.$
4. $\dfrac{(2x)^3}{(2x)^4} = (2x)^{3-4} = (2x)^{-1} = \dfrac{1}{2x},\ x \neq 0.$
5. $x^6 \div x^4 = x^{6-4} = x^2.$
6. $x^4 \div x^6 = x^{4-6} = x^{-2} = \dfrac{1}{x^2},\ x \neq 0.$
7. $x^4 \div x^4 = x^{4-4} = x^0 = 1,\ x \neq 0.$
8. $(x^2y^3)^4 \div x^{10}y^2 = x^8y^{12} \div x^{10}y^2 = \dfrac{x^8y^{12}}{x^{10}y^2}$

   $\dfrac{y^{12-2}}{x^{10-8}} = \dfrac{y^{10}}{x^2},\ x \neq 0,\ y \neq 0.$
9. $\dfrac{24^5}{2^5 3^8} = \dfrac{(2^3 \cdot 3)^5}{2^5 \cdot 3^8} = \dfrac{2^{15}3^5}{2^5 3^8} = \dfrac{2^{10}}{3^3}.$

10. $\dfrac{(12^4x^5y^2)^2}{16^3x^6y^5} = \dfrac{12^8x^{10}y^4}{16^3x^6y^5} = \dfrac{12^8x^4}{16^3y} = \dfrac{(3\cdot 4)^8x^4}{(4^2)^3y}$

$= \dfrac{3^8\cdot 4^8x^4}{4^6y} = \dfrac{3^8 4^2x^4}{y}, \quad x \neq 0,\ y \neq 0.$

6-2 EJERCICIOS

Simplifica cada una de las siguientes expresiones algebraicas y expresa los resultados con exponentes positivos. Las variables x, y, z son diferentes de cero.

1. a. $5^2 \cdot 5^3$

b. $x^4 \cdot x^6$

c. $(3x)(-x^4y^2)$

d. $(5x^{-2}y^4)(-5x^4y^5)$

e. $(3x^2y^2z^2)\left(\frac{2}{3}x^4y^3z^2\right)^2$

f. $\left(-\frac{1}{2}x^3y^4z\right)\left(\frac{2}{3}xy^2z^4\right)$

g. $(2\sqrt{2}x^2t^5)(\sqrt{2}x^4t^3)$

h. $(-3x^2y^4)(-3xy^3)^2$

i. $(-xy^2)^3(xy^2)^4$

j. $\left(-\frac{1}{2}x^2y\right)\left(\frac{2}{3}xy^2\right)\left(\frac{3}{4}x^3y^3\right)^3$

2. a. $4^{10} \div 4^8$

b. $6^7 \div 6^{10}$

c. $(5x^2)^2 \div (5x^2)^4$

d. $\dfrac{(3x^2y^3)^4}{(3xy^2)^2}$

e. $\dfrac{16x^4y^2z^3}{(4x^2y^2)^2}$

f. $\dfrac{x^{10}}{2x^8}$

g. $\dfrac{(5x^6y)^2}{25x^{10}y^2}$

h. $\dfrac{12^{10}}{6^{20}}$

i. $\dfrac{10^{12}}{15^{10}}$

j. $\dfrac{36^5}{12^{10}}$

6-3 Multiplicación y división de expresiones algebraicas con exponentes enteros

Regla 6:
Si $n, m \in \mathbb{Z}$ y a es una expresión algebraica, entonces $a^n a^m = a^{n+m}$.

Demostración: El caso en que $n > 0$ y $m > 0$ se comentó en la regla 4. Consideremos el caso en que $n < 0$ y $m > 0$,

$$a^n a^m = \frac{1}{a^{-n}} \cdot a^m = \frac{a^m}{a^{-n}} = a^{m-(-n)} = a^{m+n}.$$

ya que $-n > 0$ y se aplica la regla 4.

Por último, consideramos el caso en que $n < 0$ y $m < 0$.

$$a^n a^m = \frac{1}{a^{-n}} = \frac{1}{a^{-m}} = \frac{1}{a^{-(n+m)}} = a^{m+n},$$

ya que $-n > 0$ y $-m > 0$ y se aplica la regla 4.

EJEMPLOS:

1. $4^{-3} \cdot 4^{-2} = 4^{-5} = \frac{1}{4^5}$.

2. $4^{-3} \cdot 4^{2} = 4^{-3+2} = 4^{-1} = \frac{1}{4}$.

3. $5^4 \cdot 5^{-2} = 5^{4+(-2)} = 5^2 = 25$.

4. $(3x)^5 \cdot x^{-3} = 3^5 x^5 x^{-3} = 3^5 x^{5+(-3)} = 3^5 x^2,\ x \neq 0$.

5. $(2y^2r^3)^2(5y^{-3}r^{-4})^2 = (2^2y^4r^6)(5^2y^{-6}r^{-8}),\ y \neq 0,\ r \neq 0$

$$= 2^2 5^2 y^{4+(-6)} r^{6+(-8)}$$

$$= 4(25)y^{-2}r^{-2} = \frac{100}{y^2r^2}$$

6. $(5^4x^{-3})(3^{-3}5^{-2}x^6) = 3^{-3}5^{4+(-2)}x^{-3+6}$

$$= \frac{5^2x^3}{27} = \frac{25}{27}x^3,\ x \neq 0.$$

7. $(2^{-8}x^4y^5)(2^{-3}x^{-5}y^{-2}) = 2^{-8+(-3)}x^{4+(-5)}y^{5+(-2)}$

$$= 2^{-11}x^{-1}y^3 = \frac{y^3}{2^{11}x},\ x \neq 0,\ y \neq 0.$$

La regla de exponentes para división también se aplica en el caso en que n y m sean cualesquiera números enteros.

Regla 7:
Si $n, m \in \mathbb{Z}$, a es una expresión algebraica, $a \neq 0$, entonces $a^n \div a^m = a^{n-m}$.

EJEMPLOS:

1. $\dfrac{3^{-2}}{3^{-4}} = 3^{-2-(-4)} = 3^{-2+4} = 3^2 = 9.$

2. $\dfrac{5^{-4}(3^{-2})}{5^4(3^{-3})} = 5^{-4-4}3^{-2-(-3)} = 5^{-8}3^{-2+3} = 5^{-8}3^1 = \dfrac{3}{5^8}.$

3. $\dfrac{x^{-2}y^3}{x^{-5}y^{-4}} = x^{-2-(-5)}y^{3-(-4)} = x^3y^7,\ x \neq 0,\ y \neq 0.$

4. $\dfrac{7^{-3}x^4y^{-5}}{7^{-5}x^7y^{-4}} = 7^{-3-(-5)}x^{4-7}y^{-5-(-4)} = 7^2x^{-3}y^{-1} = \dfrac{7^2}{x^3y},\ x \neq 0,\ y \neq 0.$

Resumen de las definiciones y reglas de exponentes

Sean a y b expresiones algebraicas, y n y m números enteros.

Definiciones

1. $a^n = \overbrace{a \cdot a \cdots a}^{n \text{ veces}},\ n > 0.$
2. $a^0 = 1,\ a \neq 0.$
3. $a^{-n} = \dfrac{1}{a^n},\ a \neq 0,\ n > 0.$

Reglas

1. $(ab)^n = a^n b^n$
2. $\left(\dfrac{a}{b}\right)^n = \dfrac{a^n}{b^n},\ b \neq 0$
3. $(a^n)^m = a^{nm}$
4. $a^n \cdot a^m = a^{n+m}$
5. $a^n \div a^m = a^{n-m},\ a \neq 0$
6. $a^{-n} \div b^{-m} = b^m \div a^m,\ a \neq 0,\ b \neq 0$

A continuación presentaremos dos métodos, A y B, para resolver cada ejercicio aplicando las reglas de exponentes.

EJEMPLOS:

Simplifica cada expresión y escribe el resultado en la forma más simple y con exponentes positivos.

1. $\dfrac{3^{-2}}{5^{-2}}.$

A: Si aplicamos la definición de exponente negativo, obtenemos lo siguiente:

$$\frac{3^{-2}}{5^{-2}} = \frac{\frac{1}{3^2}}{\frac{1}{5^2}}.$$

Ahora efectuamos las operaciones indicadas:

$$\frac{\frac{1}{3^2}}{\frac{1}{5^2}} = \frac{\frac{1}{9}}{\frac{1}{25}} = -\frac{1}{9} \cdot \frac{25}{1} = \frac{25}{9}$$

B: Si aplicamos la regla 4 obtenemos

$$\frac{3^{-2}}{5^{-2}} = \frac{5^2}{3^2}.$$

Ahora efectuamos las operaciones indicadas:

$$\frac{5^2}{3^2} = \frac{25}{9}.$$

luego $\frac{3^{-2}}{5^{-2}} = \frac{25}{9}$.

2. $\frac{3^{-2}}{5}$.

A: Si aplicamos la definición de exponente negativo y efectuamos la operación indicada, obtenemos

$$\frac{3^{-2}}{5} = \frac{\frac{1}{3^2}}{5} = \frac{\frac{1}{9}}{5} = \frac{1}{9} \cdot \frac{1}{5} = \frac{1}{45}.$$

B: Si aplicamos la regla 6 y efectuamos la operación indicada, obtenemos

$$\frac{3^{-2}}{5} = \frac{1}{3^2 \cdot 5} = \frac{1}{9 \cdot 5} = \frac{1}{45}.$$

3. $\frac{x^{-2}}{x^3}$, $x \neq 0$.

A: Si aplicamos la definición de exponente negativo, efectuamos la operación indicada y aplicamos la regla 4 obtenemos

$$\frac{x^{-2}}{x^3} = \frac{\frac{1}{x^2}}{x^3} = \frac{1}{x^2} \cdot \frac{1}{x^3} = \frac{1}{x^{2+3}} = \frac{1}{x^5}.$$

B: Si aplicamos la regla 6 y luego la regla 4, obtenemos

$$\frac{x^{-2}}{x^3} = \frac{1}{x^2 \cdot x^3} = \frac{1}{x^{2+3}} = \frac{1}{x^5}.$$

4. $\frac{2^{-3}x^2y^{-4}}{3^{-2}x^3}$, $x \neq 0$, $y \neq 0$.

A: Si aplicamos la definición de exponentes negativos, la regla de multiplicación de fracciones y la regla de división de fracciones, obtenemos

$$\frac{2^{-3}x^2y^{-4}}{3^{-2}x^3} = \frac{\frac{1}{2^3} \cdot x^2 \cdot \frac{1}{y^4}}{\frac{1}{3^2} \cdot x^3} = \frac{\frac{x^2}{8y^4}}{\frac{x^3}{9}}$$

$$= \frac{x^2}{8y^4} \cdot \frac{9}{x^3} = \frac{9x^2}{8y^4x^3} = \frac{9}{8y^4x}.$$

B: Si aplicamos la regla 6 y simplificamos la fracción, obtenemos

$$\frac{2^{-3}x^2y^{-4}}{3^{-2}x^3} = \frac{3^2x^2}{2^3x^3y^4} = \frac{9}{8xy^4}.$$

5. $\left(2^{-4}x^2y^{-3}\right)^4$, $y \neq 0$.

A: Si aplicamos la definición de exponente negativo, multiplicamos las fracciones y aplicamos las reglas 2 y 3, obtenemos

$$\left(2^{-4}x^2y^{-3}\right)^4 = \left(\frac{1}{2^4}\cdot x^2\cdot\frac{1}{y^3}\right)^4 = \left(\frac{x^2}{2^4y^3}\right)^4$$
$$= \frac{\left(x^2\right)^4}{\left(2^4y^3\right)^4} = \frac{x^8}{2^{16}y^{12}}.$$

B: Si aplicamos la regla 3 de exponentes y luego la regla 6, obtenemos

$$\left(2^{-4}x^2y^{-3}\right)^4 = 2^{-16}x^8y^{-12} = \frac{x^8}{2^{16}y^{12}}.$$

6. $\left(\dfrac{5^{-2}x^3y^{-1}}{3x^{-2}y^2}\right)^{-3}$, $x \neq 0$, $y \neq 0$

A: Si aplicamos la definición de exponente negativo, multiplicamos las fracciones obtenidas, aplicamos las reglas 2 y 3 y llevamos a cabo la división, obtenemos

$$\left(\frac{5^{-2}x^3y^{-1}}{3x^{-2}y^2}\right)^{-3} = \frac{1}{\left(\dfrac{\frac{1}{5^2}\cdot x^3\cdot\frac{1}{y}}{3\cdot\frac{1}{x^2}\cdot y^2}\right)^3} = \frac{1}{\left(\dfrac{\frac{x^3}{5^2y}}{\frac{3y^2}{x^2}}\right)^3}$$
$$= \frac{1}{\dfrac{\frac{x^9}{5^6y^3}}{\frac{3^3y^6}{x^6}}} = \frac{\dfrac{3^3y^6}{x^6}}{\dfrac{x^9}{5^6y^3}}$$
$$= \frac{3^3y^6}{x^6}\cdot\frac{5^6y^3}{x^9} = \frac{(3^3)(5^6)y^9}{x^{15}}.$$

B: Si aplicamos primero la regla 2 y luego la regla 3, seguidas de las reglas 6 y 4, obtenemos

$$\left(\frac{5^{-2}x^3y^{-1}}{3x^{-2}y^2}\right)^{-3} = \frac{(5^{-2}x^3y^{-1})^{-3}}{(3x^{-2}y^2)^{-3}} = \frac{5^6x^{-9}y^3}{3^{-3}x^6y^{-6}}$$
$$= \frac{(5^6)(3^3)y^3y^6}{x^6x^9} = \frac{(5^6)(3^3)y^9}{x^{15}}.$$

6-3 EJERCICIOS

1. Lleva a cabo las operaciones indicadas y simplifica la contestación de modo que en el resultado sólo aparezcan exponentes positivos. Las variables x, y, m, n son diferentes de cero.

a. $(x^{-1}) \cdot (x^0) \cdot (x^3)$

b. $(-3^{-1}) \cdot (3^2)$

c. $(5^{-2})^{-1}$

d. $x^{-3} \div x^{-5}$

e. $(2x^{-2}y^3)^{-2}$

f. $(7^{-1}x^{-2}y^4) \div (7x^3y^{-1})$

g. $(m^2n^{-3})^4 \div (m^{-1}n)$

h. $(3x^2y^{-3})^4 \cdot (2x^{-2}y^5)^{-2}$

i. $\left(\dfrac{3x^2}{y^{-2}}\right)^{-3}$

j. $\dfrac{3^{-1} \cdot 5^2}{3^{-2} \cdot 5^4}$

2. Simplifica cada una de las expresiones algebraicas y escribe el resultado con exponentes positivos. Las variables x, y, z son diferentes de cero.

a. $\dfrac{3^{-1}}{5^{-2}}$

b. $\dfrac{3^{-2} \cdot 3^3}{2^{-3}}$

c. $8^{-3} \div 2^{-6}$

d. $16^{-2} \div 8^{-4}$

e. $(3^{-3}x^3y^{-2})(9x^{-4}y^{-5})$

f. $(-2^{-1}x^{-3})^2 \div (4x^{-4})$

g. $(5x^3y)^0(5^5x^{-2}y^{-1})$

h. $(3x^2y)^0(5^{-1}x^{-2})^2$

i. $(3x^0)^2 \div (-3x^{-1}y^3)^{-3}$

j. $(5^{-3}x)^{-1}(5^2x^3y^2)^{-2}$

k. $(4x^5y^7)^{-1} \div (-2x^{-1}y^{-3})^5$

l. $(5^{-2} \cdot 2^5) \div (2^{-2} \cdot 5^{-4})^{-3}$

m. $\dfrac{(5x^3)^0y}{25xy^{-1}}$

n. $\dfrac{3^{-3} \cdot 9^{-5}}{2^{-2} \cdot 4^{-3}}$

o. $\dfrac{-8x^{-4}y^{-2}}{2^{-3}x^{-1}y}$

p. $\left(\dfrac{3^{-1}x^{-2}y^{-4}}{x^{-3}y^{-5}}\right)^2$

q. $\left(\dfrac{5^{-2}x^{-3}y^{-4}}{x^{-4}y^{-4}z^{-3}}\right)^{-1}$

r. $\left(\dfrac{3^{-2}x^{-2}y^{-4}}{9^{-1}x^{-3}y^{-2}}\right)^2$

6-4 Algunas aplicaciones de exponentes enteros

Ahora examinaremos algunas técnicas que te serán muy útiles en el futuro y en las cuales aparece el concepto de exponentes.

Llamamos potencia de una suma a expresiones de la forma $(a + b)^n$.

EJEMPLOS:

1. Evalúa $(a + b)^3$ si $a = 2$ y $b = 3$.

$$(2 + 3)^3 = 5^3 = 125$$

Evalúa la expresión $a^3 + b^3$ si $a = 2$ y $b = 3$.

$$2^3 + 3^3 = 8 + 27 = 35$$

Observa que $(2 + 3)^3 \neq 2^3 + 3^3$ ya que $(2 + 3)^3 > 2^3 + 3^3$.

2. Evalúa $(a + b)^2$ si $a = 3$ y $b = 4$.

$$(3 + 4)^2 = 7^2 = 49$$

Evalúa $a^2 + b^2$ si $a = 3$ y $b = 4$.

$$(3)^2 + (4)^2 = 9 + 16 = 25$$

Observa que $3^2 + 4^2 \neq (3 + 4)^2$.

$$(3 + 4)^2 > 3^2 + 4^2.$$

3. Evalúa $(a + b)^2$ si $a = -5$ y $b = 3$.

$$(-5 + 3)^2 = (-2)^2 = 4$$

Evalúa $a^2 + b^2$ si $a = -5$ y $b = 3$.

$$(-5)^2 + (3)^2 = 25 + 9 = 34$$

$(-5 + 3)^2 \neq (-5)^2 + (3)^2$.

4. Evalúa $(a+b)^3$ si $a=-5$ y $b=3$.

$$(-5+3)^3=(-2)^3=-8$$

Evalúa a^3+b^3 si $a=-5$ y $b=3$.

$$(-5)^3+(3)^3=-125+27=-98$$

Observa que

$$(-5+3)^3 \neq (-5)^3+3^3$$
$$(-5+3)^3 > (-5)^3+3^3.$$

5. Evalúa $(a+b)^3$ si $a=-1$ y $b=3$.

$$(-1+3)^3=(2)^3=8$$

Evalúa a^3+b^3 si $a=-1$ y $b=3$.

$$(-1)^3+(3)^3=-1+27=26$$

Observa que $(-1+3)^3 \neq (-1)^3+(3)^3$

6. Evalúa $(a+b)^3$ si $a=3$, $b=2$.

$$(3+2)^3=5^3=125$$

Evalúa a^3+b^3 si $a=3$ y $b=2$.

$$(3)^3+(2)^3=27+8=35$$

$(3+2)^3 \neq 3^3+2^3$.

7. Evalúa $(a+b)^3$ si $a=5$ y $b=-7$.

$$[5+(-7)]^3=(-2)^3=-8$$

Evalúa a^3+b^3 si $a=5$ y $b=-7$.

$$(5)^3+(-7)^3=125+(-343)=218$$
$$[5+(-7)]^3 \neq 5^3+(-7)^3$$

Los exponentes son de gran importancia en las operaciones algebraicas, por lo cual es esencial que dominemos todas las definiciones y reglas enunciadas en las secciones anteriores.

Igualdad de potencias de la misma base

Si x es un número real diferente de cero y $x^a = x^b$, entonces $a = b$.

EJEMPLOS:

Halla el valor de n tal que la ecuación sea cierta:

1. $2^3 = 2^n$, entonces $n = 3$.

2. $3^n = 9$, entonces $3^n = 3^2$ y $n = 2$.

3. $3^{2n-1} = 81$, entonces

$$3^{2n-1} = 3^4$$
$$2n - 1 = 4$$
$$2n = 4 + 1 = 5$$
$$n = \frac{5}{2}$$

4. $5^{-1} = 25^n$, entonces

$$5^{-1} = \left(5^2\right)^n = 5^{2n}$$
$$-1 = 2n$$
$$n = -\frac{1}{2}$$

5. $4^n = 32$, entonces

$$(2^2)^n = 2^5$$
$$2^{2n} = 2^5$$
$$2n = 5$$
$$n = \frac{5}{2}$$

6-4 EJERCICIOS

1. Evalúa:

a. $(x + y)^3$ si:

i. $x = 2^{-3}$, $y = 3^{-2}$

ii. $x = 2^{-1}$, $y = 2^{-2}$

iii. $x = 4$, $y = -5$

b. $x^3 + y^3$ si:
   i. $x = 3^2,\ y = 2^{-1}$
   ii. $x = 4,\ y = 3$
   iii. $x = 2^{-2},\ y = -2$

c. $x^2 - y^2$ si:
   i. $x = 2^{-2},\ y = 3^{-1}$
   ii. $x = 5,\ y = 4$
   iii. $x = 5,\ y = 3$

d. $(x - y)^2$ si:
   i. $x = -7,\ y = 5$
   ii. $x = 10,\ y = 7$
   iii. $x = 10,\ y = 6$

e. $x^2 + y^2$ si:
   i. $x = 10,\ y = 6$
   ii. $x = -2,\ y = -3$
   iii. $x = -2,\ y = 3$

f. $(x + y)^2$ si:
   i. $x = 10,\ y = -6$
   ii. $x = 3,\ y = 4$
   iii. $x = -3,\ y = -4$

g. $(x + y)^3$ si:
   i. $x = -3,\ y = 3^{-1}$
   ii. $x = -5,\ y = 7$
   iii. $x = 5,\ y = 2$

h. $x^3 - y^3$ si:
   i. $x = 3^3,\ y = 4^0$
   ii. $x = \frac{1}{2},\ y = 2^{-2}$
   iii. $x = 2^{-1},\ y = 2^{-3}$

i. $x^3 + y^3$ si:
   i. $x = -3,\ y = -2$
   ii. $x = -1,\ y = -2$
   iii. $x = 1,\ y = 2^{-1}$

j. $(x - y)^3$ si:
   i. $x = -5,\ y = -4$
   ii. $x = -1,\ y = -3$
   iii. $x = 1,\ y = -3$

2. Efectúa las operaciones correspondientes e indica cuál es mayor:

a. $(-5+8)^3$ o $(-5)^3+8^3$.

b. $(-7-4)^2$ o $(-7)^2-4^2$.

c. $(5-3)^2$ o 5^2-3^2.

3. Halla el valor de n tal que la ecuación sea cierta:

a. $3^n = 3^5$

b. $3^n = 81$

c. $5^n = \frac{1}{25}$

d. $3^{2n} = \frac{1}{27}$

e. $3^{n+2} = 9$

f. $2^{2n+1} = \frac{1}{16}$

g. $7^{n+2} = (49)^3$

h. $4^3 = 64^n$

6-5 Exponentes racionales

En el capítulo 4 trabajamos con la operación radicación, la cual se definió de la siguiente manera:

$$\sqrt[n]{a^n} = \begin{cases} a & \text{si } a \geq 0 \\ a & \text{si } n \text{ es impar y } a < 0 \end{cases}$$

Nota: si $a < 0$ y n es par, $a^n = |a|^n$, por eso

$$\sqrt[n]{a^n} = \sqrt[n]{|a|^n} = |a|.$$

La operación radicación está muy ligada a la operación exponenciación. De hecho, existe una notación que nos permite tratar los radicales como expresiones con un tipo particular de exponente: **el exponente racional.**

Notación

Usaremos la notación $d^{\frac{1}{n}}$ para representar la raíz enésima de d, esto es,

$$d^{\frac{1}{n}} = \sqrt[n]{d} \text{ si } \sqrt[n]{d} \in \mathbb{R}$$

EJEMPLOS:

Escribe con exponente racional cada una de las siguientes expresiones:

1. $\sqrt{16} = (16)^{\frac{1}{2}}$.
2. $\sqrt[4]{81} = (81)^{\frac{1}{4}}$.
3. $\sqrt[3]{27} = (27)^{\frac{1}{3}}$.
4. $\sqrt[5]{32} = (32)^{\frac{1}{5}}$.
5. $\sqrt[3]{27x^4y^5} = (27x^4y^5)^{\frac{1}{3}}$.

Escribe cada una de las expresiones usando la notación de radical:

6. $5^{\frac{1}{3}} = \sqrt[3]{5}$.
7. $x^{\frac{1}{2}} = \sqrt{x},\ x \geq 0$.
8. $y^{\frac{1}{6}} = \sqrt[6]{y},\ y \geq 0$.
9. $16^{\frac{1}{4}} = \sqrt[4]{16}$.
10. $(x^2y^3)^{\frac{1}{4}} = \sqrt[4]{x^2y^3},\ y \geq 0$.

Usando esta notación, tenemos lo siguiente:

Propiedad 1:
Si $\sqrt[n]{d} = a,\ a \in \mathbb{R}$, entonces $$\left(d^{\frac{1}{n}}\right)^n = \left(\sqrt[n]{d}\right)^n = a^n = d.$$

EJEMPLOS:

1. $\left(\sqrt{2}\right)^2 = 2$ implica que $\left(2^{\frac{1}{2}}\right)^2 = 2$.
2. $\left(\sqrt[3]{5}\right)^3 = 5$ implica que $\left(5^{\frac{1}{3}}\right)^3 = 5$.
3. $\left(\sqrt[5]{7}\right)^5 = 7$ implica que $\left(7^{\frac{1}{5}}\right)^5 = 7$.
4. $\left(\sqrt[3]{-5}\right)^3 = -5$ implica que $\left((-5)^{\frac{1}{3}}\right)^3 = -5$.
5. $\left(\sqrt{-2}\right)^2 \neq -2$ ya que $\sqrt{-2}$ no es un número real.

Propiedad 2:
Si $\sqrt[n]{d} = a$, $a \in \mathbb{R}$, entonces $$\left(d^n\right)^{\frac{1}{n}} = \left(d^{\frac{1}{n}}\right)^n = d.$$

Demostración:

$$\left(d^n\right)^{\frac{1}{n}} = \sqrt[n]{d^n} = \sqrt[n]{\underbrace{d\cdot d\cdot d\cdots d}_{n \text{ factores}}} = \overbrace{\sqrt[n]{d}\cdot\sqrt[n]{d}\cdots\sqrt[n]{d}}^{n \text{ factores}} = \left(\sqrt[n]{d}\right)^n = \left(d^{\frac{1}{n}}\right)^n = d$$

Vemos que

$$\left(d^n\right)^{\frac{1}{n}} = \left(d^{\frac{1}{n}}\right)^n \quad \text{si } d^{\frac{1}{n}} \text{ es un número real.}$$

EJEMPLOS:

1. $\sqrt[4]{2^4} = \left(2^4\right)^{\frac{1}{4}} = 2^{\frac{4}{4}} = 2.$
2. $\sqrt[4]{(-2)^4} = \left(2^4\right)^{\frac{1}{4}} = 2.$
3. $\sqrt[6]{(-3)^6} = \sqrt[6]{3^6} = \left(3^6\right)^{\frac{1}{6}} = 3.$
4. $\sqrt[3]{8^3} = \left(8^3\right)^{\frac{1}{3}} = 8^{\frac{3}{3}} = 8.$
5. $\sqrt[3]{(-8)^3} = \left((-8)^3\right)^{\frac{1}{3}} = -8.$
6. $\sqrt[3]{64} = \sqrt[3]{4^3} = \left(4^3\right)^{\frac{1}{3}} = 4^{\frac{3}{3}} = 4.$
7. $\sqrt[3]{-64} = \sqrt[3]{(-4)^3} = \left((-4)^3\right)^{\frac{1}{3}} = (-4)^{\frac{3}{3}} = -4.$
8. $\sqrt[4]{16} = \sqrt[4]{2^4} = \left(2^4\right)^{\frac{1}{4}} = 2^{\frac{4}{4}} = 2.$
9. $\sqrt[4]{-16}$ no es un número real.
10. $\sqrt[5]{32} = \sqrt[5]{2^5} = (2^5)^{\frac{1}{5}} = 2^{\frac{5}{5}} = 2.$
11. $\sqrt[5]{-32} = \sqrt[5]{(-2)^5} = \left((-2)^5\right)^{\frac{1}{5}} = (-2)^{\frac{5}{5}} = -2.$
12. $\sqrt[4]{81} = \sqrt[4]{3^4} = \left(3^4\right)^{\frac{1}{4}} = 3^{\frac{4}{4}} = 3.$
13. $\sqrt[4]{-81}$ no es un número real.
14. $\sqrt{75} = \sqrt{5^2\cdot 3} = (5^2\cdot 3)^{\frac{1}{2}} = (5^2)^{\frac{1}{2}}\cdot 3^{\frac{1}{2}} = 5\sqrt{3}.$
15. $\sqrt[3]{x^6y^5} = \left(x^6y^5\right)^{\frac{1}{3}} = x^{\frac{6}{3}}y^{\frac{5}{3}} = x^2y^{\frac{3}{3}+\frac{2}{3}} = x^2y^{\frac{3}{3}}\cdot y^{\frac{2}{3}} = x^2y\sqrt[3]{y^2}.$

Propiedad 3:

Si $\sqrt[n]{a}$ y $\sqrt[n]{b}$ son reales, entonces

$$\sqrt[n]{ab} = (ab)^{\frac{1}{n}} = a^{\frac{1}{n}} \cdot b^{\frac{1}{n}}.$$

EJEMPLOS:

1. $\sqrt[5]{3^5 \cdot 7^5} = \left(3^5 \cdot 7^5\right)^{\frac{1}{5}} = \left(3^5\right)^{\frac{1}{5}} = \left(7^5\right)^{\frac{1}{5}} = 3^{\frac{5}{5}} \cdot 7^{\frac{5}{5}} = 3(7) = 21.$

2. $\sqrt[4]{16(81)} = \sqrt[4]{2^4 \cdot 3^4} = \left(2^4\right)^{\frac{1}{4}} \cdot \left(3^4\right)^{\frac{1}{4}} = 2^{\frac{4}{4}} \cdot 3^{\frac{4}{4}} = (2)(3) = 6.$

3. $\sqrt[3]{125 \times 10^6} = \sqrt[3]{5^3 \times 10^6} = (5^3 \times 10^6)^{\frac{1}{3}} = \left(5^3\right)^{\frac{1}{3}} \times \left(10^6\right)^{\frac{1}{3}}$
   $= 5^{\frac{3}{3}} \times 10^{\frac{6}{3}} = 5 \times 10^2 = 500.$

4. $\sqrt{0.09 \times 10^4} = \sqrt{(0 \cdot 3)^2 \times 10^4} = \left(0.3^2\right)^{\frac{1}{2}} \left(10^4\right)^{\frac{1}{2}}$
   $= (0.3)^{\frac{2}{2}} \times (10)^{\frac{4}{2}} = 0.3 \times 10^2 = 30.$

5. $\sqrt[3]{x^4 y^3} = \left(x^4 y^3\right)^{\frac{1}{3}} = x^{\frac{4}{3}} y^{\frac{3}{3}} = yx^{\frac{3}{3}+\frac{1}{3}} = yx^{\frac{3}{3}} \cdot x^{\frac{1}{3}} = yx\sqrt[3]{x}.$

6. $\sqrt[5]{32x^6 y^{10}} = \left(32x^6 y^{10}\right)^{\frac{1}{5}} = 32^{\frac{1}{5}} x^{\frac{6}{5}} y^{\frac{10}{5}}$
   $= \left(2^5\right)^{\frac{1}{5}} x^{\frac{5}{5}+\frac{1}{5}} y^2$
   $= 2^{\frac{5}{5}} x^{\frac{5}{5}} \cdot x^{\frac{1}{5}} y^2 = 2xy^2\sqrt[5]{x}.$

Propiedad 4:

Si $\sqrt[n]{a} \in \mathbb{R}$, $\sqrt[n]{b} \in \mathbb{R}$, entonces

$$\sqrt[n]{\frac{a}{b}} = \frac{\sqrt[n]{a}}{\sqrt[n]{b}} = \frac{a^{\frac{1}{n}}}{b^{\frac{1}{n}}}, \quad b \neq 0.$$

Si $a^{\frac{1}{n}} \in \mathbb{R}$, $b^{\frac{1}{n}} \in \mathbb{R}$, entonces

$$\left(\frac{a}{b}\right)^{\frac{1}{n}} = \frac{a^{\frac{1}{n}}}{b^{\frac{1}{n}}}, \quad b \neq 0.$$

EJEMPLOS:

1. $\sqrt[5]{\dfrac{3^5}{4^5}} = \dfrac{\left(3^5\right)^{\frac{1}{5}}}{\left(4^5\right)^{\frac{1}{5}}} = \dfrac{3^{\frac{5}{5}}}{4^{\frac{5}{5}}} = \dfrac{3}{4}.$

2. $\sqrt[3]{\dfrac{8}{27}} = \dfrac{8^{\frac{1}{3}}}{(27)^{\frac{1}{3}}} = \dfrac{\left(2^3\right)^{\frac{1}{3}}}{\left(3^3\right)^{\frac{1}{3}}} = \dfrac{2^{\frac{3}{3}}}{3^{\frac{3}{3}}} = \dfrac{2}{3}.$

3. $\sqrt[3]{\dfrac{64}{125}} = \dfrac{(64)^{\frac{1}{3}}}{(125)^{\frac{1}{3}}} = \dfrac{\left(4^3\right)^{\frac{1}{3}}}{\left(5^3\right)^{\frac{1}{3}}} = \dfrac{(4)^{\frac{3}{3}}}{(5)^{\frac{3}{3}}} = \dfrac{4}{5}.$

4. $\sqrt{\dfrac{36}{75}} = \dfrac{\left(6^2\right)^{\frac{1}{2}}}{\left(5^2 \cdot 3\right)^{\frac{1}{2}}} = \dfrac{6^{\frac{2}{2}}}{5^{\frac{2}{2}} \cdot 3^{\frac{1}{2}}} = \dfrac{6}{5\sqrt{3}}.$

Multiplicación de expresiones algebraicas con exponentes racionales

Si $a^{\frac{1}{n}}, a^{\frac{1}{m}} \in \mathbb{R}$, entonces

$$a^{\frac{1}{n}} \cdot a^{\frac{1}{m}} = a^{\frac{1}{n}+\frac{1}{m}} = a^{\frac{m+n}{mn}}.$$

EJEMPLOS:

1. $2^{\frac{1}{3}} \cdot 2^{\frac{2}{3}} = 2^{\frac{1}{3}+\frac{2}{3}} = 2^{\frac{3}{3}} = 2.$
2. $3^{\frac{3}{5}} \cdot 3^{\frac{2}{5}} = 3^{\frac{3}{5}+\frac{2}{5}} = 3^{\frac{5}{5}} = 3.$
3. $x^{\frac{2}{3}} \cdot x^{\frac{3}{2}} = x^{\frac{2}{3}+\frac{3}{2}} = x^{\frac{13}{6}} = x^{\frac{12}{6}+\frac{1}{6}} = x^{\frac{12}{6}} \cdot x^{\frac{1}{6}} = x^2\sqrt[6]{x},\ x \geq 0.$
4. $a^{\frac{2}{3}} \cdot a^{\frac{3}{4}} = a^{\frac{2}{3}+\frac{3}{4}} = a^{\frac{17}{12}} = a^{\frac{12}{12}+\frac{5}{12}} = a \cdot a^{\frac{5}{12}} = a\sqrt[12]{a^5},\ a \geq 0.$
5. $(xy)^{\frac{1}{2}}(xy)^{\frac{1}{2}} = (xy)^{\frac{1}{2}+\frac{1}{2}} = xy$, si $x > 0,\ y \geq 0$ o si $x < 0,\ y \leq 0.$

División de expresiones algebraicas con exponentes racionales

Si $a^{\frac{1}{n}}, a^{\frac{1}{m}} \in \mathbb{R}$, entonces

$$\frac{a^{\frac{1}{n}}}{a^{\frac{1}{m}}} = a^{\frac{1}{n}-\frac{1}{m}} = a^{\frac{m-n}{mn}}.$$

EJEMPLOS:

1. $\dfrac{2^{\frac{2}{3}}}{2^{\frac{1}{3}}} = 2^{\frac{2}{3}-\frac{1}{3}} = 2^{\frac{1}{3}} = \sqrt[3]{2}.$
2. $\dfrac{3^{\frac{3}{5}}}{3^{\frac{2}{5}}} = 3^{\frac{3}{5}-\frac{2}{5}} = 3^{\frac{1}{5}} = \sqrt[5]{3}.$
3. $\dfrac{a^{\frac{3}{4}}}{a^{\frac{2}{3}}} = a^{\frac{3}{4}-\frac{2}{3}} = a^{\frac{9}{12}-\frac{8}{12}} = a^{\frac{1}{12}} = \sqrt[12]{a},\ a > 0.$
4. $\dfrac{x^{\frac{1}{3}}}{x^{\frac{1}{2}}} = x^{\frac{1}{3}-\frac{1}{2}} = x^{\frac{2}{6}-\frac{3}{6}} = x^{-\frac{1}{6}} = \dfrac{1}{x^{\frac{1}{6}}} = \dfrac{1}{\sqrt[6]{x}},\ x > 0.$

6-5 EJERCICIOS

1. Escribe con exponente racional cada una de las siguientes expresiones:

a. $\sqrt[3]{64}$
b. $\sqrt[4]{625}$
c. $\sqrt[3]{7}$
d. $\sqrt[5]{40}$
e. $\sqrt[3]{x^3y}$
f. $\sqrt{5}$
g. $\sqrt{3}$
h. $\sqrt[6]{100}$
i. $\sqrt[4]{16}$
j. $\sqrt[5]{64}$

2. Escribe cada una de las siguientes expresiones usando la notación de radical:

a. $3^{\frac{1}{4}}$
b. $(81)^{\frac{1}{4}}$
c. $x^{\frac{1}{2}}$, $x \geq 0$
d. $\left(x^3y^2\right)^{\frac{1}{4}}$, $x \geq 0$
e. $\left(4x^4y^2\right)^{\frac{1}{4}}$
f. $(64)^{\frac{1}{3}}$
g. $(100)^{\frac{1}{4}}$
h. $\left(xy^4\right)^{\frac{1}{6}}$, $x \geq 0$
i. $\left(25x^2y\right)^{\frac{1}{2}}$, $y \geq 0$
j. $\left(64x^4y^3\right)^{\frac{1}{3}}$

3. Simplifica:

a. $\sqrt{3^2}$
b. $\left(\sqrt[3]{6}\right)^3$
c. $\left(\sqrt[3]{-3}\right)^3$
d. $\sqrt[3]{8^2}$
e. $\sqrt[4]{81x^4}$
f. $\sqrt[5]{32x^{10}}$
g. $\sqrt[3]{-27x^3}$
h. $\sqrt{98x^4}$
i. $\sqrt{125x^4}$
j. $\sqrt[3]{64x^6}$

4. Simplifica usando las propiedades de exponentes racionales:

a. $\sqrt{25 \cdot 49}$
b. $\sqrt[5]{4^5 \cdot 6^5}$
c. $\sqrt[3]{64x^6y^3}$
d. $\sqrt[4]{16x^4y^8}$
e. $\sqrt[3]{x^5y^3}$
f. $\sqrt{x^2y^4}$
g. $\sqrt[4]{\dfrac{3^4}{4^4}}$
h. $\sqrt[3]{\dfrac{27}{64}}$
i. $\sqrt{\dfrac{49}{100}}$
j. $\sqrt{0.16 \times 10^4}$
k. $\sqrt[3]{\dfrac{125x^6}{8y^3}}$
l. $\sqrt[3]{x^5y^4}$
m. $\sqrt{2^3x^3y^4}$, $x \geq 0$
n. $\sqrt[3]{x^5y^6}$

5. Simplifica usando las propiedades de expresiones racionales:

a. $x^{\frac{2}{3}} \cdot x^{\frac{1}{2}},\ x \geq 0$

b. $x^{\frac{3}{5}} \cdot x^{\frac{2}{5}} \cdot x$

c. $(xy)^{\frac{1}{5}} \cdot (xy)^{\frac{3}{5}}$

d. $(x^2y)^{\frac{1}{2}} \cdot (x^2y)^{\frac{1}{4}},\ y \geq 0$

e. $\dfrac{-2x^{\frac{1}{2}}y}{\left(x^{\frac{3}{4}}y\right)^2},\ x > 0,\ y \neq 0$

f. $-2\left(x^{\frac{1}{2}}y\right)^2,\ x \geq 0$

g. $\left(3x^2y^{\frac{3}{4}}\right)^4, y \geq 0$

h. $\left(x^{\frac{1}{2}}y^{\frac{3}{4}}\right)^6,\ x \geq 0, y \geq 0$

i. $\dfrac{x^{\frac{2}{3}} \cdot x^{\frac{1}{3}}}{x^{\frac{4}{3}}},\ x \neq 0$

j. $\dfrac{5^{\frac{3}{4}} \cdot 5^{\frac{1}{4}}}{5^{\frac{1}{2}} \cdot 5^{\frac{2}{3}}}$

Capítulo 6 Ejercicios de repaso

1. Simplifica:

a. 3^2

b. $(-4)^3$

c. $(-2)^3$

d. $(-3)^2$

e. -2^3

f. $(-4)^2$

g. $(1.5)^2$

h. $-(-7)^3$

i. 4^2

j. 5^4

2. Simplifica:

a. $(4a)^2$

b. $\left(\dfrac{2}{3}\right)^3$

c. $\left(\dfrac{7}{m}\right)^2, m \neq 0$

d. $\left(x^2\right)^4$

e. $(-2x)^3$

f. $\left(2xy^3\right)^2$

g. $\left(-2x^2\right)^3$

h. $\dfrac{(4x)^2}{y}, y \neq 0$

i. $\left(\dfrac{4x}{y}\right)^2, y \neq 0$

j. $\left(2x^7y^3\right)^2$

3. Efectúa las operaciones indicadas y simplifica la contestación:

a. $\left(-2a^4\right)^2(4a)^3$

b. $\left(-4x^5y^2\right) \div (2x)^4, x \neq 0$

c. $\left(\dfrac{1}{5}x^2y^3\right)(10xy)$

f. $4\left(y^3\right)^2(-4y)^2$

g. $\left(12^3a^3x^2\right) \div \left(3^2 \cdot 4^3ax\right), a \neq 0, x \neq 0$

h. $(2rs)^3 \div \left(-rs^2\right), r \neq 0, s \neq 0$

d. $(-y^4)^2(4y^2x)$

e. $(20x^5) \div (5x^3), x \neq 0$

i. $(2ab^3)^2(3a)^3$

j. $(st)^4 \div (2s^2t), s \neq 0, t \neq 0$

4. Simplifica las siguientes expresiones algebraicas. Las variables a, b x, y son diferentes de cero:

a. 4^0

b. $(3a)^0$

c. $2a^0$

d. $-24b^0$

e. $-4xy^0$

f. $(2^3x^2)^0$

g. $\left(\frac{-1}{2}\right)^0$

h. x^0y^3

i. $\frac{1}{4^0}$

j. $(10000x^2y^3)^0$

5. Simplifica dejando los resultados con exponentes positivos:

a. 3^{-6}

b. 5^{-4}

c. $(-5)^{-2}$

d. -3^{-2}

e. $-a^{-1}, a \neq 0$

f. $(0.1)^{-3}$

g. $(-a)^{-3}, a \neq 0$

h. -0.3^{-2}

6. Lleva a cabo las operaciones indicadas y expresa el resultado con exponentes positivos. Las variables a, y, x son diferentes de cero:

a. $(a^{-3})(a^2) + a^0$

b. $(5^2x^{-2})^{-1}(2x)^{-2}$

c. $(-2x)(7x^3)$

d. $\frac{a}{a^{-1}}$

e. $(-2x^2y)^{-2}(3x^2y^2)^3$

f. $5^{15} \div 5^{-4}$

g. $(4x^{-3})^0(2x)^2$

h. $\frac{a^2}{a^{-3}}$

i. $(4x^2)^5 \div (4x^2)^3$

j. $3^{-7} \div 3^{-6}$

7. Simplifica:

a. $(-1)^4$

b. $(-1)^5$

c. $(-3)^2$

d. -3^2

e. $(-3)^3$

f. -2^5

8. Simplifica las siguientes expresiones y expresa el resultado con exponentes positivos:

a. $\frac{3^{-1}8^2}{2^{-3}}$

b. $\frac{4^{-1} + 2^{-2}}{2}$

c. $\frac{7^{-1} \cdot 2^{-2} \cdot 3^2}{2^3 \cdot 7^{-2}}$

d. $\frac{4^{-2}}{2^{-2} - 4^{-2}}$

9. Simplifica las siguientes expresiones y expresa el resultado con exponentes positivos:

a. $\dfrac{6^{-2} \cdot 4^{-2}}{9^3 \cdot 2^{-3}}$ **d.** $\dfrac{\left((-1)^2 \cdot 2^3\right)^2}{8^{-1} \cdot 2^0}$

b. $\dfrac{5^2 \cdot 3^{-1}}{25^{-2} \cdot 9^{-1}}$ **e.** $(3^{-2} + 9)^{-1}$

c. $\left(\dfrac{2^{-3} - 4^{-1}}{2}\right)^2$ **f.** $\left(\dfrac{3^2 \cdot 9^{-1}}{5^2 \cdot 15}\right)^{-2}$

10. Halla el valor de n tal que la ecuación sea cierta:

a. $3^n = 27$ **d.** $\left(x^2\right)^n = x^{10}$

b. $2^n = \dfrac{1}{16}$ **e.** $\left(x^n\right)^3 = \dfrac{1}{x^{30}}$

c. $3^{2n} = 81$ **f.** $\left(2a^{-2}\right)^n = \dfrac{8}{a^6}$

11. Simplifica las expresiones algebraicas y expresa el resultado con exponentes positivos. Las variables a, x, y, s, r son diferentes de cero:

a. $x^5 \cdot x^7$ **g.** $\left(c^2\right)^{-5}$

b. $a^{3n} \div a^{-n}$ **h.** $\left(\dfrac{-2y^3x^2}{y^{-2}x}\right)^{-2}$

c. $5a^3 \div (-5a^{-3})$ **i.** $\left(-3cd^2\right)^4 \cdot \left(d^3\right)^3$

d. $\left(x^2y\right)^7 \left(xy^2\right)^{-7}$ **j.** $\left(\dfrac{2x^2}{2^2x}\right)^{-1}$

e. $\left(\dfrac{r^2s^3}{sr}\right)^2$ **k.** $\dfrac{8x^2(-2x^2)}{2^{-3}x^{-5}}$

f. $\dfrac{(18)^5}{(27)^4}$ **l.** $\dfrac{(2a^{10})(4a^{-5})^2(8a^{-3})^{-1}}{32a^6}$

12. Simplifica usando las propiedades de exponentes racionales:

a. $\sqrt{8^2}$ **d.** $\sqrt[5]{32x^6}$

b. $\sqrt{49x^4}$ **e.** $\sqrt[4]{81x^4y^5},\ y \geq 0$

c. $\sqrt[3]{27x^6y^5}$ **f.** $\sqrt[3]{64x^9y^{12}}$

13. Simplifica usando las propiedades de exponentes racionales:

a. $x^{\frac{1}{4}} \cdot x^{\frac{1}{4}} \cdot x^2, x \geq 0$ **d.** $\left(xy^2\right)^2 \cdot \left(x^4y^2\right)^{\frac{3}{2}}$

b. $(xy)^{\frac{1}{5}} \cdot (xy)^{\frac{4}{5}}$ **e.** $\left(\dfrac{8x^{\frac{1}{3}}}{27x^{\frac{2}{3}}}\right)^{\frac{2}{3}}, x \neq 0$

c. $\dfrac{x^{\frac{1}{2}} \cdot x^{\frac{3}{2}}}{x^{\frac{2}{3}} \cdot x^{\frac{1}{3}}}, x > 0$ **f.** $\dfrac{5^{\frac{2}{5}} \cdot 5^{\frac{3}{5}} \cdot 5}{5^{\frac{1}{2}} \cdot 5^{\frac{1}{6}}}$

CAPÍTULO 7

Polinomios

En capítulos anteriores hemos trabajado con expresiones algebraicas. Algunos ejemplos de expresiones algebraicas son: $3x^5$, $\frac{x^2+5}{x}$, $\sqrt{x^2-3}+4$, $5x$. En este capítulo te presentaremos una expresión algebraica con características especiales llamada **polinomio.**

7-1 Conceptos básicos

Una expresión algebraica es una combinación de constantes y variables que incluye operaciones de suma, resta, multiplicación y división, además de la exponenciación y la radicación.

EJEMPLOS:

1. $3x^2+\sqrt{5}x+\dfrac{x}{2}$.
2. $5(x+y)+3xy$.
3. $4y^2+\dfrac{5x^2}{z}$.

Aquella expresión algebraica en la que aparece solamente la multiplicación o la división, o ambas, se llama **término**.

EJEMPLOS:

$$3x^2, \qquad \frac{x^4}{z}, \qquad 7, \qquad 5(x+y).$$

La expresión $5(x+y)$ es una expresión algebraica que consta de un término formado por el número 5 multiplicado por el número $x+y$. La expresión $5x+5y$ consta de dos términos. La expresión $3(x+y)-z(x+y)$ es una expresión algebraica que consta de dos términos. Sin embargo, la expresión $(x+y)(3-z)$ consta de un solo término.

Definición:
Dos términos en una o más variables son semejantes si tienen las mismas variables elevadas al mismo exponente.

EJEMPLOS:

1. $5x^3$, $-7x^3$, $8x^3$ son términos semejantes.
2. $4xy$, $-2xy$, $7xy$ son términos semejantes.
3. $3x^3$, $2x^2$ no son términos semejantes.
4. $5x^2$, $-7y^3$, $3t^3$ no son términos semejantes.

Suma de términos semejantes

Para sumar dos términos semejantes, aplicamos la propiedad distributiva.

$$ab + ac = a(b + c) = (b + c)a.$$

Esta regla también se puede extender a los casos en que existan más de dos términos.

$$ab + ac + \ldots + ad = a(b + c + \ldots + d) = (b + c + \ldots + d)a.$$

EJEMPLOS:

1. $3x + 8x = (3 + 8)x = 11x.$
2. $4xy^2 + 9xy^2 = (4 + 9)xy^2 = 13xy^2.$
3. $7c^3 + 8c^3 - 4c^3 = (7 + 8 - 4)c^3 = 11c^3.$
4. $3a - 4a + 8a = (3 - 4 + 8)a = 7a.$

Definición:
Un polinomio es aquella expresión algebraica en la cual los exponentes de las variables son números enteros no negativos.

El polinomio que consta de un término se llama monomio, el de dos términos se llama binomio y el de tres términos se denomina trinomio.

EJEMPLOS:

Usemos esta definición para determinar cuáles de las expresiones siguientes son polinomios.

1. $3x^5$ es un polinomio que tiene un solo término, y decimos que es un **monomio.**
2. 3 es un polinomio, y decimos que es un **monomio.**
3. $3x^4 - 2x + \frac{1}{2}x^3$ es un polinomio que tiene tres términos, y decimos que es un **trinomio.**
4. $3xy^2 + 2xy$ es un polinomio que tiene dos términos, y decimos que es un **binomio.**
5. $5u^5 + 3uv$ es un polinomio que tiene dos términos, y decimos que es un **binomio.**
6. $\dfrac{x^2 + 1}{x}$ no es un polinomio.
7. $\sqrt{x^2 - 3} + 4$ no es un polinomio.

Una expresión algebraica no es polinómica si después de que simplificamos la expresión, la variable aparece en el denominador de ésta o dentro de un símbolo de radical. Los polinomios pueden estar definidos en más de una variable, aunque en este capítulo trabajaremos con polinomios en una sola variable, por ejemplo la variable x. Lo que digamos para los polinomios en x es cierto para polinomios en cualquier otra variable.

Acostumbramos escribir un **polinomio en la variable x en forma general** como

$$P(x) = a_n x^n + a_{n-1}x^{n-1} + a_{n-2}x^{n-2} + \ldots + a_3x^3 + a_2x^2 + a_1x + a_0.$$

Los exponentes n, $n-1$, ... son enteros positivos, a_n, a_{n-1}, ... a_0 son números reales y se llaman los coeficientes de x^n, x^{n-1}, ... x^0 respectivamente.

Si el coeficiente de un término del polinomio es diferente de cero decimos que su grado es el exponente de la variable. **El grado de un polinomio en una variable es el grado del término con exponente mayor y con coeficiente diferente de 0.** Esto es, si $a_n \neq 0$, decimos que el polinomio es de grado n. El coeficiente a_n se llama coeficiente principal del polinomio, mientras que a_0 se llama término constante.

EJEMPLOS:

En cada uno de los siguientes polinomios, escribe los coeficientes y determina el grado del polinomio.

1. En el polinomio $4x^3 + 8x^2 + 2x + 3$ los coeficientes son: $a_3 = 4$, $a_2 = 8$, $a_1 = 2$, $a_0 = 3$. Su grado es 3 porque $a_3 \neq 0$.

2. El polinomio $x^3 - 8$ es un binomio y se puede escribir como $1 \cdot x^3 + 0 \cdot x^2 + 0 \cdot x + (-8)$. Los coeficientes son: $a_3 = 1$, $a_2 = 0$, $a_1 = 0$, $a_0 = -8$; su grado es 3 porque $a_3 \neq 0$.

3. El polinomio $5x^4 - 2x + \frac{1}{2}x^3$ es un trinomio y se puede escribir como $5x^4 + \frac{1}{2}x^3 + 0 \cdot x^2 - 2x + 0$; los coeficientes son: $a_4 = 5$, $a_3 = \frac{1}{2}$, $a_2 = 0$, $a_1 = -2$, $a_0 = 0$; su grado es 4 porque $a_4 \neq 0$.

4. $7x^5 + 0 \cdot x^6 - 8x^4 + 3$; los coeficientes son: $a_5 = 7$, $a_4 = -8$, $a_3 = a_2 = a_1 = 0$, $a_0 = 3$; es de grado 5.

5. $5x^{16} + \frac{1}{2}x^{20} + 0 \cdot x^{30}$; los coeficientes son: $a_{20} = \frac{1}{2}$, $a_{19} = a_{18} = a_{17} = 0$, $a_{16} = 5$, $a_{15} = a_{14} = \ldots = a_0 = 0$; es de grado 20.

6. $3x^2 - 2x - 1$; los coeficientes son: $a_2 = 3$, $a_1 = -2$, $a_0 = -1$; es de grado 2 (también decimos que es un polinomio cuadrático).

7. $2\sqrt{3}$; $a_0 = 2\sqrt{3}$; es un polinomio constante; su grado es 0.

8. $0x^n + 0x^{n-1} + \ldots + 0x + 0$; es el polinomio cero y no le asignamos grado.

Criterio de igualdad de polinomios

Definición:

Si $P(x)$ y $Q(x)$ son dos polinomios del mismo grado, entonces $P(x)$ y $Q(x)$ son iguales si los coeficientes de los términos semejantes son iguales.

EJEMPLOS:

1. Si $P(x) = 4x^3 - 5x^2 + (c+3)x - 5$ y $Q(x) = ax^3 + bx^2 + 7x + d$, ¿para qué valores de a, b, c y d es $P(x) = Q(x)$? Como $P(x) = Q(x)$, entonces

$$a = 4; \quad b = -5; \quad c + 3 = 7, \quad c = 4; \quad d = -5.$$

2. Si $P(x) = ax^4 + (b-2)x^3 + cx^2 - 5$ y $Q(x) = -3x^4 + 7x^3 + 7x^2 + d$, ¿para qué valores de a, b, c y d es $P(x) = Q(x)$? Como $P(x) = Q(x)$, entonces

$$a = -3; \quad b - 2 = 7, \quad b = 9; \quad c = 7; \quad d = -5.$$

7-1 EJERCICIOS

1. Clasifica cada una de las siguientes expresiones algebraicas como polinómicas o no polinómicas. Si la expresión es un polinomio, indica el grado de éste:

a. $3x^2 + x$
b. $5t + 10t^2$
c. $4x^3 + 10x^{10} - 2$
d. $8x - \dfrac{1}{2x}$
e. $\frac{1}{2}x^2 - 8x^4 + 10x^6$
f. $5y^3 - 4y^2 + 7y^4$
g. 100
h. $-8x^{-1} + 2x - 3$
i. $\sqrt{16y^2 + 49}$
j. $0.1x^8$

2. En cada uno de los siguientes polinomios, escribe los coeficientes y determina el grado del polinomio:

a. $5y - 2$
b. $6x^4 - 2x - 5$
c. -8
d. $2x^{10} + 4x^{20} - 7$
e. $-\sqrt{3}x + \sqrt{3}x^2 + x^3$
f. $\frac{2}{3}z^4$
g. $5x^3 - 2x + 1$
h: $4t^8$
i. $x^2 - 4$
j. $0.25z^6 + 3.15$

3. Escribe cada uno de los siguientes polinomios en forma general. Indica el grado del polinomio y sus coeficientes:

a. $5x^2 - 8x + x^3 - 1$

b. $3x^4 - 2x^5 + x^3 - x$

c. $y^4 - y^2 - y^6 - 4$

d. $\sqrt{2}x^3 - x - 3x^2$

e. $t^3 - 8 + 1.5t$

f. y^7

g. 4

h. $\frac{1}{2}x - \frac{1}{3}x^2 + \frac{1}{4}x^3 - x^5$

i. $9x^5 - 8^2 + 7x^6 - 6x^3$

j. $4z + 5z^2 - \sqrt{2}$

4. a. Si $P(x) = (a - 1)x^2 + 3x - c$ y $Q(x) = 7x^2 + (b - 2)x + 3$, halla valores de a, b, c tales que $P(x) = Q(x)$.

b. Si $R(x) = 5x^3 + x^4 - dx + e$ y $T(x) = 2ax^4 + \dfrac{b}{3}x^3 - 3x + cx^2$, halla valores de a, b, c, d, e tales que $R(x) = T(x)$.

5. a. Halla el valor de la función $Q(x) = 5x^3 - 8x^2 + 2x - 1$ si:

i. $x = -2$

ii. $x = 2$

iii. $x = -1$

iv. $x = 1$

v. $x = 0$

vi. $x = \dfrac{1}{2}$

b. Si $P(x) = 8x^3 - 27$, halla:

i. $P(-1)$

ii. $P(1)$

iii. $P(0)$

iv. $P(-2)$

v. $P(2)$

vi. $P\left(\dfrac{1}{2}\right)$

7-2 Suma y resta de polinomios

Suma de polinomios

Para sumar polinomios, reagrupamos los términos semejantes usando las propiedades conmutativa y asociativa, y luego utilizamos la propiedad distributiva para combinar los coeficientes de los términos semejantes.

EJEMPLOS:

1. Suma los polinomios $2x^2+5$, $3x^2-2$.

$$(2x^2+5)+(3x^2-2).$$

Agrupamos los términos semejantes

$$(2x^2+5)+(3x^2-2)=(2x^2+3x^2)+(5-2).$$

Ahora combinamos los coeficientes de los términos semejantes

$$2x^2+3x^2=(2+3)x^2=5x^2 \qquad 5-2=3$$

Obtenemos

$$(2x^2+5)+(3x^2-2)=(2x^2+3x^2)+(5-2)=5x^2+3.$$

2. Suma los polinomios $5x^3-2x^2+6x+2$, $2x^3-x^2-1$. Agrupamos los términos semejantes y obtenemos

$$(5x^3+2x^3)+(-2x^2-x^2)+(6x)+(2-1).$$

Ahora sumamos los coeficientes de los términos semejantes

$$5x^3+2x^3=(5+2)x^3=7x^3$$
$$-2x^2-x^2=(-2-1)x^2=-3x^2$$
$$2-1=1.$$

Obtenemos

$$\begin{aligned}(5x^3-2x^2+6x+2)+(2x^3-x^2-1)\\ &=(5x^3+2x^3)+(-2x^2-x^2)+(6x)+(2-1)\\ &=(5+2)x^3+(-2-1)x^2+6x+(2-1)\\ &=7x^3-3x^2+6x+1\end{aligned}$$

Para llevar a cabo la suma, los polinomios se pueden escribir en forma vertical de manera que los términos semejantes queden en la misma columna.

$$\begin{array}{r} 5x^3-2x^2+6x+2\\ \underline{2x^3-x^2-1}\\ 7x^3-3x^2+6x+1\end{array}$$

3. Suma los monomios $5x^2$, $-3x$, $16y$, 4, x^2.

La expresión $6x^2-3x+16y+4$ representa la suma de esos cinco monomios.

4. Suma los polinomios $3x^2 - 2x + 1$, $5x - x^2$, $7x^2 + 8x - 3$.

$$(3x^2 - 2x + 1) + (5x - x^2) + (7x^2 + 8x - 3).$$

Agrupamos los términos semejantes y obtenemos

$$(3x^2 - x^2 + 7x^2) + (-2x + 5x + 8x) + (1 - 3).$$

Usamos la ley distributiva y combinamos los coeficientes de términos semejantes.

$$= (3 - 1 + 7)x^2 + (-2 + 5 + 8)x + (1 - 3) = 9x^2 + 11x - 2$$

5. Suma: $(5x^3 - 8x^2 + 7)$, $(5x^2 - 6x + 2)$ y $(2x^4 + 6x^3 + 5x - 4)$.

$$(5x^3 - 8x^2 + 7) + (5x^2 - 6x + 2) + (2x^4 + 6x^3 + 5x - 4).$$

Para facilitar la presentación de la suma, agrupamos los términos de manera que el primero contenga los términos semejantes de exponente mayor, y luego continuamos en orden descendente a partir del exponente mayor de la variable.

$$\begin{aligned} &2x^4 + (5x^3 + 6x^3) + (-8x^2 + 5x^2) + (-6x + 5x) + (7 + 2 - 4) \\ &= 2x^4 + (5 + 6)x^3 + (-8 + 5)x^2 + (-6 + 5)x + (7 + 2 - 4) \\ &= 2x^4 + 11x^3 - 3x^2 - x + 5. \end{aligned}$$

6. Suma: $(6x^7 - 8x^3 + 3x)$, $(5x^2 - 2x^3 + 2x)$ y $(3x^4 - 6x^7 + 4x)$.

$$(6x^7 - 8x^3 + 3x) + (5x^2 - 2x^3 + 2x) + (3x^4 - 6x^7 + 4x).$$

Agrupamos los términos semejantes y obtenemos

$$(6x^7 - 6x^7) + 3x^4 + (-8x^3 - 2x^3) + (3x + 2x + 4x).$$

Usamos la ley distributiva y combinamos los coeficientes.

$$0x^7 + 3x^4 - 10x^3 + 9x = 3x^4 - 10x^3 + 9x.$$

Si $p(x)$ es un polinomio de grado m y $q(x)$ es un polinomio de grado n, $m > n$, entonces el grado de $p(x) + q(x)$ es igual a m. Si ambos polinomios son de grado m, entonces el grado de $p(x) + q(x)$ es menor o igual que m, o la suma es igual al polinomio 0 que no tiene grado.

EJEMPLOS:

1. Si $p(x) = x^5 + 3x + 2$ y $q(x) = 4x^3 + 5$, entonces
$p(x) + q(x) = x^5 + 4x^3 + 3x + 7$, que es de grado 5.

2. Si $p(x) = 3x^5 + 2x^3 + 3$ y $q(x) = 8x^5 + 2x - 8$, entonces
$p(x) + q(x) = 11x^5 + 2x^3 + 2x - 5$, que es de grado 5.

3. Si $p(x) = 3x^5 + 2x^3 + 3$ y $q(x) = -3x^5 + 2x - 8$, entonces
$p(x) + q(x) = 0x^5 + 2x^3 + 2x - 5 = 2x^3 + 2x - 5$, que es de grado $3 < 5$.

4. Si $p(x) = 3x^2 - 2x + 4$ y $q(x) = -3x^2 + 2x - 4$, entonces
$p(x) + q(x) = 0x^2 + 0x + 0$, que es el polinomio cero y no le asignamos grado.

Definición:
Si $p(x) = a_n x^n + a_{n-1} x^{n-1} + \ldots + a_2 x^2 + a_1 x + a_0$, se dice que el opuesto de $p(x)$ es $-p(x)$ y se escribe: $-p(x) = -a_n x^n - a_{n-1} x^{n-1} - \ldots - a_2 x^2 - a_1 x - a_0$, de manera que $p(x) + \left[-p(x)\right] = 0$.

EJEMPLO: Si

$$\begin{aligned} p(x) &= -5x^4 + 3x^2 - x + 4, \\ -p(x) &= 5x^4 - 3x^2 + x - 4, \\ p(x) + [-p(x)] &= (-5x^4 + 3x^2 - x + 4) + (5x^4 - 3x^2 + x - 4) \\ &= 0x^4 + 0x^3 + 0x^2 + 0 = 0 \end{aligned}$$

Resta de polinomios

Definición:
$p(x) - q(x) = p(x) + (-q(x))$.

Esto es, para restar dos polinomios hallamos el opuesto del sustraendo y lo sumamos al minuendo.

EJEMPLOS:

Efectúa las operaciones indicadas:

1. Resta $5x^2 - 6x - 2$ de $7x^3 + 6x^2 + 8x + 9$.

$$7x^3 + 6x^2 + 8x + 9 - (5x^2 - 6x - 2).$$

El opuesto de $5x^2 - 6x - 2$ es $-5x^2 + 6x + 2$.
Sumamos al minuendo el opuesto del polinomio $5x^2 - 6x - 2$

$$7x^3 + 6x^2 + 8x + 9 + (-5x^2 + 6x + 2) = 7x^3 + x^2 + 14x + 11.$$

2. $(7x - 2) - \left[3x - (5x - 4)\right]$

$= 7x - 2 - \left[3x + (-5x + 4)\right]$ — Sumamos a $-3x$ el opuesto de $5x - 4$, que es $-5x + 4$.

$= 7x - 2 - [-2x + 4] = 7x - 2 + (2x - 4)$ — Sumamos a $7x - 2$ el opuesto de $-2x + 4$, que es $2x - 4$.

$= (7 + 2)x + (-2 - 4) = 9x - 6$ — Combinamos los coeficientes de los términos semejantes.

3. Resta de cero (0) la suma de $(-3x^2 - x^3 - 8x + 4)$ y $(3x^3 - 5x + 8)$.

Sumamos:

$$\begin{aligned}&(-3x^2 - x^3 - 8x + 4) + (3x^3 - 5x + 8)\\&= (3 - 1)x^3 + (-3x^2) + (-8 - 5)x + (4 + 8)\\&= 2x^3 - 3x^2 - 13x + 12\end{aligned}$$

Restamos de cero la suma obtenida: $0 - (2x^3 - 3x^2 - 13x + 12)$, que equivale a sumar a cero el opuesto del polinomio $2x^3 - 3x^2 - 13x + 12$,

$$\begin{aligned}&0 + (-2x^3 + 3x^2 + 13x - 12)\\&= -2x^3 + 3x^2 + 13x - 12\end{aligned}$$

4. Resta del polinomio $(k^3 + k^2 - k + 5)$ la suma de los polinomios

$$(-3k^2 + 4k - 9), \quad (2k^2 - 5k + 3) \quad \text{y} \quad (3k^3 - k^2 - 10k + 1).$$

La suma se puede efectuar colocando los términos semejantes en la misma columna y combinándolos:

$$\begin{array}{rrrr} & -\ 3k^2 & +\ 4k & -\ 9\\ & 2k^2 & -\ 5k & +\ 3\\ 3k^3 & -\ k^2 & -\ 10k & +\ 1\\ \hline 3k^3 & -\ 2k^2 & -\ 11k & -\ 5\end{array}$$

Luego restamos esta suma del polinomio $k^3 + k^2 - k + 5$. Esto es, sumamos el opuesto de $3k^3 - 2k^2 - 11k - 5$, que es $-3k^3 + 2k^2 + 11k + 5$, al polinomio $k^3 + k^2 - k + 5$.

$$\begin{array}{rrrr} k^3 & +\ k^2 & -\ k & +\ 5\\ -3k^3 & +\ 2k^2 & +\ 11k & +\ 5\\ \hline -2k^3 & +\ 3k^2 & +\ 10k & +\ 10\end{array}$$

5. $(7x^4 - 3x^2 + x - 2) - (x^3 - 8x - 3) + (-2x^4 + 5x^2 + x - 4)$. Hallamos el opuesto del polinomio $x^3 - 8x - 3$, que es $-x^3 + 8x + 3$, y procedemos a sumar los tres polinomios

$$\begin{aligned}&(7x^4 - 3x^2 + x - 2) + (-x^3 + 8x + 3) + (-2x^4 + 5x^2 + x - 4)\\&= (7 - 2)x^4 + (-1)x^3 + (-3 + 5)x^2 + (1 + 8 + 1)x + (-2 + 3 - 4)\\&= 5x^4 - x^3 + 2x^2 + 10x - 3\end{aligned}$$

Repaso de suma y resta de polinomios

EJEMPLOS:

1. Resta $m^2 - 4$ de $3m^2 - m - 6$. Sumamos el opuesto del polinomio $m^2 - 4$, que es $-m^2+4$, al polinomio $3m^2 - m - 6$. Podemos colocar los sumandos de modo que los términos semejantes queden en la misma columna, y combinamos sus coeficientes:

$$\begin{array}{r} 3m^2 - m - 6 \\ \underline{-m^2 \qquad + 4} \\ 2m^2 - m - 2 \end{array}$$

2. Suma $x - y - z$, $2x - 3y - 7z$, $2z - 5x + y$. Los términos semejantes se pueden agrupar en columnas y luego se combina sus coeficientes:

$$\begin{array}{rrr} x - & y - & z \\ 2x - & 3y - & 7z \\ \underline{-5x +} & \underline{y +} & \underline{2z} \\ -2x - & 3y - & 6z \end{array}$$

3. En el triángulo ABC hemos representado la medida de cada uno de sus lados. Halla el perímetro del triángulo.

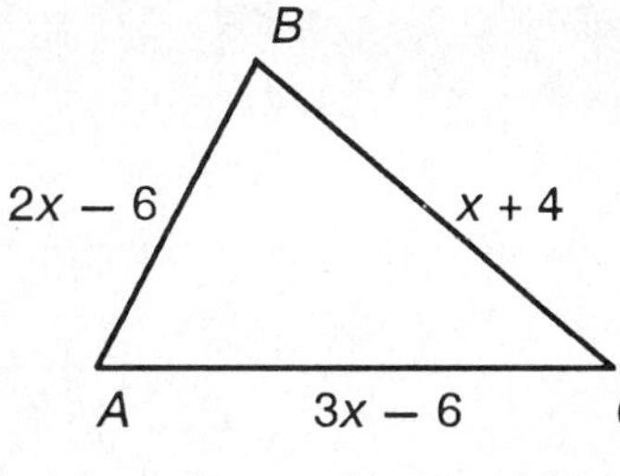

El perímetro, P, del triángulo es la suma de la medida de sus lados.

$$P = (2x - 6) + (x + 4) + (3x - 6) = 6x - 8.$$

4. El ancho de un rectángulo es $x - 4$ y su largo es $x^2 - x$. Halla su perímetro.

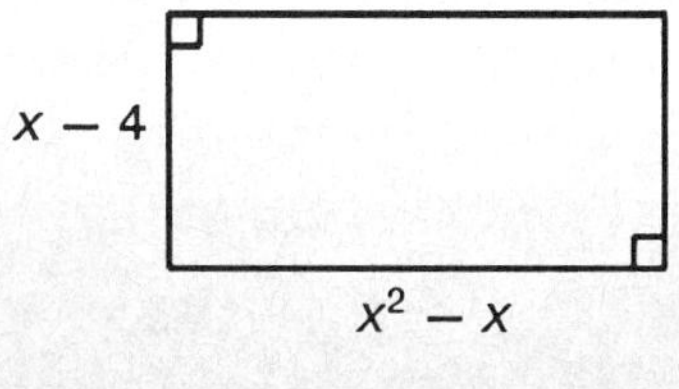

El perímetro, P, del rectángulo es la suma de la medida de sus lados. El rectángulo se caracteriza por tener los ángulos rectos y por el hecho de que sus lados opuestos son paralelos y tienen la misma medida.

$$\begin{aligned} P &= (x-4)+(x-4)+(x^2-x)+(x^2-x) \\ &= 2x^2-8 \end{aligned}$$

5. Suma $\frac{2}{3}a^2 - \frac{1}{4}a - 3$, $\frac{1}{2}a^2 - a + \frac{2}{3}$, $\frac{3}{4}a - \frac{1}{6}a^2$. Colocamos los polinomios en columnas, agrupamos los términos semejantes y combinamos sus coeficientes.

$$\begin{array}{r} \frac{2}{3}a^2 - \frac{1}{4}a - 3 \\ \frac{1}{2}a^2 - \phantom{\frac{1}{4}}a + \frac{2}{3} \\ -\frac{1}{6}a^2 + \frac{3}{4}a \phantom{{}+\frac{2}{3}} \\ \hline a^2 - \frac{1}{2}a - \frac{7}{3} \end{array}$$

Este ejercicio se puede hacer en la siguiente forma:

$$\left(\frac{2}{3}a^2 - \frac{1}{4}a - 3\right) + \left(\frac{1}{2}a^2 - a + \frac{2}{3}\right) + \left(\frac{3}{4}a - \frac{1}{6}a^2\right).$$

Agrupamos los términos semejantes y combinamos sus coeficientes.

$$\begin{aligned} &= \left(\frac{2}{3}+\frac{1}{2}-\frac{1}{6}\right)a^2 + \left(-\frac{1}{4}-1+\frac{3}{4}\right)a + \left(-3+\frac{2}{3}\right) \\ &= \left(\frac{4}{6}+\frac{3}{6}-\frac{1}{6}\right)a^2 + \left(-\frac{1}{4}-\frac{4}{4}+\frac{3}{4}\right)a = \left(-\frac{9}{3}+\frac{2}{3}\right) \\ &= a^2 - \frac{1}{2}a - \frac{7}{3} \end{aligned}$$

6. Resta $x^2 - 4x + 3$ de $4x^2 + 2x + 1$. Sumamos el opuesto de $x^2 - 4x + 3$, que es $-x^2 + 4x - 3$, al polinomio $4x^2 + 2x + 1$.

$$\begin{aligned} (4x^2+2x+1)-(x^2-4x+3) &= (4x^2+2x+1)+(-x^2+4x-3) \\ &= 3x^2+6x-2 \end{aligned}$$

Si colocamos los polinomios en columnas y combinamos los coeficientes de términos semejantes, obtenemos

$$\begin{array}{r} 4x^2 + 2x + 1 \\ -x^2 + 4x - 3 \\ \hline 3x^2 + 6x - 2 \end{array}$$

7. Resta $2x^3 - 4x^2 + 6x - 7$ de $x^3 - 3x^2 + 4x - 5$. Sumamos el opuesto de $2x^3 - 4x^2 + 6x - 7$, que es $-2x^3 + 4x^2 - 6x + 7$, al polinomio $x^3 - 3x^2 + 4x - 5$

$$\begin{aligned} &(x^3-3x^2+4x-5)+(-2x^3+4x^2-6x+7) \\ &\qquad = x^3-3x^2+4x-5-2x^3+4x^2-6x+7 \\ &\qquad = -x^3+x^2-2x+2 \end{aligned}$$

Si colocamos los polinomios en columnas y combinamos los coeficientes de los términos semejantes, obtenemos

$$\begin{array}{r} x^3 - 3x^2 + 4x - 5 \\ -2x^3 + 4x^2 - 6x + 7 \\ \hline -x^3 + x^2 - 2x + 2 \end{array}$$

8. El perímetro de un rectángulo mide $30x - 8$ unidades lineales. Si uno de sus lados mide $2x - 7$ unidades lineales, halla la suma de las medidas de los otros lados.

Perímetro = lado 1 + lado 2 + lado 3 + lado 4.

Si a $30x - 8$ le restamos la medida de un lado, encontraremos la suma de las medidas de los otros tres lados. A $30x - 8$ le restamos $(2x - 7)$

$$(30x - 8) - (2x - 7) = 30x - 8 + (-2x + 7)$$
$$= 28x - 1$$ Unidades lineales es la suma de las medidas de los otros tres lados del rectángulo.

7-2 EJERCICIOS

1. Decide si las siguientes expresiones algebraicas son términos semejantes:

a. $-4x^5, 3x^5, \frac{1}{2}x^5, x^5$

b. $3x^2y, 4yx^2, -7x^2y$

c. $5xy, 5x, 5y$

d. $\frac{1}{2}x^2y, 2yx^2, \sqrt{2}x^2y^2$

2. Suma los polinomios:

a. $8x^2 + 3x - 2,\ 4x^2 + 9x - 10.$

b. $6x^3 - 3x,\ 2x^2 + 5x - 2.$

c. $-5x^2 + 3x - 4,\ 7x^2 - 3x + 4.$

d. $3x^2y + 5x^2 - 7x^2y^2,\ -2x^2y - 5x^2 + 7x^2y^2 + y^2.$

e. $x - 2y + z,\ 2x + 3y - z,\ -x + y - 3z$

3. Resta los polinomios:

a. Resta $6x^2 + 3x - 2$ de $7x^2 - 2x.$

b. Resta $4x^2 - 2x + 3$ de $5x^2 - 2x + 4.$

c. $(4x^3 - 7x + 8) - (-x^3 + 6x^2 - 2).$

d. $2x^3 - \left[3x^2 + 8x - (5x^2 + 4x - 2)\right].$

e. $(5x^3 - 2x^2) - (3x^2 + x) - (5x^2 - x^3)$

4. Efectúa las operaciones indicadas:

a. Suma $(3x+8)$ y $(4-4x)$.
b. Resta $(6x-2)$ de $(4x+8)$.
c. $(2x^2-5x+3)+(-3x+4+8x^2)$.
d. $(x^3-2x^2+x+8)+(2x^3-8)+(2x^2-x)$.
e. $(5x^3+x^4-x^2+1)-(x^5+x^3+x+1)$.
f. $\left(\frac{3}{4}x^2+2x-5\right)+\left(\frac{4}{3}x^3+x^2+\frac{2}{3}x+1\right)-(x^3-4)$.
g. $(x^3-8)-(x^3+8)+(x^3-1)$.
h. $(x+y+3)+\left(\frac{2}{3}x+\frac{3}{2}y+2\right)-(x-y-5)$.
i. Resta $(4x^2-3x+8)$ de la suma de $(5x^2+5x+5)$ y $(-x^2+4x+1)$.
j. Resta $(4x^2-2x+5)$ de $(6x^2+3x-\frac{2}{5})$.
k. $(8x^2y^2-2xy+x^2)+(2x^2y^2+3xy+y^2)-(-x^2-y^2)$.
l. Resta $(5x-4xy+2y)$ de la suma de $(-3x+y+1)$ y $(2x-3y+1)$.
m. Resta $(4x^2-4x+3)$ de 0.

5. a. Halla el perímetro de un rectángulo si su largo mide $3x^2+4$ cm y su ancho mide x^3+4x^2-1 cm.

b. Si el perímetro de un triángulo mide $48x-10$ cm y la base $3x-2$ cm, halla la suma de las medidas de los otros dos lados.

c. El perímetro de un cuadrilátero es 36 m. Si la suma de las medidas de dos de sus lados es $16x+8$ m, halla la suma de las medidas de los otros dos lados.

7-3 Multiplicación de polinomios

La multiplicación de polinomios se reduce a aplicar la propiedad distributiva y efectuar varias multiplicaciones de monomios por monomios.

Comencemos con el caso más sencillo, la multiplicación de un monomio por un polinomio:

Si a es un monomio y $b+c+d$ es una suma de monomios, entonces

$$a(b+c+d)=ab+ac+ad.$$

Aplicamos la propiedad distributiva, es decir, multiplicamos el monomio por cada término del polinomio y aplicamos las reglas de exponentes. En particular, recordemos la regla de exponentes $(ax^n)(bx^m) = abx^{n+m}$.

EJEMPLOS:

1. $3x(2x^2 + 5x + 8) = (3x)(2x^2) + 3x(5x) + (3x)8$
$= 6x^3 + 15x^2 + 24x$

2. $3x(2x^2 - 3x - 1) = (3x)(2x^2) + (3x)(-3x) + (3x)(-1)$
$= 6x^3 - 9x^2 - 3x$

3. $2x^2(3x^2 - 2x + 1) = (2x^2)(3x^2) + (2x^2)(-2x) + (2x^2)(1)$
$= 6x^4 - 4x^3 + 2x^2$

4 $3x^2y(5xy-6xy^2 + 2x-3) = 3x^2y(5xy) + 3x^2y(-6xy^2) + 3x^2y(2x) + 3x^2y(-3)$
$= 15x^3y^2 - 18x^3y^3 + 6x^3y - 9x^2y$

Multiplicación de un polinomio por otro polinomio

Para hacer estas multiplicaciones, aplicamos la ley distributiva tantas veces como se requiera. Esto es: *multiplicamos cada término del primer factor por todos los términos del segundo factor y combinamos los términos semejantes.*

$$(a + b)(c + d + f) = a(c + d + f) + b(c + d + f)$$
$$= ac + ad + af + bc + bd + df$$

EJEMPLOS:

1. $(x + 2)(x^2 - 3x + 5) = x(x^2 - 3x + 5) + 2(x^2 - 3x + 5)$
$= x^3 - 3x^2 + 5x + 2x^2 - 6x + 10$
$= x^3 - x^2 - x + 10$

2. $(2x - 1)(2x^2 + 3x - 3) = 2x(2x^2 + 3x - 3) - 1(2x^2 + 3x - 3)$
$= 4x^3 + 6x^2 - 6x - 2x^2 - 3x + 3$
$= 4x^3 + 4x^2 - 9x + 3$

3. $(c^2 + 2c + 3)(c^3 - 3c^2 + 1) = c^2(c^3 - 3c^2 + 1) + 2c(c^3 - 3c^2 + 1) + 3(c^3 - 3c^2 + 1)$
$= c^5 - 3c^4 + c^2 + 2c^4 - 6c^3 + 2c + 3c^3 - 9c^2 + 3$
$= c^5 - c^4 - 3c^3 - 8c^2 + 2c + 3$

Regla para multiplicar un polinomio por otro polinomio

1. Aplica la ley distributiva cuantas veces sea necesario.
2. Efectúa las multiplicaciones de monomios por monomios.
3. Combina los términos semejantes.

7-3 EJERCICIOS

1. Multiplica los siguientes polinomios:

   a. $(4x)(5x^2)$.

   b. $(3x^4)\left(-\frac{2}{3}y^3\right)$.

   c. $4x^2(x^2 - 2x + 1)$.

   d. $7x^2y(4x^3 - 2x^2y^2 + y^3)$.

   e. $-5x^2y^3(2x^3 + 4x^2y^2 - y^3 + 5)$.

   f. $-\frac{2}{3}x^2y^2\left(x^3 - y^2 + \frac{1}{3}\right)$

   g. $3x(2x + 5)(x - 3)$.

   h. $-5x^3y^3\left(xy^2 - \frac{1}{2}x^2y + 3x^2 - 2y^2\right)$.

   i. $(x^3 + 5x^2 - 2x + 6)(2x - 3)$.

   j. $(-4x^2 + 8x - 2)(2x^2 - 3x + 5)$.

   k. $(6x^4 - x^2 + 3)(x^2 - 2)$.

   l. $(y^2 - 8y + 3)(y - 4)(y + 4)$.

   m. $y(y - 4)(y - 2)$.

   n. $2x(x - 3y)(x + 4y)$.

   o. $(3x - y)(x^2 + 3xy + y^2)$.

   p. $(3x + y)(x^2 - 3xy + y^2)$.

   q. $(x + y - z)^2$.

7-4 Productos notables

En esta sección te enseñaremos a reconocer unos productos que, porque ocurren con mucha frecuencia en ciencias y matemáticas, demuestran la conveniencia de efectuar la multiplicación por inspección. A continuación presentaremos cada uno de los casos, conocidos como productos notables.

A. El cuadrado de un binomio

$$\begin{aligned}(a+b)^2 = (a+b)(a+b) &= a(a+b) + b(a+b)\\ &= a^2 + ab + ba + b^2\\ &= a^2 + 2ab + b^2\end{aligned}$$

$$\begin{aligned}(a-b)^2 = (a-b)(a-b) &= a(a-b) - b(a-b)\\ &= a^2 - ab - ba + b^2\\ &= a^2 - 2ab + b^2\end{aligned}$$

El cuadrado de la suma de dos términos es el cuadrado del primer término sumado al doble del producto de los dos términos, sumado a su vez al cuadrado del segundo término.

$$(a+b)^2 = a^2 + 2ab + b^2$$

El cuadrado de la diferencia de dos términos es igual al cuadrado del primer término menos el doble del producto de los dos términos sumado a su vez al cuadrado del segundo término.

$$(a-b)^2 = a^2 - 2ab + b^2$$

EJEMPLOS:

1. $(2x+3)^2 = 4x^2 + 2(2x)(3) + 9 = 4x^2 + 12x + 9.$
2. $(x+2y)^2 = x^2 + 2(x)(2y) + 4y^2 = x^2 + 4xy + 4y^2.$
3. $(2a+5b)^2 = 4a^2 + 2(2a)(5b) + 25b^2 = 4a^2 + 20ab + 25b^2.$
4. $(b+3)^2 = b^2 + 2(3b) + 3^2 = b^2 + 6b + 9.$
5. $(2-a)^2 = 2^2 - 2(2a) + a^2 = 4 - 4a + a^2.$
6. $(3-2x)^2 = 3^2 - 2(6x) + (2x)^2 = 9 - 12x + 4x^2.$
7. $(x-y)^2 = x^2 - 2xy + y^2.$
8. $(3x-2y)^2 = (3x)^2 - 2(3x)(2y) + (2y)^2 = 9x^2 - 12xy + 4y^2.$

9. $(5x - y)^2 = (5x)^2 - 2(5x)(y) + (y)^2 = 25x^2 - 10xy + y^2.$

10. $(2a - 5b)^2 = (2a)^2 - 2(2a)(5b) + (5b)^2 = 4a^2 - 20ab + 25b^2.$

B. El producto de la suma y la diferencia de dos términos

$$\begin{aligned}(a + b)(a - b) &= a(a - b) + b(a - b)\\ &= a^2 - ab + ba - b^2\\ &= a^2 - b^2\end{aligned}$$

El producto de la suma y la diferencia de dos términos es igual a la diferencia de los cuadrados de los dos términos en el orden en que aparecen en la diferencia.

$$(a + b)(a - b) = a^2 - b^2.$$

EJEMPLOS:

1. $(5 + y)(5 - y) = 5^2 - y^2 = 25 - y^2.$

2. $(y + 5)(y - 5) = y^2 - 5^2 = y^2 - 25.$

3. $(3l + m)(3l - m) = (3l)^2 - m^2 = 9l^2 - m^2.$

4. $(x + y)(x - y) = x^2 - y^2.$

5. $(5 + a)(5 - a) = 25 - a^2.$

6. $(a + 4)(a - 4) = a^2 - 16.$

C. Caso general: el producto de dos binomios

$$(a + b)(c + d) = (a + b)c + (a + b)d = ac + bc + ad + bd$$

El producto de dos binomios es igual a la suma de los productos de cada uno de los términos de uno de los binomios por cada uno de los términos del otro. Si algunos términos son semejantes, se combinan.

Generalizamos para dos binomios en x:

$$(ax + b)(cx + d) = acx^2 + adx + bcx + bd$$

$$\mathbf{(ax + b)(cx + d) = acx^2 + (ad + bc)x + bd}$$

EJEMPLOS:

1. $(2x + 3)(5x - 4) = 10x^2 - 8x + 15x - 12$

$= 10x^2 + 7x - 12$

2. $(7x - y)(2x - 3y) = 14x^2 - 21xy - 2xy + 3y^2$
$\qquad = 14x^2 - 23xy + 3y^2$

3. $(3x + 5y)(8x + 7y) = 24x^2 + 40xy + 21xy + 35y^2$
$\qquad = 24x^2 + 61xy + 35y^2$

4. $(5x + 3)(2x - 1) = 10x^2 + 6x - 5x - 3$
$\qquad = 10x^2 + x - 3$

5. $(8x - 7)(3x + 4) = 24x^2 - 21x + 32x - 28$
$\qquad = 24x^2 + 11x - 28$

D:

El producto de un binomio y un trinomio que están relacionados en la siguiente forma:

$$(a + b)(a^2 - ab + b^2) = a^3 + b^3$$
$$(a - b)(a^2 + ab + b^2) = a^3 - b^3$$

a. El primer término del trinomio es el cuadrado del primer término del binomio.

b. El segundo término del trinomio es el opuesto del producto de los términos del binomio.

c. El tercer término del trinomio es el cuadrado del segundo término del binomio.

Su producto es igual a la suma o diferencia, según sea el caso, de los cubos de ambos términos del binomio.

Podemos establecer unas relaciones que nos permitan recordar estos últimos dos casos: solamente aparece un signo negativo en los factores. Si el primero es $(a - b)$, el otro tiene que ser $(a^2 + ab + b^2)$. Si el primero es $(a + b)$, el otro tiene que ser $(a^2 - ab + b^2)$. El producto es la suma o la diferencia de los cubos de los términos del binomio según aparece el signo en éste.

EJEMPLOS:

1. $(2 + y)(4 - 2y + y^2) = 2^3 + y^3 = 8 + y^3$.
2. $(x + y)(x^2 - xy + y^2) = x^3 + y^3$.
3. $(3 + a)(9 - 3a + a^2) = 3^3 + a^3 = 27 + a^3$.
4. $(3 - y)(9 + 3y + y^2) = 3^3 - y^3 = 27 - y^3$.
5. $(a - 2x)(a^2 + 2xa + 4x^2) = a^3 - (2x)^3 = a^3 - 8x^3$.
6. $(5 - 2y)(25 + 10y + 4y^2) = 5^3 - (2y)^3 = 125 - 8y^3$.

7-4 EJERCICIOS

1. Multiplica usando los productos notables:

a. $(5-x)^2$

b. $(2x+y)^2$

c. $(2x+3y)^2$

d. $(x-2)^2$

e. $(4-3x)^2$

f. $(x^2+4)^2$

g. $(5x-2)^2$

h. $(5+2x)(5-2x)$

i. $(x^2-4)(x^2+4)$

j. $(x-3y)(x+2y)$

k. $(2x-1)(x-5)$

l. $(4x-7)(5x-2)$

m. $(3x+5)(x-4)$

n. $(x+3)^2(x-3)^2$

o. $(5x+2)^2(5x-2)^2$

p. $(3x+4)^2(3x-4)^2$

2. En cada uno de los siguientes casos, usa los productos notables para efectuar la multiplicación:

a. $(3x-y)(3x+y)(9x^2+y^2)$

b. $(2x+5)^2(2x-5)^2$

c. $(4x+3y)^2(4x-3y)^2$

d. $(4x^2-4)^2(x-1)$

e. $(7x-5y)(7x+5y)(x-y)$

f. $(4x+3y)(4x-3y)(16x^2-9y^2)$

g. $x(x-2)(2x-3)$

h. $(x^2-1)(x^2+1)$

i. $(x^2-16)(x^2+16)$

j. $(3x-y)(9x^2+3xy+y^2)$

k. $(x+2y)(x^2-2xy+4y^2)$

l. $(x-2y)(x+2y)(x^4+4x^2y^2+16y^4)$

m. $(x-1)(x^2+x+1)$

n. $(x^2+y^2)(x^4-x^2y^2+y^4)$

o. $(x^3-y^3)(x^3+y^3)(x^6+y^6)$

p. $(x^4-4)(x^4+4)(x^8+16)$

7-5 División de polinomios

Si $P(x)$ y $D(x)$ son dos polinomios de grados n y m, respectivamente, $n \geq m$, **dividir $P(x)$ entre $D(x)$ significa hallar un polinomio $Q(x)$ y un residuo $R(x)$ tal que $P(x) = D(x) \cdot Q(x) + R(x)$, donde el residuo es cero o el grado del residuo es menor que el grado del divisor.**

A. División de un polinomio entre un monomio

La operación se efectúa dividiendo cada término del dividendo por el divisor (que es un monomio).

EJEMPLOS:

1. $$\frac{6x^4 - 8x^3 + 4x^2}{2x} = \frac{6x^4}{2x} + \frac{-8x^3}{2x} + \frac{4x^2}{2x}$$
$$= 3x^3 - 4x^2 + 2x$$

2. $$\frac{7y^5 - 6y^3 - 3y^2}{y^2} = \frac{7y^5}{y^2} + \frac{6y^3}{y^2} + \frac{-3y^2}{y^2}$$
$$= 7y^3 + 6y - 3$$

B. División de un polinomio entre otro polinomio

Antes de empezar la división escribimos el dividendo y el divisor en orden descendente de exponentes de la variable. El método de división de polinomios es parecido al método de división de números en aritmética. Usamos un ejemplo para explicar el método de división de polinomios una vez que éstos se han escrito **en orden descendente de exponentes de la variable x.**

EJEMPLOS:

1. Divide $(2x - 5x^2 + 6x^3 - 5)$ entre $(2x + 1)$.

$$2x + 1\,\overline{)\,6x^3 - 5x^2 + 2x - 5}$$

$$\frac{6x^3}{2x} = 3x^2$$

a. Dividimos el primer término del dividendo entre el primer término del divisor para obtener el primer término del cociente.

$$\begin{array}{rl} & 3x^2 \\ 2x + 1 & \overline{)\,6x^3 - 5x^2 + 2x - 5} \end{array}$$

$$3x^2(2x + 1)$$

b. Multiplicamos el primer término del cociente por el divisor.

$$\begin{array}{r} 6x^3 - 5x^2 + 2x - 5 \\ -\underline{(6x^3 + 3x^2)} \\ -8x^2 + 2x - 5 \end{array}$$

Este producto lo restamos del dividendo para obtener el primer residuo.

$$\begin{array}{rl} & 3x^2 \\ 2x + 1 & \overline{)\,6x^3 - 5x^2 + 2x - 5} \\ & -\underline{(6x^3 + 3x^2)} \\ & -8x^2 + 2x - 5 \end{array}$$

$$\frac{-8x^2}{2x} = -4x$$

c. Como el grado de este residuo es mayor que el grado del divisor, dividimos el primer término del residuo entre el primer término del divisor para obtener el segundo término del cociente.

$$\begin{array}{rl} & 3x^2 - 4x \\ 2x + 1 & \overline{)\,6x^3 - 5x^2 + 2x - 5} \\ & -\underline{(6x^3 + 3x^2)} \\ & -8x^2 + 2x - 5 \end{array}$$

$$-4x(2x + 1) = -8x^2 - 4x$$

d. Multiplicamos el segundo término del cociente por el divisor.

$$\begin{array}{r} -8x^2 + 2x^2 - 5 \\ \underline{-(8x^2 - 4x)} \\ 6x - 5 \end{array}$$

Este producto lo restamos del primer residuo para obtener el segundo residuo.

$$\begin{array}{rl} & 3x^2 - 4x \\ 2x + 1 & \overline{)\,6x^3 - 5x^2 + 2x - 5} \\ & -\underline{(6x^3 + 3x^2)} \\ & -8x^2 + 2x - 5 \\ & \underline{-8x^2 - 4x} \\ & 6x - 5 \end{array}$$

$\dfrac{6x}{2x} = 3$

e. El grado del residuo es 1, que es igual al grado del divisor. Dividimos el primer término de este residuo entre el primer término del divisor y obtenemos el tercer término del cociente.

$$\begin{array}{r|l}
 & 3x^2 - 4x + 3 \\
2x + 1 & 6x^3 - 5x^2 + 2x - 5 \\
 & -(6x^3 + 3x^2) \\
 & \quad -8x^2 + 2x - 5 \\
 & \quad -(-8x^2 - 4x) \\
 & \qquad\quad 6x - 5
\end{array}$$

$3(2x + 1) = 6x + 3$

f. Multipliacamos este término por el divisor y este producto lo restamos del segundo residuo.

$$\begin{array}{r} 6x - 5 \\ -(6x + 3) \\ \hline -8 \end{array}$$

$$\begin{array}{r|l}
 & 3x^2 - 4x + 3 \\
2x + 1 & 6x^3 - 5x^2 + 2x - 5 \\
 & -(6x^3 + 3x^2) \\
 & \quad -8x^2 + 2x - 5 \\
 & \quad -(-8x^2 - 4x) \\
 & \qquad\quad 6x - 5 \\
 & \qquad\quad -(6x + 3) \\
 & \qquad\qquad -8
\end{array}$$

Este residuo es de grado 0, que es menor que el grado del divisor.

El proceso de división termina porque el grado del residuo es menor que el grado del divisor.

El cociente es $3x^2 - 4x + 3$.

El residuo es -8.

Expresemos el método en forma más corta.

$$\begin{array}{r|l|l}
 & 3x^2 - 4x + 3 & \\
2x + 1 & 6x^3 - 5x^2 + 2x - 5 & \frac{6x^3}{2x} = 3x^2 \\
 & -(6x^3 + 3x^2) & 3x^2(2x + 1) \\
 & \quad -8x^2 + 2x - 5 & \frac{-8x^2}{2x} = -4x \\
 & \quad -(-8x^2 - 4x) & -4x(2x + 1) \\
 & \qquad\quad 6x - 5 & \frac{-6x}{2x} = 3 \\
 & \qquad\quad -(6x + 3) & 3(2x + 1) \\
 & \qquad\qquad -8 & \text{residuo}
\end{array}$$

La divisón termina cuando el residuo es cero o el grado del residuo es menor que el grado del divisor.

Para verificar la división, multiplicamos el cociente por el divisor, le sumamos el residuo y obtenemos el dividendo. Esto es.

$$(3x^2 - 4x + 3)(2x + 1) - 8 = 6x^3 - 5x^2 + 2x - 5$$

2. Divide $(6m^5 - 3m^4 + m^3 + 7m^2 - 2m + 6)$ entre $(3m^2 + 2)$.

Ya tenemos el dividendo y el divisor en orden descendente de exponentes. Ahora aplicamos el método de división que usamos en el ejemplo 1. Observa que el grado del divisor es 2.

$$\begin{array}{r|l}
 & 2m^3 - m^2 - m + 3 \\ \hline
3m^2 + 2 & 6m^5 - 3m^4 + m^3 + 7m^2 - 2m + 6 \\
 & \underline{6m^5 + 0m^4 + 4m^3} \\
 & \quad -3m^4 - 3m^3 + 7m^2 - 2m + 6 \qquad \text{Residuo de grado 4.} \\
 & \quad \underline{-3m^4 \qquad\quad - 2m^2} \\
 & \qquad\quad -3m^3 + 9m^2 - 2m + 6 \qquad \text{Residuo de grado 3.} \\
 & \qquad\quad \underline{-3m^3 \qquad\quad - 2m} \\
 & \qquad\qquad\qquad 9m^2 \qquad + 6 \qquad \text{Residuo de grado 2.} \\
 & \qquad\qquad\qquad \underline{9m^2 \qquad + 6} \\
 & \qquad\qquad\qquad\qquad\quad 0 \qquad \text{El residuo es cero y termina la división.}
\end{array}$$

El cociente es $2m^3 - m^2 - m + 3$. En este caso, el residuo es 0. Decimos que el divisor es factor del dividendo y el otro factor es el cociente. Para verificar la división, multiplicamos el cociente por el divisor y obtenemos el dividendo.

$$(3m^2 + 2)(2m^3 - m^2 - m + 3) = 6m^5 - 3m^4 + m^3 + 7m^2 - 2m + 6$$

3. Divide $(5x^4 - 2x^2 + 8x - 3)$ entre $(x - 2)$. Como el dividendo no tiene un término en x^3, escribimos el dividendo como $5x^4 + 0x^3 - 2x^2 + 8x - 3$ y efectuamos la división, o podemos dejar el espacio que corresponde a x^3 una vez que se escribe el dividendo en orden descendente de exponentes. Observa que el grado del divisor es 1.

$$\begin{array}{r|l}
 & 5x^3 + 10x^2 + 18x + 44 \\ \hline
x - 2 & 5x^4 \qquad\qquad - 2x^2 - 8x - 3 \\
 & \underline{5x^4 - 10x^3} \\
 & \qquad 10x^3 - 2x^2 + 8x - 3 \qquad \text{Residuo de grado 3} \\
 & \qquad \underline{10x^3 - 20x^2} \\
 & \qquad\qquad\quad 18x^2 + 8x - 3 \qquad \text{Residuo de grado 2} \\
 & \qquad\qquad\quad \underline{18x^2 - 36x} \\
 & \qquad\qquad\qquad\quad 44x - 3 \qquad \text{Residuo de grado 1} \\
 & \qquad\qquad\qquad\quad \underline{44x - 88} \\
 & \qquad\qquad\qquad\qquad\quad 85 \qquad \text{Residuo de grado 0; termina la división}
\end{array}$$

El cociente es $5x^3 + 10x^2 + 18x + 44$ y el residuo es 85.

En este ejercicio el residuo no es cero, luego $(x - 2)$ no es factor de $(5x^4 - 2x^2 + 8x - 3)$.

4. Divide $(5x^4 - 3x^3 + 7x^2 - 2x + 6)$ entre $(5x - 3)$. Escribe el dividendo y el divisor en orden descendente de exponentes. Observa que el divisor, $5x - 3$, es de grado 1. Esta división terminará cuando el residuo sea de grado cero, o cuando el residuo sea 0.

$$
\begin{array}{rll}
 & x^3 \qquad + \tfrac{7}{5}x + \tfrac{11}{25} & \\
5x - 3 & \overline{)\,5x^4 - 3x^3 + 7x^2 - 2x + 6} & \\
 & \underline{5x^4 - 3x^3} & \\
 & \qquad\qquad 7x^2 - 2x + 6 & \text{Residuo de grado 2.} \\
 & \qquad\qquad \underline{7x^2 - \tfrac{21}{5}x} & \\
 & \qquad\qquad\qquad \tfrac{11}{5}x + 6 & \text{Residuo de grado 1.} \\
 & \qquad\qquad\qquad \underline{\tfrac{11}{5}x - \tfrac{33}{25}} & \\
 & \qquad\qquad\qquad\qquad \tfrac{183}{25} & \text{Residuo de grado 0; termina la división.}
\end{array}
$$

El cociente es $x^3 + \frac{7}{5}x + \frac{11}{25}$ y el residuo es $\frac{183}{25}$. Como el residuo no es 0, $(5x - 3)$ no es factor del dividendo $(5x^4 - 3x^3 + 7x^2 - 2x + 6)$.

5. Divide $(-3x^3 + 2x^2 - 2x + 3 + 2x^4)$ entre $(x^2 + x - 2)$. Escribimos el dividendo y el divisor en orden descendente de exponentes.

$$
\begin{array}{rll}
 & 2x^2 - 5x + 11 & \\
x^2 + x - 2 & \overline{)\,2x^4 - 3x^3 + 2x^2 - 2x + 3} & \\
 & \underline{2x^4 + 2x^3 - 4x^2} & \\
 & \qquad -5x^3 + 6x^2 - 2x + 3 & \text{Residuo de grado 3.} \\
 & \qquad \underline{-5x^3 - 5x^2 + 10x} & \\
 & \qquad\qquad 11x^2 - 12x + 3 & \text{Residuo de grado 2.} \\
 & \qquad\qquad \underline{11x^2 + 11x - 22} & \\
 & \qquad\qquad\qquad -23x + 25 & \text{Residuo de grado 1; termina la división.}
\end{array}
$$

El cociente es $2x^2 - 5x + 11$ y el residuo es $-23x + 25$.

7-5 EJERCICIOS

---

1. Efectúa la división:

a. $(9y^2 - 12y) \div (3y)$

b. $(8x^7 - 16x^5 + 4x^3) \div (-4x^2)$

c. $(16x^3 + 24x^2) \div (4x)$

d. $\dfrac{18y^4 - 12y^2 + 6y}{-6y}$

e. $\dfrac{21x^5 - 28x^4 + 14x^3}{-7x}$

f. $\dfrac{20x^4y^2 - 15x^2y^3 + 10x^3y}{5x^2y}$

2. Halla el cociente y el residuo al dividir:

a. $\dfrac{x^2 - 5x + 6}{x - 2}$

b. $\dfrac{x^2 - 2x - 8}{x - 4}$

c. $\dfrac{3x^3 - 14x^2 - 18x - 20}{x - 6}$

d. $(x^3 + 4x - 3) \div (x - 3)$

e. $(25x^3 + x) \div (5x - 2)$

f. $(y^2 + y^4 - 16) \div (y + 2)$

g. $\dfrac{x^2 + x^4 + 2x + 4}{x^2 + 3x + 1}$

h. $\dfrac{3x^2 + x^3 - 4x - 12}{x^2 - 4}$

i. $\dfrac{x^2 + x^4 - 2x^3 - 3x + 5}{x^2 - 2x + 2}$

j. $\dfrac{4x^3 + x^2 - 4}{2x + 1}$

3. a. Sustituye el número x por 2 en el polinomio $x^3 - 8$. Compara el resultado con el residuo que se obtiene al dividir $(x^3 - 8) \div (x - 2)$. ¿Es $(x - 2)$ factor de $x^3 - 8$?

b. Sustituye x por -6 en el polinomio $x^2 - 2x - 13$. Compara el resultado con el residuo que se obtiene al dividir $(x^2 - 2x - 13) \div (x + 6)$. ¿Es $(x + 6)$ factor de $x^2 - 2x - 13$?

c. Sustituye x por 1 en el polinomio $4x^3 - 24x^2 + 17x + 15$. Compara el resultado con el residuo que se obtiene al dividir $(4x^3 - 24x^2 + 17x + 15) \div (x - 1)$. ¿Es $(x - 1)$ factor de $4x^3 - 24x^2 + 17x + 15$?

Capítulo 7 Ejercicios de repaso

1. En cada una de las siguientes expresiones algebraicas, determina cuáles tienen términos semejantes:

a. $-2x^3, 3x^3, x^3$

b. $2xy^2, 4xy^2, -7xy^2$

c. $5x, 4xy, -2y$

d. $\frac{1}{3}zxy, 0.4zx, \sqrt{2}xyz$

2. Determina si las siguientes expresiones algebraicas son polinomios:

a. $-7x^{-1} + 2x + 3$

b. $4x^{20} + 2x^{10} + 3$

c. $0.1x^2 + 2$

d. $2x^3 + 2x^2 - 7x$

e. $\sqrt[3]{8y^2 + 7y}$

f. $\frac{1}{2}x^5 + \frac{1}{4}$

3. Escribe cada polinomio en forma general. Indica el grado y los coeficientes del polinomio:

a. $6x^2 + 2x^3 - 3x + 7$

b. $x^4 - x^2 - 1$

c. $z^3 + \sqrt{3}z^5 + z - \sqrt{2}$

d. 4

e. $x + 1$

f. $2x^8 + 4 - 3x^2$

g. y^{10}

h. $y^7 - 4y^6 - \frac{1}{2}y^2$

4. Suma:

a. $(9x) + (3x - 5)$
b. $(7y + 4) + (4y - 8)$
c. $(x^2 + 8x - 3) + (-4x^2 + 5)$
d. $(-4m^2 + 7) + (8m^2 + m - 2)$
e. $(5x^3 + 6x^2 - x) + (-4x^3 + 3x + 2)$
f. $(4r^2 - 6s^2) + (-8r^2 + 7s^2 + 6rs)$

5. Resta:

a. $7y - (2y - 3)$
b. $(3x - 7) - (8 - 9x)$
c. $(-7d + 4c) - (5c - 7d)$
d. $(5x^2 - 4x + 3) - (x^2 - 4x - 5)$
e. $(4x + 2y) - (-y + 3x)$
f. $8r - (-4s - 8r)$

6. Efectúa las operaciones indicadas:

a. $(-5x^2 - 9y^2) - (3x^2 + 4xy + 6y^2) + (3xy + y^2)$
b. $(8x^2 - 6x - 9) + (3x^2 + 8x - 4) - (5x^2 - 14x - 5)$
c. $(6xy - 5yz) + (-2xy - 3yz) - (-4xy + 7yz)$
d. $(x + y) - (x - y) + y$

7. Efectúa la multiplicación:

a. $(-3rs)(2rs)$
b. $(-7xy^2)(4x^2)$
c. $8(2x + 3)$
d. $-3x(x^2 - 4x + 2)$
e. $-5x^2y^2(4xy^2 - 2y^3)$
f. $5x^2(2x^3 - x)$

8. Efectúa la operación indicada:

a. $(12r + 27s) \div 3$
b. $(16x^2 - 8x) \div 4x$
c. $(6r^4 + 12r^3) \div 3r^2$
d. $(6x^2y - 12xy^2 + 2xy) \div 2xy$
e. $\dfrac{8x^2 - 16x - 4}{4}$
f. $\dfrac{30(x + y)^2 - 50(x + y)}{2(x + y)}$

9. Efectúa la multiplicación usando los productos notables:

a. $(x + 2)(x + 3)$
b. $(5r - 1)(6r + 7)$
c. $(6 - x)(5 + x)$
d. $(2x^3 - 3x + 4)(2x + 1)$
e. $(x + 2)^2$
f. $(x - 1)^2$
g. $(x + y)^3$
h. $(2 + x)^2$

10. Halla el producto de los siguientes polinomios usando los productos notables:

a. $(x - 2)(x^2 + 2x + 4)$
b. $(y + 3)(y^2 - 3y + 9)$
c. $(4 - x)(4 + x)$
d. $(2 + x)(2 + x)$
e. $(3 - a)(9 + 3a + a^2)$
f. $(x + 1)^2(x - 1)^2$
g. $(2 + 3x)(4 - 6x + 9x^2)$
h. $(x^3 + 1)(x^3 - 1)$

11. Divide los polinomios:

a. $(x^2 + 8x + 12) \div (x + 2)$

b. $(6x^2 - 13x + 6) \div (3x - 2)$

c. $(4a^2 - 6 + 5a) \div (4a - 3)$

d. $(3x^3 - 19x^2 + 27x + 4) \div (x - 4)$

e. $(a^3 - 64) \div (a - 4)$

f. $(6a^3 + 27a - 19a^2 - 15) \div (3a - 5)$

CAPÍTULO 8

Factorización

Conceptos básicos

Hasta ahora hemos estudiado las cuatro operaciones básicas: suma, resta, multiplicación y división de polinomios. En particular, analizamos métodos especiales para hallar el producto de dos o más polinomios. En esta sección estudiaremos el proceso inverso: expresar un polinomio como el producto de dos o más polinomios de grado menor o igual que el del polinomio dado. A este proceso se le da el nombre de **factorización de polinomios.** Este concepto no es nuevo. Expusimos un tema análogo a éste al estudiar la factorización de números naturales.

Si $c = ab$, $a, b, c \in \mathbb{N}$, entonces a y b son divisores o factores de c. Análogamente, si $p(x)$ es un polinomio y se verifica que $p(x) = q(x) \cdot d(x)$, siendo $q(x)$ y $d(x)$ también polinomios, entonces decimos que $q(x)$ y $d(x)$ son factores o divisores de $p(x)$. El grado de $p(x)$ es igual a la suma de los grados de $q(x)$ y $d(x)$.

EJEMPLOS:

1. $x(x + 4) = x^2 + 4x$.

x y $x + 4$ son factores o divisores de $x^2 + 4x$.

2. $(2x + t)(2x - t) = 4x^2 - t^2$

$2x + t$ y $2x - t$ son factores o divisores de $4x^2 - t^2$.

3. $(x - 3)(x + 5) = x^2 + 2x - 15$.

$x - 3$ y $x + 5$ son factores o divisores de $x^2 + 2x - 15$.

Definición:

Sea $p(x)$ un polinomio con coeficientes enteros. Decimos que $p(x)$ es un polinomio primo, o irreducible, en el conjunto de los polinomios con coeficientes enteros si los únicos polinomios que dividen a $p(x)$ son $p(x)$, $-p(x)$, 1 y -1.

EJEMPLOS:

1. Los polinomios de la forma $ax + b$ son irreducibles si a y b son enteros relativamente primos.

2. $x + 4$ es un factor irreducible de $x^2 + 4x$ ya que $x^2 + 4x = x(x + 4)$, y $x + 4$ no tiene otros factores.

3. El polinomio $2x^3 + 5x^2$ se puede representar como

$$2x^3 + 5x^2 = x(2x^2 + 5x).$$

El factor $2x^2 + 5x$ no es factor irreducible de $2x^3 + 5x^2$ ya que tiene otros factores. Esto es,

$$2x^2 + 5x = x(2x + 5).$$

Tanto x como $2x + 5$ son factores irreducibles de $2x^2 + 5x$. Así obtenemos

$$2x^3 + 5x^2 = x \cdot x(2x + 5) = x^2(2x + 5).$$

Verifica que al multiplicar $x^2(2x + 5)$ se obtiene $2x^3 + 5x^2$.

Todo polinomio $p(x)$ de grado $n \geq 1$ se puede escribir en forma única como el producto de polinomios irreducibles.

8-1 Divisor común mayor o factor común mayor

El producto notable más sencillo es una aplicación directa de la propiedad distributiva de la multiplicación respecto a la suma:

$$a(b + c) = ab + ac$$

Una expresión de la forma $ab + ac$ se puede escribir como el producto de dos factores irreducibles usando la propiedad distributiva.

A.
$ab + ac = a(b + c)$

EJEMPLOS:

1. Escribe $7a + 14a^2$ como un producto de polinomios irreducibles en el conjunto de los números enteros.

Un factor de $7a$ y de $14a^2$ es $7a$. Aplicamos la propiedad distributiva y tenemos que

$$7a + 14a^2 = 7a(1 + 2a).$$

2. Escribe $x^3 + 3x^2$ como el producto de polinomios irreducibles en el conjunto de los números enteros.

x es un factor común a x^3 y $3x^2$. Luego, aplicamos la propiedad distributiva y tenemos que

$$x^3 + 3x^2 = x(x^2 + 3x).$$

El factor $x^2 + 3x$ no es irreducible ya que x es un factor común a x^2 y $3x$. Aplicamos la ley distributiva nuevamente a $x^2 + 3x$ hasta que obtenemos un factor irreducible:

$$x^2 + 3x = x(x + 3).$$

Ahora tenemos que: $x^3 + 3x^2 = x(x^2 + 3x) = x \cdot x(x+3) = x^2(x+3)$. Observa que x^2 es el factor común mayor a x^3 y $3x^2$.

Podemos conseguir los factores irreducibles si buscamos el factor común mayor a todos los términos antes de aplicar la ley distributiva.

3. Escribe $5t - 25t^2$ como un producto de polinomios irreducibles en el conjunto de los números enteros.

5, t, $5t$ son factores comunes a los dos términos del polinomio. El factor común mayor es $5t$. Aplicando la ley distributiva, tenemos que

$$5t - 25t^2 = (5t) \cdot 1 - (5t)(5t) = 5t(1 - 5t).$$

4. Expresa $7x^2 + 21x^3$ como un producto de factores primos.

7, x, x^2, $7x$, $7x^2$ son factores comunes a los dos términos del polinomio dado. De éstos, $7x^2$ es el factor común mayor. Aplicando la ley distributiva, tenemos que

$$7x^2 + 21x^3 = 7x^2(1 + 3x).$$

El factor común no siempre es un monomio. Veamos a continuación.

EJEMPLOS:

Escribe cada polinomio como un producto de polinomios irreducibles en el conjunto de los números enteros.

1. $(a + b)x + (a + b)y$.

En este caso, el factor común mayor a los términos del polinomio dado es $(a + b)$. Si aplicamos la ley distributiva, obtenemos

$$(a + b)x + (a + b)y = (a + b)(x + y).$$

En algunas expresiones el factor común no es tan obvio como en los ejemplos anteriores, y para conseguirlo es necesario agrupar los términos en una forma conveniente.

2. $(x+2)y+x+2$.

Agrupamos los términos de manera que se destaque un factor común.

$$\begin{aligned}(x+2)y+x+2 &= (x+2)y+(x+2)(1)\\ &= (x+2)(y+1)\end{aligned}$$

3. $ax+ay+bx+by$.

En este caso agrupamos los términos que tienen algún factor común.

$$(ax+ay)+(bx+by)$$

Si aplicamos la ley distributiva a todos estos términos, tenemos que

$$\begin{aligned}ax+ay &= a(x+y),\\ bx+by &= b(x+y).\end{aligned}$$

Así la expresión original se transforma en

$$ax+ay+bx+by = a(x+y)+b(x+y).$$

Esta expresión todavía no está escrita como un producto de factores ya que es una suma de dos términos. Es fácil ver ahora que $(x+y)$ es un factor común a ambos términos. Aplicando de nuevo la ley distributiva, obtenemos

$$a(x+y)+b(x+y) = (x+y)(a+b).$$

Luego, $ax+ay+bx+by = (x+y)(a+b)$. Para aplicar este método tienes que usar tu ingenio. La forma de agrupar los términos no es única. En la expresión anterior también puedes agrupar los términos en la forma siguiente.

$$\begin{aligned}ax+ay+bx+by &= (ax+bx)+(ay+by)\\ &= x(a+b)+y(a+b)\\ &= (a+b)(x+y)\end{aligned}$$

El resultado final es el mismo.

4. $x^2+2x+4x+8$.

Agrupamos los términos que tienen un factor común.

$$x^2+2x+4x+8 = (x^2+2x)+(4x+8).$$

Aplicamos la ley distributiva:

$$\begin{aligned}x^2+2x &= x(x+2)\\ 4x+8 &= 4(x+2)\end{aligned}$$

Luego:

$$x^2+2x+4x+8 = x(x+2)+4(x+2) = (x+4)(x+2).$$

Observa que la expresión original equivale al polinomio x^2+6x+8. Luego, la factorización de x^2+6x+8 es:

$$x^2+6x+8 = (x+2)(x+4).$$

8-1 EJERCICIOS

1. Escribe los polinomios siguientes como un producto de polinomios irreducibles sobre el conjunto de los enteros:

a. $3x + 12x^2$

b. $x^2 + 10x$

c. $7x^3 - 49x^2$

d. $xy(a - b) - 3(a - b)$

e. $(5x - 2)x + (5x - 2)y$

f. $4y^2 + 16y + 12xy + 48x$

g. $2x^3 + 4x^2 + 4x + 8$

h. $18x^2 + 6x - 15x - 5$

i. $8x^2 + 64x^3y^2 - 16x^2y^4$

j. $14x^2y - 35xy^2 - 49x^2y^2$

k. $21xy - 14x^2y^2$

l. $15ab - 10b$

m. $7a(x + y) - (x + y)$

n. $4x(x - 3) + 3(x - 3)$

o. $a(x + y) + b(x + y) + c(x + y)$

p. $2a + 2b + ax + bx$

q. $x(2x + 5) + 4(2x + 5)$

r. $4x + 8y + ax + 2ay$

s. $2x - 10 + xy - 5y$

t. $xa + 2bx - a - 2b$

8-2 Factorización de trinomios

Entre los productos notables considerados en el capítulo anterior se encontraba el caso del cuadrado de un binomio:

$$(a + b)^2 = a^2 + 2ab + b^2$$
$$(a - b)^2 = a^2 - 2ab + b^2$$

Podemos reconocer el trinomio cuadrado perfecto porque dos de sus términos son cuadrados de alguna expresión y el otro, excepto quizás por su signo, es el doble del producto de las raíces cuadradas de estos dos términos.

A. Trinomios cuadrados perfectos

$$a^2 + 2ab + b^2 = (a + b)^2$$
$$a^2 - 2ab + b^2 = (a - b)^2$$

Observa cómo se determina el signo del término del medio. Determinemos si las siguientes expresiones son trinomios cuadrados perfectos; si lo son, las escribiremos como un producto de factores irreducibles.

EJEMPLOS:

1. $x^2 + 8x + 16$.

x^2 y 16 son cuadrados de x y 4, respectivamente, mientras que el otro término, $8x$, es el doble del producto de x y 4: $8x = 2(4)(x)$. Esto es,

$$x^2 + 8x + 16$$

el cuadrado de 4

$2(x)(4)$

el cuadrado de x

Luego, $x^2 + 8x + 16 = (x + 4)^2$.

2. $x^2 + 2x + 4$.

x^2 y 4 son cuadrados de x y 2, respectivamente. Sin embargo, el otro término, $2x$, no es el doble del producto de 2 y x: $2x \neq 2(2)(x)$. Luego, $x^2 + 2x + 4$ no es un trinomio cuadrado perfecto.

3. $9x^2 - 30x + 25$.

$9x^2$ y 25 son cuadrados de $3x$ y 5, respectivamente. El otro término, $(-30x)$, excepto por su signo, es el doble del producto de $3x$ y 5: $30x = 2(3x)(5)$.

$$9x^2 - 30x + 25$$

el cuadrado de 5

$-2(3x)(5)$

el cuadrado de $3x$

Luego, $9x^2 - 30x + 25 = (3x - 5)^2$.

4. $9x^2 - 6x + 1$.

$9x^2$ y 1 son cuadrados de $3x$ y 1, respectivamente. Además, $6x$, excepto por el signo, es el doble del producto de $3x$ y 1.

$$9x^2 - 6x + 1$$

el cuadrado de 1

$-2(3x)(1)$

el cuadrado de $3x$

Luego, $9x^2 - 6x + 1 = (3x - 1)^2$.

5. $16x^2 + 24x + 9$.

$16x^2$ y 9 son cuadrados de $4x$ y 3, respectivamente. $24x = 2(4x)(3)$.

$$16x^2 + 24x + 9$$

9: el cuadrado de 3

$24x$: $2(4x)(3)$

$16x^2$: el cuadrado de $4x$

Esto es, $16x^2 + 24x + 9 = (4x + 3)^2$.

6. $x^2 + 6x + 9$.

x^2 y 9 son los cuadrados de x y 3, respectivamente; el otro término, $6x$, es el doble del producto de 3 y x.

$$x^2 + 6x + 9$$

9: el cuadrado de 3

$6x$: $2(x)(3)$

x^2: el cuadrado de x

Luego, $x^2 + 6x + 9 = (x + 3)^2$.

7. $4x^2 - 20x + 25$.

$4x^2$ y 25 son los cuadrados de $2x$ y 5, respectivamente; el otro término, $-20x$, excepto por el signo, es el doble del producto de $2x$ y 5.

$$4x^2 - 20x + 25$$

25: el cuadrado de 5

$-20x$: $-2(2x)(5)$

$4x^2$: el cuadrado de $2x$

Luego, $4x^2 - 20x + 25 = (2x - 5)^2$.

8. $25a^2 + 20ab + 4b^2$.

$25a^2$ y $4b^2$ son el cuadrado de $5a$ y $2b$, respectivamente; el otro término, $20ab$, es el doble del producto de $5a$ y $2b$.

$$25a^2 + 20ab + 4b^2$$

el cuadrado de $2b$

$2(5a)(2b)$

el cuadrado de $5a$

$$25a^2 + 20ab + 4b^2 = (5a + 2b)^2.$$

9. $36x^4 - 84x^2 + 49$

$36x^4$ y 49 son el cuadrado de $6x^2$ y 7, respectivamente, el otro término $-84x^2$, excepto por el signo, es el doble del producto de $6x^2$ y 7.

$$36x^4 - 84x^2 + 49$$

el cuadrado de 7

$-2(6x^2)(7)$

el cuadrado de $6x^2$

$$36x^4 - 84x^2 + 49 = (6x^2 - 7)^2.$$

10. $x^2 - 8x + 16.$

x^2 y 16 son el cuadrado de x y 4, respectivamente; el otro término, $-8x$, excepto por el signo, es el doble del producto de x y 4.

$$x^2 - 8x + 16$$

el cuadrado de 4

$-2(4)(x)$

el cuadrado de x

$$x^2 - 8x + 16 = (x - 4)^2.$$

11. $2x^2 + 16x + 32.$

Ni $2x^2$ ni 32 son el cuadrado de ningún número entero; sin embargo, 2 es un factor común mayor a todos los términos.

$$2x^2 + 16x + 32 \quad \text{es} \quad 2(x^2 + 8x + 16).$$

En el polinomio $x^2 + 8x + 16$, x^2 y 16 son los cuadrados de x y 4, respectivamente, mientras que el otro término es el doble del producto de x y 4.

$$x^2 + 8x + 16$$

el cuadrado de 4

$2(x)(4)$

el cuadrado de x

$$x^2 + 8x + 16 = (x + 4)^2$$

$$2x^2 + 16x + 32 = 2(x + 4)^2.$$

Siempre que los términos del polinomio tienen un factor común, aplicamos la propiedad distributiva para expresar el polinomio como un producto y luego continuamos con la factorización de las expresiones que se obtienen.

B. Trinomios de la forma $x^2 + bx + c$

Los trinomios de la forma $x^2 + bx + c$, donde b y c son números enteros, se obtienen al multiplicar polinomios lineales de la forma $(x + p)$ y $(x + q)$. Esto es,

$$(x + p)(x + q) = x^2 + px + qx + pq$$

$$= x^2 + (p + q)x + pq$$

Si $x^2 + bx + c$ tiene factores irreducibles en el conjunto de los polinomios con coeficientes enteros es porque existen números enteros p y q tales que

$$x^2 + bx + c = (x + p)(x + q) = x^2 + (p + q)x + pq.$$

Por el criterio de igualdad de polinomios, los coeficientes de los términos semejantes son iguales:

$$b = p + q \quad \text{y} \quad c = pq$$

Luego, para buscar los factores irreducibles $(x + p)$ y $(x + q)$ del polinomio $x^2 + bx + c$, consideramos dos números enteros $\boldsymbol{p}$ y $\boldsymbol{q}$ cuya suma sea $\boldsymbol{b}$ y cuyo producto sea $\boldsymbol{c}$.

EJEMPLOS:

Escribe cada uno de los polinomios siguientes como un producto de factores irreducibles sobre el conjunto de los enteros.

1. $x^2 + 5x + 6$.

Tenemos que hallar dos números enteros p y q tales que $p + q = 5$ y $pq = 6$. Busquemos los divisores de 6 que sumen 5. Los valores de p y q que satisfacen ambas condiciones son 2 y 3. Observa que cuando b y c son positivos, p y q también lo son. Luego los factores de $x^2 + 5x + 6$ son $(x + 2)$ y $(x + 3)$:

$$x^2 + 5x + 6 = (x + 2)(x + 3)$$

Estos factores también se pueden determinar de otra forma. Observa que 2 y 3 se pueden utilizar para representar el coeficiente de x como una suma para luego aplicar el método de agrupación que ya aprendiste:

$$\begin{aligned} x^2 + 5x + 6 &= x^2 + (2 + 3)x + 6 \\ &= x^2 + 2x + 3x + 6 \\ &= (x^2 + 2x) + (3x + 6) \\ &= x(x + 2) + 3(x + 2) \\ &= (x + 2)(x + 3) \end{aligned}$$

$(x + 2)$ surge como un factor común a $x(x + 2)$ y a $3(x + 2)$.

2. ¿Qué ocurriría si el trinomio fuese $x^2 - 5x + 6$?

Tenemos que hallar dos números p y q tales que $p + q = -5$ y $pq = 6$. Para que el producto sea positivo, p y q deben tener el mismo signo, pero como $(p + q)$ es negativo, el signo de p y q tiene que ser negativo. Por lo tanto, p y q son -2 y -3. Los factores irreducibles de $x^2 - 5x + 6$ son $(x - 2)$ y $(x - 3)$.

$$x^2 - 5x + 6 = (x - 2)(x - 3)$$

3. $x^2 + 5x - 6$.

Tenemos que hallar dos números enteros p y q tales que $p + q = 5$ y $pq = -6$. Como el producto pq es negativo, p y q tienen signos diferentes. Por otro lado, $p + q$ es positivo, luego el valor absoluto del número positivo es mayor que el valor absoluto del número negativo. Por lo tanto, p y q son 6 y -1. Los factores irreducibles de $x^2 + 5x - 6$ son $x + 6$ y $x - 1$.

$$x^2 + 5x - 6 = (x + 6)(x - 1)$$

4. $x^2 + 2x - 48$.

Tenemos que hallar dos números enteros p y q tales que $p + q = 2$ y $pq = -48$. Luego, p y q son 8 y -6. Los factores irreducibles de $x^2 + 2x - 48$ son $x + 8$ y $x - 6$.

$$x^2 + 2x - 48 = (x + 8)(x - 6).$$

Observa otra forma de determinar dichos factores por agrupación:

$$\begin{aligned} x^2 + 2x - 48 &= x^2 + (8 - 6)x - 48 \\ &= x^2 + 8x - 6x - 48 \\ &= (x^2 + 8x) - (6x + 48) \\ &= x(x + 8) - 6(x + 8) \\ &= (x + 8)(x - 6) \end{aligned}$$

5. $x^2 - 4x + 3$.

Tenemos que hallar dos números enteros p y q tales que $p + q = -4$ y $pq = 3$. p y q deben tener el mismo signo ya que pq es positivo. De hecho, p y q son negativos, ya que la suma de dos números negativos, $p + q$, es negativa: -4.

$$x^2 - 4x + 3 = (x - 3)(x - 1).$$

Por el método de agrupación:

$$\begin{aligned} x^2 - 4x + 3 &= x^2 - 3x - x + 3 \\ &= (x^2 - 3x) + (-x + 3) \\ &= x(x - 3) + (-x + 3) \\ &= x(x - 3) - 1(x - 3) \\ &= (x - 3)(x - 1) \end{aligned}$$

6. $x^2 + 3x + 1$.

Tenemos que hallar enteros p y q tales que $p + q = 3$ y $pq = 1$. En este caso, no existen enteros que satisfagan ambas condiciones. Decimos que el polinomio $x^2 + 3x + 1$ es irreducible sobre el conjunto de los enteros.

7. $x^2 - 4x - 5$.

Tenemos que hallar dos números enteros p y q tales que $p + q = -4$ y $pq = -5$. Como el producto pq es negativo; p y q tienen signos diferentes. Como la suma es negativa, el número que tiene el valor absoluto mayor es negativo; p y q son -5 y 1. Los factores irreducibles son $x - 5$ y $x + 1$.

$$x^2 - 4x - 5 = (x - 5)(x + 1).$$

Por el método de agrupación:

$$\begin{aligned} x^2 - 4x - 5 &= x^2 - 5x + x - 5 \\ &= x(x - 5) + 1(x - 5) \\ &= (x - 5)(x + 1) \end{aligned}$$

C. Trinomios de la forma $ax^2 + bx + c$

En el caso de trinomios de la forma $ax^2 + bx + c$, donde a, b, c son números enteros relacionados de tal forma que su divisor común mayor es uno, si $ax^2 + bx + c$ tiene factores irreducibles, éstos serán de la forma $(rx + p)$ y $(sx + q)$, ya que

$$\overbrace{(rx + p)(sx + q)}^{rsx^2 \quad pq}_{psx \,+\, qrx} = rsx^2 + psx + qrx + pq$$

$$= rsx^2 + (ps + qr)x + pq$$

Luego, si $ax^2 + bx + c = rsx^2 + (ps + qr)x + pq$, por el criterio de igualdad de polinomios, los coeficientes de los términos semejantes son iguales:

$$a = rs, \qquad b = ps + qr, \qquad c = pq$$

Para obtener ps y qr, observa que $ac = (rs)(pq) = (ps)(qr)$. Esto es, el producto de ps y qr es igual a ac y su suma es b. Luego, para hallar ps y qr, tomamos dos números enteros cuyo producto sea ac y cuya suma sea b.

EJEMPLOS:

Escribe cada uno de los siguientes polinomios como el producto de polinomios irreducibles.

1. $6x^2 - 7x - 3$.

$$a = 6, \qquad b = -7, \qquad c = -3, \qquad ac = 6(-3) = -18.$$

Tenemos que hallar dos números enteros cuyo producto sea -18 y cuya suma sea -7. Éstos son -9 y 2, ya que

$$-9(2) = -18 \quad \text{y} \quad -9 + 2 = -7.$$

Nota que aunque el producto de 9 y -2 también es -18, su suma es 7 y no -7. Otros divisores de -18 cuya suma no es -7 son: -6 y 3, 6 y -3, 18 y -1, -18 y 1.

$$\begin{aligned} 6x^2 - 7x - 3 &= 6x^2 + (-9 + 2)x - 3 \\ &= 6x^2 - 9x + 2x - 3 \\ &= 3x(2x - 3) + 1(2x - 3) \\ &= (2x - 3)(3x + 1) \end{aligned}$$

2. $3x^2 + 7x + 4$.

$$a = 3, \qquad b = 7, \qquad c = 4, \qquad ac = 3(4) = 12.$$

Tenemos que hallar dos números enteros cuyo producto sea 12 y que sumen 7. Éstos son 3 y 4.

$$3(4) = 12, \qquad 3 + 4 = 7.$$

Por lo tanto,

$$\begin{aligned} 3x^2 + 7x + 4 &= 3x^2 + (4 + 3)x + 4 \\ &= 3x^2 + 4x + 3x + 4 \\ &= x(3x + 4) + 1(3x + 4) \\ &= (3x + 4)(x + 1). \end{aligned}$$

3. $10x^2 + 33x - 7$

$$a = 10, \qquad b = 33, \qquad c = -7, \qquad ac = 10(-7) = -70$$

Tenemos que hallar dos números enteros cuyo producto sea -70 y que sumen 33. Esto es,

$$\begin{aligned} ac &= -70 = -(2)(5)(7) = 35(-2) \\ b &= 33 = 35 - 2. \end{aligned}$$

Por lo tanto,

$$\begin{aligned} 10x^2 + 33x - 7 &= 10x^2 + (35 - 2)x - 7 \\ &= 10x^2 + 35x - 2x - 7 \\ &= 5x(2x + 7) - 1(2x + 7) \\ &= (2x + 7)(5x - 1) \end{aligned}$$

4. $5x^2 + 10x - 75$.

Observa que 5 es un factor común a $5x^2$, $10x$ y -75. Luego aplicando la propiedad distributiva, escribimos

$$5x^2 + 10x - 75 = 5(x^2 + 2x - 15).$$

Ahora hallamos los factores irreducibles de $x^2 + 2x - 15$,

$$a = 1, \qquad b = 2, \qquad c = -15, \qquad ac = -15.$$

Tenemos que hallar dos números enteros cuyo producto sea -15 y que sumen 2. Los enteros son 5 y -3.

$$\begin{aligned} x^2 + 2x - 15 &= x^2 + (5 - 3)x - 15 \\ &= x^2 + 5x - 3x - 15 \\ &= x(x + 5) - 3(x + 5) \\ &= (x + 5)(x - 3) \end{aligned}$$

Luego, $5x^2 + 10x - 75 = 5(x + 5)(x - 3)$.

5. $3x^2 - 2x - 1.$

$$a = 3, \qquad b = -2, \qquad c = -1, \qquad ac = -3.$$

Hallemos dos números enteros cuyo producto sea -3 y cuya suma sea -2. Éstos son -3 y 1.

$$\begin{aligned} 3x^2 - 2x - 1 &= 3x^2 + (-3 + 1)x - 1 \\ &= 3x^2 - 3x + x - 1 \\ &= 3x(x - 1) + (x - 1) \\ &= (x - 1)(3x + 1) \end{aligned}$$

6. $5x^2 + 7x + 2.$

$$a = 5, \qquad b = 7, \qquad c = 2, \qquad ac = 10.$$

Hallemos dos números enteros cuyo producto sea 10 y cuya suma sea 7. Éstos son 5 y 2.

$$\begin{aligned} 5x^2 + 7x + 2 &= 5x^2 + (5 + 2)x + 2 \\ &= 5x^2 + 5x + 2x + 2 \\ &= 5x(x + 1) + 2(x + 1) \\ &= (x + 1)(5x + 2) \end{aligned}$$

7. $3x^2 - 5x - 2.$

$$a = 3, \qquad b = -5, \qquad c = -2, \qquad ac = -6.$$

Hallemos dos números enteros cuyo producto sea -6 y cuya suma sea -5. Éstos son -6 y 1.

$$\begin{aligned} 3x^2 - 5x - 2 &= 3x^2 + (-6 + 1)x - 2 \\ &= 3x^2 - 6x + x - 2 \\ &= 3x(x - 2) + 1(x - 2) \\ &= (x - 2)(3x + 1) \end{aligned}$$

8. $2x^2 - xy - 10y^2.$

$$a = 2, \qquad b = -y, \qquad c = -10y^2, \qquad ac = -20y^2.$$

Hallemos dos números enteros cuyo producto sea $-20y^2$ y cuya suma sea $-y$. Éstos son $4y$, $-5y$.

$$\begin{aligned} &2x^2 + (4y - 5y)x - 10y^2 \\ &2x^2 + 4xy - 5xy - 10y^2 \\ &2x(x + 2y) - 5y(5x + 2y) \\ &(x + 2y)(2x - 5y) \end{aligned}$$

8-2 EJERCICIOS

1. Completa la expresión para que el polinomio resultante sea un trinomio cuadrado perfecto.

a. $x^2 + \_\_\_\_ + y^2$

b. $9x^2 + \_\_\_\_ + 4$

c. $\_\_\_\_ - 40x + 16$

d. $x^2 - 20x + \_\_\_\_$

e. $x^2 - 16x + \_\_\_\_$

f. $4x^2 - 20x + \_\_\_\_$

2. Escribe lo siguiente como el producto de factores irreducibles en el conjunto de los polinomios con coeficientes enteros.

a. $x^2 + 6x + 9$

b. $4x^2 - 20x + 25$

c. $x^2 + 4xy + 4y^2$

d. $4x^2 - 12xy + 9y^2$

e. $49x^2 - 28x + 4$

f. $16x^2 + 40x + 25$

g. $25x^2 - 40x + 16$

h. $36x^2 - 24x + 4$

i. $20a^2 + 100ab + 125b^2$

j. $9t^4 + 30t^2 + 25$

3. Escribe cada uno de los siguientes polinomios como un producto de polinomios irreducibles sobre el conjunto de los enteros.

a. $x^2 - 14x + 45$

b. $x^2 + 4x - 32$

c. $x^2 - 6x - 27$

d. $x^2 + 2x - 30$

e. $x^2 - 11x + 30$

f. $x^2 + 7x + 2$

g. $x^3 - 9x^2 + 14x$

h. $2y^2 + 14y - 16$

i. $t^2 + 10t - 24$

j. $x^2y^2 + 17xy^2 - 60y^2$

k. $y^2 - 16y - 36$

l. $3x^2 - 39x - 42$

m. $y^2 + 10y + 21$

n. $2xt^2 - 12xt - 32x$

o. $x^3y - x^2y - 2xy$

p. $x^2 - xy - 56y^2$

4. Expresa lo siguiente como producto de factores irreducibles:

a. $8x^2 - 6x + 1$

b. $4x^2 - 10x + 4$

c. $6x^2 + 11x - 10$

d. $9t^2 - 39t - 30$

e. $3y^2 - 8y + 4$

f. $4x^2y^2 + 11xy^2 + 6y^2$

g. $9y^2 - 42y + 49$

h. $x^2 + 16xy + 64y^2$

i. $64a^2 - 80ab + 25b^2$

j. $49x^2 + 42x + 9$

k. $36y^2 - 60xy + 25x^2$

l. $25x^3 - 10x^2 + x$

8-3 Factorización de binomios

A. La diferencia de dos cuadrados

La diferencia de dos cuadrados surge al multiplicar factores de la forma $(a+b)$ por $(a-b)$:

$$(a+b)(a-b) = a^2 - b^2$$

Por simetría de la igualdad, tenemos

$$a^2 - b^2 = (a+b)(a-b)$$

Esto es, la diferencia de dos cuadrados es el producto de la suma y diferencia de las raíces cuadradas de a^2 *y* b^2.

$$a^2 - b^2 = (\sqrt{a^2} + \sqrt{b^2})(\sqrt{a^2} - \sqrt{b^2})$$

EJEMPLOS:

1. $x^2 - 16 = x^2 - 4^2 = (x+4)(x-4)$.

2. $4x^2 - 25 = (2x)^2 - 5^2 = (2x+5)(2x-5)$.

3. $3x^2 - 27$.

En este caso no vemos la diferencia de dos cuadrados ya que 3 y 27 no son cuadrados de números enteros. Sin embargo, como 3 es un factor común de 3 y 27 expresamos $3x^2 - 27$ como:

$$3x^2 - 27 = 3(x^2 - 9).$$

Como $x^2 - 9$ es la diferencia de dos cuadrados, obtenemos

$$x^2 - 9 = (x+3)(x-3).$$

Por lo tanto,

$$\begin{aligned} 3x^2 - 27 &= 3(x^2 - 9) \\ &= 3(x+3)(x-3). \end{aligned}$$

4. $x^4 - y^4 = (x^2)^2 - (y^2)^2 = (x^2 + y^2)(x^2 - y^2)$.

El factor, $x^2 - y^2$, es a su vez la diferencia de dos cuadrados.

$$x^2 - y^2 = (x+y)(x-y).$$

Por lo tanto,

$$x^4 - y^4 = (x+y)(x-y)(x^2 + y^2).$$

El factor, $x^2 + y^2$, es un polinomio irreducible en $\mathbb{R}$.

Observa que

$$(x+y)(x+y) = (x+y)^2$$
$$= x^2 + 2xy + y^2 \neq x^2 + y^2$$
$$(x-y)(x-y) = (x-y)^2$$
$$= x^2 - 2xy + y^2 \neq x^2 + y^2$$
$$(x+y)(x-y) = x^2 - y^2 \neq x^2 + y^2$$

5. $x^2 - y^2 + 2x - 2y$.

Este polinomio tiene cuatro términos; no es un binomio. En este caso, podemos agrupar los términos de la siguiente manera:

$$x^2 - y^2 + 2x - 2y = (x^2 - y^2) + (2x - 2y).$$

Cada parte se puede factorizar:

$$x^2 - y^2 = (x-y)(x+y)$$
$$(2x - 2y) = 2(x-y)$$

Luego,

$$x^2 - y^2 + 2x - 2y = (x^2 - y^2) + (2x - 2y)$$
$$= (x+y)(x-y) + 2(x-y)$$

En esta forma, el polinomio todavía no está factorizado pero sugiere su posible factorización: $(x-y)$ es un factor común a ambos términos. Aplicamos la propiedad distributiva y obtenemos

$$x^2 - y^2 + 2x - 2y = (x+y)(x-y) + 2(x-y)$$
$$= (x-y)(x+y+2).$$

6. $x^2 - y^2 - 4y - 4$.

Una forma conveniente da agrupar los términos es la siguiente:

$$x^2 - y^2 - 4y - 4 = x^2 - (y^2 + 4y + 4)$$

Observa que lo que se ha obtenido es una diferencia y no un producto de factores. Como $y^2 + 4y + 4 = (y+2)^2$, podemos expresar el polinomio dado como

$$x^2 - y^2 - 4y - 4 = x^2 - (y^2 + 4y + 4)$$
$$= x^2 - (y+2)^2.$$

$x^2 - (y+2)^2$ también es la diferencia de dos cuadrados.
Luego, sus factores son

$$x^2 - (y+2)^2 = \big(x + [y+2]\big)\big(x - [y+2]\big).$$

Resumiendo, la factorización del polinomio dado es

$$x^2 - y^2 - 4y - 4 = x^2 - (y^2 + 4y + 4)$$
$$= x^2 - (y+2)^2$$
$$= (x+y+2)(x-y-2).$$

B. La suma o diferencia de dos cubos

La suma de dos cubos, $a^3 + b^3$, surge de la multiplicación de

$$(a + b) \text{ por } (a^2 - ab + b^2).$$

Por lo tanto,

$$a^3 + b^3 = (a + b)(a^2 - ab + b^2).$$

El factor $(a + b)$ es la suma de las raíces cúbicas de cada uno de los términos del polinomio dado. Esto es,

$$a + b = \sqrt[3]{a^3} + \sqrt[3]{b^3}.$$

El factor $(a^2 - ab + b^2)$ es la suma de los cuadrados de cada término de $(a + b)$ y el opuesto del producto de estos dos términos.

Análogamente, la diferencia de dos cubos, $a^3 - b^3$, surge de la multiplicación de $(a - b)$ por $(a^2 + ab + b^2)$. Luego,

$$\mathbf{a^3 - b^3 = (a - b)(a^2 + ab + b^2).}$$

El factor $(a - b)$ es la diferencia de las raíces cúbicas de cada una de las expresiones $a^3 - b^3$ en el orden en que aparecen:

$$a - b = \sqrt[3]{a^3} - \sqrt[3]{b^3}.$$

El factor $(a^2 + ab + b^2)$ es la suma de los cuadrados de cada término de $(a - b)$ y el opuesto del producto de estos dos términos.

Los polinomios $(a^2 - ab + b^2)$ y $(a^2 + ab + b^2)$ son irreducibles en $\mathbb{R}$. Aunque parecen trinomios cuadrados perfectos, no lo son, ya que

$$(a + b)^2 = a^2 + 2ab + b^2 \neq a^2 + ab + b^2$$
$$(a - b)^2 = a^2 - 2ab + b^2 \neq a^2 - ab + b^2.$$

EJEMPLOS:

Expresa los siguientes polinomios como el producto de polinomios irreducibles.

1. $x^3 + y^3$

Como $\sqrt[3]{x^3} = x$, $\sqrt[3]{y^3} = y$, entonces $x^3 + y^3 = (x + y)(x^2 - xy + y^2)$.

2. $x^3 + 8$

Como $\sqrt[3]{x^3} = x$, $\sqrt[3]{8^3} = 2$

$$\begin{aligned} x^3 + 8 &= x^3 + 2^3 \\ &= (x + 2)(x^2 - 2x + 4) \end{aligned}$$

3. $x^3 + 27$

Como $\sqrt[3]{x^3} = x$, $\sqrt[3]{27} = 3$

$$\begin{aligned} x^3 + 27 &= x^3 + 3^3 \\ &= (x + 3)(x^2 - 3x + 9) \end{aligned}$$

4. $x^3 - 64$

Como $\sqrt[3]{x^3} = x$, $\sqrt[3]{64} = 4$

$$\begin{aligned} x^3 - 64 &= x^3 - 4^3 \\ &= (x - 4)(x^2 + 4x + 16) \end{aligned}$$

5. $27x^3 - 64y^3$

Como $\sqrt[3]{27x^3} = 3x$, $\sqrt[3]{64y^3} = 4y$

$$\begin{aligned} 27x^3 - 64y^3 &= (3x)^3 - (4y)^3 \\ &= (3x - 4y)(9x^2 + 12xy + 16y^2) \end{aligned}$$

6. $a^6 - b^6$

$$\begin{aligned} &= (a^3)^2 - (b^3)^2 = (a^3 - b^3)(a^3 + b^3) \\ &= (a - b)(a^2 + ab + b^2)(a + b)(a^2 - ab + b^2) \end{aligned}$$

Este ejercicio se puede considerar también como la diferencia de dos cubos. Esto es,

$$\begin{aligned} a^6 - b^6 &= (a^2)^3 - (b^2)^3 \\ &= (a^2 - b^2)(a^4 + a^2b^2 + b^4) \\ &= (a + b)(a - b)(a^4 + a^2b^2 + b^4). \end{aligned}$$

Los factores de $(a^4 + a^2b^2 + b^4)$ no se pueden reconocer aplicando las técnicas antes expuestas, pero podemos verificar que éstos son

$$a^2 + ab + b^2, \qquad a^2 - ab + b^2.$$

Verifica que $(a^2 + ab + b^2)(a^2 - ab + b^2) = a^4 + a^2b^2 + b^4$

8-3 EJERCICIOS

1. Escribe cada uno de los siguientes polinomios como el producto de polinomios irreducibles sobre los enteros.

a. $x^2 - 25$
b. $49 - y^2$
c. $45x^2 - 5y^2$
d. $4x^2 - 1$
e. $(a + b)^2 - 16$
f. $y^2 - (5x - 3)^2$
g. $-2x^3 + 8x$
h. $25x^2 - 16y^2$
i. $16 - y^4$
j. $x^8 - y^8$

2. Expresa cada uno de los siguientes polinomios como el producto de polinomios irreducibles sobre los enteros.

a. $x^3 - 27$
b. $8x^3 - y^3$
c. $y^3 + 1$
d. $6x^3 - 6$
e. $y^6 - 1$
f. $27x^3 + 64y^3$
g. $9x^4 - 16y^4$
h. $7x^3y^3 + 7$
i. $64x^3 - 125$
j. $4x^4 - 32xy^3$
k. $x^4 + 27x$
l. $x^5 - 8x^2$

3. Factoriza completamente:

a. $25x^2 - 49y^2$
b. $x^2 - 64y^2x^2$
c. $x^{10} - x^2$
d. $64x^2 - 81y^2$
e. $6x^4 - 150x^2$
f. $x^3 - 7x^2 + 14x$
g. $99x^4 - 11x^2$
h. $45x^2y^2 - 5x^4$
i. $27xyz^2 - 12xy$
j. $x^4 - 5x^2 + 4$

8-4 Solución de ecuaciones usando factorización

Podemos usar la propiedad del cero para resolver ecuaciones donde uno de los miembros de la ecuación es cero y el otro miembro se puede escribir como un producto de dos o más factores.

Propiedad del cero

Si el producto de dos o más factores es cero, entonces por lo menos uno de los factores es cero. Esto es,

Si a y b son números reales y $ab = 0$, entonces $a = 0$ o $b = 0$.

EJEMPLOS:

1. Halla $x \in \mathbb{R}$ tal que $x(x-2) = 0$.

Como $x(x-2) = 0$, entonces por lo menos uno de los factores es 0. Luego, $x = 0$ o $x - 2 = 0$. Resolviendo cada una de estas ecuaciones lineales, obtenemos

$$x = 0 \quad \text{o} \quad x = 2.$$

Al conjunto $\{0, 2\}$ lo llamamos conjunto solución de la ecuación

$$x(x-2) = 0.$$

2. Determina el conjunto A si A está definido en la forma siguiente:

$$A = \{x \in \mathbb{R} | (x-3)(x-2) = 0\}$$

A es el conjunto solución de la ecuación $(x-3)(x-2) = 0$. Como el producto de estos dos factores es cero, entonces por lo menos uno de los factores es cero. Luego,

$$(x-3) = 0 \quad \text{o} \quad (x-2) = 0.$$

Ahora resolvemos cada una de estas ecuaciones lineales. Si $x-3 = 0$, entonces $x = 3$. Si $x - 2 = 0$, entonces $x = 2$. Por lo tanto, $A = \{2, 3\}$.

3. Determina las soluciones enteras de la ecuación

$$2x^2 - 5x - 3 = 0.$$

Todavía no sabemos resolver una ecuación así escrita. Como el lado derecho de la ecuación es cero, si pudiésemos factorizar el miembro izquierdo entonces podríamos aplicar la propiedad del cero.

$$2x^2 - 5x - 3 = (2x+1)(x-3)$$

Esto es, $(2x+1)(x-3) = 0$. Aplicamos la propiedad del cero y obtenemos

$$2x + 1 = 0 \quad \text{o} \quad x - 3 = 0.$$

Resolvemos cada una de estas ecuaciones lineales. $2x + 1 = 0$ y $x - 3 = 0$, entonces $x = 3$ y $2x = -1$, $x = \frac{-1}{2}$. El conjunto solución es $\{3\}$. $-\frac{1}{2}$ no es solución entera de la ecuación.

4. Si $f(x) = x^2 - 3x + 2$ es una función cuyo dominio es el conjunto de los números reales, halla x tal que $f(x) = 0$.

Debemos determinar qué valores de x tienen imagen cero. Esto equivale a resolver la ecuación $x^2-3x+2 = 0$. Veamos si podemos aplicar la técnica anterior. Como el miembro derecho es cero, buscamos los factores de $x^2 - 3x + 2$, que son $x - 2$ y $x - 1$. Luego,

$$x^2 - 3x + 2 = (x - 2)(x - 1) = 0 \text{ implica que } x - 2 = 0 \text{ o } x - 1 = 0.$$

Si $x - 2 = 0$, entonces $x = 2$. Si $x - 1 = 0$, entonces $x = 1$. $\{2, 1\}$ es el conjunto solución de la ecuación $x^2 - 3x + 2 = 0$. Vemos que $f(2) = 0$ y $f(1) = 0$.

$$f(2) = (2)^2 - 3(2) + 2 = 4 - 6 + 2 = -2 + 2 = 0$$
$$f(1) = (1)^2 - 3(1) + 2 = 1 - 3 + 2 = -2 + 2 = 0$$

5. Halla las soluciones reales de la ecuación $x^2 - 3x = -2$. Este ejercicio, aunque parece diferente, es igual al anterior; sumamos 2 en ambos lados de la ecuación y obtenemos

$$x^2 - 3x + 2 = 0$$

$(x - 2)(x - 1) = 0$ implica que $x - 2 = 0$ o $x - 1 = 0$. Si $x - 2 = 0$, entonces $x = 2$. Si $x - 1 = 0$, entonces $x = 1$. El conjunto solución es $\{2, 1\}$.

6. Determina el valor de b si $(b, 2)$ son las coordenadas de un punto que pertenece a la gráfica de la función $f(x) = x^2 - 2x - 13$. Como $(b, 2)$ pertenece a la gráfica, esto nos indica que $f(b) = 2$; luego,

$$f(b) = b^2 - 2b - 13 = 2.$$

Para hallar b tenemos que resolver la ecuación $b^2 - 2b - 13 = 2$. Sumamos -2 a ambos lados de la ecuación y obtenemos

$$b^2 - 2b - 15 = 0$$
$$(b - 5)(b + 3) = 0$$
$$b - 5 = 0 \text{ o } b + 3 = 0$$

Si $b - 5 = 0$, entonces $b = 5$. Si $b + 3 = 0$, entonces $b = -3$. Luego, $(5, 2)$ y $(-3, 2)$ pertenecen a la gráfica de $f(x) = x^2 - 2x - 13$. Verifica que $f(5) = 2$ y $f(-3) = 2$.

$$f(5) = (5)^2 - 2(5) - 13 = 25 - 10 - 13 = 2$$
$$f(-3) = (-3)^2 - 2(-3) - 13 = 9 + 6 - 13 = 2$$

7. Halla un número entero cuyo cuadrado es tres veces su doble. Si representamos con n al número entero que vamos a buscar, obtenemos las siguientes expresiones:

El cuadrado de n es n^2.

El doble de n es $2n$.

Tres veces el doble de n es $3(2n)$

Luego, $n^2 = 3(2n)$ es la ecuación que resume las condiciones del problema que vamos a resolver.

$$n^2 = 3(2n)$$
$$n^2 = 6n$$
$$n^2 - 6n = 0$$

$n(n - 6) = 0$ implica que $n = 0$ o $n - 6 = 0$, $n = 0$; si $n - 6 = 0$, entonces $n = 6$. Vemos que los números 6 y 0 satisfacen las condiciones del problema.

Si $n = 6$, $6^2 = 3(2)(6) = 36$.

Si $n = 0$, $0^2 = 3(2)(0) = 0$.

8-4 EJERCICIOS

1. En cada una de las siguientes ecuaciones, halla el o los números reales que la hacen cierta:

a. $(3x - 5)(x + 2) = 0$

b. $x(x + 3) = 0$

c. $x^2 - 3x - 10 = 0$

d. $3x^2 + 17x - 20 = 0$

e. $x^2 - 9x = -14$

f. $\dfrac{(x - 3)(x + 2)}{5} = 0$

g. $x^2 + 10x + 25 = 0$

h. $6x^2 + x = 1$

i. $x^3 - 16x = 0$

j. $4x^3 - 9x = 0$

k. $3x^2 - 2x - 1 = 0$

l. $x^2 + x = 20$

2. Si $(c, 0)$ son las coordenadas de un punto que pertenece a la gráfica de la función $f(x) = x^2 - 6x + 8$, halla c.

3. Halla dos números enteros cuyo producto es 15 si uno de los números es cuatro más que tres veces el otro.

4. Halla la medida del largo y el ancho de un rectángulo si el largo es 10 cm más que el doble del ancho. El área del rectángulo mide 132 cm^2.

5. Si el producto de dos números enteros consecutivos es 110, halla los números.

Capítulo 8 Ejercicios de repaso

1. Indica cuáles de los siguientes polinomios son irreducibles sobre el conjunto de los números enteros:

a. $-3x + 27$ **d.** $x^3 + 2x^2$

b. $2x + 1$ **e.** $x - 1$

c. $4x - 2$ **f.** $a^2b - ab$

2. Halla la factorización de los siguientes polinomios:

a. $6a - 6b$ **h.** $16x + x^2$

b. $bc^2 - 2b$ **i.** $16a + 4b$

c. $ax^3 - a^2x^2 + ax$ **j.** $mr + nr - ms - ns$

d. $5y^4 + 5y^2$ **k.** $x(2b + 1) + y(2b + 1)$

e. $ay - 4aw - 12a$ **l.** $3ab^2 - 6a^2b$

f. $5y - 15y^3$ **m.** $c^3 - c^2 + 2c$

g. $40xy^2 - 32x^2y$ **n.** $7y - 7n$

3. Halla la factorización de los siguientes trinomios:

a. $a^2 + 8a + 12$ **e.** $c^2 - 16 - 6c$

b. $c^2 + c - 6$ **f.** $a^2 - 14a + 24$

c. $x^2 + 5xy + 4y^2$ **g.** $36 + 13x + x^2$

d. $16 - 8d + d^2$ **h.** $r^2 - 6r + 8$

4. Halla la factorización de los siguientes trinomios:

a. $5x^2 - 13x + 6$ **e.** $6y^2 + 19y - 20$

b. $-12 + 5x^2 - 4x$ **f.** $2a^2 - 7ab + 6b^2$

c. $3x^2 - 16x + 5$ **g.** $3x^2 - 2x - 5$

d. $12 + 7y - 10y^2$ **h.** $2x^2 + 7x - 15$

5. Halla la factorización de los siguientes binomios:

a. $9x^2 + 3x$ **f.** $x^4 - 81y^4$

b. $9y^2 - 1$ **g.** $(w + 1)^3 + 27$

c. $x^3 - 8$ **h.** $16x^2 - 25y^2$

d. $27 - y^3$ **i.** $625a^4 - 81b^4$

e. $25 - 4a^2$ **j.** $125y^3 + 64$

6. Factoriza completamente cada polinomio como un producto de polinomios irreducibles.

a. $18a^2b - 15ab^2$

b. $a(b-2) + c(b-2)$

c. $9x^2 - 25$

d. $y^2 - 6y + 9$

e. $1 - 8x + 16x^2$

f. $a^2 - 2ab + b^2 - c^2$

g. $5xh^4 - 5xy^4$

h. $1 + 10x + 25x^2$

i. $16x^2 - 9$

j. $x^2y^2 - 14xy + 49$

k. $x^2 - 2xy + y^2 - z^2$

l. $4x^2y + 12xy^2$

7. En cada una de las ecuaciones halla el o los números reales que hacen cierta la ecuación:

a. $\dfrac{x^2 - 4x}{2} = 0$

b. $x^2 - 5x = 0$

c. $x^2 - 3x = 0$

d. $x^2 - 2x = 15$

e. $x^2 = -x$

f. $x + 4 = 3x^2$

g. $2(x^2 + 1) = 5x$

h. $r^2 + 8r = -15$

i. $2x^2 + x = 15$

j. $y^2 = y + 12$

k. $9x - 10 = 2x^2$

l. $x^2 - x - 6 = 0$

CAPÍTULO 9

Expresiones racionales

En esta sección estudiaremos las expresiones racionales. Al decir expresiones racionales en la variable x nos referimos a expresiones que se pueden representar en la forma $P(x)/Q(x)$, siendo $P(x)$ y $Q(x)$ polinomios en la variable x, $Q(x) \neq 0$. Las expresiones $-5/x$, $(x^2 - 2x - 3)/(x + 1)$ y $x^2 + 2$ son ejemplos de expresiones racionales.

Antes de continuar, es conveniente que repasemos los conceptos de aritmética sobre fracciones equivalentes, divisor común mayor, múltiplo común menor y operaciones con fracciones algebraicas.

De aquí en adelante, aunque no se indique explícitamente, supondremos que los denominadores de las expresiones racionales son diferentes de cero.

9-1 Fracciones equivalentes, divisor común mayor, múltiplo común menor

Recuerda que en secciones anteriores habíamos visto que, dada una fracción, podríamos obtener un número infinito de fracciones equivalentes a la fracción dada multiplicando el numerador y el denominador de la fracción por una constante diferente de cero. Es decir, la fracción a/b, $b \neq 0$ es equivalente a la fracción ak/bk, $b \neq 0$, $k \neq 0$. Esto es,

$$\frac{a}{b} = \frac{ak}{bk}, \qquad b \neq 0, k \neq 0$$

Por ejemplo:

$$\frac{3}{4} = \frac{6}{8} = \frac{9}{12} = \cdots = \frac{3k}{4k}, \qquad k \neq 0$$

De la misma manera, decimos que una expresión racional, $P(x)/Q(x)$, $Q(x) \neq 0$ es equivalente a una expresión racional de la forma $P(x) \cdot k(x)/Q(x) \cdot k(x)$, $k(x) \neq 0$. Esto es,

$$\frac{P(x)}{Q(x)} = \frac{P(x) \cdot k(x)}{Q(x) \cdot k(x)}, \qquad k(x) \neq 0.$$

EJEMPLOS:

1. $\dfrac{x}{4} = \dfrac{5x}{20} = \dfrac{x^2}{4x} = \dfrac{x(x+3)}{4(x+3)} = \cdots = \dfrac{x \cdot k(x)}{4 \cdot k(x)}, \qquad k(x) \neq 0.$

2. $\dfrac{x+2}{x-1} = \dfrac{3(x+2)}{3(x-1)} = \dfrac{a^2(x+2)}{a^2(x-1)} = \dfrac{x(x+2)}{x(x-1)} = \cdots = \dfrac{(x+2) \cdot k(x)}{(x-1) \cdot k(x)}, \ k(x) \neq 0.$

3. Halla una fracción con denominador 105 equivalente a $\frac{5}{21}$.

Como $105 = 3 \cdot 7 \cdot 5$, para obtener el denominador 105 multiplicamos 21 por 5. Para obtener una fracción equivalente a la fracción dada, multiplicamos el numerador y el denominador por 5.

$$\frac{5}{21} = \frac{5(5)}{21(5)} = \frac{25}{105}.$$

4. Halla una fracción con numerador $5x(x+3)$ equivalente a la fracción $(x+3)/(x+2)$.

$$\frac{x+3}{x+2} = \frac{5x(x+3)}{5x(x+2)}.$$

5. Halla una fracción con denominador x^2-4 equivalente a la fracción $5x/(x-2)$.

Como $x^2 - 4 = (x-2)(x+2)$, para tener denominador $x^2 - 4$, debemos multiplicar el denominador por $x+2$, y para que las fracciones sean equivalentes multiplicamos el numerador y el denominador por $x+2$.

$$\frac{5x}{x-2} = \frac{(5x)(x+2)}{(x-2)(x+2)} = \frac{5x(x+2)}{x^2-4}.$$

6. Halla una fracción con denominador $x^2 - 5x + 6$ equivalente a la fracción $(x+3)/(x-2)$.

Como $x^2 - 5x + 6 = (x-3)(x-2)$, para obtener este denominador debemos multiplicar el denominador por $(x-3)$, y para que las fracciones sean equivalentes multiplicamos el denominador y el numerador por $(x-3)$.

$$\frac{x+3}{x-2} = \frac{(x+3)(x-3)}{(x-2)(x-3)} = \frac{x^2-9}{x^2-5x+6}.$$

7. Halla una expresión racional con denominador $x+3$ equivalente a la expresión $(x^2 - 5x + 6)/(x^2 - 9)$. Expresamos el numerador y el denominador como un producto de factores irreducibles y dividimos ambos por $x-3$, que es el divisor común mayor del numerador y el denominador.

$$\frac{x^2-5x+6}{x^2-9} = \frac{(x-3)(x-2)}{(x-3)(x+3)} = \frac{x-2}{x+3}.$$

8. Halla una expresión racional con denominador $x+2$ equivalente a la expresión $(x^3+8)/(x^2+4x+4)$.

Expresamos el numerador y el denominador como un producto de factores irreducibles y dividimos ambos por $x+2$, que es el divisor común mayor del numerador y el denominador.

$$\frac{x^3+8}{x^2+4x+4} = \frac{(x+2)(x^2-2x+4)}{(x+2)(x+2)} = \frac{x^2-2x+4}{x+2}.$$

Para continuar con el tema sobre las expresiones racionales, es fundamental que hagamos un repaso de conceptos que aprendimos en aritmética y que son útiles en álgebra. En particular, repasaremos los conceptos de múltiplo común menor (MCM) y divisor común mayor (DCM) de dos o más expresiones.

Definición

El múltiplo común menor de los números naturales a y b es el número natural $c \neq 0$ tal que

1. a divide a c.
2. b divide a c.
3. c es el número menor divisible por ambos números.

EJEMPLOS:

1. Halla el múltiplo común menor de 24 y 80. Escribimos 24 y 80 como un producto de potencias de primos.

$$24 = 2^3 \cdot 3$$
$$80 = 2^4 \cdot 5$$

Tomamos los factores primos diferentes que aparecen en ambas factorizaciones y seleccionamos las potencias mayores. El producto de estas potencias de factores primos es el múltiplo común menor de 24 y 80.

$$\text{MCM}(24, 80) = 2^4(3)(5) = 240.$$

Esto significa que 240 es divisible por 24 y por 80, y que es el número más pequeño divisible por ambos.

Este mismo concepto lo aplicamos en el caso en que a y b son polinomios.

2. Halla el múltiplo común menor de $x^2 - 1$ y $x^2 - x$. Escribimos $x^2 - 1$, $x^2 - x$ como producto de factores primos o factores irreducibles.

$$x^2 - 1 = (x + 1)(x - 1)$$
$$x^2 - x = x(x - 1)$$

Escogemos los factores primos diferentes que aparecen en ambas factorizaciones y elegimos la potencia mayor que aparece en una u otra factorización. Su producto es el múltiplo común menor. Esto es,

$$\text{MCM}(x^2 - 1, x^2 - x) = x(x + 1)(x - 1).$$

Observa que $x^2 - 1 = (x + 1)(x - 1)$ divide a $x(x + 1)(x - 1)$ ya que

$$\frac{x(x + 1)(x - 1)}{(x + 1)(x - 1)} = x.$$

Además, $x^2 - x = x(x - 1)$ también divide a $x(x + 1)(x - 1)$ ya que

$$\frac{x(x + 1)(x - 1)}{x(x - 1)} = x + 1.$$

$x(x + 1)(x - 1)$ es el polinomio de grado menor divisible por ambos.

Vamos a esbribir un método que facilitará hallar el múltiplo común menor de dos o más polinomios:

a. Escribe cada expresión como un producto de potencias de factores irreducibles o primos.

b. Selecciona los factores diferentes que aparecen en las factorizaciones de las expresiones.

c. Toma la máxima potencia de cada factor diferente.

d. El múltiplo común menor es el producto de las potencias mayores de los factores diferentes.

EJEMPLOS:

1. Halla el múltiplo común menor de $6x^3$ y $9x^2$.

a. Escribimos cada polinomio como un producto de potencias de factores irreducibles.

$$6x^3 = 2 \cdot 3x^3$$

$$9x^2 = 3^2 \cdot x^2$$

b. Seleccionamos los factores diferentes que ocurren en ambas factorizaciones: 2, 3, x.

c. Tomamos la máxima potencia de cada factor diferente 2, 3^2, x^3.

d. El producto de las potencias mayores de esos factores diferentes es el múltiplo común menor de $6x^3$ y $9x^2$.

$$\text{MCM}(6x^3, 9x^2) = 2 \cdot 3^2 \cdot x^3 = 18x^3$$

$18x^3$ es el polinomio de grado menor divisible por $6x^3$ y $9x^2$.

2. Halla el múltiplo común menor de $24x^2$ y $16y$.

a. Escribimos cada expresión como un producto de potencias de factores irreducibles.

$$24x^2 = 2^3 \cdot 3 \cdot x^2$$

$$16y = 2^4 \cdot y$$

b. Seleccionamos los primos diferentes que aparecen en ambas factorizaciones: 2, 3, x, y.

c. Seleccionamos la potencia mayor de cada primo diferente que aparece en ambas factorizaciones: 2^4, 3, x^2, y.

d. El producto de las potencias de esos primos es el múltiplo común menor de $24x^2$ y $16y$.

$$\text{MCM}(24x^2, 16y) = 2^4(3)x^2y = 48x^2y$$

$48x^2y$ es el polinomio de grado menor que es divisible por $24x^2$ y $16y$.

3. Halla el múltiplo común menor de $x^2 - 6x + 9$, $x^2 - 9$, $x^2 - 4x + 3$.

   a. Escribimos cada expresión como un producto de potencias de factores irreducibles.

$$x^2 - 6x + 9 = (x - 3)^2$$
$$x^2 - 9 = (x - 3)(x + 3)$$
$$x^2 - 4x + 3 = (x - 3)(x - 1)$$

   b. Seleccionamos los factores diferentes que aparecen en todas las factorizaciones: $x - 3$, $x + 3$, $x - 1$.

   c. Tomamos la máxima potencia en estos factores.

$$(x - 3)^2, \qquad x + 3, \qquad x - 1.$$

   d. El producto de las potencias de estos factores es el múltiplo común de $x^2 - 6x + 9$, $x^2 - 9$ y $x^2 - 4x + 3$.

$$\text{MCM}(x^2 - 6x + 9, x^2 - 9, x^2 - 4x + 3) = (x - 3)^2(x + 3)(x - 1)$$

   $(x - 3)^2(x + 3)(x - 1)$ es la expresión polinómica de grado menor que es divisible por $x^2 - 6x + 9$, $x^2 - 9$ y $x^2 - 4x + 3$.

4. Halla el múltiplo común menor de $(x - 3)^2x^3$, $(x - 3)x^4$, $x(x + 2)^2$.

   a. Cada expresión está escrita como una potencia de factores irreducibles.

   b. Seleccionamos los factores diferentes que aparecen en todas las factorizaciones: $x - 3$, x, $x + 2$.

   c. Tomamos la potencia mayor de cada primo diferente que aparece en las factorizaciones: $(x - 3)^2$, x^4, $(x + 2)^2$.

   d. El producto de estas potencias de primos es el múltiplo común menor.

$$\text{MCM}((x - 3)^2x^3, (x - 3)x^4, x(x + 2)^2) = (x - 3)^2x^4(x + 2)^2$$

5. Halla el múltiplo común menor de $x^2 - 4$, $x^2 - 4x + 4$, $x^3 - 8$.

   a. Escribimos cada expresión como un producto de potencias de factores irreducibles.

$$x^2 - 4 = (x + 2)(x - 2)$$
$$x^2 - 4x + 4 = (x - 2)^2$$
$$x^3 - 8 = (x - 2)(x^2 + 2x + 4)$$

   b. Seleccionamos cada uno de los primos diferentes que aparecen en todas las factorizaciones.

$$(x - 2), \qquad (x + 2), \qquad (x^2 + 2x + 4).$$

   c. Tomamos la potencia mayor de cada uno de los factores primos diferentes.

$$(x - 2)^2, \qquad (x + 2), \qquad (x^2 + 2x + 4).$$

   d. El múltiplo común menor de dichas expresiones es

$$(x - 2)^2(x + 2)(x^2 + 2x + 4).$$

   $(x - 2)^2(x + 2)(x^2 + 2x + 4)$ es el polinomio de grado menor divisible por $(x - 2)^2$, $x^2 - 4x + 4$, $x^3 - 8$.

Definición

El divisor común mayor de b y $a \in \mathbb{N}$ es el número $d \neq 0$, $d \in \mathbb{N}$, tal que

1. d divide al número a.
2. d divide al número b.
3. d es el número mayor que divide a ambos.

EJEMPLOS:

1. Halla el divisor común mayor de 24 y 80.

a. Escribimos los números como producto de potencias de factores primos.

$$24 = 2^3 \cdot 3 = 2^3 \cdot 3$$
$$80 = 2^4 \cdot 5 = 2^3 \cdot 2 \cdot 5$$

b. Seleccionamos todos los primos que son comunes a ambas factorizaciones: 2.

c. Tomamos la potencia mayor de este primo que es común a **ambas** factorizaciones: 2^3.

d. El divisor común mayor de 24 y 80 es $2^3 = 8$.

Esto significa que 8 es el número entero mayor que divide a 80 y 24.

2. Halla el divisor común mayor de 144 y 120.

a. Escribimos los números como un producto de potencias de factores primos.

$$144 = 2^4 \cdot 3^2 = 2^3 \cdot 2 \cdot 3 \cdot 3$$
$$120 = 2^3 \cdot 3 \cdot 5 = 2^3 \cdot 3 \cdot 5$$

b. Seleccionamos los primos comunes a ambas factorizaciones: 2, 3.

c. Tomamos las potencias mayores de dichos números que aparecen en **ambas** factorizaciones: 2^3, 3.

d. El divisor común mayor de 144 y 120 es el producto de

$$2^3 \cdot 3 = 8 \cdot 3 = 24. \quad \text{DCM}(144, 120) = 24.$$

Esto significa que 24 es el número natural mayor que divide a 144 y 120.

El concepto de divisor común mayor también es aplicable al caso donde a y b son expresiones polinómicas.

EJEMPLOS:

1. Halla el divisor común mayor de $x^2 - 1$, $x^2 - x$.

a. Escribimos los polinomios como un producto de factores irreducibles.

$$x^2 - 1 = (x + 1)(x - 1)$$
$$x^2 - x = x(x - 1)$$

b. Seleccionamos los factores comunes a ambas factorizaciones. $x - 1$.

c. Tomamos la potencia mayor de este factor que aparece en **ambas** factorizaciones: $x - 1$.

d. El divisor común menor de $x^2 - 1$ y $x^2 - x$ es $x - 1$.

$x - 1$ divide a $x^2 - 1$ y a $x^2 - x$, y es el polinomio de grado mayor que divide a ambos.

2. Halla el divisor común mayor de $18x^4y^5$, $30x^2y^7$.

a. Escribimos cada expresión como un producto de potencias de factores irreducibles.

$$18x^4y^5 = 2 \cdot 3^2 \cdot x^4 \cdot y^5 = 2 \cdot 3 \cdot 3 \cdot x^2 \cdot x^2 \cdot y^5$$
$$30x^2y^7 = 2 \cdot 3 \cdot 5x^2y^7 = 2 \cdot 3 \cdot 5 \cdot x^2 \cdot y^5 \cdot y^2$$

b. Seleccionamos los factores primos **comunes** a ambas factorizaciones: 2, 3, x, y.

c. Tomamos las potencias mayores de estos primos que aparecen en **ambas** factorizaciones: 2, 3, x^2, y^5.

d. El divisor común mayor es el producto de estas potencias de factores primos.

$$\text{DCM}(18x^4y^5, 30x^2y^7) = 2 \cdot 3 \cdot x^2y^5 = 6x^2y^5.$$

Observa que $6x^2y^5$ divide a $18x^4y^5$ y a $30x^2y^7$, y es el polinomio de grado mayor que divide a ambos.

3. Halla el divisor común mayor de $x^2 - 6x + 9$, $x^2 - 9$ y $x^2 - 4x + 3$.

a. Escribimos cada expresión como un producto de factores irreducibles.

$$x^2 - 6x + 9 = (x - 3)^2$$
$$x^2 - 9 = (x - 3)(x + 3)$$
$$x^2 - 4x + 3 = (x - 3)(x - 1)$$

b. Seleccionamos los factores primos que tienen en **común** estas tres factorizaciones: $x - 3$.

c. Tomamos la potencia mayor de este factor común a todas las factorizaciones: $x - 3$

$$\text{DCM}(x^2 - 6x + 9, x^2 - 9, x^2 - 4x + 3) = x - 3.$$

Esto significa que

$$x - 3 \text{ divide a } x^2 - 6x + 9$$

$$x - 3 \text{ divide a } x^2 - 9$$

$$x - 3 \text{ divide a } x^2 - 4x + 3$$

$x - 3$ es el polinomio de grado mayor que divide a los tres polinomios.

Vamos a escribir una regla que facilite hallar el divisor común mayor de dos o más expresiones polinómicas.

a. Escribe cada expresión como un producto de potencias de factores irreducibles.
b. Selecciona los factores irreducibles que tienen en común las factorizaciones.
c. Toma las potencias mayores de estos factores que son **comunes** a todas las factorizaciones.
d. El divisor común mayor es el producto de estas potencias.

EJEMPLOS:

1. Halla el divisor común mayor de

$$3^2(x-2)^3(x+5) \quad \text{y} \quad 3(x-2)^4(x+5)^2.$$

a. Ya que cada expresión está escrita como un producto de potencias de factores primos, continuamos con el paso *b*.

b. Seleccionamos los factores irreducibles que tienen en común las factorizaciones: 3, $x - 2$ y $x + 5$.

c. Tomamos las potencias mayores que son **comunes** a las factorizaciones: 3, $(x-2)^3$, $x + 5$.

$$\text{DCM}(3^2(x-2)^3(x+5), 3(x-2)^4(x+5)^2) = 3(x-2)^3(x+5).$$

Simplificación de expresiones racionales

En el capítulo 2 aprendimos a simplificar fracciones numéricas. Dijimos que una fracción se encuentra en su forma más simple cuando el numerador y el denominador son relativamente primos, esto es, cuando el divisor común mayor del numerador y el denominador es 1. ¿Qué hicimos en aritmética para simplificar fracciones? Hallamos el divisor común mayor del numerador y el denominador y dividimos éstos entre dicho divisor común mayor.

EJEMPLOS:

1. Halla la forma más simple de 4/12. Como DCM(4, 12) = 4, si dividimos el numerador y el denominador por 4, obtenemos la forma más simple:

$$\frac{4}{12} = \frac{4 \cdot 1}{4 \cdot 3} = \frac{1}{3}$$

2. Halla la forma más simple de 15/35. Como DCM(15, 35) = 5, si dividimos el numerador y el denominador por 5, obtenemos la forma más simple:

$$\frac{15}{35} = \frac{5 \cdot 3}{5 \cdot 7} = \frac{3}{7}$$

3. Halla la forma más simple de 80/100. Como DCM(80, 100) = 20, si dividimos el numerador y el denominador por 20, obtenemos la forma más simple:

$$\frac{80}{100} = \frac{20 \cdot 4}{20 \cdot 5} = \frac{4}{5}$$

En forma semejante, decimos que una expresión racional $P(x)/Q(x)$, $Q(x) \neq 0$ está en su forma más simple (o en forma reducida) si $P(x)$ y $Q(x)$ son relativamente primos. Es decir, $\text{DCM}(P(x), Q(x)) = 1$.

Algunas expresiones racionales que se encuentran en su forma más simple son

$$\frac{3x}{y}, \quad \frac{3x+2}{x+1}, \quad \frac{5x-3}{2x+1}, \quad \frac{x^2+x+1}{x-1}.$$

Algunas expresiones racionales que no se encuentran en su forma más simple son

$$\frac{x^2y^2}{5xy}, \quad \frac{x^2-1}{x+1}, \quad \frac{x^2-5x+6}{x^2-9}.$$

Para simplificar una expresión racional, dividimos el numerador y el denominador de la expresión racional entre el divisor común mayor del numerador y el denominador.

EJEMPLOS:

1. Simplifica la expresión $6a^2b/3ab^2$.

   Dividimos $6a^2b$ y $3ab^2$ entre $\text{DCM}(6a^2b, 3ab^2) = 3ab$.

$$\frac{6a^2b}{3ab^2} = \frac{2 \cdot \cancel{3}\cancel{a} \cdot a \cdot \cancel{b}}{\cancel{3}\cancel{a} \cdot b \cdot \cancel{b}} = \frac{2a}{b}$$

   La forma más simple de la expresión $6a^2b/3ab^2$ es $2a/b$.

2. Simplifica $12x^3y/4xy$.

Dividimos $12x^3y$, $4xy$ entre $\mathrm{DCM}(12x^3y, 4xy) = 4xy$.

$$\frac{12x^3y}{4xy} = \frac{3 \cdot 4 \cdot x \cdot x \cdot x \cdot y}{4 \cdot x \cdot y} = 3x^2$$

La forma más simple de la expresión $12x^3y/4xy$ es $3x^2$.

3. Simplifica $(x^2 - 4)/(2x - 4)$.

Para simplificar la expresión, escribimos el numerador y el denominador de la fracción como un producto de factores irreducibles y los dividimos entre su divisor común mayor.

$$\mathrm{DCM}(x^2 - 4, 2x - 4) = x - 2,$$

$$\frac{x^2 - 4}{2x - 4} = \frac{(x + 2)(x - 2)}{2(x - 2)} = \frac{x + 2}{2}.$$

4. Simplifica $(x - 2)/(2 - x)$.

Para simplificar la expresión, escribimos el numerador y el denominador de la fracción como un producto de factores irreducibles y los dividimos entre su divisor común mayor.

$\mathrm{DCM}(x - 2, 2 - x) = 2 - x$ o $x - 2$, ($x - 2$ es el opuesto de $2 - x$),

$$\frac{x - 2}{2 - x} = \frac{-(2 - x)}{2 - x} = -1.$$

También puede ser $\frac{(x-2)}{(2-x)} = \frac{(x-2)}{-(x-2)} = -1$.

5. $(x^2 - 4x + 3)/(x^2 - 9)$.

Para simplificar la expresión, escribimos el numerador y el denominador de la fracción como un producto de factores irreducibles y los dividimos entre su divisor común mayor.

$$\mathrm{DCM}(x^2 - 4x + 3, x^2 - 9) = x - 3,$$

$$\frac{x^2 - 4x + 3}{x^2 - 9} = \frac{(x - 3)(x - 1)}{(x - 3)(x + 3)} = \frac{x - 1}{x + 3}$$

6. Simplifica $(x^2 + 9x + 20)/(x^2 + 6x + 8)$.

Para simplificar la expresión, escribimos el numerador y el denominador de la fracción como un producto de factores irreducibles y los dividimos entre su divisor común mayor.

$$\mathrm{DCM}(x^2 + 9x + 20, x^2 + 6x + 8) = x + 4,$$

$$\frac{x^2 + 9x + 20}{x^2 + 6 + 8} = \frac{(x + 5)(x + 4)}{(x + 2)(x + 4)} = \frac{x + 5}{x + 2}$$

7. $(x^2+5x+6)/(x^2-8x+15)$.

Para simplificar la expresión, escribimos el numerador y el denominador de la fracción como un producto de factores irreducibles y los dividimos entre su divisor común mayor.

$$\text{DCM}(x^2+5x+6, x^2-8x+15) = 1,$$
$$\frac{x^2+5x+6}{x^2-8x+15} = \frac{(x+3)(x+2)}{(x-3)(x-5)}.$$

Lo anterior está en su forma más simple porque el numerador y el denominador son relativamente primos.

8. $(a^3-1)/(1-a^2)$.

Para simplificar la expresión, escribimos el numerador y el denominador de la fracción como un producto de factores irreducibles y los dividimos entre su divisor común mayor.

$$\text{DCM}(a^3-1, 1-a^2) = 1-a, \quad \text{o} \quad a-1$$
$$\frac{a^3-1}{1-a^2} = \frac{(a-1)(a^2+a+1)}{(1-a)(1+a)} = \frac{-(1-a)(a^2+a+1)}{(1-a)(1+a)} = \frac{-(a^2+a+1)}{(1+a)}$$

También puede ser

$$\frac{a^3-1}{1-a^2} = \frac{(a-1)(a^2+a+1)}{(1-a)(1+a)} = \frac{(a-1)(a^2+a+1)}{(1-a)(1+a)}$$
$$= -\frac{(a-1)(a^2+a+1)}{(a-1)(1+a)} = -\frac{(a^2+a+1)}{(1+a)}$$

9. Simplifica $\dfrac{(x^2-9)^2(x+3)^2}{(x^2+5x+6)(x^2+6x+9)^2}$.

Para simplificar la expresión, escribimos el numerador y el denominador de la fracción como un producto de factores irreducibles y los dividimos entre su divisor común mayor.

$$\text{DCM}\left[(x^2-9)^2(x+3)^2, (x^2+5x+6)(x^2+6x+9)^2\right] = (x+3)^4$$
$$\frac{(x^2-9)^2(x+3)^2}{(x^2+5x+6)(x^2+6x+9)^2} = \frac{(x-3)^2(x+3)^2(x+3)^2}{(x+3)(x+2)(x+3)^4} = \frac{(x-3)^2}{(x+3)(x+2)}$$

10. Simplifica $\dfrac{x^2+25}{x^2-25}$.

Para simplificar la expresión, escribimos el numerador y el denominador de la fracción como un producto de factores irreducibles y los dividimos entre su divisor común mayor.

x^2+25 es un factor irreducible.

$$\text{DCM}(x^2+25, x^2-25) = 1$$
$$\frac{x^2+25}{x^2-25} = \frac{x^2+25}{(x-5)(x+5)} \quad \text{está en su forma más simple.}$$

11. Simplifica $\dfrac{ab+ac}{a}$.

Para simplificar la expresión, escribimos el numerador y el denominador de la fracción como un producto de factores irreducibles y los dividimos entre su divisor común mayor.

$$ab + ac = a(b + c)$$

$$\text{DCM}(ab + ac, a) = a$$

$$\frac{ab + ac}{a} = \frac{a(b + c)}{a} = b + c$$

En resumen: para simplificar una expresión racional, escribimos el numerador y el denominador como un producto de factores primos y dividimos el numerador y el denominador entre su divisor común mayor.

9-1 EJERCICIOS

1. Halla tres fracciones equivalentes a cada una de las expresiones racionales:

a. $\dfrac{3}{4}$

b. $\dfrac{4}{x}$

c. $\dfrac{x+3}{6y}$

d. $\dfrac{(x+3)(x+2)}{x^2-4}$

e. $\dfrac{(x+3)(x-3)}{x^2-6x+9}$

f. $\dfrac{3x+2}{2x+1}$

g. $\dfrac{7x^3}{5y}$

h. $\dfrac{4x^2+2m}{2x^2+m}$

i. $\dfrac{5(x+1)}{3(x-1)}$

j. $\dfrac{40xy^2}{50x^2y}$

2. Llena los espacios en blanco con las expresiones algebraicas adecuadas:

a. $\dfrac{5x}{3y} = \dfrac{25x^2}{\_\_\_\_} = \dfrac{\_\_\_\_}{9y^2} = \dfrac{\_\_\_\_}{3xy}$.

b. $\dfrac{x-y}{3} = \dfrac{x^2-y^2}{\_\_\_\_} = \dfrac{\_\_\_\_}{3x-3y} = \dfrac{x^2-2xy+y^2}{\_\_\_\_}$.

c. $\dfrac{3+x}{3-x} = \dfrac{\_\_\_\_}{9-x^2} = \dfrac{\_\_\_\_}{9-6x+x^2} = \dfrac{x^2+5x+6}{\_\_\_\_}$.

d. $\dfrac{12x}{y} = \dfrac{\_\_\_\_}{xy^2} = \dfrac{12x^3}{\_\_\_\_} = \dfrac{\_\_\_\_}{2y^2}$.

e. $\dfrac{1}{x^2-y^2} = \dfrac{x-y}{\_\_\_\_} = \dfrac{x+y}{\_\_\_\_} = \dfrac{\_\_\_\_}{(x-y)(x+y)}$.

3. En cada uno de los siguientes ejercicios halla el múltiplo común menor (MCM) y el divisor común mayor (DCM):

a. $64x^2, 72x^4$

b. $9x^2y^2, 8x^2y^3$

c. $5(x+2), 10(x+2)$

d. $5x^2, 25x^2 - y^2$

e. $x^2 - 10x + 25, x^2 - 4x - 5$

f. $(y-2)^2, y^2 - 4, (y+2)^2$

g. $3x - 3a, 6x^2 - 6a^2, x + a$

h. $x^2 + 6x + 9, x^2 - 9, (x+3)^3$

i. $x^2 + 3x - 4, x^3 - 1, 1 - x$

j. $(x-5)^2, 15 - 3x, x^2 - 25$

4. Simplifica cada expresión:

a. $\dfrac{12x^2}{36xy}$

b. $\dfrac{x^2 - 4}{x + 2}$

c. $\dfrac{kx + ky}{x^2 + xy}$

d. $\dfrac{2y^2 + y - 6}{y + 2}$

e. $\dfrac{8 - 2x^2}{(2 - x)^2}$

f. $\dfrac{4x^2 - 1}{4x^2 - 4x + 1}$

g. $\dfrac{x^2 + 3x - 4}{(x^2 - 16)(x^2 - 1)}$

h. $\dfrac{x^2 - 5x + 6}{x^2 - 9}$

9-2 Suma y resta de expresiones racionales

La suma y la resta de expresiones racionales se basan en el concepto de suma y resta de fracciones que analizamos anteriormente.

$$\frac{a}{b} + \frac{c}{b} = \frac{a + c}{b}, \qquad b \neq 0$$

$$\frac{a}{b} - \frac{c}{b} = \frac{a - c}{b}, \qquad b \neq 0$$

Las reglas para suma y resta de expresiones racionales son análogas: si $a(x)$, $c(x)$ y $b(x)$ son expresiones polinómicas, entonces

$$\frac{a(x)}{b(x)} + \frac{c(x)}{b(x)} = \frac{a(x) + c(x)}{b(x)}, \qquad b(x) \neq 0$$

$$\frac{a(x)}{b(x)} - \frac{c(x)}{b(x)} = \frac{a(x) - c(x)}{b(x)}, \qquad b(x) \neq 0$$

La regla para sumar y restar expresiones racionales requiere que las expresiones racionales sean homogéneas, esto es, que las expresiones racionales que se van a sumar o restar tengan el mismo denominador.

EJEMPLOS:

Efectúa las operaciones indicadas y expresa el resultado en su forma más simple. Considera que cada polinomio en el denominador es diferente de cero.

1. $\frac{3}{4} + \frac{7}{4} = \frac{10}{4} = \frac{5}{2}.$
2. $\frac{7}{8} - \frac{3}{8} = \frac{4}{8} = \frac{1}{2}.$
3. $\frac{5}{x} + \frac{3}{x} = \frac{8}{x}.$
4. $\frac{3x}{2} + \frac{5x}{2} = \frac{8x}{2} = 4x.$
5. $\frac{5}{x-3} + \frac{3x}{x-3} = \frac{5+3x}{x-3}.$
6. $\frac{x-4}{x+4} + \frac{2x-3}{x+4} = \frac{(x-4)+(2x-3)}{x+4} = \frac{3x-7}{x+4}.$
7. $\frac{4}{x^2} - \frac{2}{x^2} = \frac{4-2}{x^2} = \frac{2}{x^2}.$
8. $\frac{3}{x-2} - \frac{2x}{x-2} = \frac{3-2x}{x-2}.$
9. $\frac{x}{x-5} - \frac{5}{x-5} = \frac{x-5}{x-5} = 1.$

Suma y resta de expresiones racionales no homogéneas

Si las fracciones que se van a sumar y restar no son homogéneas, hallamos las fracciones homogéneas equivalentes correspondientes a las fracciones dadas y procedemos a sumar y restar.

EJEMPLOS:

1. $\frac{3}{4} + \frac{2}{5}$

   Observa que $3/4$ y $2/5$ no son fracciones homogéneas. Hallamos un denominador común a éstas para luego pasar a obtener las fracciones homogéneas equivalentes correspondientes a estas fracciones. El denominador común más conveniente es el múltiplo común menor de los denominadores, el cual se conoce como denominador común menor; en este caso es 20.

$$\frac{3}{4} = \frac{3 \cdot 5}{4 \cdot 5} = \frac{15}{20}, \qquad \frac{2}{5} = \frac{2 \cdot 4}{5 \cdot 4} = \frac{8}{20}$$

$$\frac{3}{4} + \frac{2}{5} = \frac{15}{20} + \frac{8}{20} = \frac{23}{20}$$

2. $\dfrac{3}{2x^2} + \dfrac{1}{4x}$

El múltiplo común menor de $2x^2$ y $4x$ es $4x^2$, que es el denominador común menor de las fracciones dadas.

$$\text{MCM}(2x^2, 4x) = 4x^2$$

Hallamos las fracciones homogéneas equivalentes correspondientes a $3/2x^2$ y $1/4x$ con denominador $4x^2$, y procedemos a sumar.

$$\frac{3}{2x^2} = \frac{3 \cdot 2}{(2x^2)2} = \frac{6}{4x^2}$$

$$\frac{1}{4x} = \frac{1 \cdot x}{4x \cdot x} = \frac{x}{4x^2}$$

$$\frac{3}{2x^2} + \frac{1}{4x} = \frac{6}{4x^2} + \frac{x}{4x^2} = \frac{6 + x}{4x^2}.$$

3. $\dfrac{5}{2x^2} + \dfrac{4}{3x}$

Hallamos el múltiplo común menor de $2x^2$ y $3x$, que es el denominador común menor de las fracciones dadas.

$$\text{MCM}(2x^2, 3x) = 6x^2.$$

Hallamos las fracciones homogéneas equivalentes correspondientes $5/2x^2$ y $4/3x$ con denominador $6x^2$, y procedemos a sumar.

$$\frac{5}{2x^2} = \frac{5(3)}{(2x^2)3} = \frac{15}{6x^2}$$

$$\frac{4}{3x} = \frac{4(2x)}{(3x)(2x)} = \frac{8x}{6x^2}$$

$$\frac{5}{2x^2} + \frac{4}{3x} = \frac{15}{6x^2} + \frac{8x}{6x^2} = \frac{15 + 8x}{6x^2}.$$

4. $\dfrac{1}{2a + 1} - \dfrac{1}{2a - 1}$

Hallamos las fracciones homogéneas equivalentes correspondientes a $1/(2a+1)$ y $1/(2a - 1)$ con denominador $(2a + 1)(2a - 1)$, y procedemos a restar.

$$\frac{1}{2a + 1} = \frac{1 \cdot (2a - 1)}{(2a + 1)(2a - 1)} = \frac{2a - 1}{(2a + 1)(2a - 1)}$$

$$\frac{1}{2a - 1} = \frac{1(2a + 1)}{(2a - 1)(2a + 1)} = \frac{2a + 1}{(2a - 1)(2a + 1)}$$

$$\begin{aligned}\frac{1}{2a + 1} - \frac{1}{(2a - 1)} &= \frac{2a - 1}{(2a + 1)(2a - 1)} - \frac{(2a + 1)}{(2a + 1)(2a - 1)} \\ &= \frac{(2a - 1) - (2a + 1)}{(2a + 1)(2a - 1)} = \frac{2a - 1 - 2a - 1}{(2a + 1)(2a - 1)} \\ &= \frac{-2}{(2a + 1)(2a - 1)}.\end{aligned}$$

El denominador se puede expresar como un producto.

5. $\dfrac{2}{x^2 + x} + \dfrac{3}{4x + 4}$

Hallamos el múltiplo común menor de los denominadores $x^2 + x = x(x + 1)$, $4x + 4 = 4(x + 1)$, que es

$$\text{MCM}(x^2 + x, 4x + 4) = 4x(x + 1).$$

Hallamos las fracciones equivalentes correspondientes a $2/(x^2 + x)$, $3/(4x + 4)$ con denominador $4x(x + 1)$, y procedemos a sumar estas fracciones homogéneas.

$$\begin{aligned}\frac{2}{x^2 + x} + \frac{3}{4(x + 1)} &= \frac{2}{x(x + 1)} + \frac{3}{4(x + 1)} = \frac{2(4)}{4x(x + 1)} + \frac{3(x)}{4x(x + 1)}\\ &= \frac{2(4) + 3(x)}{4x(x + 1)} = \frac{8 + 3x}{4x(x + 1)}.\end{aligned}$$

6. $\dfrac{3(x + 1)}{x^2 + 5x - 14} - \dfrac{1}{x - 2}$

Hallamos el múltiplo común menor de los denominadores.

$$x^2 + 5x - 14 = (x + 7)(x - 2)$$

$$x - 2 \quad \text{es irreducible}$$

$$\text{MCM}(x^2 + 5x - 14, x - 2) = (x + 7)(x - 2)$$

Hallamos las fracciones equivalentes a las fracciones dadas con denominador $(x + 7)(x - 2)$ y procedemos a restar las fracciones homogéneas.

$$\begin{aligned}\frac{3(x + 1)}{x^2 + 5x - 14} - \frac{1}{x - 2} &= \frac{3(x + 1)}{(x + 7)(x - 2)} - \frac{1}{x - 2}\\ &= \frac{3(x + 1)}{(x + 7)(x - 2)} - \frac{x + 7}{(x + 7)(x - 2)}\\ &= \frac{3(x + 1) - (x + 7)}{(x + 7)(x - 2)} = \frac{3x + 3 - x - 7}{(x + 7)(x - 2)}\\ &= \frac{2x - 4}{(x + 7)(x - 2)}\end{aligned}$$

La expresión $(2x - 4)/(x + 7)(x - 2)$ no se halla en su forma más simple. Para simplificarla, escribimos el numerador y el denominador como un producto de factores irreducibles y los dividimos entre $(x - 2)$.

$$\frac{2x - 4}{(x + 7)(x - 2)} = \frac{2(x - 2)}{(x + 7)(x - 2)} = \frac{2}{x + 7}$$

7. $2x - \dfrac{4}{x - 2}$

El denominador común menor es $x - 2$. Hallamos las fracciones equivalentes correspondientes a $2x$ y $4/(x - 2)$ con denominador $x - 2$, y procedemos a restar las fracciones homogéneas.

$$\frac{2x}{1} - \frac{4}{x-2} = \frac{2x(x-2)}{x-2} - \frac{4}{x-2}$$
$$= \frac{2x^2 - 4x - 4}{x-2}$$

8. $\dfrac{3}{(x-1)^2} + \dfrac{2}{x^2-1}$

Hallamos el múltiplo común menor de los denominadores $(x-1)^2$ y $x^2 - 1 = (x+1)(x-1)$.

$$\text{MCM}((x-1)^2, x^2-1)) = (x-1)^2(x+1)$$

Hallamos las fracciones equivalentes correspondientes a $3/(x-1)^2$, $2/(x^2-1)$ con denominador $(x+1)(x-1)^2$ y procedemos a sumar las fracciones homogéneas.

$$\frac{3}{(x-1)^2} + \frac{2}{x^2-1} = \frac{3}{(x-1)^2} + \frac{2}{(x+1)(x-1)}$$
$$= \frac{3(x+1)}{(x+1)(x-1)^2} + \frac{2(x-1)}{(x+1)(x-1)^2}$$
$$= \frac{3(x+1)+2(x-1)}{(x-1)^2(x+1)} = \frac{3x+3+2x-2}{(x-1)^2(x+1)}$$
$$= \frac{5x+1}{(x-1)^2(x+1)}$$

9. $\dfrac{2}{x-1} + \dfrac{1}{x+1} - \dfrac{1}{x^2-1}$

Hallamos el múltiplo común menor de los denominadores, que es $(x-1)(x+1)$.

$$\text{MCM}(x-1, x+1, x^2-1) = (x+1)(x-1)$$

Hallamos las fracciones homogéneas equivalentes que corresponden a $\frac{2}{(x-1)}$, $\frac{1}{(x+1)}$ y $\frac{1}{(x^2-1)}$ con denominador $(x-1)(x+1)$.

$$\frac{2}{x-1} + \frac{1}{x+1} - \frac{1}{x^2-1} = \frac{2}{x-1} + \frac{1}{x+1} + \frac{1}{(x+1)(x-1)}$$
$$= \frac{2(x+1)}{(x+1)(x-1)} + \frac{(x-1)}{(x+1)(x-1)} - \frac{1}{(x+1)(x-1)}$$
$$= \frac{2(x+1)+(x-1)-1}{(x+1)(x-1)} = \frac{2x+2+x-1-1}{(x+1)(x-1)}$$
$$= \frac{3x}{(x+1)(x-1)}$$

10. $\dfrac{3x+4}{x^2-16}+\dfrac{x-3}{x^2+8x+16}$

Hallamos el denominador común menor que es el múltiplo común menor de los denominadores. Para hallar el múltiplo común menor de estas expresiones escribimos cada una de ellas como un producto de factores irreducibles.

$$x^2-16=(x+4)(x-4), \qquad x^2+8x+16=(x+4)^2$$
$$\text{MCM}(x^2-16, x^2+8x+16)=(x+4)^2(x-4)$$

Hallamos las fracciones equivalentes correspondientes a $(3x+4)/(x^2-16)$, $(x-3)/(x^2+8x+16)$ con denominador $(x+4)^2(x-4)$ y procedemos a sumar las fracciones homogéneas.

$$\begin{aligned}\frac{3x+4}{x^2-16}+\frac{x-3}{x^2+8x+16} &= \frac{3x+4}{(x-4)(x+4)}+\frac{x-3}{(x+4)(x+4)}\\ &= \frac{(3x+4)(x+4)}{(x+4)^2(x-4)}+\frac{(x-3)(x-4)}{(x+4)^2(x-4)}\\ &= \frac{3x^2+16x+16+x^2-7x+12}{(x+4)^2(x-4)}\\ &= \frac{4x^2+9x+28}{(x+4)^2(x-4)}.\end{aligned}$$

11. $\dfrac{x}{x+2}+\dfrac{5x^2}{x^2-4}$

Hallamos el denominador común menor que es el múltiplo común menor de los denominadores. Para hallar el múltiplo común menor de estas expresiones, escribimos cada una de ellas como un producto de factores irreducibles.

$$x+2 \quad \text{es irreducible}$$
$$x^2-4=(x+2)(x-2)$$
$$\text{MCM}(x+2, x^2-4)=(x+2)(x-2)$$

Hallamos las fracciones equivalentes correspondientes a $x/(x+2)$, $5x^2/(x^2-4)$ con denominador $(x+2)(x-2)$ y procedemos a sumar las fracciones homogéneas.

$$\begin{aligned}\frac{x}{x+2}+\frac{5x^2}{x^2-4}=\frac{x}{x+2}+\frac{5x^2}{(x-2)(x+2)} &= \frac{x(x-2)}{(x+2)(x-2)}+\frac{5x^2}{(x+2)(x-2)}\\ &= \frac{x^2-2x+5x^2}{x^2-4}=\frac{6x^2-2x}{x^2-4}.\end{aligned}$$

12. $\dfrac{x}{x+2}-\dfrac{2}{x-2}$

Hallamos el denominador común menor que es el múltiplo común menor de los denominadores. $\text{MCM}(x+2, x-2)=(x+2)(x-2)$, ya que $x+2$ y $x-2$

son primos entre sí. Hallamos las fracciones equivalentes correspondientes a $x/(x+2), 2/(x-2)$ con denominador $(x+2)(x-2)$ y procedemos a restar.

$$\frac{x}{x+2} - \frac{2}{x-2} = \frac{x(x-2)}{(x+2)(x-2)} - \frac{2(x+2)}{(x+2)(x-2)} = \frac{x^2-2x-2(x+2)}{(x+2)(x-2)}$$
$$= \frac{x^2-2x-2x-4}{(x+2)(x-2)} = \frac{x^2-4x-4}{(x+2)(x-2)}.$$

13. $\dfrac{3}{2+x} + \dfrac{5}{6-x}$

Hallamos el denominador común menor que es el múltiplo común menor de los denominadores.

$$\mathrm{MCM}(2+x, 6-x) = (2+x)(6-x).$$

Hallamos las fracciones equivalentes correspondientes a $3/(2+x)$, $5/(6-x)$ y procedemos a sumar las fracciones homogéneas.

$$\frac{3}{2+x} + \frac{5}{6-x} = \frac{3(6-x)}{(2+x)(6-x)} + \frac{5(2+x)}{(6-x)(2+x)}$$
$$= \frac{18-3x+10+5x}{(2+x)(6-x)} = \frac{28+2x}{(2+x)(6-x)}.$$

14. $\dfrac{5}{a} - \dfrac{2}{a-b}$

Hallamos el denominador común menor que es el múltiplo común menor de los denominadores.

$$\mathrm{MCM}(a, a-b) = a(a-b)$$

Hallamos las fracciones equivalentes correspondientes a $5/a$, $2/(a-b)$ con denominador $a(a-b)$ y procedemos a efectuar la operación indicada.

$$\frac{5}{a} - \frac{2}{a-b} = \frac{5(a-b)}{a(a-b)} - \frac{2a}{a(a-b)} = \frac{5a-5b-2a}{a(a-b)} = \frac{3a-5b}{a(a-b)}$$

15. $\dfrac{3}{x^2+3x+2} - \dfrac{2}{x^2+4x+3} + \dfrac{5}{x^2+5x+6}$

Hallamos el denominador común menor que es el múltiplo común menor de los denominadores. Para hallar el múltiplo común menor de estas expresiones, escribimos cada una de ellas como un producto de factores irreducibles.

$$x^2+3x+2 = (x+1)(x+2)$$
$$x^2+4x+3 = (x+1)(x+3)$$
$$x^2+5x+6 = (x+3)(x+2)$$

$\text{MCM}(x^2+3x+2, x^2+4x+3, x^2+5x+6) = (x+1)(x+2)(x+3)$. Hallamos las fracciones equivalentes correspondientes a $3/(x^2+3x+2)$, $2/(x^2+4x+3)$, $5/(x^2+5x+6)$ con denominador $(x+1)(x+2)(x+3)$ y efectuamos las operaciones indicadas.

$$\begin{aligned}
&\frac{3}{(x+1)(x+2)} - \frac{2}{(x+3)(x+1)} + \frac{5}{(x+3)(x+2)} \\
&\quad = \frac{3(x+3)}{(x+1)(x+2)(x+3)} - \frac{2(x+2)}{(x+1)(x+2)(x+3)} + \frac{5(x+1)}{(x+1)(x+2)(x+3)} \\
&\quad = \frac{3x+9-2x-4+5x+5}{(x+1)(x+2)(x+3)} = \frac{6x+10}{(x+1)(x+2)(x+3)} \\
&\quad = \frac{2(3x+5)}{(x+1)(x+2)(x+3)}.
\end{aligned}$$

9-2 EJERCICIOS

1. En cada uno de los siguientes ejercicios halla el denominador común menor de las siguientes fracciones:

a. $\dfrac{5}{12x^2y^3}, \dfrac{7}{18xy^2}$

b. $\dfrac{3}{x}, \dfrac{2}{x+5}$

c. $\dfrac{3}{5x+15}, \dfrac{5}{4x+12}$

d. $\dfrac{2}{y^2-4}, \dfrac{1}{3y+6}$

e. $\dfrac{3}{6x^2-13x+6}, \dfrac{2}{9x^2-4}$

f. $\dfrac{1}{4x^2-9}, \dfrac{3}{2x+3}, \dfrac{5}{4x^2-12x+9}$

2. Efectúa las operaciones indicadas y simplifica.

a. $\dfrac{1}{2x} + \dfrac{1}{3x} + \dfrac{1}{6x}$

b. $\dfrac{3x+2y}{5} - \dfrac{2x+3y}{5}$

c. $\dfrac{3x}{(x+2)^2} + \dfrac{2}{x+2}$

d. $\dfrac{2x}{9y^2} - \dfrac{3x}{8y^2} + \dfrac{5x}{18y^2}$

e. $\dfrac{x-2}{x^2-2} - x$

f. $1 - \dfrac{2}{x-3} - \dfrac{3}{x+3}$

g. $2x + \dfrac{x+1}{x^2+1}$

h. $\dfrac{2}{x-5} + \dfrac{3}{x+5} - 1$

i. $\dfrac{5}{x^2-6x+9} - \dfrac{4}{x^2-9}$

j. $\dfrac{x^2+3}{24-2x-x^2} + \dfrac{2x+1}{2x-8}$

k. $\dfrac{1}{3x^2+11x-4} + \dfrac{1}{3x^2-13x+4}$

l. $\dfrac{x}{(2x-3)^2} + \dfrac{5}{2x-3} - \dfrac{3}{2x+3}$

9-3 Multiplicación y división de expresiones racionales

La multiplicación y la división de expresiones racionales se basan en el concepto de multiplicación y división de fracciones que analizamos anteriormente.

$$\frac{a}{b} \cdot \frac{c}{d} = \frac{ac}{bd}, \quad b \neq 0, d \neq 0,$$
$$\frac{a}{b} \div \frac{c}{d} = \frac{a}{b} \cdot \frac{d}{c} = \frac{ad}{bc}, \quad b \neq 0, d \neq 0, c \neq 0.$$

Las reglas para multiplicar y dividir expresiones racionales son análogas: si $a(x)$, $b(x)$, $c(x)$ y $d(x)$ son expresiones polinómicas,

$$\frac{a(x)}{b(x)} \cdot \frac{c(x)}{d(x)} = \frac{a(x) \cdot c(x)}{b(x) \cdot d(x)}, \quad b(x) \neq 0, d(x) \neq 0.$$
$$\frac{a(x)}{b(x)} \div \frac{c(x)}{d(x)} = \frac{a(x)}{b(x)} \cdot \frac{d(x)}{c(x)} = \frac{a(x) \cdot d(x)}{b(x) \cdot c(x)}, \quad b(x) \neq 0, d(x) \neq 0, c(x) \neq 0.$$

Al llevar a cabo la multiplicación de expresiones racionales es aconsejable simplificar el producto antes de obtener el resultado final.

EJEMPLOS:

1. $\frac{2}{3} \cdot \frac{4}{5}$

$$\frac{2}{3} \cdot \frac{4}{5} = \frac{2 \cdot 4}{3 \cdot 5} = \frac{8}{15}$$

2. $\frac{3}{4} \div \frac{5}{4}$

$$\frac{3}{4} \div \frac{5}{4} = \frac{3}{4} \cdot \frac{4}{5} = \frac{3}{5}$$

3. $\frac{3x}{2a} \cdot \frac{5x}{b}$

$$\frac{3x}{2a} \cdot \frac{5x}{b} = \frac{(3x)(5x)}{2a(b)} = \frac{15x^2}{2ab}$$

4. $(4x^2) \cdot \left(\frac{y^2}{6x^3}\right)$

$$4x^2 \cdot \frac{y^2}{6x^3} = \frac{4x^2y^2}{6x^3} = \frac{(2x^2)(2y^2)}{(2x^2)(3x)}$$

El resultado no está en su forma más simple. Para simplificar la fracción, dividimos el numerador y el denominador entre $2x^2$ y obtenemos

$$\frac{(2x^2)(2y^2)}{(2x^2)(3x)} = \frac{2y^2}{3x}.$$

5. $\dfrac{5x^3}{y^2} \cdot \dfrac{y^3}{5x^2y^2}$

$$\frac{5x^3}{y^2} \cdot \frac{y^3}{5x^2y^2} = \frac{(5x^3)(y^3)}{(y^2)(5x^2y^2)} = \frac{(5x^2y^3)x}{(5x^2y^3)y}.$$

El resultado no está en su forma más simple. Para simplificar la fracción, dividimos el numerador y el denominador entre $5x^2y^3$ y obtenemos

$$\frac{(5x^2y^3)x}{(5x^2y^3)y} = \frac{x}{y}.$$

6. $\dfrac{x+2}{x+1} \cdot \dfrac{x+1}{x+5}$

$$\frac{x+2}{x+1} \cdot \frac{x+1}{x+5} = \frac{(x+2)(x+1)}{(x+1)(x+5)}$$

El resultado no está en su forma más simple. Para simplificar la fracción, dividimos el numerador y el denominador entre $x + 1$ y obtenemos

$$\frac{(x+2)(x+1)}{(x+1)(x+5)} = \frac{x+2}{x+5}.$$

7. $\dfrac{3x}{2y} \div \dfrac{5}{3y}$

$$\frac{3x}{2y} \div \frac{5}{3y} = \frac{3x}{2y} \cdot \frac{3y}{5} = \frac{(3x)(3y)}{(2y)5}$$

El resultado no está en su forma más simple. Para simplificar la fracción, dividimos el numerador y el denominador entre y para obtener

$$\frac{(3x)(3y)}{(2y)5} = \frac{9xy}{10y} = \frac{9x}{10}.$$

8. $\dfrac{2x^2}{3a} \div \dfrac{x}{6a^2}$.

$$\frac{2x^2}{3a} \div \frac{x}{6a^2} = \frac{2x^2}{3a} \cdot \frac{6a^2}{x} = \frac{(2x^2)(6a^2)}{(3a)x}$$

$$= \frac{(3ax)4ax}{3ax}$$

El resultado no está en su forma más simple. Para simplificar la fracción, dividimos el numerador y el denominador entre $3ax$ para obtener

$$\frac{(3ax)4ax}{3ax} = 4ax.$$

9. $\dfrac{x-3}{x+2} \div \dfrac{x+5}{x+2}$

$$\frac{x-3}{x+2} \div \frac{x+5}{x+2} = \frac{x-3}{x+2} \cdot \frac{x+2}{x+5} = \frac{(x-3)(x+2)}{(x+5)(x+2)}$$

El resultado no está en su forma más simple. Para simplificar la fracción, dividimos el numerador y el denominador entre $(x + 2)$.

$$\frac{(x-3)(x+2)}{(x+5)(x+2)} = \frac{x-3}{x+5}$$

10. $\dfrac{x^2-5x+6}{x+6} \div \dfrac{x-3}{5}$

$$\frac{x^2-5x+6}{x+6} \div \frac{x-3}{5} = \frac{x^2-5x+6}{x+6} \cdot \frac{5}{x-3}$$
$$= \frac{(x^2-5x+6)(5)}{(x+6)(x-3)}$$

El resultado no está en su forma más simple. Para simplificar la fracción, escribimos el numerador y el denominador como un producto de factores irreducibles y los dividimos por el divisor común mayor de éstos, que es $x - 3$, para obtener

$$\frac{(x^2-5x+6)(5)}{(x+6)(x-3)} = \frac{(x-3)(x-2)(5)}{(x+6)(x-3)} = \frac{5(x-2)}{x+6}.$$

9-3 EJERCICIOS

1. Efectúa las operaciones indicadas y simplifica el resultado. Las expresiones polinómicas en cada denominador son diferentes de cero.

a. $\dfrac{7}{(x+2)(x-2)} \cdot \dfrac{x-2}{14}$

b. $\dfrac{7x^2}{3y} \cdot \dfrac{12y^2}{35x^3}$

c. $\dfrac{14x^2}{9y^2} \div \dfrac{35x^2}{36y^2}$

d. $\dfrac{x^2-25}{5} \cdot \dfrac{10x}{x^2+4x-5}$

e. $\dfrac{x^2+3x}{3x-2} \cdot \dfrac{9x^2-4}{x^2-9}$

f. $\dfrac{7x+7}{x^2-49} \div \dfrac{x^2-14x+49}{x^2+14x+49}$

g. $\dfrac{10x - 21}{x^2 - 4x + 4} \div \dfrac{10x^2 + 9x - 63}{x^2 + x - 6}$

h. $\dfrac{3x^2 - 3x}{x^2 - 81} \cdot \dfrac{x^2 + 4x - 45}{3x - 15}$

i. $\dfrac{x^2 - x - 12}{x^2 - 16} + \dfrac{x^2 - 9}{12x^2 - 36x}$

j. $\dfrac{xy + x + y + 1}{x^2 - 1} \cdot \dfrac{y^2 - 2y + 1}{y^2 - 1}$

k. $\dfrac{x - y}{x + y} \div \dfrac{x^2 - 2xy + y^2}{x^2 - y^2}$

l. $\dfrac{x^2 - 4}{2x + 14} \cdot \dfrac{x^2 + 10x + 21}{6x - 12} \div \dfrac{x^2 + 5x + 6}{12x}$

9-4 Ecuaciones racionales

Se dice que una ecuación es racional si se puede escribir como una ecuación de la forma $P(x)/Q(x) = 0$, donde $P(x)$ y $Q(x)$ son polinomios en la variable x, con $Q(x) \neq 0$.

EJEMPLOS:

1. $\dfrac{x - 3}{3} = 0$

2. $\dfrac{5}{x - 2} = 3$

3. $\dfrac{1}{x} + \dfrac{3}{x^2} = 2$

4. $\dfrac{5}{x + 4} + \dfrac{1}{x - 2} = \dfrac{30}{(x - 2)(x + 4)}$

Resolver una ecuación racional sobre los números reales consiste en hallar el conjunto de estos números que hacen cierta la ecuación. Para resolver la ecuación $P(x)/Q(x) = 0$, debemos recordar que una fracción es cero si y sólo si su numerador es cero y su denominador es diferente de cero. Para resolver la ecuación, tenemos que hallar los números $x \in \mathbb{R}$ tales que $P(x) = 0$ y $Q(x) \neq 0$.

EJEMPLOS:

1. Halla el conjunto solución de la ecuación $(x - 3)/5 = 0$.

Queremos hallar los valores de $x \in \mathbb{R}$ tales que $(x - 3)/5 = 0$. La fracción es cero si su numerador $x - 3$ es cero. Hallamos la solución de la ecuación $x - 3 = 0$, que es $x = 3$. El conjunto solución de la ecuación es $\{3\}$.

Vemos que 3 satisface la ecuación: $(x-3)/5=0$. Sustituimos x por 3.

$$\frac{3-3}{5}=0$$
$$0=0$$

es un enunciado cierto. Esto nos indica que 3 es solución de la ecuación.

2. Halla el conjunto solución de la ecuación $(3x-2)/(x+2)=5$.

La ecuación es equivalente a $(3x-2)/(x+2)-5=0$. Hallamos las fracciones homogéneas equivalentes correspondientes a las fracciones dadas con denominador $x+2\neq 0$ y procedemos a sumar las fracciones.

$$\frac{3x-2}{x+2}-\frac{5(x+2)}{x+2}=0 \text{ implica que } \frac{3x-2-5(x+2)}{x+2}=0$$
$$\frac{3x-2-5x-10}{x-2}=0$$
$$\frac{-2x-12}{x+2}=0.$$

La fracción $\dfrac{-2x-12}{x+2}=0$ es igual a cero si $-2x-12=0$ y $x+2\neq 0$.

$$-2x-12=0 \text{ implica que } -2x=12 \text{ o } x=-6.$$

El conjunto solución de la ecuación es $\{-6\}$.

Vemos que -6 satisface la ecuación original

$$\frac{3(-6)-2}{-6+2}=\frac{-18-2}{-6+2}=\frac{-20}{-4}=5.$$

Obtenemos así un enunciado cierto, lo que nos indica que -6 es solución de la ecuación original.

3. Halla el conjunto solución de la ecuación $(x-3)^2/(x-3)=0$.

El denominador, $x-3$, tiene que ser diferente de cero, $x\neq 3$. Si simplificamos el lado izquierdo de la ecuación obtenemos

$$\frac{(x-3)(x-3)}{(x-3)}=x-3$$
$$x-3=0 \quad \text{implica que} \quad x=3.$$

Sin embargo, habíamos visto que $x\neq 3$. Esto nos indica que la ecuación original no tiene solución. El conjunto solución es el conjunto vacío, $\{\ \}$.

4. Halla el conjunto solución de la ecuación

$$\frac{x}{x+2} - \frac{4}{x+1} = \frac{-2}{x+2}.$$

Primero escribimos la ecuación en la forma $P(x)/Q(x) = 0$.

$$\frac{x}{x+2} - \frac{4}{x+1} + \frac{2}{x+2} = 0.$$

Hallamos las fracciones homogéneas correspondientes equivalentes a las fracciones dadas con denominador $(x+2)(x+1) \neq 0$ y procedemos a sumar las fracciones.

$$\frac{x(x+1)}{(x+2)(x+1)} - \frac{4(x+2)}{(x+2)(x+1)} + \frac{2(x+1)}{(x+2)(x+1)} = 0$$

$$\frac{x^2 + x - 4x - 8 + 2x + 2}{(x+2)(x+1)} = 0$$

$$\frac{x^2 - x - 6}{(x+2)(x+1)} = 0$$

Para hallar la solución de la ecuación, el numerador tiene que ser igual a cero y el denominador $(x+2)(x+1) \neq 0$.

$$x^2 - x - 6 = 0$$

$$(x-3)(x+2) = 0$$

Si el producto de dos factores es igual a cero, por lo menos uno de los factores es cero.

$$x - 3 = 0 \quad \text{o} \quad x + 2 = 0$$

$$x = 3 \quad \text{o} \quad x = -2.$$

Observa que -2 no pertenece al conjunto solución de la ecuación original porque al sustituir x por -2 el denominador es cero. Si sustituimos x por 3 en el lado izquierdo de la ecuación original obtenemos

$$\frac{3}{3+2} - \frac{4}{3+1} = \frac{3}{5} - \frac{4}{4} = \frac{3}{5} - 1 = \frac{3}{5} - \frac{5}{5} = \frac{-2}{5}.$$

Sustituimos en el lado derecho y obtenemos

$$\frac{-2}{3+2} = \frac{-2}{5}.$$

$$\frac{-2}{5} = \frac{-2}{5} \qquad \text{es un enunciado cierto.}$$

El conjunto solución de la ecuación es $\{3\}$.

Otro método para resolver las ecuaciones racionales

Aprendimos en capítulos anteriores que para resolver una ecuación recurrimos a ecuaciones más sencillas que están relacionadas con la ecuación dada, cuya solución es fácil de encontrar. Por ejemplo, para hallar el conjunto solución de la ecuación $(x-3)(x+3)=0$, sabemos que el producto de los factores es cero si por lo menos uno de los factores es cero. Este enunciado nos permite cambiar el problema original por dos ecuaciones sencillas.

$$x-3=0 \quad \text{o} \quad x+3=0$$
$$x=3 \quad \text{o} \quad x=-3$$

El conjunto solución de la ecuación original es $\{3,-3\}$.

Partiendo de la ecuación racional, también podemos encontrar ecuaciones más sencillas cuyo conjunto solución contiene el conjunto solución de la ecuación racional.

EJEMPLOS:

1. Halla el conjunto solución de la ecuación $\frac{2}{x}+\frac{3}{x^2}=1$.

Si multiplicamos ambos lados de la ecuación por el múltiplo común menor de los denominadores, que es x^2, obtenemos una ecuación más sencilla que la anterior, pues se obtiene una ecuación polinómica que sabemos resolver. Esta ecuación no equivale a la anterior porque no la obtuvimos multiplicando por una constante. Pero si la ecuación original tiene soluciones, éstas serán soluciones de la ecuación polinómica. Esto es: el conjunto solución de la ecuación dada es un sobconjunto del conjunto solución de la ecuación polinómica.

$$\frac{2}{x}(x^2)+\frac{3}{x^2}(x^2)=1(x^2), \quad x^2 \neq 0$$
$$2x+3=x^2$$
$$x^2-2x-3=0 \quad \text{es una ecuación polinómica de segundo grado.}$$

Para resolver la ecuación polinómica escribimos el polinomio como un producto de factores irreducibles y usamos la propiedad de cero: si el producto de dos factores es cero, entonces por lo menos uno de los dos factores es cero.

$$x^2-2x-3=0$$
$$(x-3)(x+1)=0$$
$$x-3=0 \quad \text{o} \quad x+1=0$$
$$x=3 \quad \text{o} \quad x=-1$$

El conjunto solución cuadrática es $\{3, -1\}$. Las posibles soluciones de la ecuación original son 3 y -1. Veamos si éstas son soluciones de la ecuación original. Si $x = 3$, obtenemos

$$\frac{2}{3} + \frac{3}{3^2} = 1$$

$$\frac{2}{3} + \frac{3}{3^2} = \frac{2}{3} + \frac{1}{3} = \frac{3}{3} = 1. \quad \text{El enunciado es cierto}$$

Esto nos indica que 3 es solución de la ecuación original. Si $x = -1$, tenemos que

$$\frac{2}{-1} + \frac{3}{(-1)^2} = -2 + 3 = 1 \quad \text{es un enunciado cierto.}$$

Esto nos indica que el conjunto solución de la ecuación original es $\{3, -1\}$.

2. Halla el conjunto solución de la ecuación $\dfrac{3x-2}{x+1} = \dfrac{2}{3}$.

Multiplicamos ambos lados de la ecuación por $3(x+1) \neq 0$, que es el múltiplo común menor de los denominadores.

$$3(x+1)\left(\frac{3x-2}{x+1}\right) = \left(\frac{2}{3}\right)(3)(x+1)$$

$$3(3x-2) = 2(x+1)$$

$$9x - 6 = 2x + 2$$

es una ecuación polinómica lineal.

$$9x - 2x = 6 + 2$$

$$7x = 8$$

$$x = \frac{8}{7}$$

El conjunto solución de la ecuación lineal es $\{8/7\}$. Para determinar si $8/7$ es solución de la ecuación dada, sustituimos en la ecuación original:

$$\frac{3(\frac{8}{7}) - 2}{\frac{8}{7} + 1} = \frac{\frac{24}{7} - \frac{2(7)}{7}}{\frac{8}{7} + \frac{7}{7}} = \frac{\frac{10}{7}}{\frac{15}{7}} = \frac{10}{15} = \frac{2}{3}$$

Éste es un enunciado cierto. El conjunto solución de la ecuación original es $\{8/7\}$.

3. Halla el conjunto solución de la ecuación

$$\frac{5}{x+4} + \frac{1}{x-2} = \frac{30}{(x-2)(x+4)}.$$

Multiplicamos ambos miembros de la ecuación por $(x+4)(x-2) \neq 0$.

$$\frac{5}{x+4}(x+4)(x-2) + \frac{1}{x-2}(x+4)(x-2) = \frac{30}{(x-2)(x+4)}(x+4)(x-2)$$
$$5(x-2) + x + 4 = 30$$

Es una ecuación polinómica lineal

$$5x - 10 + x + 4 = 30$$
$$6x - 6 = 30$$
$$6x = 36$$
$$x = 6.$$

El conjunto solución de la ecuación polinómica lineal es $\{6\}$. Verifiquemos que 6 es solución de la ecuación original. Si sustituimos $x = 6$ en la parte izquierda de la ecuación original, obtenemos

$$\frac{5}{6+4} + \frac{1}{6-2} = \frac{5}{10} + \frac{1}{4} = \frac{10}{20} + \frac{5}{20} = \frac{15}{20} = \frac{3}{4}.$$

Sustituimos en la parte derecha y obtenemos

$$\frac{30}{(6-2)(6+4)} = \frac{30}{(4)(10)} = \frac{3}{4}.$$

$\frac{3}{4} = \frac{3}{4}$ es un enunciado cierto. El conjunto solución de la ecuación original es $\{6\}$.

4. Halla el conjunto solución de la ecuación

$$\frac{5}{x} + \frac{4}{x-2} = \frac{10}{x}.$$

Multiplicamos ambos lados de la ecuación por $x(x-2) \neq 0$, que es el múltiplo común de los denominadores.

$$x(x-2)\frac{5}{x} + x(x-2)\frac{4}{x-2} = x(x-2)\left(\frac{10}{x}\right)$$
$$(x-2)5 + 4x = 10(x-2)$$

es una ecuación polinómica lineal.

$$5x - 10 + 4x = 10x - 20 \text{ implica que } 9x - 10x = 10 - 20.$$
$$-x = -10 \text{ implica que } x = 10.$$

El conjunto solución de la ecuación lineal es $\{10\}$. Verifiquemos que 10 es solución de la ecuación dada. Si sustituimos $x = 10$ en el lado izquierdo de la ecuación dada, obtenemos

$$\frac{5}{10} + \frac{4}{10-2} = \frac{5}{10} + \frac{4}{8} = \frac{1}{2} + \frac{1}{2} = 1.$$

Sustituimos en el lado derecho y obtenemos

$$\frac{10}{10} = 1.$$

$1 = 1$ es un enunciado cierto. El conjunto solución de la ecuación original es $\{10\}$.

5. Halla el conjunto solución de la ecuación $\frac{x+5}{x-3} = 1$. Multiplicamos ambos lados de la ecuación por $x - 3$.

$$(x-3)\frac{x+5}{x-3} = 1(x-3).$$

$x + 5 = x - 3$ es una ecuación polinómica lineal. $5 = -3$ que es un enunciado falso. Esto implica que la ecuación lineal no tiene solución y, por lo tanto, la ecuación original no tiene solución. El conjunto solución es vacío, $\{\ \}$.

6. Halla el conjunto solución de la ecuación

$$\frac{7}{x-1} - \frac{6}{x^2-1} = 5.$$

Multiplicamos ambos lados de la ecuación por $x^2 - 1 \neq 0$, que es el múltiplo común menor de los denominadores.

$$\begin{aligned}(x+1)(x-1)\frac{7}{x-1} - (x+1)(x-1)\frac{6}{x^2-1} &= (x+1)(x-1)5\\ 7(x+1) - 6 &= 5(x^2-1)\\ 7x + 7 - 6 &= 5x^2 - 5\\ 7x + 1 &= 5x^2 - 5\\ 5x^2 - 7x - 6 &= 0\end{aligned}$$

Obtenemos así una ecuación polinómica de segundo grado y escribimos el polinomio como un producto de factores irreducibles.

$$\begin{gathered}(5x+3)(x-2) = 0\\ 5x + 3 = 0 \quad \text{o} \quad x - 2 = 0\\ x = \frac{-3}{5} \quad \text{o} \quad x = 2\end{gathered}$$

El conjunto solución de la ecuación polinómica es $\{-3/5, 2\}$ y las posibles soluciones de la ecuación dada son $-3/5$, 2.

Verifiquemos si $-3/5$ y 2 son soluciones de la ecuación original. Si $x = -3/5$, tenemos que

$$\begin{aligned}\frac{7}{\frac{-3}{5} - 1} - \frac{6}{\left(\frac{-3}{5}\right)^2 - 1} &= \frac{7}{\frac{-3-5}{5}} - \frac{6}{\frac{9}{25} - 1}\\ &= \frac{-35}{8} - \frac{6}{\frac{9-25}{25}} = \frac{-35}{8} - \frac{6(25)}{-16}\\ &= \frac{-35}{8} + \frac{3(25)}{8} = \frac{-35+75}{8}.\end{aligned}$$

$\frac{40}{8} = 5$ es un enunciado cierto; esto nos indica que $-3/5$ es solución de la ecuación dada. Al sustituir $x = 2$ en la ecuación original, obtenemos

$$\frac{7}{2-1} - \frac{6}{2^2-1} = 7 - \frac{6}{3} = 7 - 2 = 5,$$

que es un enunciado cierto. El conjunto solución es $\{-3/5, 2\}$.

9-4 EJERCICIOS

1. Halla el conjunto solución en cada ejercicio:

a. $\frac{2x}{3} + \frac{x}{5} = 1$

b. $\frac{7}{4x} - \frac{3}{x^2} = \frac{1}{2x^2}$

c. $\frac{4}{x+2} + 3 = \frac{3x}{x-3}$

d. $\frac{3}{x-3} + \frac{7}{x+3} = \frac{2}{x^2-9}$

e. $\frac{x}{x-2} - 7 = \frac{2}{x-2}$

f. $\frac{3x}{x+2} - \frac{12}{x+3} = \frac{36}{x^2+5x+6}$

g. $\frac{x}{x-5} + 2 = \frac{5}{x-5}$

h. $\frac{2}{x^2-3x} - \frac{1}{x^2+2x} = \frac{2}{x^2-x-6}$

i. $\frac{5}{x-4} = \frac{1}{x+2} - \frac{2}{x^2-2x-8}$

j. $\frac{2}{x^2-4} - \frac{1}{x^2+x-2} = \frac{3}{x^2-3x+2}$

Capítulo 9 Ejercicios de repaso

1. Halla tres fracciones equivalentes en cada uno de los siguientes casos:

a. $\frac{5}{x}$

b. $\frac{x+5}{8y}$

c. $\frac{6(x-2)}{2(x+2)}$

d. $\frac{7x^2}{2y}$

e. $\frac{2x^2+x}{x^2}$

f. $\frac{35yx^2}{25yx^4}$

2. Llena los espacios en blanco con las expresiones algebraicas adecuadas:

a. $\frac{2x^2}{y} = \frac{\quad}{y^3} = \frac{4x^2}{\quad} = \frac{\quad}{xy}$

b. $\frac{b-a}{2} = \frac{b^2-ab}{\quad} = \frac{\quad}{2a} = \frac{2b-2a}{\quad}$

c. $\frac{1}{1-x} = \frac{\quad}{x-1} = \frac{2}{\quad} = \frac{x}{\quad}$

d. $\frac{a-b}{a} = \frac{a^2-b^2}{\quad} = \frac{\quad}{-a} = \frac{\quad}{a^2+a}$

e. $\frac{2+x}{2-x} = \frac{\quad}{x-2} = \frac{4+2x}{\quad} = \frac{(2+x)^2}{\quad}$

3. Halla el divisor común mayor (DCM) y el múltiplo común menor (MCM) de cada uno de los siguientes pares de expresiones algebraicas:

a. $27a, 36b$

b. $18rs^2, 45s^2$

c. $3(x+3), 5(x+3)$

d. $5m, 15m^2 - 5$

e. $r^2 - 25, r^2 - 2r - 15$

f. $20(y-2)^2, 15(y-2)$

g. $x^3 - x, 2x + 2$

h. $6 - m - m^2, m^2 - 9$

i. $x - 5, 10 - 2x$

j. $3 - 3y, (y-1)^2$

4. Reduce cada una de las siguientes expresiones racionales a su forma más simple:

a. $\dfrac{12y^2}{18y^2}$

b. $\dfrac{18c}{36c^2}$

c. $\dfrac{8xy^2}{24x^2y}$

d. $\dfrac{5x^2 + 10xy}{15xy + 30y^2}$

e. $\dfrac{3y + 12}{8 - 2y - y^2}$

f. $\dfrac{2x - 4}{4 - x^2}$

g. $\dfrac{2x - 2y}{3y - 3x}$

h. $\dfrac{1 - 4x^2}{6x - 3}$

i. $\dfrac{5a^2 - 20}{(a-2)^2}$

j. $\dfrac{b^2 + b - 2}{b + 2}$

5. En cada uno de los siguientes ejercicios, efectúa las operaciones y reduce la contestación a su forma más simple:

a. $\dfrac{11r}{16} - \dfrac{r}{16} - \dfrac{7r}{16}$

b. $\dfrac{x}{x+1} + \dfrac{1}{x+1}$

c. $\dfrac{x}{x-3} + \dfrac{3}{3-x}$

d. $\dfrac{9}{8x} + \dfrac{3}{8x} - \dfrac{2}{8x}$

e. $\dfrac{a}{5y} + \dfrac{b}{5y} + \dfrac{c}{5y}$

f. $\dfrac{3}{x-4} + \dfrac{1}{4-x}$

g. $\dfrac{4x}{2x+5} + \dfrac{10}{5+2x}$

h. $\dfrac{5a}{a^2 - b^2} - \dfrac{5b}{b^2 - a^2}$

6. Efectúa las operaciones indicadas y reduce la contestación a su forma más simple:

a. $\dfrac{2a^2}{3b} \cdot \dfrac{(-15b^2)}{4a^3}$

b. $8xy \div \dfrac{24x}{y}$

c. $\dfrac{7xy^2}{10rs} \div \dfrac{14y^2}{5r^2s^2}$

d. $\dfrac{4 - b^2}{b^2} \div \dfrac{2 + b}{b}$

e. $\dfrac{5x}{x^2 - 9} \cdot \dfrac{6x + 18}{15x^3}$

f. $\dfrac{b^2 + b - 2}{b^2 - 7b} \cdot \dfrac{b^2 - 13b + 42}{b + 2}$

g. $\dfrac{a^2 - 7ab + 12b^2}{a^2 - 4b^2} \cdot \dfrac{2a + 4b}{a - 3b}$

h. $\dfrac{4y^3}{8 - 2y - y^2} \cdot \dfrac{3y + 12}{6y}$

7. En cada uno de los ejercicios halla el denominador común menor:

a. $\frac{7y}{12}, \frac{3y}{20}$

b. $\frac{5}{4x^2}, \frac{7}{xy^2}$

c. $\frac{5}{d}, \frac{d-2}{d+2}$

d. $\frac{2y+1}{y^2-9}, \frac{-7}{y+3}$

8. Efectúa las operaciones indicadas y expresa el resultado en su forma más simple:

a. $\frac{5}{x} - \frac{6}{y}$

b. $\frac{1}{5x^2} + \frac{3}{10xy} - \frac{4}{x^2y^2}$

c. $\frac{x-2}{4x} + \frac{2x-3}{3x}$

d. $\frac{4}{x-3} - \frac{3}{x}$

e. $\frac{5}{x^2-4} + \frac{3}{x-2}$

f. $x - 1 - \frac{x^2-1}{x}$

g. $\frac{2}{y^2-4} + \frac{1}{2y-y^2}$

h. $\frac{3}{x^2-3x+2} - \frac{2}{x^2-1}$

i. $\frac{1+x}{1-x} + \frac{1-x}{1+x}$

j. $x - 4 + \frac{4}{x}$

9. Resuelve cada una de las siguientes ecuaciones:

a. $\frac{18}{r} - 4 = 2$

b. $\frac{2+x}{6x} = \frac{3}{5x} + \frac{1}{30}$

c. $\frac{3}{5-3t} = \frac{1}{2}$

d. $\frac{3}{x} = \frac{2}{5-x}$

e. $\frac{5}{x^2-4} = \frac{3}{x-2}$

f. $\frac{4}{x-1} = \frac{5}{x^2-x}$

g. $\frac{7}{x-1} = 5 + \frac{7}{x-1}$

h. $\frac{1}{t-5} + \frac{1}{t+5} = \frac{8}{t^2-25}$

i. $\frac{6}{x^2-1} = \frac{-3}{x+1} + \frac{5}{x-1}$

j. $\frac{3}{2b+4} - \frac{4}{b-2} = \frac{3}{2b^2-8}$

k. $\frac{20}{y^2-4} = \frac{1}{y-2} - \frac{5}{y+2}$

l. $\frac{x^2+6x}{x^2-4} = \frac{x+3}{x-2}$

CAPÍTULO

Ecuaciones lineales 10

10-1 Conceptos básicos

Muchas veces nos ha interesado estudiar las matemáticas por sus aplicaciones. En esta sección analizaremos varias formas de resolver algunos problemas que se presentan en nuestra vida diaria. Veremos la utilidad del álgebra en estos casos. Para usar el álgebra, traducimos en símbolos la situación que presenta el problema.

Ecuaciones en una variable

Repasemos en forma breve cómo representar en símbolos algebraicos algunas expresiones verbales. Con frecuencia nos encontramos con frases como "el doble de un número"o "cinco más que un número". Vamos a representar algunas de éstas en forma algebraica.

EJEMPLOS:

Frase verbal	Representación algebraica
1. "La suma de los números m y n	$m + n$
2. "El doble de un número m"	$2m$
3. "Cinco más que un número n"	$n + 5$
4. "Cinco menos que un número m"	$m - 5$
5. "Cinco menos que la suma de los números n y m"	$(n + m) - 5$
6. "Dos números enteros consecutivos a un número entero m"	$m + 1, m + 2$

Si se unen dos frases con una forma del verbo *ser* como *es, era, será, está,* escribimos una ecuación.

EJEMPLOS:

1. "Dos más que un número **es** nueve". El verbo indica una igualdad. Si **n** representa el número, escribimos la ecuación:

$$n + 2 = 9.$$

2. "El doble de un número **es** cinco más que su cuadrado." Si n representa el número, entonces escribimos

$$2n = n^2 + 5.$$

La traducción de estas frases a símbolos algebraicos nos permite resolver problemas verbales usando métodos algebraicos. No existe una fórmula general para resolver problemas verbales; sin embargo, vamos a sugerir algunas estrategias útiles en la resolución de estos problemas.

EJEMPLOS:

1. El perímetro de un rectángulo mide 72 cm. Si su largo es el doble de su ancho, halla sus dimensiones.

A. Lee cuidadosamente el problema.

B. Cuando puedas, haz un diagrama de la situación presentada.

La figura es un rectángulo.

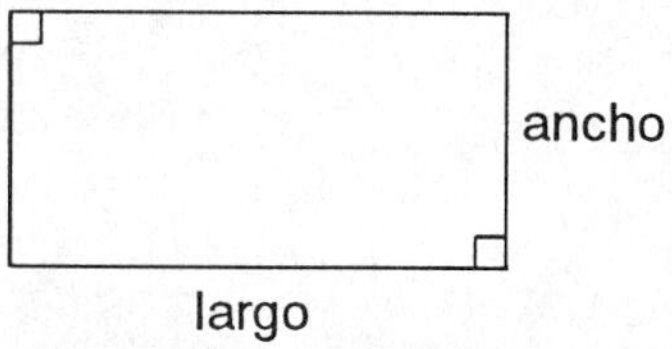

C. Determina qué te pide el problema.

Las medidas del largo y el ancho del rectángulo.

D. Selecciona la variable según las condiciones del problema. Expresa en símbolos las frases algebraicas que se relacionan con ésta.

El problema nos dice que el largo es dos veces el ancho. Si x representa el ancho, esto se traduce a:

ancho = x largo = $2x$

E. Rotula la figura estableciendo la relación entre las desconocidas.

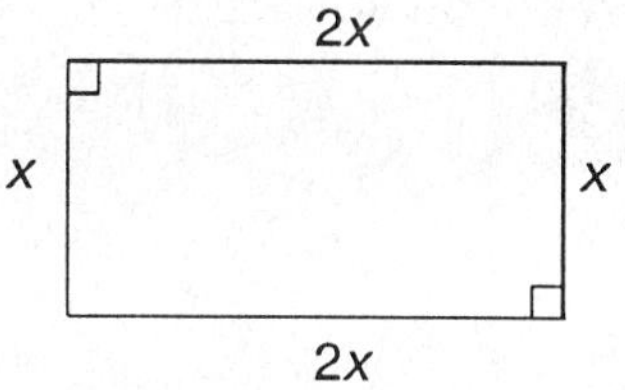

F. Vuelve a leer el problema para establecer la relación que existe entre la información dada y la que te pide el problema; escribe esa relación.

Se nos da el perímetro del rectángulo, 72 cm

Perímetro = 2(ancho) + 2(largo)

G. Resuelve la ecuación obtenida.

$$72 = 2(x) + 2(2x)$$
$$72 = 2x + 4x$$
$$72 = 6x$$
$$x = 12$$

H. Determina todas las cantidades requeridas en el problema.

ancho = x = 12 cm

largo = $2x$ = 24 cm

I. Verifica que la solución satisfaga las condiciones del problema.

Observa que el perímetro mide 72 cm.

$$24 + 24 + 12 + 12 = 72 \text{ cm}$$

2. La hija de Ana tiene 16 años. Hace cuatro años, la edad de la hija era un tercio de la edad que tenía Ana. Halla la edad actual de Ana.

Sea n la edad actual de Ana.

a. ¿Cuál era la edad de Ana cuatro años atrás?

Si la edad actual de ana es n años, cuatro años atrás Ana tenía $n - 4$ años.

b. Cuatro años atrás, la hija de Ana tenía un tercio de la edad de Ana. Hace cuatro años la hija de ana tenía 12 años.

c. Establecemos en símbolos la relación que existe en la información dada.

$$\frac{1}{3}(n - 4) = 12$$

$$n - 4 = 36$$

$$n = 40 \text{ años}$$

Ana tiene 40 años.

Podemos verificar: 4 años atrás Ana tenía 36 años y su hija 12 años, que es la tercera parte de 36.

3. Un pedazo de cordón mide 27 metros. Cortamos el cordón en dos pedazos, de manera que uno mida 3 metros menos que el otro. Halla el largo de los dos pedazos.

a. Representamos el cordón por un segmento.

b. El problema pide el largo de los dos pedazos de cordón.

c. Seleccionamos la variable x para representar la medida en metros del pedazo más largo. El otro pedazo tiene tres metros menos que x y se representa como $x - 3$.

d. --------------- 27 cm ---------------

x $\quad\quad$ $x - 3$

e. Establecemos la relación que existe en la información dada: El largo del cordón es el pedazo largo sumado al pedazo corto.

$$27 = x + (x - 3).$$

f. Resolvemos la ecuación

$$27 = 2x - 3$$

$$30 = 2x$$

$$15 = x$$

g. Determinamos las cantidades requeridas:

El pedazo más largo mide 15 m

El otro pedazo mide 15 m − 3 m = 12 m

h. Verificamos sumando las medidas de los pedazos:

$$15 \text{ m} + 12 \text{ m} = 27 \text{ m}.$$

4. El área de un triángulo mide 56 cm^2. Si la medida de la altura a la base es 6 cm, halla la medida de la base del triángulo.

a. Seleccionamos una figura conveniente:

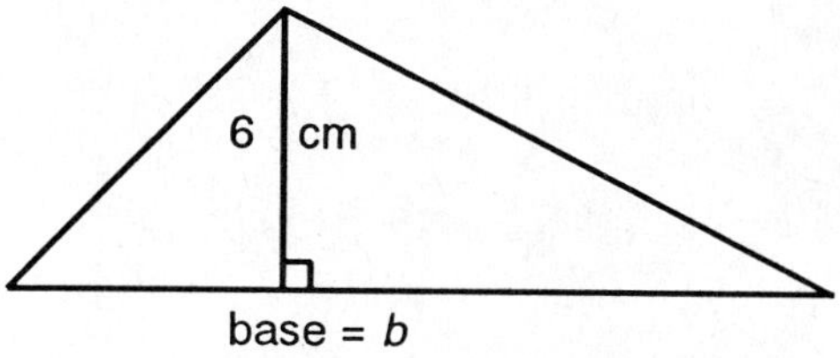

b. Si b representa la base, podemos conseguir el área del triángulo, A, con la fórmula

$$A = \frac{1}{2}(\text{medida de la base})(\text{medida de la altura}).$$

c. Establecemos la ecuación:

$$56 = \frac{1}{2}(b)(6)$$

d. Resolvemos la ecuación:

$$56 = 3b$$

$$\frac{56}{3} = b$$

e. La medida de la base es:

$$\frac{56}{3} \text{ cm}$$

f. Verificamos

$$A = \frac{1}{2}\left(\frac{56}{3}\right)(6) = 56 \text{ cm}^2$$

Ecuaciones en dos variables

En la sección anterior nos limitamos a usar una variable para representar simbólicamente la situación en un problema. Veamos cómo se pueden representar estas mismas situaciones utilizando dos variables.

EJEMPLOS:

1. El perímetro de un rectángulo mide 72 cm. Representamos con las dos variables a y ℓ las dimensiones del rectángulo; esto es,

$$\ell = \text{largo del rectángulo} \quad a = \text{ancho del rectángulo}$$

Como el perímetro de un rectángulo es la suma de la medida de sus lados, obtenemos la relación siguiente entre las cantidades a y ℓ.

$$2a + 2\ell = 72.$$

¿Cuáles son las posibles dimensiones de dicho rectángulo? Algunos de los posibles valores de a y ℓ son:

Si $a = 18$, entonces $\ell = 18$

Si $a = 17$, entonces $\ell = 19$

Vamos a presentar en una tabla algunos de los pares de números reales que surgen de esta relación.

a = ancho	18	17	20	5.5	16	...
ℓ = largo	18	19	16	30.5	20	...

Observa que a cada valor posible del largo le corresponde un valor del ancho, mientras que a cada valor posible del ancho le corresponde un valor del largo. Existe un número infinito de valores posibles para el largo y el ancho que satisfacen la relación $2a + 2\ell = 72$.

El conjunto de los pares de números reales (a, ℓ) que satisfacen la ecuación $2a + 2\ell = 72$ se llama conjunto solución de la ecuación y se representa como:

$$\{(a, \ell) | 2a + 2\ell = 72\}.$$

2. "El largo de un rectángulo es el doble de su ancho." Sean a el ancho y ℓ el largo del rectángulo. La relación entre el largo y el ancho se puede representar mediante la ecuación $\ell = 2a$.

Si $a = 15$, entonces $\ell = 30$. Si $\ell = 3$, entonces $a = \frac{3}{2}$.

Vamos a representar en una tabla algunos pares de números reales que se obtienen en la relación.

a	8	$\frac{1}{4}$	1	2	$\frac{5}{2}$	30	...
ℓ	16	$\frac{1}{2}$	2	4	5	60	...

¿Cuántos pares de números reales a y ℓ satisfacen la ecuación $\ell = 2a$? Existen infinitos pares de números reales (a, ℓ) que satisfacen la ecuación. Se les llama soluciones de la ecuación. El conjunto $\{(a, \ell) | \ell = 2a\}$ se llama conjunto solución de la ecuación.

3. Determina cuáles de los siguientes pares de números reales (x, y) pertenecen al conjunto solución de la ecuación $3x - y = 6$:

a. $(0, -6)$ **c.** $(-3, 1)$ **e.** $(3, 3)$

b. $(-1, -3)$ **d.** $\left(\frac{2}{3}, -4\right)$ **f.** $(2, 0)$

a. Para determinar si $(0, -6)$ es solución de la ecuación $3x - y = 6$, sustituimos x por 0, y por -6. Si el enunciado que obtenemos es cierto, entonces decimos que el par satisface la ecuación.

Veamos:

$$3(0) - (-6) \stackrel{?}{=} 6$$

$$3(0) - (-6) = 0 + 6 = 6 \quad \text{es un enunciado cierto.}$$

$(0, -6)$ pertenece al conjunto solución de la ecuación $3x - y = 6$.

b. ¿Pertenece $(-1, -3)$ al conjunto solución de la ecuación $3x - y = 6$?

Sustituimos:

$$3(-1) - (-3) = 6$$

$$3(-1) - (-3) = -3 + 3 = 0 \neq 6$$

$(-1, -3)$ no pertenece al conjunto solución de la ecuación $3x - y = 6$.

c. ¿Pertenece $(-3, 1)$ al conjunto solución de la ecuación $3x - y = 6$?

Sustituimos

$$3(-3) - (1) \stackrel{?}{=} 6$$

$$3(-3) - 1 = -9 - 1 = -10 \neq 6$$

$(-3, 1)$ no pertenece al conjunto solución de la ecuación $3x - y = 6$.

d. ¿Pertenece $(\frac{2}{3}, -4)$ al conjunto solución de la ecuación $3x - y = 6$?

Sustituimos:

$$3\left(\frac{2}{3}\right) - (-4) \stackrel{?}{=} 6$$

$$2 + 4 = 6$$

$$6 = 6 \quad \text{es un enunciado cierto.}$$

$\left(\frac{2}{3}, -4\right)$ pertenece al conjunto solución de la ecuación $3x - y = 6$.

e. ¿Pertenece $(3, 3)$ al conjunto solución de la ecuación $3x - y = 6$?

Sustituimos:

$$3(3) - (3) = 6$$

$$9 - 3 = 6 \quad \text{es un enunciado cierto.}$$

$(3, 3)$ pertenece al conjunto solución de la ecuación $3x - y = 6$.

f. ¿Pertenece $(2, 0)$ al conjunto solución de la ecuación $3x - y = 6$?

Sustituimos:

$$3(2) - 0 \stackrel{?}{=} 6$$

$$6 = 6 \quad \text{es un enunciado cierto.}$$

$(2, 0)$ pertenece al conjunto solución de la ecuación $3x - y = 6$.

¿Cómo representamos el conjunto solución de la ecuación $3x - y = 6$? Lo representamos de la siguiente manera:

$$\{(x, y) | 3x - y = 6\}.$$

4. Halla el valor de b en la ecuación $2a + 3b = 7$ de manera que $(-2, b)$ sea una solución de la ecuación.

Sustituimos a por -2 en la ecuación $2a + 3b = 7$ y obtenemos

$$2(-2) + 3b = 7$$

$$-4 + 3b = 7$$

$$3b = 11$$

$$b = \frac{11}{3}$$

$\left(-2, \frac{11}{3}\right) \in \{(a, b) | 2a + 3b = 7\}$.

5. Halla dos ecuaciones que representen la solución del siguiente problema.

El perímetro de un rectángulo mide 72 cm. Halla las dimensiones del rectángulo si el largo es el doble de su ancho.

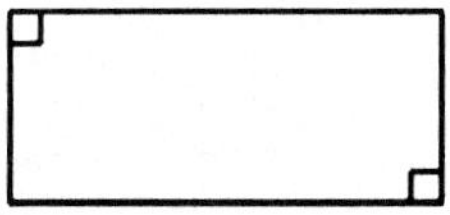

$$P = 2\ell + 2a \qquad (1)$$

El largo es dos veces el ancho.

$$\ell = 2a \qquad (2)$$

Hemos obtenido dos ecuaciones en las desconocidas a y ℓ.

$$72 = 2\ell + 2a \qquad (1)$$
$$\ell = 2a \qquad (2)$$

10-1 EJERCICIOS

1. Usa símbolos algebraicos para representar cada uno de los siguientes casos:

a. Una persona es k años más joven que Pedro, que tiene n años.

b. La edad de una persona k años atrás si su edad actual es treinta y dos años.

c. La edad que tendrá una persona dentro de r años si su edad actual es m años.

d. Cuatro más que un tercio de un número m.

e. El doble de la diferencia obtenida cuando se resta siete de cierto número x.

f. La medida del ancho de un rectángulo cuyo perímetro es 48 cm si su largo es x centímetros.

g. La suma de tres números enteros consecutivos si el más grande es x.

2. Lee cuidadosamente cada uno de los siguientes problemas. Establece la ecuación lineal que se relaciona con el problema y resuélvelo.

a. Si el largo de una mesa rectangular mide 2 pies menos que el doble del ancho, halla las medidas del largo y el ancho de la mesa si el perímetro mide 29 pies.

b. Un lado del triángulo mide 2 pulgadas menos que el segundo lado. El tercer lado mide 3 veces lo que mide el lado más corto. Halla las medidas de cada lado si el perímetro es 42 pulgadas.

c. Siete años atrás, Juan tenía tres veces la edad que tenía María. Al presente, Juan tiene el doble de la edad de María. Halla la edad actual de cada uno.

d. Actualmente, la niña Nina es doce años menor que el joven Raúl. Dentro de cinco años, la edad de Raúl será el doble de la edad de Nina. ¿Cuál es la edad actual de cada uno?

e. ¿Qué número n se debe sumar al numerador y al denominador de la fracción $\frac{3}{37}$ para que ésta sea equivalente a $\frac{7}{24}$?

3. Escribe el conjunto solución de cada una de las siguientes ecuaciones:

a. $3x - 2y = 7$ **d.** $x = 3y$

b. $\frac{4}{3}x + 2y = 3$ **e.** $t - 2r = 1$

c. $x - 5y + 1 = 0$ **f.** $ax + by + c = 0$

4. Determina cuáles de los siguientes pares de números reales x, y son soluciones de la ecuación $\frac{3}{4}x - 2y = 0$.

a. $(0, 0)$ **d.** $\left(4, -\frac{1}{2}\right)$

b. $\left(2, \frac{3}{4}\right)$ **e.** $\left(4, \frac{1}{2}\right)$

c. $\left(-4, -\frac{3}{2}\right)$ **f.** $\left(\frac{4}{3}, \frac{1}{2}\right)$

5. Halla el valor de r o t de manera que cada uno de los siguientes pares ordenados sea solución de la ecuación $5x - \frac{1}{2}y - 1 = 0$.

a. $(-1, t)$ **d.** $(0, t)$

b. $(r, 0)$ **e.** $(r, 5)$

c. $(r, 1)$ **f.** $(1, t)$

6. Halla dos ecuaciones que representen la solución en cada uno de los siguientes problemas:

a. La suma de dos números es 135 y su diferencia es 61. Halla los números.

b. Se necesitan 510 pies de alambre de verja para cercar un parque recreativo de forma rectangular cuyo largo mide 45 pies menos que tres veces el ancho. Halla las dimensiones del parque: x representa la medida del ancho, y representa la medida del largo.

10-2 Gráfica de una ecuación lineal en dos variables

En general, una ecuación lineal en dos variables, x, y, se escribe en la forma $Ax + by + C = 0$, donde A, B, C son números reales y A o B son diferentes de cero.

Otras ecuaciones equivalentes a ésta son:

$$By = -Ax - C,$$

$$y = \frac{-A}{B}x - \frac{C}{B}, \quad \text{si } B \neq 0.$$

El conjunto solución de una ecuación lineal en dos variables es un conjunto de pares ordenados (x, y) tales que $Ax + By + C = 0$. En el capítulo 5 establecimos la relación que asocia un punto del plano cartesiano con cada par ordenado. Podemos establecer una relación entre el conjunto solución de la ecuación $\{(x, y)|Ax + By + C = 0\}$ y el plano cartesiano. El conjunto de los puntos del plano que se asocian con las soluciones de la ecuación $Ax + By + C = 0$ es su gráfica.

EJEMPLOS:

1. Dibuja la gráfica de $2x + 3y = 3$.

El conjunto solución de la ecuación es $\{(x, y)|2x + 3y = 3\}$. Los valores permitidos a las variables son los números reales. Algunos pares ordenados que satisfacen la ecuación son:

Si $x = 0$, entonces $y = 1$ porque

$$\begin{aligned} 2(0) + 3y &= 3 \\ 3y &= 3 \\ y &= 1 \end{aligned}$$

Obtenemos el par ordenado de números reales $(0, 1)$.

Si $x = -2$, entonces $y = \frac{7}{3}$ porque

$$\begin{aligned} 2(-2) + 3y &= 3 \\ -4 + 3y &= 3 \\ 3y &= 7 \\ y &= \frac{7}{3} \end{aligned}$$

Obtenemos el par ordenado de números reales $(-2, \frac{7}{3})$.

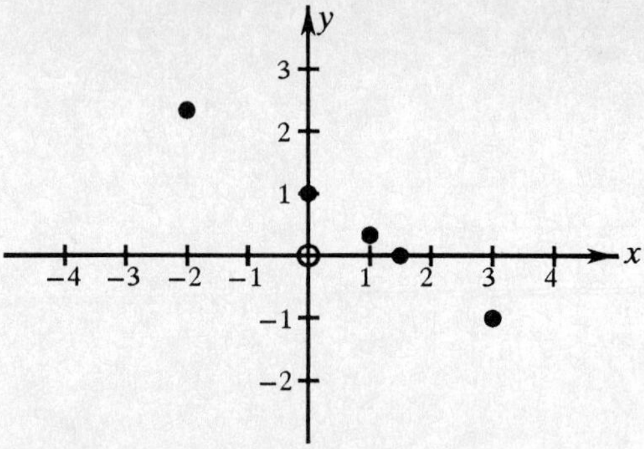

Figura 10.1

Hagamos una tabla de valores que represente algunos de los pares ordenados que satisfacen la ecuación.

x	-2	0	1	3	$\frac{3}{2}$	...
y	$\frac{7}{3}$	1	$\frac{1}{3}$	-1	0	...

Algunos puntos en la gráfica aparecen en la figura 10.1

Observa que los puntos están alineados, lo cual nos permite sospechar que la gráfica es una recta. Si unimos los puntos que corresponden a los pares ordenados (x, y) que aparecen en la tabla, obtenemos una recta (Figura 10.2). El corte en el eje de x de la gráfica es el punto que corresponde al par $\left(\frac{3}{2}, 0\right)$. El corte en el eje de y es el punto que corresponde al par $(0, 1)$.

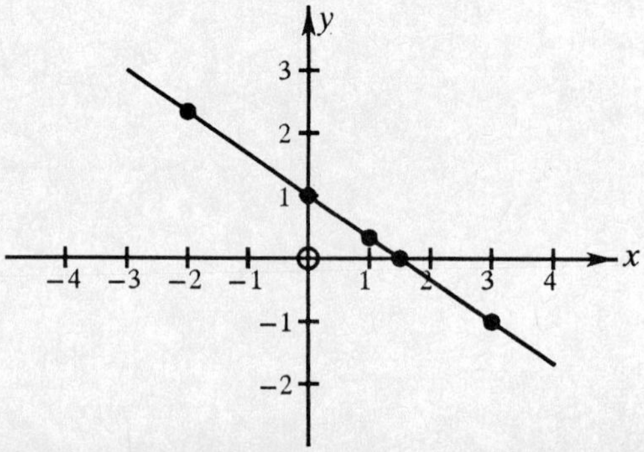

Figura 10.2

2. Dibuja la gráfica de $3x - 2y = 5$ si $x \in \mathbb{R}$.

El conjunto solución de la ecuación $3x - 2y = 5$ es un conjunto de pares ordenados (x, y) tales que $3x - 2y = 5$. Cada elemento $x \in \mathbb{R}$ determina una y sólo una $y \in \mathbb{R}$ tal que $3x - 2y = 5$. Algunos pares ordenados que satisfacen la ecuación son:

Si $x = 0$, entonces $y = -\frac{5}{2}$ porque

$$3(0) - 2y = 5$$
$$-2y = 5$$
$$y = -\frac{5}{2}$$

El par ordenado $\left(0, -\frac{5}{2}\right)$ se asocia con un punto en la gráfica.

Si $x = \frac{1}{3}$, entonces $y = -2$ porque

$$3\left(\frac{1}{3}\right) - 2y = 5$$
$$1 - 2y = 5$$
$$-2y = 4$$
$$y = \frac{4}{-2} = -2$$

El par ordenado $\left(\frac{1}{3}, -2\right)$ se asocia con un punto en la gráfica. Análogamente, por cada valor de $x \in \mathbb{R}$ obtenemos un valor de y.

Hagamos una tabla de valores que represente algunos de los pares ordenados.

x	0	$\frac{1}{3}$	$\frac{5}{3}$	3	-1	...
y	$\frac{-5}{2}$	-2	0	2	-4	...

Algunos puntos en la gráfica aparecen en la figura 10.3.

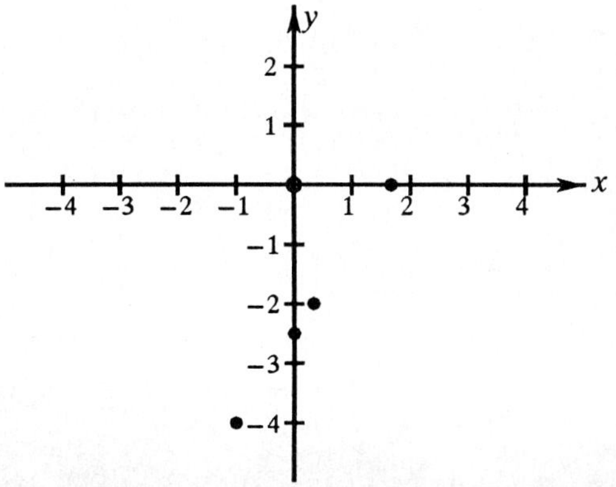

Figura 10.3

Observa que los puntos correspondientes a los pares ordenados quedan alineados, lo cual nos permite sospechar que la gráfica es una recta. Si unimos los puntos que corresponden a los pares ordenados (x, y) que aparecen en la tabla, vemos que la gráfica es una recta (Figura 10.4).

Si tomamos cualquier punto en esta recta, digamos el que corresponde al par $(2, \frac{1}{2})$, ¿hará el par $(2, \frac{1}{2})$ cierta la ecuación $3x - 2y = 5$?

Sustituimos en la expresión $3x - 2y = 5$.

$$3(2) - 2\left(\frac{1}{2}\right) = 5$$

$$6 - 1 = 5 \quad \text{es un enunciado cierto.}$$

Por lo tanto, el par $(2, \frac{1}{2})$ pertenece al conjunto solución de la ecuación. Se puede demostrar que las coordenadas de los puntos en la gráfica de esta ecuación satisfacen la ecuación dada.

¿Está el punto con coordenadas $\left(a, \frac{3a-5}{2}\right)$ en la gráfica de la ecuación $3x - 2y = 5$? Sí, porque sustituyendo las coordenadas del punto $\left(a, \frac{3a-5}{2}\right)$ en la ecuación $3x - 2y = 5$, obtenemos

$$3a - 2\left(\frac{3a-5}{2}\right) = 3a - (3a - 5) = 3a - 3a + 5 = 5.$$

En el ejercicio anterior vemos que la ordenada está expresada en términos de la abscisa. ¿Qué relación debe existir entre la ordenada y la abscisa para que las coordenadas satisfagan la ecuación?

Tomemos la ecuación $3x - 2y = 5$. Si resolvemos por y en términos de x la ecucaión $3x - 2y = 5$, obtenemos $y = \frac{3x-5}{2}$. Decimos, entonces, que el par $\left(x, \frac{3x-5}{2}\right)$ satisface la ecuación dada. Esto significa que **dada la abscisa de un punto en la gráfica de una ecuación, siempre podemos determinar la ordenada.**

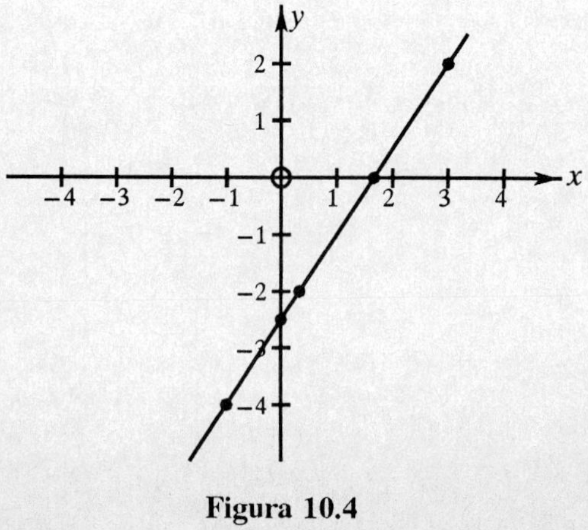

Figura 10.4

10-2 EJERCICIOS

1. Prepara una tabla que contenga pares ordenados de números reales que satisfagan la ecuación y dibuja la gráfica de éstos en el plano cartesiano. Luego dibuja una recta que contenga por lo menos tres de estos puntos.

a. $y = 2x + 1$ **d.** $y = -5x + 1$

b. $y = 4x + 1$ **e.** $x + y - 1 = 0$

c. $3x + 2y = 2$ **f.** $y = 1$

¿Qué puedes decir de estas gráficas?

2. Dibuja la gráfica de todos los puntos con abscisa 3.

3. Dibuja la gráfica de $\{(x, y) | y = 2x - 7\}$. ¿Para qué valor de k el punto que corresponde a $(3, k)$ estará en la gráfica de $y = 2x - 7$?

4. La relación entre temperaturas, medidas en escalas de grados Centígrados y de grados Fahrenheit, está dada por la fórmula $F = \frac{9}{5}C + 32$, donde F representa grados Fahrenheit y C representa grados Centígrados. Si C se representa en el eje de x y F en el eje de y, dibuja la gráfica para representar esta relación.

Completa la tabla siguiente:

C°	0	5	37	100	−15					
F°						0	100	59	140	−22

10-3 Ecuación de una recta

Pendiente de una recta

En geometría aprendemos que toda recta en el plano se determina por dos puntos.

Veamos qué propiedades algebraicas podemos obtener dada una recta que pasa por los puntos P_1, P_2 con coordenadas $P_1(x_1, y_1)$, $P_2(x_2, y_2)$ y con $P_1 \neq P_2$ (figura 10.5).

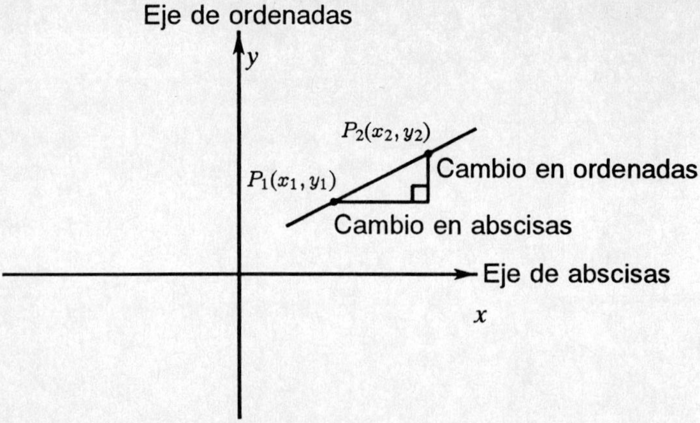

Figura 10.5

Al movernos del punto P_1 al punto P_2 obtenemos un cambio en las abscisas y en las ordenadas. Hallemos la razón del cambio en las ordenadas respecto al cambio en las abscisas.

Cambio en las ordenadas: $y_2 - y_1$

Cambio en las abscisas: $x_2 - x_1$

La razón del cambio en ordenadas respecto al cambio en abscisas se representa como $\frac{y_2-y_1}{x_2-x_1}$, si el cambio en las abscisas es diferente de cero. El significado geométrico se ilustra en la figura 10.6

Veamos ahora que en una recta dada, la razón del cambio en ordenadas respecto al cambio en abscisas es constante. Esto es, siempre constituye el mismo valor para cualesquiera dos puntos diferentes en la recta.

Hallamos la razón de cambio considerando los puntos $P_1(x_1, y_1)$ y $P_3(x_3, y_3)$:

$$\frac{y_3 - y_1}{x_3 - x_1}.$$

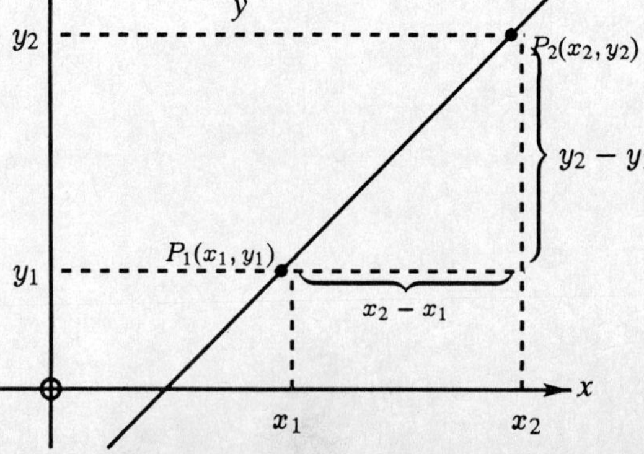

Figura 10.6

Tenemos que demostrar que:

$$\frac{y_2 - y_1}{x_2 - x_1} = \frac{y_3 - y_1}{x_3 - x_1}.$$

Observa que en la figura 10.7 se forman dos triángulos rectángulos: $\triangle P_1QP_2$ y $\triangle P_1RP_3$.

El $\triangle P_1QP_2$ y el $\triangle P_1RP_3$ son triángulos semejantes, ya que sus ángulos correspondientes tienen la misma medida.

$$\angle QP_1P_2 = \angle RP_1P_3, \quad \angle Q = \angle R = \angle 90^\circ, \quad \angle P_1P_2Q = \angle P_1P_3R$$

Si dos triángulos son semejantes, las medidas de los lados correspondientes son proporcionales, esto es,

$$\frac{m(\overline{P_1Q})}{m(\overline{P_1R})} = \frac{m(\overline{QP_2})}{m(\overline{RP_3})} = \frac{m(\overline{P_1P_2})}{m(\overline{P_1P_3})}$$

Como

$$\frac{m(\overline{P_1Q})}{m(\overline{P_1R})} = \frac{m(\overline{QP_2})}{m(\overline{RP_3})} \tag{1}$$

entonces

$$\frac{m(\overline{RP_3})}{m(\overline{P_1R})} = \frac{m(\overline{QP_2})}{m(\overline{P_1Q})}. \tag{2}$$

Las medidas de los lados de los triángulos son

$$m(\overline{P_1Q}) = x_2 - x_1 \qquad m(\overline{QP_2}) = y_2 - y_1$$
$$m(\overline{P_1R}) = x_3 - x_1 \qquad m(\overline{RP_3}) = y_3 - y_1$$

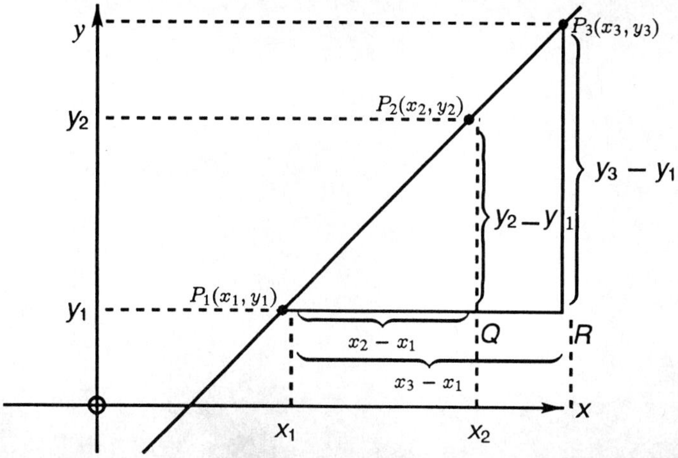

Figura 10.7

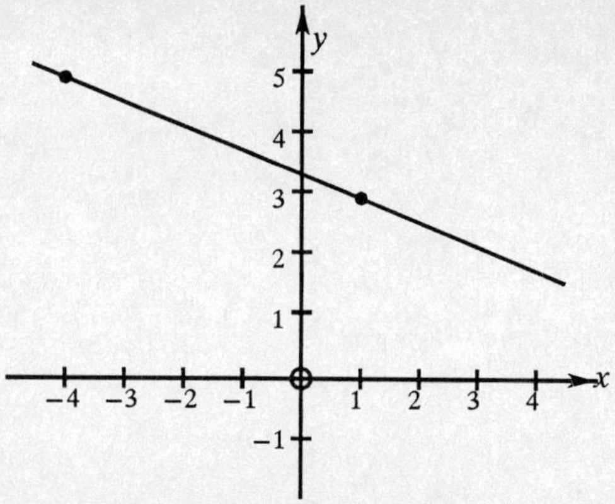

Figura 10.8

Sustituimos estas medidas en la ecuación (2) y obtenemos $\dfrac{y_3 - y_1}{x_3 - x_1} = \dfrac{y_2 - y_1}{x_2 - x_1}$.

Esto nos demuestra que la razón de cambio en las ordenadas respecto al cambio en las abscisas es constante, no importa qué par de puntos seleccionemos. Esta razón de cambio se llama **pendiente** o **declive de una recta** y usualmente se representa con la letra m.

Si $P_1(x_1, y_1)$, $P_2(x_2, y_2)$ son dos puntos en una recta, con $x_1 \neq x_2$, entonces la pendiente de la recta es

$$m = \frac{y_2 - y_1}{x_2 - x_1} = \frac{y_1 - y_2}{x_1 - x_2}.$$

EJEMPLOS:

1. Halla la pendiente m, de la recta determinada por los puntos con coordenadas $(1, 3)$ y $(-4, 5)$.

$$m = \frac{y_2 - y_1}{x_2 - x_1} = \frac{5 - 3}{-4 - 1} = \frac{2}{-5} = -\frac{2}{5}$$

Observa que

$$\frac{y_1 - y_2}{x_1 - x_2} = \frac{3 - 5}{1 - (-4)} = \frac{-2}{5} = -\frac{2}{5}.$$

La gráfica de la recta aparece en la figura 10.8. La pendiente negativa indica que la recta desciende si nos movemos de izquierda a derecha en el eje de x.

2. Halla la pendiente m, de la recta determinada por los puntos con coordenadas $(-1, 2)$ y $(3, 4)$.

Si consideramos los puntos $P_1(-1, 2)$ y $P_2(3, 4)$

$$m = \frac{y_2 - y_1}{x_2 - x_1} = \frac{4 - 2}{3 - (-1)} = \frac{2}{4} = \frac{1}{2}$$

$$m = \frac{y_1 - y_2}{x_1 - x_2} = \frac{2 - 4}{-1 - 3} = \frac{-2}{-4} = \frac{1}{2}.$$

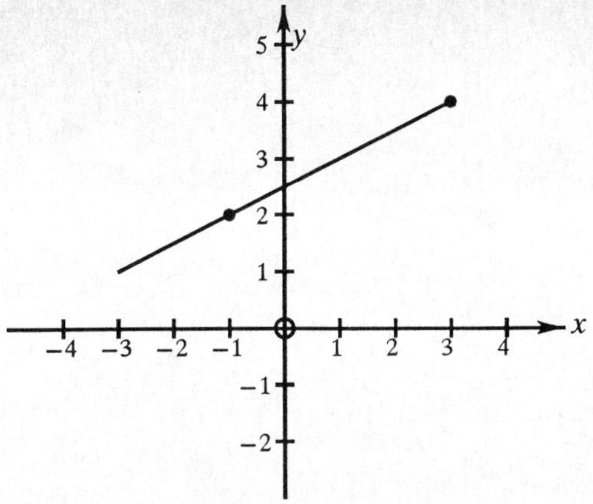

Figura 10.9

La gráfica de la recta aparece en la figura 10.9. **La pendiente positiva indica que la recta asciende si nos movemos de izquierda a derecha en el eje de x.**

3. Halla la pendiente m, de la recta L determinada por los puntos con coordenadas $(-2, 1)$ y $(4, 1)$.

Si consideramos los puntos $P_1(-2, 1)$ y $P_2(4, 1)$

$$m = \frac{y_2 - y_1}{x_2 - x_1} = \frac{1 - 1}{4 - (-2)} = \frac{0}{6} = 0.$$

La figura 10.10 contiene la gráfica de esta recta L.

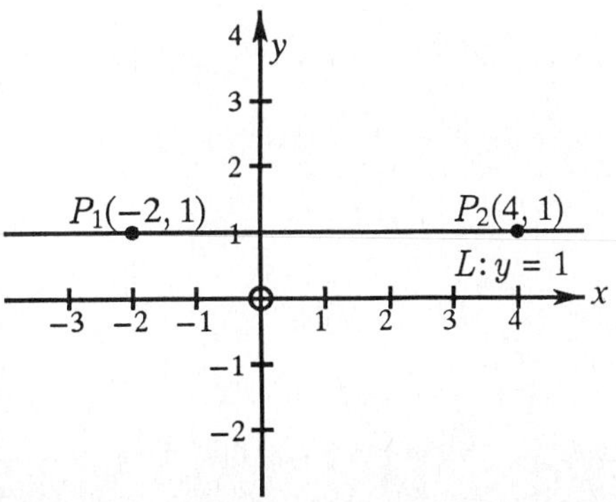

Figura 10.10

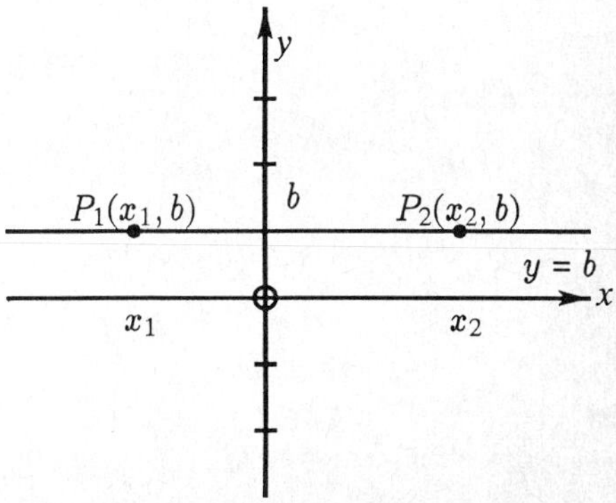

Figura 10.11

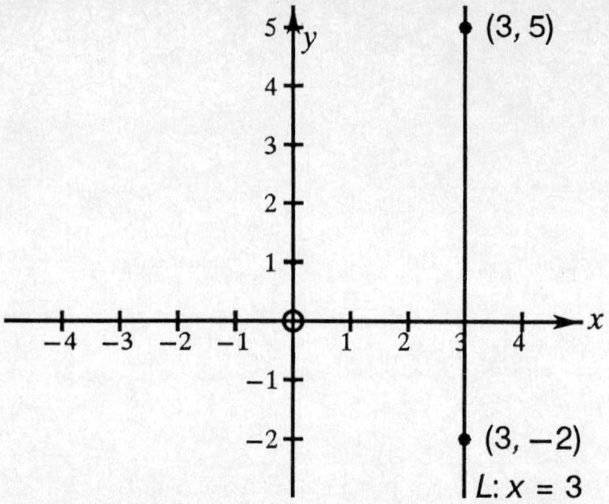

Figura 10.12

En una recta paralela al eje de x, todos los puntos tienen la misma ordenada. Por lo tanto, el cambio en la ordenada es cero. **Toda recta con pendiente cero es paralela al eje de x.** En la figura 10.11 aparece la gráfica de una recta paralela al eje de x.

4. Halla la pendiente m, de la recta L determinada por los puntos con coordenadas $(3,5)$ y $(3,-2)$

$$m = \frac{y_2 - y_1}{x_2 - x_1} = \frac{-2-5}{3-3} = \frac{-7}{0}. \quad \text{No está definida.}$$

La gráfica de la recta L aparece en la figura 10.12. La recta L es paralela al eje de y.

En una recta paralela al eje de y, todos los puntos tienen la misma abscisa. Por lo tanto, el cambio en las abscisas es cero. **La pendiente de una recta paralela al eje de y no está definida.** Veamos su gráfica en la figura 10.13.

El siguiente diagrama resume los cuatro posibles casos para la pendiente de una recta.

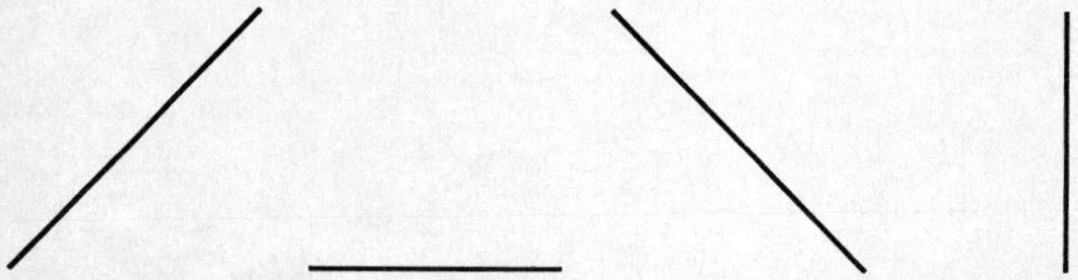

$m > 0$ $\quad$ $m = 0$ $\quad$ $m < 0$ $\quad$ m no está definida

5. Traza la gráfica de la recta L con pendiente 2 y que pasa por el punto A, el cual tiene coordenadas (2, 1).

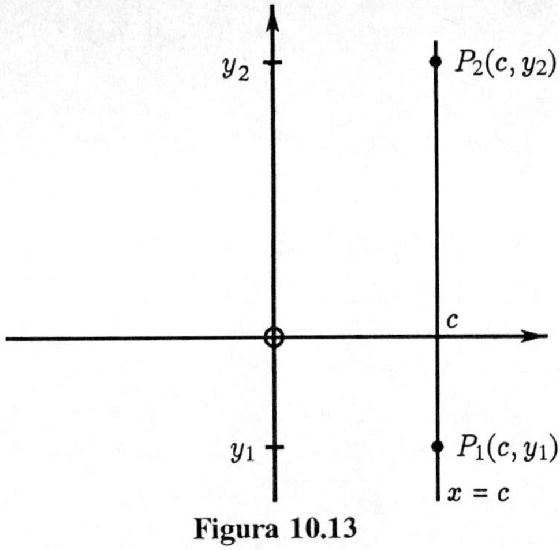

Figura 10.13

Como una recta está determinada por dos puntos, necesitamos hallar, además del punto A, otro punto B que se encuentre en la recta.

Si solamente sabemos que la recta pasa por el punto (2, 1), tendremos un número infinito de rectas.

Sabemos que la pendiente de la recta L es 2, lo cual nos indica que por un cambio de dos unidades en la ordenada hay un cambio de una unidad en la abscisa, o que por un cambio de cuatro unidades en la ordenada hay un cambio de dos unidades en la abscisa; todo lo que necesitamos es mantener esta razón de cambio constante (Figura 10.14).

Usando esta misma razón, podemos hallar un número infinito de puntos en la recta (Figura 10.15).

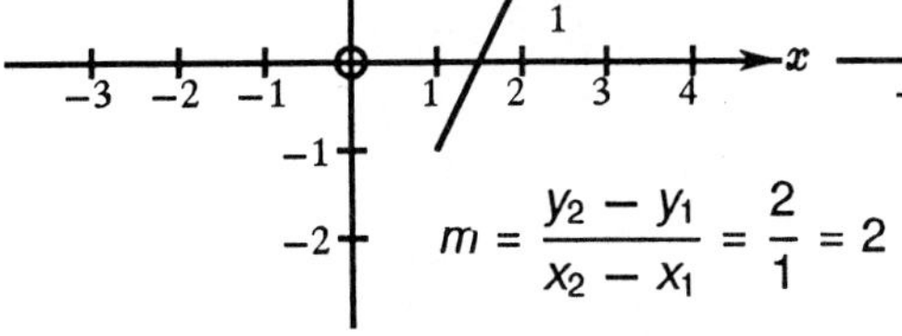

Figura 10.14

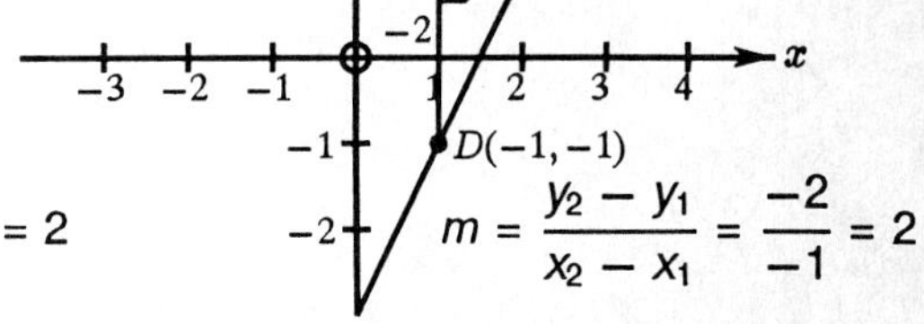

Figura 10.15

6. ¿Cuál es la ordenada del punto B en la recta L cuya abscisa es 4 si la recta L pasa por el punto con coordenadas $(5, -1)$ y su pendiente es -3?

B es el punto con coordenadas $(4, y)$; entonces,

$$m = \frac{y_2 - y_1}{x - x_1} = \frac{y - (-1)}{4 - 5} = -3$$
$$\frac{y + 1}{-1} = -3$$
$$y + 1 = 3$$
$$y = 2$$

B es el punto con coordenadas $(4, 2)$.

Formas diferentes de la ecuación de una recta

Habíamos visto que, dada una ecuación de la forma $Ax + By + C = 0$, podíamos representar en el plano su gráfica, que consiste en los puntos asociados con el conjunto $\{(x, y) | Ax + By + C = 0\}$, y observamos que al marcar los puntos, éstos están alineados.

Veamos ahora que para cada recta en el plano podemos hallar una ecuación de la forma $y = mx + b$, que además se puede escribir como $Ax + By + C = 0$.

Sea L la recta no vertical que pasa por dos puntos diferentes con coordenadas $P_1(x_1, y_1)$, $P_2(x_2, y_2)$, $x_1 \neq x_2$. (Figura 10.16.)

Con la recta L podemos asociar la pendiente única

$$m = \frac{y_2 - y_1}{x_2 - x_1}$$

Si seleccionamos cualquier punto $P(x, y)$ en la recta L, la pendiente se puede escribir en términos de las coordenadas (x, y) del punto arbitrario y cualquiera de los otros dos punto. Esto nos da una ecuación que define la recta L, que pasa por los puntos P_1 y P_2. (Figura 10.17.)

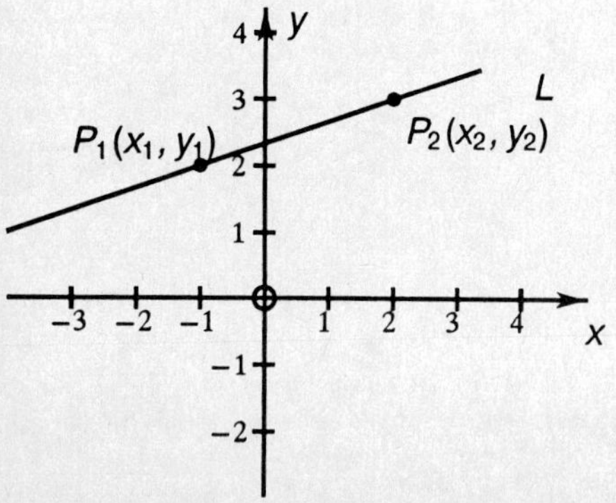

Figura 10.16

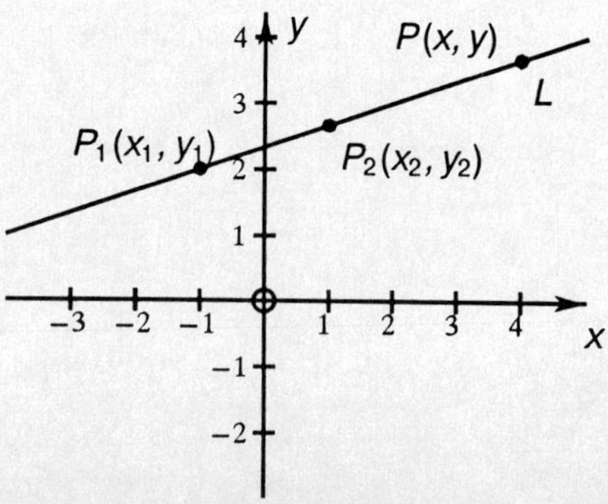

Figura 10.17

Esto es,

$$m = \frac{y - y_1}{x - x_1}$$

Esta ecuación se puede transformar en $y - y_1 = m(x - x_1)$, que es una forma de la ecuación de la recta, dada su pendiente y un punto.

La ecuación de la recta con pendiente m y que pasa por el punto con coordenadas (x_1, y_1) es

$$y - y_1 = m(x - x_1).$$

EJEMPLOS:

1. Halla una ecuación de la recta que contiene los puntos $P_1(1, 2)$ y $P_2(-3, 4)$.

Dados dos puntos de una recta, para hallar una ecuación de la recta podemos usar la ecuación

$$y - y_1 = m(x - x_1)$$

Busquemos la pendiente:

$$m = \frac{4 - 2}{-3 - 1} = \frac{2}{-4} = -\frac{1}{2}$$

En esta ecuación sustituimos la pendiente $m = -\frac{1}{2}$ y las coordenadas del punto $P_1(1, 2)$ y obtenemos una ecuación de la recta

$$y - 2 = -\frac{1}{2}(x - 1)$$

Observa que se puede sustituir cualquiera de los dos puntos dados y las formas obtenidas son equivalentes. Si usamos el punto $P_2(-3, 4)$ obtenemos:

$$y - 4 = -\frac{1}{2}(x + 3).$$

La ecuación

$$y - 2 = -\frac{1}{2}(x - 1)$$
$$y = -\frac{1}{2}x + \frac{1}{2} + 2$$

es equivalente a $y = -\frac{1}{2}x + \frac{5}{2}$. La ecuación

$$y - 4 = -\frac{1}{2}(x + 3)$$
$$y = -\frac{1}{2}x - \frac{3}{2} + 4$$

es equivalente a la ecuación $y = -\frac{1}{2}x + \frac{5}{2}$.

2. Escribe una ecuación de la recta que contiene el punto $(2,3)$ cuya pendiente es 5.

Usamos la forma $y - y_1 = m(x - x_1)$ de la ecuación de la recta, y sustituimos la pendiente $m = 5$ y las coordenadas $(2,3)$:

$$y - 3 = 5(x - 2).$$

Observa que esta ecuación se puede escribir en otras formas equivalentes.

$$\begin{aligned} y - 3 &= 5(x - 2) \\ y - 3 &= 5x - 10 \\ y &= 5x - 10 + 3 \\ y &= 5x - 7 \end{aligned}$$

3. Escribe una ecuación de la recta que tiene pendiente 3 y corte en el eje de y igual a 4.

Esto significa que la recta contiene el punto $(0,4)$. Por lo tanto, usando la forma $y - y_1 = m(x - x_1)$, obtenemos $y - 4 = 3(x - 0)$. Esta ecuación se puede, escribir en otra forma equivalente como $y = 3x + 4$.

La ecuación $y - y_1 = m(x - x_1)$ se puede escribir en otras formas equivalentes:

$$\begin{aligned} y &= m(x - x_1) + y_1 \\ y &= mx - mx_1 + y_1 \\ y &= mx + (y_1 - mx_1) \end{aligned}$$

Si llamamos b a la expresión $y_1 - mx_1$, la ultima ecuación se convierte en $y = mx + b$. Si hallamos el corte en el eje de y de la gráfica de la ecuación $y = mx + b$ encontramos que si $x = 0$, entonces $y = b$. Por lo tanto, b representa el corte en el eje de y.

La ecuación de la recta con pendiente m y corte en el eje y igual a b es

$$y = mx + b.$$

EJEMPLOS:

1. Escribe una ecuación de la recta que tiene pendiente 3 y corte en el eje de y igual a 4.

En este caso es conveniente usar la forma de la ecuación de la recta $y = mx+b$. Sustituimos m por 3 y b por 4.

$$y = 3x + 5.$$

2. Halla una ecuación de la recta que pasa por los puntos $P_1(8, 2)$ y $P_2(3, 4)$.

Este problema ya lo sabemos resolver, pero esta vez usarmos otro método. Vamos a buscar la ecuación de la recta que es de la forma $y = mx + b$. Buscamos la pendiente $m = \frac{y_2-y_1}{x_2-x_1}$,

$$m = \frac{4-2}{-3-8} = \frac{2}{-5} = -\frac{2}{5}.$$

Sustituimos m por $-\frac{2}{5}$ en la ecuación $y = mx + b$ y obtenemos

$$y = -\frac{2}{5}x + b.$$

Para hallar el valor de b, sustituimos $(3, 4)$ en la ecuación, ya que por pertenecer a la recta tienen que satisfacer la ecuación $y = -\frac{2}{5}x + b$.

$$4 = -\frac{2}{5}(3) + b.$$

Resolvemos la ecuación por b y obtenemos

$$b = 4 + \frac{6}{5} = \frac{20+6}{5} = \frac{26}{5}.$$

Sustituimos este valor en la ecuación $y = -\frac{2}{5}x + b$ y obtenemos una ecuación de la recta:

$$y = -\frac{2}{5}x + \frac{26}{5}.$$

La ecuación $y = mx + b$ se puede escribir como $-mx + y - b = 0$. Esta última ecuación es de la forma $Ax + By + C = 0$, con $A = -m$, $B = 1$, $C = -b$.

La ecuación $Ax+By+C = 0$, A, B, $C \in \mathbb{R}$, A o B diferentes de 0, se llama forma general de la ecuación de una recta.

EJEMPLOS:

1. Escribe la ecuación $y = \frac{2}{3}x - \frac{1}{5}$ en forma general con coeficientes enteros.

Multiplicamos cada término de la ecuación por MCM(3, 5) = 15 y simplificamos.

$$15y = 15\left(\frac{2}{3}x\right) - 15\left(\frac{1}{5}\right)$$

$$15y = 10x - 3$$

$$-10x + 15y + 3 = 0.$$

2. Escribe con coeficientes enteros la ecuación general de la recta que pasa por los puntos con coordenadas $(-5, 1)$ y $(3, 2)$.

$$m = \frac{1+2}{-5-3} = -\frac{3}{8}$$

$$y - 1 = -\frac{3}{8}(x+5)$$

$$8y - 8 = -3x - 15$$

$$3x + 8y + 7 = 0.$$

3. Halla una ecuación general de la recta cuya gráfica corta el eje de x en -1 y tiene pendiente 3.

Decir que corta el eje de x en -1 significa que el punto $(-1, 0)$ está en la gráfica.

$$y - 0 = 3(x+1)$$

$$y = 3x + 3.$$

$$3x - y + 3 = 0.$$

Es una ecuación de la recta.

4. Halla una ecuación general de la recta que corta el eje de y en 4 y cuya pendiente es 0.

Si usamos la forma $y = mx + b$ la ecuación es $y = 0 \cdot x + 4$ o $y = 4$, que es la ecuación de una recta paralela al eje de x.

Las rectas paralelas al eje x se caracterizan porque su pendiente es cero, y por lo tanto tienen ecuación de la forma $y = k$, donde k es una constante. Una forma general es $0 \cdot x + 1 \cdot y - 4 = 0$ o $y - 4 = 0$.

En la discusión anterior vimos que es muy fácil cambiar de la forma $(y - y_1) = m(x - x_1)$ a la forma $y = mx + b$ y de ésta a la ecuación general de la recta $Ax + By + Cx = 0$. Esto es, si nos dan la ecuación en la forma general y nos piden hallar la pendiente y el corte en eje de y de dicha recta, ¿Cómo lo haríamos?

En este caso es conveniente saber pasar de la forma general de la ecuación de la recta a la forma $y = mx + b$, porque en ésta el coeficiente de x representa la pendiente de la recta y el término constante representa el corte en el eje de y.

Para pasar de la forma general, $Ax + By + C = 0$, a la forma $y = mx + b$, resolvemos por y en la ecuación general.

$$Ax + By + C = 0$$

$$By = -Ax - C$$

Si $B \neq 0$ entonces podemos dividir ambos lados de la ecuación entre B y obtener:

$$\frac{By}{B} = \frac{-Ax}{B} - \frac{C}{B}$$

$$y = \frac{-A}{B}x - \frac{C}{B} \quad \text{donde} \quad -\frac{A}{B} = m, \; b = -\frac{C}{B}.$$

Si $B = 0$, como $A \neq 0$, entonces la ecuación de la forma $Ax + C = 0$, se puede escribir como $x = -\frac{C}{A}$; ésta es la ecuación de una recta vertical que pasa por $\left(\frac{-C}{A}, 0\right)$.

EJEMPLOS:

1. Halla la pendiente de la recta con ecuación $3x - 2y = 5$.

Si cambiamos la ecuación a la forma $y = mx + b$, obtenemos

$$\begin{aligned} 3x - 2y &= 5 \\ -2y &= -3x + 5 \\ y &= \frac{-3x}{-2} + \frac{5}{-2} \\ y &= \frac{3}{2}x - \frac{5}{2} \end{aligned}$$

la pendiente de la recta es $m = \frac{3}{2}$.

2. Halla la pendiente y el corte en el eje de y de la recta con ecuación $3x - 5y - 10 = 0$.

Escribimos la ecuación de la forma $y = mx + b$.

$$\begin{aligned} 3x - 5y - 10 &= 0 \\ -5y &= -3x + 10 \\ y &= \frac{-3}{-5}x + \frac{10}{-5} \\ y &= \frac{3}{5}x - 2 \end{aligned}$$

$m = \frac{3}{5}$, y el corte en el eje de y tiene coordenadas $(0, -2)$.

3. Halla una ecuación general de la recta L_1 que pasa por el punto con coordenadas $(-3, 5)$ y es paralela a la recta L_2 con ecuación $7y + 4x - 5 = 0$.

La pendiente de la recta L_1 es igual a la pendiente de la recta L_2. Para hallar la pendiente de L_2 resolvemos por y la ecuación $7y + 4x - 5 = 0$.

$$\begin{aligned} 7y &= -4x + 5 \\ y &= \frac{-4}{7}x + \frac{5}{7}. \end{aligned}$$

La pendiente es $\frac{-4}{7}$.

Para hallar la ecuación de la recta L_1, sustituimos en la ecuación $y - y_1 = m(x - x_1)$.

$$y - 5 = \frac{-4}{7}(x + 3).$$

La forma general de esta ecuación es $4x + 7y - 23 = 0$.

4. Hallar una ecuación general de la recta que pasa por los puntos con coordenadas $(-3, 5)$ y $(-3, 10)$

$$m = \frac{10 - 5}{-3 - (-3)} = \frac{5}{0} \quad \text{no definido}$$

Como la pendiente no está definida, la recta es vertical y se caracteriza porque la abscisa es -3. Una ecuación de la recta es $x = -3$ y una forma general de la ecuación es $x + 3 = 0$.

5. Hallar una ecuación general de la recta cuya gráfica corta el eje de x en -1 y tiene pendiente 3.

Escribimos la ecuación en la forma $y - y_1 = m(x - x_1)$. Decir que corta el eje de x en -1 significa que el punto $(-1, 0)$ está en la gráfica.

$$y - 0 = 3(x + 1)$$
$$y = 3x + 3.$$

Una ecuación de la recta es $-3x + y - 3 = 0$.

6. Halla una ecuación de la recta que pasa por el origen y su pendiente es $\frac{-1}{2}$.

Usamos la ecuación de la forma:

$$y - y_1 = m(x - x_1).$$

Como la recta pasa por el origen, su gráfica contiene el punto $(0, 0)$

$$y - 0 = -\frac{1}{2}(x - 0)$$
$$y = -\frac{1}{2}x.$$

7. Escribe la ecuación $3x + 2y = 5$ en la forma $y = mx + b$. Indica la pendiente y el corte en el eje de y de la recta definida por dicha ecuación.

$$3x + 2y = 5$$
$$2y = -3x + 5$$
$$y = \frac{-3}{2}x + \frac{5}{2}$$

$m = \frac{-3}{2}$, $b = \frac{5}{2}$. El corte en y es $\left(0, \frac{5}{2}\right)$.

8. ¿Cuál es el valor de h si la recta determinada por los puntos $(4, 2)$ y $(-1, h)$ tiene pendiente 3?

$$\frac{y_2 - y_1}{x_2 - x_1} = m$$
$$\frac{h - 2}{-1 - 4} = \frac{h - 2}{-5} = 3$$
$$h - 2 = -15$$
$$h = 2 - 15 = 13.$$

Relación entre dos rectas

Traza en el mismo sistema de coordenadas la gráfica de cada una de las rectas definidas por (Figura 10.18)

$$\ell_1 : y = x + 4 \quad \text{y} \quad \ell_2 : y = x - 1.$$

Observa que estas rectas tienen la misma pendiente, $m = 1$ y diferente corte en el eje de y.

Dibujemos, desde los puntos C en la recta ℓ_1 y F en la recta ℓ_2 segmentos perpendiculares al eje de x.

Podemos demostrar que dos ángulos de los triángulos ABC y DEF tienen la misma medida, debido a lo cual son semejantes. Si dos triángulos son semejantes, las medidas de los lados correspondientes son proporcionales. Veamos los lados correspondientes: r corresponde a s y t corresponde a u. Luego, $\frac{r}{s} = \frac{t}{u}$. De esta igualdad obtenemos $\frac{r}{t} = \frac{s}{u} = m_1 = m_2$.

De manera análoga, podemos demostrar que dos rectas que tienen la misma pendiente son paralelas.

En general, las rectas son paralelas si y sólo si tienen la misma pendiente o la pendiente de ambas rectas no esá definida.

Si las ecuaciones de dos rectas están escritas en la forma $y = mx + b$, el coeficiente de x, que es la pendiente m, y el corte en el eje de y, que es b, nos permiten determinar si sus gráficas, dibujadas en el mismo sistema de coordenadas, representan rectas que se intersecan o no. Esto es:

a. Si tienen diferentes pendientes, $m_1 \neq m_2$, las rectas se intersecan en un punto.

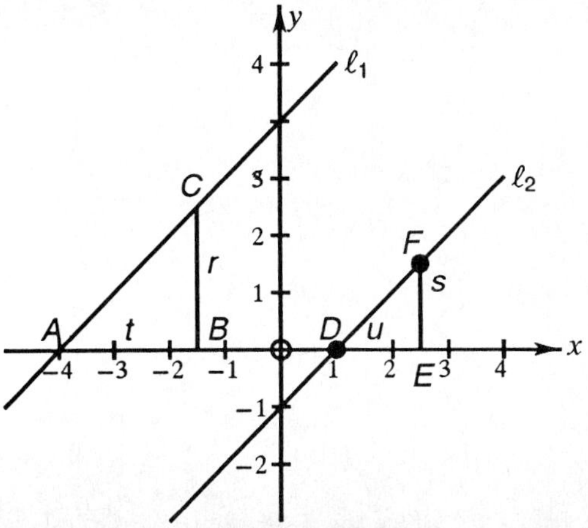

Figura 10.18

b. Si tienen la misma pendiente, $m_1 = m_2$, y diferente corte en el eje de y, ($b_1 \neq b_2$), las rectas son paralelas y no coinciden.

c. Si tienen la misma pendiente, $m_1 = m_2$, y el mismo corte en el eje de y, $b_1 = b_2$, las rectas coinciden. Este es un caso especial de rectas paralelas.

EJEMPLOS:

1. La recta ℓ_1, que contiene los puntos $(-1, 4)$ y $(3, 1)$, es paralela a la recta ℓ_2, que contiene los puntos $(-3, 2)$ y $(1, -1)$, ya que

$$m_1 = \frac{1-4}{3-(-1)} = \frac{-3}{4}$$
$$m_2 = \frac{-1-2}{1-(-3)} = \frac{-3}{4}$$
$$m_1 = m_2.$$

2. La recta L_1, cuya ecuación es $y = 3x - 2$, es paralela a la recta L_2, cuya ecuación es $y = 3x + 3$.

Ambas ecuaciones están escritas en la forma $y = mx + b$, donde $m_1 = m_2 = 3$.

3. Halla la ecuación de la recta que pasa por el origen, y es paralela a la recta $y = 2x + 1$.

Si la recta pasa por el origen, contiene el punto $(0, 0)$ y su ecuación es de la forma $y = mx$. Como es paralela a la recta $y = 2x + 1$, tiene en común con ésta la pendiente, $m = 2$. La ecuación de la recta es $y = 2x$.

4. Determina si las gráficas de las rectas $L_1 \colon y = 4x + 2$ y $L_2 \colon y = -3x + 4$ dibujadas en el mismo sistema de coordenadas representan dos rectas que se intersecan.

Las ecuaciones de las rectas L_1 y L_2 están escritas en la forma $y = mx + b$.

$$L_1 \colon y = -4x + 2 \qquad L_2 \colon y = -3x + 4$$
$$m_1 = -4, b_1 = 2 \qquad m_2 = -3, b_2 = 4$$

Como $m_1 \neq m_2$, las rectas L_1 y L_2 se intersecan.

5. Las rectas $L_1 : 4x + 2y = 6$ y $L_2 : 6x + 3y = 9$ coinciden, ya que si escribimos ambas ecuaciones en la forma $y = mx + b$, obtenemos

$$L_1 \colon 4x + 2y = 6 \qquad L_2 \colon 6x + 3y = 9$$
$$y = -2x + 3 \qquad y = -2x + 3$$

Vemos que

$$m_1 = -2, b_1 = 3 \qquad m_2 = -2, b_2 = 3$$
$$m_1 = m_2 \quad \text{y} \quad b_1 = b_2$$

Las rectas L_1 y L_2 coinciden, ya que tienen la misma pendiente y el mismo corte en el eje de y.

10-3 EJERCICIOS

1. En cada uno de los siguientes ejercicios halla la pendiente de la recta determinada en el plano por cada par de puntos dado:

   a. $(-3,-2)$ y $(2,-1)$
   b. $(0,0)$ y $\left(\frac{2}{3},\frac{3}{2}\right)$
   c. $(-4,-1)$ y $(-5,4)$
   d. $(4,0)$ y $(0,3)$
   e. $(-1,2)$ y $(4,2)$
   f. $\left(\frac{1}{2},1\right)$ y $\left(-1,\frac{1}{2}\right)$

2. Escribe una ecuación de la recta que se caracteriza por lo siguiente:

   a. $m = 5$, contiene el punto $(-1,3)$.
   b. $m = \frac{3}{4}$, corta el eje de y en -4.
   c. $m = -1$, pasa por el origen.
   d. $m = 1$, corta el eje de x en -1.
   e. contiene los puntos $(3,-1)$ y $(4,-3)$.
   f. corta el eje de y en -2 y el eje de x en 3.
   g. contiene el punto $(2,-1)$ y es paralela a $y = 4x + 5$.
   h. es paralela a $4x + 2y = 3$ y pasa por el origen.
   i. corta el eje de x en -3 y el eje de y en 2.
   j. contiene el punto $(-3,-1)$ y pasa por el origen.
   k. contiene los puntos $(-2,-3)$ y $(2,1)$.
   l. es paralela a la recta $3x + 2y = 6$ y contiene el punto $(1,2)$

3. Halla la pendiente y el corte en el eje de y de las rectas que se describen a continuación:

   a. la ecuación es $x + 3y + 2 = 0$.
   b. la ecuación es $\frac{1}{2}x + \frac{1}{2}y - 1 = 0$.
   c. contiene los puntos $(-3,2)$ y $(2,-3)$.
   d. contiene el punto $(-2,1)$ y pasa por el origen.
   e. contiene el punto $(-3,-4)$ y es paralela a la recta $2x + 3y - 9 = 0$.
   f. pasa por el origen y es paralela a la recta que contiene los puntos $(-3,-1)$ y $(3,4)$.

4. ¿Para qué valor de k está el punto (k, k) en la recta que pasa por los siguientes pares de puntos?

   a. $(-1, 2)$, $(2, -1)$.

   b. $(-3, 4)$, $(4, -3)$.

   c. $(-1, -3)$, $(-3, -1)$.

5. Para cada una de las siguientes ecuaciones, escribe una ecuación equivalente de la forma $y = mx + b$ y dibuja la gráfica de cada una. Indica la pendiente y el corte en el eje y.

   a. $2x + 3y = 5$

   b. $x + 7y - 14 = 0$

   c. $x - 2y = y - 2x$

   d. $x = \frac{1}{2}y + 2$

   e. $x - y = 3$

   f. $3(x + 2) - 2(y + 3) = 5$

6. Determina si las rectas cuyas gráficas contienen los siguientes pares de puntos son paralelas, coinciden o se intersecan.

   a. L_1: $(1, 5)$ y $(-1, 1)$
      L_2: $(0, 3)$ y $\left(-\frac{3}{2}, 0\right)$

   b. L_1: $(1, 1)$ y $(3, -1)$
      L_2: $(0, 1)$ y $(1, 0)$

   c. L_1: $(1, 1)$ y $(2, 0)$
      L_2: $(0, 1)$ y $(-1, 2)$

   d. L_1: $(0, 0)$ y $(2, 2)$
      L_2: $(1, 5)$ y $(-1, 1)$

   e. L_1: $(1, 1)$ y $(2, 3)$
      L_2: $(3, 4)$ y $(0, 0)$

   f. L_1: $(0, 5)$ y $(1, 3)$
      L_2: $(2, 0)$ y $(0, 4)$

10-4 Sistemas de ecuaciones lineales

En esta sección estudiaremos sistemas de dos ecuaciones lineales en dos variables.

Definición
Un sistema de ecuaciones lineales es un conjunto de dos o más ecuaciones lineales en las mismas variables. La solución de un sistema de ecuaciones es la intersección de los conjuntos de soluciones de cada una de las ecuaciones en el sistema.

Los siguientes son ejemplos de sistemas de ecuaciones lineales.

1. $\begin{cases} x = 3 \\ 2x + y = 5 \end{cases}$

2. $\begin{cases} 5x + 3y = 1 \\ 2y = 5 \end{cases}$

3. $\begin{cases} 5x = 3 \\ 2x + 3y = 1 \\ 5x + 2y + 3t = 2 \end{cases}$

En la vida diaria, obtenemos sistemas de ecuaciones cuando establecemos relaciones entre las variables que cumplen ciertas condiciones de un problema.

EJEMPLOS:

1. El perímetro de un rectángulo mide 72 cm. Si su largo es el doble de su ancho, halla sus dimensiones.

Sean a = ancho y ℓ = largo.

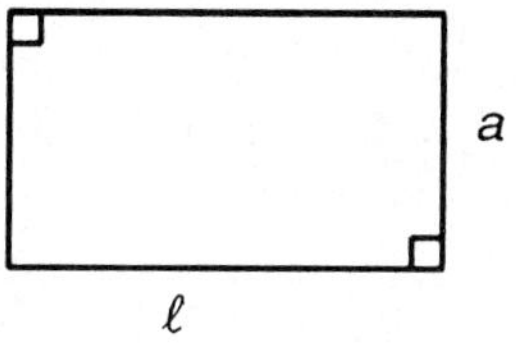

El perímetro del rectángulo es igual a la suma de las medidas de los lados del rectángulo. Esto nos permite relacionar las desconocidas a y ℓ en la siguiente ecuación.

$$P = 2a + 2\ell = 72.$$

Como el largo ℓ es el doble del ancho a, obtenemos la ecuación

$$\ell = 2a.$$

El sistema de ecuaciones que obtenemos es el siguiente:

$$\begin{cases} 2a + 2\ell = 72 \\ \ell = 2a \end{cases}$$

2. Tres libretas y dos lápices cuastan \$2.40. Cuatro libretas y dos lápices de la misma clase cuestan \$3.55. ¿Cuál es el precio de una de estas libretas y uno de estos lápices?

Hallemos un sistema de ecuaciones que exprese la relación entre los precios de los lápices y las libretas. Si x es el costo en dólares de una libreta, entonces $3x$ es el costo en dólares de 3 libretas y $4x$ es el costo en dólares de 4 libretas. Si y es el costo en dólares de un lápiz, entonces $2y$ es el costo en dólares de 2 lápices y $5y$ es el costo en dólares de 5 lápices. Las desconocidas se pueden relacionar en la siguiente forma:

El precio en dólares de 3 libretas y 2 lápices es 2.40.

$$3x + 2y = 2.40$$

El precio en dólares de 4 libretas y 5 lápices es 3.55.

$$4x + 5y = 3.55$$

El sistema que obtenemos es

$$\begin{cases} 3x + 2y = 2.40 \\ 4x + 5y = 3.55. \end{cases}$$

¿Cómo resolver un sistema de ecuaciones lineales en dos variables?

A continuación analizaremos algunos ejemplos:

1. Consideremos el siguiente sistema de ecuaciones:

$$\begin{cases} x + y = 5 \\ x = 3 \end{cases}$$

Hallar el conjunto solución del sistema consiste en encontrar la intersección de los conjuntos de soluciones de todas las ecuaciones del sistema.

El conjunto solución de la ecuación $x + y = 5$ es

$$A = \{(x, y) | x + y = 5\}.$$

Este conjunto tiene infinitos elementos:

$$A = \left\{(1,4), (2,3), (3,2), (0,5), \left(\frac{1}{2}, \frac{9}{2}\right), (-1,6), (7,-2), \ldots\right\}$$

El conjunto solución de la ecuación $x = 3$ es

$$B = \{(x, y) | x = 3\}.$$

Éste es también un conjunto que tiene infinitos elementos:

$$B = \left\{(3,2),(3,0),(3,1),(3,-1),\left(3,\frac{1}{2}\right),\ldots\right\}$$

El conjunto solución del sistema es $A \cap B = \{(3,2)\}$.

Representemos las gráficas de estos conjuntos en el mismo sistema de coordenadas. La representación en el plano de cada conjunto es una recta. En este caso particular, observamos que las rectas se intersecan en el punto con abscisa 3 por pertenecer a la recta $x = 3$. Llamemos a este punto $(3, y)$. Como este punto pertenece además a la recta $x + y = 5$ esto nos indica que $(3, y)$ satisface esta ecuación, de modo que si sustituimos x por 3 tenemos que

$$\begin{aligned} 3 + y &= 5 \\ y &= 5 - 3 = 2 \end{aligned}$$

La solución del sistema es $x = 3$, $y = 2$.

La gráfica de las dos rectas se presenta en la figura 10.19. El conjunto solución del sistema es $\{(3,2)\}$.

2. Halla el conjunto solución del sistema de ecuaciones

$$\begin{cases} y = 2 \\ 3x + 2y = 1 \end{cases}$$

El conjunto solución de la ecuación $y = 2$ es

$$A = \{(x,y)|y = 2\} = \left\{(0,2),(-1,2),\left(\frac{1}{2},2\right),(3,2),(1,2),\ldots\right\}.$$

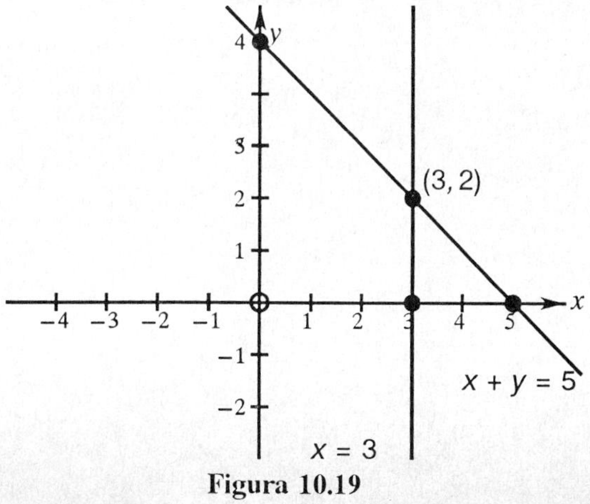

Figura 10.19

El conjunto solución de la ecuación $3x + 2y = 1$ es

$$B = \{(x, y)|3x + 2y = 1\} = \left\{\left(0, \frac{1}{2}\right), \left(\frac{1}{3}, 0\right), (1, -1), (-1, 2), \ldots\right\}.$$

Observa que ambos conjuntos son infinitos. En una recta hay un número infinito de puntos; cada par ordenado se asocia con un punto de ésta. El conjunto solución del sistema es $A \cap B = \{(-1, 2)\}$. La representación en el plano de cada uno de estos conjuntos aparece en la figura 10.20. Las rectas se intersecan en un punto cuya ordenada es 2 ya que este punto se encuentra en la recta $y = 2$. Las coordenadas del punto de intersección son $(x, 2)$. Como $(x, 2)$ pertenece además a la recta $3x + 2y = 1$ tenemos que $(x, 2)$ satisface esta ecuación. Si sustituimos y por 2 en la ecuación $3x + 2y = 1$, obtenemos:

$$\begin{aligned} &3x + 2(2) = 1 \\ &3x + 4 = 1 \\ &3x = 1 - 4 = -3 \\ &x = -1. \end{aligned}$$

La solución del sistema es $x = -1$, $y = 2$. El conjunto solución es $\{(-1, 2)\}$.

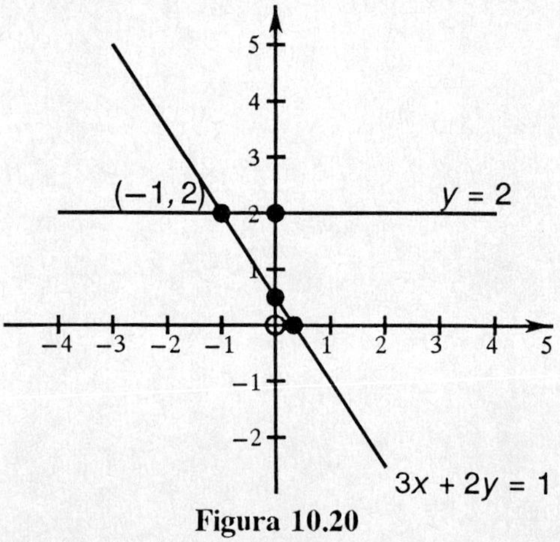

Figura 10.20

3. Halla la solución del sistema de ecuaciones

$$\begin{cases} 2x + y = 3 \\ x - y = 2 \end{cases}$$

Sea A el conjunto solución de la ecuación $2x + y = 3$.

$$A = \{(x, y)|2x + y = 3\} = \left\{(0, 3), \left(\frac{3}{2}, 0\right), (1, 1), (2, -1), (-1, 5) \ldots\right\}$$

Sea B el conjunto solución de la ecuación $x - y = 2$.

$$B = \{(x, y)|x - y = 2\} = \{(0, -2), (2, 0), (3, 1), \ldots\}$$

La representación en el plano de cada uno de estos conjuntos se presenta en la figura 10.21. La solución del sistema es el par (x, y); que corresponde al punto de intersección de las rectas. Observa que en este caso no conocemos la abscisa ni la ordenada de este punto. Nos conviene hallar un sistema de ecuaciones equivalente al sistema anterior donde por lo menos una de las ecuaciones se encuentre en términos de una variable.

Definición

Un sistema de ecuaciones lineales es equivalente a otro sistema de ecuaciones lineales si ambos tienen el mismo conjunto solución.

EJEMPLOS:

1. Sea $A = \{(x, y)|x = 4, y = 1\} = \{(4, 1)\}$ el conjunto solución del sistema

$$\begin{cases} x + y = 5 \\ x - y = 3. \end{cases}$$

El conjunto solución es $\{(x, y)|x + y = 5\} \cap \{(x, y)|x - y = 3\}$.

El sistema dado es equivalente a cada uno de los siguientes sistemas de ecuaciones:

$$\begin{cases} x - y = 3 \\ x + y = 5 \end{cases} \qquad \begin{cases} x + y = 5 \\ x - 4y = 0 \end{cases}$$

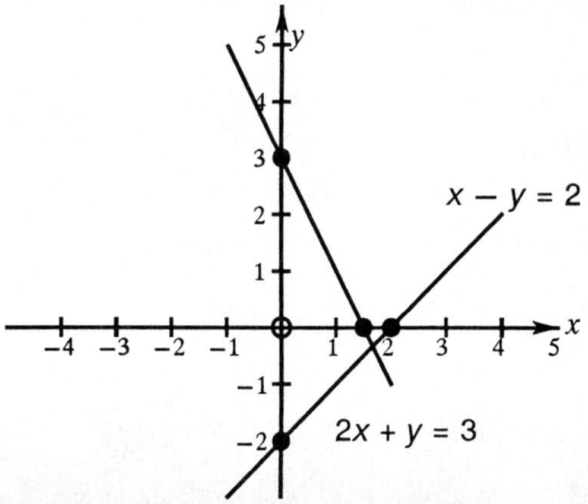

Figura 10.21

$$\begin{cases} x + y = 5 \\ 2x = 8 \end{cases} \qquad \begin{cases} x - y = 3 \\ 2y = 2 \end{cases}$$

$$\begin{cases} x + y = 5 \\ x = 4 \end{cases} \qquad \begin{cases} x - y = 3 \\ x = 4 \end{cases}$$

$$\begin{cases} 2x + 2y = 10 \\ x - y = 3 \end{cases} \qquad \begin{cases} 3x + 3y = 15 \\ 5x - 5y = 15 \end{cases}$$

$$\begin{cases} x + y = 5 \\ y = 1 \end{cases} \qquad \begin{cases} x - y = 3 \\ y = 1 \end{cases}$$

Para demostrar que estos sistemas son equivalentes, basta con sustituir $(4, 1)$ en cada una de las ecuaciones de los sistemas y comprobar que las satisface. De hecho, hay infinitos sistemas de ecuaciones lineales equivalentes al sistema de ecuaciones dado.

2. Halla la solución del sistema de ecuaciones

$$\begin{cases} 2x + 3y = 8 \\ 3x - 4y = -5 \end{cases}$$

Si éste es equivalente al sistema

$$\begin{cases} 2x + 3y = 8 \\ y = 2 \end{cases}$$

Como las rectas en el sistema de ecuaciones

$$\begin{cases} 2x + 3y = 8 \\ y = 2 \end{cases}$$

se intersecan en un punto cuya ordenada es 2, las coordenadas del punto en el cual se intersecan son de la forma $(x, 2)$ que satisface la ecuación $2x + 3y = 8$.

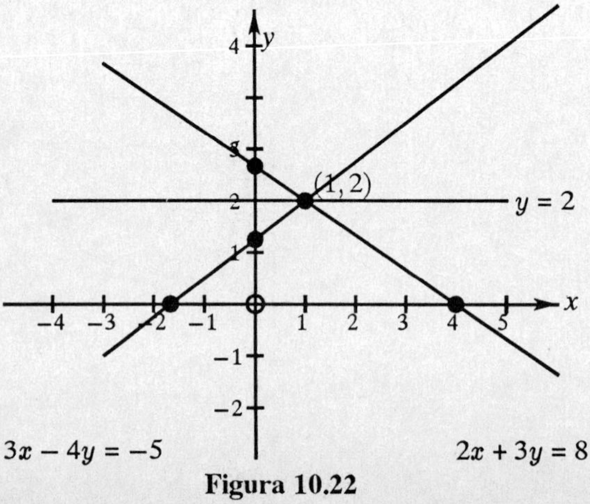

Figura 10.22

Si sustituimos y por 2 en la ecuación $2x + 3y = 8$, obtenemos

$$2x + 3(2) = 8$$
$$3x + 6 = 8$$
$$2x = 8 - 6 = 2$$
$$x = 1.$$

La solución de ambos sistemas equivalentes es

$$\{(x, y) | x = 1, y = 2\}.$$

El conjunto solución es $\{(x, y)\} = \{(1, 2)\}$.

3. Halla la solución del sistema

$$\begin{cases} 2x - 5y = 7 \\ 2x + 3y = -1 \end{cases}$$

Si éste es equivalente al sistema

$$\begin{cases} 2x + 3y = -1 \\ x = 1 \end{cases}.$$

Como las rectas del sistema

$$\begin{cases} 2x + 3y = -1 \\ x = 1 \end{cases}$$

se intersecan en un punto cuya abscisa es 1, el punto tiene coordenadas de la forma $(1, y)$. Además, $(1, y)$ satisface la ecuación $2x + 3y = -1$. Para hallar y, sustituimos x por 1 en la ecuación $2x + 3y = -1$ y obtenemos

$$2(1) + 3(y) = -1$$
$$3y = -1 - 2 = -3$$
$$y = \frac{-3}{3} = -1.$$

La solución de ambos sistemas equivalentes es

$$\{(x, y) | x = 1, y = -1\}.$$

El conjunto solución es $\{(x, y)\} = \{(1, -1)\}$.

Hemos visto que si el sistema de ecuaciones es equivalente a un sistema de una de las formas

$$A = \begin{cases} a_1x + b_1y = c_1 \\ x = c_2 \end{cases} \quad \text{o} \quad B = \begin{cases} a_1x + b_1y = c_1 \\ y = c_3 \end{cases},$$

entonces, es muy fácil de resolver. A estos sistemas se les llama **sistemas de ecuaciones de forma escalonada.** Para resolver un sistema de ecuaciones lineales en dos variables, nos interesa hallar un sistema equivalente al sistema dado que sea de la forma A o B.

¿Cómo hallar sistemas de ecuaciones equivalentes a un sistema dado?

1. Intercambiamos cualesquiera dos ecuaciones en el sistema.
2. Multiplicamos o dividimos cada lado de una de las ecuaciones por una constante diferente de cero y reemplazamos en el sistema esa ecuación por la ecuación equivalente resultante.
3. Sustituimos cualquier ecuación del sistema por la suma o diferencia de esa ecuación y cualquier otra ecuación en el sistema.

EJEMPLOS:

1. Resuelve el sistema de ecuaciones

$$\begin{cases} 2x + 3y = 1 \\ -x + y = -3 \end{cases}.$$

Hallamos un sistema equivalente al anterior: reemplazamos la segunda ecuación por otra que se consigue multiplicando por 2 cada miembro de ésta.

$$\begin{cases} 2x + 3y = 1 & (1) \\ -2x + 2y = -6 & (2) \end{cases}.$$

Hallamos otro sistema equivalente a las dos ecuaciones anteriores reemplazando la segunda ecuación del segundo sistema por la suma de las ecuaciones (1) y (2).

$$\begin{cases} 2x + 3y = 1 & (1) \\ \quad\;\; 5y = -5 & (2) \end{cases}.$$

Multiplicamos la segunda ecuación del nuevo sistema por $\frac{1}{5}$ y obtenemos el sistema equivalente

$$\begin{cases} 2x + 3y = 1 \\ \quad\;\;\; y = -1 \end{cases}.$$

Este sistema es fácil de resolver.

La solución es de la forma $(x, -1)$. En la primera ecuación sustituimos y por -1 y obtenemos

$$2x + 3(-1) = 1$$
$$2x - 3 = 1$$
$$2x = 3 + 1 = 4$$
$$x = 2.$$

La solución del sistema original es $x = 2$, $y = -1$. El conjunto solución es $\{(x, y)\} = \{(2, -1)\}$.

En este mismo ejercicio podemos considerar otros sistemas equivalentes al original, por ejemplo aquel formado por las ecuaciones

$$\begin{cases} -x + y = -3 \\ y = -1. \end{cases}$$

La solución de este sistema es igual que la del anterior. La solución es el par ordenado de la forma $(x, -1)$, que satisface la ecuación $-x + y = -3$. Sustituimos y por -1 y obtenemos

$$\begin{aligned} -x - 1 &= -3 \\ -x &= -3 + 1 = -2 \\ x &= 2. \end{aligned}$$

10-4 EJERCICIOS

1. Dibuja las gráficas de las rectas en cada sistema de ecuaciones y determina el conjunto solución del sistema.

a. $\begin{cases} x + 3 = 0 \\ y - 4 = 0 \end{cases}$ **d.** $\begin{cases} x + y = 7 \\ x - y = 1 \end{cases}$

b. $\begin{cases} x - 2y = 5 \\ 2x - y = 5 \end{cases}$ **e.** $\begin{cases} 4x - 3y = 0 \\ 2x - 3y = 6 \end{cases}$

c. $\begin{cases} 2x + 3y - 5 = 0 \\ x - 2y + 8 = 0 \end{cases}$ **f.** $\begin{cases} 2x + y = 7 \\ x - 2y = 4 \end{cases}$

2. Resuelve cada uno de los siguientes sistemas:

a. $\begin{cases} x + y = 3 \\ x - y = 7 \end{cases}$ **g.** $\begin{cases} x - y = 2 \\ 2x - 3y = 1 \end{cases}$

b. $\begin{cases} 2x - y = 3 \\ 3x + 2y = 8 \end{cases}$ **h.** $\begin{cases} x = 4y \\ 3x + 8y = 5 \end{cases}$

c. $\begin{cases} 5x + y = 2 \\ 4x - 3y = 13 \end{cases}$ **i.** $\begin{cases} 2x + 3y = 16 \\ y = 2x \end{cases}$

d. $\begin{cases} 3x - 4y = 6 \\ y = 2x + 1 \end{cases}$ **j.** $\begin{cases} 3x - 3y = 1 \\ y = x + 5 \end{cases}$

e. $\begin{cases} y = \frac{1}{3}x - 3 \\ 2x - y = 8 \end{cases}$ **k.** $\begin{cases} x + 2y = 4 \\ 3x - y = 5 \end{cases}$

f. $\begin{cases} 5x + y + 2 = 0 \\ x + 2y = 5 \end{cases}$ **l.** $\begin{cases} 3x - y = 6 \\ \frac{1}{3}x - y = 2 \end{cases}$

10-5 Clasificación de sistemas de ecuaciones lineales y sus aplicaciones

Como hemos visto, un sistema de dos ecuaciones lineales en dos variables se representa gráficamente como dos rectas. El número de soluciones del sistema estará determinado por la posición de las rectas en el plano y su relación entre si. Veamos la siguiente tabla:

Gráfica del sistema	número de puntos de intersección	número de soluciones del sistema	nombre del sistema
a. Dos rectas que se intersecan en un punto (dos rectas con pendientes diferentes). 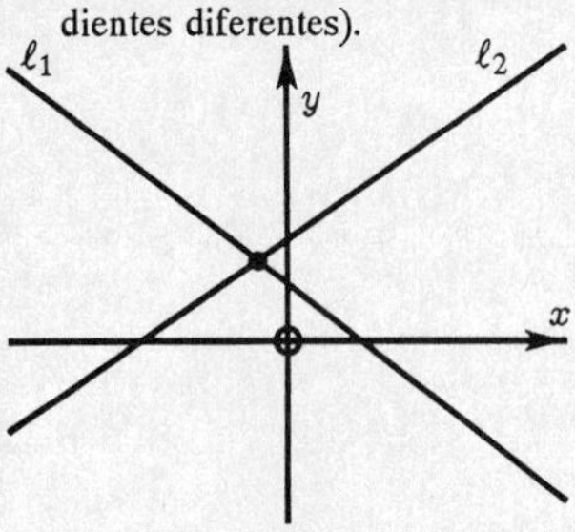	Un punto (1)	Una solución	Determinado
b. Dos rectas paralelas (dos rectas con la misma pendiente y diferente corte en el eje de y). 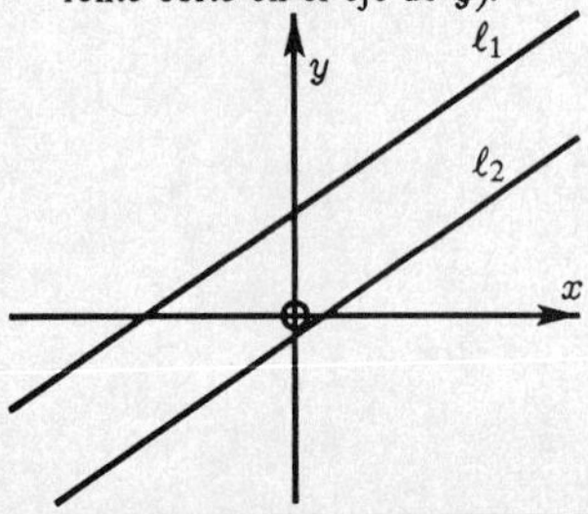	No tiene punto de intersección	No tiene solución	Inconsistente
c. Dos rectas que coinciden (dos rectas con la misma pendiente y el mismo corte en el eje de y). 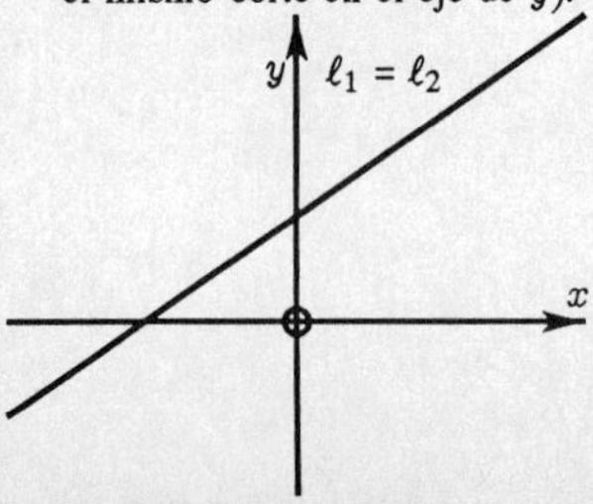	Infinito	Infinito	Dependiente

EJEMPLOS:

Clasifica cada uno de los siguientes sistemas.

1. $\begin{cases} x - y = 3 \\ 2x + y = 6 \end{cases}.$

Al resolver por y en ambas ecuaciones, obtenemos

$$\begin{array}{lll} \ell_1: y = x - 3 & m_1 = 1, & b_1 = -3 \\ \ell_2: y = -2x + 6 & m_2 = -2, & b_2 = 6 \end{array}$$

Como $m_1 \neq m_2$ y $b_1 \neq b_2$, el sistema es determinado. La representación gráfica de este sistema es de dos rectas que se intersecan en un punto solamente. (ver figura 10.23)

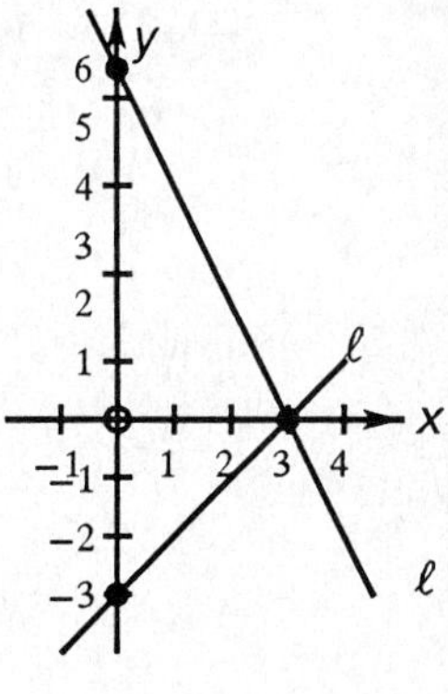

Figura 10.23

2. $\begin{cases} 2x + y = 5 \\ 4x + 2y = 7 \end{cases}.$

Si resolvemos por y en las dos ecuaciones, encontramos que ambas representan rectas que tienen la misma pendiente, -2, y diferentes cortes en el eje de y.

$$\begin{array}{lll} \ell_1: y = -2x + 5 & m_1 = -2, & b_1 = 5 \\ \ell_2: y = -2x + \dfrac{7}{2} & m_2 = -2, & b_2 = \dfrac{7}{2} \end{array}$$

Como $m_1 = m_2$ y $b_1 \neq b_2$, el sistema es inconsistente. La representación gráfica de este sistema es de dos rectas paralelas (Figura 10.24):

3. Consideremos el sistema,

$$\begin{aligned} 3x - y + 2 &= 0 \\ -6x + 2y - 4 &= 0 \end{aligned}$$

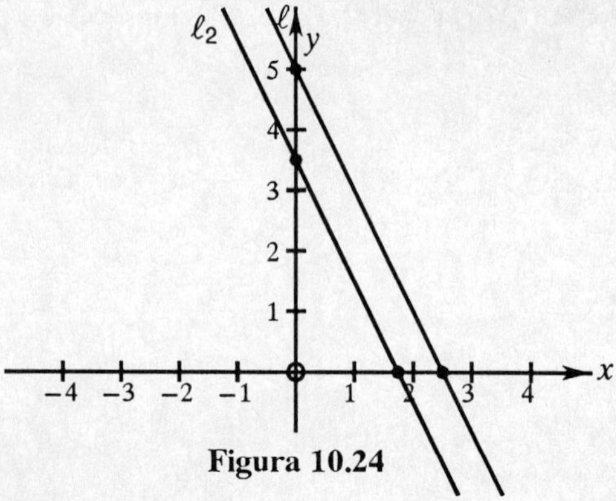

Figura 10.24

Si resolvemos por y, en las dos ecuaciones encontramos que ambas representan rectas que tienen la misma pendiente y el mismo corte en el eje de y.

$\ell_1: y = 3x + 2 \quad m_1 = 3, \quad b_1 = 2$
$\ell_2: y = 3x + 2 \quad m_2 = 3, \quad b_2 = 2$

Como $m_1 = m_2$ y $b_1 = b_2$, el sistema es dependiente. La representación gráfica del sistema es de dos rectas que coinciden. (figura 10.25)

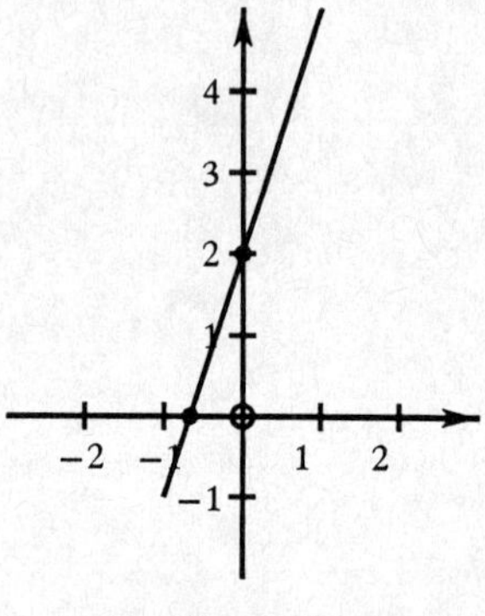

Figura 10.25

Terminaremos este tema con un ejemplo de un problema verbal cuya solución se puede obtener utilizando sistemas de dos ecuaciones lineales en dos variables.

EJEMPLOS:

1. José gastó \$21.50 al comprar dos clases de bombones. Una clase le costó \$1.25 la caja y la otra clase \$1.50 la caja. Si el total de cajas de bombones más baratos le costó \$3.50 más que el costo del total de cajas de los otros bombones, ¿cuántas cajas de cada clase de bombones compró José?

Sea x el número de cajas de bombones a \$1.25 cada una; entonces, el costo de x cajas a \$1.25 es $1.25x$. Sea y el número de cajas de bombones a \$1.50 cada una; entonces el costo de y cajas a \$1.50 es \$1.50 y.

El costo de x cajas de bombones a \$1.25 y y cajas de bombones a\$1.50 es \$21.50. La oración se representa con la ecuación:

$$1.25x + 1.50y = 21.50.$$

El costo de x cajas a \$1.25 es \$3.50 más que el costo de y cajas a \$1.50. La oración se representa con la ecuación

$$1.25x = 1.50y + 3.50.$$

El sistema de ecuaciones obtenido es:

$$\begin{cases} 1.25x + 1.50y = 21.50 \\ 1.25x = 1.50y + 3.50 \end{cases}$$

Este sistema es equivalente a:

$$\begin{cases} 1.25x + 1.50y = 21.50 \\ 1.25x - 1.50y = 3.50 \end{cases}$$

Para resolver el sistema hallaremos un sistema equivalente en forma escalonada.

$$\begin{cases} 1.25x + 1.50y = 21.50 \\ 2.50x \qquad\quad = 25.00 \end{cases}$$

Este sistema es equivalente a:

$$\begin{cases} 1.25x + 1.50y = 21.50 \\ \qquad x \qquad\quad = 10 \end{cases}$$

Sustituimos en la primera ecuación x por 10 y obtenemos
$1.25(10) + 1.50y = 21.50$

$$\begin{cases} 1.50y = 21.50 - 12.50 \\ 1.50y = 9 \\ \quad y = 9 \end{cases}$$

$$y = 6.$$

La solución del sistema es $x = 10$, $y = 6$. Esto significa que compró 10 cajas de bombones de \$1.25 y 6 cajas de bombones de \$1.50.

10-5 EJERCICIOS

1. Para los siguientes sistemas de ecuaciones:

1. Indica si el sistema es determinado, inconsistente o dependiente.

2. Establece si las rectas se intersecan, son paralelas o coinciden.

3. ¿Cuántas soluciones tiene cada sistema?

a. $\begin{cases} 3x + y = 4 \\ 3x + y = 8 \end{cases}$

b. $\begin{cases} 3x + y = 4 \\ -x + 3y = 5 \end{cases}$

c. $\begin{cases} 3x + y = 4 \\ 6x + 2y = 8 \end{cases}$

d. $\begin{cases} x + y = 7 \\ x + y = 5 \end{cases}$

e. $\begin{cases} x + y = 5 \\ 3x + 3y = 15 \end{cases}$

f. $\begin{cases} x + y = 5 \\ y = x + 2 \end{cases}$

g. $\begin{cases} y = x \\ 3y - x = 2 \end{cases}$

h. $\begin{cases} x + y = 10 \\ x - y = 2 \end{cases}$

i. $\begin{cases} x + y = 10 \\ x = 6 \end{cases}$

j. $\begin{cases} 3x - 5y = 9 \\ 3x + 2y = 6 \end{cases}$

k. $\begin{cases} 2x - 2y = 7 \\ 3x - 3y = 5 \end{cases}$

l. $\begin{cases} 5x + y = 4 \\ x + 5y = 4 \end{cases}$

2. Encuentra el valor de k de manera que cada uno de los siguientes sistemas no tenga solución.

a). $\begin{cases} x - y = 7 \\ kx + 4y = 3 \end{cases}$

b). $\begin{cases} 3x - ky = 0 \\ 6x + 4y = 5 \end{cases}$

c). $\begin{cases} 3x + 5y = 8 \\ kx + 5y = 3 \end{cases}$

3. Resuelve los siguientes problemas usando un sistema de dos ecuaciones en dos variables:

a. Halla dos números tales que su suma sea 135 y su diferencia sea 61.

b. La suma de dos números enteros es 21. El número más grande es dos veces mayor que el otro. Halla los números.

c. Se vendieron 812 entradas para cierto evento, sumando un total de \$1,912. Si los estudiantes pagaron \$2.00 por entrada y los no-estudiantes pagaron \$3.00 por entrada, ¿cuántas entradas de estudiantes se vendieron?

d. Se mezclan caramelos que cuestan \$1.80 la libra y dulces que cuestan \$0.90 la libra para obtener 150 libras de dulces que luego se venden a \$1.50 la libra. ¿Cuántas libras de caramelos se necesitan?

e. Un camión está cargando un total de 150 paquetes pequeños. Algunos pesan 1 Kg y otros 2 Kg. ¿Cuántos paquetes de cada peso está cargando el camión si el peso total es de 265 Kg?

f. Tres libretas y dos lápices cuestan \$2.40. Cuatro libretas y cinco lápices de la misma clase cuestan \$3.55. ¿Cuál es el precio de una libreta y cual el de un lápiz?

g. Anita compró 2 libras de mantequilla y 3 docenas de huevos por $7.31. Se mantienen los mismos precios y ella compró después otra libra de mantequilla y 2 docenas más de huevos por $4.37. Halla el precio de una libra de mantequilla y el de una docena de huevos.

Capítulo 10 Ejercicios de repaso

1. Resuelve los siguientes problemas verbales utilizando una ecuación lineal en una sola variable.

a. El más grande de dos números es uno menos que tres veces el más pequeño. La diferencia entre los dos números es nueve. Halla los dos números.

b. Halla tres números enteros consecutivos cuya suma sea 99.

c. Halla tres números pares consecutivos cuya suma sea 60.

d. Ana y Pedro compraron los muebles de la sala. El precio de éstos fue de $2,250. Ellos hicieron un depósito de $450 y el resto lo pagarán en 8 mensualidades iguales. ¿Cuánto pagarán mensualmente?

2. Dibuja las gráficas de las siguientes rectas y halla la pendiente de cada una

a. $y = 2x + 1$

b. $y = 8x$

c. $y = -4x + 8$

d. $y = 2x + 4$

e. $y = -3x - 5$

f. $y = -2x + 6$

3. Supón que los puntos A y B pertenecen una misma recta. Indica el cambio en las abscisas, el cambio en las ordenadas y la pendiente de la recta.

a. $A(0,0)$, $B(3,3)$

b. $A(0,2)$, $B(0,5)$

c. $A(-3,8)$, $B(-1,12)$

d. $A(2,3)$, $B(0,0)$

e. $A(2,3)$, $B(4,15)$

f. $A(3,-4)$, $B(8,-4)$

4. Para cada par de puntos A, B del problema anterior, dibuja la recta que se determina y verifica si el signo de la pendiente corresponde a la inclinación (declive) de la recta.

5. Indica qué par de ecuaciones representa rectas paralelas:

a. $y = -2x + 5, \quad 4x + 2y = 0$

b. $y + 2x = 5, \quad 4x - 2y = 0$

c. $y + x = 3, \quad y = 2 - x$

d. $3y + x = 1, \quad y - 3x = 0$

6. En cada uno de los siguientes ejercicios da un ejemplo de una ecuación que represente una recta paralela a la recta cuya ecuación es:

a. $y = \frac{2}{3}x + 5$

b. $y = 3x - 1$

c. $y = 2x + 3$

d. $3x - 4y = 24$

e. $y = 2x - 3$

f. $x + 3y = 9$

7. Los puntos A, B pertenecen a la recta L_1, mientras que los puntos C, D pertenecen a la recta L_2. Indica si las rectas L_1 y L_2 son paralelas.

a. $A(0,0)$, $B(4,8)$, $C(3,0)$, $D(5,4)$.

b. $A(0,0)$, $B(-4,8)$, $C(-3,0)$, $D(5,4)$.

c. $A(-1,2)$, $B(0,1)$, $C(3,2)$, $D(4,1)$.

8. Halla una ecuación lineal que determine la recta que contiene el punto A y cuya pendiente es m:

a. $A(1,3)$ $m = 4$

b. $A(4,-1)$ $m = 2$

c. $A(0,0)$ $m = 3$

d. $A(4,2)$ $m = 2/3$

e. $A(6,1)$ $m = -1$

f. $A(8,6)$ $m = 0$

9. Halla una ecuación de la recta cuya pendiente y corte en el eje de y son:

a. $m = 3$, $b = 4$

b. $m = 6$, $b = 0$

c. $m = -5$, $b = 1$

d. $m = 0$, $b = 0$

e. $m = -7$, $b = -5$

f. $m = 3/4$, $b = 4$

10. Halla una ecuación de la recta que pasa por el origen y cuya pendiente es:

a. $m = -3$

b. $m = 0$

c. $m = 1$

d. $m = 2$

e. $m = -1/2$

f. $m = -4$

11. Escribe una ecuación de la recta que se determina por los puntos:

a. $(2,4)$, $(4,8)$

b. $(4,7)$, $(1,2)$

c. $(2,1)$, $(5,4)$

d. $(-2,7)$, $(2,10)$

e. $(2,4)$, $(10,9)$

f. $(0,0)$, $(4,-2)$

12. Escribe una ecuación de la recta que es paralela a la recta cuya ecuación es:

a. $y = -2x + 5$ y con corte en el eje de y de -3.

b. $y = 3x - 1$ y que contiene el punto $(2,4)$.

c. $y = 2x + 3$ y que tiene el mismo corte en el eje de y que la recta $y + 5 = 4x$.

d. $y = 2x - 3$ y que contiene el punto $(5,7)$.

e. $x + 3y = 9$ y que pasa por el origen.

f. $3x - 4y = 24$ y con corte en el eje de x de 2.

13. Dibuja cada par de las rectas en el mismo sistema de coordenadas y halla gráficamente la solución del sistema. Verifica el resultado.

a. $\begin{cases} x + y = 6 \\ x - y = 2 \end{cases}$

b. $\begin{cases} x + 2y = 15 \\ y = 2x \end{cases}$

c. $\begin{cases} x + 4y = 7 \\ x = 2y + 1 \end{cases}$

d. $\begin{cases} y - x = -2 \\ x - 2y = 4 \end{cases}$

e. $\begin{cases} 5x + 2y = -5 \\ y - x = 1 \end{cases}$

f. $\begin{cases} y = \frac{1}{3}x - 3 \\ 2x - y = 8 \end{cases}$

14. Determina si cada uno de los siguientes sistemas de ecuaciones es inconsistente, determinado o dependiente y decide si las rectas se intersecan, son paralelas o coinciden:

a. $\begin{cases} 2x + y = 5 \\ 2x + y = 8 \end{cases}$

b. $\begin{cases} 3x + y = 9 \\ 2x - y = 4 \end{cases}$

c. $\begin{cases} 3x + y = 5 \\ 2y = 10 - 6x \end{cases}$

d. $\begin{cases} 4x - 3y = 7 \\ 8x - 6y = 7 \end{cases}$

e. $\begin{cases} x + y = 12 \\ x - y = 2 \end{cases}$

f. $\begin{cases} y = x \\ 3y - 3x = 4 \end{cases}$

15. Resuelve cada uno de los siguientes sistemas de ecuaciones y verifica el resultado:

a. $\begin{cases} y = 3x \\ x + y = 8 \end{cases}$

b. $\begin{cases} x = 2y + 1 \\ x + y = -2 \end{cases}$

c. $\begin{cases} y = 3x - 1 \\ 9x + 2y = 3 \end{cases}$

d. $\begin{cases} x + y = 9 \\ x - y = 3 \end{cases}$

e. $\begin{cases} m + 2n = 14 \\ 3n + m = 18 \end{cases}$

f. $\begin{cases} 3a - b = 3 \\ a + 3b = 11 \end{cases}$

g. $\begin{cases} 2x + y = -2 \\ x + 3y = 9 \end{cases}$

h. $\begin{cases} a - b = 3 \\ 2a - 3b = 1 \end{cases}$

i. $\begin{cases} 4x + y = 0 \\ 8x + \frac{1}{4}y = 7 \end{cases}$

j. $\begin{cases} x = -2y \\ 4x + 2y = 6 \end{cases}$

16. Resuelve los siguientes problemas usando un sistema de dos ecuaciones lineales en dos variables.

a. Pedro tiene tres veces la cantidad de dinero que tiene Ricardo. Entre ambos tienen $400. ¿Cuánto dinero tiene Pedro y cuánto tiene Ricardo?

b. María es cuatro años mayor que Ana. Hace 6 años, María tenía el doble de la edad de Ana en aquel momento. ¿Qué edad tienen Ana y María actualmente?

c. Juan tiene una colección de monedas de 5 y de 10 centavos. Tiene tres monedas más de 10 centavos que el doble del número de monedas de 5 centavos. Si las monedas suman $2.05, ¿cuántas monedas de cada tipo tiene Juan?

d. Un té que cuesta 70 centavos la libra es mezclado con un té que cuesta 45 centavos la libra y se produce una mezcla de 100 libras de té que cuesta 57 centavos la libra. ¿Cuántas libras de cada té se usaron?

e. La suma de dos números es 50. La diferencia entre dos veces el más grande y 4 veces el más pequeño es 8. Halla ambos números.

CAPÍTULO 11

Radicales y exponentes racionales

En este capítulo ampliaremos los conceptos sobre radicales y exponentes racionales que analizamos en los capítulos 4 y 6.

11-1 Conceptos básicos

Usamos la notación $d^{1/n}$ para representar la raíz enésima de un número d. Esto es, si $\sqrt[n]{d} \in \mathbb{R}$, entonces $d^{1/n} = \sqrt[n]{d}$, $n \in \mathbb{N}$, $n \geq 2$.

Justifiquemos la notación empleada. Supongamos que existe $x \in \mathbb{R}$ tal que $\sqrt[n]{d} = d^x$. Por la definición de $\sqrt[n]{d}$, tenemos que $(d^x)^n = d$ implica que $d^{xn} = d^1$. Si las potencias de un mismo número son iguales, entonces los exponentes son iguales. Por lo tanto, $xn = 1$, lo que implica que $x = 1/n$.

La notación se puede generalizar al caso en que el radicando está escrito como una potencia de un número. Esto es,

Propiedad I

$$\sqrt[n]{a^m} = (\sqrt[n]{a})^m = (a^{1/n})^m = a^{m/n}, \quad \sqrt[n]{a} \in \mathbb{R}$$

La expresión $a^{m/n}$ se puede expresar de diferentes maneras:

$$a^{m/n} = (a^m)^{1/n} = (a^{1/n})^m.$$

EJEMPLOS:

Usa la notación anterior para simplificar las siguientes expresiones.

1. $\sqrt{4} = 4^{1/2} = (2^2)^{1/2} = 2^{2/2} = 2.$

2. $\sqrt[3]{8^2} = (\sqrt[3]{8})^2 = 2^2 = 4.$

Si hacemos uso de exponentes racionales, escribimos

$$\sqrt[3]{8^2} = 8^{2/3} = (2^3)^{2/3} = 2^{6/3} = 2^2 = 4.$$

3. $32^{1/5} = (2^5)^{1/5} = 2^{5/5} = 2.$

4. $(16)^{3/2} = \left(2^4\right)^{3/2} = 2^{12/2} = 2^6 = 64.$

5. $8^{-1/3} = \left(2^3\right)^{-1/3} = 2^{-3/3} = 2^{-1} = \frac{1}{2}.$

6. $(-8)^{2/3} = \left((-2)^3\right)^{2/3} = (-2)^{6/3} = (-2)^2 = 4.$

$$(-8)^{2/3} = \sqrt[3]{(-8)^2} = \sqrt[3]{64} = 4.$$

7. $4\sqrt{16} = 4\sqrt{4^2} = 4(4) = 16.$

8. $(16)^{0.75} = 16^{3/4} = \left(2^4\right)^{3/4} = 2^{12/4} = 2^3 = 8.$

9. $\sqrt[5]{(-32)^2} = \sqrt[5]{32^2} = 32^{2/5} = (2^5)^{2/5} = 2^{10/5} = 2^2 = 4.$

10. $27^{-1/3} = \left(3^3\right)^{-1/3} = 3^{-1} = \frac{1}{3}.$

11. $\frac{1}{2}(0.04)^{1/2} = \frac{1}{2}\left((0.2)^2\right)^{1/2} = \frac{1}{2}(0.2)^{2/2} = \frac{1}{2}(0.2) = 0.1.$

Cuando el radicando se puede escribir como potencia de un número racional donde el exponente es múltiplo del índice del radical al simplificar el radical, obtenemos un número racional. En este caso se dice que el radicando es una potencia enésima perfecta.

EJEMPLOS:

1. Números racionales como: 4, 25, 36/49 son cuadrados perfectos porque

$$4 = 2^2, \sqrt{4} = \sqrt{2^2} = 2 \quad \text{es un número racional,}$$

$$25 = 5^2, \sqrt{25} = \sqrt{5^2} = 5 \quad \text{es un número racional,}$$

$$\frac{36}{49} = \left(\frac{6}{7}\right)^2, \sqrt{\frac{36}{49}} = \sqrt{\left(\frac{6}{7}\right)^2} = \frac{6}{7} \quad \text{es un número racional.}$$

2. Números racionales como 5, 8, 3/4 no son cuadrados perfectos. Las raíces cuadradas de estos números son números irracionales.

3. Números racionales como −8, 27, 125/64 son cubos perfectos porque

$$-8 = (-2)^3, \sqrt[3]{-8} = \sqrt[3]{(-2)^3} = -2,$$

$$27 = 3^3, \sqrt[3]{27} = \sqrt[3]{3^3} = 3,$$

$$\frac{125}{64} = \left(\frac{5}{4}\right)^3, \sqrt[3]{\frac{125}{64}} = \sqrt[3]{\left(\frac{5}{4}\right)^3} = \frac{5}{4}.$$

4. Números racionales como 7/5, 12, −30 no son cubos perfectos. Sus raíces cúbicas son irracionales.

11-1 EJERCICIOS

1. Usa la notación de radicales para reescribir las siguientes expresiones:

a. $(2x)^{2/3}$
b. $2x^{2/3}$
c. $(2y)^{1.5}$
d. $-2y^{3/2}$
e. $7^{-1/3}$
d. $(-3y)^{1/6}$
g. $-3y^{1/6}$
h. $(xy)^{-1/2}$
i. $(x+y)^{1/2}$
j. $(x^2+y^2)^{2/3}$

2. Usa la notación de exponentes racionales para reescribir las siguientes expresiones:

a. $\left(\sqrt[3]{y}\right)^4$
b. $\sqrt{8x^3}$
c. $8\sqrt[3]{x}$
d. $\sqrt[5]{r^2s^3}$
e. $2\sqrt{\left(\frac{3}{2}\right)^3}$
f. $\sqrt[3]{y^5}$
g. $2\sqrt[4]{rt}$
h. $-3\sqrt{5x}$
i. $\sqrt[3]{6x^2}$
j. $\sqrt{\frac{3x}{5y}}$

3. Usa las propiedades de radicales y exponentes racionales para reescribir las siguientes expresiones:

a. $\left(\sqrt[5]{(-2)^5}\right)$
b. $\sqrt[6]{(0.1)^6}$
c. $\sqrt[3]{-64}$
d. $\sqrt[3]{64x^6}$
e. $\sqrt[4]{\frac{1}{81}}$
f. $\sqrt[6]{64y^6}$
g. $\sqrt[5]{-32x^{10}}$
h. $\sqrt[5]{r^{10}s^5}$
i. $\sqrt[3]{-125x^3}$
j. $\sqrt{\frac{16}{25}x^4}$

4. Usa las propiedades de exponentes racionales para reescribir las siguientes expresiones:

a. $81^{1/2}$
b. $(-8)^{-1/3}$
c. $100^{0.5}$
d. $0.16^{3/2}$
e. $\left(\frac{36}{25}\right)^{-3/2}$
f. $64^{1/4}$
g. $(-0.008)^{-1/3}$
h. $25^{3/2}$
i. $64^{-3/2}$
j. $\left(\frac{-8}{27}\right)^{-2/3}$

11-2 Propiedades y simplificación de radicales

Recordemos las propiedades de radicales y exponentes racionales analizadas anteriormente y veamos ejemplos adicionales que nos permitirán dominar el concepto.

Propiedad I

Si $\sqrt[n]{d} \in \mathbb{R}$, entonces $\left(\sqrt[n]{d}\right)^n = d$. Usando la notación de exponente racional, si $d^{1/n} \in \mathbb{R}$, entonces $(d^{1/n})^n = d$.

Propiedad II

Si $\sqrt[n]{d} \in \mathbb{R}$, entonces $\sqrt[n]{d^n} = d$. Usando la notación de exponente racional, si $d^{1/n} \in \mathbb{R}$, entonces $(d^n)^{1/n} = d$.

Propiedad III

Si $\sqrt[n]{a} \in \mathbb{R}$ y $\sqrt[n]{b} \in \mathbb{R}$, entonces $\sqrt[n]{ab} = \sqrt[n]{a} \cdot \sqrt[n]{b}$. Usando la notación de exponente racional, si $a^{1/n} \in \mathbb{R}$ y $b^{1/n} \in \mathbb{R}$, entonces

$$(ab)^{1/n} = a^{1/n} \cdot b^{1/n}.$$

Propiedad IV

Si $\sqrt[n]{a} \in \mathbb{R}$, $\sqrt[n]{b} \in \mathbb{R}$ y $b \neq 0$, entonces $\sqrt[n]{\dfrac{a}{b}} = \dfrac{\sqrt[n]{a}}{\sqrt[n]{b}}$. Usando la notación de exponente racional, si $a^{1/n} \in \mathbb{R}$, $b^{1/n} \in \mathbb{R}$ y $b \neq 0$, entonces

$$\left(\frac{a}{b}\right)^{1/n} = \frac{a^{1/n}}{b^{1/n}}.$$

Simplificación de radicales

Consideraremos que una expresión con radicales está en su forma más simple cuando:

a. No podemos remover factores del radicando.

b. No quedan fracciones en el radicando.

c. No aparecen símbolos de radical en el denominador.

d. El índice es el menor posible.

EJEMPLOS:

Simplifica los siguientes radicales.

1. $\sqrt{75}$ no está en su forma más simple porque podemos remover el factor 25 del radicando.

$$\sqrt{75} = \sqrt{25 \cdot 3} = \sqrt{25} \cdot \sqrt{3} = 5\sqrt{3}.$$

2. $a^2/\sqrt{5}$ no está en su forma más simple porque aparece un radical, $\sqrt{5}$, en el denominador. Para simplificarlo, multiplicamos el numerador y el denominador por $\sqrt{5}$.

$$\frac{a^2}{\sqrt{5}} = \frac{a^2 \cdot \sqrt{5}}{\sqrt{5} \cdot \sqrt{5}} = \frac{a^2\sqrt{5}}{5}.$$

3. $\sqrt[3]{2/9}$ no está en su forma más simple porque el radicando es una fracción. Para simplificarlo, hallamos una fracción equivalente cuyo denominador sea un cubo perfecto

$$\sqrt[3]{\frac{2}{9}} = \sqrt[3]{\frac{2 \cdot 3}{9 \cdot 3}} = \frac{\sqrt[3]{6}}{\sqrt[3]{27}} = \frac{\sqrt[3]{6}}{3}.$$

En los siguientes ejemplos se ilustra el uso de las propiedades de los radicales (o exponentes racionales) en la simplificación de radicales.

EJEMPLOS:

1. $\sqrt[3]{6}$.

a. Escribimos 16 como un producto de potencias de primos.

$$16 = 2^4$$

b. Agrupamos los factores cuyo exponente es un múltiplo del índice.

$$\sqrt[3]{16} = \sqrt[3]{(2^3)2}$$

c. Aplicamos la propiedad III.

$$\sqrt[3]{(2^3)2} = \sqrt[3]{2^3} \cdot \sqrt[3]{2} = 2\sqrt[3]{2}$$

2. $\sqrt[4]{243}$.

a. Escribimos 243 como un producto de potencias de primos.

$$243 = 3^5$$

b. Agrupamos los factores cuyo exponente es múltiplo del índice.

$$\sqrt[4]{243} = \sqrt[4]{3^4 \cdot 3}$$

c. Aplicamos la propiedad III.

$$\sqrt[4]{3^4 \cdot 3} = \sqrt[4]{3^4} \cdot \sqrt[4]{3} = 3\sqrt[4]{3}$$

3. $\dfrac{3}{\sqrt{10}}$.

Tenemos que hallar una forma equivalente a $3/\sqrt{10}$ con denominador racional. Multiplicamos el numerador y el denominador por la raíz cuadrada de un número que haga que el radicando en el denominador sea un cuadrado perfecto. Como el múltiplo menor de 10 que es un cuadrado perfecto es 100, multiplicamos el numerador y el denominador por $\sqrt{10}$.

$$\frac{3}{\sqrt{10}} = \frac{3 \cdot \sqrt{10}}{\sqrt{10} \cdot \sqrt{10}} = \frac{3\sqrt{10}}{\sqrt{100}} = \frac{3\sqrt{10}}{10}.$$

4. $\dfrac{7}{\sqrt{12}}$.

Hallamos una forma equivalente a $7/\sqrt{12}$ con denominador racional. Multiplicamos el numerador y el denominador por un número que haga que el radicando en el denominador sea un cuadrado perfecto. Como el múltiplo menor de 12 que es un cuadrado perfecto es 36, multiplicamos el numerador y el denominador por $\sqrt{3}$.

$$\frac{7}{\sqrt{12}} = \frac{7}{\sqrt{12}} \cdot \frac{\sqrt{3}}{\sqrt{3}} = \frac{7 \cdot \sqrt{3}}{\sqrt{12} \cdot \sqrt{3}} = \frac{7\sqrt{3}}{\sqrt{36}} = \frac{7\sqrt{3}}{6}.$$

5. $\sqrt[3]{\dfrac{3}{x}}$, $x \neq 0$.

Tenemos que hallar una forma equivalente a $\sqrt[3]{\frac{3}{x}}$ que no tenga fracciones en el radicando. Buscamos el múltiplo menor de x que sea un cubo perfecto. Éste es x^3. Multiplicamos el numerador y el denominador por $\sqrt[3]{x^2}$.

$$\sqrt[3]{\frac{3}{x}} = \frac{\sqrt[3]{3}}{\sqrt[3]{x}} = \frac{\sqrt[3]{3}}{\sqrt[3]{x}} \cdot \frac{\sqrt[3]{x^2}}{\sqrt[3]{x^2}} = \frac{\sqrt[3]{3x^2}}{\sqrt[3]{x^3}} = \frac{\sqrt[3]{3x^2}}{x}.$$

6. $\sqrt[3]{250x^6y^{15}}$.

Escribimos el radicando como un producto de potencias de primos.

$$250x^6y^{15} = 2(5^3)x^6y^{15}$$

Agrupamos aquellos factores cuyo exponente es un múltiplo del índice.

$$(5^3x^6y^{15})2$$

Aplicamos la propiedad III.

$$\sqrt[3]{(5^3x^6y^{15})2} = \sqrt[3]{5^3} \cdot \sqrt[3]{x^6} \cdot \sqrt[3]{y^{15}} \cdot \sqrt[3]{2} = 5x^2y^5\sqrt[3]{2}$$

Propiedad V

Raíz enésima de una suma o resta: $\sqrt[n]{a \pm b}$

Para simplificar la raíz enésima de una suma (o resta), efectuamos primero la suma (o resta) y después aplicamos la operación de radicación.

EJEMPLOS:

Simplifica los siguientes radicales:

1. $\sqrt{100 - 36} = \sqrt{64} = 8.$
2. $\sqrt{100 + 125} = \sqrt{225} = 15.$
3. $\sqrt{1 + \frac{1}{9}} = \sqrt{\frac{10}{9}} = \frac{\sqrt{10}}{3}.$
4. $\sqrt{1 - \left(\frac{4}{5}\right)^2} = \sqrt{1 - \frac{16}{25}} = \sqrt{\frac{9}{25}} = \frac{3}{5}.$
5. $\sqrt[3]{5x^3 + 3x^3} = \sqrt[3]{8x^3} = 2x.$
6. $\sqrt{4 + y^2}$ está en su forma más simple.
7. $\sqrt[3]{64 + 125} = \sqrt[3]{189} = \sqrt[3]{27 \cdot 7} = 3\sqrt[3]{7}.$
8. $\sqrt[3]{64} + \sqrt[3]{125} = 4 + 5 = 9.$

11-2 EJERCICIOS

1. Escribe cada una de las siguientes expresiones en su forma más simple. Todas las expresiones están definidas sobre los reales.

a. $\sqrt{300}$

b. $\sqrt[3]{81}$

c. $\sqrt{250}$

d. $\sqrt[3]{128}$

e. $\sqrt{\frac{72}{25}}$

f. $\sqrt{5} \cdot \sqrt{20}$

g. $\sqrt{24x^3}$

h. $\sqrt[3]{16y^5}$

i. $\sqrt[4]{x^3y^5}$

j. $y\sqrt[3]{16y^4}$

2. Simplifica cada una de las siguientes expresiones usando las propiedades de los radicales. Todas las expresiones están definidas sobre los reales.

a. $\sqrt{72x^3}$

b. $\sqrt{y} \cdot \sqrt{y^5}$

c. $\sqrt{28y^3}$

d. $\sqrt{108x^3y^2}$

f. $\sqrt[3]{-56r^4}$

g. $\sqrt{125x^5}$

h. $\sqrt[3]{\frac{2}{x^4}}$

i. $\sqrt[4]{32x^5y^6}$

e. $\sqrt[8]{\left(\frac{3}{2}\right)^4}$ **j.** $\frac{5}{\sqrt{18}}$

3. Simplifica cada una de las siguientes expresiones usando las propiedades de los radicales. Todas las expresiones están definidas sobre los reales.

a. $\sqrt[6]{125}$ **g.** $\sqrt{16+9}$

b. $\sqrt[6]{8x^6}$ **h.** $\sqrt[3]{9x^3 - x^3}$

c. $\sqrt[6]{9y^3}$ **i.** $\sqrt{\frac{1}{9}+\frac{1}{4}}$

d. $\sqrt[4]{25x^4}$ **j.** $\sqrt{(x+y)^3}$

e. $\sqrt[5]{\frac{1}{8x^5}}$ **k.** $\sqrt{1-\left(\frac{\sqrt{3}}{2}\right)^2}$

f. $\sqrt{x^2+y^2}$ **l.** $\sqrt{20^2+15^2}$

11-3 Operaciones con radicales

Suma y resta

Para sumar expresiones con radicales, seguimos las mismas reglas que usamos para sumar polinomios: sólo podemos combinar radicales semejantes.

Definición:
Dos radicales son semejantes si tienen el mismo índice y el mismo radicando.

$\sqrt{2}$ y $\sqrt{5}$ no son semejantes. Podemos expresar su suma: $\sqrt{2}+\sqrt{5}$, pero no podemos combinarlos.

$\sqrt{3}$ y $2\sqrt{3}$ son dos términos que contienen radicales semejantes.

En algunos casos, si se simplifican los radicales se obtienen términos con radicales semejantes.

$\sqrt{3}$ y $\sqrt{12}$ se pueden escribir como términos con radicales semejantes ya que $\sqrt{12} = \sqrt{4 \cdot 3} = 2\sqrt{3}$.

En general, $c\sqrt[n]{a}$ y $d\sqrt[n]{a}$ son dos términos que contienen radicales semejantes ya que en ambos términos aparece $\sqrt[n]{a}$.

Regla para la suma o resta de radicales

Si $\sqrt[n]{a} \in \mathbb{R}$, entonces $c\sqrt[n]{a} + d\sqrt[n]{a} = (c + d)\sqrt[n]{a}$.

EJEMPLOS:

1. $\sqrt{27} + \sqrt{3}$.

Expresamos los radicales como radicales semejantes y efectuamos la suma.

$$\sqrt{27} = \sqrt{9 \cdot 3} = \sqrt{9} \cdot \sqrt{3} = 3\sqrt{3}.$$
$$\sqrt{27} + \sqrt{3} = 3\sqrt{3} + \sqrt{3} = 4\sqrt{3}.$$

2. $\sqrt{44} - \sqrt{11}$.

Expresamos los radicales como radicales semejantes y efectuamos la resta.

$$\sqrt{44} = \sqrt{4 \cdot 11} = 2\sqrt{11}$$
$$\sqrt{44} - \sqrt{11} = 2\sqrt{11} - \sqrt{11} = \sqrt{11}.$$

3. $3\sqrt{2} - 2\sqrt{50} + 2\sqrt{8}$.

Expresamos los radicales como radicales semejantes y efectuamos las operaciones indicadas.

$$\sqrt{50} = \sqrt{25 \cdot 2} = 5\sqrt{2}$$
$$\sqrt{8} = \sqrt{4 \cdot 2} = 2\sqrt{2}$$
$$3\sqrt{2} - 2\sqrt{50} + 2\sqrt{8} = 3\sqrt{2} - 2(5\sqrt{2}) + 2(2\sqrt{2})$$
$$= 3\sqrt{2} - 10\sqrt{2} + 4\sqrt{2} = (3 - 10 + 4)\sqrt{2} = -3\sqrt{2}$$

4. $\sqrt[3]{16} - \sqrt[3]{54} + 5\sqrt[3]{2}$.

Expresamos los radicales como radicales semejantes y efectuamos las operaciones indicadas.

$$\sqrt[3]{16} = \sqrt[3]{8 \cdot 2} = 2\sqrt[3]{2}, \quad \sqrt[3]{54} = \sqrt[3]{27 \cdot 2} = 3\sqrt[3]{2}$$
$$\sqrt[3]{16} - \sqrt[3]{54} + 5\sqrt[3]{2} = 2\sqrt[3]{2} - 3\sqrt[3]{2} + 5\sqrt[3]{2}$$
$$= (2 - 3 + 5)\sqrt[3]{2} = 4\sqrt[3]{2}$$

5. $4\sqrt[3]{x^5} - 2\sqrt[3]{x^8}$.

Expresamos los radicales como radicales semejantes y efectuamos la resta.

$$\sqrt[3]{x^5} = \sqrt[3]{x^3 \cdot x^2} = \sqrt[3]{x^3} \cdot \sqrt[3]{x^2} = x\sqrt[3]{x^2}$$
$$\sqrt[3]{x^8} = \sqrt[3]{x^6 \cdot x^2} = \sqrt[3]{x^6} \cdot \sqrt[3]{x^2} = x^2 \cdot \sqrt[3]{x^2}$$
$$4\sqrt[3]{x^5} - 2\sqrt[3]{x^8} = 4(x\sqrt[3]{x^2}) - 2(x^2 \cdot \sqrt[3]{x^2})$$
$$= 4x\sqrt[3]{x^2} - 2x^2 \cdot \sqrt[3]{x^2} = (4x - 2x^2)\sqrt[3]{x^2}$$

6. $\sqrt[6]{9} + \sqrt[3]{24}$.

Expresamos los radicales como radicales semejantes y efectuamos la suma.

$$\sqrt[6]{9} = 9^{1/6} = \left(3^2\right)^{1/6} = 3^{2/6} = 3^{1/3} = \sqrt[3]{3}$$
$$\sqrt[3]{24} = \sqrt[3]{8 \cdot 3} = \sqrt[3]{8} \cdot \sqrt[3]{3} = 2\sqrt[3]{3}$$
$$\sqrt[6]{9} + \sqrt[3]{24} = \sqrt[3]{3} + 2\sqrt[3]{3} = 3\sqrt[3]{3}$$

7. $\sqrt[4]{16x} + \sqrt[4]{x} + \sqrt[3]{-27x} - \sqrt[3]{8x}$.

Agrupamos los radicales que tienen el mismo índice y efectuamos las operaciones indicadas.

$$\sqrt[4]{16x} = \sqrt[4]{16} \cdot \sqrt[4]{x} = 2\sqrt[4]{x}$$
$$\sqrt[3]{-27x} = \sqrt[3]{-27} \cdot \sqrt[3]{x} = -3\sqrt[3]{x}$$
$$\sqrt[3]{8x} = \sqrt[3]{8} \cdot \sqrt[3]{x} = 2\sqrt[3]{x}$$
$$\sqrt[4]{16x} + \sqrt[4]{x} + \sqrt[3]{-27x} - \sqrt[3]{8x} = \left(2\sqrt[4]{x} + \sqrt[4]{x}\right) + \left(-3\sqrt[3]{x} - 2\sqrt[3]{x}\right)$$
$$= 3\sqrt[4]{x} - 5\sqrt[3]{x}$$

Multiplicación y división de radicales

Caso I. Radicales con el mismo índice. Si $\sqrt[n]{a} \in \mathbb{R}$ y $\sqrt[n]{b} \in \mathbb{R}$, entonces $\sqrt[n]{a} \cdot \sqrt[n]{b} = \sqrt[n]{a \cdot b}$. Si además $b \neq 0$, entonces

$$\frac{\sqrt[n]{a}}{\sqrt[n]{b}} = \sqrt[n]{\frac{a}{b}}.$$

EJEMPLOS:

Efectúa las operaciones indicadas y simplifica.

1. $\sqrt{5}\sqrt{15} = \sqrt{5 \cdot 15} = \sqrt{5(5 \cdot 3)} = \sqrt{5^2 \cdot 3} = 5\sqrt{3}$.

2. $\sqrt[3]{8x} \cdot \sqrt[3]{4x^2} = \sqrt[3]{(8x)(4x^2)} = \sqrt[3]{(8x^3)4} = \sqrt[3]{(8x^3)} \cdot \sqrt[3]{4} = 2x\sqrt[3]{4}$.

3. $\dfrac{\sqrt{27}}{\sqrt{3}} = \sqrt{\dfrac{27}{3}} = \sqrt{9} = 3$.

4 . Si $x \neq 0$,

$$\frac{\sqrt[3]{54x^5}}{\sqrt[3]{2x}} = \sqrt[3]{\frac{54x^5}{2x}} = \sqrt[3]{27x^4} = \sqrt[3]{(27x^3)x} = \sqrt[3]{27x^3} \cdot \sqrt[3]{x} = 3x\sqrt[3]{x}.$$

5. $\sqrt{9x^2 - 90x + 225} = \sqrt{9(x^2 - 10x + 25)} = \sqrt{9(x-5)^2} = 3|x-5|$.

Caso II. Radicales con índices diferentes. Si $\sqrt[n]{a} \in \mathbb{R}$, $\sqrt[m]{a} \in \mathbb{R}$, entonces

$$\sqrt[n]{a} \cdot \sqrt[m]{a} = a^{\frac{1}{n}} \cdot a^{\frac{1}{m}} = a^{\frac{1}{n}+\frac{1}{m}} = a^{\frac{m+n}{nm}} = \sqrt[nm]{a^{m+n}}$$

$$\frac{\sqrt[n]{a}}{\sqrt[m]{a}} = a^{1/n-1/m} = a^{\frac{m-n}{nm}} = \sqrt[nm]{a^{m-n}}, a \neq 0$$

EJEMPLOS:

Efectúa las operaciones indicadas y simplifica.

1. $\sqrt{3} \cdot \sqrt[3]{3} = 3^{\frac{1}{2}} \cdot 3^{\frac{1}{3}} = 3^{\frac{1}{2}+\frac{1}{3}} = 3^{\frac{5}{6}} = \sqrt[6]{3^5}$.
2. $\sqrt[3]{y^2} \cdot \sqrt{y} = y^{\frac{2}{3}} \cdot y^{\frac{1}{2}} = y^{\frac{4}{6}+\frac{3}{6}} = y^{\frac{7}{6}} = \sqrt[6]{y^7} = \sqrt[6]{y^6 \cdot y} = y\sqrt[6]{y}$ si $y \geq 0$.
3. $\sqrt[3]{x} \cdot \sqrt[5]{x^2} = x^{1/3} \cdot x^{2/5} = x^{11/15} = \sqrt[15]{x^{11}}$.
4. $\sqrt{5} \div \sqrt[4]{5} = 5^{\frac{1}{2}} \div 5^{\frac{1}{4}} = 5^{\frac{1}{2}-\frac{1}{4}} = 5^{\frac{1}{4}} = \sqrt[4]{5}$.
5. $\sqrt[3]{9} \div \sqrt{3} = 9^{\frac{1}{3}} \div 3^{\frac{1}{2}} = (3^2)^{\frac{1}{3}} \div 3^{\frac{1}{2}} = 3^{\frac{2}{3}-\frac{1}{2}} = 3^{1/6} = \sqrt[6]{3}$.

11-3 EJERCICIOS

1. Efectúa las operaciones indicadas. Las variables x, y, t representan números no negativos:

   a. $\sqrt{32} + \sqrt{2}$.
   b. $\sqrt{27x} - 2\sqrt{3x}$.
   c. $\sqrt{98y^3} - \sqrt{50y^3} + y\sqrt{16y}$.
   d. $3x \cdot \sqrt[4]{x^5} - 2\sqrt[4]{x^9}$.
   e. $\sqrt[3]{16x^4} + \sqrt[3]{54x} - \sqrt[3]{2x}$.
   f. $\sqrt{48x^5} - x\sqrt{27x^3} + x^2\sqrt{3x}$.
   g. $\sqrt{x^2 - 6x + 9} - \sqrt{4x^2 - 24x + 36}$.
   h. $\sqrt{4x^2 - 8x + 4} + \sqrt{x^2 - 2x + 1}$.
   i. $x\sqrt{18x} + \sqrt{98x^3} - \sqrt{50} + \sqrt{128}$.
   j. $\sqrt[3]{72yt^4} - \sqrt[3]{9yt} + \sqrt{y^3t^3}$.

2. Efectúa las operaciones indicadas:

   a. $\sqrt{6} \cdot \sqrt{12}$.
   b. $\sqrt[3]{9x^2} \cdot \sqrt[3]{15x}$.
   c. $\sqrt{\frac{8}{5}} \div \sqrt{\frac{5}{2}}$.
   d. $\frac{\sqrt{32x^2}}{\sqrt{2x}}$, $x > 0$.
   e. $\sqrt[3]{x^4} \cdot \sqrt[3]{x^2} \cdot x$.

f. $\sqrt[3]{9}\cdot\sqrt{3}$.

g. $\sqrt[3]{9y^2}\div\sqrt{3y}$, $y>0$.

h. $\dfrac{\sqrt{54x^3}}{\sqrt{6x}}$, $x>0$.

i. $\left(\sqrt[4]{x+y}\right)\sqrt{x+y}$, $x+y\geq 0$.

j. $\left(2\sqrt{8}+3\sqrt{12}\right)^2$.

11-4 Racionalización

En el capítulo 4 analizamos por primera vez el proceso de racionalización. Este proceso nos permite escribir formas del tipo $\sqrt[n]{\dfrac{a}{b}}$ como expresiones donde el numerador o el denominador no tiene radicales. Para racionalizar el numerador o el denominador de expresiones de la forma $\sqrt[n]{\dfrac{a}{b}}$, multiplicamos el numerador y el denominador de la expresión por aquel factor que nos permita obtener la raíz enésima de una enésima potencia, $\sqrt[n]{a^n}$, en el numerador o en el denominador. En este capítulo usaremos exponentes racionales o radicales para llevar a cabo la racionalización. Además, aprenderemos a racionalizar expresiones donde el numerador o el denominador son expresiones binomiales con radicales.

EJEMPLOS:

1. Racionaliza el denominador de la expresión $\sqrt[5]{\dfrac{3}{4^3}}$.

$$\sqrt[5]{\frac{3}{4^3}}=\frac{\sqrt[5]{3}}{\sqrt[5]{4^3}}=\frac{3^{1/5}}{4^{3/5}}.$$

El denominador sería un número racional si 4 tuviera exponente $5/5$.

$$4^{3/5}\cdot 4^{2/5}=4^{5/5}=4.$$

Multiplicamos el numerador y el denominador por $4^{2/5}$

$$\frac{3^{1/5}\cdot 4^{2/5}}{4^{3/5}\cdot 4^{2/5}}=\frac{\left(3\cdot 4^2\right)^{1/5}}{4^{5/5}}=\frac{\sqrt[5]{3\cdot 4^2}}{4}=\frac{\sqrt[5]{48}}{4}.$$

Este ejercicio se puede hacer multiplicando el numerador y el denominador por $\sqrt[5]{4^2}$ de manera que obtengamos $\sqrt[5]{4^5}$ en el denominador.

$$\sqrt[5]{\frac{3}{4^3}}=\sqrt[5]{\frac{3}{4^3}\cdot\frac{4^2}{4^2}}=\sqrt[5]{\frac{3\cdot 4^2}{4^5}}=\frac{\sqrt[5]{3\cdot 4^2}}{\sqrt[5]{4^5}}=\frac{\sqrt[5]{48}}{4}.$$

2. Racionaliza el denominador de la expresión $\dfrac{7}{\sqrt[3]{6}}$.

Queremos obtener la forma $\sqrt[3]{6^3} = 6$ en el denominador. Multiplicamos el numerador y el denominador de la fracción por $\sqrt[3]{6^2}$

$$\frac{7}{\sqrt[4]{6}} = \frac{7 \cdot \sqrt[3]{6^2}}{\sqrt[3]{6} \cdot \sqrt[3]{6^2}} = \frac{7\sqrt[3]{6^2}}{\sqrt[3]{6^3}} = \frac{7\sqrt[3]{6^2}}{6}.$$

3. Racionaliza el denominador de la expresión $\dfrac{7}{\sqrt[4]{8}}$.

$8 = 2^3$ implica que $\sqrt[4]{8} = 2^{3/4}$. Queremos obtener la forma $2^{4/4} = 2$, $2^{3/4} \cdot 2^{1/4} = 2^{4/4} = 2$. Multiplicamos el numerador y el denominador de la fracción por $2^{1/4}$.

$$\frac{7}{\sqrt[4]{8}} = \frac{7 \cdot 2^{1/4}}{2^{3/4} \cdot 2^{1/4}} = \frac{7 \cdot 2^{1/4}}{2^{4/4}} = \frac{7\sqrt[4]{2}}{2}.$$

Consideremos expresiones irracionales de la forma

$$\frac{k}{\sqrt{a} \pm \sqrt{b}} \quad \text{o} \quad \frac{\sqrt{c} \pm \sqrt{d}}{\sqrt{a} \pm \sqrt{b}}.$$

Para racionalizar expresiones de este tipo, usamos uno de los productos notables que estudiamos anteriormente:

$$(a + b)(a - b) = a^2 - b^2.$$

Observa que si a, b son números racionales no negativos, $(\sqrt{a}+\sqrt{b})(\sqrt{a}-\sqrt{b})$ es un número racional.

$$(\sqrt{a} + \sqrt{b})(\sqrt{a} - \sqrt{b}) = (\sqrt{a})^2 + \sqrt{a} \cdot \sqrt{b} - \sqrt{a} \cdot \sqrt{b} + (\sqrt{b})^2 = a - b.$$

$a - b$ es un número racional.

EJEMPLOS:

1. $\left(\sqrt{3} + \sqrt{2}\right)\left(\sqrt{3} - \sqrt{2}\right) = \left(\sqrt{3}\right)^2 - \left(\sqrt{2}\right)^2 = 3 - 2 = 1.$

2. $\left(2 + \sqrt{3}\right)\left(2 - \sqrt{3}\right) = 2^2 - \left(\sqrt{3}\right)^2 = 4 - 3 = 1.$

3. $\left(2\sqrt{6} + \sqrt{10}\right)\left(2\sqrt{6} - \sqrt{10}\right) = \left(2\sqrt{6}\right)^2 - \left(\sqrt{10}\right)^2 = 4 \cdot 6 - 10 = 14.$

Racionalicemos expresiones algebraicas binomiales con radicales.

2. $\dfrac{8}{\sqrt{7}+\sqrt{2}} = \dfrac{8(\sqrt{7}-\sqrt{2})}{(\sqrt{7}+\sqrt{2})(\sqrt{7}-\sqrt{2})} = \dfrac{8(\sqrt{7}-\sqrt{2})}{(\sqrt{7})^2-(\sqrt{2})^2}$

$= \dfrac{8(\sqrt{7}-\sqrt{2})}{7-2} = \dfrac{8(\sqrt{7}-\sqrt{2})}{5}$

3. $\dfrac{\sqrt{3}}{\sqrt{3}-\sqrt{7}} = \dfrac{\sqrt{3}}{\sqrt{3}-\sqrt{7}} \cdot \dfrac{\sqrt{3}+\sqrt{7}}{\sqrt{3}+\sqrt{7}} = \dfrac{\sqrt{3}(\sqrt{3}+\sqrt{7})}{(\sqrt{3})^2-(\sqrt{7})^2}$

$= \dfrac{\sqrt{9}+\sqrt{21}}{3-7} = \dfrac{3+\sqrt{21}}{-4}$ o $-\dfrac{3+\sqrt{21}}{4}$

4. $\dfrac{\sqrt{a}+2}{\sqrt{a}-2} = \dfrac{\sqrt{a}+2}{\sqrt{a}-2} \cdot \dfrac{\sqrt{a}+2}{\sqrt{a}+2} = \dfrac{(\sqrt{a}+2)^2}{(\sqrt{a})^2-2^2}$

$= \dfrac{(\sqrt{a})^2+2\cdot\sqrt{a}\cdot 2+2^2}{a-4} = \dfrac{a+4\sqrt{a}+4}{a-4}$

Racionaliza el numerador de cada expresión,

1. $\dfrac{\sqrt{7}-\sqrt{3}}{\sqrt{3}} = \dfrac{\sqrt{7}-\sqrt{3}}{\sqrt{3}} \cdot \dfrac{\sqrt{7}+\sqrt{3}}{\sqrt{7}+\sqrt{3}} = \dfrac{(\sqrt{7})^2-(\sqrt{3})^2}{\sqrt{3}(\sqrt{7}+\sqrt{3})}$

$= \dfrac{7-3}{\sqrt{21}+\sqrt{9}} = \dfrac{4}{\sqrt{21}+3}$

2. $\dfrac{5+\sqrt{3}}{2} = \dfrac{5+\sqrt{3}}{2} \cdot \dfrac{5-\sqrt{3}}{5-\sqrt{3}} = \dfrac{5^2-(\sqrt{3})^2}{2(5-\sqrt{3})}$

$= \dfrac{25-3}{2(5-\sqrt{3})} = \dfrac{22}{2(5-\sqrt{3})} = \dfrac{11}{5-\sqrt{3}}$

3. $\dfrac{\sqrt{7}-2\sqrt{5}}{\sqrt{2}} = \dfrac{\sqrt{7}-2\sqrt{5}}{\sqrt{2}} \cdot \dfrac{\sqrt{7}+2\sqrt{5}}{\sqrt{7}+2\sqrt{5}} = \dfrac{(\sqrt{7})^2-(2\sqrt{5})^2}{\sqrt{2}(\sqrt{7}+2\sqrt{5})}$

$= \dfrac{7-20}{\sqrt{14}+2\sqrt{10}} = \dfrac{-13}{\sqrt{14}+2\sqrt{10}}$ o $-\dfrac{13}{\sqrt{14}+2\sqrt{10}}$

11-4 EJERCICIOS

1. Racionaliza el numerador:

a. $\dfrac{\sqrt{6}}{\sqrt{3}}$

b. $\dfrac{\sqrt{3}}{\sqrt{5x}}$, $x > 0$

e. $\sqrt[5]{\dfrac{16}{x^4}}$, $x \neq 0$

f. $\sqrt[5]{\dfrac{3x^3}{32}}$, $x \neq 0$

c. $\dfrac{\sqrt[3]{x^2}}{y}$, $y \neq 0$

d. $\dfrac{\sqrt{3}}{\sqrt{2}+\sqrt{5}}$

g. $\sqrt[4]{\dfrac{x^5}{4y^2}}$, $x > 0, y \neq 0$

h. $\dfrac{\sqrt{2}+\sqrt{3}}{\sqrt{2}-\sqrt{3}}$

2. Racionaliza el denominador:

a. $\dfrac{3}{\sqrt{18}}$

b. $\sqrt[3]{\dfrac{1}{9x}}$, $x \neq 0$

c. $\sqrt{\dfrac{3}{8x^3}}$, $x > 0$

d. $\dfrac{3}{1-\sqrt{x}}$, $x \geq 0, x \neq 1$

e. $\dfrac{3+\sqrt{x}}{\sqrt{x}}$, $x > 0$

f. $\dfrac{\sqrt{x-1}-1}{\sqrt{x-1}+1}$, $x \geq 1, x \neq 2$

g. $\dfrac{-3\sqrt{2}}{\sqrt{6}}$

h. $\sqrt[5]{\dfrac{x^2}{8y^3}}$, $y \neq 0$

i. $\dfrac{\sqrt{3}}{\sqrt{2}+\sqrt{3}}$

j. $\dfrac{\sqrt{2}+\sqrt{5}}{\sqrt{2}-\sqrt{5}}$

k. $\dfrac{1+\sqrt{2}}{1-\sqrt{2}}$

l. $\dfrac{5}{\sqrt{7}-\sqrt{2}}$

11-5 Ecuaciones con radicales

Definición:

Llamamos ecuación con radicales a una ecuación que contiene la variable dentro de un símbolo de radical, por lo menos en uno de sus términos.

Éstos son dos ejemplos de ecuaciones con radicales:

1. $\sqrt{x+2} = 4$.
2. $\sqrt[3]{2x-3} = \sqrt[3]{x+1}$.

Las siguientes **no** son ecuaciones con radicales:

1. $\sqrt{3}x - 2 = 0$.
2. $x^2 + 3x + \sqrt{6} = 0$.
3. $\dfrac{1}{\sqrt{2}}x + 5 = 10$.

Para hallar el conjunto solución de una ecuación con radicales, la transformamos en una ecuación racional y hallamos el conjunto solución de esta última. Aunque ambas ecuaciones no son equivalentes, el conjunto solución de la ecuación con radicales es un subconjunto del conjunto solución de la ecuación racional obtenida de ésta. Por eso es importante que verifiquemos que las soluciones de la ecuación racional son soluciones de la ecuación con radicales dada.

EJEMPLOS:

Determina el conjunto solución de cada una de las siguientes ecuaciones.

1. $\sqrt{3x+7}=5.$

Cuadramos ambos lados de la ecuación

$$\left(\sqrt{3x+7}\right)^2 = 5^2$$

$$3x + 7 = 25 \quad \text{es una ecuación polinómica lineal}$$

$$3x = 18$$

$$x = 6$$

$\{6\}$ es el conjunto solución de la ecuación polinómica. 6 es la posible solución de la ecuación dada. Para determinar si es solución, sustituimos 6 en la ecuación original. Si el enunciado que obtenemos es cierto, entonces decimos que es solución de la ecuación dada, $\sqrt{3x+7}=5$.

Verificación:

$$\sqrt{3(6)+7} = 5$$

$$\sqrt{25} = 5$$

$$5 = 5$$

El conjunto solución es $\{6\}$.

2. $\sqrt{x-1}=-2$

Cuadramos ambos lados de la ecuación:

$$\left(\sqrt{x-1}\right)^2 = (-2)^2$$

$$x - 1 = 4 \quad \text{es una ecuación polinómica lineal}$$

$$x = 5$$

El conjunto solución de la ecuación polinómica es $\{5\}$. Sin embargo, 5 no es solución de la ecuación dada, $\sqrt{x-1}=-2$, porque $\sqrt{5-1}=\sqrt{4}=2\neq-2$. Por lo tanto, el conjunto solución de esta ecuación es $\{\ \}$.

Cuando una solución de la ecuación racional no satisface la ecuación con radicales dada, decimos que es una solución **extraña** de la ecuación.

Para resolver ecuaciones con radicales, hacemos lo siguiente:

a. Separamos un radical en un lado de la ecuación.

b. Elevamos ambos lados de la ecuación a la potencia menor que elimine el símbolo del radical que aislamos.

c. Simplificamos la ecuación resultante. Si todavía aparecen radicales, repetimos el paso b).

d. Hallamos la solución de la ecuación resultante.

e. Verificamos si la solución obtenida satisface la ecuación original.

3. $\sqrt{x} + 4 = 5$.

Si cuadramos ambos lados de la ecuación, no eliminamos el símbolo del radical; primero tenemos que aislar el radical restando 4 a ambos lados y luego cuadramos:

$$\sqrt{x} = 1$$

$$x = 1 \quad \text{es una ecuación polinómica lineal}$$

El conjunto solución de la ecuación polinómica es $\{1\}$. Para determinar si 1 es solución de la ecuación dada, sustituimos x por 1 en la ecuación original:

$$\sqrt{1} + 4 = 5$$

$$1 + 4 = 5$$

Hemos obtenido un enunciado cierto. Esto nos indica que 1 es solución de la ecuación original. El conjunto solución es $\{1\}$.

4. $\sqrt{x+1} = \sqrt{x} + 1$.

Cuadramos ambos lados de la ecuación:

$$\left(\sqrt{x+1}\right)^2 = \left(\sqrt{x} + 1\right)^2$$

$$x + 1 = x + 2\sqrt{x} + 1 \quad \text{es una ecuación con radicales más sencilla que la anterior}$$

$$0 = 2\sqrt{x}$$

$$0 = \sqrt{x}$$

Cuadramos otra vez ambos lados de la ecuación:

$$0^2 = \left(\sqrt{x}\right)^2$$

$$0 = x \quad \text{es una ecuación polinómica lineal cuyo conjunto solución es } \{0\}.$$

Veamos si 0 es solución de la ecuación dada. Verificación

$$\sqrt{0+1} = \sqrt{0} + 1$$

$$1 = 1$$

El conjunto solución de la ecuación dada es $\{0\}$.

5. $\sqrt[3]{x^2 - 1} - 2 = 0.$

Sumamos 2 a ambos lados de la ecuación para dejar el radical solo:

$$\sqrt[3]{x^2 - 1} = 2$$

Elevamos al cubo ambos lados de la ecuación:

$$\left(\sqrt[3]{x^2 - 1}\right)^3 = 2^3$$

$$x^2 - 1 = 8 \quad \text{es una ecuación polinómica cuadrática.}$$

$$x^2 = 9$$

$$x = \pm 3$$

Para determinar si 3 y −3 son soluciones de la ecuación, sustituimos en la ecuación original. Verificación

Si $x = 3$, obtenemos	Si $x = -3$, obtenemos
$\sqrt[3]{3^2 - 1} - 2 = 0$	$\sqrt[3]{(-3)^2 - 1} - 2 = 0$
$\sqrt[3]{8} - 2 = 0$	$\sqrt[3]{8} - 2 = 0$
$2 - 2 = 0$	$2 - 2 = 0$
$0 = 0$	$0 = 0$

El conjunto solución de la ecuación dada es $\{-3, 3\}$.

6. $\sqrt{x} + \sqrt{4x} = 3.$

Separamos los radicales sumando $-\sqrt{x}$ a ambos lados de la ecuación:

$$\sqrt{4x} = 3 - \sqrt{x}$$

Cuadramos ambos lados de la ecuación:

$$\left(\sqrt{4x}\right)^2 = \left(3 - \sqrt{x}\right)^2$$

$$4x = 9 - 6\sqrt{x} + x$$

Sumamos −9 y $-x$ a ambos lados de la ecuación para dejar el radical solo:

$$3x - 9 = -6\sqrt{x}$$

Dividimos cada término entre 3 y cuadramos ambos miembros de la ecuación:

$$(x - 3)^2 = (-2\sqrt{x})^2$$

$$x^2 - 6x + 9 = 4x \quad \text{es una ecuación cuadrática}$$

$$x^2 - 10x + 9 = 0$$

$$(x - 9)(x - 1) = 0$$

$$x - 9 = 0 \quad \text{o} \quad x - 1 = 0$$

$$x = 9 \qquad\qquad x = 1$$

Las posibles soluciones de la ecuación original son 9 y 1. Para determinar si lo son, sustituimos en la ecuación dada.

Si $x = 9$, entonces $\sqrt{9} + \sqrt{4(9)} = 3 + 6 = 9 \neq 3$.

Si $x = 1$, entonces $\sqrt{1} + \sqrt{4(1)} = 1 + 2 = 3 = 3$.

El conjunto solución de la ecuación dada es $\{1\}$.

11-5 EJERCICIOS

Determina el conjunto solución de cada una de las ecuaciones siguientes:

a. $\sqrt{x-1} = 8$

b. $\sqrt{x} + 7 = 9$

c. $\sqrt{x} + \sqrt{4x} = 3$

d. $\sqrt{6x^2+4} = 8$

e. $\sqrt[3]{x-2} = 3$

f. $x = \sqrt{5x^2-9}$

g. $\sqrt{x^3-6x} = x$

h. $\sqrt[3]{27x} = 3$

i. $\sqrt[3]{x^2} = x$

j. $\dfrac{\sqrt{x}+9}{\sqrt{x}+1} = 4$

k. $\sqrt{5x-4} = -3$

l. $\sqrt[3]{2x} - \sqrt[3]{1+x^2} = 0$

m. $\sqrt[4]{x^2+4x+20} = 2$

n. $\sqrt{2x+1} = \sqrt{x} - 1$

o. $\sqrt{1-2x^2} - \sqrt{x} = 0$

p. $\sqrt{x^2-6} = \sqrt{x}$

q. $\sqrt{4x-2-x^2} = x$

r. $\sqrt{5x^2-9} = x$

Capítulo 11 Ejercicios de repaso

1. Usa la notación de radicales para reescribir las expresiones siguientes:

a. $(-8)^{1/3}$

b. $(-32)^{0.2}$

c. $3a^{2/3}$

d. $x^{3/4}$

e. $(2y)^{1.5}$

f. $-5x^{4/5}$

2. Usa la notación de exponentes racionales para reescribir las expresiones siguientes:

a. $\sqrt{x^3}$

b. $\sqrt[3]{8x}$

c. $\sqrt[3]{y^4}$

d. $2\sqrt[3]{x^2}$

e. $\sqrt[4]{x^2y^3}$

f. $3\sqrt[4]{2y}$

3. Simplifica:

a. $(-8)^{1/3}$

b. $25^{3/2}$

c. $(0.64)^{1/2}$

d. $(0.008)^{-1/3}$

e. $(y^{10})^{1/5}$

f. $(0.125y^6)^{1/3}$

4. Aplica las propiedades de radicales para simplificar cada una de las siguientes expresiones. Todas las expresiones están definidas sobre los reales.

a. $\sqrt{72x^3}$

b. $\sqrt[3]{16x^4y^3}$

c. $\sqrt[4]{9r^4}$

d. $\sqrt{32x^5y^4}$

e. $\sqrt{64r^4y^5}$

f. $\sqrt{12^2+5^2}$

g. $\sqrt{10^2-8^2}$

h. $\sqrt[4]{x^2+y^2}$

i. $\sqrt{\dfrac{3x^3}{y^3}}$

j. $\sqrt{\dfrac{27t^3}{32x}}$

5. Efectúa las operaciones indicadas y simplifica las expresiones. Supón que todas las expresiones están definidas en el conjunto de los números reales.

a. $\sqrt{20}+\sqrt{45}-\sqrt{80}$

b. $\sqrt{49x}+\sqrt{4x}$

c. $2\sqrt{3}+3\sqrt{2}+\sqrt{180}$

d. $5\sqrt{72}+2\sqrt{50}-\sqrt{288}-\sqrt{242}$

e. $\sqrt{4x^2-8x+4}+\sqrt{x^2-2x+1}$

f. $\sqrt{2x^3y}+\sqrt{50xy}$

g. $x\sqrt{3t^4}+t\sqrt{12x^4}$

h. $x\sqrt[3]{54x^4}+\sqrt[3]{250x^7}$

6. Efectúa las operaciones indicadas y simplifica. Supón que todas las expresiones están definidas en el conjunto **R**.

a. $\sqrt[3]{4}\cdot\sqrt[3]{10}$

b. $\sqrt{6}\div\sqrt{12}$

c. $\sqrt{\dfrac{8}{7}}\div\sqrt{\dfrac{4}{21}}$

d. $\dfrac{32^{2/5}}{16^{3/2}}$

e. $\sqrt{2x}\left(\sqrt{8x}-\sqrt{18x}\right)$

f. $\sqrt[3]{x+2}\cdot\sqrt[3]{4x+8}$

g. $\left(\sqrt{x}-2\right)\left(\sqrt{x}+2\right)$

h. $\left(\sqrt{x+2}-\sqrt{x}\right)\left(\sqrt{x+2}+\sqrt{x}\right)$

i. $\sqrt{\dfrac{x^2}{(x-1)^4}}$

j. $\left(2\sqrt{3}+3\sqrt{2}\right)^2$

7. Racionaliza el denominador:

a. $\dfrac{1}{\sqrt{2}}$

b. $\dfrac{-3}{\sqrt{5}}$

c. $\dfrac{1}{3-\sqrt{x}},\quad x\geq 0, x\neq 9$

d. $\dfrac{\sqrt{x}}{5-\sqrt{2}}$

e. $\dfrac{5\sqrt{3}-2}{2\sqrt{3}+3}$

f. $\dfrac{\sqrt{7}-\sqrt{6}}{\sqrt{7}+\sqrt{6}}$

g. $\dfrac{\sqrt{3}}{\sqrt{2}+\sqrt{5}}$

h. $\dfrac{\sqrt{x+1}}{\sqrt{x+2}},\quad x>-2$

i. $\dfrac{3-\sqrt{x}}{\sqrt{2}},\quad x\geq 0$

j. $\dfrac{2+\sqrt{y}}{2\sqrt{y}},\quad y>0$

8. Racionaliza el numerador:

a. $\dfrac{\sqrt{3}}{\sqrt{6}}$

b. $\dfrac{\sqrt[3]{4}}{2}$

c. $\dfrac{\sqrt{5}}{1+\sqrt{10}}$

d. $\dfrac{3+\sqrt{2}}{\sqrt{3}}$

e. $\dfrac{\sqrt{2}+\sqrt{3}}{\sqrt{2}-\sqrt{3}}$

f. $\dfrac{\sqrt{x}}{3+\sqrt{5}}, \quad x \geq 0$

9. Determina el conjunto solución de cada una de las siguientes ecuaciones con radicales:

a. $\sqrt{4x-4} = x$

b. $\sqrt[3]{8x} = 2$

c. $\sqrt{4x+5} - x = 0$

d. $\sqrt[3]{x^2} = x$

e. $\sqrt{x+1} - 2 = \sqrt{x}$

f. $x = \sqrt{6-x}$

CAPÍTULO 12

Funciones y gráficas

12-1 Conceptos básicos

El concepto de función es uno de los más importantes en matemáticas. Repasaremos las ideas fundamentales de función expuestas en el capítulo 5, junto con algunas propiedades especiales que son útiles para trazar sus gráficas. En particular, analizaremos la función lineal y la función cuadrática. Todas las funciones que veremos en este capítulo estarán definidas sobre los números reales.

Definición:
Una función f es una correspondencia entre dos conjuntos A y B que asigna a cada elemento del dominio uno y sólo un elemento del campo de valores.

Como sabemos, el criterio utilizado para establecer la correspondencia puede expresarse como una oración, usando flechas, mediante tablas o usando una expresión matemática.

En la noción de función intervienen tres conceptos:

a. El **dominio de la función,** que se representa simbólicamente con la letra D y se define como el conjunto de elementos de A que tienen una imagen en B.

$$D = \{x \in A | f(x) \in B\}$$

b. El **campo de valores de la función,** el cual se representa con las letras CV y se define como el conjunto de los elementos de B que son imágenes de algún elemento de A.

$$CV = \{y \in B | \text{existe } x \in A, f(x) = y\}$$

c. Una **regla de correspondencia** mediante la cual se asigna a cada elemento $x \in D$ uno y sólo un elemento $y \in CV$ tal que $f(x) = y$. El símbolo $f(x)$ representa la imagen del elemento x en la correspondencia f.

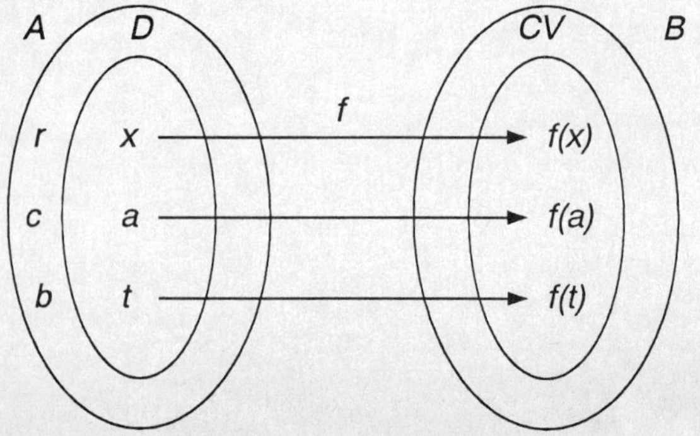

EJEMPLOS:

1. Definamos una función f del conjunto de los números reales en sí mismo, esto es,

$$\mathbb{R} \xrightarrow{f} \mathbb{R}$$

Criterio: f asigna a cada número real x tres más que dos veces el número. El criterio se puede representar con la ecuación $f(x) = 2x + 3$.

Observa que si $x \in \mathbb{R}$, entonces $2x \in \mathbb{R}$ y $2x + 3 \in \mathbb{R}$, lo que nos indica que cada número real tiene una imagen. Luego, D es el conjunto de los números reales.

$$D = \{x \in \mathbb{R} | 2x + 3 \in \mathbb{R}\} = \mathbb{R}$$

El campo de valores, CV, consiste en aquellos números reales y tales que $y = f(x)$. En este caso, el campo de valores es el conjunto de los números reales, ya que para cada número real y existe $x \in \mathbb{R}$ tal que $y = f(x)$.

Usemos la función $f(x) = 2x + 3$ para hallar la imagen de cada uno de los siguientes elementos: 2, -2, $\frac{1}{2}$, 0, $\sqrt{2}$.

a. $f(2) = 2(2) + 3 = 4 + 3 = 7$

b. $f(-2) = 2(-2) + 3 = -4 + 3 = -1$

c. $f(\frac{1}{2}) = 2(\frac{1}{2}) + 3 = 1 + 3 = 4$

d. $f(0) = 2(0) + 3 = 0 + 3 = 3$

e. $f(\sqrt{2}) = 2(\sqrt{2}) + 3 = 2\sqrt{2} + 3$

¿Qué valor de x tiene imagen -5 bajo esta regla? Tenemos que hallar x tal que $f(x) = -5$

$$2x + 3 = -5$$
$$2x = -8$$
$$x = -4$$

Luego, bajo esta regla $f(-4) = -5$, esto es $x = -4$ tiene imagen -5.

¿A qué elemento aplicamos esta regla para obtener 0 como imagen?

Queremos hallar x tal que $f(x) = 0$. Como $f(x) = 2x + 3$, tenemos que resolver la ecuación

$$2x + 3 = 0$$
$$2x = -3$$
$$x = \frac{3}{2}$$

Esto es, $f(\frac{-3}{2}) = 0$.

Veamos la gráfica de la función $f(x) = 2x + 3$.

Partiendo de la función f podemos definir un conjunto de pares ordenados (x, y) con la propiedad de que $y = f(x)$, $x \in D$. Este conjunto de pares ordenados se puede representar a su vez con la letra f, esto es,

$$f = \{(x, f(x)) | f(x) = 2x + 3\} = \{(x, y) | y = 2x + 3\}$$

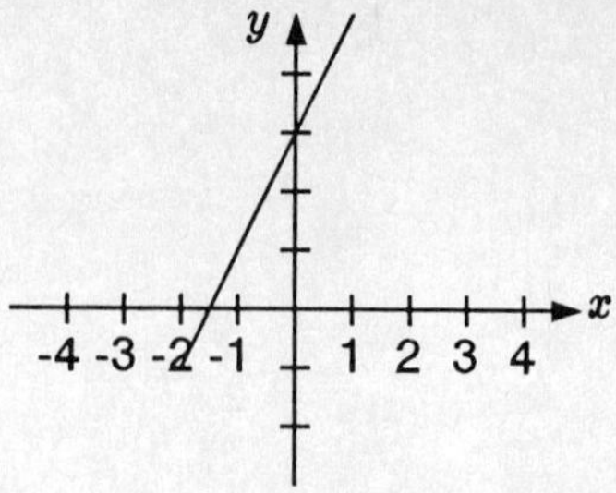

Figura 12.1

Para hacer la gráfica de la función f asignamos a cada par ordenado definido por f, un punto en el plano cartesiano.

En el capítulo 10 vimos que la representación gráfica de una ecuación de la forma $y = mx + b$ es una recta. Las funciones de la forma $f(x) = mx + b$ se llaman **funciones lineales.** La gráfica de $f(x) = 2x + 3$ es una recta. La gráfica de la función $f(x) = 2x + 3$ se da en la figura 12.1.

El par $\left(-\frac{3}{2}, 0\right)$ corresponde al punto en el cual la gráfica de f corta el eje de x. De la misma manera, el par $(0, 3)$ corresponde al punto en el cual la gráfica de f corta el eje de y.

2. Sea g la función que asigna a cada número real x el número real que es tres menos que el doble de x:

$$g = \mathbb{R} \xrightarrow{g} \mathbb{R}$$

La regla de correspondencia se puede representar con la fórmula $g(x)=2x-3$. $D = \{x \in \mathbb{R} | 2x - 3 \in \mathbb{R}\}$; como para $x \in \mathbb{R}$, se verifica que $2x \in \mathbb{R}$ y $2x - 3 \in \mathbb{R}$; entonces el dominio de g es el conjunto de los números reales. El campo de valores de g es el conjunto de los números reales ya que cada número real es imagen de algún número real. La imagen de -1 en la correspondencia g se representa con el símbolo $g(-1)$.

$$g(-1) = 2(-1) - 3 = -2 - 3 = -5$$

Usemos la fórmula $g(x) = 2x - 3$ para hallar la imagen de cada uno de los siguientes elementos: $-\frac{1}{2}$, 0, $\frac{1}{2}$.

$$g\left(-\frac{1}{2}\right) = 2\left(-\frac{1}{2}\right) - 3 = -1 - 3 = -4$$

$$g(0) = 2(0) - 3 = 0 - 3 = -3$$

$$g\left(\frac{1}{2}\right) = 2\left(\frac{1}{2}\right) - 3 = 1 - 3 = -2$$

Si $x + h \in D$, ¿qué valor asigna g al elemento $x + h$?

$$g(x + h) = 2(x + h) - 3 = 2x + 2h - 3$$

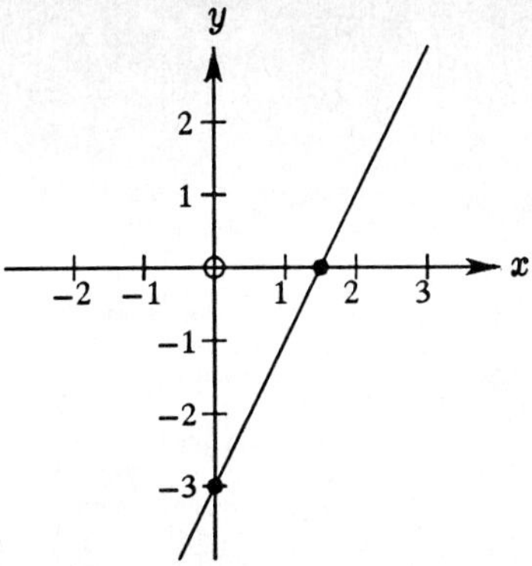

Figura 12.2

¿Para qué valor de x es $f(x) = \frac{3}{7}$?

$$2x - 3 = \frac{3}{7} \text{ implica que } 2x = \frac{3}{7} + 3 = \frac{24}{7}, \qquad x = \frac{12}{7}$$

La gráfica de la función g está determinada por el conjunto de puntos en el plano cartesiano que asignamos a los pares ordenados en g. Esto es, $\{(x, y)|y = 2x - 3\}$. Habíamos visto anteriormente que la gráfica de $y = 2x-3$ es una recta cuya pendiente es 2 (Figura 12.2).

3. Sea h la correspondencia que asigan a cada número real x su cuadrado.

$$\mathbb{R} \xrightarrow{h} \mathbb{R}, \qquad h(x) = x^2$$

Si $h(x) = x^2$, halla la imagen de cada uno de los siguientes elementos: $-x$, $x + a$, -2, 0, 2.

a. $h(-x) = (-x)^2 = x^2$.

b. $h(x + a) = (x + a)^2 = x^2 + 2ax + a^2$.

c. $h(x - a) = (x - a)^2 = x^2 - 2ax + a^2$.

d. $h(0) = 0^2 = 0$.

e. $h(-2) = (-2)^2 = 4$.

f. $h(2) = (2)^2 = 4$.

¿Cuál es el dominio de la función h? El dominio de h, $D = \{x \in \mathbb{R}|x^2 \in \mathbb{R}\}$. Si $x \in \mathbb{R}$, entonces x^2 es un número real, y el dominio de h es el conjunto de los números reales $D = \mathbb{R}$. ¿Cuál es el campo de valores de h? Como el cuadrado de un número real es no negativo, el campo de valores $CV = \{y \in \mathbb{R}|y \geq 0\}$.

Si $h(x) = x^2$, halla:

a. $h(-2) - h(2) = 4 - 4 = 0$.

b. $5h(-\sqrt{2}) + 5h(\sqrt{2}) = 5(-\sqrt{2})^2 + 5(\sqrt{2})^2 = 5(2) + 5(2) = 10 + 10 = 20$.

c. $h(-x) - h(x) = (-x)^2 - (x)^2 = x^2 - x^2 = 0.$

d. $h(x + a) - h(x) = x^2 + 2ax + a^2 - x^2 = 2ax + a^2.$

e. $h(x - a) - h(x) = x^2 - 2ax + a^2 - x^2 = -2ax + a^2.$

f. Halla $x \in \mathbb{R}$ tal que $h(x) = 0$,

$$x^2 = 0, \text{ implica que } x = 0.$$

g. Halla $x \in \mathbb{R}$ tal que $h(x) = 16$,

$$x^2 = 16 \text{ implica que } x = \pm 4.$$

h. Traza la gráfica de $h(x) = x^2$:

Algunos pares ordenados que asociamos con puntos en su gráfica son:

$h(x) = x^2$

x	y
-2	4
-1	1
$-\frac{1}{2}$	$\frac{1}{4}$
0	0
1	1
2	4

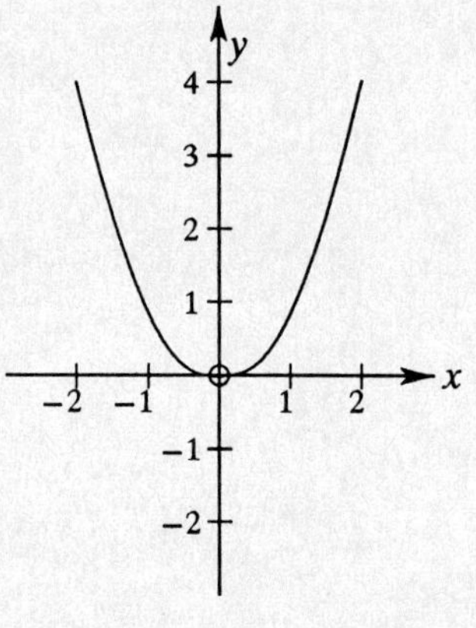

4. Sea f la correspondencia que asigna a cada número real, diferente de cero, su recíproco.

$$\mathbb{R} \xrightarrow{f} \mathbb{R}$$

El criterio se puede representar con la fórmula $f(x) = \frac{1}{x}$.

Halla la imagen de cada uno de los siguientes elementos: $2, -\frac{1}{2}, \frac{1}{2}, -2$.

$$f(2) = \frac{1}{2}$$

$$f\left(-\frac{1}{2}\right) = \frac{1}{\frac{-1}{2}} = -2$$

$$f\left(\frac{1}{2}\right) = \frac{1}{\frac{1}{2}} = 2$$

$$f(-2) = \frac{1}{-2} = -\frac{1}{2}$$

Observa que $f(0) = \frac{1}{0}$ no está definido. Decir que $f(0)$ no está definido implica que 0 no pertence al dominio de la función. ¿Cuál es el dominio de f?

$$D = \{x \in \mathbb{R} | \frac{1}{x} \in \mathbb{R}\}$$

Como $\frac{1}{x} \in \mathbb{R}$ para toda $x \neq 0$, $D = \{x \in \mathbb{R} | x \neq 0\}$.

Halla $x \in \mathbb{R}$ tal que $f(x) = 0$.

Queremos resolver la ecuación $\frac{1}{x} = 0$ con $x \neq 0$. Sabemos que una fracción es igual a cero sólo si su numerador es cero, siendo el denominador diferente de cero. Como $1 \neq 0$, decimos que esta fracción nunca es igual a cero. Sabemos entonces que 0 no pertence al campo de valores de esta función. En este caso, el campo de valores es el conjunto de los números reales diferentes de cero.

5. Halla el dominio de la función $H(x) = \dfrac{1}{x - 3}$ si H es una correspondencia definida sobre los reales.

$$\mathbb{R} \xrightarrow{H} \mathbb{R}$$

$$D = \{x \in \mathbb{R} | \frac{1}{x - 3} \in \mathbb{R}\}$$

El dominio de la función H no contiene el elemento 3. $H(3) = \frac{1}{3-3} = \frac{1}{0}$ no está definido. Esto es, $D = \{x \in \mathbb{R} | x \neq 3\}$.

12-1 EJERCICIOS

1. Si $F(x) = 3x^2 - 4$, halla:

a. $F(0)$.
b. $F(-1)$.
c. $F(\frac{1}{3})$.
d. $F(2)$
e. $F(\sqrt{3})$
f. $F(2x)$.
g. $F(x) + 1$.
h. $F(x + 1)$.
i. $F(x + h)$.
j. $F(x) + h$.

2. Halla el dominio de las siguientes funciones:

a. $f(x) = -3x + 1$.
b. $g(x) = \frac{1}{2}x$.
c. $h(x) = x^2 - 1$.
d. $F(x) = 2|x|$.
e. $G(x) = -x + 2$.
f. $H(x) = \frac{x}{x-2}$.

3. a. Si $f(x) = (x - 3)^2$, ¿para qué valor de x es $f(x) = 9$?

b. Si $h(x) = 3x + 5$, ¿para qué valor de x es $h(x) = 0$?

c. Si $g(x) = \frac{2}{x-2}$, ¿para qué valor de x es $g(x) = -2$?

4. Dibuja la gráfica de cada una de las siguientes funciones indica su dominio y su campo de valores.

a. $f(x) = -x + 5$
b. $g(x) = |x| + 3$
c. $h(x) = -\frac{1}{2}x$
d. $F(x) = x^2 - 2$
e. $G(x) = x - 2$
f. $H(x) = x^2 + \frac{1}{2}$

5. **a.** Si $f(x) = 2x + 1$, ¿es $f(a) + f(b) = f(a + b)$?
b. Si $F(x) = 2x^2 + 1$, ¿es $F(a) + F(b) = F(a + b)$?
c. Si $h(x) = 3x$, ¿es $h(2a) = 2h(a)$?

12-2 Algunas propiedades de funciones

En esta sección analizaremos algunas propiedades de funciones que nos facilitan trazar sus gráficas.

Funciones crecientes o decrecientes

Sean x_1 y x_2 dos elementos del dominio de f, $x_1 < x_2$; ¿qué relación existe entre $f(x_1)$ y $f(x_2)$? (figura 12.3). De la figura observamos que a medida que aumentamos el valor de x crece el valor de $f(x)$, esto es, si $x_1 < x_2$, entonces $f(x_1) < f(x_2)$. Si nos movemos de izquierda a derecha en el eje de x, notamos que el valor de $f(x)$ va aumentando.

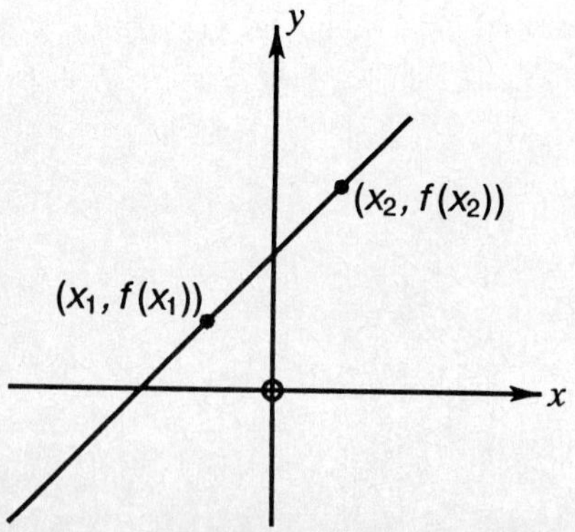

Figura 12.3 Representación gráfica de f.

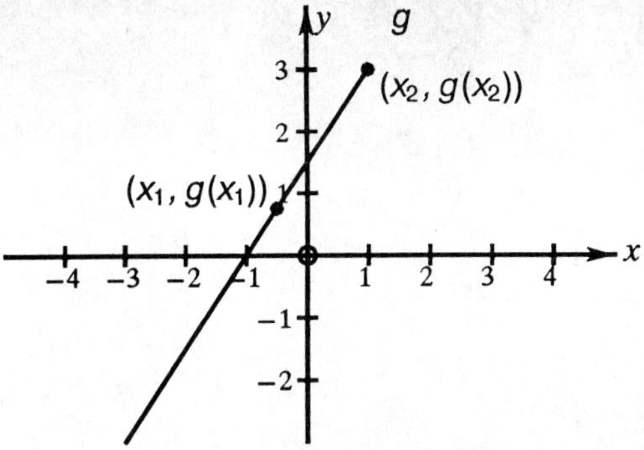

Figura 12.4

Las funciones que tienen esta propiedad se llaman **funciones crecientes.**

Definición:
Una función f es una función creciente si x_1, $x_2 \in D$, $x_1 < x_2$, entonces $f(x_1) < f(x_2)$.

EJEMPLOS:

1. La figura 12.4 es la gráfica de la función g:
¿Qué relación hay entre x_1 y x_2?

$$x_1 < x_2.$$

¿Qué relación hay entre $g(x_1)$ y $g(x_2)$?

$$g(x_1) < g(x_2)$$

¿Es g una función creciente? En efecto, g es una función creciente ya que si nos movemos de izquierda a derecha en el eje de x, observamos que el valor de la imagen de x va aumentando. Esto es, si $x_1 < x_2$, entonces $g(x_1) < g(x_2)$.

2. Determina si la función h es creciente:

$$\mathbb{R} \xrightarrow{h} \mathbb{R}, \qquad h(x) = -x$$

El conjunto de pares ordenados (x, y) determinados por h es

$$h = \{(x, y) | y = -x\}.$$

Tracemos la gráfica (Figura 12.5). Si nos movemos de izquierda a derecha en el eje de x, vemos que el valor correspondiente de y va disminuyendo.

$y = h(x) = x$

x	y
-2	$+2$
-1	$+1$
0	0
$+1$	-1
$+2$	-2

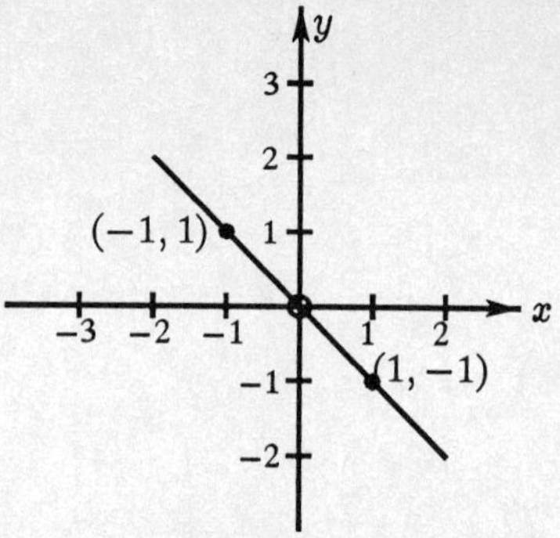

Figura 12.5

Definición:
Una función f es una función decreciente si $x_1, x_2 \in D$, $x_1 < x_2$, entonces $f(x_1) > f(x_2)$.

En el caso de las funciones lineales, si la pendiente de la recta es positiva, la función es creciente. Si la pendiente es negativa, la función es decreciente.

EJEMPLOS:

1. Si consideramos las gráficas de las funciones $f(x) = 2x + 3$ y $h(x) = -x$ que comentamos anteriormente, observamos que f es una función creciente y h una función decreciente. La recta que corresponde a $f(x) = 2x + 3$ asciende y tiene pendiente 2. La recta que corresponde a $h(x) = -x$ desciende y tiene pendiente -1.

2. Considera la función f, que asigna a cada número real su cuadrado. Esto es, $f(x) = x^2$, con $x \in \mathbb{R}$ (Figura 12.6).
El dominio de la función es el conjunto de los números reales. El campo de valores es $CV = \{y \in \mathbb{R} | y \geq 0\}$ porque $x^2 \geq 0$ para $x \in \mathbb{R}$.

$h(x) = x^2$

x	y
-2	4
-1	1
$-\frac{1}{2}$	$\frac{1}{4}$
0	0
1	1
2	4

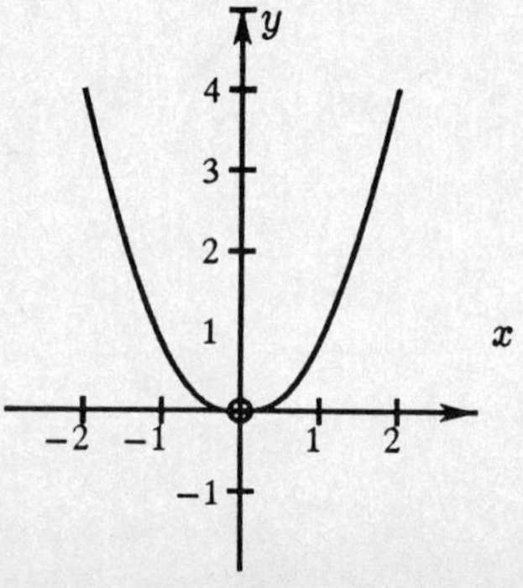

Figura 12.6

De la gráfica observamos que al movernos hacia la derecha en el eje de x en el segundo cuadrante la función decrece mientras que en el primer cuadrante la función crece. Podemos decir que la función $f(x) = x^2$ es decreciente para $x < 0$ y creciente para $x > 0$.

Podemos observar que si doblamos el plano cartesiano por el eje de y, una parte de la gráfica caerá exactamente sobre la otra, esto es,

$$\text{si } (x, y) \in f, \text{ entonces } (-x, y) \in f.$$

Cuando una función tiene esta propiedad, se dice que su gráfica es simétrica respecto al eje de y.

Funciones pares

Definición:

Una función f es par si y sólo si para toda $x \in D$, $f(x) = f(-x)$. La gráfica de una función par es simétrica respecto al eje de y.

EJEMPLOS:

1. Determina si la gráfica de la función g es simétrica respecto al eje de y.

$$\mathbb{R} \xrightarrow{g} \mathbb{R}, \qquad g(x) = |x| = \begin{cases} x & \text{si } x > 0 \\ 0 & \text{si } x = 0 \\ -x & \text{si } x < 0 \end{cases}$$

x	y
-2	2
-1	1
0	0
1	1
2	2

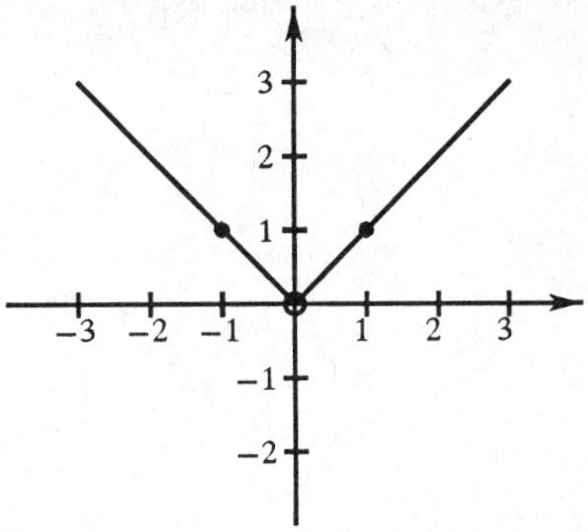

Para determinar si la gráfica es simétrica respecto al eje de y, nos basta con hallar $g(-x)$ y compararlo con $g(x)$. Si $g(-x) = g(x)$, la función es par. Esto es, la gráfica es simétrica respecto al eje de y. En efecto,

$$g(-x) = |-x| = |x| = g(x).$$

$y = h(x) = x^2 + 2$

x	y
-2	6
-1	3
0	2
1	3
2	6

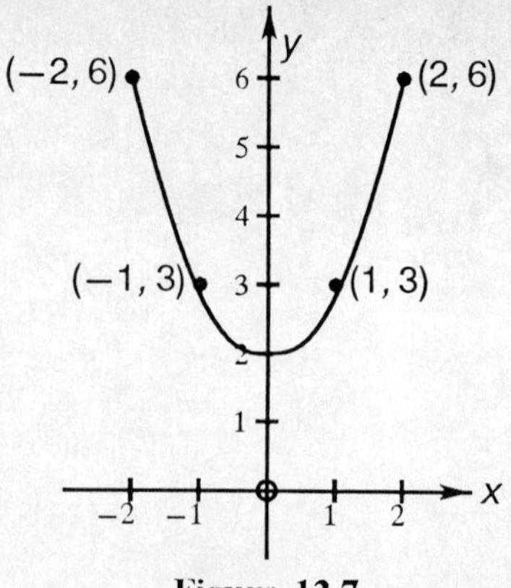

Figura 12.7

Luego, la gráfica de la función g es simétrica respecto al eje de y. El campo de valores de g es el conjunto de los números reales mayores o iguales que cero, esto es,

$$CV = \{y \in \mathbb{R} | y \geq 0\}.$$

2. Considera la función cuyo dominio es el conjunto de los números reales y cuya regla de correspondencia se da por la ecuación

$$h(x) = x^2 + 2, \qquad D = \mathbb{R}.$$

¿Es la gráfica de la función h simétrica respecto al eje de y? Para determinar si lo es, no basta con demostrar que $h(-x) = h(x)$.

$$\begin{aligned} h(-x) &= (-x)^2 + 2 \\ &= x^2 + 2 = h(x) \end{aligned}$$

Luego, la gráfica de la función es simétrica respecto al eje de y. Esto es, h es una función par. Usemos la propiedad de que h es una función par para trazar su gráfica (Figura 12.7).

3. Completa la gráfica de g si g es una función par y la figura que aparece en 12.8 a) es parte de su gráfica.

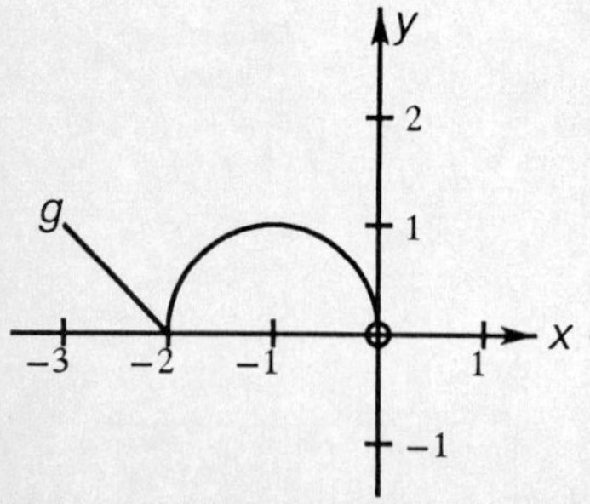

Figura 12.8.a

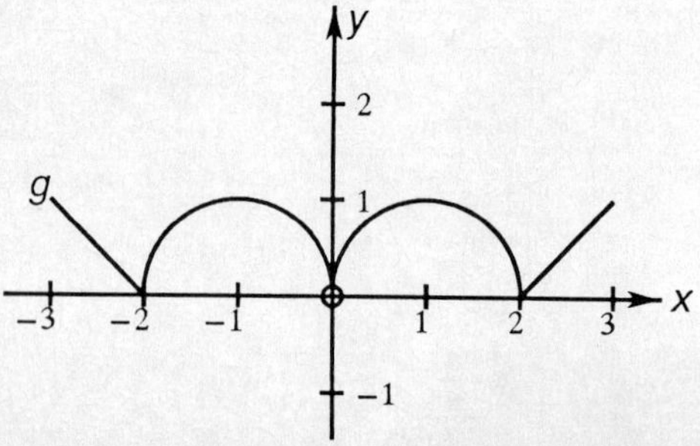

Figura 12.8.b La función g es simétrica respecto al eje y.

4. Los pares ordenados $A(3, 7)$ y $B(a-4, 7)$, $A \neq B$, pertenecen a la función g cuya gráfica es simétrica respecto al eje de y. Halla a.

Como la función es par,

$$g(-3) = g(3) = 7. \qquad a - 4 = -3 \qquad a = 3 + 4 = 1$$

5. Demuestra que la gráfica de $g(x) = x^2 + 2x$ no es simétrica respecto al eje de y.

$$g(-x) = (-x)^2 + 2(-x) = x^2 - 2x \neq x^2 + 2x = g(x).$$

Como $g(-x) \neq g(x)$, entonces g no es función par y la gráfica de la función g no es simétrica respecto al eje de y.

6. Demuestra que la gráfica de la función $t(x) = |x| + 5$ es simétrica respecto al eje de y.

$$t(-x) = |x| + 5$$

Como $|-x| = |x|$, $t(-x) = t(x)$, la gráfica de t es simétrica respecto al eje de y, y t es par.

7. Determina cuáles de las siguientes funciones son pares:

a. $h(x) = x^2 + 3x^4$. Hallemos $h(-x)$.

$$\begin{aligned} h(-x) &= (-x)^2 + 3(-x)^4 \\ &= x^2 + 3x^4 = h(x) \\ h(-x) &= h(x) \end{aligned}$$

Luego h es una función par.

b. $f(x) = 2x^2 + 3$. Hallemos $f(-x)$.

$$\begin{aligned} f(-x) &= 2(-x)^2 + 3 \\ &= 2x^2 + 3 = f(x) \\ f(-x) &= f(x) \end{aligned}$$

f es una función par.

c. $t(x) = x^2 + x$. Hallemos $t(-x)$.

$$\begin{aligned} t(-x) &= (-x)^2 + (-x) \\ &= x^2 - x \neq t(x) \\ t(-x) &\neq t(x) \end{aligned}$$

t no es par.

d. $l(x) = |x| - 3$. Hallemos $l(-x)$

$$\begin{aligned} l(-x) &= |-x| - 3 \\ &= |x| - 3 = l(x) \\ l(-x) &= l(x) \end{aligned}$$

l es una función par.

Funciones impares

Definición:

Una función f es impar si y sólo si para toda $x \in D$, $f(-x) = -f(x)$. La gráfica de una función impar es simétrica respecto al origen.

Esto es, si el par $(x, y) \in f$ y también $(-x, -y) \in f$, entonces f es impar y su gráfica es simétrica respecto al origen.

EJEMPLOS:

1. La gráfica de f es simétrica respecto al origen (Figura 12.9).

2. Determina si la gráfica de la función definida por la ecuación $g(x) = -x$ es simétrica respecto al origen y traza la gráfica.

   Para contestar esta pregunta, nos basta con evaluar $g(-x)$ y compararla con $-g(x)$. Si $g(-x) = -g(x)$, entonces la función es impar y su gráfica es simétrica respecto al origen.

   $$g(-x) = -(-x) = -g(x),$$

   lo que nos indica que la gráfica de g es simétrica respecto al origen. La gráfica de g se ve en la figura 12.10.

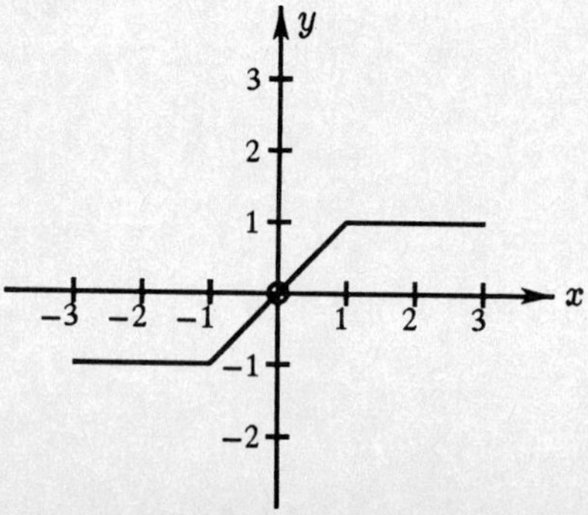

Figura 12.9

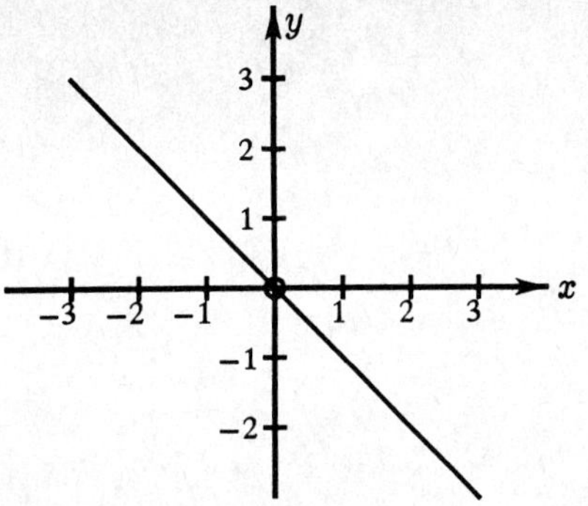

Figura 12.10

3. Determina si la función f definida por $f(x) = x^3$ es impar y traza su gráfica. Para determinar si la función f es impar, evaluamos $f(-x)$ y lo comparamos con $-f(x)$.

$$f(-x) = (-x)^3 = -x^3 = -(x)^3 = -f(x)$$

Por lo tanto, la función es impar. Su gráfica es simétrica respecto al origen. La gráfica de f es:

$y = f(x) = x^3$

x	y
2	8
1	1
0	0
−1	−1
−2	−8

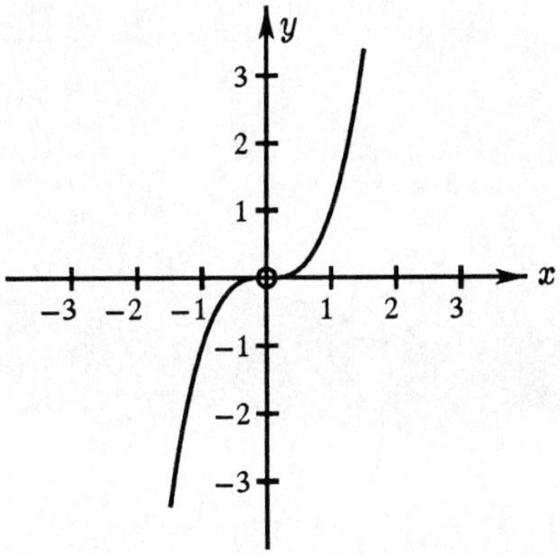

4. **a.** Indica cuál o cuáles de las siguientes gráficas son simétricas respecto al origen o respecto al eje de y.

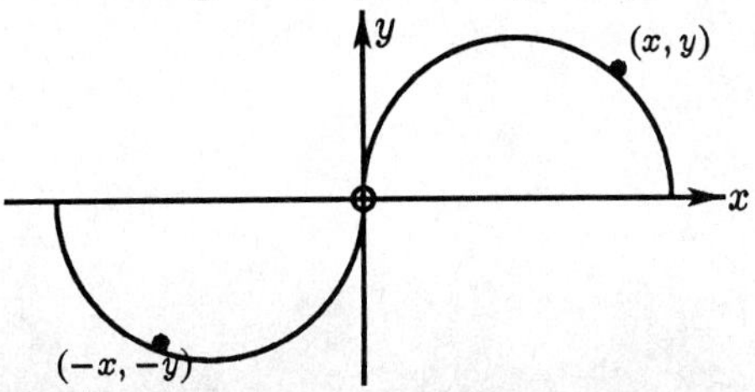

Gráfica I Simétrica respecto al origen. $f(-x) = -f(x)$.

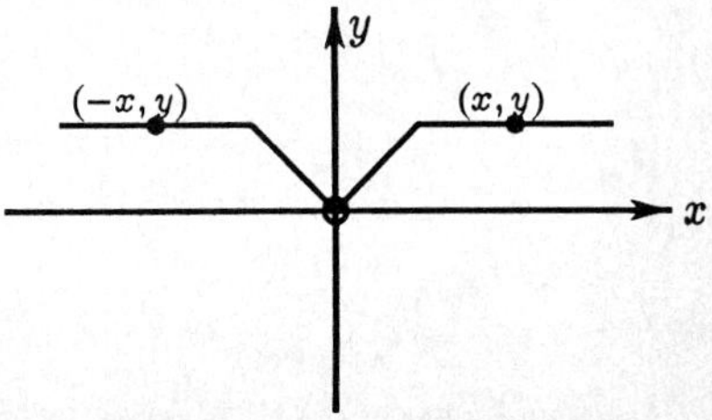

Gráfica II Simétrica respecto al eje de y. $g(-x) = g(x)$.

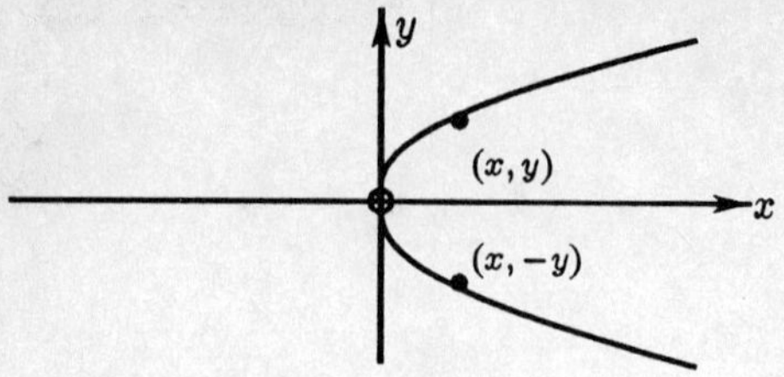

Gráfica III Simétrica respecto al eje de x [no es la gráfica de una función en x].

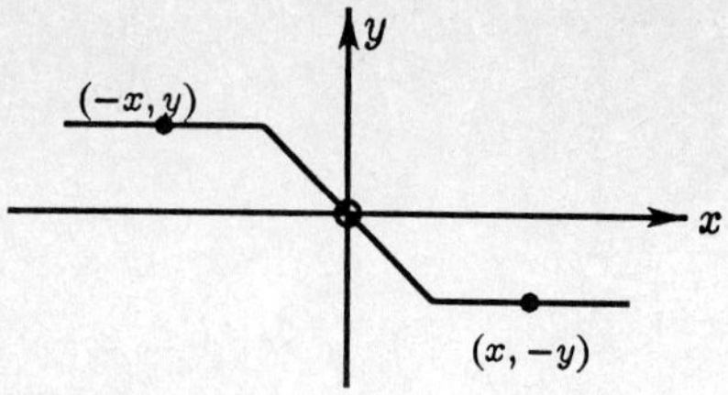

Gráfica IV Simétrica respecto al origen. $h(-x) = -h(x)$.

b. Indica cuál o cuáles de las gráficas del ejemplo 4. a. representan la gráfica de una función.

Gráficas I, II y IV.

c. Indica la paridad de cada función, esto es, ¿cuáles son funciones pares y cuáles son funciones impares?

La gráfica II es una gráfica de función par. Las Gráficas I y IV son gráficas de funciones impares.

5. Determina cuál o cuáles de las siguientes fórmulas representan una función cuya gráfica es simétrica respecto al origen.

a. $g(x) = 2x^3$.

Para determinar si la función es simétrica respecto al origen, examinamos $g(-x)$ y lo comparamos con $-g(x)$.

$$g(-x) = 2(-x)^3 = 2x^3 = -g(x)$$

Como $g(-x) = -g(x)$, decimos que la función g es impar y su gráfica es simétrica respecto al origen.

b. $G(x) = x^2 + x$

$$G(-x) = (-x)^2 + (-x) = x^2 - x \neq -G(x).$$

Como $G(-x) \neq -G(x)$, decimos que G no es impar. Su gráfica no es simétrica respecto al origen.

c. $f(x) = x^3 + x$

$$f(-x) = (-x)^3 + (-x) = -x^3 - x = -(x^3 + x) = -f(x).$$

Como $f(-x) = -f(x)$, entonces f es una función impar y su gráfica es simétrica respecto al origen.

d. $t(x) = 3x$

$$t(-x) = 3(-x) = -3x = -t(x)$$

Como $t(-x) = -t(x)$, entonces t es una función impar y su gráfica es simétrica respecto al origen.

e. $p(x) = x^3 + 1$

$$p(-x) = (-x)^3 + 1 = -x^3 + 1 \neq -p(x)$$

Como $p(-x) \neq -p(x)$, entonces p no es impar y su gráfica no es simétrica respecto al origen.

Algunas funciones especiales

Definición: Función constante
La función constante es aquella que asigna a cada número real el número k, siendo k un número real fijo. Esto es, si f es una función constante sobre los reales, entonces $f(x) = k$, donde k es un número real fijo. El dominio de f es el conjunto de los números reales, $D = \mathbb{R}$. El campo de valores es $CV = \{k\}$.

EJEMPLOS:

1. Considera la función f que asigna a cada número real el número 3, esto es $f(x) = 3$, cuando $x \in \mathbb{R}$. El dominio de f es el conjunto de los números reales $D = \mathbb{R}$. Halla la imagen de $-3, 0, 1, \frac{1}{2}, \sqrt{2}, 2$.

$$f(-3) = 3 \qquad f\left(\frac{1}{2}\right) = 3$$
$$f(0) = 3 \qquad f(\sqrt{2}) = 3$$
$$f(1) = 3 \qquad f(2) = 3$$

El campo de valores de f es el conjunto que tiene un solo elemento, el número 3.

$$CV = \{3\}$$

Observa que $f(-x) = 3 = f(x)$, lo cual nos indica que f es una función par. Su gráfica es simétrica respecto al eje de y:

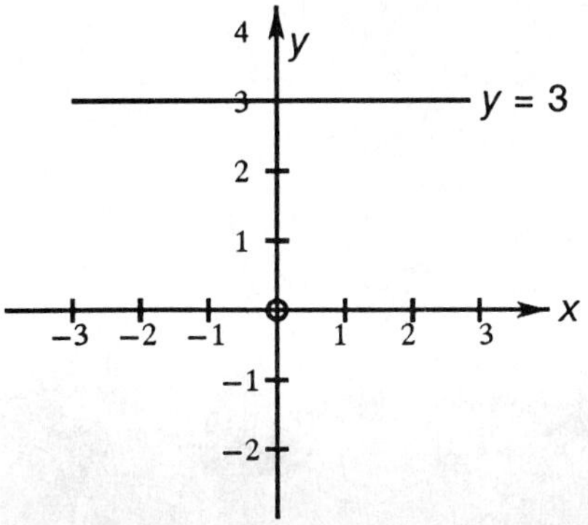

Figura 12.11 Gráfica de $y = f(x) = 3$.

2. Si $g\colon \mathbb{R} \xrightarrow{g} \mathbb{R}$ está definida por $g(x) = -2$, evalúa: $g(3)$, $g(\sqrt{2})$, $g(a-3)$

$$g(3) = -2, \quad g(\sqrt{2}) = -2, \quad g(a-3) = -2$$

¿Para qué valor de x es $g(x) = -2$?

$$g(x) = -2 \quad \text{si } x \in \mathbb{R}.$$

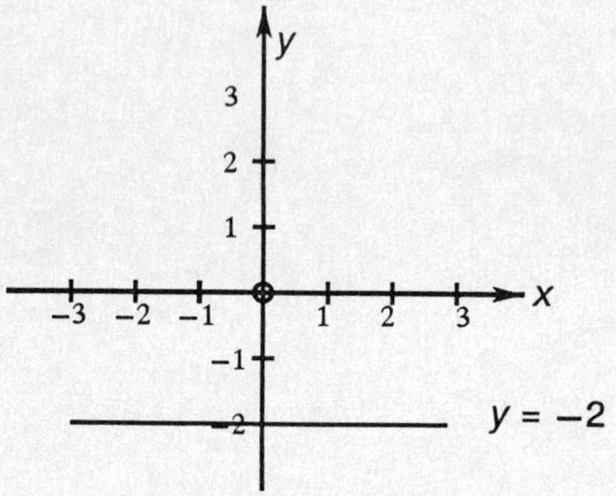

Figura 12.12 Gráfica de $y = g(x) = -2$

Definición: La función identidad
La función identidad se caracteriza porque la imagen de cada elemento es el mismo elemento. Esto es, g es la función identidad, si $g(x) = x$ para toda x en el dominio de g.

La función identidad es una función creciente, ya que si $x_1 < x_2$, entonces $g(x_1) < g(x_2)$. Además $g(-x) = -x = -g(x)$, lo que nos indica que la función identidad es una función impar.

La gráfica de la función identidad es:

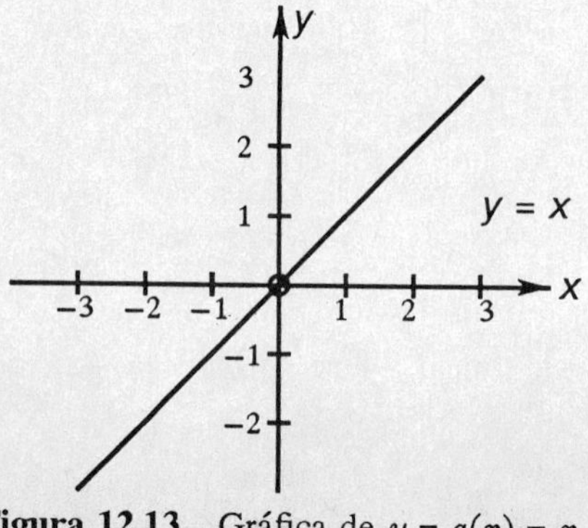

Figura 12.13 Gráfica de $y = g(x) = x$

Definición: Función valor absoluto

La función valor absoluto asigna a cada número real su valor absoluto.

$$f(x) = |x| = \begin{cases} x & \text{si } x > 0 \\ 0 & \text{si } x = 0 \\ -x & \text{si } x < 0 \end{cases}$$

Hallemos las imágenes de algunos elementos.

$$f(-2) = |2| = -(-2) = 2$$
$$f(-1) = |-1| = -(-1) = 1$$
$$f\left(-\frac{1}{2}\right) = \left|-\frac{1}{2}\right| = -\left(-\frac{1}{2}\right) = \frac{1}{2}$$
$$f(0) = |0| = 0$$
$$f\left(\frac{1}{2}\right) = \left|\frac{1}{2}\right| = \frac{1}{2}$$
$$f(1) = |1| = 1$$
$$f(2) = |2| = 2.$$

En general, tenemos que $f(-x) = |-x| = |x| = f(x)$. Esto nos permite decir que la función es par y que su gráfica es simétrica respecto al eje de y.

Tracemos la gráfica de $f(x) = |x|$ (Figura 12.14). Esta función es decreciente para $x < 0$ y es creciente para $x > 0$.

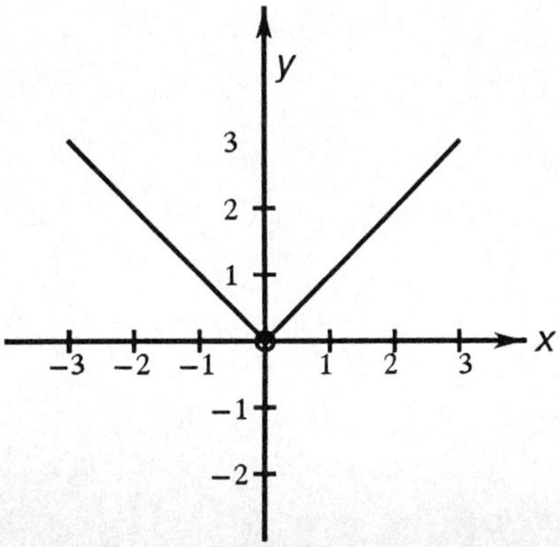

Figura 12.14

12-2 EJERCICIOS

1. Determina si cada una de las siguientes funciones es creciente o decreciente:

a. $f(x) = 2x - 1$
b. $g(x) = 4 - x$
c. $h(x) = \frac{1}{2}x$
d. $F(x) = x^3 + 2$
e. $G(x) = -x^2$
f. $H(x) = 1 - 2x$

2. Indica si cada una de las siguientes funciones es par o impar:

a. $f(x) = 2x$
b. $g(x) = 1 - 4x^2$
c. $h(x) = |x| + 2$
d. $F(x) = -x^3$
e. $G(x) = 2 - x^3$
f. $H(x) = 2x^2 - 1$

3. Determina si la gráfica de cada una de las siguientes funciones es simétrica respecto al eje de y o respecto al origen:

a. $f(x) = 1 - x$
b. $g(x) = -x^3$
c. $h(x) = 4 - x^2$
d. $F(x) = 2|x|$
e. $G(x) = 2x^2 + 5$
f. $H(x) = -3x^2$

4. Analiza las siguientes funciones respecto a:

i. Dominio
ii. Campo de valores
iii. Paridad (función par o impar)
iv. Simetría (respecto al eje de y o respecto al origen)
v. Crecimiento (creciente o decreciente)
vi. Gráficas

a. $f(x) = -2x$
b. $g(x) = x^2 - 1$
c. $h(x) = -|x|$
d. $F(x) = 1 - 2x$
e. $G(x) = 1 - x^2$
f. $H(x) = \frac{1}{2}|x|$

5. Si f es una función par, halla el valor de k tal que los puntos con coordenadas $A(-5, 4)$ y $B(2k + 3, 4)$, $A \neq B$, se encuentren en la gráfica de la función f.

6. Si F es una función cuya gráfica es simétrica respecto al origen, halla el valor de c tal que los puntos con coordenadas $(-2, -8)$, y $(3c, 8)$ se encuentren en la gráfica de la función F.

7. Las siguientes son partes de las gráficas de funciones pares f, g, h. Complétalas en el mismo sistema de coordenadas.

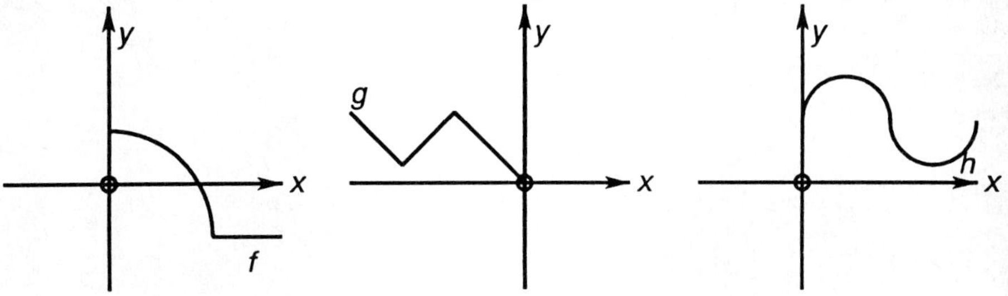

a) b) c)

12-3 Funciones cuadráticas con coeficientes reales

Definición:
La función cuadrática es una función de los reales en los reales, cuya regla de correspondencia está dada por $$f(x) = ax^2 + bx + c, \qquad a, b, c, \in \mathbb{R}, a \neq 0.$$ El dominio de f es el conjunto de los números reales.

Observa que la regla de correspondencia está definida en términos de un polinomio de segundo grado.

La gráfica de la función definida por $f(x) = ax^2 + bx + c$ para $a \neq 0$ no es una recta. La función cuya gráfica es una recta es de la forma $g(x) = mx + b$. La gráfica de una función definida por un polinomio de segundo grado en x es una curva que llamamos parábola.

EJEMPLOS:

1. La función f definida por $f(x) = 3x^2 - 5x + 1$ es una función cuadrática para la cual $a = 3$, $b = -5$, $c = 1$.

2. La función h definida por $h(x) = -x^2 + 2$ es una función cuadrática para la cual $a = -1$, $b = 0$, $c = 2$.

3. La función g definida por $g(x) = x^2 + 2x$ es una función cuadrática para la cual $a = 1$, $b = 2$, $c = 0$.

La fórmula más simple que define una función cuadrática es $f(x) = x^2$. Tracemos su gráfica. Para ello, consideremos el conjunto de pares ordenados definidos por f.

$$f = \{(x, y) | y = x^2\}$$

El dominio de f es el conjunto de los números reales. Hallemos el campo de valores, CV, de la función f.

Si $x < 0$, entonces $x^2 > 0$, $y > 0$.
Si $x > 0$, entonces $x^2 > 0$, $y > 0$.
Si $x = 0$, entonces $x^2 = 0$, $y = 0$.

Luego, el campo de valores de f consiste en todos los números reales no negativos.

$$CV = \{y \in \mathbb{R} | y \geq 0\}$$

Veamos en una tabla algunos de los pares ordenados definidos por la función f.

$y = f(x) = x^2$

x	y
-2	$(-2)^2 = 4$
-1	$(-1)^2 = 1$
$-\frac{1}{2}$	$\left(-\frac{1}{2}\right)^2 = \frac{1}{4}$
0	$(0)^2 = 0$
$\frac{1}{2}$	$\left(\frac{1}{2}\right)^2 = \frac{1}{4}$
1	$(1)^2 = 1$
2	$(2)^2 = 4$

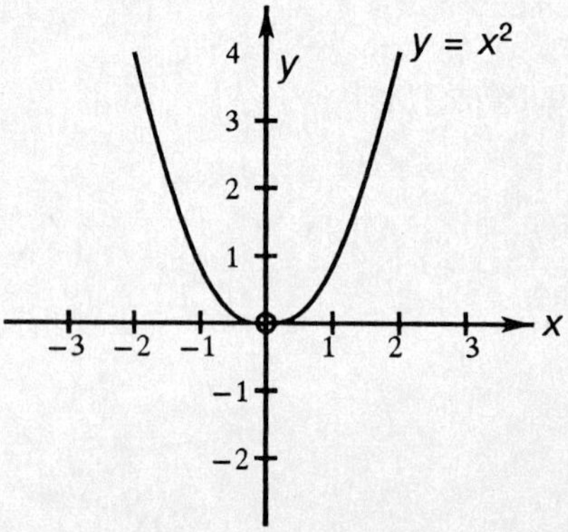

Como $f(-x) = (-x)^2 = x^2 = f(x)$, vemos que f es una función par y que su gráfica es simétrica respecto al eje de y. La recta respecto a la cual es simétrica la curva, se llama eje de simetría. En este caso, $x = 0$ (ecuación del eje de y) es la ecuación del eje de simetría de la gráfica de la función $f(x) = x^2$.

Al trazar la gráfica de una función cuadrática, surgen algunos puntos especiales que son de interés. Uno de éstos es el que está definido por el par $(x, f(x))$, donde $f(x)$ es el valor mínimo (o máximo) que adquiere f. A este punto se le conoce como **vértice de la parábola**. En el caso de la gráfica de $f(x) = x^2$, el vértice es el punto con coordenadas $(0, 0)$.

Los otros puntos de interés son los cortes en los ejes: **el corte en el eje de y** y **los cortes en el eje de x**. Los valores de x que corresponden a los cortes en el eje de x se conocen como **ceros reales de la función**. En el caso de la gráfica anterior, el corte en el eje de x coincide con el corte en el eje de y, y corresponden al punto con coordenadas $(0, 0)$. La función $f(x) = x^2$ tiene un único cero real, $x = 0$.

EJEMPLOS:

1. Traza la gráfica de la función cuadrática definida por $g(x) = x^2 - 4$.

Comparemos la tabla de valores de la función f con la tabla de la función g:

x	$f(x) = x^2$	$g(x) = x^2 - 4$
-2	4	$4 - 4 = 0$
-1	1	$1 - 4 = -3$
0	0	$0 - 4 = -4$
1	1	$1 - 4 = -3$
2	4	$4 - 4 = 0$

Observamos que $g(-x) = (-x)^2 - 4 = x^2 - 4 = g(x)$, lo que nos permite decir que g es una función par. Su gráfica es simétrica respecto al eje de y. El eje de simetría es la recta con ecuación $x = 0$.

¿Qué relación hay entre f y g? Si estudias la tabla de valores, notarás que g asigna a cada valor de x un valor que es cuatro unidades menor que el valor que le asigna f. Por lo tanto, trazar la gráfica de g equivale a trasladar la gráfica de f cuatro unidades hacia abajo:

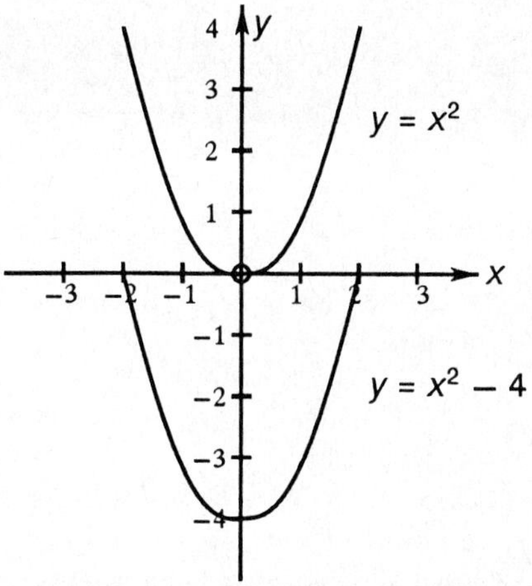

¿Cuál es el vértice de la parábola representada por $g(x) = x^2 - 4$? El vértice $(0, -4)$ es el punto más bajo en la gráfica de la función. El vértice coincide con el corte en el eje de y.

¿Cuáles son los ceros reales de la función? Los ceros reales de la función son los valores $x \in D$ tales que $g(x) = 0$. Como la curva corta el eje de x en dos puntos, la función tiene dos ceros reales. Para hallar los ceros basta con hallar $x \in D$ tal que $g(x) = 0$.

$$\text{Si } g(x) = 0, \quad \text{entonces} \quad x^2 - 4 = 0$$
$$x^2 - 4 = (x-2)(x+2) = 0.$$

Si el producto de estos dos factores es cero, entonces por lo menos uno de los dos factores es igual a cero:

$$x - 2 = 0 \quad \text{o} \quad x + 2 = 0$$
$$x = 2 \quad \text{o} \quad x = -2.$$

Luego, $g(2) = 0$, $g(-2) = 0$. Los ceros reales de la función g son 2 y -2. La gráfica pasa por los puntos con coordenadas $(2, 0)$ y $(-2, 0)$.

¿Cuál es el campo de valores de g? Si observamos la gráfica de la función g, vemos que el vértice es el punto con coordenadas $(0, -4)$, y además la parábola abre hacia arriba. Esto nos asegura que el valor mínimo de la función es $f(0) = -4$, por lo que el campo de valores es $CV = \{y \in \mathbb{R} | y \geq -4\}$.

2. Traza la gráfica de la función $h(x) = x^2 + 4$.

Vamos a comparar la tabla de valores de h con la de $f(x) = x^2$:

x	$f(x) = x^2$	$h(x) = x^2 + 4$
-2	4	$4 + 4 = 8$
-1	1	$1 + 4 = 5$
0	0	$0 + 4 = 4$
1	1	$1 + 4 = 5$
2	4	$4 + 4 = 8$

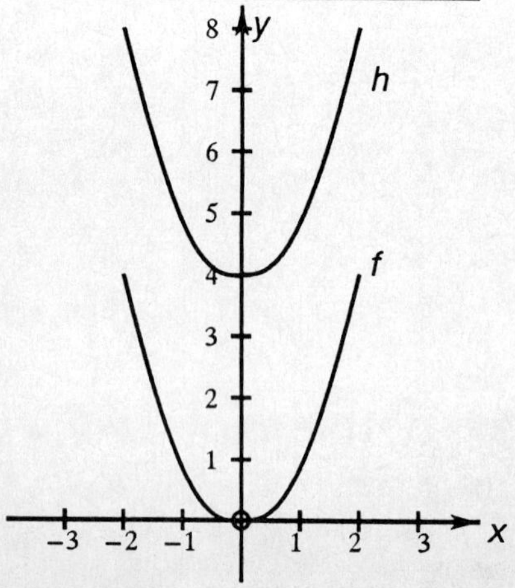

Observamos que $h(-x) = (-x)^2 + 4 = x^2 + 4 = h(x)$, lo que nos permite decir que h es una función par. Su gráfica es simétrica respecto al eje de y. El eje de simetría de la parábola es la recta con ecuación $x = 0$.

¿Qué relación hay entre f y h? h asigna a cada $x \in \mathbb{R}$ un valor que es 4 unidades mayor que el valor que le asigna f. Trazar la gráfica de h equivale a mover la gráfica de f cuatro unidades hacia arriba.

El vértice de la parábola es el punto con coordenadas $(0, 4)$. El corte en el eje de y es el punto con coordenadas $(0, 4)$. Como el vértice de la parábola es $(0, 4)$ y la parábola abre hacia arriba, esto nos asegura que el valor mínimo de la función es $h(0) = 4$, por lo que el campo de valores $CV = \{y \in \mathbb{R} | y \geq 4\}$. Esta parábola no corta el eje de x, lo que implica que la función h no tiene ceros reales. Esto significa que no existe un número real x en el dominio de h tal que $h(x) = x^2 + 4 = 0$. En efecto, si resolvemos la ecuación $x^2 + 4 = 0$, encontramos que

$$x^2 = -4.$$

Sin embargo, sabemos que $x^2 \geq 0$ para todo número real x. Esto implica que la ecuación $x^2 + 4 = 0$ no tiene solución en el conjunto de los números reales, por lo que h no tiene ceros reales.

En general, la gráfica de la función definida por $F(x) = x^2 + k$ es simétrica respecto al eje de y. Su eje de simetría tiene ecuación $x = 0$. Su vértice es $(0, k)$. Si $k < 0$, la gráfica corta el eje de x en dos puntos, que son $(\sqrt{-k}, 0)$ y $(-\sqrt{-k}, 0)$, si $k > 0$, la función no tiene ceros reales, por lo cual su gráfica no corta el eje de x.

Para trazar la gráfica de $F(x) = x^2 + k$, basta con trasladar la gráfica de $f(x) = x^2$, $|k|$ unidades verticalmente. Esto es, movemos todos los puntos de la gráfica de $f(x) = x^2$, $|k|$ unidades hacia arriba o hacia abajo, dependiendo del signo de k. Si $k > 0$ se mueve hacia arriba, si $k < 0$ se mueve hacia abajo.

EJEMPLOS:

1. Traza la gráfica de la función $g(x) = (x - 2)^2$.

Comparemos esta función con la función $f(x) = x^2$.

x	$f(x) = x^2$	$g(x) = (x-2)^2$
-2	4	16
-1	1	9
0	0	4
1	1	1
2	4	0
3	9	1
4	16	4

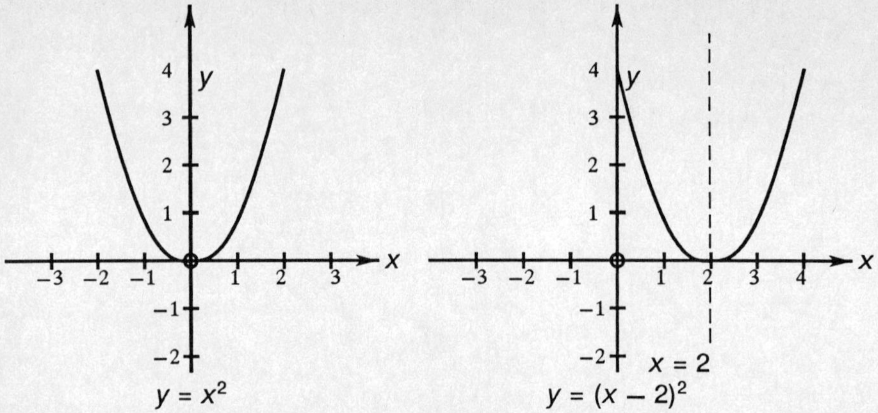

Figura 12.15

Vamos a trazar las gráficas de las funciones f y g (Figura 12.15). Comparando una gráfica con la otra, observamos que la gráfica de g se obtiene trasladando la gráfica de f dos unidades hacia la derecha. ¿Es la gráfica de g simétrica respecto al eje de y? No. Sin embargo, es simétrica respecto a la recta con ecuación $x = 2$. Decimos que la recta con ecuación $x = 2$ es el eje de simetría de esta parábola. Su vértice es $(2, g(2)) = (2, 0)$. La función g tiene un cero real, que es 2.

2. Traza la gráfica de la función $h(x) = (x + 2)^2$.

Comparemos esta función con la función $f(x) = x^2$.

x	$f(x) = x^2$	$h(x) = (x + 2)^2$
−3	9	1
−2	4	0
−1	1	1
0	0	4
1	1	9

Vamos a trazar las gráficas de las funciones f y h (Figura 12.16). Observemos que la gráfica de h se obtiene moviendo la gráfica de f dos unidades hacia la izquierda.

¿Cuál es el valor mínimo de la función h? El valor mínimo de esta función se obtiene cuando $x = -2$, ya que $h(-2) = (-2 + 2)^2 = 0$. El vértice de la parábola es $(-2, 0)$. ¿Cuál es el eje de simetría? El eje de simetría es la recta con ecuación $x + 2 = 0$ o $x = -2$.

Determina si la función tiene ceros reales.

Para saberlo tenemos que hallar $x \in D$ tal que $h(x) = 0$, esto es, tal que $(x+2)^2 = 0$, $x+2 = 0$, $x = -2$. El corte en el eje de x es $(-2, 0)$ mientras que el corte en el eje de y es $(0, 4)$. La gráfica de h la vemos en la figura 12.17.

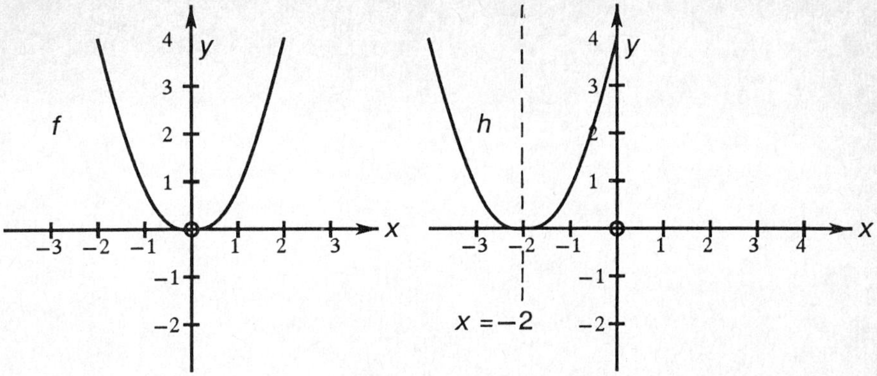

Figura 12.16

En general, si la función cuadrática f es de la forma $f(x) = (x-h)^2$, la gráfica de la función f es una parábola. Su gráfica se obtiene trasladando horizontalmente la gráfica de $f(x) = x^2$, $|h|$ unidades respecto del origen. Esto es, movemos todos los puntos de la gráfica de $f(x) = x^2$, $|h|$ unidades hacia la izquierda o hacia la derecha, dependiendo del signo de h. Su eje de simetría es la recta con ecuación $x - h = 0$ o $x = h$. Como el vértice es un punto en el eje de simetría, su abscisa es h. Las coordenadas del vértice son $(h, f(h)) = (h, 0)$

Si queremos hallar una fórmula para la parábola que se obtiene al mover la gráfica de la función $f(x) = x^2$ dos unidades a la derecha y tres unidades hacia arriba, nos basta con hallar una función cuadrática que combine el movimiento horizontal y el vertical.

$$h(x) = (x-2)^2 + 3$$

El eje de simetría es la recta con ecuación $x - 2 = 0$, que equivale a $x = 2$. El vértice es $(2, h(2)) = (2, 3)$.

La gráfica aparece en la figura 12.18. La gráfica de h no corta el eje de x, lo que nos indica que h no tiene ceros reales.

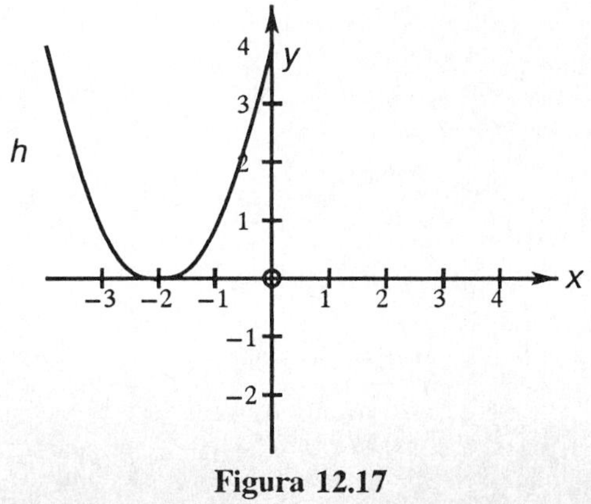

Figura 12.17

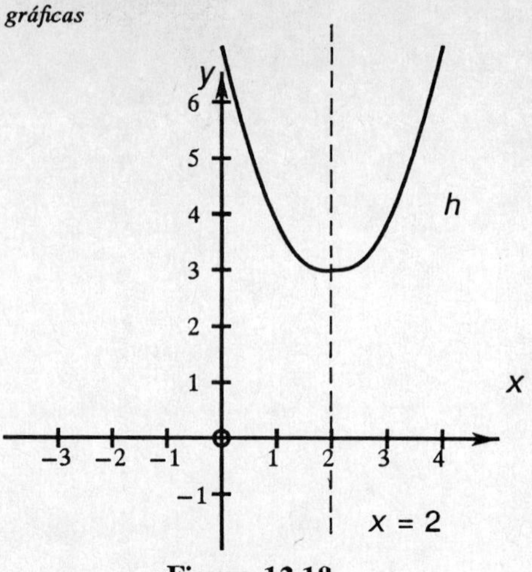

Figura 12.18

EJEMPLOS:

1. Determina el eje de simetría, las coordenadas del vértice y las de los cortes en los ejes, y traza la gráfica de la función definida por

$$f(x) = (x + 3)^2 - 4.$$

El eje de simetría es la recta con ecuación $x + 3 = 0$, que equivale a $x = -3$. Hallamos las coordenadas del vértice como sigue: el vértice es un punto en el eje de simetría. Por eso, su abscisa es -3. Para hallar la ordenada, buscamos $f(-3)$. El vértice es

$$(-3, f(-3)) = (-3, -4).$$

El corte en el eje de y se obtiene hallando $f(0)$

$$\begin{aligned} f(0) &= (0 + 3)^2 - 4 \\ &= 9 - 4 = 5 \end{aligned}$$

El corte en el eje de y es $(0, 5)$. Hallamos los ceros de la función si resolvemos la ecuación $f(x) = 0$.

$$\begin{aligned} (x + 3)^2 - 4 &= 0 \\ (x + 3)^2 &= 4 \\ x + 3 &= \pm\sqrt{4} \\ x &= -3 \pm \sqrt{4} \\ x &= -3 \pm 2 \\ x &= -3 - 2 = -5 \\ x &= -3 + 2 = -1. \end{aligned}$$

Como tiene dos ceros, la gráfica corta el eje de x dos veces: en $(-1, 0)$ y en $(-5, 0)$. Veamos la gráfica de f en la figura 12.19. Observa que la gráfica es la que se obtiene al mover la gráfica de $f(x) = x^2$, 3 unidades hacia la izquierda y 4 hacia abajo.

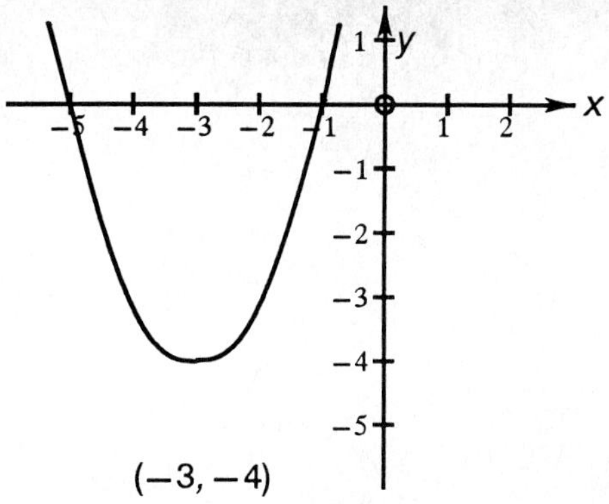

Figura 12.19

2. Traza la gráfica de $t(x) = -x^2$.

Comparemos la tabla de valores de $f(x) = x^2$ y $t(x) = -x^2$.

x	$f(x) = x^2$	$t(x) = -x^2$
−2	4	−4
−1	1	−1
0	0	0
1	1	−1
2	4	−4

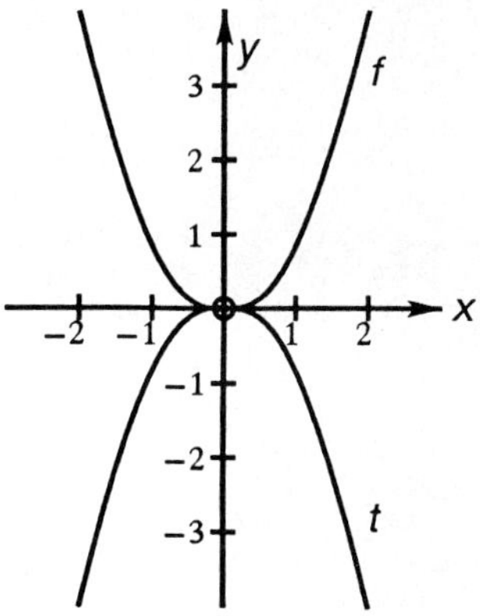

Figura 12.20

Ambas gráficas tienen como eje de simetría la recta con ecuación $x = 0$ y además tienen el mismo vértice $(0, 0)$. Observa que la gráfica de f abre hacia arriba mientras que la gráfica de t abre hacia abajo.

3. Halla el eje de simetría, el vértice y los ceros reales, y traza la gráfica de la función definida por $g(x) = -(x + 3)^2 - 4$.

El eje de simetría es la recta con ecuación $x + 3 = 0$ que equivale a $x = -3$. Como el vértice se halla en el eje de simetría, el vértice tiene abscisa $x = -3$

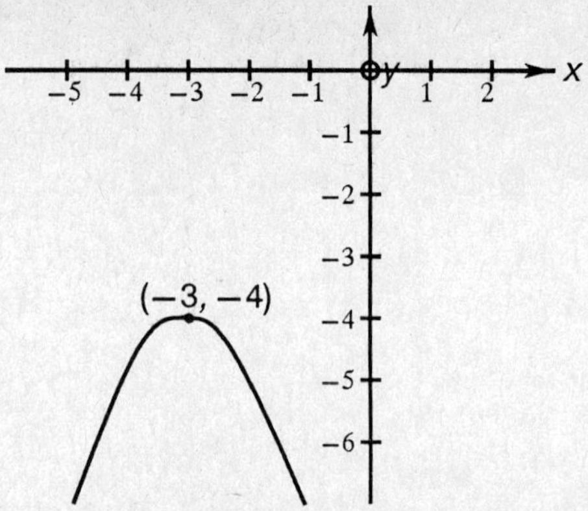

Figura 12.21

y es $(-3, g(-3)) = (-3, -4)$. Para hallar los ceros, resolvemos la ecuación.

$$-(x+3)^2 - 4 = 0$$
$$-(x+3)^2 = 4$$
$$(x+3)^2 = -4$$
$$x + 3 = \pm\sqrt{-4} \notin \mathbb{R}.$$

Esto nos indica que la gráfica de g no corta el eje de x. Como el vértice está bajo el eje de x, y la parábola no corta el eje de x, entonces ésta tiene que abrir hacia abajo. Para trazar la gráfica, busquemos dos puntos más, uno a cada lado del eje de simetría. Si $x = -4$, $g(-4) = -5$ y obtenemos el punto con coordenadas $(-4, -5)$. Si $x = -2$, $g(-2) = -5$ y obtenemos el punto con coordenadas $(-2, -5)$.

La gráfica de esta función se presenta en la figura 12.21. La gráfica de $f(x) = (x+3)^2 - 4$ abre hacia arriba y la de la función $g(x) = -(x+3)^2 - 4$ abre hacia abajo; ambas tienen el mismo vértice y el mismo eje de simetría.

4. Dibuja las gráficas de $F(x) = 2x^2$ y $H(x) = \frac{1}{2}x^2$. Compáralas con la gráfica de $f(x) = x^2$.

x	$f(x) = x^2$	$F(x) = 2(x)^2$	$H(x) = \frac{1}{2}x^2$
−2	4	8	2
−1	1	2	$\frac{1}{2}$
0	0	0	0
1	1	2	$\frac{1}{2}$
2	4	8	2

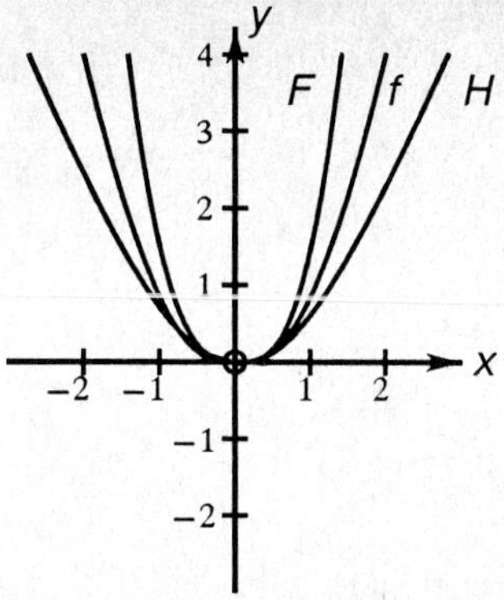

Figura 12.22

Las gráficas de F y H tienen el mismo vértice con coordenadas $(0, 0)$. Todas tienen el mismo eje de simetría: la recta con ecuación $x = 0$. Todas las gr'aficas abren hacia arriba. Observa cómo el coeficiente del término cuadrático afecta la gráfica de la función.

En resumen, la gráfica de la función $F(x) = a(x - h)^2 + k$, $a \neq 0$, es una parábola. Su eje de simetría es la recta con ecuación $x - h = 0$ o $x = h$. Su vértice es un punto en el eje de simetría y tiene coordenadas $(h, f(h)) = (h, k)$. El coeficiente a del término cuadrático determina si la curva abre hacia arriba o hacia abajo. Para $a > 0$ abre hacia arriba y para $a < 0$ abre hacia abajo.

12-3 EJERCICIOS

1. Si $f(x) = ax^2 + 4$, traza la gráfica de f cuando a toma los siguientes valores:

a. $a = 2$ **c.** $a = \frac{1}{2}$

b. $a = -2$ **d.** $a = -\frac{1}{2}$

2. Si $f(x) = 4x^2 + c$, traza la gráfica de f cuando c toma los siguientes valores:

a. $c = 2$ **c.** $c = 4$

b. $c = -2$ **d.** $c = -4$

3. Traza la gráfica de las siguientes funciones e indica el vértice de la parábola:

a. $f(x) = 4x^2 - 16$

b. $g(x) = -4x^2 + 16$

c. $h(x) = 2x^2 + 3$

4. En los siguientes ejercicios, indica el eje de simetría, el vértice de la parábola y los ceros reales de la función, y traza su gráfica:

a. $f(x) = x^2 + 3$

b. $h(x) = (x - 3)^2$

c. $p(x) = x^2 + 1$

d. $t(x) = -x^2 + 3$

e. $r(x) = (x - 3)^2 - 4$

f. $m(x) = -(x - 2)^2 - 2$

g. $g(x) = 4(x + 3)^2 - 9$

h. $F(x) = -(x^2 + 3)$

i. $H(x) = -(x - 3)^2$

j. $P(x) = -x^2 + 1$

k. $T(x) = -(x^2 + 1)$

l. $R(x) = -(x - 3)^2 - 4$

m. $M(x) = (x - 2)^2 - 2$

n. $G(x) = -4(x + 3)^2 - 9$

12-4 Forma estándar de la ecuación cuadrática y ceros de la función cuadrática

La ecuación de la forma $f(x) = a(x - h)^2 + k$, $a \neq 0$, se le conoce como **la forma estándar** de la ecuación de una parábola. Usando esta forma, podemos determinar por inspección el eje de simetría y las coordenadas del vértice de la parábola. El eje de simetría es la recta con ecuación $x - h = 0$, que equivale a la ecuación $x = h$. El vértice es el punto con coordenadas $(h, f(h))$. Esta ecuación nos indica, además, hacia dónde abre la parábola. Si $a > 0$, la parábola abre hacia arriba. Si $a < 0$, abre hacia abajo.

Consideremos la función $f(x) = (x + 3)^2 - 4$ ésta puede estar escrita en otra forma equivalente ya que $(x + 3)^2 - 4 = x^2 + 6x + 9 - 4 = x^2 + 6x + 5$. Esto es, $f(x) = x^2 + 6x + 5$. Esta forma de la función cuadrática se llama **forma general.**

Para trazar la gráfica de ésta función, la forma general no nos ayuda mucho. Si la cambiamos a la forma estándar, vemos directamente de ésta las coordenadas del vértice y una ecuación del eje de simetría.

¿Cómo cambiamos de la forma general a la forma estándar?

¿Qué cambios debemos hacer a $x^2 + 6x + 5$ para obtener $(x + 3)^2 - 4$? Veamos el procedimiento

$$x^2 + 6x + 5 = x^2 + 6x + 0 + 5$$

Para determinar la forma conveniente de agregar el cero, nos fijamos en el coeficiente de la variable x. En este caso es 6. Agregamos el cuadrado de la mitad de este coeficiente, $\left(\frac{6}{2}\right)^2 = (3)^2 = 9$, sumado a su opuesto. Esto es, $0 = 9 + (-9)$.

$$= x^2 + 6x + (9 + (-9)) + 5$$
$$= (x^2 + 6x + 9) + 5 - 9 = (x + 3)^2 - 4$$

Al procedimiento efectuado en este ejercicio se le conoce como **método de completar el cuadrado.** Este proceso es útil para escribir la ecuación de la parábola en forma estándar y también para hallar los ceros de la función cuadrática.

EJEMPLOS:

1. Escribe en forma estándar la ecuación de la parábola $f(x) = x^2 - 4x - 12$ e indica el eje de simetría, el vértice y los ceros reales de f; traza la gráfica.

Para hallar la fórma estándar completamos el cuadrado en x sumando 0 en una forma conveniente. Como el coeficiente de la variable x es -4, hallamos el cuadrado de la mitad de este coeficiente, $\left(\frac{-4}{2}\right)^2 = (-2)^2 = 4$, y sumamos 0 como $4 + (-4)$:

$$\begin{aligned} x^2 - 4x + 0 - 12 &= x^2 - 4x + (4 + (-4)) - 12 \\ &= (x^2 - 4x + 4) + (-4 - 12) \\ &= (x - 2)^2 - 16 \\ f(x) &= (x - 2)^2 - 16. \end{aligned}$$

El eje de simetría es la recta con ecuación $x - 2 = 0$, que equivale a la recta $x = 2$. El vértice es $(2, f(2)) = (2, -16)$. Para hallar los ceros, tenemos que hallar $x \in D$ tales que $f(x) = 0$. Resolvemos la ecuación

$$\begin{aligned} (x - 2)^2 - 16 &= 0 \\ (x - 2)^2 &= 16 \\ x - 2 &= \pm\sqrt{16} \\ x &= 2 \pm 4 \\ x &= 2 + 4 = 6 \\ x &= 2 - 4 = -2. \end{aligned}$$

La gráfica de la parábola tiene dos cortes en el eje de x: $(6, 0)$ y $(-2, 0)$. ¿Dónde corta la gráfica el eje de y? En el punto $(0, f(0))$, $f(0) = (0-2)^2 - 16 = 4 - 16 = -12$. El corte en el eje de y es $(0, -12)$. Véase la figura 12. 23

En ejemplos anteriores completamos el cuadrado de polinomios de la forma $x^2 + bx + c$. Supongamos que el polinomio es de la forma $ax^2 + bx + c$, $a \neq 0$. Aplicando la propiedad distributiva escribimos el polinomio como $a(x^2 + \frac{b}{a}x + \frac{c}{a})$ y completamos el cuadrado de $x^2 + \frac{b}{a}x + \frac{c}{a}$. En el próximo ejemplo lo veremos ilustrado.

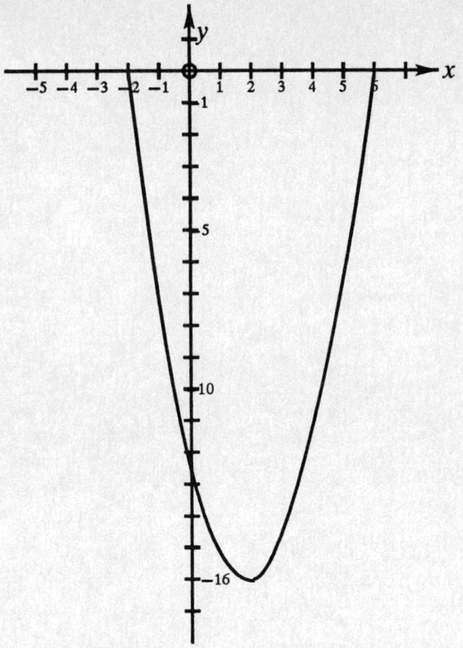

Figura 12.23 Gráfica de $f(x) = x^2 - 4x - 12$.

2. Escribe en forma estándar, halla los ceros de g y la ecuación del eje de simetría, y traza la gráfica, con g como la función definida por

$$g(x) = -3x^2 - 8x + 6.$$

$$\begin{aligned}
-3x^2 - 8x + 6 &= -3\left(x^2 + \frac{8}{3}x + 0 - 2\right)\\
&= -3\left(x^2 + \frac{8}{3}x + \left(\frac{4}{3}\right)^2 - \left(\frac{4}{3}\right)^2 - 2\right)\\
&= -3\left(x + \frac{4}{3}\right)^2 - 3\left(-\frac{16}{9} - 2\right)\\
&= -3\left(x + \frac{4}{3}\right)^2 + \frac{34}{3}\\
g(x) &= -3\left(x + \frac{4}{3}\right)^2 + \frac{34}{3}
\end{aligned}$$

El eje de simetría es la recta con ecuación $x = \frac{-4}{3}$ y el vértice es $\left(\frac{-4}{3}, \frac{34}{3}\right)$.

Los ceros de g se obtienen resolviendo la ecuación

$$-3\left(x+\frac{4}{3}\right)^2+\frac{34}{3}=0$$

$$3\left(x+\frac{4}{3}\right)^2-\frac{34}{3}=0$$

$$3\left(x+\frac{4}{3}\right)^2=\frac{34}{3}$$

$$\left(x+\frac{4}{3}\right)^2=\frac{34}{9}$$

$$x+\frac{4}{3}=\pm\sqrt{\frac{34}{9}}$$

$$x+\frac{4}{3}=\pm\frac{1}{3}\sqrt{34}$$

$$x=-\frac{4}{3}\pm\frac{1}{3}\sqrt{34}$$

Los ceros reales son:

$$-\frac{4}{3}+\frac{1}{3}\sqrt{34} \quad \text{y} \quad -\frac{4}{3}-\frac{1}{3}\sqrt{34}.$$

Los cortes en el eje de x son los puntos con coordenadas

$$\left(-\frac{4}{3}+\frac{1}{3}\sqrt{34},0\right) \quad \text{y} \quad \left(-\frac{4}{3}-\frac{1}{3}\sqrt{34},0\right).$$

Podemos hallar también el corte en el eje de y, que es $(0,g(0))$, $g(0)=6$. Luego el corte en el eje de y es $(0,6)$. (Figura 12. 24).

Fórmula cuadrática

En esta sección usaremos el método de completar el cuadrado para desarrollar una fórmula que nos permita hallar los ceros de una función cuadrática. Hallar los ceros de una función cuadrática equivale a hallar las soluciones de la ecuación

$$ax^2+bx+c=0, \quad a\neq 0.$$

Restamos c a ambos lados de la ecuación y obtenemos:

$$ax^2+bx=-c$$

Como $a\neq 0$, podemos dividir ambos lados de la ecuación por a y obtener

$$x^2+\frac{b}{a}x=-\frac{c}{a}.$$

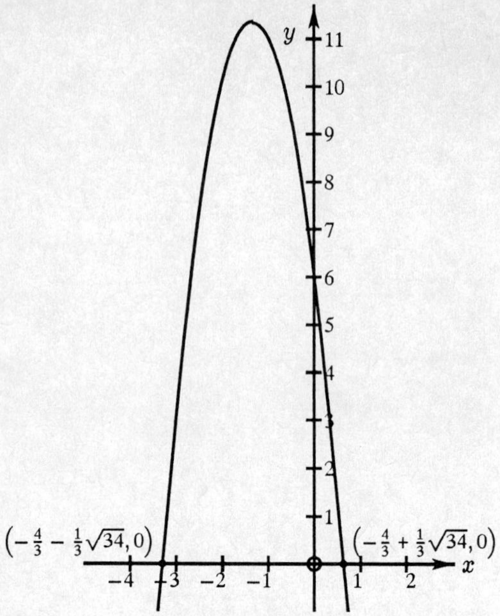

Figura 12.24 Gráfica de $f(x) = -3x^2 - 8x + 6$.

Completamos el cuadrado en x sumando a ambos lados de la ecuación el cuadrado de la mitad del coeficiente de la variable x.

$$\left[\frac{1}{2}\left(\frac{b}{a}\right)\right]^2 = \left(\frac{b}{2a}\right)^2 = \frac{b^2}{4a^2}.$$

$$x^2 + \frac{b}{a}x + \frac{b^2}{4a^2} = \frac{-c}{a} + \frac{b^2}{4a^2}$$

$$\left(x + \frac{b}{2a}\right)^2 = \frac{-4ac + b^2}{4a^2}$$

$$\left|x + \frac{b}{2a}\right| = \frac{\sqrt{b^2 - 4ac}}{2a}$$

$$x + \frac{b}{2a} = \pm\frac{\sqrt{b^2 - 4ac}}{2a}$$

$$x = -\frac{b}{2a} \pm \frac{\sqrt{b^2 - 4ac}}{2a}$$

$$\mathrm{x} = \frac{-\mathrm{b} \pm \sqrt{\mathrm{b}^2 - 4\mathrm{ac}}}{2\mathrm{a}}$$

Esta fórmula se usa para resolver ecuaciones cuadráticas de la forma $ax^2+bx+c = 0$, $a \neq 0$ y se conoce como **fórmula cuadrática.** Observemos que se sustituyen los coeficientes a, b, c de la ecuación cuadrática.

EJEMPLOS:

Apliquemos la fórmula cuadrática para hallar las soluciones reales de cada una de las siguientes ecuaciones:

1. $2x^2 - 3x + 1 = 0, \quad a = 2, b = -3$ y $c = 1,$

$$x = \frac{-(-3) \pm \sqrt{(-3)^2 - 4(2)(1)}}{2(2)}$$
$$= \frac{3 \pm \sqrt{9-8}}{4}$$
$$= \frac{3 \pm 1}{4}$$
$$x = 1 \quad \text{o} \quad x = \frac{1}{2}$$

2. $3x^2 - 4x - 6 = 0, \quad a = 3, b = -4$ y $c = -6,$

$$x = \frac{-(-4) \pm \sqrt{(-4)^2 - 4(3)(-6)}}{2(3)}$$
$$= \frac{4 \pm \sqrt{16+72}}{6}$$
$$= \frac{4 \pm \sqrt{88}}{6}$$
$$= \frac{4 \pm 2\sqrt{22}}{6} = \frac{2(2 \pm \sqrt{22})}{6}$$
$$= \frac{2 \pm \sqrt{22}}{3}$$
$$x = \frac{2 + \sqrt{22}}{3} \quad \text{o} \quad x = \frac{2 - \sqrt{22}}{3}$$

3. $2x^2 - 3x + 2 = 0, \quad a = 2, b = -3$ y $c = 2,$

$$x = \frac{-b \pm \sqrt{b^2 - 4ac}}{2a}$$
$$= \frac{-(-3) \pm \sqrt{(-3)^2 - 4(2)(2)}}{2(2)}$$
$$= \frac{3 \pm \sqrt{9-16}}{4} = \frac{3 \pm \sqrt{-7}}{4}$$

Como $\sqrt{-7} \notin \mathbf{R}$, decimos que la ecuación no tiene solución en el conjunto de los números reales.

Para determinar si la ecuación cuadrática con coeficientes reales tiene solución en $\mathbb{R}$, basta con examinar $b^2 - 4ac$.

Si $b^2 - 4ac > 0$, entonces la ecuación tiene dos soluciones diferentes en el conjunto de los reales.

Si $b^2 - 4ac = 0$, entonces la ecuación tiene una sola solución.

Si $b^2 - 4ac < 0$, entonces la ecuación **no** tiene solución en el conjunto de los reales.

A la expresión $b^2 - 4ac$ se le llama **discriminante** de la ecuación cuadrática, ya que nos permite clasificar sus raíces.

EJEMPLOS:

Determina si cada una de las siguientes ecuaciones tiene solución en los reales e indica cuántos.

1. $x^2 + 2x + 4 = 0,$

$a = 1,\ b = 2,\ c = 4.$

$$\begin{aligned} b^2 - 4ac &= 2^2 - 4(1)(4) \\ &= 4 - 16 = -13 \end{aligned}$$

Como $b^2 - 4ac = -13 < 0$, la ecuación no tiene solución en el conjunto de los números reales.

2. $x^2 - 4 = 0,$

$a = 1,\ b = 0,\ c = -4.$

$$b^2 - 4ac = 0 - 4(1)(-4) = 16$$

Como $b^2 - 4ac > 0$, la ecuación tiene dos soluciones reales diferentes en el conjunto de los números reales.

3. $3x^2 - 8x + 3 = 0,$

$a = 3,\ b = -8,\ c = 3.$

$$b^2 - 4ac = (-8)^2 - 4(3)(3) = 64 - 36 = 28,$$

$b^2 - 4ac > 0$, la ecuación tiene dos soluciones reales diferentes.

4. $x^2 - 6x + 9 = 0,$

$a = 1,\ b = -6,\ c = 9$

$$b^2 - 4ac = (-6)^2 - 4(1)(9) = 36 - 36 = 0$$

La ecuación tiene una sola solución real.

12-4 EJERCICIOS

1. Usa la fórmula cuadrática para hallar los ceros reales de las siguientes funciones:

a. $f(x) = 4x^2 - 11x - 3$.
b. $h(x) = 25x^2 + 10x + 1$.
c. $g(x) = 2x^2 + x - 5$.
d. $F(x) = -2x^2 + 4x - 3$.
e. $H(x) = 2x^2 + 3x + 1$.
f. $G(x) = \frac{1}{2}x^2 + \frac{1}{4}x - 2$.

2. Usa el método de completar el cuadrado para expresar la función cuadrática en su forma estándar. Indica el eje de simetría y el vértice de la parábola, y traza su gráfica.

a. $f(x) = 2x^2 - 16x + 23$.
b. $g(x) = 3x^2 - 12x + 7$.
c. $h(x) = -5x^2 - 10x + 3$.
d. $F(x) = x^2 + 8x + 15$.
e. $G(x) = x^2 - x + 3$.
f. $H(x) = 2x^2 - 5x + 2$.

12-5 Sistemas de dos ecuaciones en dos variables: una ecuación lineal y la otra cuadrática

Considera los conjuntos A y B:

$$A = \{(x, y) | y = x^2 + 1\} \quad \text{y} \quad B = \{(x, y) | y - x = 1\}.$$

Tracemos las gráficas de ambos conjuntos en el mismo sistema de coordenadas cartesianas y hallemos su intersección (Figura 12.25).

Nos interesa hallar las coordenadas de los puntos de intersección de estas dos curvas.

Para resolver este problema, basta con ver que si (c, d) pertenece al conjunto $A \cap B$, entonces el punto P, con coordenadas (c, d), es un punto de la parábola

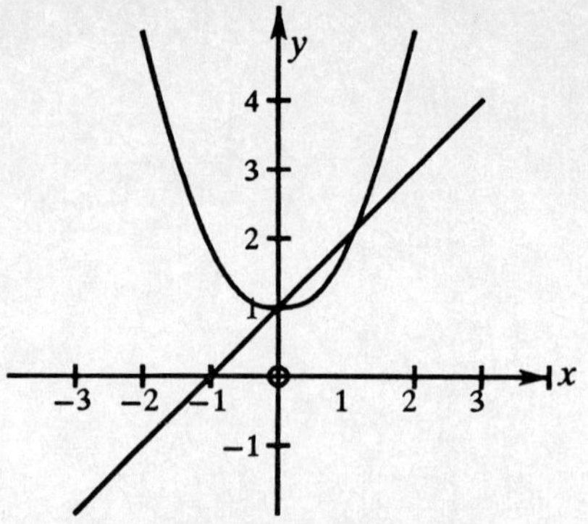

Figura 12.25

y también de la recta. Por pertenecer a la parábola, (c, d) satisface la ecuación $y = x^2 + 1$; si sustituimos $x = c$, $y = d$ en la ecuación, obtenemos $d = c^2 + 1$.

Además, como (c, d) es un punto en la recta, satisface la ecuación $y - x = 1$. Esto es,

$$d - c = 1.$$

Hemos hallado un sistema de dos ecuaciones en dos variables. Una ecuación es cuadrática y la otra es lineal en c y d.

$$\begin{cases} d = c^2 + 1 \\ d - c = 1 \end{cases}$$

Queremos hallar c y d que satisfagan ambas ecuaciones. Como

$$\begin{aligned} d - c &= 1 \\ d &= 1 + c \end{aligned}$$

Si sustituimos d en la ecuación $d = c^2 + 1$, obtenemos

$$c + 1 = c^2 + 1,$$

que es una ecuación de segundo grado en c. Hemos convertido el problema original en una ecuación de segundo grado que ya sabemos resolver.

$$\begin{aligned} c + 1 &= c^2 + 1 \\ 0 &= c^2 + 1 - 1 - c \\ 0 &= c^2 - c \\ 0 &= c(c - 1) \\ c = 0 \quad &\text{o} \quad c - 1 = 0 \\ & \qquad\quad c = 1 \end{aligned}$$

Si $c = 0$, sustituyendo en cualquiera de las ecuaciones vemos que

$$d - 0 = 1 \quad \text{implica que} \quad d = 1$$

o

$$d = 0^2 + 1 \quad \text{implica que} \quad d = 1.$$

Análogamente, si $c = 1$, tenemos que

$$d - 1 = 1 \text{ implica que } d = 2.$$

Luego, el conjunto $A \cap B$ tiene dos elementos:

$$A \cap B = \{(0,1),(1,2)\}$$

Esto corrobora lo que vimos en la gráfica. La parábola y la recta tienen dos puntos en común.

El problema anterior nos sugiere un método para hallar las coordenadas de los puntos de intersección de una recta con una parábola, el cual podemos generalizar para utilizarlo en otros casos.

1. Resolvemos por una de las dos variables en la ecuación de la recta.
2. Sustituimos el valor obtenido en la ecuación cuadrática para obtener una ecuación de segundo grado en una sola variable.
3. Resolvemos la ecuación cuadrática, con lo cual obtenemos las abscisas (o las ordenadas) de los puntos de intersección.
4. Sustituimos en la ecuación lineal el valor obtenido para hallar la ordenada (o abscisa) correspondiente.

EJEMPLO:

Halla las dimensiones de un rectángulo cuyo perímetro mide 50 cm y cuya área es de 150 cm^2.

Hagamos un diagrama que nos presente las condiciones del problema:

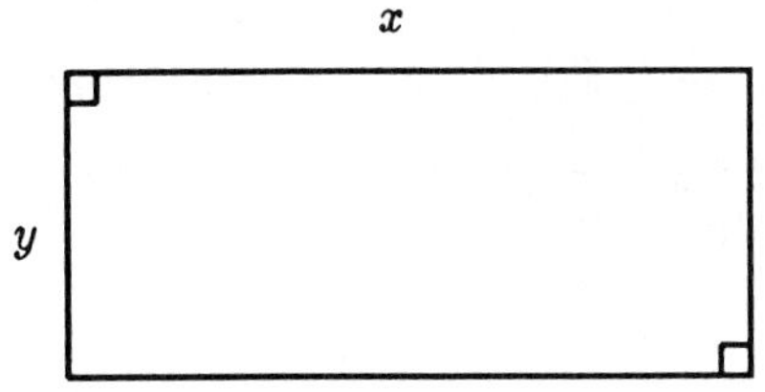

Sea x el largo del rectángulo y y el ancho. El área del rectángulo, A, se expresa como:

$$A = xy = 150.$$

El perímetro, P, del rectángulo es

$$P = 2x + 2y = 50.$$

Tenemos que hallar la solución común a ambas ecuaciones. Es decir, queremos hallar (x, y) que pertenezca a la intersección de ambas curvas.

$$\{(x, y)|xy = 150\} \cap \{(x, y)|2x + 2y = 50\}$$

Esto equivale a resolver el sistema de ecuaciones

$$\begin{cases} xy = 150 & \text{Ecuación de segundo grado} \\ 2x + 2y = 50 & \text{Ecuación lineal} \end{cases}$$

Usemos el método sugerido en el problema anterior para resolver este problema. Escribimos y en términos de x en la ecuación lineal:

$$2x + 2y = 50$$

$$y = \frac{-2x + 50}{2}$$

$$y = -x + 25.$$

Sustituimos ahora el valor de y en la ecuación de segundo grado $x(-x + 25) = 150$ y obtenemos una ecuación de segundo grado en x: $-x^2 + 25x = 150$.

Obtenemos el siguiente sistema:

$$\begin{cases} y = -x + 25 \\ -x^2 + 25x = 150 \end{cases}$$

Resolvemos la ecuación de segundo grado:

$$-x^2 + 25x - 150 = 0$$

$$x^2 - 25x + 150 = 0$$

$$(x - 15)(x - 10) = 0$$

$$x - 15 = 0 \quad \text{o} \quad x - 10 = 0$$

$$x = 15 \quad \text{o} \quad x = 10$$

Sustituimos en la ecuación lineal el valor de x y obtenemos el valor correspondiente de y.

Si $x = 15$,

$$2(15) + 2y = 50$$

$$2y = 50 - 30$$

$$2y = 20$$

$$y = 10$$

Si $x = 10$,

$$2(10) + 2y = 50$$

$$2y = 50 - 20$$

$$2y = 30$$

$$y = 15$$

El rectángulo mide 10×15 cm.

12-5 EJERCICIOS

1. Halla el conjunto solución de cada uno de los siguientes sistemas de ecuaciones, con $x, y \in \mathbb{R}$:

a. $\begin{cases} y = x^2 + 1 \\ y = 4 \end{cases}$

b. $\begin{cases} y = x^2 + 4 \\ x + y = 3 \end{cases}$

c. $\begin{cases} y = x^2 + 4 \\ x + y = 0 \end{cases}$

d. $\begin{cases} y = (x - 2)^2 + 1 \\ y - x = 5 \end{cases}$

e. $\begin{cases} y = (x + 2)^2 + 1 \\ x + y = 5 \end{cases}$

f. $\begin{cases} y = x^2 - 4x + 3 \\ y = 3 - x \end{cases}$

2. Resuelve los siguientes sistemas y dibuja sus gráficas:

a. $\begin{cases} y = x^2 - x - 2 \\ x - y = 3 \end{cases}$

b. $\begin{cases} x^2 - y = 3 \\ 3x - y = 3 \end{cases}$

c. $\begin{cases} x^2 - y = 4 \\ x - y = 5 \end{cases}$

d. $\begin{cases} x - y^2 = -2 \\ x - 4y = -6 \end{cases}$

e. $\begin{cases} y = (x - 3)^2 - 5 \\ 2x + y = 0 \end{cases}$

f. $\begin{cases} y = x^2 + 9 \\ y = 6x \end{cases}$

3. Halla las dimensiones del rectángulo cuya área mide 32 cm^2 y cuyo perímetro es de 24 cm.

4. Halla dos números enteros cuyo producto sea 36 y cuya suma sea 13.

Capítulo 12 Ejercicios de repaso

1. Usa la función $f(x) = x^2 - 2x + 1$ para efectuar las operaciones que siguen. Supón que el dominio de f son los números reales.

a. $f(-2) + f(0)$.

b. $f(a + h)$.

c. $f(2x + 1)$.

d. $f(2 + x) - f(2 - x)$.

e. $2f(1) + 3f(2)$.

f. $3f(x) - f(3x)$.

g. ¿Para qué valor de x se verifica que $f(x) = 0$?

h. ¿Cuál es el elemento cuya imagen es 5?

i. Dibuja la gráfica de la función e indica los cortes de ésta en el eje de x y en el eje de y.

j. ¿Cuál es el campo de valores de f?

2. Indica si cada una de las siguientes funciones es creciente o decreciente:

a. $f(x) = 5x + 1$

b. $g(x) = -5x + 1$

c. $h(x) = \frac{1}{2}x$

d. $F(x) = 2x$

e. $G(x) = -x^2$

f. $H(x) = -x - 2$

3. Indica cuáles de las siguientes gráficas son simétricas respecto al eje de y o respecto al origen, y cuáles no lo son:

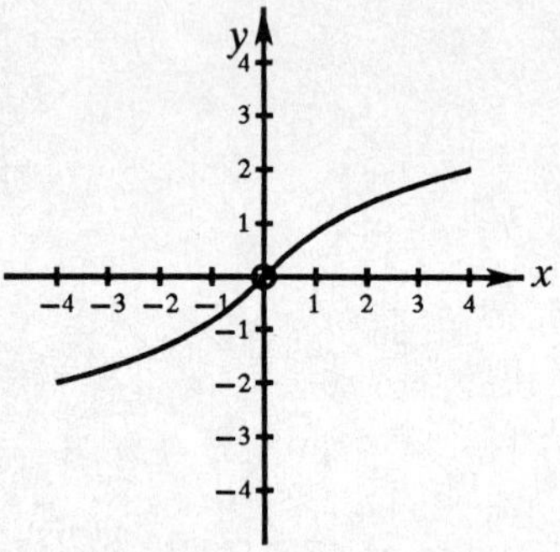

a)

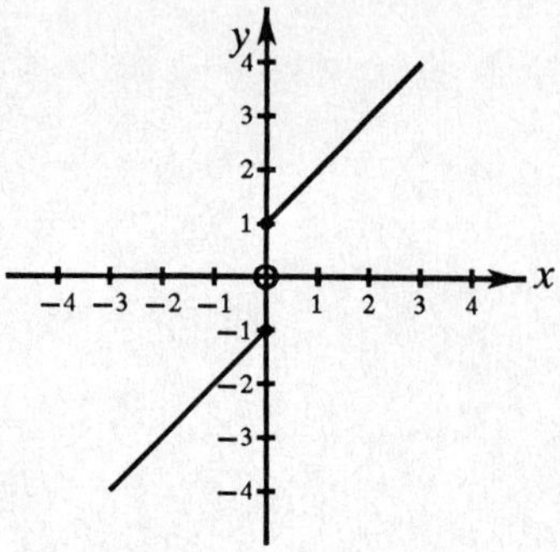

b)

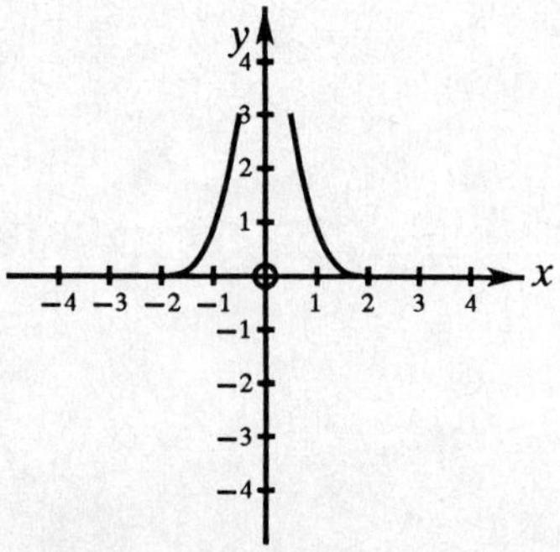

c)

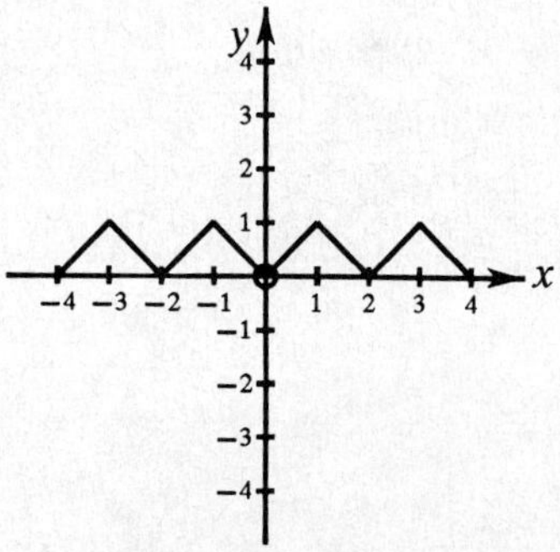

d)

4. Indica si cada una de las siguientes funciones define una función que es par o impar:

a. $f(x) = x^2 + x^4$

b. $g(x) = 2x$

c. $h(x) = 2x^3$

d. $F(x) = -x^3$

e. $G(x) = -2$

f. $H(x) = 3|x|$

5. Completa la siguiente tabla:

x	$f(x)=x^2$	$F(x)=-x^2$	$G(x)=3x^2$	$g(x)=x^2+2$	$h(x)=x^2-3$	$H(x)=(x-1)^2$	$p(x)=(x-1)^2+2$
-3							
-2	4			6	1		
-1	1			3	-2		
0		0					
1		-1	3			0	2
2			12			1	3
3							

6. Dibuja las gráficas de las funciones del problema anterior.

7. Halla los ceros reales de las siguientes funciones por el método de completar el cuadrado, y verifica los resultados con la fórmula cuadrática:

a. $f(x) = x^2 - 2x - 2$ **d.** $F(x) = -2x^2 - x + 1$
b. $g(x) = 2x^2 - 7x + 2$ **e.** $G(x) = 3x^2 - 5x + 3$
c. $h(x) = x^2 - 6x - 7$ **f.** $H(x) = 4x^2 - 5x - 2$

8. Halla el vértice, el corte en el eje de y y los cortes en el eje de x; dibuja la gráfica de cada una de las siguientes funciones cuadráticas:

a. $f(x) = (x+2)^2 - 1$ **d.** $F(x) = x^2 - 6x - 7$
b. $g(x) = x^2 - 4x$ **e.** $G(x) = 4x^2 - 1$
c. $h(x) = 2x - x^2$ **f.** $H(x) = x^2 - 2x - 2$

9. Halla el conjunto solución de cada uno de los siguientes sistemas de ecuaciones:

a. $\begin{cases} x^2 + y = 3 \\ x = 2 \end{cases}$ **c.** $\begin{cases} x^2 - y = 5 \\ x + y = 7 \end{cases}$

b. $\begin{cases} y = x^2 + 1 \\ y = 3 \end{cases}$ **d.** $\begin{cases} y = x^2 + 4 \\ y = 4x \end{cases}$

Respuestas seleccionadas

Capítulo 1

Sección 1-1

1. c, d, e, f

2. **a.** $\{x|x$ es un número natural par, $x \leq 20\}$

   b. $\{x|x$ es uno de los dos primeros meses del año$\}$

   c. $\{x|x = n^2, n \in \mathbf{N}, 1 \leq x \leq 7\}$

   d. $\{x|x$ es una de las tres primeras letras del alfabeto$\}$

   e. $\{x|x = 5n, n \in \mathbf{N}\}$

   f. $\{x|x \in \mathbf{N}, 100 \leq x \leq 1000\}$

3. **a.** $\{A, E, I, U\}$

   b. $\{2, 3, 5, 7, 11, 13, 17, 19, 23, 29, 31, 37, 41, 43, 47\}$

   c. $\{101, 102, 103, 104, \ldots\}$

   d. $\emptyset$

   e. $\{1\}$

4. **a.** $\in$ **b.** $\notin$ **c.** $\notin$ **d.** $\in$ **e.** $\notin$ **f.** $\notin$

5. **a.** $\emptyset$, $\{10\}$

   b. $\emptyset$, $\{2\}$, $\{4\}$, $\{2, 4\}$

   c. $\emptyset$, $\{3\}$, $\{5\}$, $\{7\}$, $\{3, 5\}$, $\{3, 7\}$, $\{5, 7\}$, $\{3, 5, 7\}$

   d. $\emptyset$, $\{a\}$, $\{i\}$, $\{u\}$, $\{a, i\}$, $\{a, u\}$, $\{i, u\}$, $\{a, i, u\}$

   e. $\emptyset$, $\{5\}$, $\{10\}$, $\{15\}$, $\{20\}$, $\{5, 10\}$, $\{5, 15\}$, $\{5, 20\}$, $\{10, 15\}$, $\{10, 20\}$, $\{15, 20\}$, $\{5, 10, 15\}$, $\{5, 10, 20\}$, $\{5, 15, 20\}$, $\{10, 15, 20\}$, $\{5, 10, 15, 20\}$

   f. $\emptyset$, $\{a\}$, $\{m\}$, $\{o\}$, $\{r\}$, $\{a, m\}$, $\{a, o\}$, $\{a, r\}$, $\{m, o\}$, $\{m, r\}$, $\{o, r\}$, $\{a, m, o\}$, $\{a, m, r\}$, $\{a, o, r\}$, $\{m, o, r\}$, $\{a, m, o, r\}$

6. **a.** Sí **b.** Sí **c.** No **d.** Sí

7. **a.** Sí **b.** Sí **c.** No

Sección 1-2

1. **a.** $\{y|y \text{ es un número natural par}\}$
   b. $\{x|x \in \mathbb{N}, x \text{ no es múltiplo de } 5\}$
   c. $\emptyset$
   d. $\mathbb{N}$
   e. $\{x|x \text{ es par o } x \text{ no es múltiplo de } 5\}$
   f. $\{5, 15, 25, \ldots\}$

2. **a.** A
   b. $\{4\}$
   c. $\{11, 12, 13, \ldots\}$
   d. $\mathbb{N}$
   e. $\{1, 3, 5, 7, 9, 11, 13, 15, 17, \ldots\}$
   f. $\{11, 13, 15, 17, \ldots\}$
   g. $\emptyset$
   h. $\mathbb{N}$
   i. $\overline{B}$
   j. $\{1, 2, 4, 6, 8, 9, 10\}$
   k. $\{1, 4, 9\} = C$
   l. $\{1, 4, 9\} = C$
   m. $\{1, 2, 4, 6, 8, 9, 10\}$
   n. $\{x|x \in \mathbb{N}, x \neq 4\}$
   o. $\emptyset$
   p. $\{1, 9\}$

3. **a.** B **b.** A **c.** C **d.** A **e.** C **f.** B **g.** B **h.** A

4. **a.** $\emptyset$, $\{1\}$, $\{2\}$, $\{3\}$, $\{1, 2\}$, $\{1, 3\}$, $\{2, 3\}$, $\{1, 2, 3\}$
   b. $\emptyset$, $\{2\}$, $\{4\}$, $\{6\}$, $\{8\}$, $\{2, 4\}$, $\{2, 6\}$, $\{2, 8\}$, $\{4, 6\}$, $\{4, 8\}$, $\{6, 8\}$, $\{2, 4, 6\}$, $\{2, 4, 8\}$, $\{2, 6, 8\}$, $\{4, 6, 8\}$, $\{2, 4, 6, 8\}$
   c. $\emptyset$, $\{a\}$, $\{e\}$, $\{a, e\}$

Sección 1-3

1. **a.** Está cerrado bajo suma y multiplicación
   b. No está cerrado bajo suma; está cerrado bajo multiplicación
   c. No está cerrado bajo suma; está cerrado bajo multiplicación
   d. No está cerrado bajo suma ni multiplicación
   e. No está cerrado bajo suma ni multiplicación

2. **a.** Ley conmutativa de la suma
   b. Ley conmutativa de la suma
   c. Leyes conmutativa y asociativa de la suma
   d. Ley de clausura bajo suma y multiplicación
   e. Leyes conmutativa de la suma y la multiplicación, y propiedad distributiva
   f. Leyes conmutativa y asociativa de la multiplicación
   g. Ley conmutativa de la suma y propiedad distributiva
   h. Ley conmutativa de la multiplicación

i. Leyes conmutativa y asociativa de la multiplicación
j. Ley de clausura bajo multiplicación
k. Ley conmutativa de la multiplicación

3. **a.** 75 **c.** 75 **e.** 90 **g.** 96
b. 43 **d.** 47 **f.** 650 **h.** 156

4. **a.** $5x + 5y$ **d.** $(x + 3)(5 + n)$
b. $(5 + 3)x$ **e.** $8(x + 1)$
c. $(1 + n + 2)x$ **f.** $(x + 5)(n + 1)$

5. **a.** 8670 **c.** 93500 **e.** 11330
b. 9350 **d.** 10815 **f.** 113300

Sección 1-4

1. **a.** $2^3 \cdot 3^2$ **g.** $2^6 \cdot 5$ **m.** $2^2 \cdot 3 \cdot 5^2$
b. $2^2 \cdot 7^2$ **h.** $2^3 \cdot 3^4$ **n.** $2^6 \cdot 3 \cdot 5$
c. $2^3 \cdot 3^3$ **i.** $2^6 \cdot 3 \cdot 5^2$ **o.** $2 \cdot 5^5$
d. $2 \cdot 5^4$ **j.** $2^9 \cdot 5^3$ **p.** $2^2 \cdot 5^2 \cdot 47$
e. $3^3 \cdot 5$ **k.** $2^2 \cdot 5 \cdot 41$ **q.** $2^7 \cdot 3^2$
f. $2 \cdot 3^3 \cdot 5^2$ **l.** $2^2 \cdot 3^2 \cdot 5^2 \cdot 11^2$ **r.** $5 \cdot 53$

2. **a.** $\{1, 3, 5, 15\}$
b. $\{1, 2, 3, 4, 6, 8, 12, 16, 24, 48\}$
c. $\{1, 2, 3, 4, 6, 8, 9, 12, 18, 24, 36, 72\}$
d. $\{1, 2, 3, 4, 6, 8, 12, 24\}$
e. $\{1, 2, 5, 10, 25, 50\}$
f. $\{1\}$

3. **a.** $\{15, 30, 45, \ldots\}$ **d.** $\{144, 288, \ldots\}$
b. $\{48, 96, 144, \ldots\}$ **e.** $\{100, 200, \ldots\}$
c. $\{72, 144, 216, \ldots\}$ **f.** $\{420, 840, \ldots\}$

4. **a.** $\{1, 2, 4, 5, 8, 10, 16, 20, 32, 40, 64, 80, 160, 320\}$
b. No
c. Sí, $320 = 16 \times 20$
d. 320, 640, 960, 1280

5. **a.** $2^2 \cdot 3^2$ **c.** $2^2 \cdot 3$ **e.** $2^2 \cdot 3^4$ **g.** $2 \cdot 3 \cdot 5$
b. $2^3 \cdot 3 \cdot 5$ **d.** 1 **f.** $3^2 \cdot 5$ **h.** 2

6. **a.** $2^3 \cdot 3^3$ **d.** $2^7 \cdot 5$ **g.** $2 \cdot 3 \cdot 5^2 \cdot 7$
b. $2^4 \cdot 3 \cdot 5$ **e.** $2^3 \cdot 3^5$ **h.** $2^2 \cdot 3^2 \cdot 5 \cdot 7 \cdot 29$
c. $2^4 \cdot 3^2 \cdot 11$ **f.** $2 \cdot 3^2 \cdot 5^2$

7. Es igual al producto de los números
8. 30, 60, 90
9. 6, 8, 12

Ejercicios de repaso del capítulo 1

1. c
2. a. $\{M, A, T, E, I, C, S\}$
   b. $\emptyset$
   c. {enero, abril, agosto, octubre}
   d. $\{21, 22, 23, \ldots\}$
3. a. $\in$ b. $\notin$ c. $\notin$ d. $\notin$ e. $\in$
   f. $\in$ g. $\notin$ h. $\notin$ i. $\notin$ j. $\in$
4. a. $\emptyset$ b. $\{d, a, r, p, i, e\}$
   c. $\{d, a, r\}$ d. $\{d, a, r\}$
   e. $\{p, i, e, d, r, a\}$ f. $\emptyset$
   g. $\emptyset, \{p\}, \{i\}, \{e\}, \{p, i\}, \{p, e\}, \{p, i, e\}$ (Subconjuntos de B)
   $\emptyset, \{p\}, \{e\}, \{d\}, \{i\}, \{r\}, \{p, e\}, \{p, d\}, \{p, i\}, \{p, r\}, \{e, d\}, \{e, i\}, \{e, r\}, \{d, i\}, \{d, r\}, \{i, r\}, \{p, e, d\}, \{p, e, i\}, \{p, e, r\}, \{e, d, i\}, \{e, d, r\}, \{d, i, r\}, \{p, d, i\}, \{p, d, r\}, \{p, i, r\}, \{e, i, r\}, \{p, e, d, i\}, \{p, e, d, r\}, \{e, d, i, r\}, \{p, d, i, r\}, \{p, e, d, i, r\}$ (Subconjuntos de C)
5. a. Propiedad conmutativa de la multiplicación
   b. Propiedad conmutativa de la suma
   c. Identidad multiplicativa
   d. Propiedad distributiva
   e. Propiedad distributiva
   f. Propiedad asociativa de la multiplicación
   g. Todo número múltiplo de cero es cero
   h. Propiedad conmutativa de la multiplicación
6. a. $3x + 3y$ f. $(2 + 3)x$
   b. $6x + 3y + 9$ g. $(1 + 5 + 8)x$
   c. $9(x + 1)$ h. $(2 + 3)(x + 1)$
   d. $x \cdot x + 1 \cdot x$ i. $(2 + x)(x + 3)$
   e. $m(x + y)$ j. $m(m + n) + n(m + n)$
   $= m \cdot m + m \cdot n + n \cdot m + n \cdot n$
7. a. $2^3 \times 3^2 \times 7$ d. 13×17
   b. $3^2 \times 5^2 \times 11$ e. $5 \times 7 \times 13$
   c. $2 \times 3^2 \times 5^4$ f. $2^6 \times 3 \times 5^2 \times 7$

8. **a.** 4 **c.** 12 **e.** 4
b. 36 **d.** 8 **f.** 4

9. **a.** 984 **c.** 72 **e.** 312
b. 504 **d.** 70299 **f.** 1440

Capítulo 2

Sección 2-1

1. **b.** No

2. **a.** $\frac{12}{40}, \frac{60}{200}$ **c.** $\frac{20}{16}, \frac{25}{20}$ **e.** $\frac{18}{27}, \frac{10}{15}$
b. $\frac{21}{28}, \frac{27}{36}$ **d.** $\frac{25}{45}, \frac{100}{180}$ **f.** $\frac{12}{44}, \frac{15}{55}$

3. **a.** $\frac{3}{5}$ **c.** 1 **e.** $\frac{3}{130}$ **g.** $\frac{6}{5}$
b. $\frac{3}{2}$ **d.** 12 **f.** 5 **h.** $\frac{2}{25}$

4. **a.** $<$ **b.** $>$ **c.** $<$ **d.** $>$ **e.** $=$ **f.** $<$

5. **a.** $\frac{30}{40}, \frac{4}{5}, \frac{8}{9}$ **d.** $\frac{9}{10}, \frac{10}{11}, \frac{11}{12}$
b. $\frac{17}{10}, \frac{7}{4}, \frac{17}{9}$ **e.** $\frac{14}{5}, \frac{30}{10}, \frac{301}{100}, \frac{61}{20}$
c. $\frac{2}{3}, \frac{3}{4}, \frac{4}{5}$ **f.** $\frac{262}{50}, \frac{21}{4}, \frac{526}{100}, \frac{132}{25}$

6. **a.** $\frac{27}{10}, \frac{5}{2}, \frac{12}{5}$ **b.** $\frac{12}{13}, \frac{11}{12}, \frac{13}{15}$ **c.** $\frac{55}{8}, \frac{27}{4}, \frac{35}{7}$

7. Cada uno de los siguientes ejercicios tiene infinitas contestaciones. Daremos sólo el número que piden.
a. $\frac{9}{14}$ **b.** $\frac{14}{18}$ **c.** $\frac{10}{24}, \frac{11}{24}, \frac{12}{24}$
d. $\frac{61}{72}, \frac{62}{72}, \frac{63}{72}$ **e.** $\frac{28}{72}, \frac{29}{72}, \frac{30}{72}, \frac{31}{72}, \frac{55}{144}$ **f.** $\frac{71}{90}, \frac{72}{90}, \frac{73}{90}, \frac{74}{90}, \frac{75}{90}$

Sección 2-2

1. **a.** $1\frac{17}{32}$ **b.** $4\frac{8}{13}$ **c.** $3\frac{22}{41}$ **d.** $2\frac{4}{17}$
e. $11\frac{7}{11}$ **f.** $34\frac{2}{7}$ **g.** $3\frac{3}{5}$ **h.** $4\frac{8}{23}$
i. $11\frac{16}{19}$ **j.** $12\frac{7}{9}$ **k.** $24\frac{8}{13}$ **l.** $65\frac{1}{10}$

2. **a.** $\frac{31}{8}$ **b.** $\frac{165}{8}$ **c.** $\frac{124}{11}$ **d.** $\frac{89}{10}$
e. $\frac{128}{11}$ **f.** $\frac{513}{5}$ **g.** $\frac{37}{6}$ **h.** $\frac{611}{12}$
i. $\frac{3905}{13}$ **j.** $\frac{115}{9}$ **k.** $\frac{1001}{10}$ **l.** $\frac{439}{9}$

3. **a.** 1. **g.** $\frac{13}{24}$ **m.** $\frac{9}{5}$
b. $\frac{79}{72}$ **h.** $\frac{37}{60}$ **n.** $\frac{9}{10}$
c. $\frac{21}{5}$ **i.** 2 **o.** $\frac{17}{10}$
d. 8 **j.** $\frac{4}{5}$ **p.** $\frac{16}{15}$
e. 9 **k.** $\frac{9}{8}$ **q.** $\frac{19}{12}$
f. $\frac{43}{6}$ **l.** $\frac{67}{60}$ **r.** $\frac{27}{4}$

Sección 2-3

1. **a.** $\frac{3}{4}$ **f.** $\frac{10}{9}$ **k.** $\frac{2}{3}$ **p.** $\frac{43}{64}$
b. $\frac{8}{3}$ **g.** $\frac{7}{6}$ **l.** $\frac{4}{5}$ **q.** 9
c. $\frac{5}{2}$ **h.** 1 **m.** $\frac{5}{8}$ **r.** $\frac{1}{13}$
d. $\frac{3}{2}$ **i.** $\frac{16}{9}$ **n.** $\frac{5}{14}$ **s.** $\frac{107}{20}$
e. $\frac{185}{368}$ **j.** $\frac{3}{5}$ **o.** $\frac{149}{30}$ **t.** $\frac{91}{10}$

2. **a.** $2\frac{1}{2}$ galones **b.** No

3. $7\frac{53}{60}$ pies de alambre

Ejercicios de repaso del capítulo 2

1. Cada uno de los siguientes ejercicios tiene infinitas soluciones. En cada caso daremos dos de éstas.
a. $\frac{4}{16}, \frac{9}{12}$ **b.** $\frac{6}{21}, \frac{2}{7}$ **c.** $\frac{2}{7}, \frac{4}{14}$
d. $\frac{0}{4}, \frac{0}{5}$ **e.** $\frac{4}{18}, \frac{6}{27}$ **f.** $\frac{2a}{4}, \frac{5a}{10}$

2. **a.** 2 **c.** $\frac{3}{5}$ **e.** $\frac{12}{13}$

b. 0 **d.** $\frac{2}{7}$ **f.** $\frac{2}{3}$

3 **a.** > **c.** > **e.** =

b. > **d.** = **f.** >

4. **a.** $\frac{11}{22}, \frac{11}{16}, \frac{11}{13}$ **b.** $\frac{23}{16}, 2, \frac{33}{16}$ **c.** $\frac{19}{36}, \frac{17}{30}, \frac{3}{5}$

5. **a.** $\frac{23}{4}$ **d.** $\frac{11}{10}$ **g.** $\frac{3}{4}$ **j.** $\frac{50}{9}$

b. $\frac{5}{4}$ **e.** $\frac{1}{14}$ **h.** $\frac{56}{15}$ **k.** 75

c. $\frac{3}{4}$ **f.** $\frac{13}{175}$ **i.** $\frac{49}{30}$ **l.** 9

6. **a.** 6 **b.** $\frac{5}{4}$ **c.** $\frac{1}{5}$

Capítulo 3

Sección 3-1

1. **a.** $7 \cdot 100 + 2 \cdot 10 + 9$

b. $5 \cdot 10 + 3 + 6 \cdot \frac{1}{10} + 4 \cdot \frac{1}{100}$

c. $3 \cdot 1000 + 0 \cdot 100 + 8 \cdot 10 + 7 + 0 \cdot \frac{1}{10} + 1 \cdot \frac{1}{100} + 2 \cdot \frac{1}{1000}$

d. $3 \cdot \frac{1}{10} + 0 \cdot \frac{1}{100} + 2 \cdot \frac{1}{1000}$

e. $5 + 4 \cdot \frac{1}{10} + 0 \cdot \frac{1}{100} + 7 \cdot \frac{1}{1000} + 5 \cdot \frac{1}{10000}$

f. $3 \cdot 100 + 2 \cdot 10 + 0 + 0 \cdot \frac{1}{10} + 0 \cdot \frac{1}{100} + 0 \cdot \frac{1}{1000} + 8 \cdot \frac{1}{10000}$

g. $0 \cdot \frac{1}{10} + 0 \cdot \frac{1}{100} + 3 \cdot \frac{1}{1000} + 8 \cdot \frac{1}{10000} + 7 \cdot \frac{1}{100000}$

h. $9 \cdot 10000 + 8 \cdot 1000 + 7 \cdot 100 + 6 \cdot 10 + 5 + 4 \cdot \frac{1}{10} + 0 \cdot \frac{1}{100} + 3 \cdot \frac{1}{1000} + 5 \cdot \frac{1}{10000}$

i. $0 \cdot \frac{1}{10} + 0 \cdot \frac{1}{100} + 0 \cdot \frac{1}{1000} + 0 \cdot \frac{1}{10000} + 1 \cdot \frac{1}{100000} + 2 \cdot \frac{1}{1000000} + 3 \cdot \frac{1}{10000000}$

2. **a.** Veintisiete con cuarenta y ocho milésimas

b. Cinco mil cien con cuatrocientos nueve milésimas

c. Doscientos siete con ochocientos seis diezmilésimas

d. Tres mil cuatrocientos setenta y ocho con seiscientos cinco milésimas

e. Doscientos tres con cuatro mil ocho diezmilésimas

f. Cinco mil tres con tres mil cinco diezmilésimas

g. Noventa y ocho mil setecientos sesenta y cinco, con cuatro mil treinta y cinco diez milésimas

h. Trescientos dos milésimas

i. Ciento veintitrés diezmillonésimas

3. a. 38.004 **b.** 0.0745 **c.** 28.030 **d.** 0.0532
e. 3.06 **f.** 0.000004 **g.** 3003.3 **h.** 40000.004
i. 0.0152

4. a. 17/50 **b.** 487/1000 **c.** 2053/10000 **d.** 17/250
e. 21/20000

5. a. 861/200 **b.** 323/10 **c.** 876/125 **d.** 21/20
e. 1050009/25000

Sección 3-2

1. a. $0.\overline{3}$ **b.** 0.25 (finito) **c.** 0.4 (finito) **d.** 0.6 (finito)
e. $0.\overline{2}$ **f.** 0.03 (finito) **g.** 0.127 (finito) **h.** $0.\overline{5}$
i. 8.4 (finito) **j.** $2.\overline{45}$ **k.** $1.\overline{230769}$ **l.** $3.1\overline{6}$

2. a. 27/100 **b.** 51/500 **c.** 5/2 **d.** 111/200
e. 19/4 **f.** 641/200 **g.** 127/5 **h.** 6009/200
i. 1003/1000 **j.** 33/100000 **k.** 125077/25000 **l.** 469/2000
m. 1253/10 **n.** 14101/20 **o.** 303/100000

Sección 3-3

1. a. 326.892 **b.** 9.936 **c.** 3.592 **d.** 3.997
e. 8.6294 **f.** 0.00378 **g.** 39.6461 **h.** 10.1903
i. 57.4983 **j.** 78.1551

2. a. 74.5898 **b.** 510.4666 **c.** 46.632

3. a. 96.25 metros

4. a. 6.865 centímetros

5. a. 4.12 **b.** 5.903 **c.** 2.96 **d.** $1.58\overline{3}$
e. 6.05 **f.** 10.525 **g.** $0.64\overline{7} = 583/900$ **h.** 3.875
i. $33.1\overline{3} = 1491/45$ **j.** 0.02 **k.** $8.08\overline{3} = 97/12$ **l.** 0.57

Sección 3-4

1. **a.** 429, 4290000 **b.** 5002, 50020000
c. 0.287, 2870 **d.** 42869.8, 428698000

2. **a.** 0.1834, 0.001834 **b.** 0.000378, 0.00000378
c. 1.974, 0.01974 **d.** 100.02, 1.0002

3. **a.** 1530000000 **b.** 640000 **c.** 360 **d.** 480000000
e. 0.003003 **f.** 0.000083405 **g.** 0.0004 **h.** 0.00012

4. **a.** 0.014528 **b.** 1.7952 **c.** 2796.126 **d.** 0.03968
e. 848.736 **f.** 0.00000001296 **g.** 0.1725 **h.** 1.7025
i. 0.00170025

5. 3.02464

6. 434.45

7. 4.083719

8. 0.00693986

9. **a.** 60.04 **b.** 17.525 **c.** $166.671\overline{6}$ **d.** 40 **e.** 7120
f. 2460 **g.** 108 **h.** 2 **i.** 40 **j.** 0.0909

10. 39.985825

11. 8104.501992

Sección 3-5

1. **a.** 7/9 **b.** 5/33 **c.** 22/9 **d.** 233/99
e. 125/999 **f.** 7/30 **g.** 1613/495 **h.** 100657/9990
i. 245/9999 **j.** 214/495 **k.** 647/300 **l.** 45/11

2. **a.** $91/180 = 0.50\overline{5}$ **b.** 10 **c.** $499/45 = 11.0\overline{8}$ **d.** 6.5
e. 19/2 = 9.5 **f.** 5/6

Sección 3-6

1. **a.** 60% **b.** 6% **c.** 0.6% **d.** 12.5% **e.** 37.5%
f. 133 1/3% **g.** 0.5% **h.** 310% **i.** 150%

2. **a.** 4/5, 80% **b.** 29/4, 725% **c.** 8/125, 6.4%
d. 5/6, 83 1/3% **e.** 3/8, 37.5% **f.** 411/90, 456 2/3%
g. 1/25, 4% **h.** 53/50, 106% **i.** 617/90, 685 5/9%

3. **a.** 37/100, 0.37 **b.** 1/4, 0.25 **c.** 1/25, 0.04
d. 23/200, 0.115 **e.** 999/1000, 0.999 **f.** $1/150, 0.00\overline{6}$
g. 1/200, 0.005 **h.** 1/80, 0.0125 **i.** 1/20000, 0.00005

4. **a.** 20 **b.** 2.88 **c.** 250 **d.** 13 1/3% **e.** 0.52
f. 500% **g.** 200% **h.** 90 **i.** 50 **j.** 200%
k. 6.96 **l.** 120 **m.** 6500 **n.** 99%

5. **a.** $112.00 **b.** 90 estudiantes **c.** 50% **d.** 30%, 72%
e. 83 1/3% **f.** No **g.** 48% **h.** 60 estudiantes
i. $32.25, $1677.00

Ejercicios de repaso del capítulo 3

1. **a.** $7 \cdot 10 + 3 \cdot 1 + 1 \cdot \frac{1}{10} + 4 \cdot \frac{1}{100}$

b. $2 \cdot 1000 + 5 \cdot 100 + 8 \cdot 10 + 3 \cdot 1 + 1 \cdot \frac{1}{10} + 4 \cdot \frac{1}{1000}$

c. $1 \cdot 1000000 + 5 \cdot 100000 + 8 \cdot \frac{1}{10}$

d. $1 \cdot \frac{1}{10000} + 3 \cdot \frac{1}{100000} + 2 \cdot \frac{1}{1000000}$

e. $7 \cdot 1 + 8 \cdot \frac{1}{10} + 1 \cdot \frac{1}{100} + 4 \cdot \frac{1}{1000}$

f. $1 \cdot \frac{1}{10} + 2 \cdot \frac{1}{100} + 3 \cdot \frac{1}{10000}$

2. **a.** 0 **b.** 0 **c.** 5

3. **a.** 2020405.20 **b.** 143.0313 **c.** 14.007 **d.** 221.028

4. **a.** Trescientos ochenta y siete mil con catorce centésimas
b. Quinientos ocho con veintitrés milésimas
c. Cinco millones con dos centésimas
d. Tres con mil cuatrocientos cincuenta y ocho diezmilésimas

5. **a.** 0.875 **b.** 0.048 **c.** 0.75 **d.** $0.4817708\overline{3}$ **e.** $0.0\overline{571428}$ **f.** $0.\overline{3}$

6. **a.** 109/250 **b.** 140953/5000 **c.** 629/25 **d.** 43/10 **e.** 316027/1000
f. 6201/100

7. **a.** 39.202 **b.** 168.003 **c.** 1.49093 **d.** 0.0272
e. 117.538 **f.** 96.21617647 **g.** 136200 **h.** 0.01362
i. 0.00040318 **j.** 4031800 **k.** 4.75 **l.** 24.4

8. **a.** 128/999 **b.** 1/3 **c.** 1549/90 **d.** 22/9

9. **a.** $41.27 **b.** $5.89

10.

Por ciento	Decimal	Fracción
16%	0.16	4/25
789%	7.89	789/100
15%	0.15	3/20
1/5%	0.002	1/500
83 1/3%	$0.8\overline{3}$	5/6
3.2%	0.032	4/125
512.5%	5.125	41/8
4 1/2%	0.045	9/200
20%	0.2	1/5

11. **a.** 63 **b.** $16960.00 **c.** $14500.00

d. **i.** Pedro, 221

ii. José, 90%

iii. Carlos, 265

e. 44% **f.** $54.40 **g.** $336.00

Capítulo 4

Sección 4-1

1. $\sqrt{3}$

2.

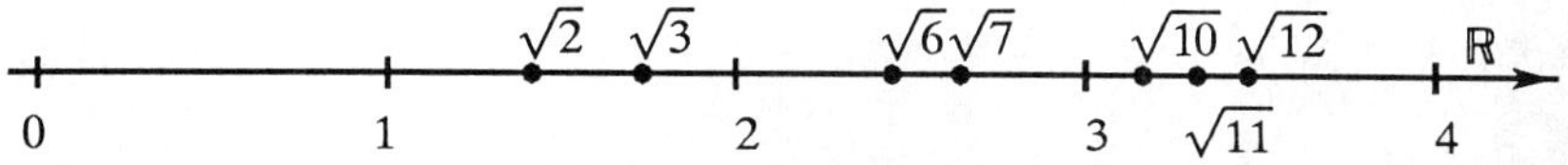

$\sqrt{2} \approx 1.414$, $\sqrt{3} \approx 1.732$, $\sqrt{6} \approx 2.449$, $\sqrt{7} \approx 2.646$,
$\sqrt{9} = 3$, $\sqrt{10} \approx 3.162$, $\sqrt{11} \approx 3.317$, $\sqrt{12} \approx 3.464$.
$\sqrt{9} = 3$ es racional, los otros números son irracionales

3. **a.** $\sqrt{144}$ **c.** $\sqrt{\frac{1}{25}}$ **e.** $\sqrt{1.44}$ **g.** $\sqrt{0.0064}$

b. $\sqrt{\frac{9}{16}}$ **d.** $\sqrt{\frac{9}{100}}$ **f.** $\sqrt{0.49}$ **h.** $\sqrt{225}$

4. **a.** Racional **c.** Irracional **e.** Racional

b. Racional **d.** Racional **f.** Racional

5. a. 1.73 **c.** 3.16 **e.** 4.24 **g.** 5.48 **i.** 7.75
b. 2.45 **d.** 2.65 **f.** 4.47 **h.** 5.66

6. a. 5 unidades **c.** $\sqrt{2}$ cm
b. 13 unidades **d.** $\sqrt{20}$ cm

7. a. $\sqrt{21}$ cm **c.** 6 pulg **e.** 5 yd
b. $\sqrt{40}$ cm **d.** 3 m **f.** 9 yd

Sección 4-2

1. a. $\mathbb{N}, \mathbb{Z}, \mathbb{Q}, \mathbb{R}$ **b.** $\mathbb{R}$ **c.** $\mathbb{Q}, \mathbb{R}$
d. $\mathbb{R}$ **e.** $\mathbb{Z}, \mathbb{Q}, \mathbb{R}$ **f.** Ninguno
g. $\mathbb{R}$ **h.** $\mathbb{N}, \mathbb{Z}, \mathbb{Q}, \mathbb{R}$ **i.** $\mathbb{Z}, \mathbb{Q}, \mathbb{R}$

2. a. 7 **b.** 4 **c.** $\frac{1}{3}$ **d.** $\sqrt{5}$ **e.** -4 **f.** 10

3. a. 7 **b.** 1 **c.** $\frac{5}{2}$ **d.** 0 **e.** $\frac{16}{3}$ **f.** 2

4. a. $\frac{-3}{4} < \frac{-7}{10} < \frac{-2}{3}$ **b.** $\frac{-1}{3} < \frac{-33}{100} < \frac{-3}{10}$ **c.** $\frac{-71}{50} < -\sqrt{2} < \frac{-7}{5}$

5. a. -19 **d.** 19 **g.** -17 **j.** $\frac{5}{4}$ **m.** $\frac{-13}{3}$
b. -3 **e.** -11 **h.** -17 **k.** 0 **n.** $\frac{-17}{4}$
c. -19 **f.** 0 **i.** $\frac{1}{4}$ **l.** $-2\sqrt{2}$ **o.** 0.53

6. a. -4 **b.** -2 **c.** -1

7. a. -5 **b.** $-\frac{37}{4}$ **c.** $-\frac{113}{12}$ **d.** 0 **e.** 0 **f.** -10

Sección 4-3

1. a. 3 **g.** $-\frac{23}{6}$ **m.** $-\frac{10}{7}$ **t.** -1
b. -60 **h.** $\frac{11}{2}$ **n.** 97 **u.** -16
c. $-\frac{2}{5}$ **i.** $-\frac{1}{8}$ **o.** 1.05 **v.** -1
ch. $-\frac{3}{4}$ **j.** $-\frac{17}{12}$ **p.** 6 **w.** $-\frac{1}{4}$
d. 0.05 **k.** 0 **q.** 4 **x.** 44
e. 60 **l.** -35 **r.** $-\frac{1}{5}$ **y.** 4
f. 100 **ll.** 0 **s.** $-\frac{127}{132}$ **z.** 0.004

Sección 4-4

1. **a.** 256 **d.** $\frac{81}{256}$ **g.** -3125
   b. -256 **e.** 9 **h.** -0.000001
   c. $-\frac{1}{128}$ **f.** 15625 **i.** -1.331

2. **a.** 3^{10} **e.** $\left(\frac{-1}{3}\right)^{10}$ **i.** 3^{14} **m.** 3^{-2} **q.** 2^{2}
   b. $(-3)^{9}$ **f.** -5^{11} **j.** $(-4)^{5}$ **n.** 6^{-2} **r.** 2^{-10}
   c. $\left(\frac{1}{4}\right)^{9}$ **g.** 3^{21} **k.** 4^{4} **o.** 12^{10}
   d. $\left(\frac{-2}{3}\right)^{7}$ **h.** $-\left(\frac{3}{5}\right)^{3}$ **l.** 2^{3} **p.** 2^{38}

3. **a.** -3125 **c.** $-\frac{1}{25}$ **e.** 19683 **g.** $\frac{1}{40}$
   b. -625 **d.** 1 **f.** $\frac{1}{5}$ **h.** 4

4. **a.** $\frac{1}{3}$ **c.** 10^{9} **e.** $\frac{4}{9}$ **g.** $\frac{3}{10}$
   b. 1 **d.** $\frac{1}{10^{9}}$ **f.** $\frac{1}{9}$ **h.** $\frac{100}{9}$

5. **a.** $\frac{1}{256}$ **c.** 16 **e.** $\frac{1}{2}$ **g.** $\frac{6}{25}$
   b. $\frac{1}{64}$ **d.** 6 **f.** $\frac{25}{6}$ **h.** 5

Sección 4-5

1. **a.** 4.87×10^{4} **e.** 5.007×10^{0}
   b. 5×10^{6} **f.** 5.007×10^{-1}
   c. 5×10^{-7} **g.** 5.7×10^{7}
   d. 8.7003×10^{-1} **h.** 6.57×10^{7}

2. **a.** 1×10^{7} **e.** 2×10^{8}
   b. 6.4×10^{10} **f.** 7×10^{13}
   c. 1.1×10^{-1} **g.** 4×10^{-8}
   d. 1.44×10^{4} **h.** 3×10^{12}

3. **a.** 1×10^{4} **b.** 3.125×10^{-64} **c.** 8×10^{8}

Sección 4-6

1. **a.** 120 **d.** 0.07 **g.** 12 **j.** 24
b. 12 **e.** 10 **h.** $\sqrt{11}$ **k.** 8
c. -2 **f.** 14 **i.** 1 **l.** 12

2. **a.** ≈ 6.3 **c.** ≈ 9.5 **e.** ≈ 0.9
b. ≈ 31.6 **d.** ≈ 0.3 **f.** ≈ 189.7

3. **a.** $12\sqrt{2}$ **c.** $5\sqrt[3]{2}$ **e.** $10\sqrt{3}$
b. 70 **d.** 49 **f.** $\frac{-9}{20}\sqrt{3}$

4. **a.** $\frac{3}{2\sqrt{3}}$ **d.** $\frac{2}{\sqrt{6}}$
b. $\frac{2}{\sqrt{10}}$ **e.** $\frac{2}{3\sqrt{2}}$
c. $\frac{2}{\sqrt{6}}$ **f.** $\frac{50}{7\sqrt{2}}$

5. **a.** $\frac{\sqrt{3}}{3}$ **d.** $\frac{\sqrt{2}}{2}$
b. $\frac{2\sqrt{5}}{5}$ **e.** $\frac{4\sqrt{2}}{10} = \frac{2\sqrt{2}}{5}$
c. $\frac{\sqrt{15}}{5}$ **f.** $\frac{5\sqrt[3]{4}}{6}$

6. **a.** $\frac{\sqrt[3]{4}}{4}$ **d.** $\frac{\sqrt[5]{16}}{4}$
b. $\frac{\sqrt[4]{3}}{3}$ **e.** $\frac{2\sqrt[3]{5}}{5}$
c. $\frac{\sqrt[6]{3}}{3}$ **f.** $\frac{2\sqrt[5]{3}}{3}$

Ejercicios de repaso del capítulo 4

1.

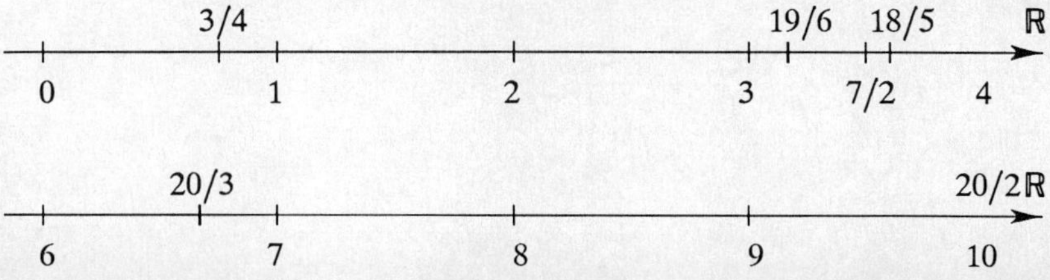

2. **a.** Racional **c.** Racional **e.** Irracional **g.** Racional
b. Racional **d.** Racional **f.** Irracional **h.** Racional

3.

a	b	c	
5	12	13	racional
5	$2\sqrt{6}$	7	irracional
2	3	$\sqrt{13}$	irracional
$\sqrt{3}$	1	2	irracional
4	$\sqrt{33}$	7	irracional

4. **a.** $a = 3,\ b = 1,\ c = \sqrt{10}$
b. $a = 5,\ b = 2,\ c = \sqrt{29}$
c. $a = 7,\ b = 2,\ c = \sqrt{53}$

5.

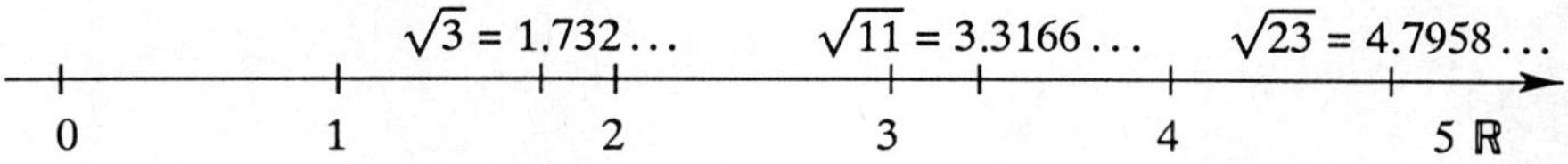

6. **a.** $\frac{4}{5}$ **d.** 0 **g.** 0.2 **j.** $\frac{7}{9}$
b. 0.7 **e.** 5 **h.** $\frac{1}{4}$ **k.** $\frac{13}{14}$
c. $\frac{2}{3}$ **f.** 9 **i.** 20 **l.** $\frac{2}{3}$

7. **a.** $-2\sqrt{5}$ **b.** $5\sqrt{3}$ **c.** $5\sqrt{10}$

8. **a.** -2 **d.** -30 **g.** -1 **j.** $-\frac{1}{6}$
b. 22 **e.** 0 **h.** -8 **k.** -35
c. $\frac{11}{5}$ **f.** -20 **i.** 31 **l.** 8.4

9. **a.** 1 **d.** 10 **g.** -16 **j.** $\frac{3^5}{10}$
b. $\frac{1}{10^5}$ **e.** 1 **h.** 1.05 **k.** $\frac{-5}{108}$
c. $\frac{1}{5^2}$ **f.** $\frac{4}{9}$ **i.** 10^3 **l.** 3

10. **a.** $\frac{2}{5\sqrt{2}}$ **b.** $\frac{3}{2\sqrt{3}}$ **c.** $\frac{2}{\sqrt[3]{18}}$

11. **a.** $4\sqrt{2}$ **b.** $3\sqrt{5}$ **c.** $\frac{2\sqrt[3]{3}}{3}$

Capítulo 5

Sección 5-1

1. **a.** $n+5$ **b.** $n-12$ **c.** $2n+3$ **d.** $24x$ **e.** $\frac{x}{7}$
   f. n^2-2 **g.** $(a+b)^2$ **h.** a^2+b^2 **i.** $\frac{1}{5}(s+t)$ **j.** $\frac{1}{5}(s+t)-4$

2. **a.** Cinco veces un número n
   b. La suma de los números n y m
   c. Tres veces la suma de los números n y m
   d. Siete menos que un número n
   e. Siete menos que tres veces un número n
   f. El cuadrado de la suma de n y m
   g. Tres más que el cuadrado de la suma de n y m
   h. Tres más que un tercio del cuadrado de la suma de n y m
   i. La suma de los cuadrados de x y y
   j. La raíz cuadrada de la suma de x y y

3. **a.** **i.** -3 **ii.** 13 **iii.** 4 **iv.** 5
   v. -5 **vi.** 1 **vii.** -3 **viii.** 1
   b. **i.** 7 **ii.** 11 **iii.** $\frac{3}{3}$ **iv.** $-\frac{2}{3}$
   v. -1 **vi.** 4 **vii.** -8 **viii.** $\frac{5}{4}$
   c. **i.** 21 **ii.** 30 **iii.** 144 **iv.** $-\frac{30}{7}$
   v. $\frac{99}{4}$ **vi.** $\frac{189}{2}$ **vii.** 56 **viii.** $-\frac{29}{2}$

4. **a.** $\frac{-2-c}{4} = -\frac{2+c}{4}$ **b.** $\frac{-c}{4}$ **c.** $\frac{2-c}{4}$ **d.** $\frac{4-c}{4}$

5. **a.** 3 **b.** $\frac{31}{8}$ **c.** 4 **d.** 5 **e.** $\frac{33}{8}$ **f.** 12

Sección 5-2

1. **a.** Condicional **e.** Condicional
   b. Condicional **f.** Condicional
   c. Ecuación identidad **g.** Ecuación identidad
   d. Ecuación identidad **h.** Condicional

2. Hay infinitas ecuaciones equivalentes a la ecuación $3x-2=7$. Algunas de ellas son: $3x=9$, $3x+3=12$, $x=3$, $3x+6=15$, $15x-10=35$

3. Hay infinitas ecuaciones equivalentes a $5(2x - 1) = 2x + 3$. Algunas de éstas son: $x - 1 = 0$, $3x - 3 = 0$, $2x - 2 = 0$, $5x - 5 = 0$, $8x - 8 = 0$

4. **a.** $\{3\}$ **b.** $\{-1\}$ **c.** $\left\{\frac{2}{3}\right\}$ **d.** $\{0\}$

e. $\{-10\}$ **f.** $\{4\}$ **g.** $\left\{-\frac{3}{2}\right\}$ **h.** $\emptyset$

i. $\left\{\frac{-11}{2}\right\}$ **j.** $\left\{-\frac{1}{2}\right\}$ **k.** $\{2\}$ **l.** $\left\{-\frac{17}{60}\right\}$

m. $\left\{\frac{5}{2}\right\}$ **n.** $\left\{-\frac{118}{105}\right\}$ **o.** $\{-4\}$ **p.** $\emptyset$

q. $\{24\}$ **r.** $\{2\}$ **s.** $\emptyset$ **t.** $\left\{-\frac{2}{21}\right\}$

5. **a.** $\frac{2}{3}(36) = 24 = 24$

b. $\frac{2}{3}(-6) - 8 = -4 - 8 = -12$

c. $-10 - 3 - 4 = -3 - 2 - 12 - 17 = -17$

d. $\frac{3}{5}(10) + 5 = 6 + 5 = 11$

En todos los casos hemos obtenido enunciados ciertos

Sección 5-3

1. **1.** 8 **2.** 8

3. 143 y 144 **4.** 43 y 45

5. 35, 37, 39 **6.** 62, 64

7. 7, 9, 11 **8.** 5 pulg, 9 pulg

9. 8 cm, 11 cm, 16 cm **10.** 14 pulg, 50 pulg

11. 2 pesetas, 6 monedas de 10

12. 20 monedas de 10, 10 monedas de 5

13. 84 metros

14. Ancho = 24 m, largo = 64 m

15. Largo = 45 cm, ancho = 11 cm

Sección 5-4

1.

	¿Función?	Dominio	Campo de valores
a	Sí	$\{1, 2, 3, 4, 5\}$	$\{5, 7, 9, 11, 13\}$
b	No		
c	Sí	$\{1, 2, 3\}$	$\{2, 3, 4\}$
d	No		
e	Sí	$\{5, 7, 9, 11\}$	$\{2\}$
f	Sí	$\{0, 1, 2, 3, 4\}$	$\{1, 0, 2\}$
g	Sí	$\{0, 1, 2, 3, 4, 5\}$	$\{0, 1, 2, 3, 4, 5\}$

2. f: $\{(0,5), (1,8), (2,11), (3,14), (4,17), (5,20)\}$.
CV: $\{5, 8, 11, 14, 17, 20\}$.

3. **a.** $f(n) = n^2 - 2$ **b.** $g(x) = 3|x|$

4. **a.** 2 **b.** -14 **c.** 1 **d.** $4 - 2a^2$
e. $4 - 2(a+2)^2$ **f.** -1 **g.** $-\frac{3}{2}$ **h.** $6 - 2a^2$
i. 12 **j.** $-\frac{1}{2}$

5. **a.** 3 **b.** -4 **c.** 0 **d.** $-\frac{4}{3}$

6. $A = l\left(\frac{1}{3}l\right) = \frac{1}{3}l^2$ unidades cuadradas

7. $P = 4x$ unidades

Sección 5-5

1.

a.

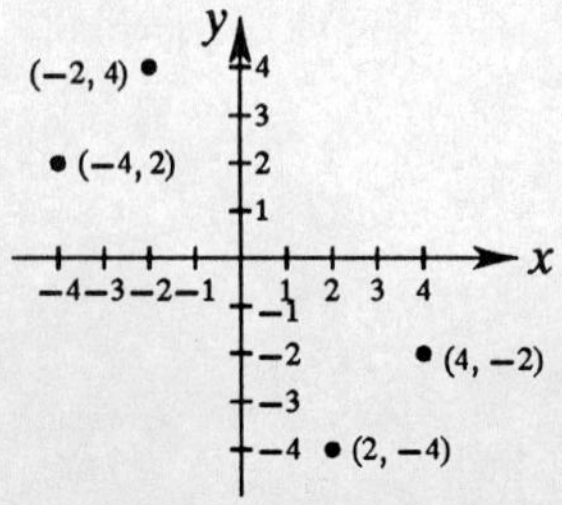

b.

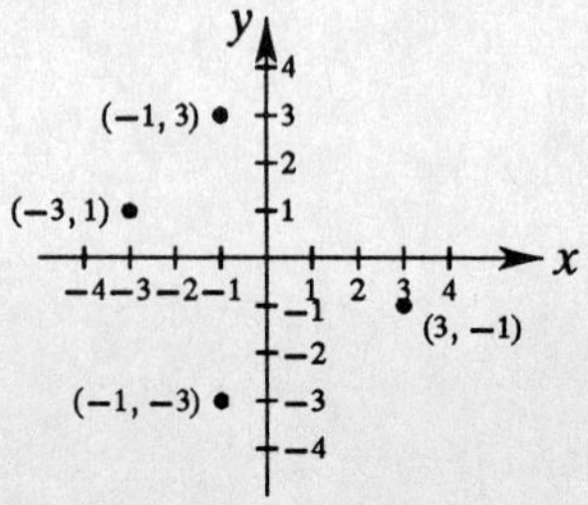

c.

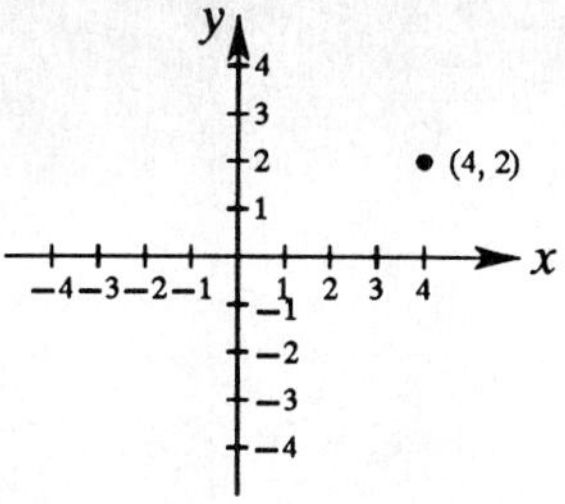

d.

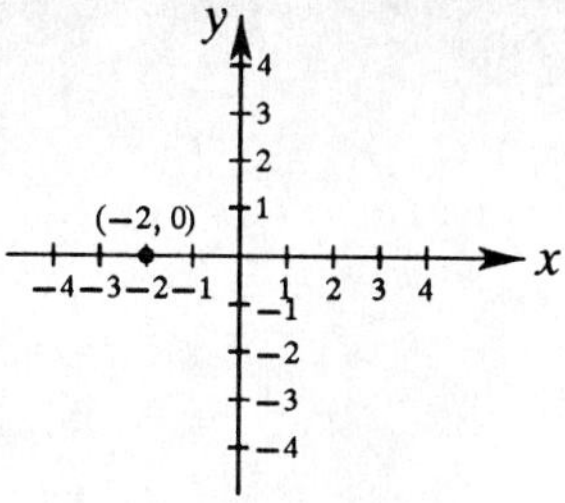

e.

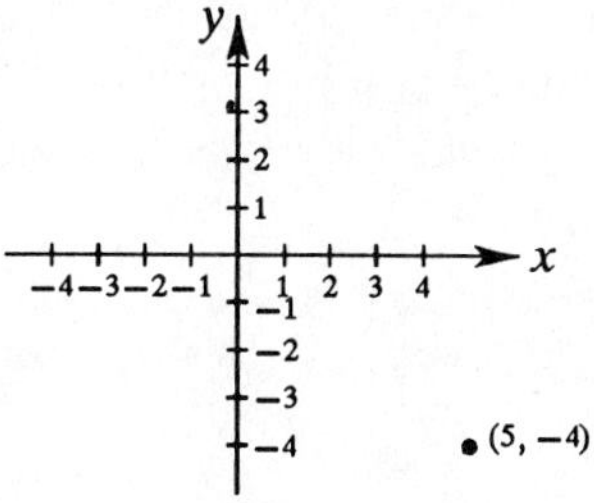

f.

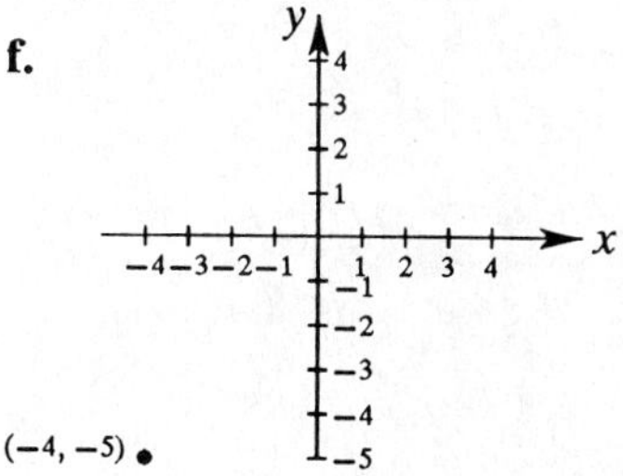

2. $A(-3,4)$, $B(2,-2)$, $C(-2,1)$, $D(-4,-3)$, $E(0,3)$, $F(2,4)$, $G(4,0)$

3.

	Punto simétrico respecto a		
	eje de y	eje de x	origen
a	$(2,-1)$	$(-2,1)$	$(2,1)$
b	$(-3,-2)$	$(3,2)$	$(-3,2)$
c	$(4,1)$	$(4,-1)$	$(4,-1)$
d	$(1,-1)$	$(-1,1)$	$(1,1)$
e	$(-3,0)$	$(3,0)$	$(-3,0)$
f	$(0,4)$	$(0,-4)$	$(0,-4)$
g	$(1,0)$	$(-1,0)$	$(1,0)$
h	$(0,0)$	$(0,0)$	$(0,0)$

Sección 5-6

1. **a.** No corta el eje de abscisas; $(0,4)$ **b.** $\left(\frac{2}{3},0\right)$, $(0,-2)$

c. $\left(\frac{2}{3},\ 0\right)$, $(0,2)$ **d.** $(0,0)$ **e.** $(0,0)$ **f.** $\left(-\frac{4}{3},0\right)$, $(0,4)$

g. $\left(\frac{1}{2},\ 0\right)$, $(0,-1)$ **h.** $(0,0)$

2. **a.** Sí **b.** Sí **c.** Sí **d.** No **e.** No **f.** Sí **g.** Sí **h.** Sí

3.

a.

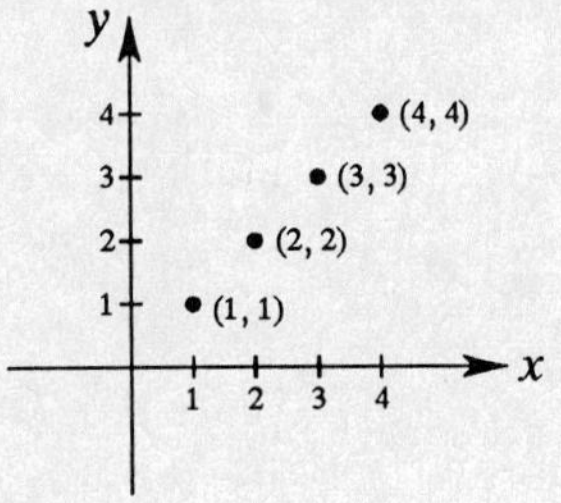

Tiene infinitos puntos aislados

b.

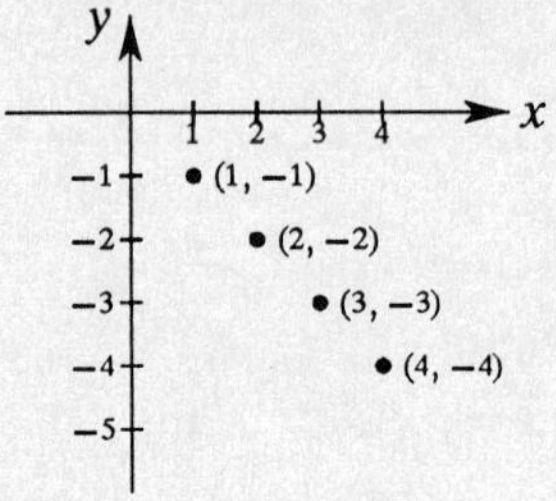

Tiene infinitos puntos aislados

c.

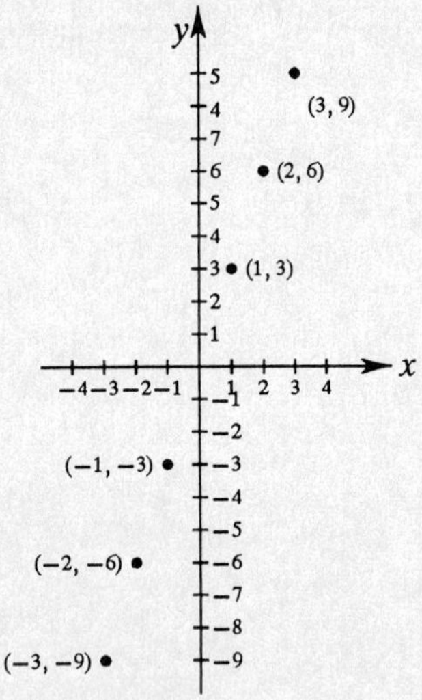

d.

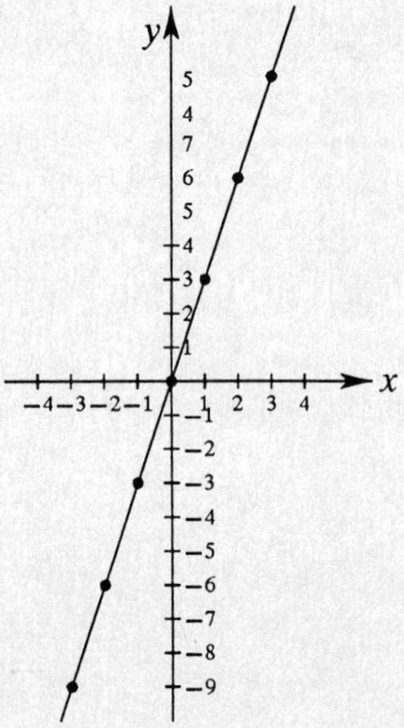

e.

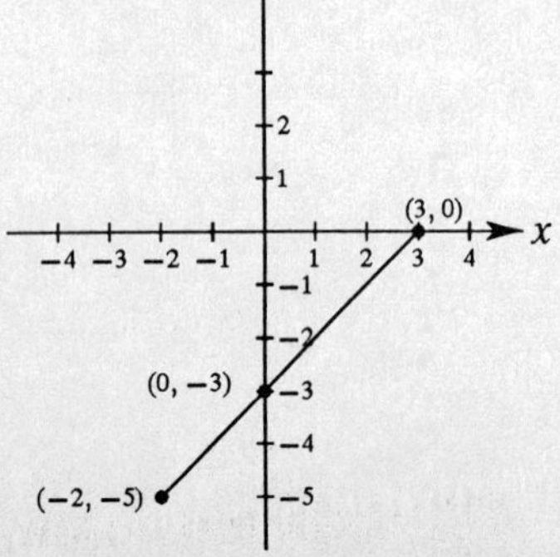

f.

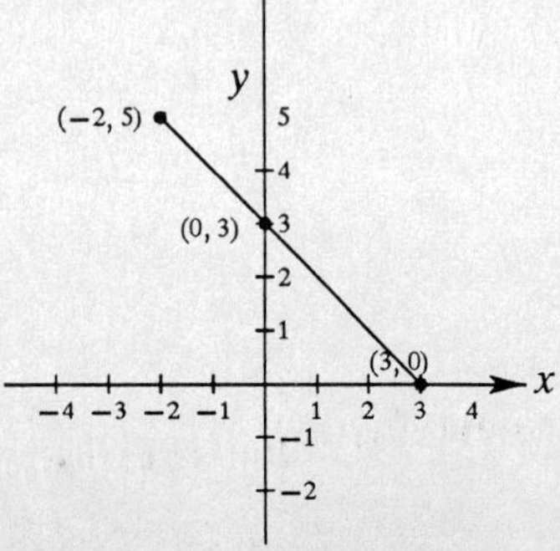

g.

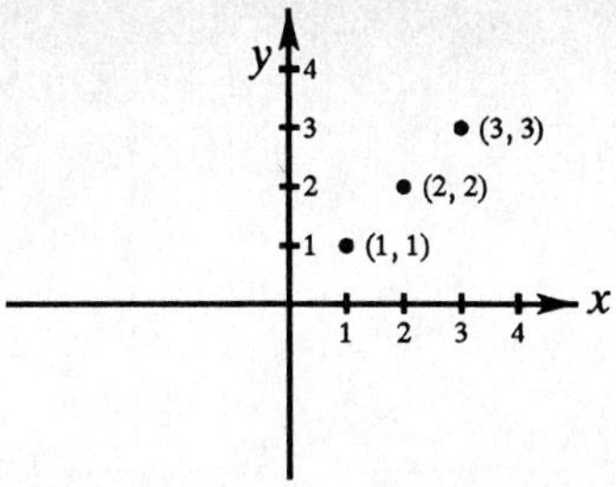

Tiene infinitos puntos aislados

h.

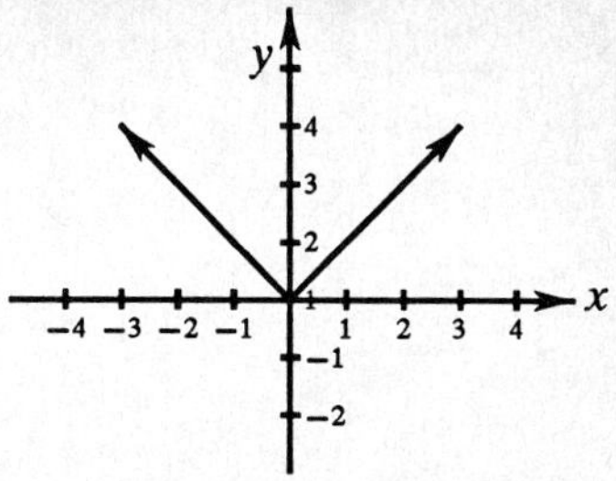

i.

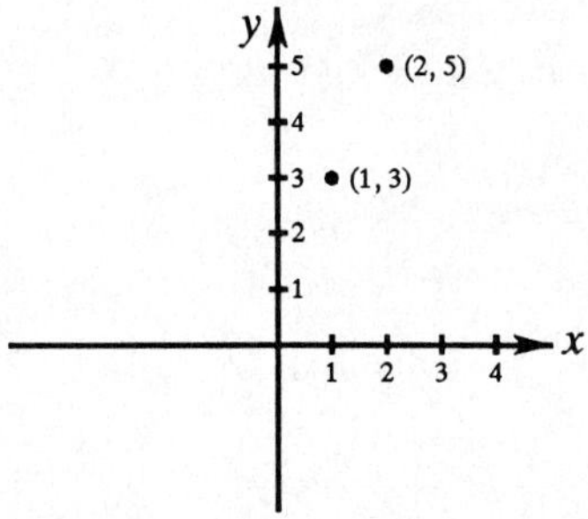

Tiene infinitos puntos aislados

j.

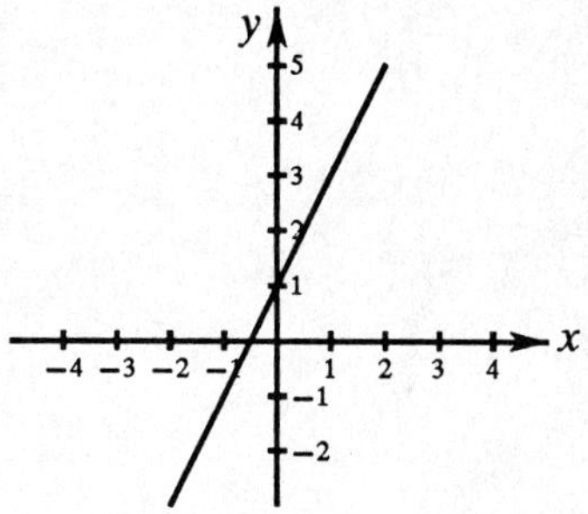

k.

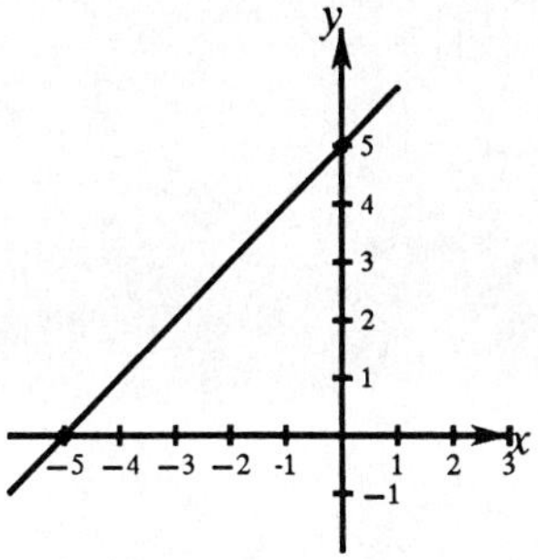

l.

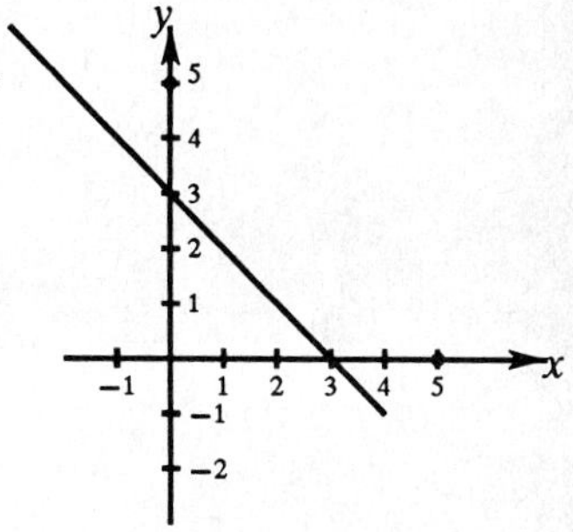

m.

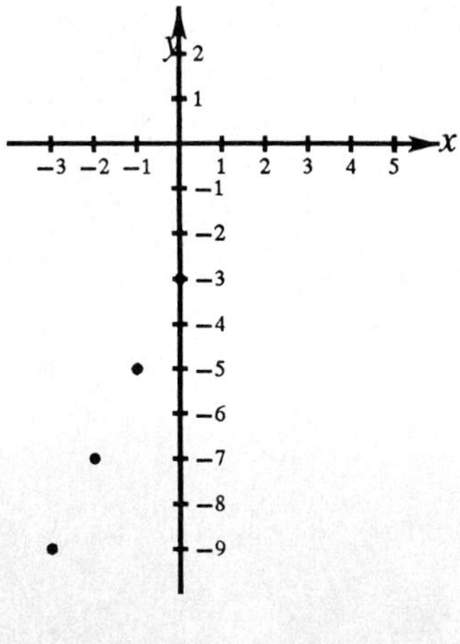

n.

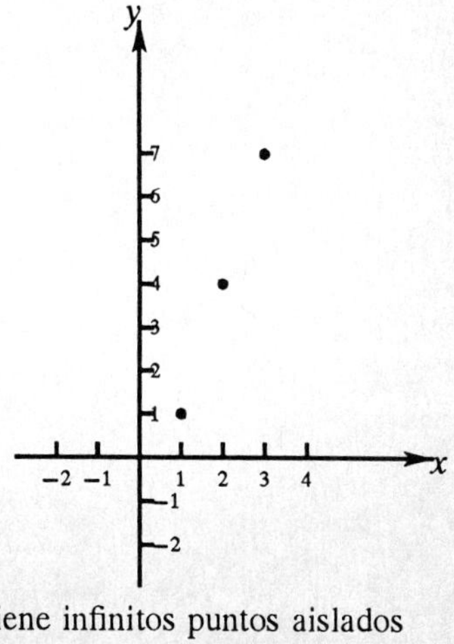

Tiene infinitos puntos aislados

o.

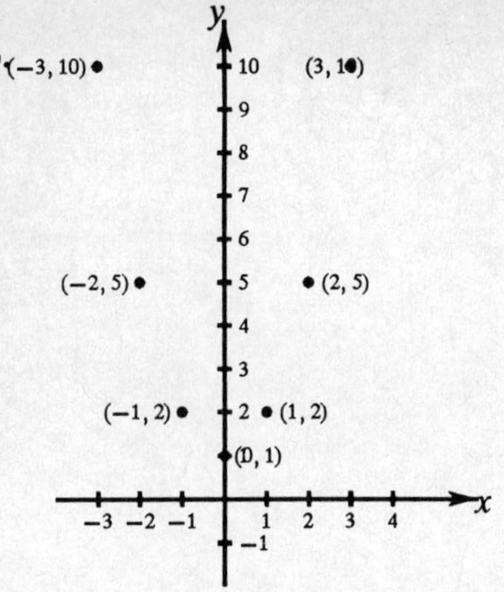

p.

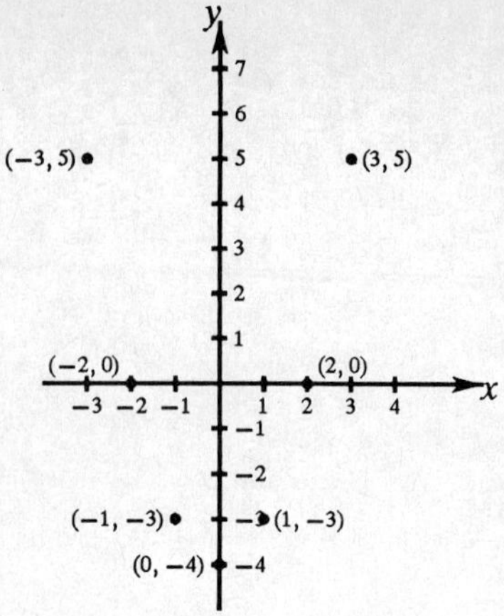

Ejercicios de repaso del capítulo 5

1. **a.** $2a + 3$ **b.** $b^2 - 1$ **c.** $\frac{1}{3}(2x)$ **d.** $5k^2$
e. $(5k)^2$ **f.** $a^2 - b^2$ **g.** $(a - b)^2$ **h.** $168x$
i. $2b^2 - 3$ **j.** $12n$ **k.** $3n$ **l.** $d + 5$

2. **a.** 5 **b.** $\frac{14}{3}$ **c.** 188 **d.** 94 **e.** 66
f. 7 **g.** −6 **h.** −9 **i.** $\frac{37}{3}$ **j.** 13

3. **a.** Identidad **b.** Condicional **c.** Identidad **d.** Identidad
e. Identidad **f.** Identidad **g.** Identidad **h.** Condicional

4. **a.** $\{-1\}$ **b.** $\{7\}$ **c.** $\{72\}$ **d.** $\{8\}$
e. $\left\{\frac{1}{6}\right\}$ **f.** $\{-1.5\}$ **g.** $\{6\}$ **h.** $\{4\}$
i. $\{200\}$ **j.** $\{48\}$ **k.** $\left\{\frac{2}{3}\right\}$ **l.** $\{3\}$
m. $\{-9\}$ **n.** $\{6\}$

5. **a.** $x + x + 1 + x + 2 = 75$: 24, 25, 26
b. $x + x + 195 = 625$: \$215 un instrumento, \$410 el otro
c. $x + x + 440 + x + 440 + 440 = 6600$: 1760 yd
d. $x + x + 1 + x + 2 + x + 3 = 262$: 64, 65, 66, 67
e. $b + 2b + 3b - 5 = 61$: la base mide 11 cm, un lado mide 22 cm y el otro lado mide 28 cm

6. Representan una función: a, d, f

7.

	Dominio	Campo de valores
a	$\{-2,-1,0,1,2\}$	$\{2,1,0\}$
b	$\{1,3,5,-1\}$	$\{2,4,0\}$
c	$\{2,4,5\}$	$\{1,3\}$
d	$\{2,4,-2,3\}$	$\{5,6,4\}$

8. **a.** $f(c) = 3c$ **b.** $P(a) = 2a + 24$.

9. Algunos de los pares ordenados son:

a. f: $(-2,-12),(-1,-6),(0,0),(1,6),(2,12)$

b. g: $(-2,-15),(-1,-11),(0,-7),(1,-3),(2,1)$

c. h: $(-1,4),(0,3),(1,2),(2,1),\left(\frac{1}{2},\frac{5}{2}\right)$

d. G: $(0,-3),(1,-2),(2,1),\left(\frac{1}{2},-\frac{11}{4}\right),\left(\frac{2}{3},-\frac{23}{9}\right)$

e. H: $(-2,7),(-1,4),(0,3),(1,4),(2,7)$

f. P: $(-2,6),(-1,1),(0,0),(1,-3),(2,-14)$

g. F: $(-2,2),(-1,2),(0,2),(1,2),\left(\frac{1}{2},2\right)$

h. P: $(-2,-1),(-1,-1),(0,-1),(1,-1),\left(\frac{2}{3},-1\right)$

10. **a.** -6 **b.** 1 **c.** $\dfrac{2}{3}$ **d.** Todo número real pertence al dominio

e. $-\dfrac{1}{2}$ **f.** $1, -1$

11. **a.** $\{y \in \mathbb{R} | y \text{ es par}\}$

b. $\{F(x) \in \mathbb{R} | F(x) \text{ es par positivo o cero}\}$

c. $\{g(x) \in \mathbb{R} | g(x) \text{ es impar}\}$

d. $\left\{\frac{1}{2}\right\}$

e. $\{h(x) \in \mathbb{R} | h(x) \text{ es entero}\}$

f. $\{H(x) \in \mathbb{R} | H(x) \text{ es el cuadrado de un entero}\}$

12. **a.** 23 **b.** $-\dfrac{5}{9}$ **c.** 8 **d.** $\dfrac{9}{2}$

e. $\dfrac{15}{4}$ **f.** 12 **g.** $a + 6$ **h.** $c^2 + 5c + 9$

i. $\dfrac{3}{2}b + \dfrac{5}{2}$ **j.** $\dfrac{15}{2}$

13.

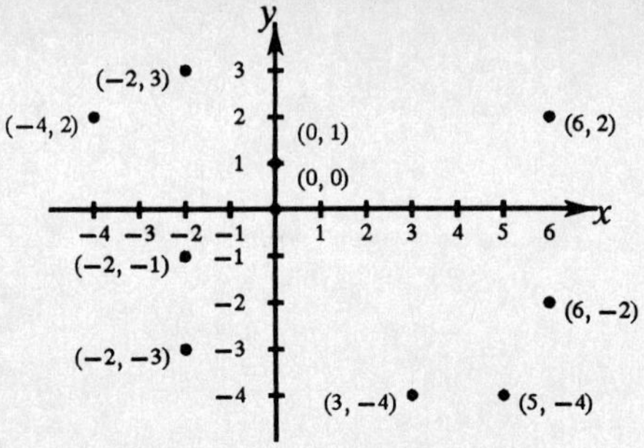

14. **a.** 1er **b.** 3er **c.** 4to **d.** 2do **e.** 3er **f.** 1er

15. **a.** Al eje de x **b.** Al origen **c.** Al eje de y
d. Al eje de x **e.** Al eje de y **f.** Al origen

16. $A(-3,3)$ $B(0,2)$ $C(3,0)$ $D(-2,-1)$ $E(2,-3)$
$F(1,1)$ $G(1,-1)$ $H(-2,1)$ $I(1,3)$

17.

a.

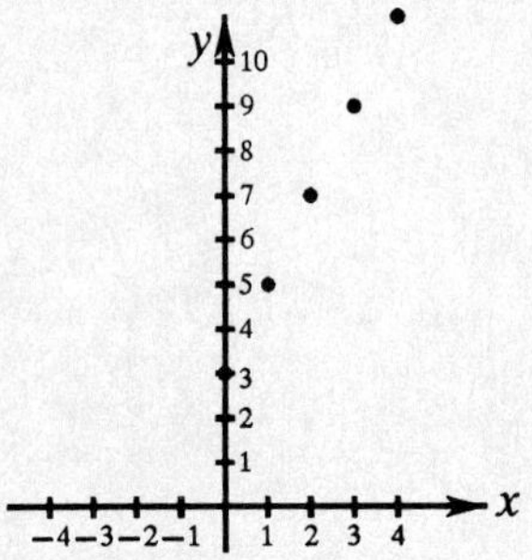

$f(x) = 2x + 3,\ D = \{0, 1, 2, 3, 4\}$

b.

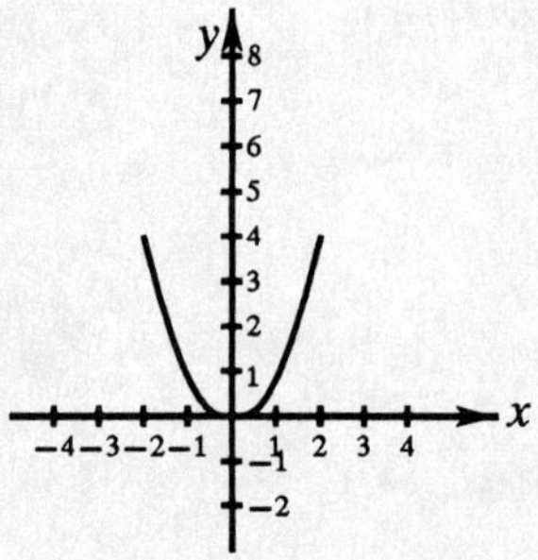

$f(x) = x^2,\ D = \mathbb{R}$

c.

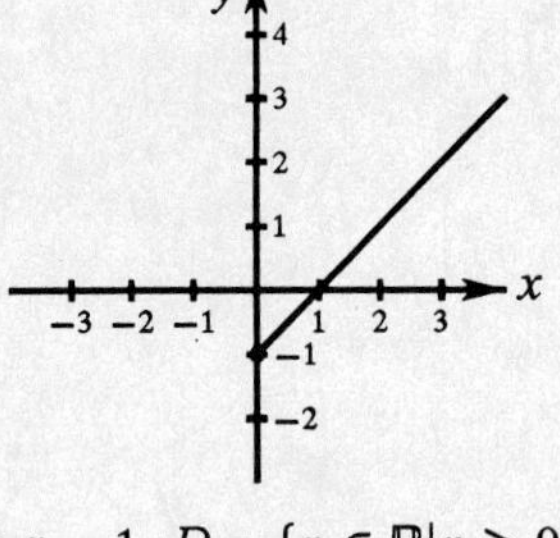

$f(x) = x - 1,\ D = \{x \in \mathbb{R} | x \geq 0\}$

d.

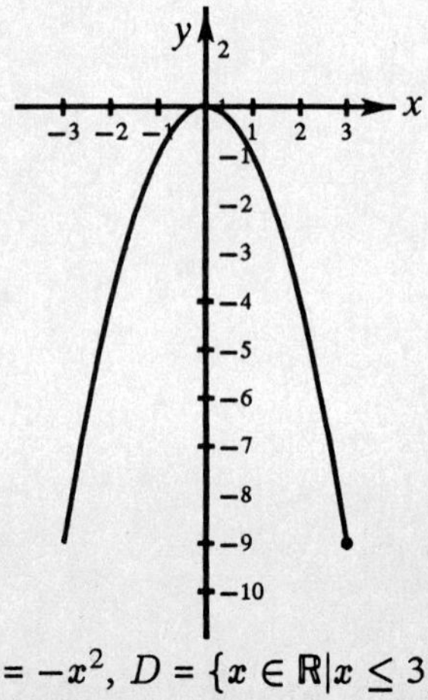

$f(x) = -x^2,\ D = \{x \in \mathbb{R} | x \leq 3\}$

e.

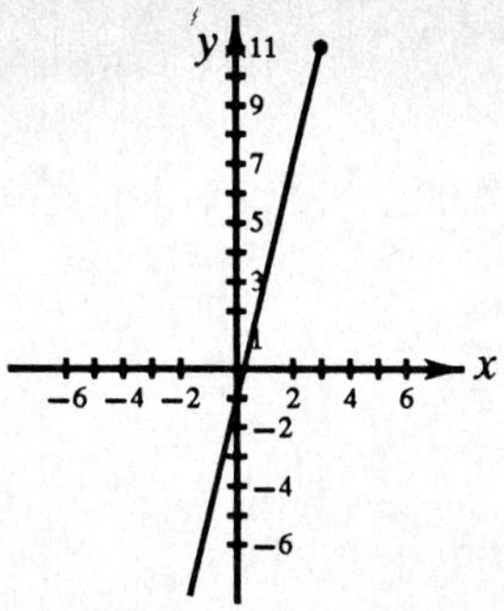

$f(x) = 4x - 1,\ D = \{x \in \mathbb{R} | x \leq 3\}$

18. **a.** No corta el eje de x; (0, 3) **b.** $(0,0);(0,0)$
c. $(1,0);(0,-1)$ **d.** $(0,0);(0,0)$ **e.** $\left(\frac{1}{4},0\right),(0,-1)$

19. **a.** No **b.** Sí **c.** Sí **d.** No **e.** Sí **f.** Sí

Capítulo 6

Sección 6-1

1. **a.** 50 **b.** -20 **c.** .00243 **d.** 10^{20}
e. 2^7x^{14} **f.** $2x^{14}$ **g.** $-y^{15}$ **h.** $9t^6y^4$
i. $-3t^6y^2$ **j.** 5^6t^9 **k.** $81t^{12}$ **l.** $-81t^{16}$
m. $-3t^{20}$ **n.** $-3t^{10}z^5$ **o.** $5^4x^{12}y^8$ **p.** $3^{12}x^6y^{18}$
q. $64x^{18}y^{15}$ **r.** $4x^{12}y^6$ **s.** $-4x^2y^3z^9$ **t.** $256x^8y^4z^{12}$

2. **a.** $\frac{27x^3}{64}$ **b.** $\frac{15^4x^8y^4}{z^4}$ **c.** $-64x^{12}$ **d.** $\frac{-125x^6y^9}{27z^3}$
e. $\frac{16x^4y^8}{81z^4t^8}$ **f.** $\frac{81x^{12}y^4}{z^{16}}$ **g.** $\frac{3^7x^{14}}{y^{21}}$ **h.** $\frac{-5^4y^4}{t^2x^4}$
i. $\frac{5^3x^3y^6}{t^3z^6}$ **j.** $\frac{-8x^3y^9}{27z^9t^6}$

3. **a.** 2 **b.** 1 **c.** x **d.** $2x$
e. -2 **f.** 1 **g.** $\frac{4}{3}$ **h.** $\frac{16}{9y^4}$
i. $\frac{4x^2}{3}$ **j.** $81x^8y^4$ **k.** -1 **l.** $-3x^2$
m. -3 **n.** 1 **o.** $-3z^4$ **p.** $-z^4$
q. $4x$ **r.** $\frac{x^2y^4}{3}$

4. a. $\frac{1}{36}$ b. $\frac{1}{4x^2}$ c. $\frac{2}{x^2}$ d. $\frac{x}{8}$
e. 1 f. $\frac{25}{9}$ g. $-\frac{8}{9}$ h. $\frac{x^2}{4y^4}$
i. $\frac{2x^2}{y^4}$ j. $\frac{2}{xy^4}$ k. $\frac{y^3}{8x^9}$ l. 3
m. 1 n. $\frac{y}{3t^2}$ o. $\frac{2t}{3x^2}$ p. $\frac{4}{3t^2x^2}$
q. $\frac{x^2}{3y^2}$ r. $\frac{3x^2y^2}{2}$ s. $\frac{16x^2y^4z^2t^4}{9}$ t. $\frac{2ty}{3xz^2}$
u. $\frac{5^2 3^2 y^2 t^4}{z^4}$

5. a. $\frac{5}{8}$ b. $\frac{4}{27}$ c. $\frac{16}{81}$ d. $\frac{4}{3}$
e. $\frac{3^8-1}{3^4}$ f. 1 g. $\left(\frac{26}{25}\right)^2$ h. $\frac{3}{16}$
i. $\frac{85}{81}$ j. 1052

Sección 6-2

1. a. 5^5 b. x^{10} c. $-3x^5y^2$ d. $-25x^2y^9$
e. $\frac{4}{3}x^{10}y^8z^6$ f. $-\frac{1}{3}x^4y^6z^5$ g. $4x^6t^8$ h. $-27x^4y^{10}$
i. $-x^7y^{14}$ j. $-\frac{3^2x^{12}y^{12}}{4^3}$

2. a. 4^2 b. $\frac{1}{6^3}$ c. $\frac{1}{5^2x^4}$ d. $3^2x^6y^8$
e. $\frac{z^3}{y^2}$ f. $\frac{x^2}{2}$ g. x^2 h. $\frac{1}{3^{10}}$
i. $\frac{2^{12}5^2}{3^{10}}$ j. $\frac{1}{4^5}$

Sección 6-3

1. a. x^2 b. -3 c. 5^2 d. x^2 e. $\frac{x^4}{4y^6}$
f. $\frac{y^5}{49x^5}$ g. $\frac{m^9}{n^{13}}$ h. $\frac{3^4x^{12}}{4y^{22}}$ i. $\frac{1}{3^3x^6y^6}$ j. $\frac{3}{5^2}$

2. a. $\frac{25}{3}$ **b.** 24 **c.** $\frac{1}{8}$ **d.** 16 **e.** $\frac{1}{3xy^7}$ **f.** $\frac{1}{16x^2}$

g. $\frac{5^5}{x^2y}$ **h.** $\frac{1}{5^2x^4}$ **i.** $-\frac{3^5y^9}{x^3}$ **j.** $\frac{1}{5x^7y^4}$ **k.** $-\frac{y^8}{2^7}$ **l.** $\frac{1}{5^{14}2}$

m. $\frac{y^2}{25x}$ **n.** $\frac{2^8}{3^{13}}$ **o.** $\frac{-2^6}{x^3y^3}$ **p.** $\frac{x^2y^2}{9}$ **q.** $\frac{25}{xz^3}$ **r.** $\frac{x^2}{y^4}$

Sección 6-4

1. a. i. $\left(\frac{17}{72}\right)^3$ **ii.** $\frac{3^3}{4^3}$ **iii.** -1

b. i. $\frac{5833}{8}$ **ii.** 91 **iii.** $\frac{-511}{64}$

c. i. $-\frac{7}{144}$ **ii.** 9 **iii.** 16

d. i. 144 **ii.** 9 **iii.** 16

e. i. 136 **ii.** 13 **iii.** 13

f. i. 16 **ii.** 49 **iii.** 49

g. i. $-\frac{8^3}{3^3}$ **ii.** 8 **iii.** 7^3

h. i. $3^9 - 1$ **ii.** $\frac{7}{64}$ **iii.** $\frac{63}{2^9}$

i. i. -35 **ii.** -9 **iii.** $\frac{9}{8}$

j. i. -1 **ii.** 8 **iii.** 64

2. a. $(-5)^3 + 8^3 > (-5 + 8)^3$ **b.** $(-7 - 4)^2 > (-7)^2 - 4^2$

c. $5^2 - 3^2 > (5 - 3)^2$

3. a. $n = 5$ **b.** $n = 4$ **c.** $n = -2$ **d.** $n = -\frac{3}{2}$ **e.** $n = 0$

f. $n = -\frac{5}{2}$ **g.** $n = 4$ **h.** $n = 1$

Sección 6-5

1. a. $(64)^{1/3}$ **b.** $(625)^{1/4}$ **c.** $7^{1/3}$ **d.** $40^{1/5}$ **e.** $\left(x^3y\right)^{1/3}$

f. $5^{1/2}$ **g.** $3^{1/2}$ **h.** $100^{1/6}$ **i.** $16^{1/4}$ **j.** $64^{1/5}$

2. a. $\sqrt[4]{3}$ **b.** $\sqrt[4]{81}$ **c.** $\sqrt{x}$ **d.** $\sqrt[4]{x^3y^2}$ **e.** $\sqrt[4]{4x^4y^2}$

f. $\sqrt[3]{64}$ **g.** $\sqrt[4]{100}$ **h.** $\sqrt[6]{xy^4}$ **i.** $\sqrt{25x^2y}$ **j.** $\sqrt[3]{64x^4y^3}$

3. a. 3 **b.** 6 **c.** -3 **d.** 4 **e.** $3|x|$

f. $2x^2$ **g.** $-3x$ **h.** $7x^2\sqrt{2}$ **i.** $5x^2\sqrt{5}$ **j.** $4x^2$

4. **a.** 35 **b.** 24 **c.** $4x^2y$ **d.** $2xy^2$ **e.** $xy\sqrt[3]{x^2}$
f. xy^2 **g.** $\frac{3}{4}$ **h.** $\frac{3}{4}$ **i.** $\frac{7}{10}$ **j.** 40
k. $\frac{5x^2}{2y}$ **l.** $xy\sqrt[3]{x^2y}$ **m.** $2xy^2\sqrt{2x}$ **n.** $xy^2\sqrt[3]{x^2}$

5. **a.** $x^{7/6}$ **b.** x^2 **c.** $(xy)^{4/5}$ **d.** $(x^2y)^{3/4}$ **e.** $\frac{-2}{xy}$
f. $-2xy^2$ **g.** $3^4x^8y^3$ **h.** $x^3y^{9/2}$ **i.** $\frac{1}{x^{1/3}}$ **j.** $\frac{1}{5^{1/6}}$

Ejercicios de repaso del capítulo 6

1. **a.** 9 **b.** −64 **c.** −8 **d.** 9 **e.** −8
f. 16 **g.** 2.25 **h.** 343 **i.** 16 **j.** 625

2. **a.** $16a^2$ **b.** $\frac{8}{27}$ **c.** $\frac{49}{m^2}$ **d.** x^8 **e.** $-8x^3$
f. $4x^2y^6$ **g.** $-8x^6$ **h.** $\frac{16x^2}{y}$ **i.** $\frac{16x^2}{y^2}$ **j.** $4x^{14}y^6$

3. **a.** 2^8a^{11} **b.** $-\frac{xy^2}{4}$ **c.** $2x^3y^4$ **d.** $4y^{10}x$ **e.** $4x^2$
f. $64y^8$ **g.** $3a^2x$ **h.** $-8r^2s$ **i.** $108a^5b^6$ **j.** $\frac{s^2t^3}{2}$

4. **a.** 1 **b.** 1 **c.** 2 **d.** −24 **e.** $-4x$
f. 1 **g.** 1 **h.** y^3 **i.** 1 **j.** 1

5. **a.** $\frac{1}{3^6}$ **b.** $\frac{1}{5^4}$ **c.** $\frac{1}{(-5)^2}$ **d.** $-\frac{1}{3^2}$ **e.** $-\frac{1}{a}$
f. $\frac{1}{(0.1)^3}$ **g.** $-\frac{1}{a^3}$ **h.** $-\frac{1}{(0.3)^2}$

6. **a.** $\frac{1+a}{a}$ **b.** $\frac{1}{100}$ **c.** $-14x^4$
d. a^2 **e.** $\frac{27}{4}x^2y^4$ **f.** 5^{19}
g. $4x^2$ **h.** a^5 **i.** $16x^4$
j. $\frac{1}{3}$

7. **a.** 1 **b.** −1 **c.** 9
d. −9 **e.** −27 **f.** −32

8. **a.** $\frac{8^3}{3}$ **b.** $\frac{1}{4}$ **c.** $\frac{63}{32}$
d. $\frac{1}{3}$

9. **a.** $\frac{1}{2^3 \cdot 3^8}$ **b.** $3 \cdot 5^6$ **c.** $\frac{1}{256}$

d. 8^3 **e.** $\frac{9}{82}$ **f.** $3^2 \cdot 5^6$

10. **a.** $n = 3$ **b.** $n = -4$ **c.** $n = 2$

d. $n = 5$ **e.** $n = -10$ **f.** $n = 3$

11. **a.** x^{12} **b.** a^{4n} **c.** $-a^6$

d. $\frac{x^7}{y^7}$ **e.** r^2s^4 **f.** $\frac{32}{9}$

g. $\frac{1}{c^{10}}$ **h.** $\frac{1}{4y^{10}x^2}$ **i.** $-81c^4d^{17}$

j. $\frac{2}{x}$ **k.** $-128x^9$ **l.** $\frac{1}{8a^3}$

12. **a.** 8 **b.** $7x^2$ **c.** $3x^2y$

d. $2x\sqrt[5]{x}$ **e.** $3|x|y\sqrt[4]{y}$ **f.** $4x^3y^4$

13. **a.** $x^2\sqrt{x}$ **b.** xy **c.** x

d. x^8y^7 **e.** $\frac{4\sqrt[9]{x^7}}{9x}$ **f.** $5\sqrt[3]{5}$

Capítulo 7

Sección 7-1

1. Son polinomios: *a, b, c, e, f, g, j*

a. Grado 2 **b.** Grado 2 **c.** Grado 10

e. Grado 6 **f.** Grado 4 **g.** Grado 0 **j.** Grado 8

2. **a.** Grado 1, $a_1 = 5$, $a_0 = 2$

b. Grado 4, $a_4 = 6$, $a_3 = a_2 = 0$, $a_1 = -2$, $a_0 = -5$

c. Grado 0, $a_0 = -8$

d. Grado 20, $a_{20} = 4$, $a_{10} = 2$, $a_0 = -7$, $a_{19} = \ldots = a_{11} = a_9 = \ldots = a_1 = 0$

e. Grado 3, $a_3 = 1$, $a_2 = \sqrt{3}$, $a_1 = -\sqrt{3}$, $a_0 = 0$

f. Grado 4, $a_4 = \frac{2}{3}$, $a_3 = a_2 = a_1 = a_0 = 0$

g. Grado 3, $a_3 = 5$, $a_2 = 0$, $a_1 = -2$, $a_0 = 1$

h. Grado 8, $a_8 = 4$, $a_7 = a_6 = \ldots = a_0 = 0$

i. Grado 2, $a_2 = 1$, $a_1 = 0$, $a_0 = -4$

j. Grado 6, $a_6 = 0.25$, $a_5 = a_4 = a_3 = a_2 = a_1 = 0, a_0 = 3.15$

3.

	Forma general	Grado	Coeficientes
a	$x^3 + 5x^2 - 8x - 1$	3	$a_3 = 1,\ a_2 = 5,\ a_1 = -8,\ a_0 = -1$
b	$-2x^5 + 3x^4 + x^3 - x$	5	$a_5 = -2,\ a_4 = 3,\ a_3 = 1,\ a_2 = a_0 = 0,$ $a_1 = -1$
c	$-y^6 + y^4 - y^2 - 4$	6	$a_6 = -1,\ a_5 = a_3 = a_1 = 0,$ $a_4 = 1,\ a_2 = -1,\ a_0 = -4$
d	$\sqrt{2}x^3 - 3x^2 - x$	3	$a_3 = \sqrt{2},\ a_2 = -3,\ a_1 = -1,\ a_0 = 0$
e	$t^3 + 1.5t - 8$	3	$a_3 = 1,\ a_2 = 0,\ a_1 = 1.5,\ a_0 = -8$
f	y^7	7	$a_7 = 1,\ a_6 = a_5 = \ldots = a_0 = 0$
g	4	0	$a_0 = 4$
h	$-x^5 + \frac{1}{4}x^3 - \frac{1}{3}x^2 + \frac{1}{2}x$	5	$a_5 = -1,\ a_4 = a_0 = 0,\ a_3 = \frac{1}{4},$ $a_2 = -\frac{1}{3},\ a_1 = \frac{1}{2}$
i	$7x^6 + 9x^5 - 6x^3 - 8^2$	6	$a_6 = 7,\ a_5 = 9,\ a_4 = a_2 = a_1 = 0,$ $a_3 = -6,\ a_0 = -8^2$
j	$5z^2 + 4z - \sqrt{2}$	2	$a_2 = 5,\ a_1 = 4,\ a_0 = -\sqrt{2}$

4. a. $a = 8,\ b = 5,\ c = 3$ **b.** $a = \frac{1}{2},\ b = 15,\ c = 0,\ d = 3,\ e = 0$

5. a. i. -77 **ii.** 11 **iii.** -16 **iv.** -2 **v.** -1 **vi.** $-11/8$

b. i. -35 **ii.** -19 **iii.** -27 **iv.** -91 **v.** 37 **vi.** -26

Sección 7-2

1. a. Sí **b.** Sí **c.** No **d.** No

2. a. $12x^2 + 12x - 12$ **b.** $6x^3 + 2x^2 + 2x - 2$ **c.** $2x^2$

d. $x^2y + y^2$ **e.** $2x + 2y - 3z$

3. a. $x^2 - 5x + 2$ **b.** $x^2 + 1$ **c.** $5x^3 - 6x^2 - 7x + 10$

d. $2x^3 + 2x^2 - 4x - 2$ **e.** $6x^3 - 10x^2 - x$

4. a. $12 - x$ **b.** $-2x + 10$

c. $10x^2 - 8x + 7$ **d.** $3x^3$

e. $-x^5 + x^4 + 4x^3 - x^2 - x$ **f.** $\frac{1}{3}x^3 + \frac{7}{4}x^2 + \frac{8}{3}x$

g. $x^3 - 17$ **h.** $\frac{2}{3}x + \frac{7}{2}y + 10$

i. $12x - 2$ **j.** $2x^2 + 5x - \frac{27}{5}$

k. $10x^2y^2 + xy + 2x^2 + 2y^2$ **l.** $-6x - 4y + 4xy + 2$

m. $-4x^2 + 4x - 3$

5. a. $(2x^3 + 14x^2 + 6)$ cm **b.** $(45x - 8)$ cm **c.** $(28 - 16x)$ cm

Sección 7-3

1.

a. $20x^3$

b. $-2x^4y^3$

c. $4x^4 - 8x^3 + 4x^2$

d. $28x^5y - 14x^4y^3 + 7x^2y^4$

e. $-10x^5y^3 - 20x^4y^5 + 5x^2y^6 - 25x^2y^3$

f. $-\frac{2}{3}x^5y^2 + \frac{2}{3}x^2y^4 - \frac{2}{9}x^2y^2$

g. $6x^3 - 3x^2 - 45x$

h. $-5x^4y^5 + \frac{5}{2}x^5y^4 - 15x^5y^3 + 10x^3y^5$

i. $2x^4 + 7x^3 - 19x^2 + 18x - 18$

j. $-8x^4 + 28x^3 - 48x^2 + 46x - 10$

k. $6x^6 - 13x^4 + 5x^2 - 6$

l. $y^4 - 8y^3 - 13y^2 + 128y - 48$

m. $y^3 - 6y^2 + 8y$

n. $2x^3 + 2x^2y - 24xy^2$

o. $3x^3 + 8x^2y - y^3$

p. $3x^3 - 8x^2y + y^3$

q. $x^2 + y^2 + z^2 + 2xy - 2xz - 2yz$

Sección 7-4

1. a. $25 - 10x + x^2$

b. $4x^2 + 4xy + y^2$

c. $4x^2 + 12xy + 9y^2$

d. $x^2 - 4x + 4$

e. $16 - 24x + 9x^2$

f. $x^4 + 8x^2 + 16$

g. $25x^2 - 20x + 4$

h. $25 - 4x^2$

i. $x^4 - 16$

j. $x^2 - xy - 6y^2$

k. $2x^2 - 11x + 5$

l. $20x^2 - 43x + 14$

m. $3x^2 - 7x - 20$

n. $x^4 - 18x^2 + 81$

o. $625x^4 - 200x^2 + 16$

p. $81x^4 - 288x^2 + 256$

2.

a. $81x^4 - y^4$

b. $16x^4 - 200x^2 + 625$

c. $256x^4 - 288x^2y^2 + 81y^4$

d. $16x^5 - 16x^4 - 32x^3 + 32x^2 + 16x - 16$

e. $49x^3 - 25xy^2 - 49x^2y + 25y^3$

f. $256x^4 - 288x^2y^2 + 81y^4$

g. $2x^3 - 7x^2 + 6x$

h. $x^4 - 1$

i. $x^4 - 256$

j. $27x^3 - y^3$

k. $x^3 + 8y^3$

l. $x^6 - 64y^6$

m. $x^3 - 1$

n. $x^6 + y^6$

o. $x^{12} - y^{12}$

p. $x^{16} - 256$

Sección 7-5

1. a. $3y - 4$

b. $-2x^5 + 4x^3 - x$

c. $4x^2 + 6x$

d. $-3y^3 + 2y - 1$

e. $-3x^4 + 4x^3 - 2x^2$

f. $4x^2y - 3y^2 + 2x$

2.

	Cociente	**Residuo**
a.	$x - 3$	0
b.	$x + 2$	0
c.	$3x^2 + 4x + 6$	16
d.	$x^2 + 3x + 13$	36
e.	$5x^2 + 2x + 1$	2
f.	$y^3 - 2y^2 + 5y - 10$	4
g.	$x^2 - 3x + 9$	$-22x - 5$
h.	$x + 3$	0
i.	$x^2 - 1$	$-5x + 7$
j.	$2x^2 - \frac{1}{2}x + \frac{1}{4}$	$-\frac{17}{4}$

3. a. $(2)^3 - 8 = 0$, que es igual al residuo al dividir $x^3 - 8$ entre $x - 2$. Como el residuo es cero, $x - 2$ es factor de $x^3 - 8$

b. $(-6)^2 - 2(-6) - 13 = 36 + 12 - 13 = 35$
El residuo al dividir $x^2 - 2x - 13$ entre $x + 6$ es 35. Como el residuo no es cero, $x - 6$ no es factor de $x^2 - 2x - 13$

c. $4(1)^3 - 24(1)^2 + 17(1) + 15$. $4 - 24 + 17 + 15 = 12$
El residuo al dividir $4x^3 - 24x^2 + 17x + 15$ entre $x - 1$ es 12. Como el residuo no es cero, $x - 1$ no es factor de $4x^3 - 24x^2 + 17x + 15$

Ejercicios de repaso del capítulo 7

1. a Sí **b.** Sí **c.** No **d.** No

2. Son polinomios *b, c, d, f*.

3.

	Forma general	Grado	Coeficientes
a	$2x^3 + 6x^2 - 3x + 7$	3	$a_3 = 2,\ a_2 = 6,\ a_1 = -3,\ a_0 = 7$
b	$x^4 - x^2 - 1$	4	$a_4 = 1,\ a_3 = a_1 = 0,\ a_2 = -1,\ a_0 = -1$
c	$\sqrt{3}z^5 + z^3 + z - \sqrt{2}$	5	$a_5 = \sqrt{3},\ a_4 = a_2 = 0,\ a_3 = a_1 = 1,\ a_0 = -\sqrt{2}$
d	4	0	$a_0 = 4$
e	$x + 1$	1	$a_1 = a_0 = 1$
f	$2x^8 - 3x^2 + 4$	8	$a_8 = 2,\ a_7 = a_6 = a_5 = a_4 = a_3 = a_1 = 0,$ $a_2 = -3,\ a_0 = 4$
g	y^{10}	10	$a_{10} = 1,\ a_9 = \ldots = a_0 = 0$
h	$y^7 - 4y^6 - \frac{y^2}{2}$	7	$a_7 = 1,\ a_6 = -4,\ a_5 = \ldots a_3 = 0,\ a_2 = -\frac{1}{2},$ $a_1 = 0,\ a_0 = 8$

4. a. $12x - 5$ **b.** $11y - 4$ **c.** $-3x^2 + 8x + 2$
d. $4m^2 + m + 5$ **e.** $x^3 + 6x^2 + 2x + 2$ **f.** $-4r^2 + s^2 + 6rs$

5. **a.** $5y+3$ **b.** $12x-15$ **c.** $-c$
d. $4x^2+8$ **e.** $x+3y$ **f.** $16r+4s$

6. **a.** $-8x^2-14y^2-xy$ **b.** $6x^2+16x-8$
c. $8xy-15yz$ **d.** $3y$

7. **a.** $-6r^2s^2$ **b.** $-28x^3y^2$ **c.** $16x+24$
d. $-3x^3+12x^2-6x$ **e.** $-20x^3y^4+10x^2y^5$ **f.** $10x^5-5x^3$

8. **a.** $4r+9s$ **b.** $4x-2$ **c.** $2r^2+4r$
d. $3x-6y+1$ **e.** $2x^2-4x-1$ **f.** $15(x+y)-25$

9. **a.** x^2+5x+6 **b.** $30r^2+29r-7$
c. $30+x-x^2$ **d.** $4x^4+2x^3-6x^2+5x+4$
e. x^2+4x+4 **f.** x^2-2x+1
g. $x^3+3x^2y+3xy^2+y^3$ **h.** $4+4x+x^2$

10. **a.** x^3-8 **b.** y^3+27 **c.** $16-x^2$ **d.** $4+4x+x^2$
e. $27-a^3$ **f.** x^2-2x^2+1 **g.** $8+27x^3$ **h.** x^6-1

11 **a.** $x+6$ **b.** $2x-3$ **c.** $a+2$
d. $3x^2-7x-1$ **e.** $a^2+4a+16$ **f.** Cociente: $2a^2-3a+4$, Residuo 5

Capítulo 8

Sección 8-1

1. **a.** $3x(1+4x)$ **b.** $x(x+10)$
c. $7x^2(x-7)$ **d.** $(a-b)(xy-3)$
e. $(5x-2)(x+y)$ **f.** $4(y+4)(y+3x)$
g. $2(x+2)(x^2+2)$ **h.** $(3x+1)(6x-5)$
i. $8x^2(1+8xy^2-2y^4)$ **j.** $7xy(2x-5y-7xy)$
k. $7xy(3-2xy)$ **l.** $5b(3a-2)$
m. $(x+y)(7a-1)$ **n.** $(x-3)(4x+3)$
o. $(x+y)(a+b+c)$ **p.** $(a+b)(2+x)$
q. $(2x+5)(x+4)$ **r.** $(x+2y)(4+a)$
s. $(x-5)(2+y)$ **t.** $(a+2b)(x-1)$

Sección 8-2

1. **a.** $2xy$ **b.** $12x$ **c.** $25x^2$
d. 100 **e.** 64 **f.** 25

2. **a.** $(x+3)^2$ **b.** $(2x-5)^2$ **c.** $(x+2y)^2$
d. $(2x-3y)^2$ **e.** $(7x-2)^2$ **f.** $(4x+5)^2$
g. $(5x-4)^2$ **h.** $4(3x-1)^2$ **i.** $5(2a+5b)^2$
j. $(3t^2+5)^2$

3. **a.** $(x-9)(x-5)$ **b.** $(x-8)(x-4)$
c. $(x-9)(x+3)$ **d.** Es irreducible en los enteros
e. $(x-6)(x-5)$ **f.** Es irreducible en los enteros
g. $x(x-7)(x-2)$ **h.** $2(y+8)(y-1)$
i. $(t+12)(t-2)$ **j.** $y^2(x+20)(x-3)$
k. $(y-18)(y+2)$ **l.** $3(x-14)(x+1)$
m. $(y+7)(y+3)$ **n.** $2x(t-8)(t+2)$
o. $xy(x-2)(x+1)$ **p.** $(x-8y)(x+7y)$

5. **a.** $(2x-1)(4x-1)$ **b.** $2(2x-1)(x-2)$
c. $(2x+5)(3x-2)$ **d.** $3(3t+2)(t-5)$
e. $(y-2)(3y-2)$ **f.** $y^2(x+2)(4x+3)$
g. $(3y-7)^2$ **h.** $(x+8y)^2$
i. $(8a-5b)^2$ **j.** $(7x+3)^2$
k. $(6y-5x)^2$ **l.** $x(5x-1)^2$

Sección 8-3

1. **a.** $(x+5)(x-5)$ **b.** $(7+y)(7-y)$
c. $5(3x+y)(3x-y)$ **d.** $(2x+1)(2x-1)$
e. $(a+b+4)(a+b-4)$ **f.** $(y+5x-3)(y-5x+3)$
g. $-2x(x+2)(x-2)$ **h.** $(5x+4y)(5x-4y)$
i. $(4+y^2)(2+y)(2-y)$ **j.** $(x^4+y^4)(x^2+y^2)(x+y)(x-y)$

2. **a.** $(x-3)(x^2+3x+9)$ **b.** $(2x-y)(4x^2+2xy+y^2)$
c. $(y+1)(y^2-y+1)$ **d.** $6(x-1)(x^2+x+1)$
e. $(y-1)(y^2+y+1)(y+1)(y^2-y+1)$ **f.** $(3x+4y)(9x^2-12xy+16y^2$
g. $(3x^2+4y^2)(3x^2-4y^2)$ **h.** $7(xy+1)(x^2y^2-xy+1)$
i. $(4x-5)(16x^2+20x+25)$ **j.** $4x(x-2y)(x^2+2xy+4y^2)$
k. $x(x+3)(x^2-3x+9)$ **l.** $x^2(x-2)(x^2+2x+4)$

3. **a.** $(5x+7y)(5x-7y)$ **b.** $x^2(1+8y)(1-8y)$
c. $x^2(x^4+1)(x^2+1)(x+1)(x-1)$ **d.** $(8x+9y)(8x-9y)$
e. $6x^2(x+5)(x-5)$ **f.** $x(x^2-7x+14)$
g. $11x^2(3x-1)(3x+1)$ **h.** $5x^2(3y+x)(3y-x)$
i. $3xy(3z+2)(3z-2)$ **j.** $(x+2)(x-2)(x+1)(x-1)$

Sección 8-4

1. **a.** $\frac{5}{3}, -2$ **b.** $0, -3$ **c.** $5, -2$
   d. $1, -\frac{20}{3}$ **e.** $7, 2$ **f.** $3, -2$
   g. -5 **h.** $-\frac{1}{2}, \frac{1}{3}$ **i.** $0, -4, 4$
   j. $0, -\frac{3}{2}, \frac{3}{2}$ **k.** $-\frac{1}{3}, 1$ **l.** $-5, 4$
2. 4, 2
3. -3 es un número, -5 es el otro número
4. El ancho es de 6 cm y el largo es de 22 cm
5. Los números son 10 y 11, o -11 y -10

Ejercicios de repaso del capítulo 8

1. b y e son irreducibles sobre el conjunto de los enteros
2. **a.** $6(a - b)$ **b.** $b(c^2 - 2)$ **c.** $ax(x^2 - ax + 1)$
   d. $5y^2(y^2 + 1)$ **e.** $a(y - 4w - 12)$ **f.** $5y(1 - 3y^2)$
   g. $8xy(5y - 4x)$ **h.** $x(16 + x)$ **i.** $4(4a + b)$
   j. $(m + n)(r - s)$ **k.** $(2b + 1)(x + y)$ **l.** $3ab(b - 2a)$
   m. $c(c^2 - c + 2)$ **n.** $7(y - n)$
3. **a.** $(a + 6)(a + 2)$ **b.** $(c + 3)(c - 2)$ **c.** $(x + y)(x + 4y)$
   d. $(4 - d)^2$ **e.** $(c - 8)(c + 2)$ **f.** $(a - 2)(a - 12)$
   g. $(9 + x)(4 + x)$ **h.** $(r - 4)(r - 2)$
4. **a.** $(x - 2)(5x - 3)$ **b.** $(x - 2)(5x + 6)$ **c.** $(3x - 1)(x - 5)$
   d. $(4 + 5y)(3 - 2y)$ **e.** $(y + 4)(6y - 5)$ **f.** $(a - 2b)(2a - 3b)$
   g. $(3x - 5)(x + 1)$ **h.** $(2x - 3)(x + 5)$
5. **a.** $3x(3x + 1)$ **b.** $(3y + 1)(3y - 1)$
   c. $(x - 2)(x^2 + 2x + 4)$ **d.** $(3 - y)(9 + 3y + y^2)$
   e. $(5 - 2a)(5 + 2a)$ **f.** $(x^2 + 9y^2)(x + 3y)(x - 3y)$
   g. $((w + 1) + 3)((w + 1)^2 - 3(w + 1) + 9)$ **h.** $(4x + 5y)(4x - 5y)$
   i. $(25a^2 + 9b^2)(5a + 3b)(5a - 3b)$ **j.** $(5y + 4)(25y^2 - 20y + 16$
6. **a.** $3ab(6a - 5b)$ **b.** $(b - 2)(a + c)$
   c. $(3x + 5)(3x - 5)$ **d.** $(y - 3)^2$
   e. $(1 - 4x)^2$ **f.** $(a - b + c)(a - b - c)$
   g. $5x(h^2 + y^2)(h + y)(h - y)$ **h.** $(1 + 5x)^2$
   i. $(4x + 3)(4x - 3)$ **j.** $(xy - 7)^2$
   k. $(x - y + z)(x - y - z)$ **l.** $4xy(x + 3y)$

7. **a.** $0, 4$ **b.** $0, 5$ **c.** $0, 3$ **d.** $5, -3$

e. $0, -1$ **f.** $-1, \frac{4}{3}$ **g.** $2, \frac{1}{2}$ **h.** $-3, -5$

i. $-3, \frac{5}{2}$ **j.** $-3, 4$ **k.** $2, \frac{5}{2}$ **l.** $3, -2$

Capítulo 9

Sección 9-1

1. Hay infinitas fracciones equivalentes a cada una de las expresiones racionales dadas. Escribimos tres en cada caso.

a. $\frac{6}{8} = \frac{9}{12} = \frac{12}{16}$

b. $\frac{8}{2x} = \frac{12}{3x} = \frac{16}{4x},\ x \neq 0$

c. $\frac{2(x+3)}{12y} = \frac{3(x+3)}{18y} = \frac{4(x+3)}{24y},\ y \neq 0$

d. $\frac{(x+3)}{x-2} = \frac{2(x+3)}{2(x-2)} = \frac{5(x+3)}{5(x-2)},\ x - 2 \neq 0$

e. $\frac{x+3}{x-3} = \frac{3(x+3)}{3(x-3)} = \frac{2(x+3)(x-3)}{2(x^2-6x+9)},\ x - 3 \neq 0$

f. $\frac{2(3x+2)}{2(2x+1)} = \frac{3(3x+2)}{3(2x+1)} = \frac{5(3x+2)}{5(2x+1)},\ 2x + 1 \neq 0$

g. $\frac{14x^3}{10y} = \frac{7x^4}{5xy} = \frac{28x^3}{20y},\ x \neq 0,\ y \neq 0$

h. $\frac{2}{1} = \frac{12x^2+6m}{6x^2+3m} = \frac{6a}{3a},\ a \neq 0$

i. $\frac{10(x+1)}{6(x-1)} = \frac{15x+15}{9x-9} = \frac{10(x+1)^2}{6(x^2-1)},\ x + 1 \neq 0,\ x - 1 \neq 0$

j. $\frac{5xy^2}{4x^2y} = \frac{5xy}{4x^2} = \frac{5y^2}{4xy},\ x \neq 0,\ y \neq 0$

2. **a.** $\frac{\quad}{15xy} = \frac{15xy}{\quad} = \frac{5x^2}{\quad}$ **b.** $\frac{\quad}{3(x+y)} = \frac{(x-y)^2}{\quad} = \frac{\quad}{3(x-y}$

c. $\frac{(3+x)^2}{\quad} = \frac{9-x^2}{\quad} = \frac{\quad}{6+x-x^2}$ **d.** $\frac{12x^2y}{\quad} = \frac{\quad}{yx^2} = \frac{24xy}{\quad}$

e. $\frac{\quad}{(x^2-y^2)(x-y)} = \frac{\quad}{(x^2-y^2)(x+y)} = \frac{1}{\quad}$

3.

	MCM	DCM
a.	$2^6 \cdot 3^2 \cdot x^4$	2^3x^2
b.	$72x^2y^3$	x^2y^2

c. $10(x+2)$	$5(x+2)$
d. $5x^2(25x^2-y^2)$	1
e. $(x-5)^2(x+1)$	$x-5$
f. $(y-2)^2(y+2)^2$	1
g. $6(x+a)(x-a)$	1
h. $(x+3)^3(x-3)$	$x+3$
i. $(x+4)(x-1)(x^2+x+1)$	$x-1$
j. $3(x-5)^2(x+5)$	$x-5$

4. a. $\frac{x}{3y}$ **b.** $x-2$ **c.** $\frac{k}{x}$ **d.** $2y-3$

e. $\frac{2(2+x)}{2-x}$ **f.** $\frac{2x+1}{2x-1}$ **g.** $\frac{1}{(x-4)(x+1)}$

h. $\frac{x-2}{x+3}$

Sección 9-2

1. a. $36x^2y^3$ **b.** $x(x+5)$ **c.** $20(x+3)$

d. $3(y+2)(y-2)$ **e.** $(2x-3)(3x-2)(3x+2)$

f. $(2x-3)^2(2x+3)$

2. a. $\frac{1}{x}$ **b.** $\frac{x-y}{5}$ **c.** $\frac{5x+4}{(x+2)^2}$

d. $\frac{x}{8y^2}$ **e.** $-\frac{x^3-3x+2}{x^2-2}$

f. $\frac{(x-6)(x+1)}{(x-3)(x+3)}$ **g.** $\frac{2x^3+3x+1}{x^2+1}$

h. $-\frac{x^2-5x-20}{(x+5)(x-5)}$ **i.** $\frac{x+27}{(x-3)^2(x+3)}$

j. $\frac{-13x}{2(4-x)(6+x)}$ **k.** $\frac{2x}{(3x-1)(x+4)(x-4)}$

l. $\frac{10x^2+39x-72}{(2x-3)^2(2x+3)}$

Sección 9-3

a. $\frac{1}{2(x+2)}$ **b.** $\frac{4y}{5x}$ **c.** $\frac{8}{5}$

d. $\frac{2x(x-5)}{x-1}$ **e.** $\frac{x(3x+2)}{x-3}$ **f.** $\frac{7(x+1)(x+7)}{(x-7)^3}$

g. $\frac{1}{x-2}$ **h.** $\frac{x(x-1)}{x-9}$ **i.** $\frac{12x}{x+4}$

j. $\frac{y-1}{x-1}$ **k.** 1 **l.** x

Sección 9-4

a. $\{\frac{15}{13}\}$ **b.** $\{2\}$ **c.** $\{-6\}$ **d.** $\{\frac{7}{5}\}$ **e.** $\{\}$

f. $\{5, -4\}$ **g.** $\{\}$ **h.** $\{7\}$ **i.** $\{\}$ **j.** $\{-3\}$

Ejercicios de repaso del capítulo 9

1. Hay infinitas fracciones equivalentes a cada una de las expresiones racionales dadas. Escribimos tres en cada caso.

a. $\frac{10}{2x} = \frac{15}{3x} = \frac{20}{4x}$, $x \neq 0$

b. $\frac{2(x+5)}{16y} = \frac{x(x+5)}{8yx} = \frac{k(x+5)}{8ky}$, $x \neq 0$, $k \neq 0$, $y \neq 0$

c. $\frac{3(x-2)}{x+2} = \frac{6(x-2)}{2x+4} = \frac{3(x^2-4)}{(x+2)^2}$, $x + 2 \neq 0$

d. $\frac{7x^3}{2xy} = \frac{7x^2y}{2y^2} = \frac{28x^2}{8y}$, $x \neq 0$, $y \neq 0$

e. $\frac{2x+1}{x} = \frac{2(2x+1)}{2x} = \frac{10x^2+5x}{5x^2}$, $x \neq 0$

f. $\frac{7yx^2}{5yx^4} = \frac{7y}{5yx^2} = \frac{7}{5x^2}$, $x \neq 0$, $y \neq 0$

2. a. $\frac{2x^2y^2}{\quad} = \frac{\quad}{2y} = \frac{2x^3}{\quad}$ **b.** $\frac{\quad}{2b} = \frac{ab-a^2}{\quad} = \frac{\quad}{4}$

c. $\frac{-1}{x-1} = \frac{\quad}{2(1-x)} = \frac{\quad}{x(1-x)}$ **d.** $\frac{\quad}{a(a+b)} = \frac{b-a}{\quad} = \frac{(a-b)(a+1)}{\quad}$

e. $\frac{-(2+x)}{\quad} = \frac{\quad}{2(2-x)} = \frac{\quad}{4-x^2}$

3.

	DCM	MCM
a.	9	$108ab$
b.	$9s^2$	$90rs^2$
c.	$x+3$	$15(x+3)$
d.	$5m$	$5m(3m-1)$
e.	$r-5$	$(r+5)(r-5)(r+3)$
f.	$5(y-2)$	$60(y-2)^2$
g.	$x+1$	$2x(x+1)(x-1)$
h.	$3+m$	$(2-m)(3+m)(m-3)$
i.	$x-5$	$2(x-5)$
j.	$y-1$	$3(y-1)^2$

4. **a.** $\frac{2}{3}$ **b.** $\frac{1}{2c}$ **c.** $\frac{y}{3x}$ **d.** $\frac{x}{3y}$

e. $\frac{3}{2-y}$ **f.** $\frac{-2}{x+2}$ **g.** $-\frac{2}{3}$ **h.** $-\frac{1+2x}{3}$

i. $\frac{5(a+2)}{a-2}$ **j.** $b-1$

5. **a.** $\frac{3r}{16}$ **b.** 1 **c.** 1 **d.** $\frac{5}{4x}$

e. $\frac{a+b+c}{5y}$ **f.** $\frac{2}{x-4}$ **g.** 2 **h.** $\frac{5}{a-b}$

6. **a.** $-\frac{5b}{2a}$ **b.** $\frac{y^2}{3}$ **c.** $\frac{rsx}{4}$

d. $\frac{2-b}{b}$ **e.** $\frac{2}{x^2(x-3)}$ **f.** $\frac{(b-1)(b-6)}{b}$

g. $\frac{2(a-4b)}{a-2b}$ **h.** $\frac{-2y^2}{y-2}$

7. **a.** 60 **b.** $4x^2y^2$ **c.** $d(d+2)$

d. $(y+3)(y-3)$

8. **a.** $\frac{5y-6x}{xy}$ **b.** $\frac{2y^2+3xy-40}{10x^2y^2}$ **c.** $\frac{11x-18}{12x}$

d. $\frac{x+9}{x(x-3)}$ **e.** $\frac{3x+11}{(x+2)(x-2)}$ **f.** $\frac{1-x}{x}$

g. $\frac{1}{y(y+2)}$ **h.** $\frac{x+7}{(x+1)(x-1)(x-2)}$ **i.** $\frac{2+2x^2}{(1-x)(1+x)}$

j. $\frac{(x-2)^2}{x}$

9. **a.** $r=3$ **b.** $x=2$ **c.** $t=-\frac{1}{3}$

d. $x=3$ **e.** $x=-\frac{1}{3}$ **f.** $x=\frac{5}{4}$

g. $\{\}$ **h.** $t=4$ **i.** $\{\}$

j. $b=-5$ **k.** $\{\}$ **l.** $x=6$

Capítulo 10

Sección 10-1

1. **a.** $n-k$ **e.** $2(x-7)$

b. $32-k$ **f.** $24-x$

c. $m+r$ **g.** $3x-3$

d. $\frac{1}{3}m+4$

2. a. 9 pies, $\frac{11}{2}$ pies

b. 10 pulg, 8 pulg, 24 pulg

c. María: 14 años, Juan: 28 años

d. Raúl: 19 años, Nina: 7 años

e. 11

3. a. $\{(x, y) | 3x - 2y = 7\}$

b. $\{(x, y) | \frac{4x}{3} + 2y = 3\}$

c. $\{(x, y) | x - 5y + 1 = 0\}$

d. $\{(x, y) | x = 3y\}$

e. $\{(r, t) | t - 2r = 1\}$

f. $\{(x, y) | ax + by + c = 0\}$

4. a. Sí

b. Sí

c. Sí

d. No

e. No

f. Sí

5. a. -12

b. $\frac{1}{5}$

c. $\frac{3}{10}$

d. -2

e. $\frac{7}{10}$

f. 8

6. a. $x + y = 135$

$x - y = 61$

b. $y = 3x - 45$

$2x + 2y = 510$

Sección 10-2

1. a.

x	0	-1	1/2	$-1/2$
y	1	-1	2	0

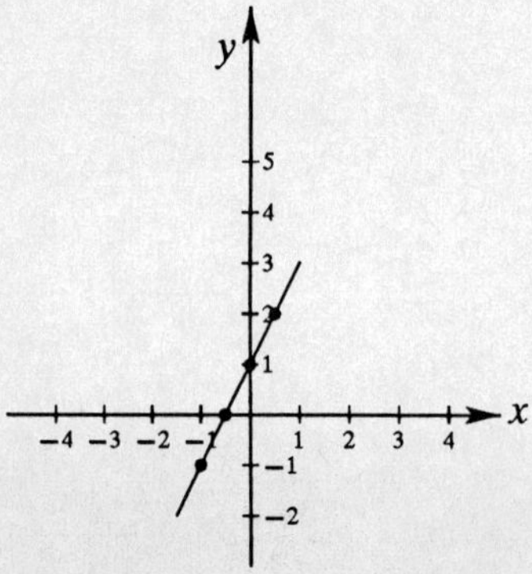

b.

x	-1	0	1
y	-3	1	5

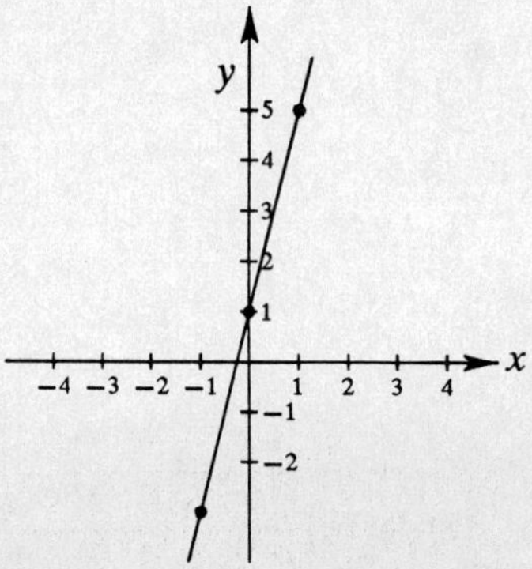

c.

x	0	1	−1
y	1	−1/2	5/2

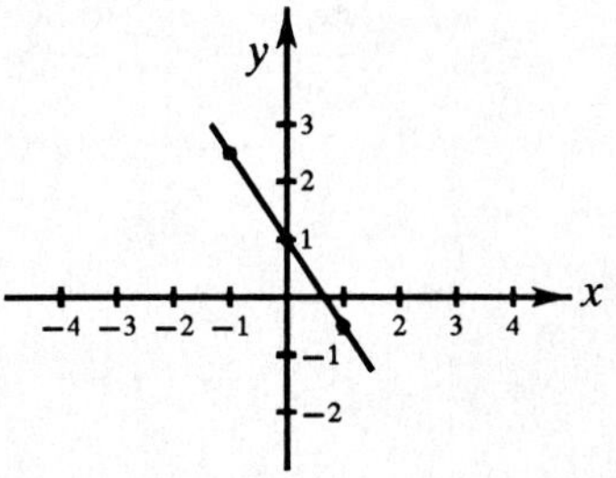

d.

x	−1	0	1	1/5
y	6	1	−4	0

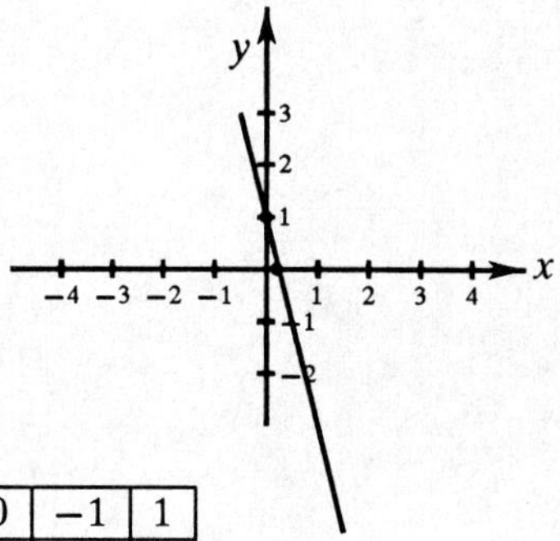

e.

x	−1	0	1
y	2	1	0

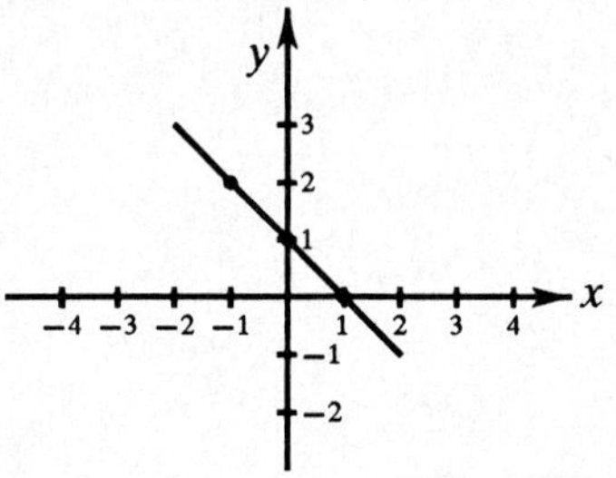

f.

x	0	−1	1
y	1	1	1

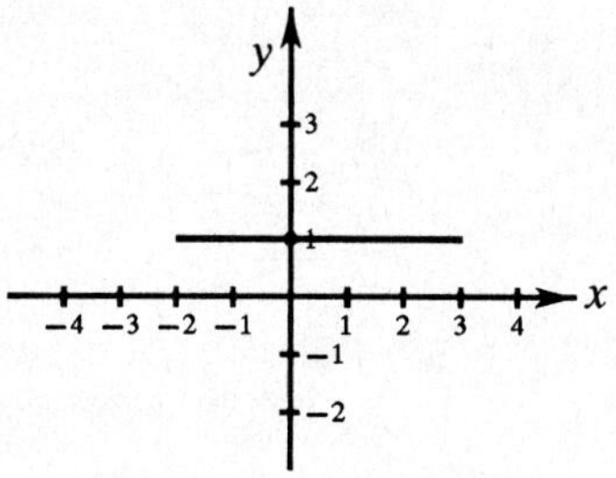

Tienen en común el punto con coordenadas (0, 1)

2.

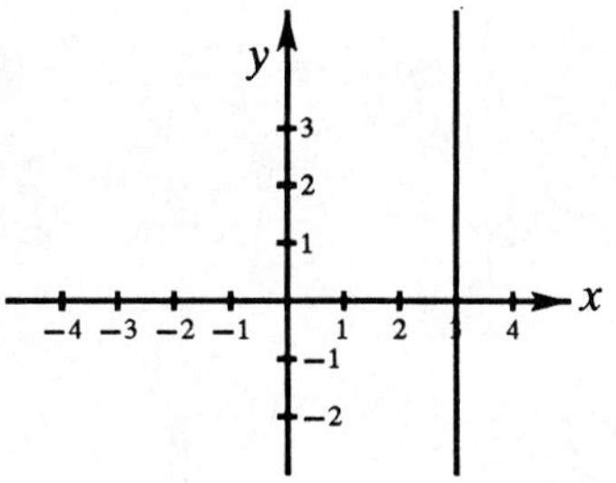

3.

x	0	7/2	2
y	−7	0	−3

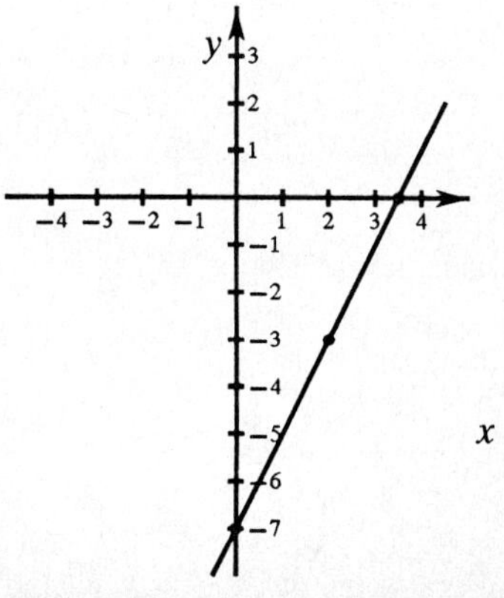

4.

C°	0	5	37	100	−15	$-17.\overline{7}$	15	60	−30	$37.\overline{7}$
F°	32	41	98.6	212	5	0	59	140	−22	100

Sección 10-3

1. **a.** $\frac{1}{5}$ **d.** $-\frac{3}{4}$

b. $\frac{9}{4}$ **e.** 0

c. -5 **f.** 1

2. **a.** $y - 3 = 5(x + 1)$ **g.** $y + 1 = 4(x - 2)$

b. $y = (3x/4) - 4$ **h.** $y = -2x$

c. $y = -x$ **i.** $y = (2x/3) + 2$

d. $y = x + 1$ **j.** $y = x/3$

e. $y + 1 = -2(x - 3)$ **k.** $y = x - 1$

f. $y = (2x/3) - 2$ **l.** $y = (-3x/2) + 7/2$

3. **a.** $m = -1/3, b = -2/3$ **d.** $m = -1/2, b = 0$

b. $m = -1, b = 2$ **e.** $m = -2/3, b = -6$

c. $m = -1, b = -1$ **f.** $m = 5/6, b = 0$

4. **a.** $k = 1/2$ **b.** $k = 1/2$ **c.** $k = -2$

5. **a.**

x	0	5/2	1
y	5/3	0	1

b.

x	0	3	−2
y	2	11/7	16/7

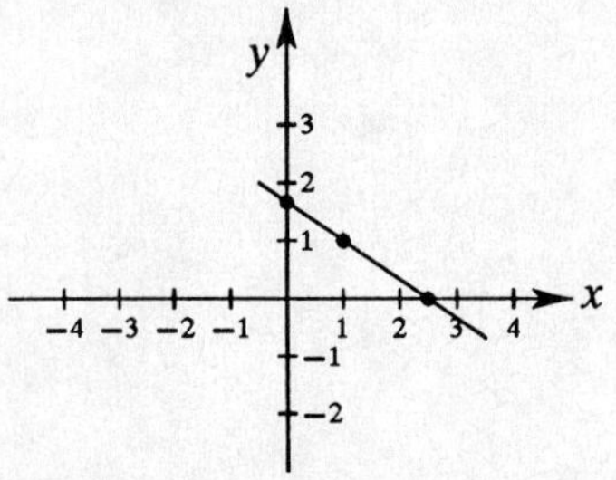

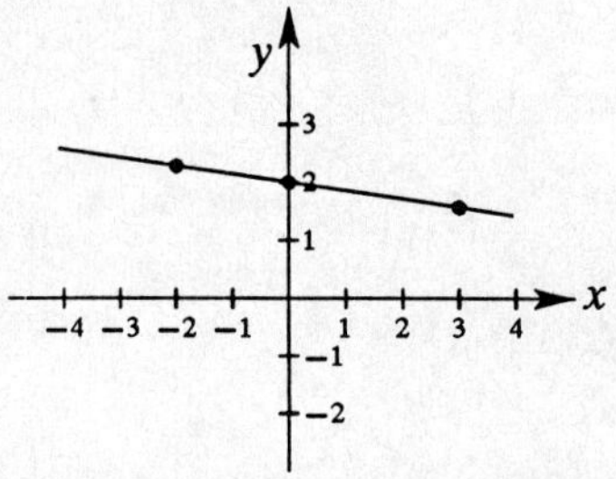

$y = (-2x/3) + 5/3,\ m = -2/3,\ b = 5/3$ $y = (-x/7) + 2,\ m = -1/7,\ b = 2$

c.

x	0	1	−1
y	0	1	−1

d.

x	0	2	−1
y	−4	0	−2

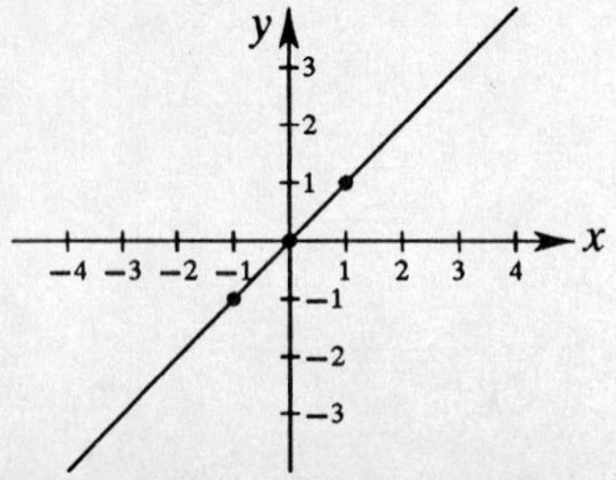

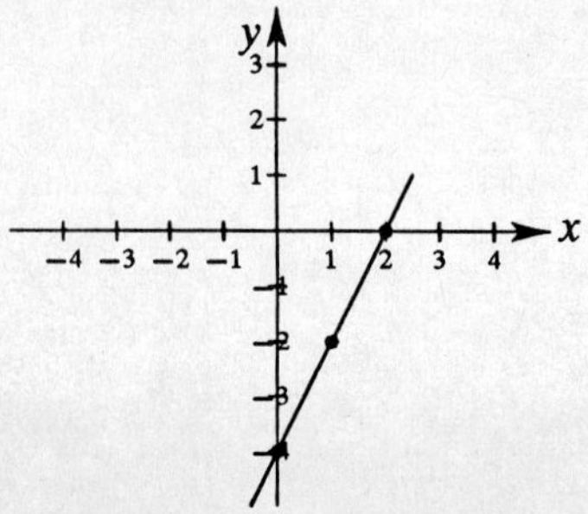

$y = x,\ m = 1,\ b = 0$ $y = 2x - 4,\ m = 2,\ b = -4$

e.

x	0	3	1
y	−3	0	−2

f.

x	0	5/3	1
y	−5/2	0	−1

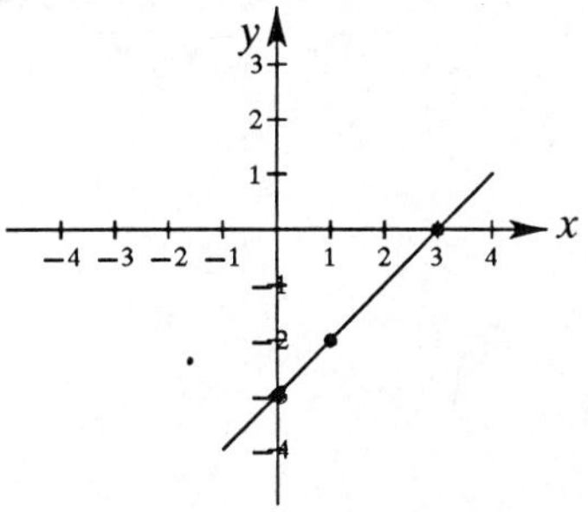

$y = x - 3,\ m = 1,\ b = -3$

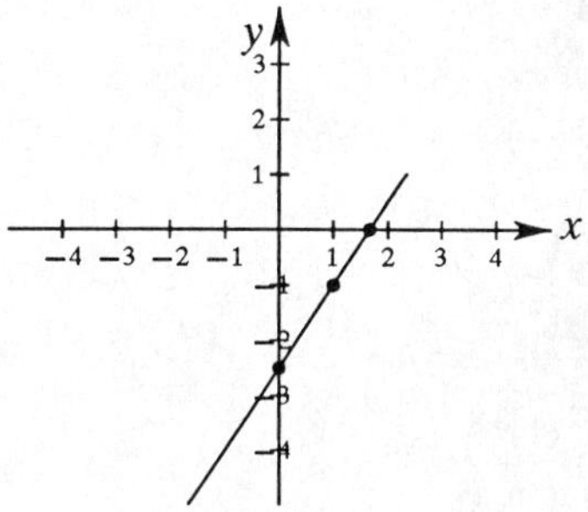

$y = (3x/2 - 5/2),\ m = 3/2,\ b = -5/2$

4. **a.** Coinciden
b. Paralelas
c. Se intersecan
d. Se intersecan
e. Se intersecan
f. Paralelas

Sección 10-4

1. **a.** $\{(-3, 4)\}$ **b.** $\{(5/3, -5/3)\}$ **c.** $\{(-2, 3)\}$
d. $\{(4, 3)\}$ **e.** $\{(-3, -4)\}$ **f.** $\{(18/5, -1/5)\}$

2. **a.** $\{(5, -2)\}$ **b.** $\{(2, 1)\}$ **c.** $\{(1, -3)\}$
d. $\{(-2, -3)\}$ **e.** $\{(3, -2)\}$ **f.** $\{(-1, 3)\}$
g. $\{(5, 3)\}$ **h.** $\{(1, 1/4)\}$ **i.** $\{(2, 4)\}$
j. $\{\}$ **k.** $\{(2, 1)\}$ **l.** $\{(3/2, -3/2)\}$

Sección 10-5

1.

	Clasificación	**Rectas**	**Número de soluciones**
a	inconsistente	paralelas	ninguna
b	determinado	se intersecan en un punto	una
c	dependiente	coinciden	infinitas
d	inconsistente	paralelas	ninguna
e	dependiente	coinciden	infinitas
f	determinado	se intersecan en un punto	una
g	determinado	se intersecan en un punto	una
h	determinado	se intersecan en un punto	una
i	determinado	se intersecan en un punto	una
j	determinado	se intersecan en un punto	una
k	inconsistente	paralelas	ninguna
l	determinado	se intersecan en un punto	una

2. a. $k = -4$ **b.** $k = -2$ **c.** $k = 3$

3. a. 98.37 **b.** 7, 14 **c.** 524

d. 100 **e.** 35 de un kg y 115 de 2 kg

f. Una libreta a \$0.70, un lápiz a \$0.15

g. \$1.43/docena de huevos, \$1.51/lb de mantequilla

Ejercicios de repaso del capítulo 10

1. a. 5, 14 **b.** 32, 33, 34 **c.** 18, 20, 22

d. \$225

a. $m = 2$

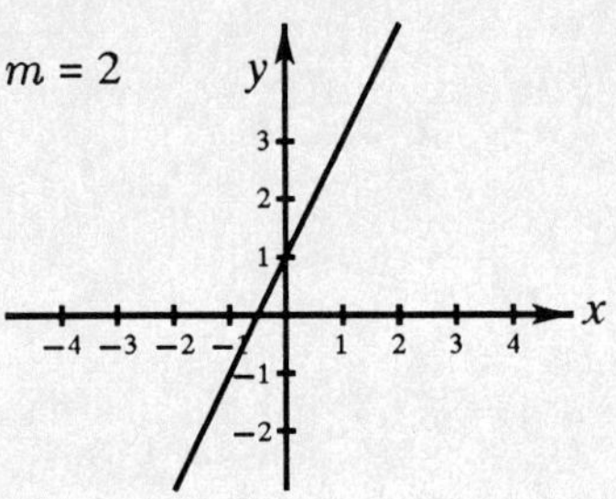

b. $m = 8$

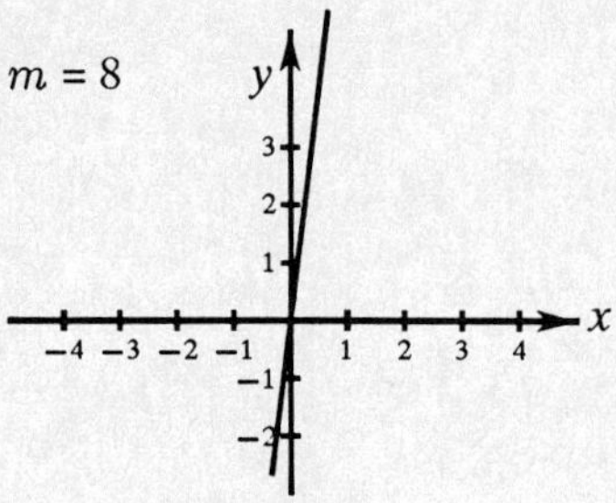

c. $m = -4$

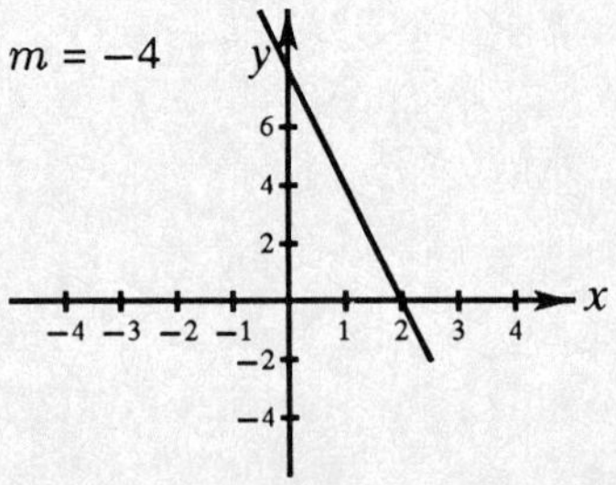

d. $m = 2$

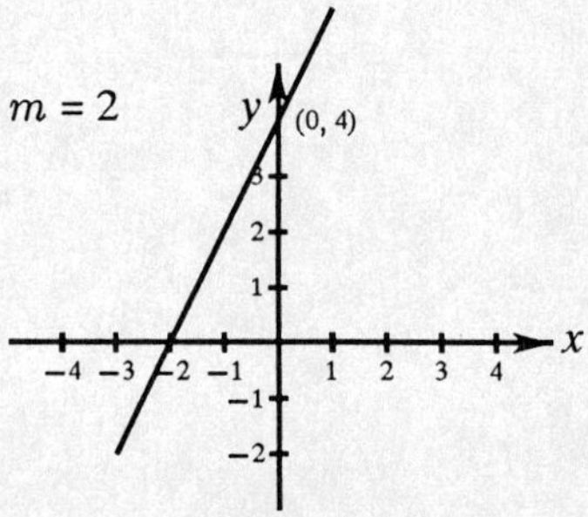

e. $m = -3$

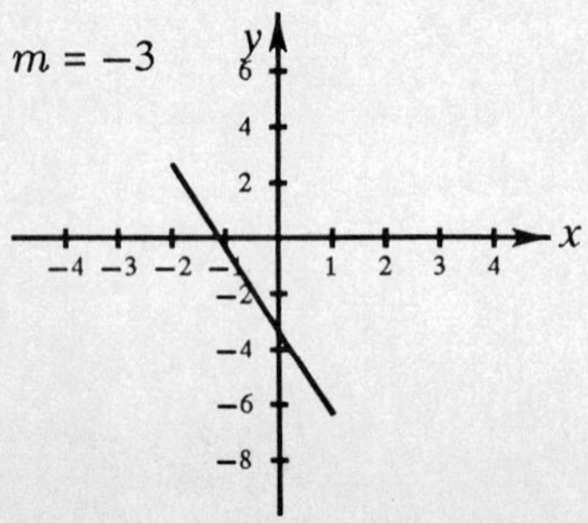

f. $m = -2$

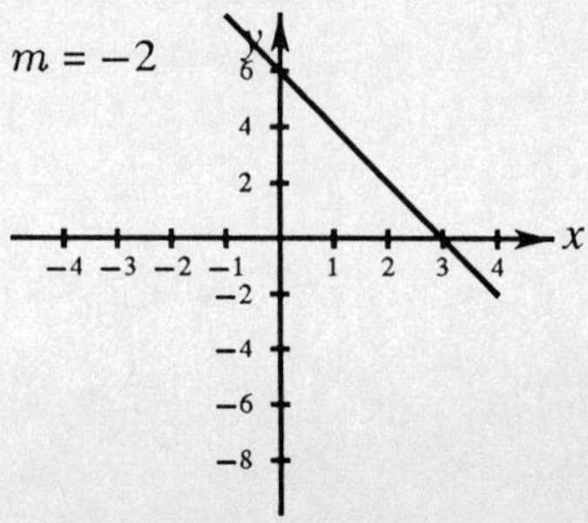

3. **a.** 3, 3, 1 **b.** 0, 3 no está definida **c.** 2, 4, 2
d. −2, −3, 3/2 **e.** 2, 12, 6 **f.** 5, 0, 0

a.

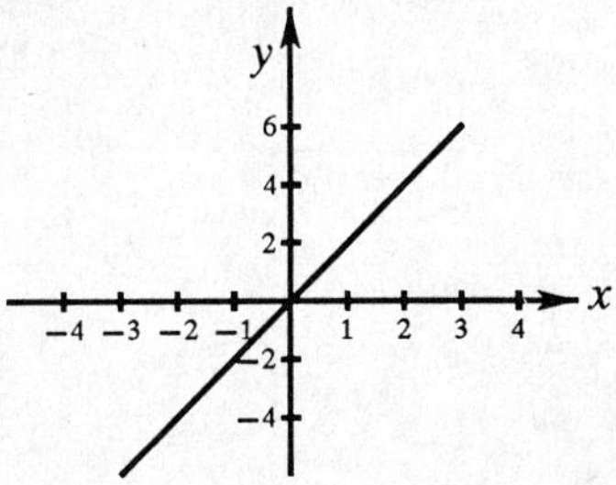

b.

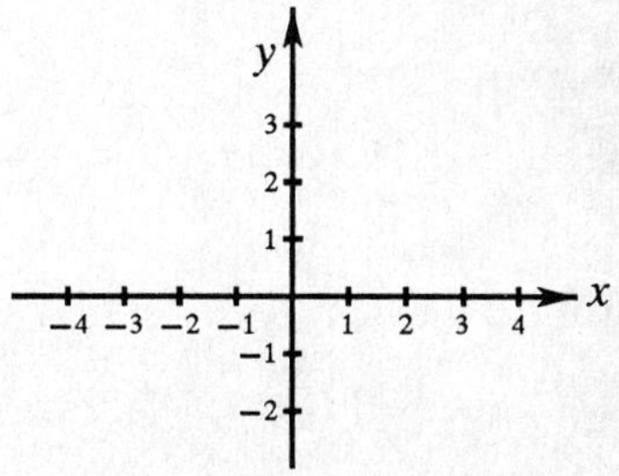

La recta tiene ecuación $x = 0$; coincide con el eje de y

c.

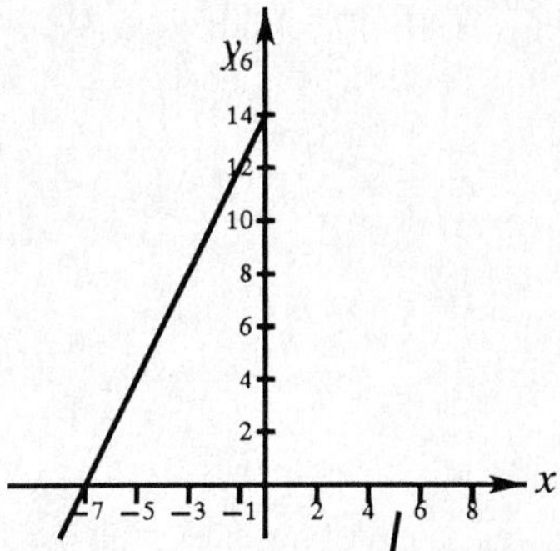

d.

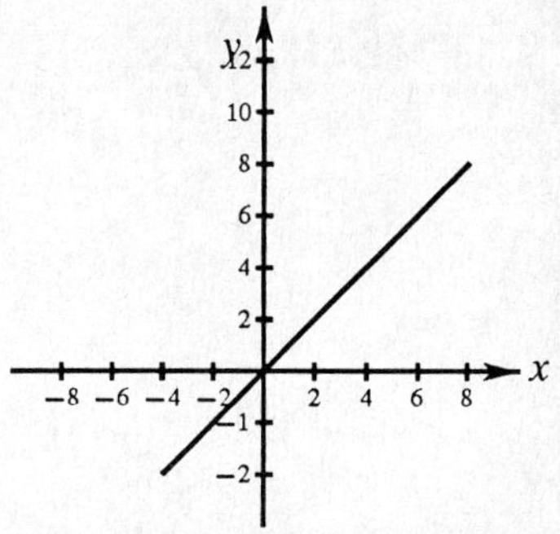

e.

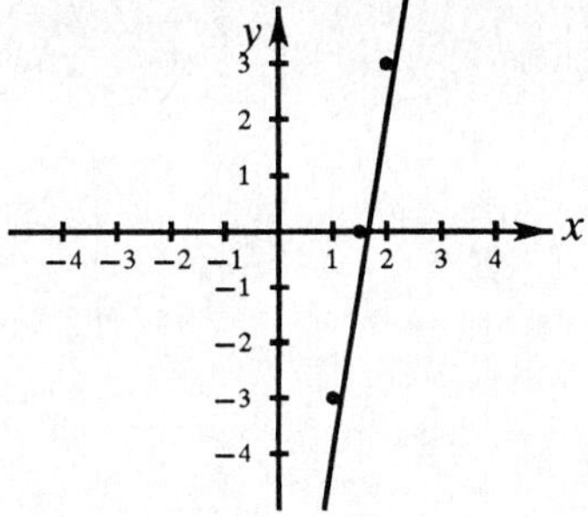

f.

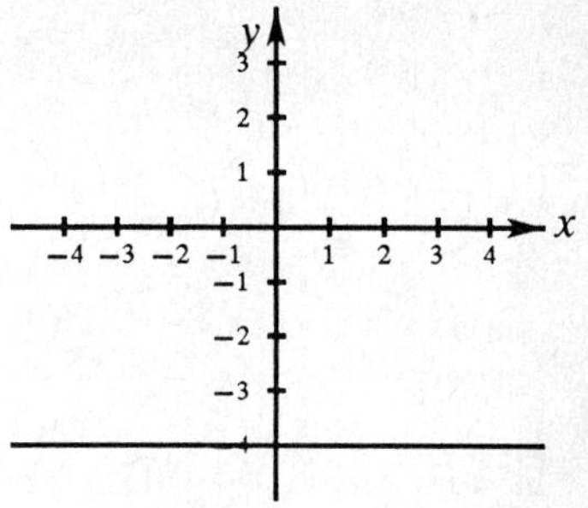

5. **a.** Paralelas **b.** No paralelas **c.** Paralelas
d. No paralelas

6. Puedes dar infinitos ejemplos. Aquí daremos uno en cada caso

a. $y = \frac{2}{3}x + 1$ **b.** $y = 3x$ **c.** $y = 2x - 5$
d. $y = \frac{3}{4}x - 2$ **e.** $y = 2x + 1$ **f.** $y = -\frac{1}{3}x + 1$

7. a. Sí **b.** No **c.** Sí

8. a. $4x - y - 1 = 0$ **b.** $2x - y - 9 = 0$ **c.** $3x - y = 0$

d. $2x - 3y - 2 = 0$ **e.** $x + y - 7 = 0$ **f.** $y - 6 = 0$

9. a. $y = 3x + 4$ **b.** $y = 6x$ **c.** $y = -5x + 1$

d. $y = 0$ **e.** $y = -7x - 5$ **f.** $y = \dfrac{3}{4}x + 4$

10. a. $y = -3x$ **b.** $y = 0$ **c.** $y = x$

d. $y = 2x$ **e.** $y = -\frac{1}{2}x$ **f.** $y = -4x$

11. a. $y - 4 = 2(x - 2)$ **b.** $y - 7 = \frac{5}{3}(x - 4)$ **c.** $y = x - 1$

d. $y - 7 = \frac{3}{4}(x + 2)$ **e.** $y - 4 = \frac{5}{8}(x - 2)$ **f.** $y = -\frac{1}{2}x$

12. a. $y = -2x - 3$ **b.** $y - 4 = 3(x - 2)$ **c.** $y = 2x - 5$

d. $y = 2x - 3$ **e.** $y = -\frac{1}{3}x$ **f.** $y = \frac{3}{4}x - \frac{3}{2}$

13.

a. $x = 4$
$y = 2$

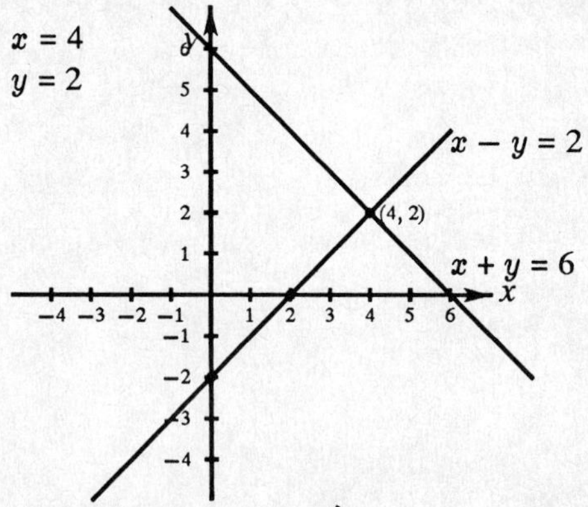

b. $x = 3$
$y = 6$

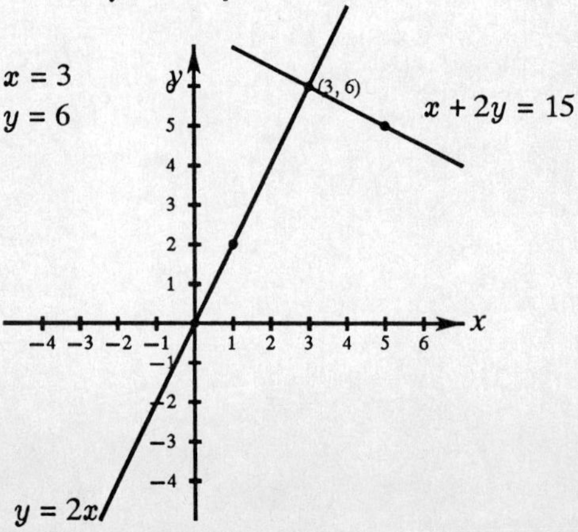

c. $x = 3$
$y = 1$

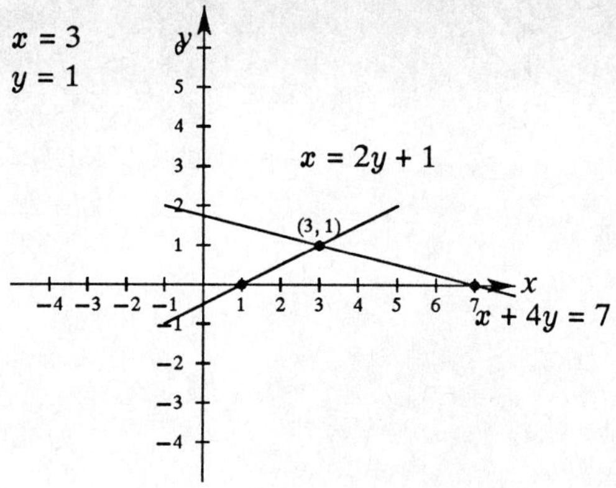

d. $x = 0$
$y = -2$

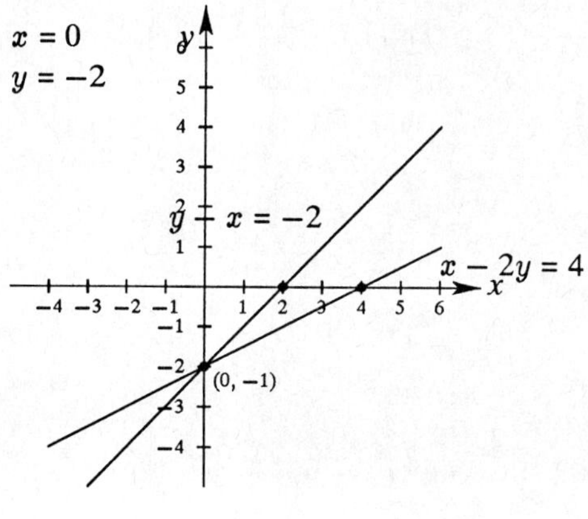

e. $x = -1$
$y = 0$

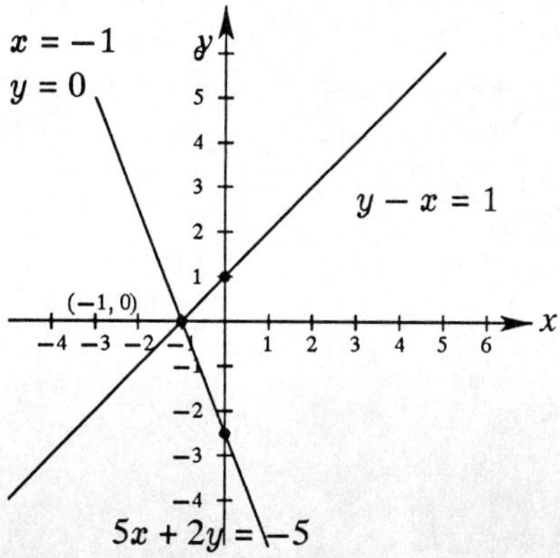

f. $x = 3$
$y = -2$

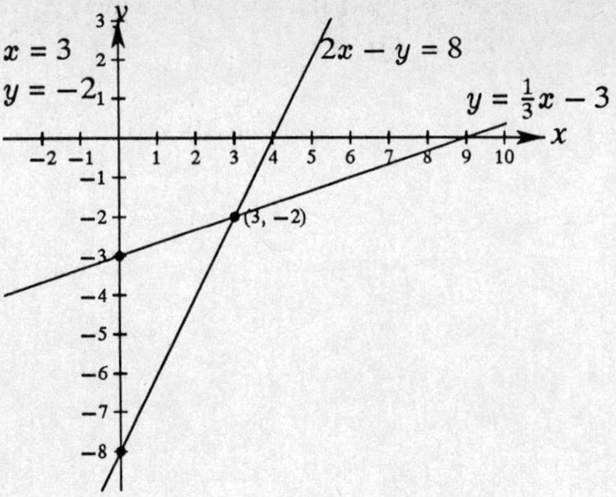

14. **a.** Inconsistente, paralelas **b.** Determinado, se intersecan en un punto
c. Dependiente, coinciden **d.** Inconsistente, paraleas
e. Determinado, se intersecan en un punto **f.** Inconsistente, paralelas

15. **a.** $x = 2, y = 6$ **b.** $x = -1, y = -1$ **c.** $x = \frac{1}{3}, y = 0$
d. $x = 6, y = 3$ **e.** $n = 4, m = 6$ **f.** $a = 2, b = 3$
g. $x = -3, y = 4$ **h.** $a = 8, b = 5$ **i.** $x = 1, y = -4$
j. $x = 2, y = -1$

16. **a.** Ricardo \$100, Pedro \$300 **b.** María 14 años, Ana 10 años
c. 7 monedas de 5 centavos y 17 monedas de 10 centavos
d. 48 lb de 70 cent/lb, 52 lb de 45 cent/lb **e.** $\frac{46}{3}, \frac{104}{3}$

Capítulo 11

Sección 11-1

1. **a.** $\sqrt[3]{(2x)^2}$ **b.** $2\sqrt[3]{x^2}$ **c.** $\sqrt{(2y)^3}$ **d.** $-2\sqrt{y^3}$ **e.** $\sqrt[3]{7^{-1}}$
f. $\sqrt[6]{-3y}$ **g.** $-3\sqrt[5]{y}$ **h.** $\sqrt{(xy)^{-1}}$ **i.** $\sqrt{x+y}$ **j.** $\sqrt[3]{(x^2+y^2)^2}$

2. **a.** $y^{4/3}$ **b.** $(8x^3)^{1/2}$ **c.** $8x^{1/3}$ **d.** $(r^2s^3)^{1/5}$ **e.** $2(3/2)^{3/2}$
f. $y^{5/3}$ **g.** $2(rt)^{1/4}$ **h.** $-3(5x)^{1/2}$ **i.** $(6x^2)^{1/3}$ **j.** $\left(\frac{3x}{5y}\right)^{1/2}$

3. **a.** -2 **b.** 0.1 **c.** -4 **d.** $4x^2$ **e.** $\frac{1}{3}$
f. $2|y|$ **g.** $-2x^2$ **h.** r^2s **i.** $-5x$ **j.** $\frac{4}{5}x^2$

4. **a.** 9 **b.** $-\frac{1}{2}$ **c.** 10 **d.** $.064$ **e.** $\frac{125}{216}$

f. $2\sqrt{2}$ **g.** -5 **h.** 125 **i.** $\frac{1}{512}$ **j.** $\frac{9}{4}$

Sección 11-2

1. **a.** $10\sqrt{3}$ **b.** $3\sqrt[3]{3}$ **c.** $5\sqrt{10}$ **d.** $4\sqrt[3]{2}$

e. $\frac{6\sqrt{2}}{5}$ **f.** 10 **g.** $2x\sqrt{6x}$ **h.** $2y\sqrt[3]{2y^2}$

i. $y\sqrt[4]{x^3y}$ **j.** $2y^2\sqrt[3]{2y}$

2. **a.** $6x\sqrt{2x}$ **b.** y^3 **c.** $2y\sqrt{7y}$ **d.** $6xy\sqrt{3x}$

e. $\frac{1}{2}\sqrt{6}$ **f.** $-2r\sqrt[3]{7r}$ **g.** $5x^2\sqrt{5x}$ **h.** $\frac{\sqrt[3]{2x^2}}{x^2}$

i. $2xy\sqrt[4]{2xy^2}$ **j.** $\frac{5}{6}\sqrt{2}$

3. **a.** $\sqrt{5}$ **b.** $x\sqrt{2}$ **c.** $\sqrt[6]{9y^3}$

d. $x\sqrt{5}$ **e.** $\frac{\sqrt[3]{4}}{2x}$ **f.** $\sqrt{x^2+y^2}$

g. 5 **h.** $2x$ **i.** $\frac{1}{6}\sqrt{13}$

j. $(x+y)\sqrt{x+y}$ **k.** $\frac{1}{2}$ **l.** 25

Sección 11-3

1. **a.** $5\sqrt{2}$ **b.** $\sqrt{3x}$

c. $2y\sqrt{2y}+4y\sqrt{y}=2y\left[\sqrt{2y}+2\sqrt{y}\right]$

d. $x^2\sqrt[4]{x}$ **e.** $(2x+2)\sqrt[3]{2x}$

f. $2x^2\sqrt{3x}$ **g.** $-|x-3|$

h. $3|x-1|$ **i.** $10x\sqrt{2x}+3\sqrt{2}$

j. $\sqrt[3]{9yt}(2t-1)+yt\sqrt{yt}$

2. **a.** $6\sqrt{2}$ **b.** $3x\sqrt[3]{5}$ **c.** $\frac{4}{5}$

d. $4\sqrt{x}$ **e.** x^3 **f.** $3\sqrt[6]{3}$

g. $\sqrt[6]{3y}$ **h.** $3x$ **i.** $\sqrt[4]{(x+y)^3},\ x+y\geq 0$

j. $140+48\sqrt{6}$

Sección 11-4

1. Supondremos que los radicales y las fracciones están definidos en los reales.

a. $\frac{2}{\sqrt{2}}$ **b.** $\frac{3}{\sqrt{15x}}$ **c.** $\frac{x}{y^3\sqrt{x}}$ **d.** $\frac{3}{\sqrt{6}+\sqrt{15}}$

e. $\dfrac{2}{\sqrt[5]{2x^4}}$ f. $\dfrac{3x}{2\sqrt[5]{81x^2}}$ g. $\dfrac{x^2}{\sqrt[4]{4x^3y^2}}$ h. $\dfrac{-1}{5-2\sqrt{6}}$

2. a. $\dfrac{\sqrt{2}}{2}$ b. $\dfrac{\sqrt[3]{3x^2}}{3x}$ c. $\dfrac{\sqrt{6x}}{4x^2}$ d. $\dfrac{3(1+\sqrt{x})}{1-x}$

e. $\dfrac{3\sqrt{x}+x}{x}$ f. $\dfrac{x-2\sqrt{x-1}}{x-2}$ g. $-\sqrt{3}$ h. $\dfrac{\sqrt[5]{4x^2y^2}}{2y}$

i. $3-\sqrt{6}$ j. $\dfrac{7+2\sqrt{10}}{-3}$ k. $-(3+2\sqrt{2})$ l. $\sqrt{7}+\sqrt{2}$

Sección 11-5

a. $\{65\}$ b. $\{4\}$ c. $\{1\}$ d. $\{-\sqrt{10}, \sqrt{10}\}$
e. $\{29\}$ f. $\{\frac{3}{2}\}$ g. $\{0, 3\}$ h. $\{1\}$
i. $\{0, 1\}$ j. $\{\frac{25}{9}\}$ k. $\{\ \}$ l. $\{1\}$
m. $\{-2\}$ n. $\{\ \}$ o. $\{\frac{1}{2}\}$ p. $\{3\}$
q. $\{1\}$ r. $\{\frac{3}{2}\}$

Ejercicios de repaso del capítulo 11

1. a. $\sqrt[3]{-8}$ b. $\sqrt[5]{-32}$ c. $3\sqrt[3]{a^2}$
d. $\sqrt[4]{x^3}$ e. $\sqrt{(2y)^3}$ f. $-5\sqrt[5]{x^4}$

2. a. $x^{3/2}$ b. $(8x)^{1/3}$ c. $y^{4/3}$
d. $2x^{2/3}$ e. $(x^2y^3)^{1/4}$ f. $3(2y)^{1/4}$

3. a. -2 b. 125 c. 0.8
d. 5 e. y^2 f. $0.5y^2$

4. a. $6x\sqrt{2x}$ b. $2xy\sqrt[3]{2x}$ c. $r\sqrt{3}$
d. $4x^2y^2\sqrt{2x}$ e. $8r^2y^2\sqrt{y}$ f. 13
g. 6 h. $\sqrt[4]{x^2+y^2}$ i. $\dfrac{x\sqrt{3xy}}{y^2}$
j. $\dfrac{3t\sqrt{6tx}}{8x}$

5. a. $\sqrt{5}$ b. $9\sqrt{x}$ c. $2\sqrt{3}+3\sqrt{2}+6\sqrt{5}$
d. $17\sqrt{2}$ e. $3|x-1|$ f. $(x+5)\sqrt{2xy}$
g. $\sqrt{3}(xt^2+2tx^2)$ h. $8x^2\sqrt[3]{2x}$

6. a. $2\sqrt[3]{5}$ b. $\sqrt{2}/2$ c. $\sqrt{6}$
d. $1/16$ e. $-2x$ f. $\sqrt[3]{4(x+2)^2}$
g. $x-4$ h. 2 i. $|x|/(x-1)^2$
j. $30+12\sqrt{6}$

4.

	Dominio	Campo de valores	Pari
a.	$\mathbb{R}$	$\mathbb{R}$	imp
b.	$\mathbb{R}$	$\{g(x) \mid g(x) \geq 1\}$	pa
c.	$\mathbb{R}$	$\{h(x) \mid h(x) \leq 0\}$	pa
d.	$\mathbb{R}$	$\mathbb{R}$	
e.	$\mathbb{R}$	$\{G(x) \mid G(x) \leq 1\}$	pa
f.	$\mathbb{R}$	$\{H(x) \mid H(x) \geq 0\}$	pa

*dec. = decreciente, crec. = creciente

4. a.

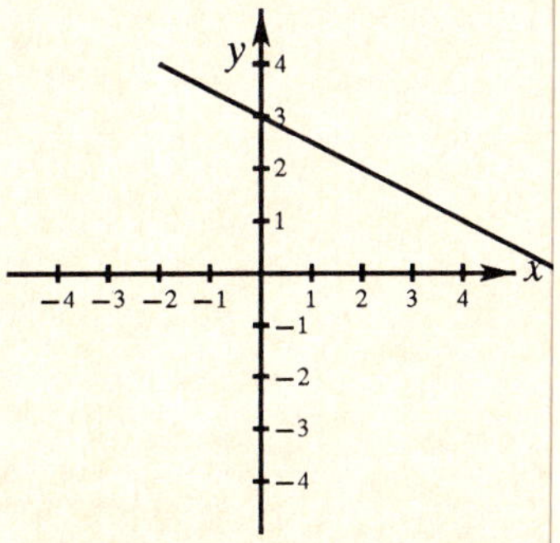

$f(x) = -2x$

4. a.

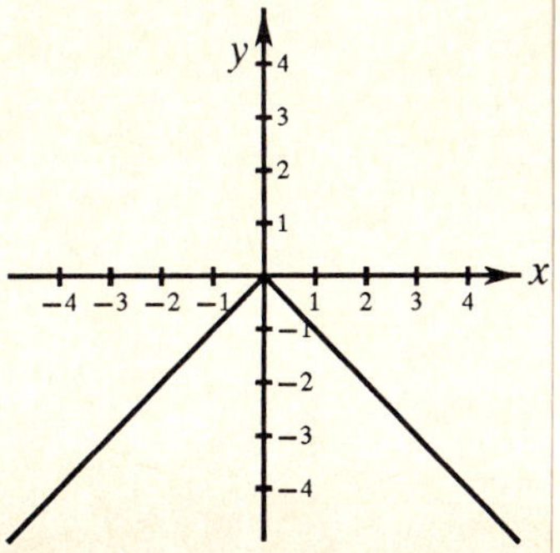

$f(x) = -|x|$

7. a. $\frac{\sqrt{2}}{2}$ b. $\frac{-3\sqrt{5}}{5}$ c. $(3+\sqrt{x})/(9-x)$

d. $\frac{\sqrt{x}(\sqrt{5}+\sqrt{2})}{23}$ e. $\frac{36-19\sqrt{3}}{3}$ f. $13-2\sqrt{42}$

g. $\frac{\sqrt{15}-\sqrt{6}}{3}$ h. $\frac{\sqrt{x^2+3x+2}}{x+2}$ i. $\frac{3\sqrt{2}-\sqrt{2x}}{2}$

j. $\frac{2\sqrt{y}+y}{2y}$

8. a. $\frac{1}{\sqrt{2}}$ b. $\frac{1}{\sqrt[3]{2}}$ c. $\frac{5}{\sqrt{5}+5\sqrt{2}}$

d. $\frac{7}{3\sqrt{3}-\sqrt{6}}$ e. $-\frac{1}{5-2\sqrt{6}}$ f. $\frac{x}{3\sqrt{x}+\sqrt{5x}}$

9. a. $\{2\}$ b. $\{1\}$ c. $\{5\}$

d. $\{0, 1\}$ e. $\{\ \}$ f. $\{2\}$

Capítulo 12

Sección 12-1

1. a. -4 b. -1 c. $-11/3$

d. 8 e. 5 f. $12x^2-4$

g. $2x^2-3$ h. $3x^2+6x-1$ i. $3x^2+6xh+3h^2-4$

j. $3x^2-4+h$

2. a. $\mathbb{R}$ b. $\mathbb{R}$ c. $\mathbb{R}$

d. $\mathbb{R}$ e. $\mathbb{R}$ f. $\{x \in \mathbb{R} \mid x \neq 2\}$

3. a. $0{,}6$ b. $-5/3$ c. 1

4. a. $D=\mathbb{R}, CV=\mathbb{R}$ b. $D=\mathbb{R}, CV=\{g(x) \mid g(x) \geq 3\}$

c. $D=\mathbb{R}, CV=\mathbb{R}$ d. $D=\mathbb{R}, CV=\{F(x) \mid F(x) \geq -2\}$

e. $D=\mathbb{R}, CV=\mathbb{R}$ f. $D=\mathbb{R}, CV=\{H(x) \mid H(x) \geq 1/2\}$

a.

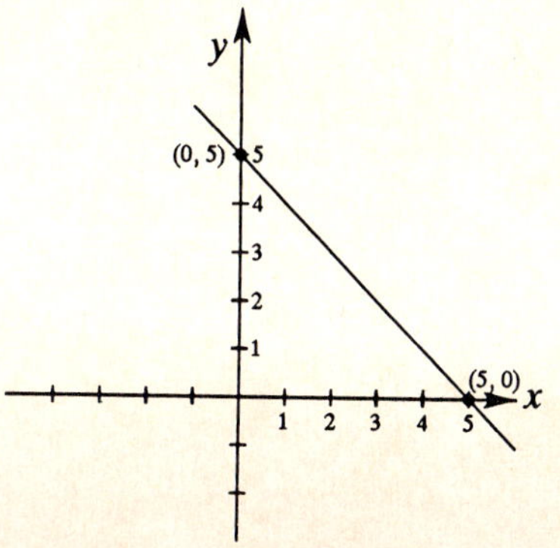

b.

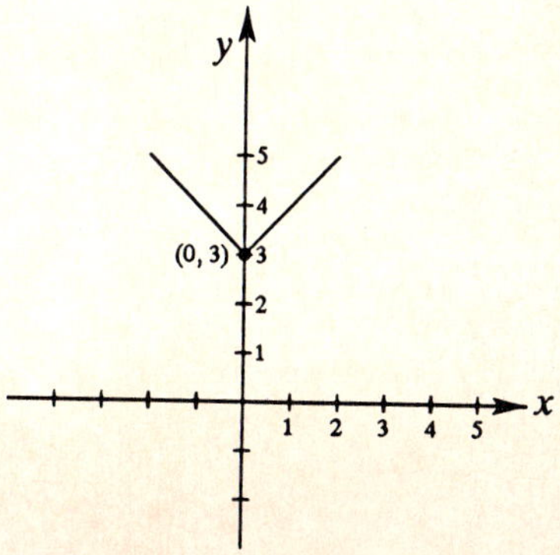

c.

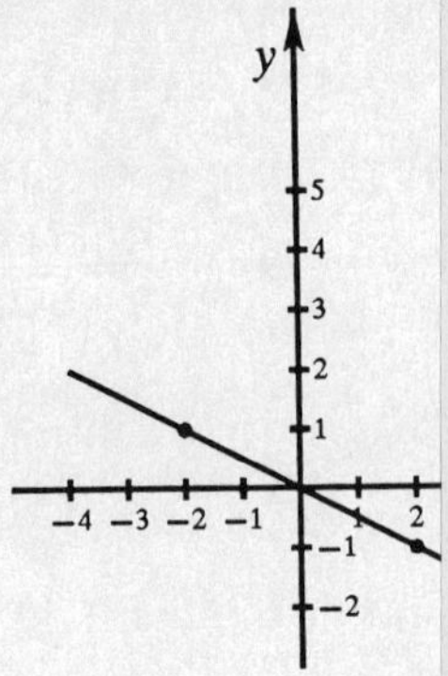

e.

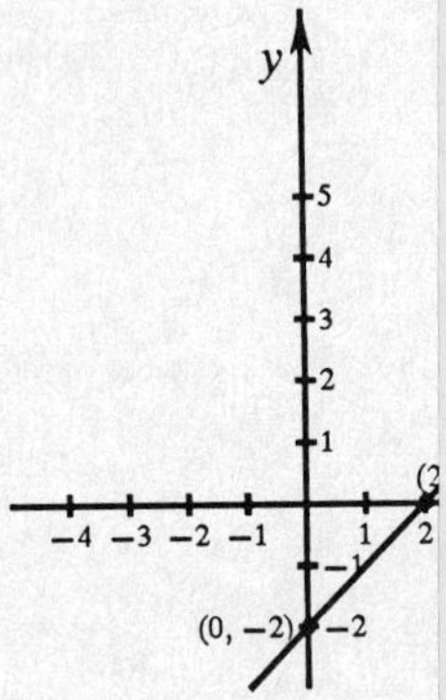

5. a. No **b.** No **c.** S

Sección 12-2

1. a. Creciente **b.** D

c. Creciente **d.** C

e. Creciente si $x < 0$, D

f. Decreciente

2. a. Impar

d. Impar

3. a. No tiene simetría

d. Al eje de y

e.

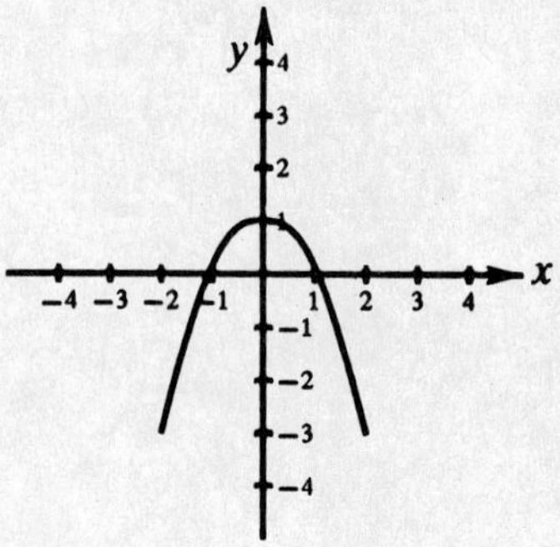

$f(x) = 1 - x^2$

f.

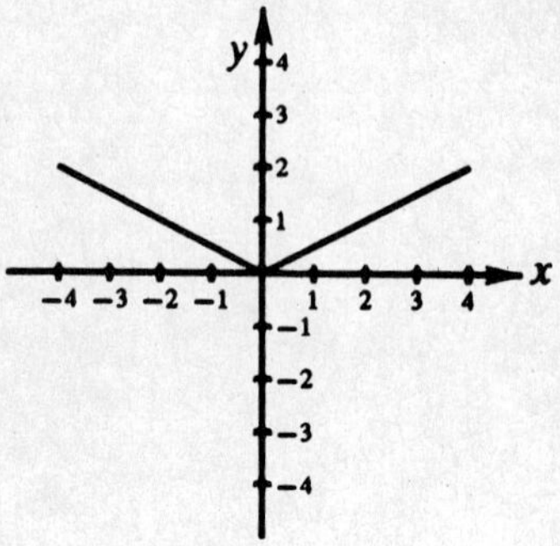

$f(x) = \frac{1}{2}|x|$

5. $k = 1$.

6. $c = 2/3$.

7. a.

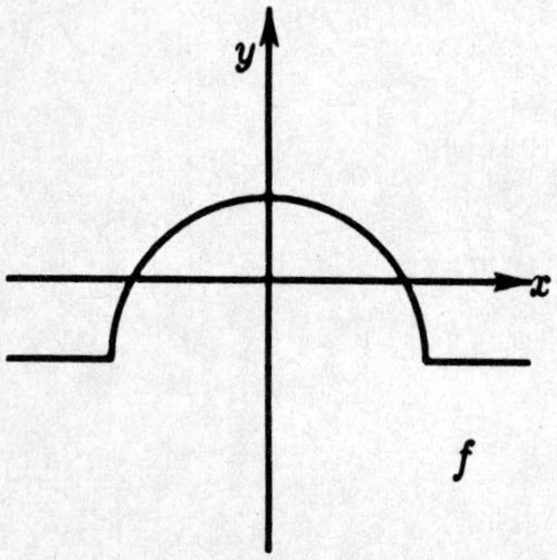

b.

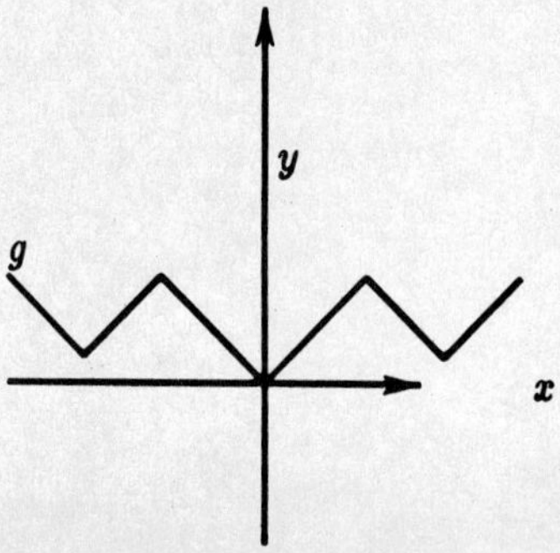

c.

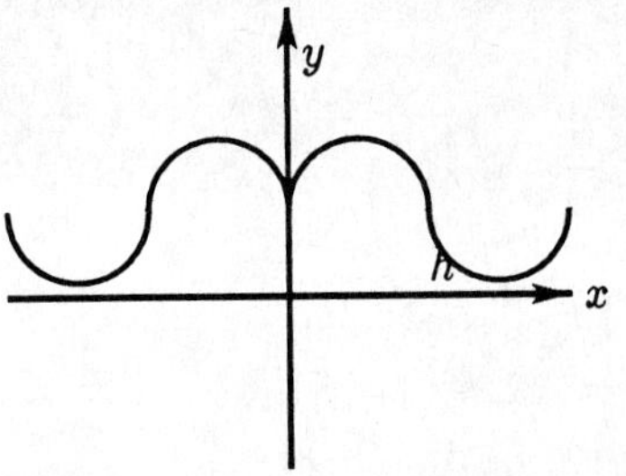

Sección 12-3

1. a. $f(x) = 2x^2 + 4$

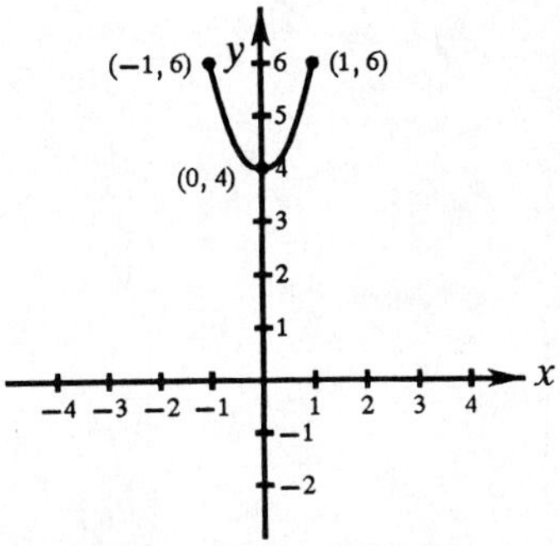

b. $f(x) = -2x^2 + 4$

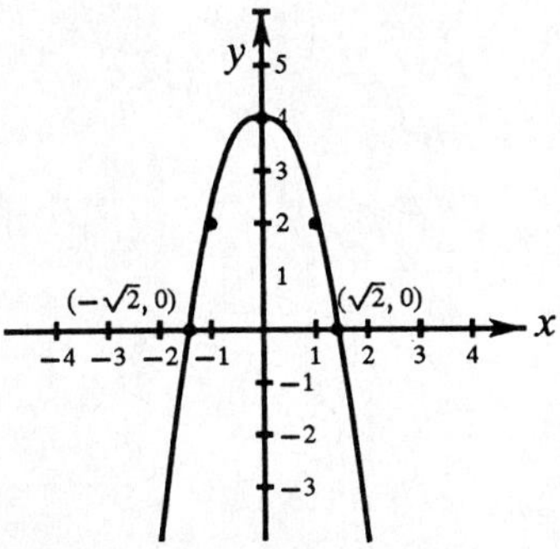

c. $f(x) = \frac{1}{2}x^2 + 4$

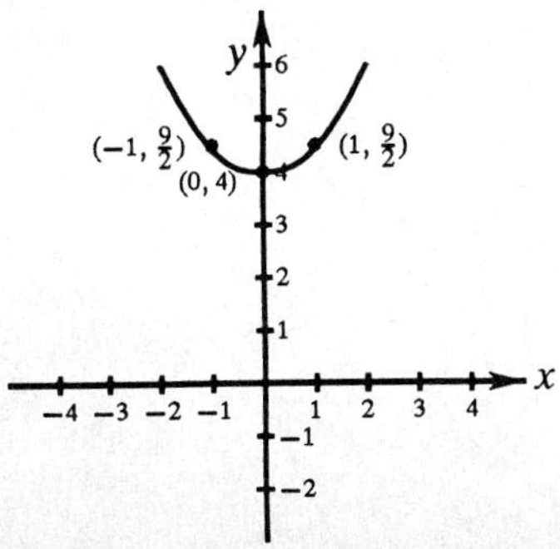

d. $f(x) = -\frac{1}{2}x^2 + 4$

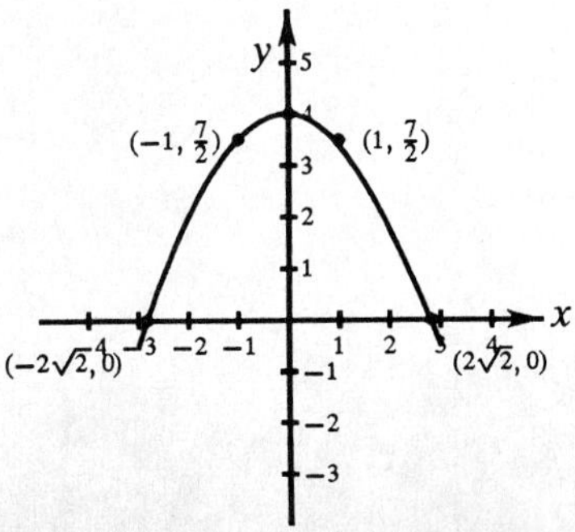

2. a. $f(x) = 4x^2 + 2$

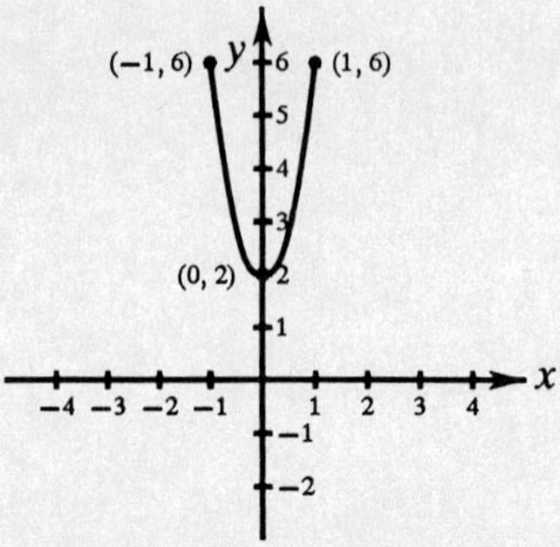

b. $f(x) = 4x^2 - 2$

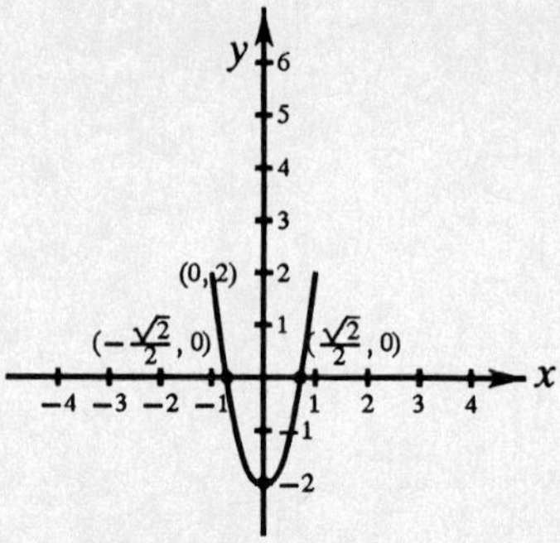

c. $f(x) = 4x^2 + 4$

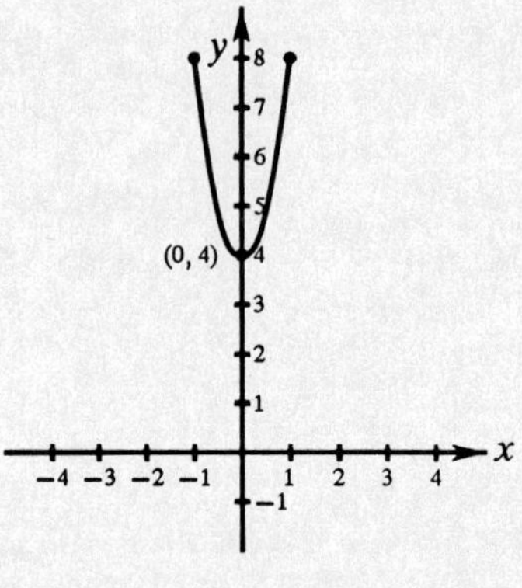

d. $f(x) = 4x^2 - 4$

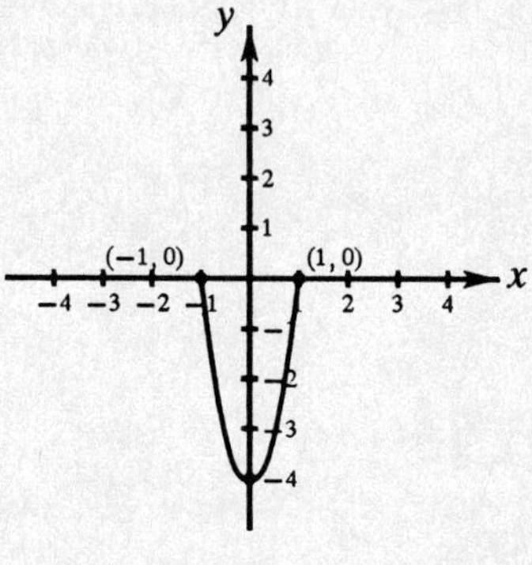

3. a. $V(0, -16)$ **b.** $V(0, 16)$ **c.** $V(0, 3)$

a.

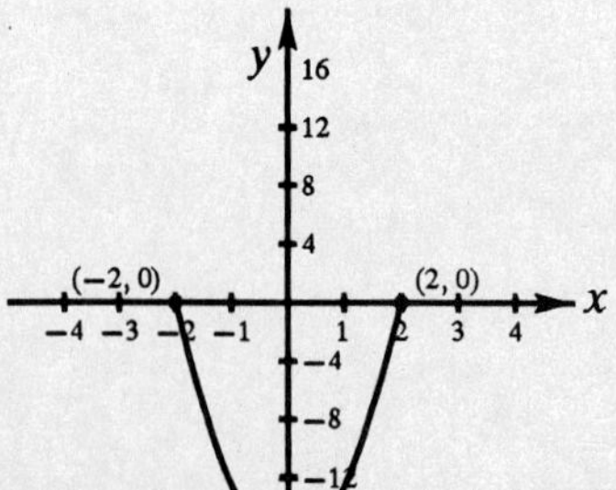

$f(x) = 4x^2 - 16$

b.

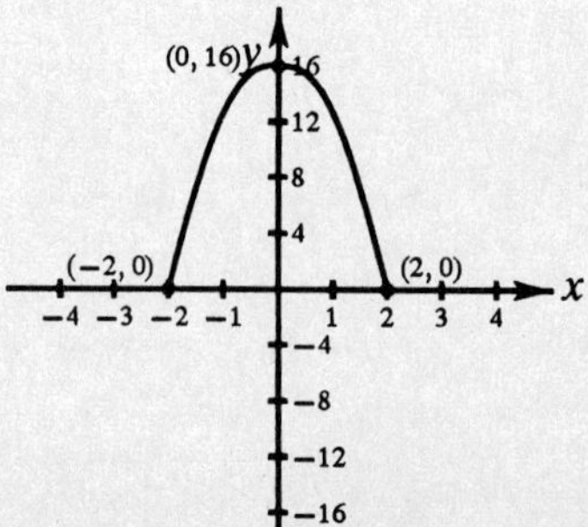

$g(x) = -4x^2 + 16$

c.

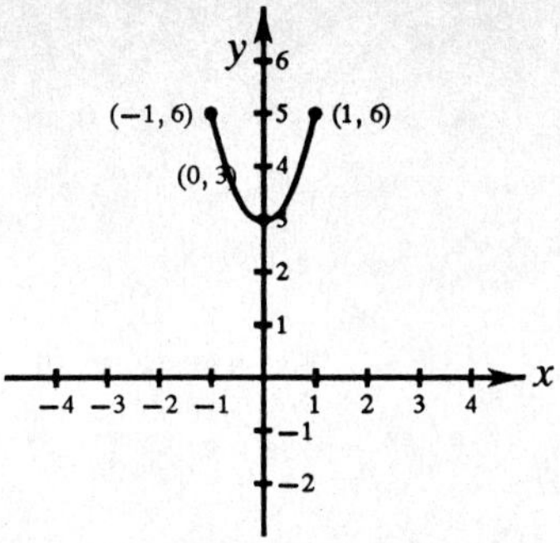

$h(x) = 2x^2 + 3$

4.

	Eje de simetría	Vértice de la parábola	Ceros reales
a.	$x = 0$	$(0, 3)$	No tiene
b.	$x = 3$	$(3, 0)$	3
c.	$x = 0$	$(0, 1)$	No tiene
d.	$x = 0$	$(0, 3)$	$\sqrt{3}, -\sqrt{3}$
e.	$x = 3$	$(3, -4)$	1, 5
f.	$x = 2$	$(2, -2)$	No tiene
g.	$x = -3$	$(-3, -9)$	$-\frac{3}{2}, -\frac{9}{2}$
h.	$x = 0$	$(0, -3)$	No tiene
i.	$x = 3$	$(3, 0)$	3
j.	$x = 0$	$(0, 1)$	$1, -1$
k.	$x = 0$	$(0, -1)$	No tiene
l.	$x = 3$	$(3, -4)$	No tiene
m.	$x = 2$	$(2, -2)$	$2 + \sqrt{2}, 2 - \sqrt{2}$
n.	$x = -3$	$(-3, -9)$	No tiene

a.

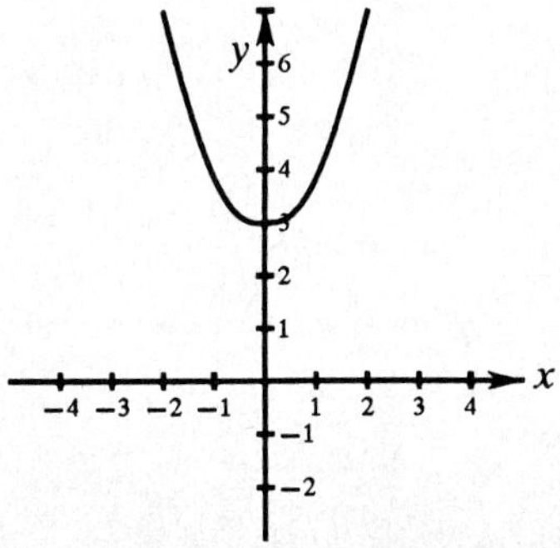

$f(x) = x^2 + 3$

b.

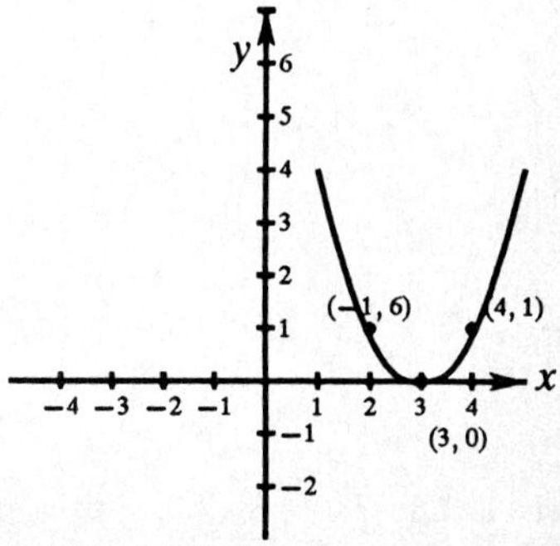

$h(x) = (x - 3)^2$

c.

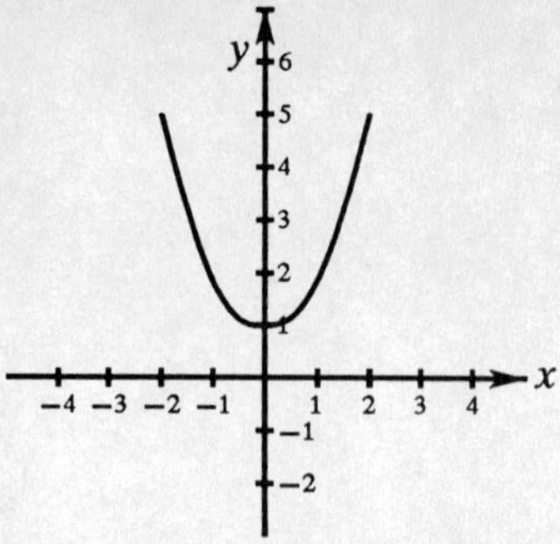

$p(x) = x^2 + 1$

d.

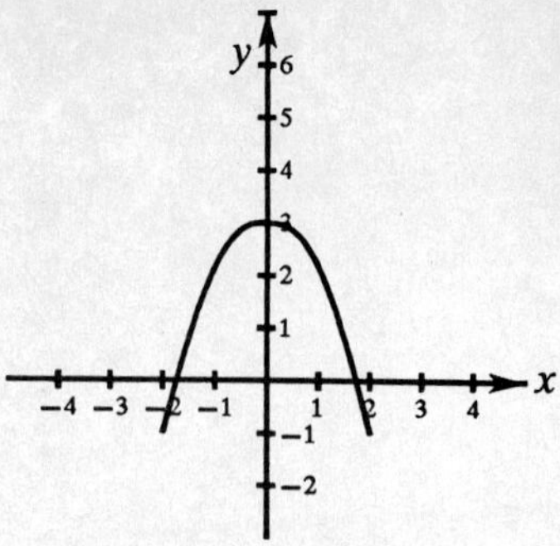

$t(x) = -x^2 + 3$

e.

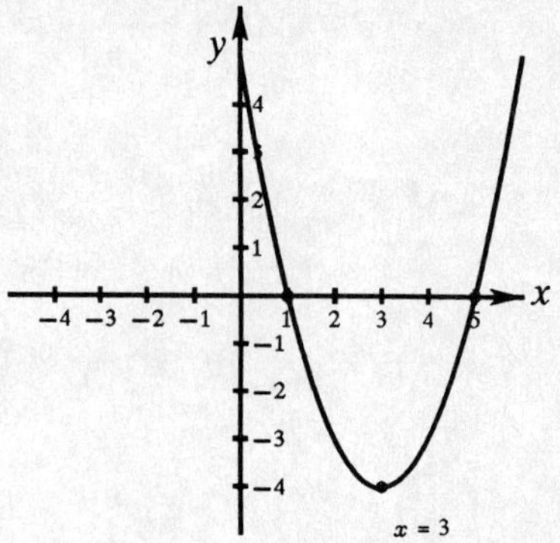

$s(x) = (x - 3)^2 - 4$

f.

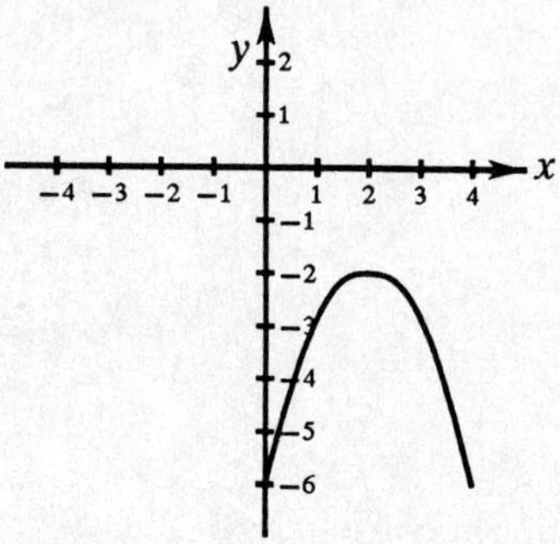

$m(x) = -(x - 2)^2 - 2$

g.

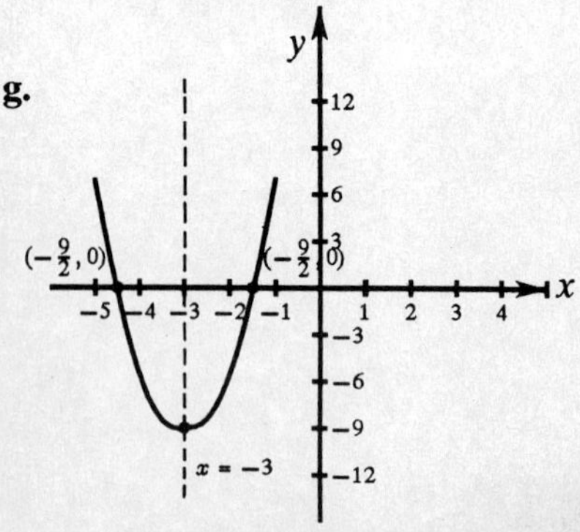

$g(x) = 4(x + 3)^2 - 9$

h.

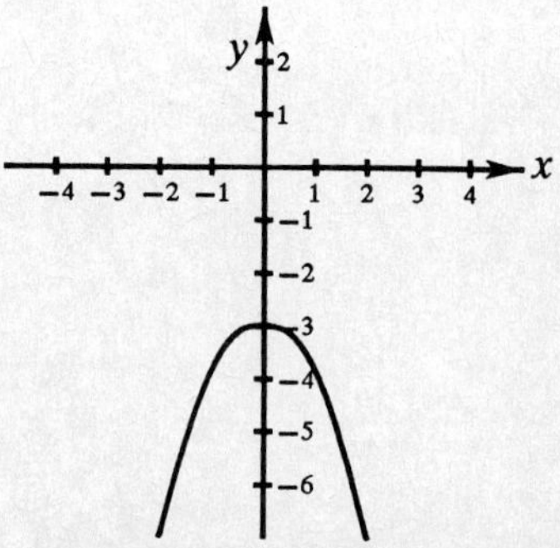

$F(x) = -(x^2 + 3)$

i.

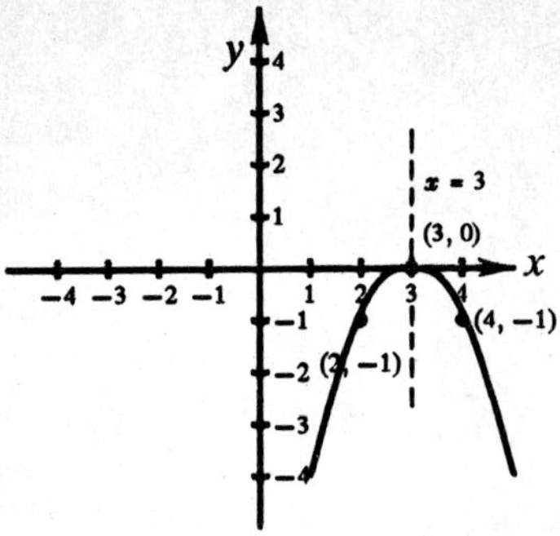

$H(x) = -(x-3)^2$

j.

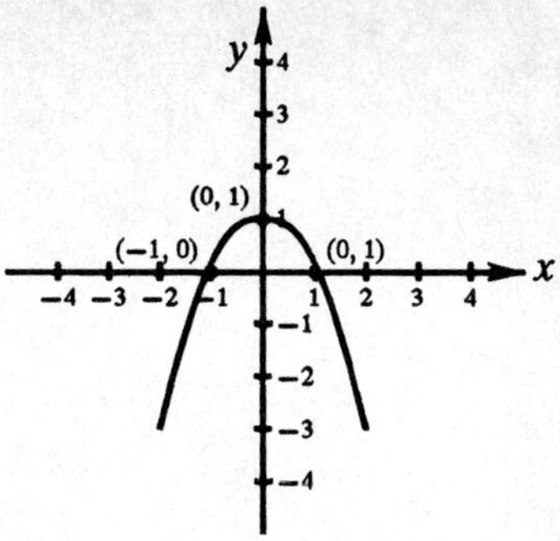

$f(x) = -x^2 + 1$

k.

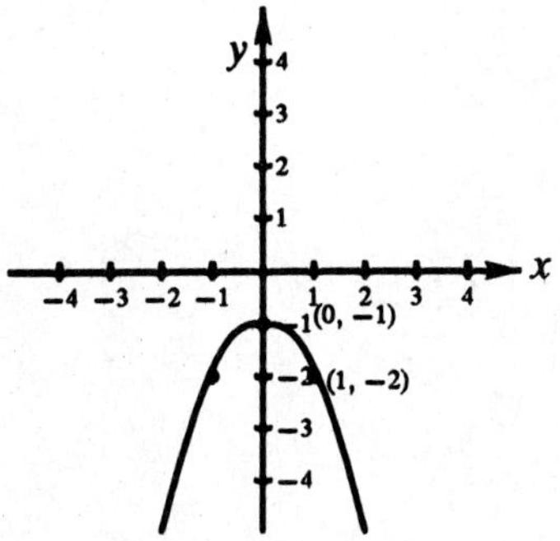

$T(x) = -(x^2 + 1)$

l.

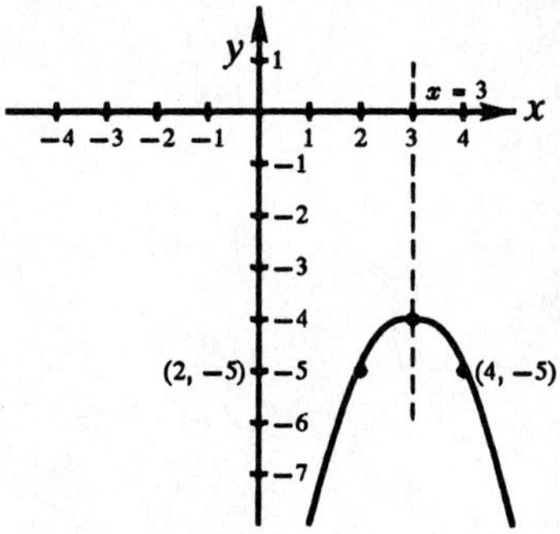

$R(x) = -(x-3)^2 - 4$

m.

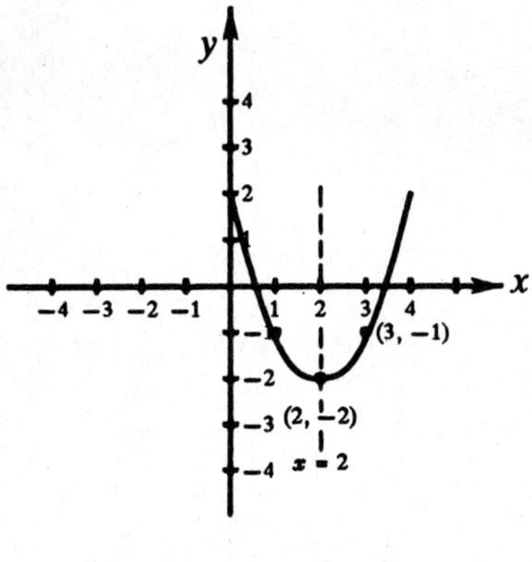

$M(x) = (x-2)^2 - 2$

n.

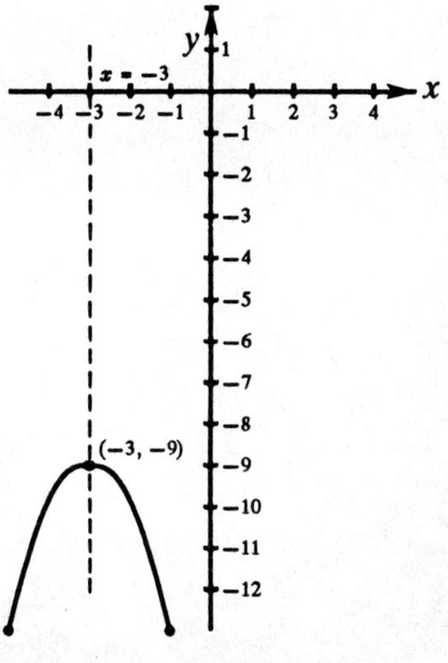

$G(x) = -(x+3)^2 - 9$

Sección 12-4

1. a. $-\frac{1}{4}, 3$ b. $-\frac{1}{5}$

c. $\frac{-1+\sqrt{41}}{4}, \frac{-1-\sqrt{41}}{4}$ d. No tiene ceros reales

e. $-1, -\frac{1}{2}$ f. $\frac{-1-\sqrt{65}}{4}, \frac{-1+\sqrt{65}}{4}$

2.

	Forma estándar	Eje de simetría	Vértice
a.	$f(x) = 2(x-4)^2 - 9$	$x = 4$	$(4, -9)$
b.	$g(x) = 3(x-2)^2 - 5$	$x = 2$	$(2, -5)$
c.	$h(x) = -5(x+1)^2 + 8$	$x = -1$	$(-1, 8)$
d.	$F(x) = (x+4)^2 - 1$	$x = -4$	$(-4, -1)$
e.	$G(x) = (x-\frac{1}{2})^2 + \frac{11}{4}$	$x = \frac{1}{2}$	$(\frac{1}{2}, \frac{11}{4})$
f.	$H(x) = 2(x-\frac{5}{4})^2 - \frac{9}{8}$	$x = \frac{5}{4}$	$(\frac{5}{4}, \frac{-9}{8})$

a.

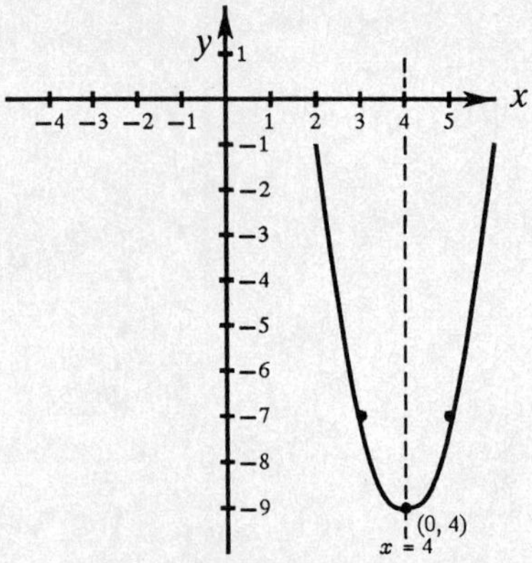

$f(x) = 2(x-4)^2 - 9$

b.

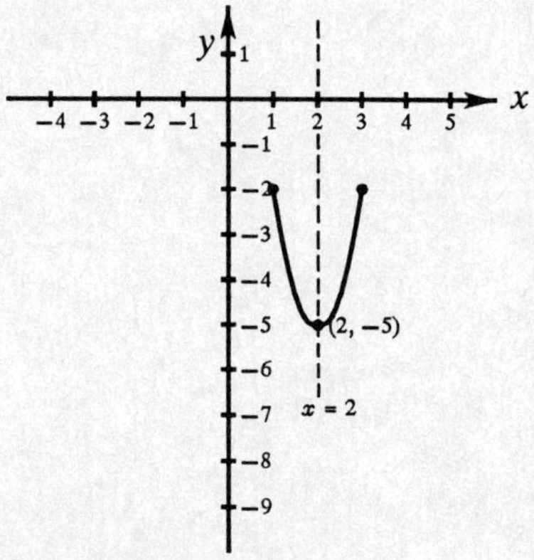

$g(x) = 3(x-2)^2 - 5$

c.

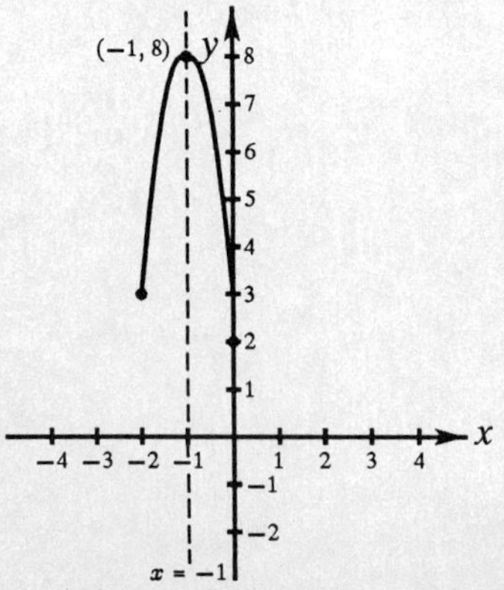

$h(x) = -5(x+1)^2 + 8$

d.

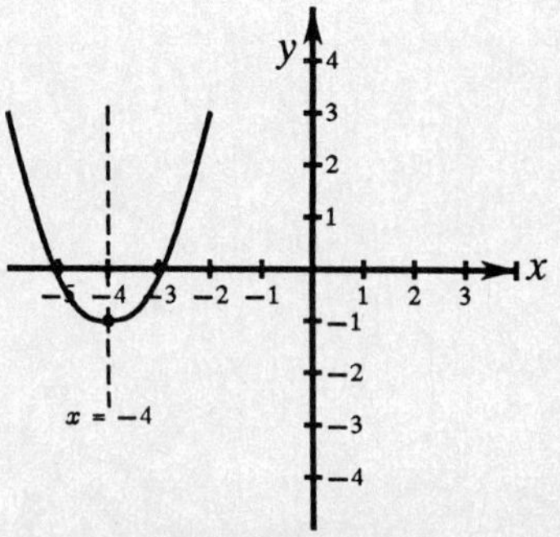

$F(x) = (x+4)^2 - 1$

e.

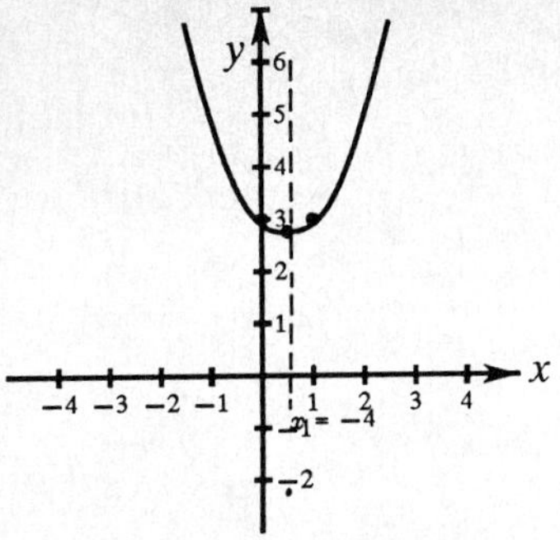

$G(x) = \left(x - \frac{1}{2}\right)^2 + \frac{11}{4}$

f.

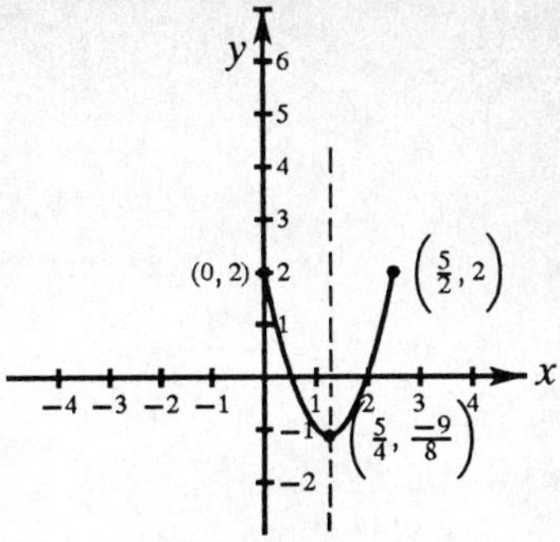

$H(x) = 2\left(x - \frac{5}{4}\right)^2 - \frac{9}{2}$

Sección 12-5

1. a. $\left\{(\sqrt{3}, 4), (-\sqrt{3}, 4)\right\}$ **b.** ϕ **c.** ϕ

d. $\{(0,5), (5,10)\}$ **e.** $\{(0,5), (-5,10)\}$ **f.** $\{(0,3), (3,0)\}$

a. $\begin{cases} y = x^2 - x - 2 \\ x - y = 3 \end{cases}$ $\{(1,-2)\}$ **b.** $\begin{cases} x^2 - y = 3 \\ 3x - y = 3 \end{cases}$ $\{(0,-3), (3,6)\}$

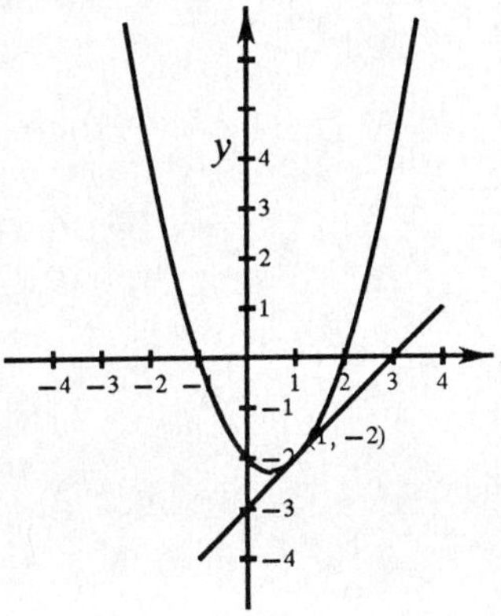

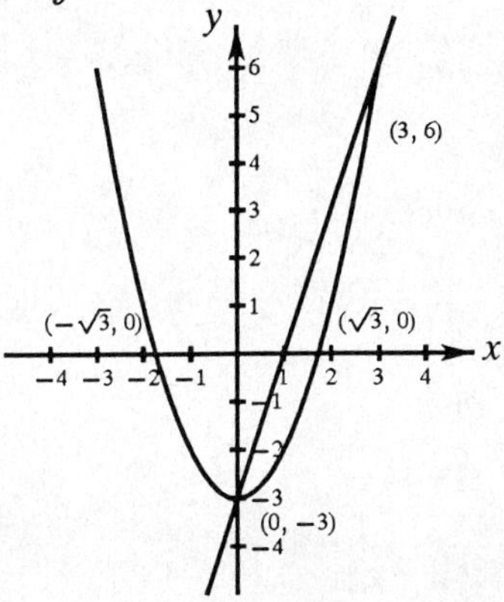

c. $\begin{cases} x^2 - y = 4 \\ x - y = 5 \end{cases}$ $\{\ \}$ **d.** $\begin{cases} x - y^2 = -2 \\ x - y = 5 \end{cases}$ $\{(2,2)\}$

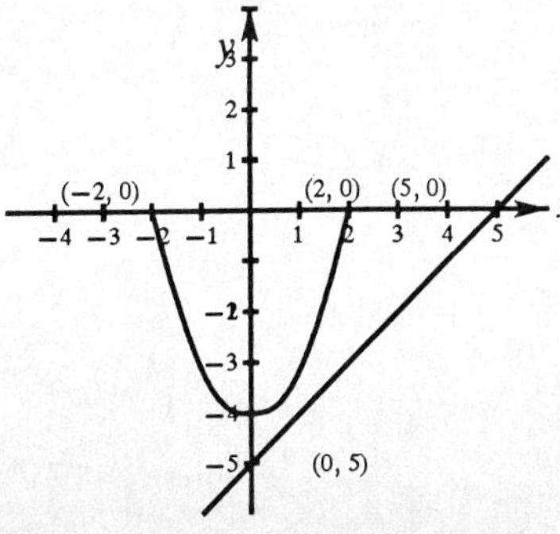

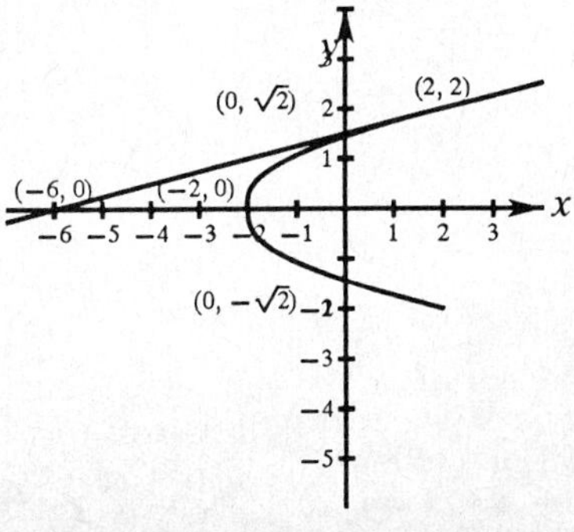

e. $\begin{cases} y = (x-3)^2 - 5 \\ 2x + y = 0 \end{cases}$ $\{(2, -4)\}$

f. $\begin{cases} y = x^2 + 9 \\ y = 6x \end{cases}$ $\{(3, 18)\}$

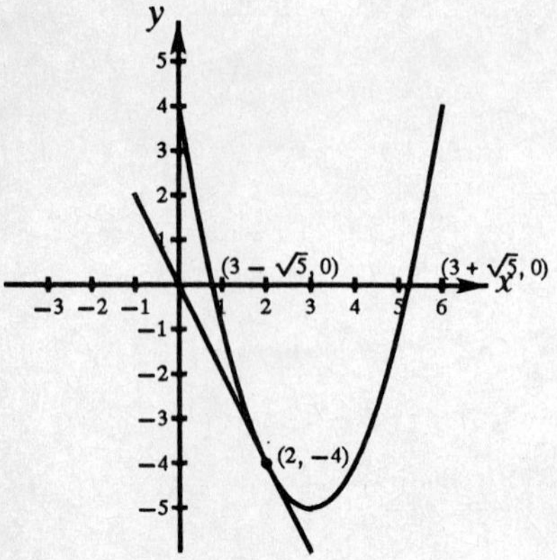

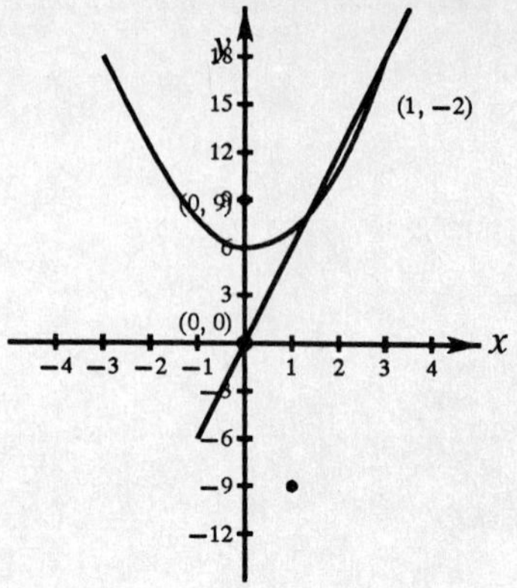

3. El rectángulo mide 4 cm × 8 cm

4. Los números son 4 y 9

Ejercicios de repaso del capítulo 12

1. a. 10 b. $a^2 + 2ah + h^2 - 2a - 2h + 1$
   c. $4x^2$ d. $4x$ e. 3
   f. $-6x^2 + 2$ g. 1 h. $1 \pm \sqrt{5}$
   i. j. $\{f(x) \in \mathbb{R} | f(x) \geq 0\}$

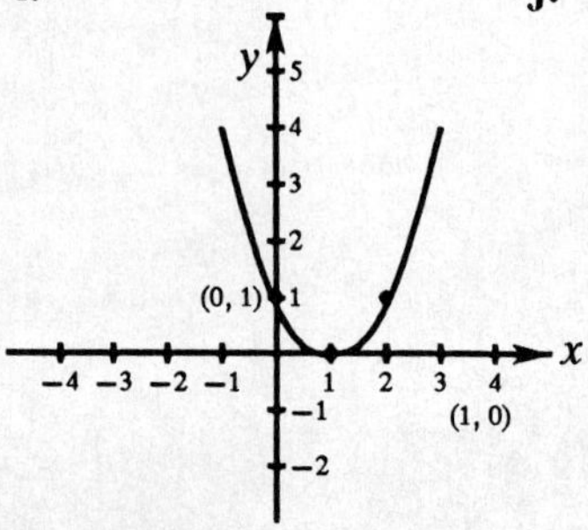

2. a. Creciente b. Decreciente c. Creciente
   d. Creciente e. Creciente $x < 0$, Decreciente $x > 0$
   f. Decreciente

3. a. Origen b. Origen c. Eje de y
   d. Eje de y

4. a. Par b. Impar c. Impar
   d. Impar e. Par f. Par

5.

x	$f(x)=x^2$	$F(x)=-x^2$	$G(x)=3x^2$	$g(x)=x^2+2$	$h(x)=x^2-3$	$H(x)=(x-1)^2$	$P(x)=(x-1)^2+2$
−3	9	−9	27	11	6	16	18
−2	4	−4	12	6	1	9	11
−1	1	−1	3	3	−2	4	6
0	0	0	0	2	−3	1	3
1	1	−1	3	3	−2	0	2
2	4	−4	12	6	1	1	3
3	9	−9	27	11	6	4	6

6. a.

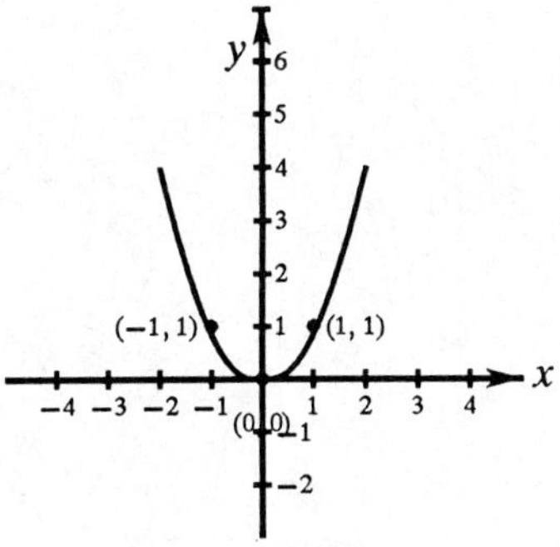

$f(x) = x^2$

b.

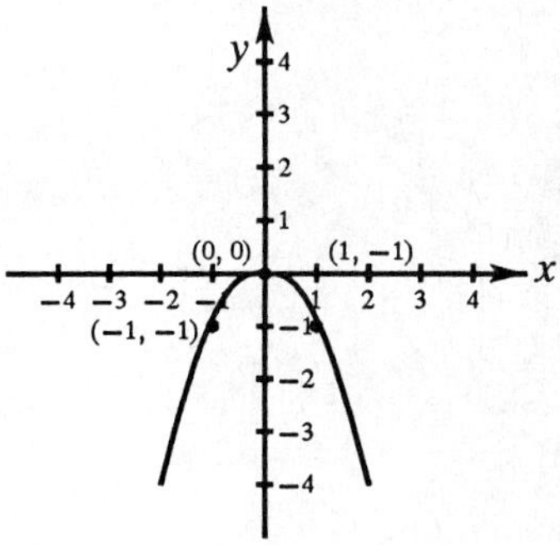

$f(x) = -x^2$

c.

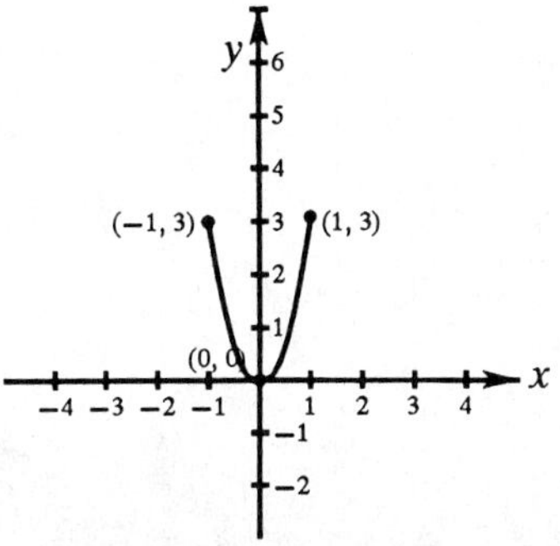

$G(x) = 3x^2$

d.

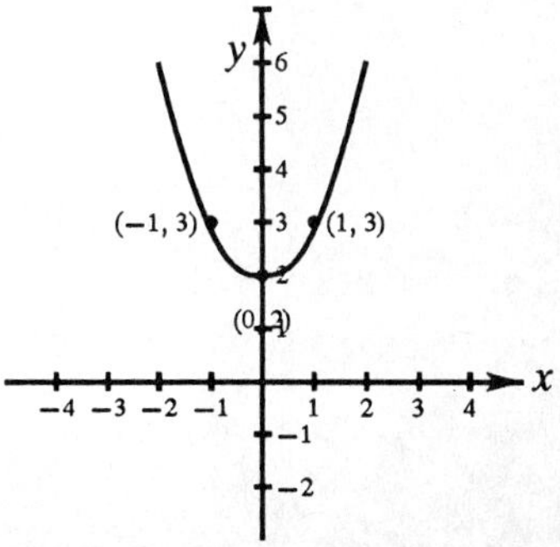

$g(x) = x^2 + 2$

e.

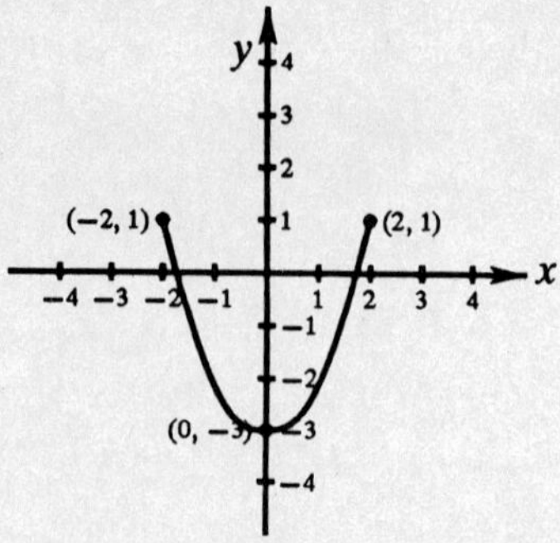

$h(x) = x^2 - 3$

f.

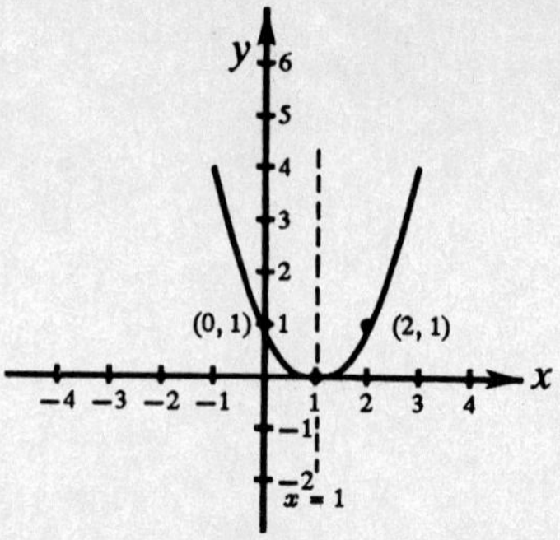

$H(x) = (x - 1)^2$

g.

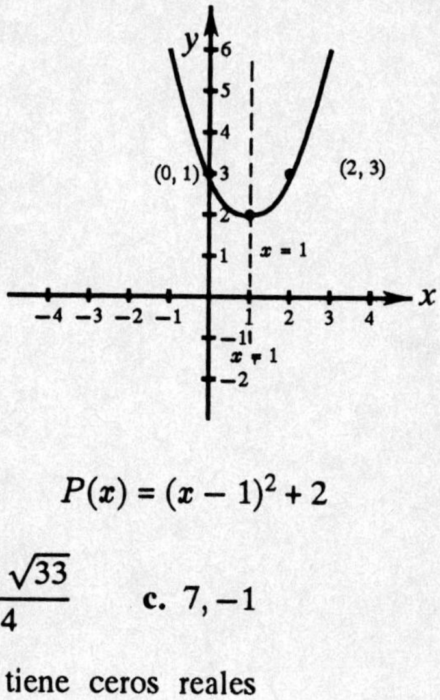

$P(x) = (x - 1)^2 + 2$

7. **a.** $1 \pm \sqrt{3}$ **b.** $\frac{7 \pm \sqrt{33}}{4}$ **c.** $7, -1$

d. $-1, \frac{1}{2}$ **e.** No tiene ceros reales

f. $\frac{5 \pm \sqrt{57}}{8}$

8. a. V: $(-2, -1)$
Corte en el eje de y: $(0, 3)$
Cortes en el eje de x: $(-3, 0)$, $(-1, 0)$

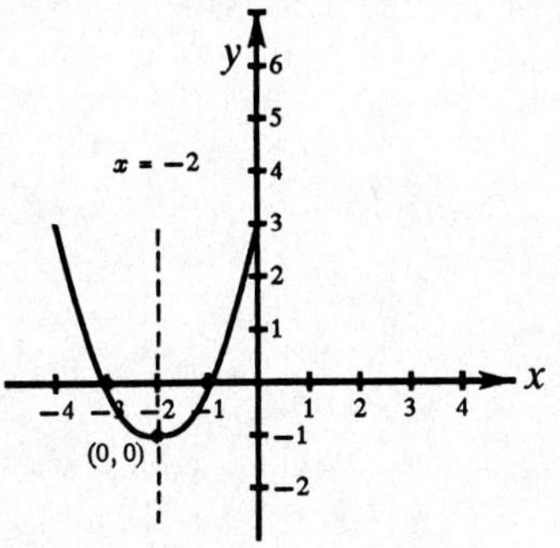

$f(x) = (x + 2)^2 - 1$

b. V: $(2, -4)$
Corte en el eje de y: $(0, 0)$
Cortes en el eje de x: $(4, 0)$, $(0, 0)$

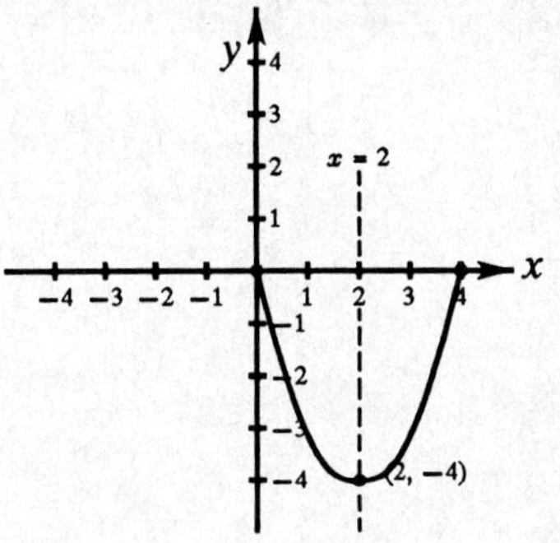

$g(x) = x^2 - 4x$

c. V: $(1, 1)$
Corte en el eje de y: $(0, 0)$
Cortes en el eje de x: $(2, 0)$, $(0, 0)$

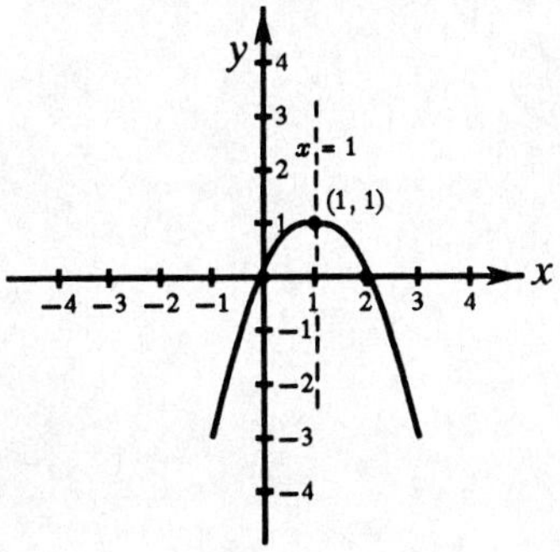

$h(x) = 2x - x^2$

d. V: $(3, -16)$
Corte en el eje de y: $(0, -7)$
Cortes en el eje de x: $(7, 0)$, $(-1, 0)$

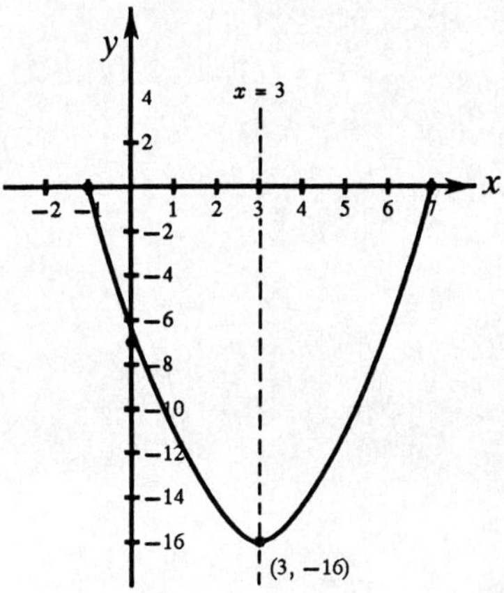

$F(x) = x^2 - 6x - 7$

e. V: $(0, -1)$
Corte en el eje de y: $(0, -1)$
Cortes en el eje de x: $(\frac{1}{2}, 0)$, $(-\frac{1}{2}, 0)$

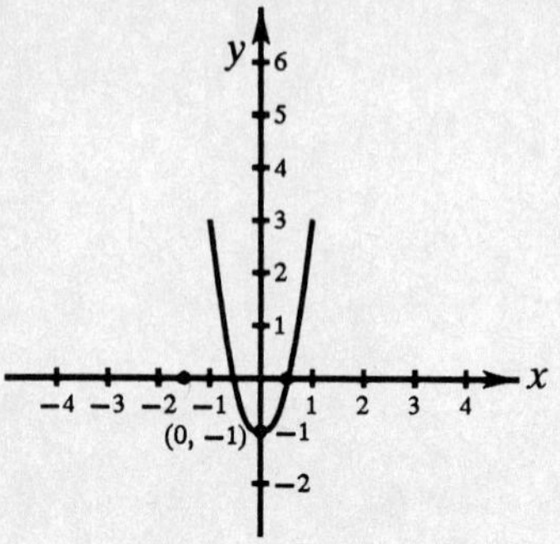

$G(x) = 4x^2 - 1$

f. V: $(1, -3)$
Corte en el eje de y: $(0, -2)$
Cortes en el eje de x: $(1 + \sqrt{3}, 0)$, $(1 - \sqrt{3}, 0)$

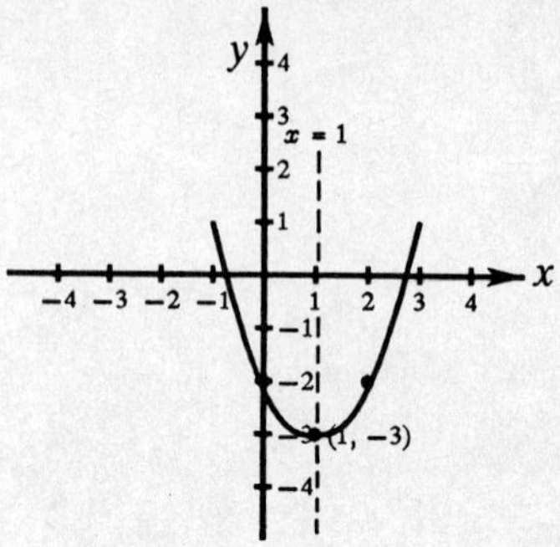

$H(x) = x^2 - 2x - 2$

9. a. $\{(2, 1)\}$ **b.** $\{(\sqrt{2}, 3), (-\sqrt{2}, 3)\}$
c. $\{(3, 4), (-4, 11)\}$ **d.** $\{(2, 8)\}$

Índice de materias